Die Kulturpflanze

Mitteilungen aus dem Zentralinstitut

für Genetik und Kulturpflanzenforschung

Gatersleben

der Akademie der Wissenschaften der DDR

Band 36

Herausgegeben von

H. Böhme, D. Mettin, W. R. Müller-Stoll,

K. Müntz, R. Rieger, A. Rieth, F. Scholz,

H. Stubbe

Schriftleitung: H. Böhme

Redaktion: I. Neumann

Mit 166 Abbildungen, 63 Tabellen und 6 Tafeln

AKADEMIE-VERLAG BERLIN

1988

ISBN 3-05-500428-0
ISSN 0075-7209

Erschienen im Akademie-Verlag Berlin, Leipziger Straße 3–4, Berlin, DDR - 1086

Lizenznummer: 202 · 100/545/89
Printed in the German Democratic Republic
Gesamtherstellung: IV/2/14 VEB Druckerei „Gottfried Wilhelm Leibniz",
DDR - 4450 Gräfenhainichen · 7163
Umschlaggestaltung: Annemarie Wagner
LSV 1355
Bestellnummer: 763 776 2 (2052/36)

12000

Inhalt

II. Übersichtsdarstellungen

III. Originalarbeiten

IV. Das Institut im Jahre 1987

[1] Arbeiten in englischer Sprache

Contents

II. Reviews

III. Original Papers

Содержание

II. Обзорнце статьи

III. Оригинальные статьи

Dr. Martin Zacharias

* 20. 12. 1927 † 25. 8. 1988

Ansprachen bei der Trauerfeier am 1.9.1988 in Quedlinburg

H. Böhme

Wir haben Abschied zu nehmen; Abschied zu nehmen von Martin Zacharias, einem Kollegen, Mitarbeiter, einem Freund.
Um ihn trauert seine Familie – wir zollen ihr tiefen Respekt.
Um ihn trauert die Gemeinschaft der mit ihm zusammen Arbeitenden – wir gehören zu ihnen.
Es breitet sich Stille aus in dieser Stunde der unerbittlichen Nachricht, die Stille des Gedenkens, auch die Stille des Sich-Erinnerns. Noch wollen unsere Sinne das Seiende nicht erfassen, noch sträubt sich Wunsch gegen Wirklichkeit.
Martin Zacharias, der sich das Studium der Lebensformen zur Aufgabe machte, sie zu verändern und zu gestalten, auf daß sie immer besser dazu dienen, den Hunger zu stillen und die Nöte zu lindern, wurde eingeholt von unerbittlichen Gesetzmäßigkeiten des Lebens. Er, der die Pflanzen widerstandsfähiger machen wollte gegenüber den Bitternissen ihres Gedeihens, war nicht gepanzert genug, sein Herz war nicht kräftig genug, den Anstrengungen des Gestern und des Heute zu widerstehen.
Wie ist es? Könnten wir hinter die Haut des Anderen sehen und sei es auch nur von Zeit zu Zeit, würden wir besser miteinander und auch besser mit uns selbst umgehen?
Der Tod gibt uns Fragen auf, Fragen, auf die wir nur uns selbst die Antwort geben können.
Die Stille des Nachdenkens, die Stille des Sich-Erinnerns!
Martin Zacharias war oft ein Fragender. Ich erinnere mich an eine Zeit vor 38 Jahren noch während des Studiums. Wir hatten Fragen an die Genetik. Martin zog auf den noch ungenutzten Teil des Gertrauden-Friedhofs gleich hinter dem Wohnhaus seiner Eltern, ich fuhr nach Wörmlitz bei Halle, weil wir dort Gewächshausplatz und Versuchsland bekamen. Experimentierend wollten wir uns Antworten holen. Großzügig und doch sehr genau führend gab uns dann Hans Stubbe in Gatersleben Raum, Möglichkeit und Mut zum Suchen.
In jener Zeit formierte sich Martins kritische Haltung. Er wollte es selber sehen, nicht dem Papier glauben, selbst verstehen. Vor allem aber etwas Nützliches tun. Forschen und wissen – wozu! Ein Ergebnis haben und sehen, daß es nützt! Das glaub' ich, war seine sich damals herausbildende Haltung.
Erkenntnissuche und Anwendung sich gegenseitig befruchtend und befördernd harmonisch miteinander verbinden – dieses immer wieder komplizierte Ziel zu erreichen, strebte er an. So stieß Zacharias auf die Soja-Bohne, nachdem er

tastende Schritte mit dem Löwenmäulchen *Antirrhinum majus* unternommen hatte und bei Kartoffeln eine vegetative Annäherung erprobte. Wie stolz war er, als es, wie vor ihm STUBBE, BANDLOW und FRITZ SCHOLZ bei Tomate und Gerste, gelang, ein umfangreiches Mutanten-Sortiment von Soja herzustellen, das das Spektrum der natürlichen Mannigfaltigkeit dieser Pflanzenart sehr genau widerspiegelte! Noch heute sehe ich ihn vor den mit verschieden gefärbten und geformten Samen gefüllten Glasröhrchen stehen oder durch das Versuchsfeld schreiten, seine Auffassung von Wert und Nützlichkeit induzierter Mutationen für die Züchtungsforschung und Züchtung dozierend. Die Suche nach früh-keimenden und Frühsaat verträglichen Herkünften führte ihn in einer Zeit, als solche Reisen noch eher Ausnahmen waren, in den fernen Osten der Sowjetunion, nach China und andere asiatische Länder.

Wie bei den meisten schöpferisch veranlagten Menschen wechselten während seines Berufslebens Phasen der intensiven Ideen-Produktion mit solchen geduldigen Lösens wissenschaftlicher Probleme in tagtäglicher Kleinarbeit miteinander ab. So fesselte ihn der Gedanke an eine Möglichkeit der Fixierung von Hybrid-Effekten, eine Zielstellung, die von Züchtern mit großem Interesse, wohl aber auch mit verständlicher Skepsis begleitet wurde. Es kennzeichnete den Arbeitsstil des Instituts, daß ein langfristiges Programm der Erforschung der Genetik von Hybrideffekten erarbeitet wurde. Die Nutzung der apomiktischen Samenausbildung war dabei ein in der damaligen Forschungsgruppe „Angewandte Genetik" stark diskutiertes Problem. Seinem Studium widmete sich MARTIN ZACHARIAS zusammen mit seinen Kollegen bei verschiedenen Gräser-Arten. Auch den Sojas schenkte er in den letzten Jahren wieder verstärkte Aufmerksamkeit.

Für MARTIN ZACHARIAS verbanden sich wissenschaftliches und gesellschaftliches Engagement zu einer unbedingten Einheit. Ich denke dabei nicht nur an seine aktive Mitarbeit in gesellschaftlichen Organisationen; die inhaltliche und strukturelle Reorganisation des Instituts am Ende der sechziger Jahre hat er entscheidend beeinflußt und mitgestaltet; sie haben viel Kraft gekostet. Diese Prozesse der Neubestimmung des Forschungsprofils unserer Einrichtung waren bedingt durch die Wissensfortschritte, die sich gerade in diesen Jahren auf zahlreichen Gebieten der genetischen, molekularbiologischen und physiologischen Forschung vollzogen. Dem Vordringen auf die zelluläre und molekulare Ebene mußte genauso Rechnung getragen werden, wie der Einbeziehung neuer Versuchsobjekte und prinzipiell neuer Methoden der Experimentierkunst. Hierzu galt es, die personellen und materiellen Voraussetzungen zu schaffen; methodisch ausgerichtete Struktureinheiten wurden gebildet, querschnittsorientiertes und interdisziplinäres Herangehen war konzeptionell und in der praktischen Realisierung zu fördern. Und nicht zuletzt waren die Anforderungen unserer Auftraggeber, die zu jener Zeit die Forschungsarbeiten finanzierten, in bearbeitbare Themen zu fassen oder auch begründet und in Wahrnehmung echter Verantwortung für einen langfristigen Forschungsvorlauf zu modifizieren, in manchen überspitzten Fällen auch die Zustimmung zu versagen. In seiner Tätigkeit als Leiter des Wissenschaftlichen Sekretariats und als Stellvertreter des Direktors hatte MARTIN ZACHARIAS wesentlichen Anteil an diesen Bemühungen.

Es galt, die Mitarbeiter geduldig, aber auch entschieden von der Notwendigkeit der Themen-Konzentration und inhaltlichen Profilierung zu überzeugen. Als je-

mand, der zur damaligen Zeit Leitungsverantwortung trug, weiß ich, mit welcher Intensität, aber auch mit welchem Einfühlungsvermögen sich MARTIN auch dieser Aufgabe unterzog. Es herrschte eine offene, kritische, aber kameradschaftliche Atmosphäre im engeren Leitungskollektiv, zu deren Zustandekommen und zu deren Pflege er nicht wenig beitrug. Auch dafür sei hier und wohl auch ganz besonders gedankt.
Die Stille des Nachdenkens, die Stille des Sich-Erinnerns!
Woher kommen wir, wohin gehen wir? Die Fragen nach dem Sinn unserer Existenz, nach der grundlegenden Beschaffenheit der Welt und des menschlichen Daseins; die Frage nach der Veränderbarkeit alles Existierenden, Konstanz und Variabilität in Natur und Gesellschaft, Dialektik und Metaphysik in ihren Ausprägungen im Denken und Handeln der Menschen – also Philosophie im breitesten Sinne des Begriffes, waren prägende Interessengebiete von MARTIN ZACHARIAS. Und – bildende Kunst! Was wäre sein Haus, ja was wäre sein Leben gewesen ohne Bilder, ohne Plastiken, ohne die intensive Beschäftigung mit dem, was und wie der Künstler es sich selbst und uns, den Betrachtern, an Aussage vermitteln wollte. Weit über ein Hobby hinausgehend, war es für MARTIN zu einem echten Lebensbedürfnis geworden.
Es schließt sich der Kreis. Ein Mensch ist von uns gegangen. Für mich persönlich verbinden sich mit MARTIN ZACHARIAS Jahre der relativ unbeschwerten Studenten- und Aspirantenzeit, dankbare Erinnerungen an die beiderseitigen Elternhäuser, an Jahre gemeinsamen begeisterten Arbeitens, an Streitgespräche und an schon manchen gemeinsam unternommenen Rückblick.
In meine Erinnerung mischen sich Trauer und Dankbarkeit!
Liebe HEDE, liebe Familie ZACHARIAS, führt schon ein langes gemeinsames Arbeitsleben zu tiefen persönlichen Bindungen, wieviel und unvergleichlich mehr noch eine lebenslange persönliche Gemeinsamkeit.
Wir verstehen, wir teilen Euren Schmerz! MARTIN wird uns unvergessen bleiben.

R. RIEGER

Im Laufe der Jahre begegnet man vielen Menschen; in den meisten Fällen ist dies nicht mehr als eine flüchtige Begegnung, von der nichts oder nicht viel Bestand hat. In einer sehr viel kleineren Anzahl von glücklichen Umständen entwickelt sich daraus eine Freundschaft. Eine solche Freundschaft verband mich mit MARTIN ZACHARIAS und dafür bin ich dankbar. Wir sind beide Hallenser, trafen uns aber bewußt vor ca. 35 Jahren zum ersten Mal in Gatersleben im Institut für Kulturpflanzenforschung, das damals noch im Gebäude Oberhof untergebracht war. Unsere engeren Kontakte entwickelten sich vor allem in der Zeit als er wissenschaftlicher Sekretär und stellvertretender Direktor unseres Institutes war und wir auch dienstlich in enge Kontakte kamen. Herr BÖHME hat über diesen Zeitraum gesprochen, in dem er als Direktor für das Institut verantwortlich war und sich auf MARTIN ZACHARIAS stützen konnte. Als ich das Institut amtierend für einen gewissen Zeitraum zu leiten hatte, unterstützte mich MARTIN ZACHARIAS mit all seinen Kräften und entlastete mich so gut er konnte. Sein Arbeitsstil war effektiv, unbürokratisch mit einem gesunden Sinn für das Machbare und Notwendige. Ich habe ihn in all den Jahren unserer Bekanntschaft und gemeinsamen Arbeit als einen absolut vertrauenswürdigen Freund erlebt, dem die Entwicklung des Institutes eine verpflichtende Aufgabe war. Seinem Einsatz für die Entwicklung des Institutes opferte er für Jahre die eigene experimentell-wissenschaftliche Arbeit und setzte seine ganze Kraft für eine möglichst leerlaufarme Wissenschaftsorganisation ein. Der offizielle Dank für diese Selbstlosigkeit war mager und dies hat ihn sehr betroffen gemacht. Er nahm seine Arbeit an den Sojabohnen wieder auf und hatte weiter Freunde an der Organisation von Kunstausstellungen im Institut, für deren Aufbau er sich mit viel Intensität und Hingabe einsetzte. Ich empfand ihn immer als einen vielen verschiedenen Dingen gegenüber sehr aufgeschlossenen Menschen, der mit wachen Augen um sich schaute und regen Anteil an Musik, Literatur, Kunst und Politik nahm – niemals unkritisch, immer den Inhalt der Dinge möglichst tiefgründig analysierend. Zornausbrüche konnten dabei nicht ganz ausbleiben, wenn er Anspruch und Realität verglich, und manches traf ihn sicher viel tiefer als er sich anmerken ließ. Aber was konnte er auch herzlich und mitreißend lachen, wenn die Umstände danach waren.

Seine Bindungen zu Frau, Kindern, Enkelkindern, Mutter und Geschwistern waren, soweit ich dies aus seinen Äußerungen bei diesser oder jener Gelegenheit rekonstruieren kann, tief und intensiv und nahmen eine zentrale Stellung in seinem Leben ein. Die Feier anläßlich seines 60. Geburtstages ist zwar nur ein Schlaglicht aber beredter Ausdruck hierfür – ein schönes, harmonisches Fest im Kreise der Familie und mit Freunden, das alle Überlegungen zu Bedrohungen und Krankheiten weit in den Hintergrund verdrängte.

Er und ich waren weitgehend ähnlicher, aber keineswegs immer übereinstimmender Meinung – es wäre sonst wohl auch langweiliger geworden. Nur der Disput zu diesen oder jenen Problemen verbannt die unerfreuliche Atmosphäre des langweiligen Konsenses. Und streiten im besten Sinne des Wortes konnte man mit MARTIN ZACHARIAS, ohne daß der Streit in Rechthaberei verkümmerte. Seine Toleranz der anderen Meinung gegenüber war ermutigend, der Disput förderlich und führte zuweilen auch zu neuen Einsichten für die Beteiligten. Ich erinnere mich mit besonderer Freude unserer zahlreichen Diskussionen über den Zustand der Welt, in der wir heute leben, über mögliche Ansätze zu einer Veränderung zum Besseren, über politische Fragen schlechthin. Sein Optimismus, dem Realitätsbezogenheit selten völlig fehlte, war oft ansteckend und ermutigend. Zwar erwiesen sich die realen Umstände gelegentlich anders als die Hoffnungen und Erwartungen – für MARTIN war dies nie ein Grund, den Kopf in den Sand zu stecken und die Hoffnungen zu begraben: Alles braucht seine Zeit zum Reifen und um Tatsachen ist nicht herum zu kommen, auch dann nicht, wenn sie sich zeitweilig verbergen lassen. Die außen- und innenpolitische Umgestaltung und das neue Denken in der UdSSR waren ihm eine große Hoffnung und Stütze bei der Argumentation. Ich traf ihn zum letzten Male als er vom Urlaub mit Dir, HEDE, in Dünen bei Leningrad heimkam und erfüllt und voller Hoffnung von den dortigen Erfahrungen und Erlebnissen berichtete. Wie schön, daß er diesen Urlaub noch erleben durfte. Ich meine, er hat uns allen viel geben können und er war ein Beispiel aufrechter, verläßlicher Gesinnung – ein Freund, an den man sich hoffnungsvoll um Rat und Unterstützung wenden konnte. Es ist schön, dies nach einem langen gemeinsamen Weg sagen zu können, es ist so traurig, daß wir mit seinem Rat nicht mehr rechnen können. Lassen sie mich schließen mit einigen Zeilen des Gedichtes von Nelly Sachs, das der „Chor der Tröster“ überschrieben ist:

Nicht einschlafen lassen die Blitze der Trauer
das Feld des Vergessens.
Wer von uns darf trösten?
Gärtner sind wir, blumenlos gewordene,
und stehn auf einem Stern, der strahlt
und weinen.

Lassen Sie uns zum Abschluß gemeinsam die Sonate für Trompete und Orgel von Jean Baptiste Loeillet hören.

Martin Zacharias mochte diese Musik besonders.

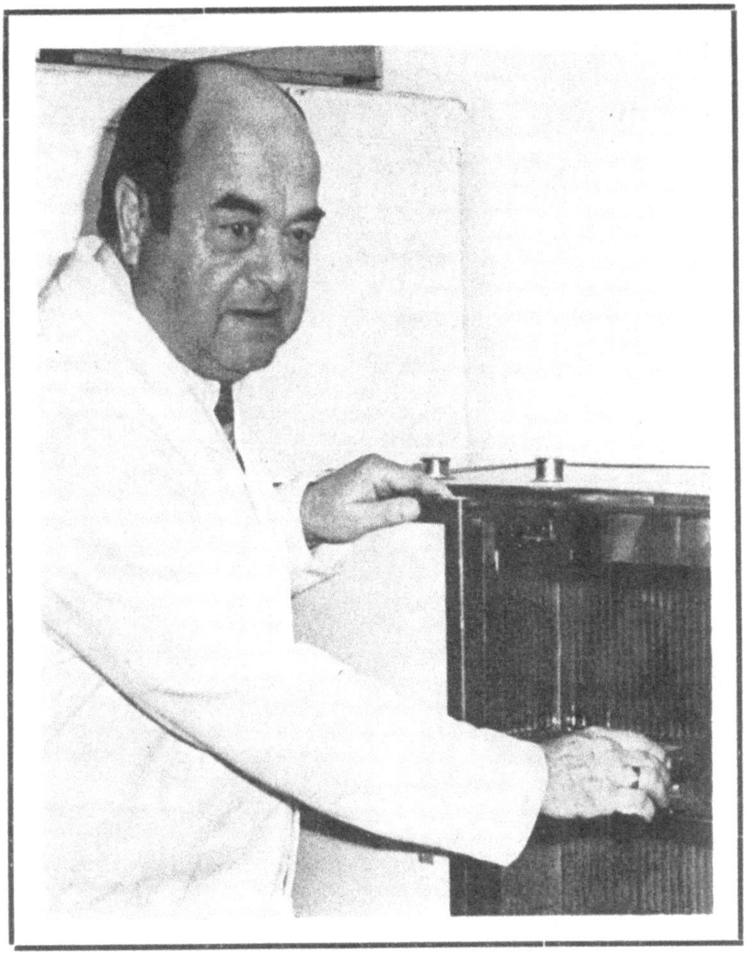

Am 30. August 1988 verstarb unser Mitarbeiter
Dr. agr. CLAUS TITTEL

Er gehörte seit 1972 dem Institut an. Mit hohem persönlichem Einsatz widmete er sich den Arbeiten zur Langzeitlagerung der Samen genetischer Ressourcen in der Abteilung Genbank.

Wir behalten ihn in dankbarer Erinnerung.

I. N. I. VAVILOV – Symposium
zum 100. Geburtstag von N. I. VAVILOV
Gatersleben, 8.–10. Dezember 1987

Kulturpflanze 36 · 1988 · 25–28

Eröffnung des VAVILOV-Symposiums

DIETER METTIN

Meine sehr verehrten Damen und Herren, werte Kollegen und Genossen!

Vor wenigen Tagen, am 26. November, jährte sich zum hundertsten Male der Geburtstag von N. I. VAVILOV. Mit seinen theoretischen und praktischen Beiträgen zur Kulturpflanzenentstehung, zur Genetik und zur Pflanzenzüchtung hat er sich einen Platz unter den bedeutendsten Biologen unseres Jahrhunderts gesichert. Von seiner Persönlichkeit als Mensch, Lehrer, Wissenschaftler und Organisator sind ungewöhnliche Impulse ausgegangen – nicht nur auf die wissenschaftliche und gesellschaftliche Entwicklung in der Sowjetunion.

Als N. I. VAVILOV vom vorbereitenden Organisationskomitee für den 1939 in Edinburgh stattfindenden 7. Internationalen Genetischen Kongreß einstimmig zum Präsidenten gewählt worden war, schrieb F. A. E. CREW, der Generalsekretär, an VAVILOV: „Der Erfolg unseres Kongresses ist meiner Meinung nach schon sicher. Erstens wird ihre Präsidentschaftsansprache ohne Zweifel eine hochinteressante und bedeutungsvolle Mitteilung sein. Zweitens hinterließ die seit den letzten 20 Jahren in der UdSSR geleistete Arbeit auf dem Gebiet der Genetik eine so tiefe Spur in der Wissenschaft, daß es nur natürlich ist, die höchste Funktion auf dem Kongreß einem Vertreter ihres Landes zur Verfügung zu stellen" (zitiert bei SOSINOW 1987).

VAVILOV hat diesen ehrenden Auftrag auf Grund der von T. D. LYSSENKO betriebenen Demagogie nicht übernehmen können. Mehr noch – VAVILOV wurde zunehmend in seinen wissenschaftlichen Aktivitäten behindert, von 1940 an vom wissenschaftlichen Leben gänzlich ausgeschlossen und verstarb am 26. Januar 1943 in einem Gefängnis in Saratow.

Im gleichen Jahr 1943, nur wenige Monate nach VAVILOVS Tod, wurde das 'Institut für Kulturpflanzenforschung', das heutige Zentralinstitut für Genetik und Kulturpflanzenforschung gegründet und Professor HANS STUBBE mit dessen Leitung beauftragt. Die vielen guten persönlichen und wissenschaftlichen Bande, die sich zwischen VAVILOV und seinen Mitarbeitern zu deutschen Forschern entwickelt hatten, verliehen nicht nur dem hiesigen Institut sowie dem heutigen Institut für Züchtungsforschung Quedlinburg der Akademie der Landwirtschaftswissenschaften der DDR Impulse, sondern sie wirkten auch nach der Zerschlagung des Hitlerfaschismus trotz massiver gegenteiliger Bestrebungen nachhaltig auf die Entwicklung der Genetik und der Kulturpflanzenforschung in der DDR.

Professor Dr. Drs. h. c. HANS STUBBE und Professor Dr. sc. DIETER METTIN
Foto G. TERPE

Das heutige Symposium hat damit zweifellos einen retrospektiven Bezug. Es soll aber gleichzeitig ein Forum für den Gedankenaustausch über die heutigen Erfordernisse und Möglichkeiten sein. Aus der Fülle des VAVILOVschen Gedankengutes haben wir bewußt einige wissenschaftliche Problemfelder – Erhaltung und Nutzung der pflanzlichen Ressourcen, Taxonomie und Evolutionsforschung, Verbreiterung der genotypischen Variabilität – herausgegriffen. Es sind Forschungs-

Professor Dr. sc. Dr. h. c. DIETER SPAAR, Präsident der Akademie der Landwirtschaftswissenschaften der DDR (links) und Professor Dr. sc. HEINZ STILLER, Vizepräsident der Akademie der Wissenschaften der DDR (rechts)

Foto G. TERPE

gebiete, die in der gegenwärtigenPhase des beginnenden Wirksamwerdens molekulargenetischer Erkenntnisse in der pflanzlichen Stoffproduktion nicht an Aktualität verloren haben, sondern deren Stellenwert im Rahmen der Mensch-Umwelt-Beziehung eine neue Qualität erreicht hat.

Es ist unseres Wissens die einzige Veranstaltung größeren Rahmens außerhalb der Sowjetunion, wo die beiden Akademien in der Woche vom 23. bis 27. November 1987 in beeindruckender Weise das Vermächtnis N. I. VAVILOVS gewürdigt haben.

Die Präsidenten der Akademie der Wissenschaften und der Akademie der Landwirtschaftswissenschaften haben unsere beiden Institute in Quedlinburg und Gatersleben mit der Durchführung dieses Symposiums beauftragt.

Ich freue mich, daß so viele Gäste aus dem In- und Ausland unserer Einladung Folge geleistet haben und begrüße Sie, auch im Namen von Professor DEHNE, alle sehr herzlich.

Mit besonderer Freude heiße ich zu unserem Symposium willkommen: den

Präsidenten der Akademie der Landwirtschaftswissenschaften der DDR Gen. Prof. Dr. Dr. h. c. D. SPAAR,
den Ehrenpräsidenten der Akademie der Landwirtschaftswissenschaften der DDR, unseren hochverehrten ersten Direktor Prof. Dr. Dr. h. c. mult. H. STUBBE,
den Vizepräsidenten der Akademie der Wissenschaften der DDR Gen. Prof. Dr. H. STILLER.

Ich begrüße sehr herzlich die Vertreter der Partei der Arbeiterklasse sowie der staatlichen und territorialen Organe, so den Sekretär für Wissenschaft und Erziehung der Bezirksleitung Halle der SED, Genn. Dr. A. KLEIN, sowie den Sekretär der Kreisleitung Aschersleben der SED Gen. A. SCHLEGEL, den Mitarbeiter der Abt. Landwirtschaft beim ZK der SED Gen. Dr. D. HAUBOLDT, sowie weitere Mitarbeiter der Bezirksleitung Halle und der Kreisleitung Aschersleben der SED; den Abt.-Leiter im Ministerium für Land-, Forst- und Nahrungsgüterwirtschaft Gen. Dr. WAGEMANN und die Mitarbeiterin im Ministerium für Wissenschaft und Technik Genn. Dr. SOMMERFELD, den Beauftragten des Forschungsbereiches Biowissenschaften und Medizin Prof. Dr. Dr. h. c. K. SCHREIBER, sowie den 1. Stellvertreter des Vorsitzenden des Rates des Kreises Aschersleben Gen. REDÖHL und die Vorsitzende des Rates der Gemeinde Gatersleben Genn. R. BENDLER.

Besonders willkommen heißen möchte ich unsere ausländischen Gäste, an ihrer Spitze eine Delegation der Akademie der Wissenschaften und der All-Unions-Lenin-Akademie der Landwirtschaftswissenschaften der UdSSR – zu dieser Delegation gehören Dr. JURI VAVILOV, der Sohn N. I. VAVILOVS, und Prof. Dr. V. L. VITKOVSKIJ, der Stellvertreter des Direktors des N. I. VAVILOV-Instituts in Leningrad, Dr. N. P. CUVAŠINA, Dr. S. I. DEMČENKO, Dr. V. D. ESAKOV; den Direktor des International Board for Plant Genetic Resources Prof. Dr. J. T. WILLIAMS; den Direktor des Istituto del Germoplasma in Bari Dr. P. PERRINO, Dr. S. BLIXT, Alnarp, Prof. Dr. J. G. HAWKES, Birmingham, Dr. R. SCHACHL, Linz, und Prof. Dr. M. S. WOLFE, Cambridge;
alle Gäste aus verschiedenen Einrichtungen der DDR und nicht zuletzt die Mitarbeiter des Instituts für Züchtungsforschung sowie unseres Zentralinstituts in Gatersleben.

Ich wünsche im Namen von Professor DEHNE sowie persönlich dem Symposium einen erfolgreichen Verlauf.

Literatur

SOSINOW, A., 1987: Geschichte der Wissenschaft in Gelehrtenbiographien. Wissenschaft in der UdSSR **5**, 20–29.

Kulturpflanze 36 · 1988 · 29–34

Grußansprache
des Vizepräsidenten der Akademie der Wissenschaften der DDR

HEINZ STILLER

Meine sehr verehrten Damen und Herren!

Es ist mir eine Ehre und große Freude, Sie im Namen des Präsidenten und des Präsidiums der Akademie der Wissenschaften der DDR zu diesem Symposium begrüßen zu dürfen, das dem hundertsten Geburtstag NIKOLAI IVANOVIČ VAVILOVS gewidmet ist.

Mit NIKOLAI IVANOVIČ VAVILOV würdigen wir einen großen Menschen und Wissenschaftler, der mit seinen Leistungen Bahnbrechendes für die Entwicklung der modernen Biowissenschaften und für die Nutzung ihrer Ergebnisse geleistet hat und deshalb zu Recht als einer der Pioniere dieses heute in seiner Bedeutung kaum zu überschätzenden Wissenschaftsgebietes gilt.

Als Sohn wohlhabender Eltern am 26. November 1887 in Moskau geboren, erhielt VAVILOV seine wissenschaftliche Ausbildung am Landwirtschaftlichen Institut, der heutigen TIMIRJASEV-Akademie, in Moskau. Es waren die biologischen Wissenschaften, die ihn an diese Lehranstalt zogen. Später weltbekannte Gelehrte, wie der Agrochemiker und Bodenkundler PRJANISCHNIKOV und RUDINSKI, Wegbereiter der wissenschaftlichen Pflanzenzüchtung in Rußland, waren dort seine Lehrer. – Mit PRJANISCHNIKOV verband ihn lebenslange Freundschaft.

Eine Studienreise führte den jungen Wissenschaftler in den Jahren 1913 und 1914 nach England, Frankreich und Deutschland. Begeistert nahm er nach eigenem Zeugnis Einsicht in den Nachlaß CHARLES DARWINS in Cambridge, arbeitete er im JOHN-INNES-Institute in Merton bei WILLIAM BATESON, dem Begründer der wissenschaftlichen Genetik. Fruchtbringende Anregungen vermittelte ihm sein Aufenthalt in Jena bei ERNST HAECKEL, der sich für die Verbreitung und Entwicklung der Selektionstheorie DARWINS einsetzte.

Diese breite, gediegene biologische Ausbildung schuf das Fundament für die bis in die Gegenwart hinein stimulierend wirkenden wissenschaftlichen Leistungen VAVILOVS:
- die Erarbeitung der Grundlagen für die Theorie der Resistenz der Kulturpflanzen gegenüber Krankheiten und Schädlingen,
- die Formulierung des „Gesetzes der homologen Reihen der erblichen Variabilität" und
- die Entwicklung der Genzentren-Theorie.

VAVILOV hatte sich bereits während des Studiums mit den Fragen der Immuni-

Mitglieder der sowjetischen Delegation: V. D. ESAKOV, J. N. VAVILOV, N. P. ČUVAŠINA, V. L. VITKOVSKIJ (von links nach rechts)

Foto G. TERPE

tät der Pflanzen beschäftigt, so in seiner ersten wissenschaftlichen Arbeit aus dem Jahre 1909. 1914 folgte als Ergebnis seines Aufenthaltes bei BATESON im Journal of Genetics die Arbeit „Immunity to fungous diseases as a physiological test in genetics and systematics, exemplified in cereals".

Immer wieder kam er auf dieses, für Wissenschaft und Praxis bedeutsame Problem der Immunität der Pflanzen zurück. Und so überrascht es nicht, daß er sich auch in einer seiner letzten Arbeiten aus dem Jahre 1940 damit befaßte – den 1962 postum veröffentlichten „Gesetzen der natürlichen Immunität gegenüber Infektionskrankheiten".

Um die tiefe Krise, in der sich die Systematik der Pflanzen Anfang unseres Jahrhunderts befand, zu überwinden, forderte VAVILOV die Gesetzmäßigkeiten der Ausprägung des Polymorphismus einer Art herauszufinden und seine Erscheinungen zu klassifizieren. Seine Lösung war das „Gesetz der homologen Reihen der erblichen Variabilität", das er auf dem 3. Allrussischen Kongreß der Pflanzenzüchter im Juni 1920 in Saratow – hier war er seit 1917 als Professor für Pflanzenzüchtung und Speziellen Ackerbau tätig – vorstellte.

Von seinen Zeitgenossen wurde dieses Gesetz mit MENDELEJEVS Periodischem System verglichen. Allerdings hatte es keinen Einfluß auf die Praxis der Systematik und Evolutionsforschung. Breite Nutzung fand und findet es jedoch in

J. N. VAVILOV (links) und H. STUBBE (rechts)

Foto G. TERPE

der Züchtung der Kulturpflanzen und wird von Genetikern und Züchtern weiterhin lebhaft diskutiert.

Die auf zahlreichen Expeditionen VAVILOVS durch sein Heimatland und weite Teile der Erde gesammelten Muster von Kulturpflanzen und ihren verwandten Wildarten hatten das praktische Ziel, diese genetischen Ressourcen planmäßig als Ausgangsmaterial für die Züchtung neuer Sorten in den klimatisch und edaphisch so unterschiedlichen Gebieten der Sowjetunion zu erschließen und sie zur Erweiterung der pflanzlichen Rohstoffquellen des Landes zu nutzen, teilweise auch durch die Einführung neuer Kulturarten.

Die hierbei gewonnenen Erkenntnisse und die zum Studium der überwältigenden Formenfülle des Materials entwickelte botanisch-pflanzengeographische Differentialmethode führten VAVILOV zur Genzentren-Theorie, mit der er im September 1927 auf dem V. Internationalen Kongreß für Vererbungswissenschaft in Berlin an die Öffentlichkeit trat.

Mag es aus heutiger Sicht unterschiedliche Meinungen über Einzelheiten der VAVILOVschen Genzentren-Theorie geben, so hatte sie unbestritten vielfältige Wirkungen: Sie faßte den in den 20er und 30er Jahren erreichten Wissensstand über die Entstehung, Abstammung und die Formenmannigfaltigkeit der Kul-

S. I. DEMČENKO (links) und D. METTIN (rechts)

Foto G. TERPE

turpflanzen zusammen, erklärte ihn und brachte ihn in einen logischen Zusammenhang. Sie stimulierte in unvergleichlicher Weise alle Richtungen der Kulturpflanzenforschung, unterstützte die Entwicklung der Pflanzenzüchtung von der Empirie zur Wissenschaft, beeinflußte die weltweite Sammlung und das eingehende Studium der ungeheuren Fülle der genetischen Ressourcen unserer Nutzpflanzen und ihrer verwandten Wildarten.

Weiterführende Untersuchungen der Sammlungen und die sich vertiefende Einsicht in die Evolutionsvorgänge der Kulturpflanzen führen bis in die Gegenwart zur kritischen Erörterung und Entwicklung der Genzentren-Theorie.

Ein solches Schicksal auch der eigenen wissenschaftlichen Erkenntnisse entspricht durchaus den Auffassungen VAVILOVS, der es – wie HANS STUBBE sich erinnert – als selbstverständlich ansah, daß mit dem Erkenntnisfortschritt notwendigerweise Veränderungen vorliegender Forschungsergebnisse verbunden sind.

Das umfangreiche wissenschaftliche Werk, der Aufbau der Akademie der Landwirtschaftswissenschaften der UdSSR, deren erster Präsident er war, die Lei-

J. Dehne, V. L. Vitkovskij und S. I. Demčenko (von links nach rechts)
Foto G. Terpe

tung zweier Akademieinstitute sowie die Vorbereitung und Auswertung der Ergebnisse seiner ausgedehnten Expeditionen erforderten eine große Arbeitsenergie, verbunden mit einer überragenden Fähigkeit zur Leitung großer Kollektive und zur rationellen Organisation der administrativen Arbeiten.

Vavilov stellte sich diesen Aufgaben mit nie erschöpfender Energie, enormer Vitalität, Weitblick und großem Optimismus ebenso, wie er trotz der gewaltigen Arbeitsbelastung aktiv an der Gestaltung des gesellschaftlichen Lebens in der jungen Sowjetunion teilnahm, so z. B. als Mitglied im Allrussischen Zentralen Exekutivkomitee der UdSSR, dem er von 1926 bis 1935 angehörte.

Mit zahlreichen sowjetischen und ausländischen Ehrungen fanden die hervorragenden wissenschaftlichen Leistungen Vavilovs Anerkennung; so durch die Verleihung des Leninordens, durch die Wahl zum Ordentlichen Mitglied der sowjetischen Akademie der Wissenschaften und zum Mitglied der Leopoldina.

Diese hohe internationale Wertschätzung konnten auch die im wesentlichen von Lyssenko inspirierten pseudowissenschaftlichen Verleumdungen nicht beeinflussen. Vavilov wies, wie wir wissen, diese Angriffe wiederholt scharf zurück und setzte unbeirrt seine wissenschaftlichen Arbeiten fort. Infolge dieser Auseinandersetzungen wurde er ein Opfer ungerechtfertigter Anschuldigungen und verstarb unter tragischen Umständen am 26. Januar 1943 in Saratow.

Menschliche Vernunft, die drängende Wahrheit unverfälschter Wissenschaft lassen sich jedoch auf Dauer nicht unterdrücken.

Seine Arbeiten und die seiner Mitarbeiter wirkten weiter und beeinflußten die Kulturpflanzenforschung, die Züchtungsforschung und die Pflanzenforschung ebenfalls in Deutschland stark. Die hier schon Mitte der 30er Jahre erwogene Gründung eines Institutes für Kulturpflanzenforschung erfolgte am 1. April 1943. HANS STUBBE wurde zum Direktor dieses Institutes berufen.

Das heutige Zentralinstitut für Genetik und Kulturpflanzenforschung der Akademie der Wissenschaften der DDR, dessen eigentlicher Aufbau erst nach 1945 mit der unverzichtbaren Hilfe unserer sowjetischen Freunde in Angriff genommen werden konnte, verdankt seine Existenz maßgeblich Anregungen, die durch Arbeiten VAVILOVS gegeben wurden. Täglich sichtbaren Ausdruck erhielten die engen Beziehungen, die seit Gründung des Instituts zu den Arbeiten des Begründers der modernen Kulturpflanzenforschung bestehen, mit der feierlichen Namensgebung „VAVILOV-Haus" an den Gebäudekomplex der Abteilungen Genbank und Taxonomie und Evolution im Jahre 1976.

Die enge und erfolgreiche Zusammenarbeit unseres Akademieinstituts mit seinen sowjetischen Partnern in der Gegenwart hat also in der Tat weit zurückreichende Traditionen. Sie wird heute entscheidend geprägt durch die gemeinsame Tätigkeit im wissenschaftlichen Rat des Themenkomplexes 5 – Genetische Ressourcen – des RGW-Komplexprogramms, durch regelmäßig stattfindende Arbeitsberatungen und Seminare, den Austausch von Saatgutproben züchterisch wertvoller Kulturpflanzenformen. Die geplante Datenbank für genetische Ressourcen aller RGW Staaten wird diese Kooperation auf einer qualitativ höheren Stufe ermöglichen.

NIKOLAI IVANOVIČ VAVILOV wird in den biologischen Wissenschaften als einer der hervorragendsten Forscher in der Welt auf dem Gebiet der Genetik, Taxonomie, Ökologie, Evolutionsforschung, Phytopathologie und Züchtung weiterleben. Er vereinte all diese Disziplinen unter dem Gesichtspunkt der Verbesserung unserer Kulturpflanzen. Diese einzigartige Zusammenfassung unter einer Idee gibt noch heute beständig neue Anregungen und ist eine Herausforderung auch für kommende Generationen von Wissenschaftlern auf dem Gebiet der Züchtungsforschung und Züchtung. Dies um so mehr als er in beispielhafter Weise – und ganz im Sinne des Gründers unserer Akademie – Wissenschaft nicht zuletzt zu dem Zwecke betrieb, grundlegende Ergebnisse hervorzubringen, die geeignet wären, das tägliche, friedvolle Leben der Menschen zu verbessern.

Ich bin gewiß, daß auch dieses Symposium dazu beitragen wird und wünsche Ihnen dafür einen guten Erfolg.

Kulturpflanze 36 · 1988 · 35–41

Grußansprache des Präsidenten der Akademie der Landwirtschaftswissenschaften der DDR

DIETER SPAAR

Meine Damen und Herren!
Verehrte Anwesende!

Ich begrüße Sie sehr herzlich zugleich im Namen des Präsidiums der Akademie der Landwirtschaftswissenschaften der DDR zu dem Symposium, das dem 100. Geburtstag des großen sowjetischen Gelehrten NIKOLAI IVANOVIČ VAVILOVS gewidmet ist. Eines ungewöhnlichen Forschers und Menschen, der nach den Worten FATICH CHAFISOVIČ BACHTEJEWS, eines engen Mitarbeiters VAVILOVS, „wie ein Komet am Himmelsgewölbe aufblitzte, dem es gelang, voll erfüllt von der globalen Idee der Erkundung und Erfindung der Kulturpflanzen, in einem kurzen Zeitraum außerordentlich viel zu leisten, der uns und zukünftigen Generationen aber ein noch viel größeres wissenschaftliches Erbe hinterließ."

Mit dem heute beginnenden Symposium wollen wir diesen großen Wissenschaftler des 20. Jahrhunderts ehren, dessen Lebenswerk in unserer Zeit lebendig ist und der uns auch heute viel zu sagen hat.

Wir ehren in NIKOLAI IVANOVIČ VAVILOV einen hervorragenden Wissenschaftler, der viele auch heute noch hoch aktuelle Gebiete wie die Forschungen zur pflanzlichen Immunität und Resistenz, zum Artbegriff und der erblichen Variabilität, zur Nutzung genetischer Ressourcen in der Züchtung von Kulturpflanzen, zur Evolutionsforschung und zur Taxonomie, zur Geschichte der Domestikation und des Ursprungs des Ackerbaus, zur systematischen Sammlung und Erhaltung von Kulturpflanzen und ihren wildwachsenden Verwandten und viele andere maßgeblich bereicherte und stimulierte.

Das Studium der Mannigfaltigkeit der Kulturpflanzen und ihrer verwandten Wildarten führte ihn zu wesentlichen Ergebnissen über ihre Abstammung, Evolution, Klassifizierung und über die geografische Verteilung der genetischen Variabilität.

VAVILOV organisierte nach seiner ersten Sammelreise 1916 in den Iran und den Pamir mehr als 180 Sammelreisen innerhalb der Sowjetunion und in 64 Länder auf allen Kontinenten, außer Australien, und stellte die Sammeltätigkeit und die Planung der Reiserouten auf eine solide begründete Basis. Bereits auf seinen ersten Reisen fand er mehr verwandte Arten von Kulturpflanzen, als bis dahin insgesamt bekannt waren. Er ordnete die Sammlungen und baute in allen Landesteilen der Sowjetunion ein Netz von Stationen zur Erhaltung und Erschließung dieser einzigartigen Kollektionen auf. Er vertrat die auch für

J. G. HAWKES (links) und J. T. WILLIAMS (rechts)

Foto G. TERPE

uns gültige Maxime und handelte danach, daß ein Wissenschaftler nur dann Großes leisten kann, wenn er neben Begabung, Bildung, hohem Fleiß und kritischem Einschätzungsvermögen und für die eigenen Forschungsergebnisse in solchen Richtungen wirkt, die die Wissenschaft um neue Ideen bereichern und nicht bereits Entdecktes nur präzisieren.

In seiner wissenschaftlichen Arbeit ließ er sich immer von der Auffassung leiten, daß Informationen nicht vorrangig aus Recherchen und Referaten zu schöpfen sind, sondern aus den originalen Quellen, Experimenten und persönlichen Kontakten, und daß solche Informationen – selbst wenn sie von großen Wissenschaftlern stammen – keinesfalls als Dogmen übernommen werden dürfen. So sagte er einmal in diesem Zusammenhang auch über seine eigenen Leistungen: „Ich bin mir zum Beispiel voll darüber im klaren, daß meine Ansichten über die erbliche Veränderlichkeit der nahen Formen und über die Entstehungszentren einiger landwirtschaftlicher Nutzpflanzen noch ergänzt und korrigiert werden. Und ich bin stets bemüht, dies jenen von meinen Mitarbeitern nahezulegen, die geneigt sind, meine Auffassungen als Wahrheit in letzter Instanz zu sehen."

Wir ehren in NIKOLAI IVANOVIČ VAVILOV einen bedeutenden Inspirator der

R. Schachl (links) und M. S. Wolfe (rechts)

Foto G. Terpe

Wissenschaft, der nicht nur weltweit von seinen Fachkollegen geachtet und anerkannt war, sondern der in unvergleichlicher Weise anregend auf Diskussionspartner und Mitarbeiter wirkte. Zu seinen Kollegen hatte er enge persönliche Kontakte, besuchte sie oft an ihrem Arbeitsplatz, beurteilte aufmerksam, sachlich und kritisch ihre Ergebnisse und gab wertvolle Anregungen, die er aus seinen umfassenden Kenntnissen, seiner ausgedehnten Korrespondenz und seinen zahlreichen Begegnungen mit führenden Wissenschaftlern ableitete. Er war ein brillanter Redner, der sich durch Klarheit der Sprache und der Gedanken, Prägnanz und bildhafte Ausdrucksweise, feinen Humor und Scharfsinn auszeichnete. Er sprach schlicht und völlig frei, als ob er improvisierte und nicht nach einer ausgefeilten Vorlage redete. Wie jeder große Wissenschaftler gab er sich nie als allwissend um unwiderlegbare Wahrheiten, die er Uneingeweihten verdeutlichen möchte. Er schilderte die Wissenschaft so, wie sie ist: nicht nur voller Erfolge, sondern mit Zweifeln behaftet, nicht wohlabgerundet, sondern mit Lücken auf zahlreichen Gebieten. Vavilov verstand es, Wege zu erschließen und die Wissenschaft in ihrer ständigen Entwicklung zu verdeutlichen. Dabei war er nie schulmeisterlich belehrend, ließ aber weder in wissenschaftlichen Arbeiten noch in Diskussionen Feststellungen ohne ausführliche Begründung gelten.

Wir ehren in Nikolai Ivanovič Vavilov einen großen Organisator der For-

S. BLIXT und Gattin

Foto G. TERPE

schung und Wissenschaft, der seine ganze Kraft in den Dienst der jungen Sowjetmacht stellte.

Als der Rat der Volkskommissare der UdSSR 1923 die Gründung einer Akademie der Landwirtschaftswissenschaften beschloß, wirkte er als Organisator, entwickelte er das Büro für Angewandte Botanik in Leningrad in das Allunionsinstitut für Angewandte Botanik und Neue Kulturen (das heute seinen Namen tragende Allunionsinstitut für Pflanzenbau) als erstes Institut dieser neuen Akademie. Mit Gründung dieser Akademie im Jahre 1929 wurde er ihr erster Präsident. Im Jahre 1930 übernahm er gleichzeitig die Leitung des Instituts für Genetik der Akademie der Wissenschaften. Als Präsident der Allunionsgesellschaft für Geografie leistete er auch viel für die Entwicklung der geografischen Wissenschaft in der UdSSR.

Viele seiner wissenschaftsorganisatorischen Prinzipien sind heute in unserer Zeit hoher Dynamik wissenschaftlicher Erkenntnisse aktueller denn je. So forderte er eine exakte Forschungsplanung, bei der konkrete Vorstellungen von dem gesteckten Ziel und der zu lösenden Frage vorliegen müssen. Es dürften aber nicht zu viel Details entwickelt, sondern es sollte nur in größeren, aber klaren Zügen der Weg zum Ziel umrissen werden. Ein zu starrer Plan würde den Wissenschaftler stören, seine Schaffenskraft hemmen. VAVILOV empfahl seinen Mit-

R. BRAUN (links) und P. PERRINO (rechts)

Foto G. TERPE

arbeitern, die Forschungsetappen in den geforderten Dispositionen so zu markieren, daß der Logik der sich offenbarenden Wahrheit gefolgt werden kann und „außerplanmäßige" Forschungsergebnisse eingedenk der Worte BATESONS „Wisset die Ausnahmen zu schätzen" besondere Aufmerksamkeit verdienen. Und er war bereit, unbürokratisch unter Umständen die gesamte Arbeit umzustellen, die Forschungen in eine andere Richtung zu lenken oder sie abzubrechen, wenn sich dies als zweckmäßig für den Erkenntnisgewinn oder aus volkswirtschaftlichen Erfordernissen heraus als notwendig erwies.

Immer wieder wies er darauf hin, daß ein Wissenschaftler wissen muß, wann er Bilanz seiner Forschungen ziehen und die Ergebnisse zu veröffentlichen hat, zumal fast jedes Experiment nahezu beliebig lange dauern kann, da im Verlaufe der Versuche stets neue Fragen auftauchen.

Für VAVILOV war es eine selbstverständliche Pflicht, daß sich ein Wissenschaftler stets kontrollieren muß, um nicht von dem Weg abzukommen, der zu Ergebnissen führt, die entweder die Theorie voranbringen oder praktisch verwertet werden können. Wenn das gesetzte Ziel angewandten Charakter habe, dürfe der Forscher keinen Augenblick vergessen, daß seine praktische Arbeit nur dann auf Dauer erfolgreich ist, wenn sie auf einer wohlbegründeten Theorie beruht. Nach seiner Auffassung gehen etwa die Hälfte aller der Fälle, in denen ein Forscher im Verlaufe von mehreren Jahren nicht wirklich Wertvolles produziert, auf dessen Unkonzentriertheit, auf Verzettelung für kleinere Sachen zurück, die durch ihre Einfachheit verführen und baldige, aber bescheidene Ergebnisse verheißen.

Die Einheit von Theorie und Praxis, von Wissenschaft und Produktion war ein besonderes Anliegen VAVILOVS. Er sah die Notwendigkeit „der Schaffung einer starken Theorie, die imstande sein muß, mit den Veränderungen in der Technik und in der Wirtschaft Schritt zu halten“, genauso, wie das Erfordernis „die Forschungsarbeit eng mit der Produktion . . .“ (zu verflechten). „Ein Teil der Forschungsarbeit muß in die Produktion selbst überführt werden . . .“, so formulierte VAVILOV im Jahre 1930 Hauptaufgaben der neugegründeten Landwirtschaftsakademie.

Das und vieles mehr sind Erkenntnisse eines Leiters, eines Organisators und Inspirators der Wissenschaft, über die es gerade in unserer Zeit der wissenschaftlich-technischen Revolution lohnt, immer wieder nachzudenken, die es in unserer Arbeit zu beherzigen gilt.

Wir ehren in NIKOLAI IVANOVIČ VAVILOV eine faszinierende Persönlichkeit, einen Menschen mit starker persönlicher Ausstrahlung. Er zeichnete sich, wie es kürzlich der Präsident der WASChNIL der UdSSR, Professor Dr. A. A. NIKONOV, auf dem Festakt anläßlich des 100. Geburtstages VAVILOVS zum Ausdruck brachte, durch Leidenschaftlichkeit und Brennen für die Wissenschaft, durch überwältigende Schaffenskraft, Zielbewußtsein und Zielstrebigkeit, durch enzyklopädische Kenntnisse, sehr weiten Gesichtskreis, höchste Kultur, durch größte Toleranz und Achtung gegenüber dem Opponenten, durch persönliche Bescheidenheit, Charme, Wohlwollen und durch größtmöglichste Unterstützung für die Jungen aus.

Unversöhnlich und kompromißlos war er hinsichtlich der wissenschaftlichen Wahrheit. „Wir werden auf den Scheiterhaufen gehen, wir werden verbrennen, aber von unseren Überzeugungen werden wir uns nicht lossagen“. Das sind Worte VAVILOVS. Er lebte nach diesen und er verbrannte. Aber er lebt fort in seinen genialen Arbeiten, in seinen Ideen und in der schöpferischen Fortsetzung seines Werkes.

VAVILOV hat der Menschheit ein überaus reiches wissenschaftliches Erbe hinterlassen. Es zu wahren, zu pflegen und mit neuen Leistungen zu realisieren, danach strebt die Akademie der Landwirtschaftswissenschaften der DDR, darin sehen die Agrarwissenschaftler der DDR eine große Verpflichtung.

Es erfüllt uns mit Stolz, daß die Traditionen der Zusammenarbeit deutscher und sowjetischer Agrarwissenschaftler auf die zwanziger Jahre zurückgehen, und daß unter anderem die Namen Nikolai Ivanovič Vavilov, Erwin Baur und Hans Stubbe einen besonderen Platz in den Annalen dieser Wissenschaftsbeziehungen einnehmen. Wenn die Akademie der Landwirtschaftswissenschaften der DDR seit ihrem Bestehen immer das Erbe Nikolai Ivanovič Vavilovs hochhielt, so ist das in besonderem Maße ein Verdienst ihres ersten Präsidenten, unseres hochverehrten Ehrenpräsidenten Professor Dr. Dr. h. c. mult. Hans Stubbe. Allen Versuchen, in unserer Agrarwissenschaft Lyssenkoschen Dogmen Raum zu geben, gab er im wissenschaftlichen Streit, auch durch die experimentelle Überprüfung solcher Thesen, eine entschiedene Abfuhr. In keiner Zeit war so das Verhältnis der Agrarwissenschaftler der DDR zu dem großen Erbe Vavilovs belastet.

Mit dem Aufbau und der intensiven Nutzung der Gaterslebener Kulturpflanzensammlung, mit den auf hohem Niveau durchgeführten Forschungen im Institut für Genetik und Kulturpflanzenforschung Gatersleben der Akademie der Wissenschaften der DDR, im Institut für Züchtungsforschung Quedlinburg und in anderen Instituten der Akademie der Landwirtschaftswissenschaften der DDR sowie an den biologischen und agrarwissenschaftlichen Sektionen der Universitäten der DDR wird das Vermächtnis Nikolai Ivanovič Vavilovs bewahrt.

Wenn in den letzten zwölf Jahren von den Mitarbeitern der Gaterslebener Genbank und den Pflanzenzüchtern unserer Republik 35 neue Sorten geschaffen wurden, die auf genetische Ressourcen dieser Genbank zurückgehen, und die ausnahmslos nachhaltige Ertragssteigerungen in der sozialistischen Landwirtschaft bewirkten, so ist auch damit Nikolai Ivanovič Vavilov ein ehrendes Denkmal gesetzt.

Vavilovsches Erbeverständnis schließt kritische Aneignung und schöpferische Weiterentwicklung ein. Dem dient das Vavilov-Symposium 1987 der Akademie der Wissenschaften und der Akademie der Landwirtschaftswissenschaften der DDR. Ich bin überzeugt, daß dieses Symposium der Größe des Erbes Vavilovs gerecht wird.

Dazu wünsche ich Ihnen eine ertragreiche Arbeit.

Kulturpflanze 36 · 1988 · 43–53

Leben und Werk N. I. Vavilovs

Vsevolod Leonidovič Vitkovskij

In der Geschichte der Weltwissenschaft und besonders in der Geschichte der sowjetischen Wissenschaft kommt N. I. Vavilov ein ganz außerordentlicher Platz zu. Einer der größten Botaniker und Pflanzenspezialisten, ein brillanter Genetiker und Agronom, ein unermüdlicher Forschungsreisender, Geograph und Ethnograph, ein erstklassiger Theoretiker der Evolutionslehre, ein begabter Publizist und Chronist der Wissenschaft, erreichte N. I. Vavilov Höhen, die nur Genies zu erreichen gegeben ist. Seine gesamte vielfältige wissenschaftliche Tätigkeit war der erschöpfenden Untersuchung der Kulturpflanzen und ihrer Verwandten gewidmet, um wertvolles Ausgangsmaterial für die Züchtung leistungsfähiger, qualitativ hochwertiger und immuner Sorten landwirtschaftlicher Kulturpflanzen zu finden, d. h. um erfolgreich das Ernährungsproblem der in der Sowjetunion aber auch in anderen Ländern der Welt lebenden Menschen zu lösen.

Eine sehr große wissenschaftliche und praktische Bedeutung haben seine Forschungen auf dem Gebiet des Pflanzenbaus. Gemeinsam mit den Mitarbeitern des Allunionsinstituts für Pflanzenbau „N. I. Vavilov" (VIR), sammelte N. I. Vavilov nicht nur eine sehr wertvolle Kollektion landwirtschaftlicher Pflanzen, sondern er organisierte auch ihre planmäßige Untersuchung hinsichtlich aller Merkmale, die von Interesse für den Pflanzenbau und die Züchter sind.

Er wählte immer einen eigenen, besonderen Weg, gerade deshalb kennzeichnen seine Werke, in denen er neue, originelle Ideen entfaltete und Lehrsätze aufstellte, eine ganze Epoche in der Entwicklung der biologischen und der Agrarwissenschaften.

Für einen Menschen, der zudem nur ein kurzes Leben hatte, vollbrachte N. I. Vavilov eine kaum vorstellbar große Leistung. Er veröffentlichte hervorragende Werke mit sehr bedeutenden theoretischen Verallgemeinerungen, unternahm eine Vielzahl von Forschungsreisen in schwer zugängliche Gebiete der Welt, schuf ein genau durchdachtes Netz biologischer und landwirtschaftlicher Einrichtungen in einem so riesigen Land, wie es die UdSSR ist.

N. I. Vavilov, ein umfassend gebildeter, mit umfangreichem Wissen und großen Erfahrungen ausgestatteter Mensch, der eine ungewöhnliche Begabung für theoretische Untersuchungen und Verallgemeinerungen besaß, hinterließ der Menschheit ein sehr reiches wissenschaftliches Erbe.

Die Untersuchung des Gesamtsystems der erblichen Variabilität verschiedener systematischer Pflanzengruppen, ein überaus großes Faktenmaterial, über das N. I. VAVILOV verfügte, ermöglichte es ihm, das Gesetz der homologen Reihen in der erblichen Variabilität zu formulieren. Es wurde später durch umfangreiches Faktenmaterial bestätigt.

N. I. VAVILOV organisierte und führte 1920 in Saratov den III. Unionszüchterkongreß durch, wo er mit dem Vortrag „Gesetz der homologen Reihen in der erblichen Variabilität“ auftrat, der von den Teilnehmern einmütig als ein hervorragendes Ereignis in der Biologie eingeschätzt wurde.

Das Wesen des Gesetzes der homologen Reihen in der erblichen Variabilität besteht kurz gesagt darin, daß nahe verwandte Gattungen und Arten eine Vielzahl vergleichbarer Merkmale aufweisen, sowohl morphologischer als auch physiologischer Natur, und zwar so offensichtlich, daß man bei Kenntnis der Formenreihe einer Art oder Gattung das Vorhandensein entsprechender Formen bei einer anderen Art oder Gattung voraussagen kann.

Das Gesetz der homologen Reihen gestattet es, nicht nur die Vielfalt der in der Natur schon vorhandenen Arten zu systematisieren, sondern das Vorhandensein von Pflanzen mit bisher noch nicht aufgefundenen Merkmalen vorauszusagen. Auf Grund der verallgemeinernden Fakten und der Tiefe ihrer theoretischen Analyse, dem wissenschaftlichen und praktischen Wert wird dieses Gesetz zu Recht mit dem Periodensystem der chemischen Elemente von MENDELEEV verglichen.

Besondere Bedeutung hat das Gesetz der homologen Reihen für das Auffinden von Formen mit wirtschaftlich wichtigen Merkmalen und bildet somit die theoretische und praktische Grundlage der Züchtung. Mit Hilfe dieses Gesetzes ist der Züchter in der Lage, die Zusammensetzung der Mannigfaltigkeit innerhalb einer Kulturpflanzenart aufzuzeigen und sich leichter in dem Ausgangsmaterial zu orientieren. Auch heute, im Zeitalter der Molekularbiologie, findet das Gesetz der homologen Reihen seine Bestätigung und wird durch neue, seinem Schöpfer unbekannte Tatsachen bereichert.

In New York, USA, fand 1921 der Internationale Phytopathologenkongreß statt. N. I. VAVILOV, der zu diesem Kongreß eingeladen wurde, hielt ein Referat über das Gesetz der homologen Reihen, wobei er das Material wesentlich überarbeitet und erweitert hat. Der Vortrag wurde zur Sensation. Die Fotos von VAVILOV wurden auf den ersten Zeitungsseiten abgedruckt und mit begeisterten Kommentaren versehen. All das trug sehr wesentlich zur Festigung der Autorität der noch jungen sowjetischen Wissenschaft bei.

Von außerordentlicher Bedeutung für die internationale Wissenschaft ist die Lehre VAVILOVS über die Entstehungszentren der Kulturpflanzen, über die geographischen Gesetzmäßigkeiten der Verteilung ihrer erblichen Merkmale.

Auf seinen Forschungsreisen bewies N. I. VAVILOV, daß er ein begabter Geograph und Forschungsreisender neuen Typs war. Beim Erkunden neuer Territorien, die meistens in schwer zugänglichen, wenig entwickelten Ländern mit einem uralten Ackerbau lagen, beschränkte er sich nicht auf die Untersuchung der Pflanzenformen, der ökologischen Umgebung ihres Standortes und der Anbauverfahren. In einer Reihe seiner Arbeiten gibt N. I. VAVILOV eine geographische Beschreibung dieser Länder und charakterisiert ihre natürlichen Bedingungen. Zum Beispiel beschreibt er Relief, Boden, Pflanzenbestände, Fauna, Wasserhaushalt und Klima und sammelt mehrjährige meteorologische Daten. Er studiert gründlich die Geographie der Landwirtschaft, die Verteilung und ethnische Zusammensetzung der Bevölkerung, die Besonderheiten ihrer materiellen, gesellschaftlichen und geistigen Kultur. Als Muster eines hervorragenden geographischen Werkes kann sein Buch „Die Landwirtschaft Afghanistans" angesehen werden.

Die zusammenfassenden wissenschaftlichen Ergebnisse tiefgehender und sehr umfangreicher biogeographischer Untersuchungen sind in solchen Werken N. I. VAVILOVS dargelegt, wie „Mexiko und Zentralamerika als Hauptentstehungszentrum der Kulturpflanzen", „Große Ackerbaukulturen des vorkolumbianischen Amerika und ihre Wechselbeziehungen", „Die Rolle Zentralasiens bei der Entstehung von Kulturpflanzen", „Entstehungszentren der Kulturpflanzen".

Das grundlegende Werk „Entstehungszentren der Kulturpflanzen", in dem erstmals die Lokalisierung und die Gesetzmäßigkeiten der Verbreitung der angebauten Pflanzen auf unserem Planeten gezeigt wurden, erschien 1926. Ihm folgte 1927 eine kleine Arbeit, „Geographische Gesetzmäßigkeiten in der Verteilung der Gene bei Kulturpflanzen", die aber von sehr großem theoretischem Wert war. Im Laufe der folgenden zehn bis zwölf Jahre veröffentlichte N. I. VAVILOV eine Reihe von Arbeiten zu diesem Thema und schloß das im Jahre 1940 erschienene große Werk „Die Lehre über die Entstehung der Kulturpflanzen nach Darwin" ab.

Zur Bestimmung von Zentren der Entstehung von Kulturpflanzen (Zentren ihrer Herausbildung) begründete N. I. VAVILOV eine spezielle Methode, die die Bezeichnung „botanisch-geographische Differentialmethode" erhielt. Das Wesen der Methode besteht in der Klärung des Charakters der Verteilung der Formenmannigfaltigkeit einer Art im Bereich eines Areals, der Feststellung der geographischen Zentren, in dem diese Mannigfaltigkeit konzentriert ist, sowie in der geographischen Lokalisierung des Formenbildungsprozesses.

N. I. VAVILOV hielt ein bestimmtes geographisches Gebiet für das Entstehungszentrum einer Kulturpflanze, wenn in diesem folgendes festgestellt wurde:

- Eine maximale botanische Vielfalt dieser Kulturpflanze (bei einer Gattung eine maximale Artenzahl, bei einer Art ein maximaler Polymorphismus innerhalb der Art);
- wildwachsende Arten, d. h. die Vorfahren der Kulturpflanze und ihre botanische Vielfalt im Bereich des Areals;
- endemische Arten;
- wildwachsende Arten, die den Kulturpflanzen nahe stehen;
- auf die Kulturpflanzen spezialisierte Parasiten;
- eine alte ackerbauliche Zivilisation.

N. I. VAVILOV vertrat die Auffassung, daß für die Festlegung von Entstehungszentren der Kulturpflanzen auch Ergebnisse aus archäologischen, historischen und linguistischen Forschungen Bedeutung haben. Insgesamt legte N. I. VAVILOV sieben große Entstehungszentren fest, die der Lokalisierung der ältesten Ackerbaukulturen entsprechen. Sie befinden sich alle in der Nähe tropischer Breitengrade und sind Gebirgsländer mit gemäßigtem Klima.

Einen bedeutenden Meilenstein in der Arbeit N. I. VAVILOVS als Genetiker und Evolutionsforscher bildete sein Werk „Die Linné'sche Art als System".

Nach N. I. VAVILOV ist die LINNÉ'sche Art ein kompliziertes, flexibles morphologisch-physiologisches System, das in seiner Entstehung mit einem bestimmten Milieu und Areal in Zusammenhang steht. Trotz der großen Komplexität in der Zusammensetzung ist die Art eine in der Natur real existierende Erscheinung. „An die Erforschung des Evolutionsprozesses kann man nur dann unmittelbar herangehen", sagte N. I. VAVILOV, „wenn man die Linné'sche Art als ein komplexes System und nicht als einzelne Fragmente versteht. Die Lösung der Hauptfragen der Evolution kann nicht gefunden werden, ohne zu berücksichtigen, daß die Art ein kompliziertes System von Formen (Genotypen) ist."

N. I. VAVILOV war der Meinung, daß zum Erforschen einer Art nicht nur die allgemeinen Verbreitungsgrenzen der einzelnen Formen bekannt sein müssen, sondern auch Kenntnisse über die Gebiete der größten Konzentration der Elemente ihrer Variationen notwendig sind, sowie die Feststellung der geographischen Zentren, in denen sich ein Maximum des Formenbildungsprozesses befindet. Diese Prinzipien N. I. VAVILOVS liegen der modernen Interpretation der Art zugrunde. Sie bilden das Wesen der ökologisch-geographischen Prinzipien bei der synthetischen Züchtung, deren Begründung eine neue und sehr fruchtbare Richtung der Züchtungsarbeiten ermöglichte.

Das von N. I. VAVILOV gemeinsam mit seinen Mitarbeitern geschaffene dreibändige Werk „Theoretische Grundlagen der Züchtung", stellt eine grundlegende Anleitung für die angewandte Genetik dar. Dieser Arbeit liegen botanisch-geographische und genetische Prinzipien zugrunde.

N. I. VAVILOV war es, der als erster den Grundsatz formulierte, daß die Züchtung eine selbständige Wissenschaft sei. Er stand auch an den Anfängen der sowjetischen Züchtung und förderte durch seine theoretischen und praktischen Arbeiten ihr Werden und Wachsen. Neue originelle Ideen und wissenschaftliche Thesen zur Erarbeitung wissenschaftlicher Grundlagen der Züchtung wurden von N. I. VAVILOV in den Arbeiten „Züchtung als Wissenschaft", „botanisch-geographische Grundlagen der Züchtung", „wissenschaftliche Grundlagen der Weizenzüchtung", „Weltpflanzenressourcen und ihre Nutzung für die Züchtung", formuliert, in denen er die wichtigsten Probleme der Züchtungstheorie und -praxis behandelte, insbesondere das Problem des Ausgangsmaterials.

Die Lehre über das Ausgangsmaterial oder über den Weltgenfonds der Kulturpflanzen war das Hauptproblem, das das gesamte Schaffen N. I. VAVILOVS bestimmte. Diese Lehre beinhaltet eine Reihe bedeutender Verallgemeinerungen, die der sowjetischen Wissenschaft zum Ruhm verhalfen und die eine wesentliche Rolle bei der Entwicklung der Züchtung und der Genetik spielten. Die theoretische Grundlage dieser Lehre bildeten: Das Gesetz der homologen Reihen in der erblichen Variabilität, theoretische Abhandlungen zum Problem der Art als eines Systems, botanisch-geographische Grundlagen der Züchtung und die weit bekannte Theorie der Zentren der Entstehung der Kulturpflanzen.

Die allseitige, komplexe Untersuchung der gesammelten Muster veränderte von Grund auf die damaligen Vorstellungen über die Sorten- und Artenzusammensetzung selbst solch bekannter Kulturpflanzen wie Weizen, Roggen, Mais, Baumwolle, Lein, Kartoffeln. Fast die Hälfte aller während der Reisen gesammelten Muster stellten sich als neue, der Wissenschaft nicht bekannte Arten und Varietäten heraus. Das ermöglichte N. I. VAVILOV, auf eine neue Art das Problem des Ausgangsmaterials zu lösen. „Wir werden wohl keinen Fehler machen, wenn wir sagen, daß in den 200 Jahren der Existenz der botanisch-agronomischen Wissenschaft seit LINNÉ weniger Kulturpflanzenarten und ihnen verwandte Wildarten entdeckt wurden, als in den letzten zehn Jahren durch die Arbeiten sowjetischer Forscher", schrieb N. I. VAVILOV 1936 in dem Artikel „Wege der sowjetischen Pflanzenbauwissenschaft."

Die Weltkollektion des Allunionsinstitutes, die eine kolossale Vielfalt der Pflanzenressourcen der Welt umfaßt, der Reichtum des durch N. I. VAVILOVS Expeditionen gesammelten Ausgangsmaterials, haben die Möglichkeiten der Züchtungsarbeit wesentlich vergrößert.

In den oben genannten Arbeiten zur Züchtung als Wissenschaft wurde von N. I. VAVILOV auch eine neue, durch ihn erarbeitete Theorie der Introduktion beschrieben. Sie zeigt die Bedeutung der Art- und Gattungshybriden, begründet die Wichtigkeit der Erarbeitung der Lehre über die Bedeutung der Umwelt bei dem Nachweis von Sortenmerkmalen, unterstreicht die Notwendigkeit der Untersuchung des Selektionsprozesses bei den Selbst- und Fremdbestäubern sowie der sich vegetativ und apogam vermehrenden Pflanzen, bestimmt die Bearbeitung von Fragen der Spezialselektion von einzelnen Pflanzen und zeigt schließlich die Möglichkeiten der Züchtung hinsichtlich Dürrefestigkeit, Mykoseimmunität u. a. auf.

Bei der Analyse der Bedeutung der Arbeiten VAVILOVS auf dem Gebiet des Pflanzenbaus schrieb Professor J. R. HARLAN: „In der Weltanschauung VAVILOVS ist das wertvoll, was die Prüfung durch die Zeit überdauerte – es ist seine Theorie (Philosophie) und Strategie der Schaffung nationaler Züchtungsprogramme. Diese Lehre VAVILOVS wird allmählich zur internationalen Globalstrategie, die folgendes umfaßt: 1) riesige Kollektionen von Keimplasma der Mehrzahl der Kulturpflanzen; 2) eine Analyse der Variabilität im gesamten Material; 3) die Nutzung dieser Variabilität in den Programmen der verschiedenen Zuchtzentren; 4) Erhaltung des Keimplasmas für die Zukunft" (HARLAN 1981).

Groß ist der Beitrag VAVILOVS bei der Erforschung der Krankheits- und Schädlingsresistenz der Pflanzen.

Trotz der sehr großen Breite der Interessen und Ergebnisse VAVILOVS zum Problem der genetischen Grundlagen der Pflanzenzüchtung, galt sein besonderes Interesse immer der Frage der Genetik der Pflanzenimmunität. Er war der erste und bis jetzt der einzige Schöpfer einer Theorie, die eigentlich als „Theorie der genotypischen Immunität" bezeichnet werden müßte.

Schon als Student veröffentlichte er in den Werken der Moskauer Zuchtstation 1910 bis 1911 einige Skizzen zur Bekämpfung des Brandes und bereits 1913 wurden die „Materialien zur Frage der Resistenz von Brotgetreidearten gegenüber parasitären Pilzen" und „Skizze des gegenwärtigen Standes der Lehre über die Immunität von Brotgetreidearten gegenüber Pilzkrankheiten" gedruckt.

Umfangreiches Material experimenteller Arbeiten, die von 1911 bis 1918 durchgeführt wurden, bildete die Grundlage der Monographie „Immunität der Pflanzen gegenüber Infektionskrankheiten". In diesem Werk, das 1919 veröffentlicht wurde, faßte N. I. VAVILOV nicht nur die zu dieser Zeit vorhandenen Kenntnisse über die Pflanzenimmunität zusammen, sondern er ging auf eine neue Art und Weise an das gesamte Problem heran, indem er zeigte, daß es dafür verschiedene Lösungen, u. a. vom Standpunkt der Physiologie, gibt.

Im Jahre 1935 veröffentlichte N. I. VAVILOV noch ein grundlegendes Werk, „Theorie der Immunität der Pflanzen gegenüber Infektionskrankheiten". 1940 hielt er einen Vortrag „Gesetze der natürlichen Pflanzenimmunität gegenüber Infektionskrankheiten (Schlüssel zum Auffinden immuner Formen)", in dem er eine Einschätzung der wichtigsten Kultur- und Wildpflanzen aus der Sicht ihrer Anfälligkeit gegenüber den Hauptkrankheiten gab und eine Reihe von Schlußfolgerungen zog, die das Vorhandensein und das Auffinden immuner Formen bestimmen.

Der wesentliche Inhalt der Lehre N. I. VAVILOVS über die Pflanzenimmunität kann in folgenden Leitsätzen dargestellt werden: Die Immunität bildet sich unter dem Einfluß der natürlichen Selektion nur unter solchen Bedingungen heraus, die eine Infektion begünstigen, und in der Regel wird die Immunität nur dort wirksam, wo der eine oder andere Schaderreger vorhanden ist, dem gegenüber die Selektion zur Herausbildung von Immunität führt. Ist die Evolution einer Kulturpflanze und ihre Gliederung in bestimmte genetische und ökologisch-geographische Gruppen bekannt, kann im wesentlichen vorausgesagt werden, wo sich immune Formen, die den Züchter interessieren, befinden.

In seinen Werken unterstrich N. I. VAVILOV, daß die natürliche Pflanzenimmunität einen genetisch-physiologischen Ursprung hat. Die Reaktion der Wirtspflanze auf das Eindringen eines parasitären Pilzes hängt nicht nur von ihrer genetischen Natur ab, sondern auch vom Vorhandensein bestimmter physiologischer Rassen des Pilzes. Die Evolution des pathogenen Pilzes vollzieht sich gekoppelt an die Evolution der Wirtspflanze und verläuft in ihrer gemeinsamen Heimat. Für die praktische Züchtung war die These N. I. VAVILOVS über die Möglichkeit einer erfolgreichen Selektion auf Immunität von größter Bedeutung. In seinen theoretischen und praktischen Arbeiten zum Immunitätsproblem war N. I. VAVILOV eine breite Betrachtungsweise eigen. Er bezog genetische und Umweltfaktoren der Resistenz ein, deren Mechanismen, die Veränderlichkeit der Parasiten und ihre Evolution, die mit der der Wirtspflanze in Beziehung stand u. a.

Sehr große Bedeutung maß N. I. VAVILOV immer den Untersuchungen auf dem Gebiet der Genetik bei.

In der wissenschaftlichen Arbeit N. I. VAVILOVS lassen sich die genetischen und züchterischen Forschungen schwer voneinander trennen, sie sind auf das engste miteinander verbunden. In dem Artikel „Die Genetik im Dienste des sozialistischen Ackerbaus" (1932) schrieb N. I. VAVILOV: „Unsere Aufgabe . . . besteht darin, die Arbeit der Züchter mehr genetisch durchdacht zu gestalten und die Arbeit der Genetiker konsequent mit der Arbeit der Züchter zu verbinden. Dadurch wird die eine und die andere Seite gewinnen."

Es muß unterstrichen werden, daß die ersten Arbeiten zu Fragen der Genetik in Rußland von N. I. VAVILOV durchgeführt wurden. Im Jahre 1912, als es in

Rußland kaum jemanden gab, dem selbst der Begriff „Genetik" bekannt war, hielt N. I. VAVILOV bei den Höheren Frauenkursen für Landwirtschaft eine Vorlesung „Genetik und ihre Beziehung zur Agronomie". 1914 veröffentlichte er einen Artikel über Immunität gegenüber Pilzkrankheiten als physiologisches Kriterium in der Genetik. In den Anfängen der Genetik war für ihre Entwicklung auch das „Gesetz der homologen Reihen in der erblichen Variabilität" von größter Bedeutung. Diese Arbeit bildete den Anfang der hervorragenden Tätigkeit N. I. VAVILOVS als einer der führenden Genetiker. Professor I. A. SACHAROV schreibt, „dieses Gesetz . . . wurde zur bedeutendsten Überschau, die N. I. VAVILOV auf dem Gebiet der Genetik gab; er kam dazu beim Studium der ungeheuren Mannigfaltigkeit der Kulturpflanzen im Iran und in Mittelasien, die er während seiner Tätigkeit in Saratov an der dortigen Sammlung von Kulturpflanzen unterschiedlicher Herkunft analysierte und dabei das wichtigste Prinzip des Mendelismus, die Diskretheit der Merkmale, in den Hintergrund rückte" (SACHAROV 1987, S. 15).

Umfangreiche genetische Forschungen führte N. I. VAVILOV im Allunionsinstitut für Pflanzenbau durch, wo die Lehre über die Karyotypen entwickelt, das Phänomen der Amphidiploidie entdeckt, die Polyploidie-Reihe der Wild- und Kulturarten der Kartoffel festgestellt, sowie erste Arbeiten zur Hybridisierung von Maislinien begonnen wurden.

N. I. VAVILOV nutzte auf vielfältige Weise das genetische Herangehen bei der Analyse des Problems der Herkunft und der Variabilität von Kulturpflanzen und entwickelte eine Reihe sehr interessanter evolutionsgenetischer Konzeptionen.

Gut bekannt ist seine Arbeit „Über die Phylogenese des Weizens" (1925). Sie ist einer Reihe genetischer Probleme dieser Kulturpflanze gewidmet. Die Phylogenese des Weizens untersuchend, schlug N. I. VAVILOV „. . . die Methode der zyklischen Kreuzungen für die Analyse phylogenetischer Beziehungen (Genomähnlichkeit) einer Reihe systematisch naher Arten" vor und verwirklichte sie (SACHAROV 1987, S. 15).

Die Theorie der Zentren der Herkunft und Formenbildung der Kulturpflanzen von N. I. VAVILOV, in der Kenntnisse der Populationsgenetik, der botanischen Geographie und Geschichte zusammengefaßt sind, bildet die Nahtstelle einer Reihe von Wissenschaften. „In ihrem genetischen Aspekt, der Behauptung von der ungleichmäßigen Verteilung der Gene (genauer gesagt der Allele) über das Areal einer Art, gab die Theorie N. I. VAVILOVS einen Anstoß zur Herausbildung der Gengeographie und ökologischen Genetik, die, wie es NIKOLAI IVANOVIČ seinerzeit am Material der Kulturpflanzen tat, die Genzusammensetzung der Populationen in Abhängigkeit von ihrer Geschichte, der gegenwärtigen Situation und des Areals der Arten, den geographischen Faktoren und ökologischen Bedingungen untersuchen" (SACHAROV 1987, S. 17).

Das Werk N. I. VAVILOVS „Die Linné'sche Art als System" (1931) hat entsprechend seiner Bedeutung „. . . VAVILOV in die Reihe der Begründer der synthetischen Evolutionstheorie, d. h. Synthese von Genetik, Systematik und Darwinismus gerückt" (SACHAROV 1987, S. 17).

Eine hervorragende Rolle kommt N. I. VAVILOV bei der Organisation des 1. Allunionskongresses zu Fragen der Genetik, Züchtung, Saatgutproduktion und

Zuchttierproduktion zu, der im Januar 1929 in Leningrad stattfand. Dieser Kongreß zeigte das zu dieser Zeit erreichte hohe Niveau in der sowjetischen Genetik und Züchtung.

Als hervorragender Genetiker fand N. I. VAVILOV eine breite Anerkennung durch die internationale Wissenschaft. Deshalb wählten ihn die namhaftesten Genetiker der Welt zum Vizepräsidenten des 6. (1932, USA) und zum Ehrenpräsidenten des 7. (1939, England) Internationalen Genetikerkongresses. Seine Vorträge „Die geographischen Genzentren der Kulturpflanzen" (5. Internationaler Genetikerkongreß in Berlin, 1927) und „Die Linné'sche Art als System" (5. Internationaler Botanikerkongreß in England, 1930) waren Hauptvorträge dieser Kongresse.

N. I. VAVILOV veröffentlichte über 300 Werke, die in viele Sprachen der Welt übersetzt wurden. Seine Werke – Monographien, Artikel, Vorträge – brachten immer in das Problem, dem sie gewidmet waren, neue Ideen ein.

N. I. VAVILOV genoß große internationale Autorität, er war Mitglied vieler ausländischer Akademien und wissenschaftlicher Gesellschaften und wurde wiederholt zum Vorsitzenden und Vizepräsidenten internationaler Kongresse gewählt. Auch heute wird N. I. VAVILOV auf allen Kontinenten und in Ländern, wohin ihn seine Expeditionen führten und seine Ideen gelangten, tiefe Achtung entgegengebracht.

N. I. VAVILOV war ein großartiger Geograph und Forschungsreisender, aber ein Forschungsreisender neuen Typs, der sehr gründlich die Weltressourcen der Pflanzen untersuchte, und alles sammelte, was für unser Land von Interesse war. Er stellte die Migrationswege der vom Menschen angebauten Pflanzen fest und studierte tiefschürfend und umfassend die Geschichte der Ackerbaukultur.

N. I. VAVILOV war ein glänzender Organisator der Wissenschaft. Er war der erste Präsident der Lenin-Akademie der Landwirtschaftswissenschaften, Präsident der Geographischen Gesellschaft der UdSSR, Mitglied der Akademie der Wissenschaften der UdSSR und der Akademie der Wissenschaften der Ukrainischen SSR, Direktor des Allunionsinstituts für Pflanzenbau und des Instituts für Genetik der Akademie der Wissenschaften der UdSSR. In allen diesen hohen Funktionen hinterließ seine Arbeit eine tiefe Spur.

Den großen Dank des sowjetischen Volkes verdient N. I. VAVILOV nicht nur als Wissenschaftler, sondern auch als hervorragender Organisator der Wissenschaft und als Staatsmann. Er vollbrachte eine gigantische Arbeit bei der Organisation vieler landwirtschaftlicher und biologischer Forschungseinrichtungen der UdSSR. Besonders groß ist die Rolle N. I. VAVILOVS bei der Schaffung des Allunionsinstitutes für Angewandte Botanik und Neue Kulturen auf der Grundlage einer wenig bekannten kleineren Abteilung für Angewandte Botanik im Jahre 1924, das 1930 zum Allunionsinstitut für Pflanzenbau umbenannt wurde. Es wurde unter seiner Leitung zum größten wissenschaftlichen Zentrum. Seine große Popularität verdankt das Allunionsinstitut für Pflanzenbau den Ideen und dem Werk N. I. VAVILOVS. Die Weltbekanntheit dieses Instituts ist der Weltruhm N. I. VAVILOVS.

„All unsere Gedanken sind darauf gerichtet", schrieb N. I. VAVILOV, „eine stabile, harmonisch funktionierende Einrichtung zu schaffen, die aber zutiefst wissenschaftlich ausgerichtet ist."

Dem neu geschaffenen Institut stellte N. I. Vavilov folgende Aufgaben: aus der ganzen Welt Kulturpflanzen und ihre verwandten Wildarten zu sammeln, sie unter Feld- und Laborbedingungen zu prüfen; alle für die unmittelbare Einführung in die Produktion und für die Nutzung in der Züchtung wertvollen Pflanzen herauszufinden. „... die Hauptaufgabe des Instituts für Pflanzenbau hat sich historisch ergeben, als eine breite Mobilisierung der Pflanzenressourcen, die Einbeziehung des gesamten wertvollen Materials in die praktische Züchtungsarbeit sowohl unseres Landes als auch anderer Länder und die Versorgung der praktischen Züchtung mit dem notwendigen Ausgangsmaterial", so formulierte N. I. Vavilov die Aufgaben des Allunionsinstitutes für Pflanzenbau in seiner Rede während einer auswärtigen Sitzung des Bezirksbüros der Sektion wissenschaftlicher Mitarbeiter im März 1939.

Ausgehend von diesen Aufgaben wurde im Allunionsinstitut eine einmalige Sammlung von Mustern geschaffen, die als ein sehr wertvolles Material für die Arbeit der Züchtungseinrichtungen der UdSSR und als Grundlage für die Züchtung vieler weitverbreiteter zugelassener Sorten diente.

Zum Studium, zur Feststellung des züchterischen Wertes, zur Erhaltung und Vermehrung der durch die Expeditionen gesammelten Muster schuf N. I. Vavilov ein weitverzweigtes Netz von Versuchsstationen.

Mit der Einrichtung von Versuchsstationen und Stützpunkten war N. I. Vavilov bestrebt, auch Probleme des Ackerbaus in den verschiedensten, auch landwirtschaftlich wenig erschlossenen Gebieten unseres Landes zu lösen. „Das Allunionsinstitut für Pflanzenbau leistet auf dem Gebiet des Pflanzenbaus Pionierarbeit, hinter dem Polarkreis, in den Chibinen-Bergen, in Igarka, in der Wüste Karakum, in den Wüsten um den Aralsee, im Pamirgebirge, in den subtropischen Gebieten Abchasiens, Adshariens, im Lenkorangebiet, auf dem Kopet-Dag (Turkmenien). Seine Versuchs- und Züchtungsarbeit wird in allen Zonen des Nordkaukasus, in der Steppe, auf der Krim, in den Oasen Mittelasiens, im Fernen Osten ... entwickelt", schrieb Nikolai Ivanovič in dem Artikel „Wege der sowjetischen Pflanzenbauwissenschaft" im Jahre 1936.

Er hatte die Fähigkeit talentierte Menschen zu entdecken und schlug begabte Wissenschaftler entschlossen für leitende Tätigkeiten vor.

Zum Studium morphologischer und physiologischer Veränderungen, die ein und dieselbe Sorte unter verschiedenen Bedingungen erfährt, organisierte N. I. Vavilov 1923 seine berühmten „geographischen Aussaaten", bei denen eine Kollektion von 185 der besten einheimischen und ausländischen Sorten vierzig verschiedener Kulturpflanzen, vom Weizen bis zur Baumwolle, fünf Jahre lang nach einem einheitlichen Programm zur Aussaat kamen. Die Versuche wurden an 115 Standorten angelegt. Im Jahre 1927 wurde Nikolai Ivanovič während der Konferenz von Experten der Landwirtschaft in Rom für die Arbeiten zur geographischen Variabilität der Pflanzen die Große Goldmedaille zuerkannt.

Es muß die gigantische talentierte Arbeit N. I. Vavilovs als Organisator der landwirtschaftlichen und biologischen Wissenschaft der Sowjetunion, die er als Präsident der WASChNIL leistete, unterstrichen werden. In den Jahren 1929 bis 1935, in der Funktion des Präsidenten der WASChNIL, unterstützte N. I. Vavilov die Schaffung eines dichten Netzes von wissenschaftlichen Einrichtungen für die Hauptzweige der landwirtschaftlichen Produktion. In Ergänzung zum Allunionsinstitut für Pflanzenbau wurden vor allem elf der WASChNIL zugeordnete Institute organisiert: das Institut für Ökonomie der Landwirtschaft, das Institut für Mechanisierung, das Institut für die Gestaltung der großräumigen Landwirtschaft, das Institut für Pflanzenschutz, das Institut für Dürrebekämpfung, die Institute für Melioration, Ackerbau, Tierzucht, Fischereiwirtschaft und Mais.

Zu den Aufgaben der zentralen Institute der Akademie zählte N. I. VAVILOV die Durchführung von originellen Großuntersuchungen, die die Arbeit der Zweig- und Bezirkseinrichtungen ergänzt. Dieser Gedanke N. I. VAVILOVS wird immer stärker verwirklicht, besonders in den letzten Jahrzehnten.

Übersetzt von I. REICH, Berlin

Übersicht der benutzten Literatur (Originalsprache russisch)

BAL'DYŠ, G., 1983: Saaten und Keime. Aus dem Leben des Akademiemitglieds N. I. VAVILOV. – Verlag Znanie, Moskau.

GRUMM-GRŽIMAJLO, A. G., 1986: Auf der Suche nach Pflanzenressourcen der Welt. Einige wissenschaftliche Ergebnisse der Reisen von Akademiemitglied N. I. VAVILOV. – Verlag Nauka, Moskau – Leningrad.

HARLAN, J. R., 1981: Studium der Entstehung und der Evolution von Kulturpflanzen seit N. I. VAVILOV. – In: Genetik und der Wohlstand der Menschheit. – Moskau.

KANTROVIČ, A. V. (Hrsg.), 1968: Die Ideenwelt VAVILOVS. Aufsatzsammlung. – Verlag Znanie, Moskau.

KOROTKOVA, T. I., 1978: VAVILOV in Saratov (1917–1921). Dokumentarische Notizen. – Saratov.

REVENKOVA, A. I., 1962: NIKOLAI IVANOVIČ VAVILOV (1887–1943). – Verlag Sel'chozdat, Moskau.

SACHAROV, I. A., 1987: Kurzer Abriß der wissenschaftlichen, wissenschaftlich-organisatorischen und gesellschaftlichen Tätigkeit. – In: NIKOLAI IVANOVIČ VAVILOV. Lebensjahre. Gelehrtenbibliographie der UdSSR. – Verlag Akademija Nauk SSSR, Moskau.

VAVILOV, N. I., 1920: Gesetz der homologen Reihen der erblichen Variabilität. – Verlag Gubpoligrafotel, Saratov.

– (Hrsg.), 1935: Theoretische Grundlagen der Pflanzenzüchtung. Band 1. – Moskau – Leningrad.

–, 1961: Gesetze der natürlichen Pflanzenimmunität gegenüber Infektionskrankheiten (Schlüssel zum Auffinden immuner Formen). – Izv. AN SSR, Ser. Biolog., No. 1.

–, 1965: Geographische Variabilität der Pflanzen. – Verlag Nauka, Moskau – Leningrad.

–, 1987: Fünf Kontinente. – Verlag Nauka, Leningrad.

–, 1987: Herkunft und Geographie der Kulturpflanzen. – Verlag Nauka, Leningrad.

–, 1959–1965: Ausgewählte Werke in fünf Bänden. – Verlag Nauka, Moskau – Leningrad.

–, 1968: Ausgewählte Werke in zwei Bänden. – Verlag Nauka, Leningrad.

VAVILOV, NIKOLAI IVANOVIČ. Materialien zur Bibliographie der Wissenschaftler der UdSSR. – Verlag Nauka, Moskau, 1962.

VAVILOV, NIKOLAI IVANOVIČ. Materialien zur Bibliographie der Agrarwissenschaftler. – Leningrad, 1978.

VAVILOV, NIKOLAI IVANOVIČ. Aus dem schriftlichen Nachlaß 1911–1928. Wissenschaftlicher Nachlaß, Band 5. – Verlag Nauka, Moskau, 1980.

VAVILOV, SERGEI IVANOVIČ. Skizzen und Erinnerungen. – Verlag Nauka, Moskau, 1979.
Fragen der Geographie von Kulturpflanzen und N. I. VAVILOV. Wissenschaftliche Tagung aus Anlaß des 75jährigen Geburtstages NIKOLAI IVANOVIČ VAVILOVS. – Verlag Nauka, Moskau – Leningrad, 1966.
N. I. VAVILOV und die Agrarwissenschaft. Dem 80jährigen Geburtstag von Akademiemitglied N. I. VAVILOV gewidmet. – Verlag Kolos, Moskau, 1969.
Seite an Seite mit N. I. VAVILOV. Erinnerungen. – 2. Auflage, Verlag Sovetskaja Rossija, Moskau, 1973.
Materialien des III. Allrussischen Kongresses zur Züchtung. – Verlag Gubpoligrafotel, Saratov, 1920.
Sammlung von Gesetzen und Verfügungen der Arbeiter- und Bauernregierung für die Jahre 1925 und 1929.
Zentrales Staatsarchiv für wissenschaftliche Dokumentation. Leningrad. F 318, op. 1–1, d. 1705.
Trudy po prikladnoj botanike i selekcii. – Band 7, Teil 1, 1917; Band 12, Teil 1, 1922.

Professor Dr. V. L. VITKOVSKIJ
Allunionsinstitut für Pflanzenbau „N. I. Vavilov"
Herzenstraße 44
Leningrad - 190 000
Sowjetunion

Kulturpflanze 36 · 1988 · 55–60

N. I. Vavilov – Persönlichkeit und Mensch

Nina Petrovna Čuvašina

Die Natur schenkte Nikolai Ivanovič Vavilov eine erstaunliche Kombination ausgezeichneter menschlicher Eigenschaften. Eine außergewöhnliche Arbeitsfähigkeit und unerschöpfliche Energie verbanden sich bei N. I. Vavilov mit einem umfassenden Wissen, anspruchsvolle Forderungen mit außerordentlichem Wohlwollen, höchste Ansprüche in der Arbeit mit starkem Interesse für kleinste Details der Untersuchungen, ein hervorragendes Organisationstalent als Leiter mit großer persönlicher Arbeitskraft.

Seine Arbeitsfähigkeit und schöpferische Aktivität waren grenzenlos, als Präsident der Lenin-Akademie der Landwirtschaftswissenschaften und der Geographischen Gesellschaft, als Direktor zweier großer Institute, des Instituts für Pflanzenbau in Leningrad und des Instituts für Genetik in Moskau (wobei er die Arbeit beider Institute aktiv leitete und sich mit allen Problemen beschäftigte), unternahm er gleichzeitig ausgedehnte und schwierige Forschungsreisen im Inland und im Ausland, besuchte die von ihm eingerichteten Versuchsstationen und Versuchsfelder, leitete unzählige Konsultationen, verfolgte die fremdsprachigen wissenschaftlichen Veröffentlichungen, unterhielt eine umfangreiche Korrespondenz und faßte in wissenschaftlichen Publikationen und Büchern die Ergebnisse seiner riesigen wissenschaftlichen Arbeit zusammen.

Sein Arbeitstag betrug 16 bis 18 Stunden.

Trotz dieser unglaublichen Belastungen blieb N. I. Vavilov immer voller Energie, bewahrte sich seine Lebensfreude und einen unbändigen Drang zur Arbeit.

Seine physische Ausdauer und seine Energie waren grenzenlos. Wenn die Begleiter auf seinen zahlreichen Reisen nach einem heißen Tag auf den Feldern zur Nacht vor Müdigkeit beinahe umfielen und an nichts außer an Schlaf denken konnten, war Nikolai Ivanovič nach wie vor frisch und aktiv und begann mit der Zusammenfassung des Gesehenen. Er hatte immer ein Reisetintenfaß und eine Kerze mit Kerzenhalter im Gepäck. – Jetzt sind diese in seinem Arbeitszimmer, das als Museum im VIR eingerichtet ist, zu sehen.

Nikolai Ivanovič konnte unter beliebigen Bedingungen arbeiten – in langweiligen Sitzungen, auf dem Dampfer, im Flugzeug, er konnte eine Arbeitsberatung auch im Wagen eines Zuges einberufen. Nikolai Ivanovič pflegte zu sagen: „Man muß sich so viel wie möglich aufpacken, das ist die beste Methode, so viel wie möglich zu schaffen."

Eine gewaltige Arbeit leistete Vavilov während seiner berühmten Forschungsreisen. Nachdem er die neuen Prinzipien der Pflanzenintroduktion erarbeitet hatte, organisierte er sehr umfangreiche Reisen zur Sammlung pflanzlicher Ressourcen auf allen Kontinenten, außer in Australien und der Antarktis, und erforschte die wichtigsten Ackerbaugebiete der Welt.

Nach der verheerenden Trockenheit in Rußland im Jahre 1921 stellte VAVILOV die Frage nach der Möglichkeit der Nutzung von Pflanzen aus den Trockengebieten Nordafrikas. Er unternahm 1926/1927 eine längere Forschungsreise nach Nordafrika sowie in andere Länder des Mittelmeerraumes und Europas. Während dieser Reise wurde umfangreiches Samenmaterial (Hartweizen, Weichweizen, Gerste, Mais, Hafer) gesammelt. Davon zeugen Briefe VAVILOVS: „. . . mit Französisch-Nordafrika bin ich fertig. Habe Marokko, Algerien, und Tunesien untersucht. Sammelte viel Material von Brotgetreide und Gemüsepflanzen. Schicke . . . über 1000 Muster ab." (N. I. VAVILOV an N. P. GORBUNOV. Athen. 19. 08. 1926).

Äußerst ergiebig war die Sammlung von wertvollen Pflanzen in Ostafrika – in Abessinien und Erythräa, die in der gleichen Zeit von VAVILOV durchgeführt wurde.

Im Brief vom 8. 04. 1927 schrieb VAVILOV aus Erythräa an V. E. PISAREV: „Vor zwei Tagen beendete ich den Versand des Materials der Forschungsreise nach Abessinien. Vier Tage und Nächte habe ich ununterbrochen geschrieben, die Hände sind schon ganz lahm geworden von dem Unterschreiben von 830 Zollformularen. Schicke 59 Pakete ab, vorher schon 61, das macht 120 Pakete aus Ostafrika. Und in Erythräa werde ich auch noch sammeln."

In Nordamerika sammelte NIKOLAI IVANOVIČ eine sehr umfangreiche Samenkollektion der wichtigsten Kulturpflanzen, über 9000 Muster, kaufte viele Bücher und Geräte und schuf die Abteilung New York; dort trug man Sorten aus allen Staaten Amerikas und die gesamte Fachliteratur zusammen.

In den Jahren 1930 und 1931 brachte VAVILOV reichhaltige Samenkollektionen aus Zentral- und Südamerika mit.

Nach Asien führten VAVILOV mehrere Forschungsreisen: 1916 nach dem Iran und Bergtadshikistan (Pamir); 1924 nach Afghanistan; 1926 nach Syrien, Libanon, Palästina und Transjordanien; 1929 nach Westchina (Provinz Hsinkiang), Japan, Taiwan und Korea. Alle diese Länder waren aus botanisch agronomischer Sicht hochinteressant und lieferten umfangreiches neues Material von Arten und Sorten.

Besonders in Afghanistan wurde bei den Kulturpflanzen und ihren verwandten Wildarten ein erstaunlicher Formenreichtum gefunden: bei Weizen waren es bis zu 60 Varietäten, von denen 7 neu waren; beim Zwergweizen bis zu 50 Varietäten, von denen 33 neu waren; ferner unkrautartiger Feldroggen, Wildgerste, Reis, Erbsen (18 neue Varietäten), Luzerne, Flachs und wilder indischer Hanf.

In seinem Buch „Fünf Kontinente" schrieb N. I. VAVILOV: „Die fünfmonatige Karawanenreise ist beendet. Es wurden 5000 Kilometer zurückgelegt. Hinter uns liegen Nuristan, der Hindukusch, die Sultanbakwi- und die Helmendsche Wüste. Entdeckt wurden hervorragende neue Gruppen von Kabuler Weizen, im wesentlichen ist die Entstehung von Kulturroggen aus Unkrautroggen klar geworden. Es wurde außerordentlich interessantes neues Material von Körnerleguminosen, Ölfrüchten, Baumwolle, Melonen und Gemüsearten gesammelt. 7000 Muster wurden an das Pflanzeninstitut abgeschickt."

In einem Brief aus Asien vom 20. 11. 1926 an V. E. PISAREV teilt NIKOLAI IVANOVIČ mit: „Palästina wird erschöpfend dargestellt. Ich habe an die 1000 Muster gesammelt und 5000 Kilometer untersucht ... Bis zum heutigen Tag sind 55 Pakete zu je 12 Pfund aus Palästina und Transjordanien abgeschickt."

Er war ein tapferer, furchtloser Weltreisender, mutig überwand er alle Schwierigkeiten. Das schildert er überzeugend in seinen Tagebuchaufzeichnungen über Afghanistan, die er in dem Buch „Fünf Kontinente" wiedergibt:

„19. Oktober. Nuristan. Mit dem Anstieg wird der Weg schwieriger. Es beginnen Gesteinbrüche. Die Pferde bleiben in den Felsspalten hängen, man ist gezwungen, immer wieder abzusteigen und die Beine der Pferde zu befreien. Die Hufeisen lösen sich ab. Die Gegend wird karg und völlig menschenleer ...

22. Oktober. Wir setzen den Weg nach Wama fort. Die stachligen Blätter der Zweige streifen Gesicht und Hände. Der Weg ist schwer, durch Schluchten, über schwer zu erklimmende steile Felsen, den Weg säumen überhängende Felsen, riesige Steine, Unmengen von Geröll. Noch schwieriger sind die Abstiege. Der Weg ist unvergeßlich. Mehrmals laden wir das Gepäck ab, tragen es selbst weiter und es kostet große Mühe, die Pferde über die steilen Hänge zu führen, sie stürzen, geraten in Felsspalten. Man kommt nur äußerst langsam vorwärts. Hier gibt es keinen ausgebauten Weg. Alle Augenblicke mal das, mal jenes Pech. Jetzt hängt ein Pferd über dem Abgrund, die Hufe sind in einen Felsspalt geraten. Schon seit dem Paß Parun haben die Pferde keine Hufeisen mehr. Alle Gedanken kreisen nur um eins – sie sollen heil und ganz bleiben ... Es ist ein fürchterlicher Weg, nur geeignet für Fußmärsche und Ziegen."

Die Reise durch Nuristan war derart schwer und gefährlich, daß sogar die einheimischen Führer „streikten", umkehren und den Lohn zurückgeben wollten. Nur mit Mühe gelang es N. I. VAVILOV, sie zum Verbleiben zu überreden.

„In das Innere eines Landes eindringend, wollte man sehr viel tun, um die Seele des Ackerbaus dieses Landes zu verstehen, seine Verhältnisse und die Artenzusammensetzung zu erfassen, das Wichtigste daraus mitzunehmen und die Ergebnisse dieser Untersuchungen zu einem einheitlichen Ganzen mit der Evolution des Ackerbaus und des Pflanzenbaus in der Welt zu verbinden" – schrieb NIKOLAI IVANOVIČ in seinem Buch „Fünf Kontinente".

Fast jedes Jahr untersuchte N. I. VAVILOV die Kultur- und Wildpflanzen zahlreicher Gebiete der Sowjetunion, vor allem des Kaukasus und Mittelasiens.

NIKOLAI IVANOVIČ spürte den Pulsschlag der fortschrittlichen nationalen und internationalen geistigen Bewegung. In seinen häufigen Referaten bei Arbeitsberatungen, Konferenzen und internationalen Veranstaltungen trug er neue, originelle Ideen und Verallgemeinerungen vor, die die pflanzenbauliche Wissenschaft bereicherten.

Ein verhaltener Humor, Scharfsinn, treffende, plastische Definitionen machten seine Reden besonders lebendig und bildhaft. Er sprach einfach, sehr klar und völlig frei. Mit einer wohlklingenden, angenehmen Stimme, ohne übertriebenes Pathos artikulierte er außerordentlich genau jedes Wort und jeden Satz. Wenn man ihm zuhörte, erinnerte man sich der Worte MAXIM GORKIS, die er über die Werke NIKOLAI IVANOVIČ's sagte: „außerordentlich begabt ist das alles, wie bedeutungsvoll."

NIKOLAI IVANOVIČ war einfach und stets wohlwollend im Umgang mit Menschen; er verhielt sich allen gegenüber gleich, ob es ein namhafter Gelehrter oder eine Feldarbeiterin war. Geduldig und aufmerksam hörte er jeden Besucher an und verstand es, schnell eine richtige Entscheidung zu fällen.

Er hatte ein außergewöhnlich gutes Gedächtnis, von jedem wußte er, wo er arbeitet, welche Untersuchungen schon abgeschlossen sind, wie die weitere Perspektive ist.

Die Sorge um das Wohlergehen seiner Mitarbeiter beschäftigte ihn stets. Einen besseren Beweis hierfür kann man wohl kaum finden, als die Verfügung, die von ihm im VIR geschrieben wurde: „Unter Berücksichtigung der umfangreichen Arbeit, die vom Sekretär der Abteilung Feldkulturen, GUSEV, geleistet wird, glaube ich, daß seine Vergütung 200 Rubel betragen muß. Die ihm fehlenden 50 Rubel bitte ich, von meinem Gehalt auszuzahlen."

Niemals hat ihn jemand müde, unaufmerksam, gereizt oder schlecht gelaunt gesehen. Nur in zwei Fällen wurde NIKOLAI IVANOVIČ unnahbar und konnte höflich aber nachdrücklich ein Gespräch abbrechen, wenn der Gesprächspartner leeres Geschwätz von sich gab oder, was noch übler war, anfing ihm zu schmeicheln. Das konnte NIKOLAI IVANOVIČ überhaupt nicht vertragen, ebenso wie er gleichgültige, initiativlose Menschen nicht ausstehen konnte.

In allen anderen Situationen war er bewundernswert taktvoll und einfühlsam.

Die Verbindung zu seinen Mitarbeitern unterbrach NIKOLAI IVANOVIČ auch dann nicht, wenn er auf Reisen war. Aus jedem Land schickte er Briefe und Postkarten. Er schrieb auch an diejenigen, die sich in anderen Ländern aufhielten. Im Archiv des VIR gibt es hunderte Kopien (auch Originale) solcher Briefe.

NIKOLAI IVANOVIČ liebte die Jugend. Jungen Spezialisten gegenüber verhielt er sich stets wohlwollend und einfühlsam. Trotz sehr großer Belastungen fand er Zeit zu Vorlesungen in der Timirjasev-Akademie und im Leningrader Landwirtschaftlichen Institut. Für Aspiranten las er den Zyklus „Quellenkunde". Den Kontakt mit den Studenten hielt NIKOLAI IVANOVIČ für notwendig, um aus ihren Reihen die Begabtesten, d. h. diejenigen, die fähig sind zu forschen, auswählen zu können. Die von ihm geschaffene wissenschaftliche Schule gab dem Land umfassend gebildete Wissenschaftler für fast alle Gebiete des Pflanzenbaus.

NIKOLAI IVANOVIČ interessierte sich für Theater, Musik, Poesie, las gerne schöngeistige Literatur. Große künstlerische Leistungen erfreuten ihn ungemein. „Habe heute wenigstens flüchtig Leonardo da Vincis „Das Abendmal" und den herrlichen Mailänder Dom gesehen. Wollte nicht weggehen aus dem Dom. Stein ist zu feinster Spitze geworden . . .", schrieb er aus Italien.

Er liebte Scherze, Humor, lachte gern, schloß sich Tanzenden an. Sogar manche seiner Verfügungen im VIR waren in ihrem Stil weit entfernt von einer stereotyp-traditionellen Form. Zum Beispiel: „Ich rufe auf zu einem sozialistischen Wettbewerb. Die ersten Drei, die ihre Arbeit abliefern, bekommen eine Schachtel Importschokolade. Es wird extra dafür ein rotes Brett eingerichtet. Hoffe, daß es für ein schwarzes Brett keinen Bedarf geben wird . . ."

Hier noch der Inhalt einer Verfügung NIKOLAI IVANOVIČs im Zusammenhang mit der Vorbereitung einer Ausstellung anläßlich des Besuches des VIR durch den Pandschah Afghanistans: „Bitte alle, sich sofort um die Vorbereitung von Tabellen und Ausstellungsstücken über Afghanistan zu kümmern. Der Emir muß verblüfft werden. Hoffe, daß wir das Institut nicht blamieren werden. Bitte an alle: Übertrefft Euch selbst!"

Treffend äußerte sich P. A. BARANOV über N. I. VAVILOV: „Wenn man mich fragen würde, was das Charakteristischste für N. I. VAVILOV war, was am meisten an seiner Person auffiel, so würde ich ohne zu zögern sagen: Charme. Seine gewinnende Art eroberte jeden schon beim ersten Händedruck, nach den ersten Worten. Dieses gewinnende Wesen sah man in seinen klugen, gütigen, immer glänzenden Augen, man spürte es in seiner eigenartigen . . . Stimme, in seiner Einfachheit und Herzlichkeit im Umgang.

Sein Charme war nicht flüchtig, zeitweilig, nur mit Augenblicken guter Laune verbunden, oder mit einem schöpferischen Höhepunkt und der gelungenen Lösung einer Aufgabe . . . Nein, dieser Charme war stets vorhanden, eine seltene Gabe, die die Menschen, die ihm im Leben begegneten, anzog und erfreute. Und doch waren nicht die Augen, die Stimme, nicht die Einfachheit im Umgang die Quelle seines gewinnenden Wesens. Alle diese äußeren Zeichen widerspiegelten nur erstaunlich adäquat die innere geistige Schönheit und Größe dieses Menschen. Das Wesen von NIKOLAI IVANOVIČ ist vor allem das Wesen eines echten Wissenschaftlers, eines unermüdlich tätigen Menschen, der beharrlich und ausdauernd neue wissenschaftliche Fakten zusammenträgt und eines wagemutigen Denkers, eines Theoretikers, der durch seine Verallgemeinerungen die Wissenschaft vorwärts bewegt. Das Wesen N. I. ist das Wesen eines Patrioten, eines mutigen, gesellschaftlich aktiven Menschen mit einer kolossalen Weitsicht, eines Menschen, der die Perspektiven der riesigen sozialistischen Umgestaltung seines Landes erkannte und diesem großen Werk seine ganze unbändige Energie und sein Wissen gab."

Gleichzeitig zeichnete er sich durch Konsequenz und Standfestigkeit in Diskussionen mit ideologischen Gegnern aus.

Seit seiner Jugend waren N. I. wertvolle menschliche Eigenschaften wie Ehrlichkeit, Mut, Anständigkeit, uneigennütziger Drang zur wissenschaftlichen Wahrheit zu eigen.

Ehrlichkeit und Sauberkeit bei den Vorhaben eines Wissenschaftlers, Duldsamkeit gegenüber anderen Ansichten in der Wissenschaft, nannte NIKOLAI IVANOVIČ das „Anständigkeitsgen". Beim Ziehen von Schlußfolgerungen war er außerordentlich gewissenhaft, er erlaubte sich nicht, eine Hypothese aufzustellen bevor sie durch überzeugendes, umfangreiches Tatsachenmaterial belegt war.

VAVILOV war ein in höchstem Maße prinzipieller und mutiger Kämpfer für ein streng wissenschaftliches Herangehen bei der Lösung aller wissenschaftlichen Fragen. Bekannt ist seine Äußerung: „Wir mögen im Feuer verbrennen, aber unsere wissenschaftlichen Überzeugungen werden wir nicht aufgeben."

Der amerikanische Genetiker und zweifache Nobelpreisträger, HERMAN MULLER, schrieb über VAVILOV: „VAVILOV war im echten Sinne des Wortes aus verschiedenster Sicht eine große Persönlichkeit, als Wissenschaftler, als Organisator, als Mensch. Er verfügte über tiefe Erkenntnisse, liebte und bejahte gleichzeitig mehr als jeder, den ich je kannte, das Leben. Seine Anstrengungen wie auch das Beispiel seines Lebens sind wahrlich nicht umsonst gewesen."

Das Beispiel seines Lebens, das VAVILOV voll und ganz seiner Heimat widmete, seine hervorragenden Eigenschaften als Mensch und Bürger, seine Standhaftigkeit im Kampf um die wissenschaftliche Wahrheit, sein Mut und seine Ehrlichkeit, sein Patriotismus, seine aktive Lebenshaltung, seine hohen moralischen Prinzipien sind beispielhaft für die Jugend, die den Weg wissenschaftlicher Forschungen geht.

Übersetzt von I. REICH, Berlin

Dr. N. P. ČUVAŠINA
Allunionsinstitut für Pflanzenbau „N. I. Vavilov"
Herzenstraße 44
Leningrad - 190 000
Sowjetunion

Kulturpflanze 36 · 1988 · 61–69

Über die wissenschaftlichen Verbindungen N. I. Vavilovs mit deutschen Genetikern und Züchtern

V. D. Esakov

Das hundertjährige Jubiläum Vavilovs – das bedeutet im Grunde genommen, Bilanz zu ziehen über die Entwicklung der biologischen und agronomischen Wissenschaften der zwanziger und dreißiger Jahre, die Hauptrichtungen des wissenschaftlichen Schöpfertums von Vavilov selbst zu verallgemeinern und seinen Platz in der Entwicklung der modernen Naturwissenschaft zu bestimmen. Zugleich ist dies aber erst der Beginn einer vertieften Untersuchung des originalen Beitrages dieses Wissenschaftlers zur Entwicklung der Wissenschaft in der Sowjetunion und in der ganzen Welt. Das Jubiläum hat nur das wichtigste resümiert, jedoch längst nicht alles ausgeschöpft, was dieser bemerkenswerte Biologe publizierte. Sein wissenschaftlicher Nachlaß enthält ein umfangreiches Gepäck von Ideen, eine Vielzahl von geplanten, jedoch nicht ausgeführten Vorhaben. All dies ist in zahlreichen Vorträgen Vavilovs auf wissenschaftlichen Räten und verschiedenen Beratungen und in der gewaltigen Korrespondenz konzentriert, die er in der UdSSR und mit Wissenschaftlern in der ganzen Welt führte, und die nach bisherigen Schätzungen an die 40000 Briefe umfaßt. Er stand mit allen auch nur einigermaßen bedeutenden biologischen Forschungszentren und landwirtschaftlichen Versuchseinrichtungen im Briefwechsel. Einer Schätzung des verstorbenen Professors N. R. Ivanov, der lange Jahre als wissenschaftlicher Sekretär der Kommission der Akademie der Wissenschaften der UdSSR zur Bewahrung und Erschließung des wissenschaftlichen Nachlasses des Akademiemitgliedes N. I. Vavilov tätig war, zufolge stand Vavilov mit Wissenschaftlern in 100 Ländern im Briefwechsel.

N. I. Vavilov ging unentwegt vom internationalen Charakter der Wissenschaft aus. Er war der Ansicht, daß vor den Biologen ein praktisch noch unberührter Ozean von Wissen ausgebreitet liege, daß diese gewaltige Arbeit der vereinten Anstrengungen aller Spezialisten auf dem Gebiet der Biologie und der Agrarwissenschaften bedürfe. Die biologischen Forschungen erfordern nach der tiefen Überzeugung Vavilovs einen internationalen Geist und die Zusammenarbeit der Forscher der ganzen Welt. Er glaubte fest an den guten Willen der Menschen und daran, daß die Wissenschaftler einen realen Beitrag zur Schaffung einer großen weltweiten Gemeinschaft leisten. Er liebte es zu sagen: „Wir sind Internationalisten, und wir grenzen uns in unserer Arbeit nicht von der Weltwissenschaft ab" [1, S. 384].

Zum Thema meines Vortrages übergehend, muß ich bemerken, daß ihm Fakten zugrundeliegen, die in der wissenschaftlichen Publizistik N. I. Vavilovs enthalten sind, und solche, die aus der Korrespondenz des Gelehrten mit seinen Freunden und Kollegen entnommen sind. Zwei Bände dieses Briefwechsels wurden in der Reihe „Wissenschaftlicher Nachlaß" veröffentlicht, die von der Akademie der Wissenschaften der UdSSR herausgegeben wird. Der erste Band mit Briefen N. I. Vavilovs aus den Jahren 1911 bis 1928 wurde 1980 veröffentlicht [2], der zweite erschien Ende 1987. Er enthält die Briefe der Jahre 1929 bis 1940 [3].

N. I. Vavilov erhielt eine hervorragende Ausbildung, und seine Lehrer waren herausragende Persönlichkeiten der russischen Wissenschaft ihrer Zeit. Darüber hinaus hielt er, der im Geiste der völligen Kontinuität und Einheit der Wissenschaft der ganzen Welt erzogen worden war, es für unumgänglich, sich unmittelbar mit den Richtungen der wissenschaftlichen Arbeit und der Organisation der wissenschaftlichen Tätigkeit in England, Frankreich, Deutschland und Amerika bekanntzumachen. Zu diesem Zweck begibt er sich im Herbst des Jahres 1913 auf eine zweijährige Studienreise. Jedoch gelang es ihm nur in England systematisch und in vollem Umfang zu arbeiten, und zwar in den Laboratorien von Bateson in Merton, von Blackman in London und von Biffen in Cambridge. Der Ausbruch des Weltkrieges vereitelte die Pläne des jungen Wissenschaftlers. Außer in England konnte er nur noch einige Wochen bei den Vilmorins in Frankreich arbeiten. Die Reise nach Amerika fand nicht statt. Die Frage über einen möglichen Aufenthalt N. I. Vavilovs in Deutschland in den Jahren 1913 und 1914 bedarf noch einer Klärung. Gegenwärtig können wir lediglich sagen, daß der Leiter des Büros für Angewandte Botanik, der ersten wissenschaftlichen Einrichtung zur Kulturpflanzenforschung in Rußland, R. E. Regel, auf Bitten Vavilovs Empfehlungsschreiben an deutsche Gelehrte verfaßte. Sie tragen Daten zwischen dem 11. und dem 14. März 1913 und sind an die Professoren P. Ascherson, E. Baur, Dr. A. Wolkart, die Professoren J. Behrens, F. Körnicke, K. Fruwirth, Schweinfurth, Dr. Stebler und Prof. A. Engler gerichtet [1, S. 401, 462]. Diese Schreiben charakterisierten Vavilov als talentierten jungen Forscher. Die Briefe wurden an Vavilov selbst geschickt, und uns ist nicht bekannt, ob er sie ihren Adressaten in Deutschland übergab oder nicht.

Persönlich lernte N. I. Vavilov deutsche Wissenschaftler im Dezember 1921 kennen, auf der zweiten Etappe seiner Studienreise in die USA und in Länder Westeuropas, die er im Auftrag der sowjetischen Regierung durchführte und die von V. I. Lenin sanktioniert worden war. N. I. Vavilov leistete zusammen mit dem bekannten Phytopathologen A. A. Jačevski einen bedeutenden Beitrag zur Wiederherstellung der sowjetisch-deutschen Wissenschaftsbeziehungen, die durch den Weltkrieg und die ausländische Intervention praktisch für sieben Jahre unterbrochen gewesen waren.

N. I. Vavilov verbrachte in Deutschland etwa zwei Monate. Er machte sich mit der Tätigkeit wissenschaftlicher Einrichtungen bekannt, erwarb eine große Menge wissenschaftlicher Literatur, Laborausrüstungen und Muster landwirtschaftlicher Maschinen. Zwischen den verschiedenen Einkäufen besuchte Vavilov die genetischen Laboratorien Baurs, Winklers, Sales' und anderer und nahm an dem alljährlich stattfindenden landwirtschaftlichen Kongreß teil, wo er die Bekanntschaft solch angesehener Züchter wie Lehmann und Roemer machte und mit ihnen ausgedehnte Gespräche führte.

Nach der Rückkehr von diesem Auslandsaufenthalt informierte N. I. VAVILOV die sowjetischen Wissenschaftler ausführlich über die von ihm geleistete Arbeit.

N. I. VAVILOV nimmt die Rolle eines Vermittlers in den Kontakten zwischen den Wissenschaftlern beider Länder ein. Zum Beispiel schickt er die gerade erschienenen Arbeiten BAURS nach Saratov, und gleichzeitig empfiehlt er, die Arbeit des Saratover Professors G. MEISTER über Roggen-Weizen-Hybriden, die er hoch schätzte, an BAUR zu übersenden [2, S. 163]. Als 1923 die Arbeit B. KAJANUS' zur Genetik des Weizens herauskam, berichtet VAVILOV sofort darüber nach Taškent, Kamennaja Step' und Saratov, wobei er diese Arbeit als Versuch „einer Synthese rein systematischer Forschungen mit genetischen Untersuchungen" einschätzt [2, S. 117]. Zur gleichen Zeit polemisierte er mit Prof. B. M. KOZO-POLJANSKIJ aus Voronež anläßlich des Erscheinens des Buches „Nomogenese" von L. S. BERG, wobei er aktiv Fakten verwendete, die in P. BÜCHNERS Buch über die Symbiose genannt sind, und er ließ seinen Opponenten zusätzliche Exemplare dieses Buches kommen [2, S. 64, 73, 81].

1925 sandte der Professor der Botanik V. M. ARCICHOVSKIJ VAVILOV den Entwurf einer Arbeit über künstliche Variabilität zu. VAVILOV wies ihn auf die Schwierigkeiten hin, denen ein Forscher bei der Bearbeitung dieser Frage gegenübersteht, und versäumte nicht zu bemerken, daß auch bei BAUR Untersuchungen in dieser Richtung geführt werden [2, S. 226].

Unter den in der ersten Hälfte der zwanziger Jahre erschienenen Arbeiten schätzte N. I. VAVILOV die Arbeiten R. GOLDSCHMIDTS zur Theorie des Geschlechts sehr hoch ein und empfahl seinen Kollegen nachdrücklich, diese Theorie bei der Lösung konkreter Forschungsaufgaben anzuwenden. So schrieb VAVILOV, auf einen Brief seines Freundes Prof. K. I. PANGALO antwortend, ihm im Februar 1924 nach Taškent: „Auf die Problematik des Geschlechts bei Kürbisgewächsen läßt sich GOLDSCHMIDTS Theorie des Geschlechts sehr gut anwenden. Sie führt alles auf einen quantitativen Unterschied zurück, auf die Quanten des Geschlechts" [2, S. 151].

Über den Stand der sowjetisch-deutschen Wissenschaftsbeziehungen und über VAVILOVS Verhältnis dazu gibt sein Briefwechsel mit dem jungen Genetiker G. D. KARPEČENKO reichlich Aufschluß. Am Vorabend von dessen Auslandsreise schrieb VAVILOV: „Im Ausland lohnt es sich, WINKLER, CORRENS, NILSSON-EHLE und besonders HERIBERT NIELSEN aufzusuchen und bei ihnen zu verweilen. BAUR ist schlecht zugänglich, er ist, wie auch wir armen Sünder, mehr mit dem Administrieren beschäftigt, außerdem ist er an kommerziellen Unternehmungen beteiligt. Sein Buch habe ich durchgelesen. Es hat mich nur wenig befriedigt." In diesem Brief ist offensichtlich BAURS Buch „Einführung in die experimentelle Vererbungslehre" gemeint. Ungeachtet der oben angeführten Einschätzung wurde das Buch unter Mitwirkung von VAVILOV ins Russische übersetzt und in breitem Umfang für den Hochschulunterricht eingesetzt.

In dem genannten Brief an KARPEČENKO ist auch die Meinung VAVILOVS über das Verhältnis zwischen den Entwicklungsniveaus der biologischen Forschung in Sowjetrußland und in den Ländern Westeuropas enthalten. „Wie ich Ihnen schon sagte", schrieb VAVILOV, „ist es interessant, im Ausland zu weilen,

Sprachen dazuzulernen, Material zu sammeln, große Leute kennenzulernen, sich inspirieren zu lassen, jedoch zu lernen gibt es eigentlich nichts. Viel wichtiger ist es, möglichst viele Bücher zu lesen und sich die Sprachen völlig anzueignen, um nicht ständig nach dem Wörterbuch greifen zu müssen. Ich spreche offen, so, wie ich denke, alles andere fügt sich" [2, S. 184].

Nachdem er ausführliche Informationen von KARPEČENKO über die durchgeführte Arbeit erhalten hatte, bemerkte VAVILOV in einem seiner Briefe: „Lassen Sie sich nicht von Klöstern hinreißen, das ist eine billige Ware; viel mehr Nutzen bringt es, wenn man Geist und Verstand bildet und wenn Sie wirklich irgendetwas lernen können. Nehmen Sie ein Maximum an Eindrücken und Wissen auf ... Grüßen Sie alle Genetiker, die mich kennen, von mir. Sie lesen uns wenig, nun, Gott mit ihnen ...

Schreiben Sie, was es neues gibt. Was GOLDSCHMIDT im Sinne hat, er ist interessanter als die anderen in Berlin. Ein großer Olympier, aber trotzdem der Interessanteste in Berlin. Was macht BAUR? Worüber sitzt WINKLER? Was machen LEHMANN und ROEMER? Gibt es vielleicht etwas Interessantes über die interspezifische Hybridisierung? Mich interessiert dieses Gebiet der Genetik mehr als alles andere" [2, S. 249–250]. Und in einem der folgenden Briefe, in dem er sein großes Interesse an einer schleunigen Rückkehr KARPEČENKOS äußerte, schrieb VAVILOV: „Wir benötigen dringend eine Verstärkung der Genetik. Ich selbst werde wahrscheinlich vorläufig noch ziemlich lange mit der Geografie in ihren verschiedenen Arten zu tun haben" [2, S. 259].

Mit der Geografie meinte VAVILOV hier seine Arbeit an der Lehre von den Ursprungszentren der Kulturpflanzen, die die theoretische Grundlage für die Forschungsexpeditionen bildete, die sowjetische Wissenschaftler in jener Zeit durchführten.

Wie bekannt, durchlebte Sowjetrußland in der ersten Hälfte der zwanziger Jahre gewaltige wirtschaftliche Schwierigkeiten. Das Land litt unter einem großen Mangel selbst an den allernötigsten Waren. Bei der Vorbereitung seiner Expeditionen nutzte N. I. VAVILOV die Möglichkeiten, die sich durch die sowjetisch-deutschen Verbindungen eröffneten, für eine möglichst gründliche Ausrüstung der geplanten Forschungsreisen. Als VAVILOV sich für die Reise durch die Mittelmeerländer rüstete, machte er sich den Aufenthalt des Biochemikers Prof. N. N. IVANOV in Berlin zunutze und schrieb ihm aus Leningrad: „Ich schicke Ihnen Dollars. Ich bitte Sie, Karten Afghanistans, Kleinasiens und der Mittelmeerküstengebiete, insbesondere Nordafrikas, in verschiedenen Maßstäben zu besorgen, angefangen von 40-Werst- bis zu 1,5-Werst-Karten oder in analogen Maßstäben. Es werden keine Schulkarten gebraucht, sondern richtige, detaillierte, für Expeditionen. Am besten bekommt man sie in Geschäften des Militärstabes oder in geografischen Geschäften ...

Dann kaufen Sie auch noch die allerneuesten Bücher, die Sie auftreiben können, über Pflanzenbau ...

Danach geben Sie Geld für Geräte aus.

Von den Nachschlagewerken hätte ich gern neue Ausgaben der „Minerva" und geografische Handbücher. Gibt es schon eine neue Ausgabe des „Geographen-Kalenders"?

Dann noch die untertänigste Bitte, nach Ihrem Dafürhalten eine arabische

Grammatik und ein Wörterbuch zu kaufen, aber nur kleine. Ich brauche sie für die Küstengebiete des Mittelmeeres.

Das sind schon alle meine Desiderata" [2, S. 211].

Die Mittelmeerexpedition N. I. VAVILOVS dauerte vom Juni 1926 bis zum Juli 1927. Die ersten wissenschaftlichen Ergebnisse dieser Reise stellte er in Berlin auf dem V. Internationalen Genetik-Kongreß im Vortrag „Die geografischen Genzentren der Kulturpflanzen" vor.

N. I. VAVILOV schätzte die Arbeit des V. Internationalen Genetik-Kongresses, der im September 1927 in der Berliner Universität stattfand, außerordentlich hoch ein. Es war nicht nur der erste in der Nachkriegszeit, mit 16 Jahren Abstand nach dem vorausgegangenen, sondern auch ein internationaler Kongreß, auf dem die Wissenschaftler Deutschlands und der Sowjetunion so zahlreich wie nie zuvor vertreten waren. Das Organisationsbüro des Kongresses unter der Leitung von Prof. E. BAUR „meisterte", wie N. I. VAVILOV in seinem Bericht über den Kongreß feststellte, „seine Aufgabe gekonnt, alle Scillen und Charybden der heutigen internationalen Beziehungen umschiffend ... Nach allgemeiner Anerkennung widerspiegelte der Kongreß in vollem Umfang den modernen Stand der genetischen Forschung in der Welt" [4, S. 501].

Auf diesem Kongreß waren „zur allgemeinen Verwunderung" mehr als 50 Vertreter aus wissenschaftlichen Einrichtungen der UdSSR anwesend. Zum Vorsitzenden der ersten allgemeinen Festsitzung wurde Akademiemitglied S. G. NAVAŠIN gewählt.

Nicht nur unter dem Einfluß frischer Eindrücke, sondern auch noch zehn Jahre später beurteilte VAVILOV den Berliner Kongreß als großes Ereignis in der Entwicklung der biologischen Wissenschaft in der Welt. Auf dem Kongreß wurde eine Reihe großer Entdeckungen erstmalig der Öffentlichkeit vorgestellt, sein Programm war voll von Originalmitteilungen. Das größte Ereignis war der Vortrag MULLERS, dem es mit Hilfe von Röntgenstrahlen gelungen war, den Mutationsprozeß zu beschleunigen. Als wichtigen Meilenstein sah VAVILOV das von GOLDSCHMIDT formulierte Problem der Wechselbeziehung zwischen Genen und Merkmalen, zwischen der Umwelt und der Vererbung an. Im ganzen bestätigte der Berliner Kongreß die gewaltigen potentiellen Kräfte, die in der Entwicklung der neuen Richtung der Biologie steckten. Dies hervorhebend, unterstrich VAVILOV, daß die Tätigkeit des Kongresses einen Wendepunkt in der Herausbildung einer Reihe neuer Teilgebiete der Genetik als Wissenschaft darstellte [5, S. 340–341-].

Das folgende Zusammentreffen zwischen bedeutenden deutschen und sowjetischen Forschern kam in Leningrad zustande. Durch die Bemühungen N. I. VAVILOVS wurde im Januar 1929 der erste Allunionskongreß über Genetik, Pflanzenzüchtung, Saatzucht und Tierzucht abgehalten. An der Arbeit dieses Kongresses nahmen unter den ausländischen Wissenschaftlern auch E. BAUR und R. GOLDSCHMIDT teil [2, S. 362]. Dieser Kongreß wird mit vollem Recht als eine Leistungsschau der sowjetischen Biologie angesehen, und seine ausländischen Teilnehmer stellten mit Interesse den hohen Entwicklungsstand der genetisch-züchterischen Forschungen in der UdSSR fest.

In den folgenden Jahren waren die wissenschaftlichen Interessen N. I. VAVIlovs hauptsächlich auf die Erforschung der Kulturpflanzen Südostasiens und der Länder Nord- und Südamerikas gerichtet. Bei der Ausreise zu Expeditionen nach Amerika und bei der Rückkehr von ihnen machte Vavilov mehrmals in Berlin Station. Er war auch bemüht, keine bedeutenden Erscheinungen im wissenschaftlichen Leben Deutschlands zu versäumen. Als er selbst nicht die Möglichkeit hatte, am Kongreß der Internationalen Gesellschaft für Pflanzenzüchtung teilzunehmen, der im Juni 1931 in Berlin abgehalten wurde, setzte Vavilov alle Kräfte ein, um V. E. Pisarev und I. A. Sizov, Mitarbeiter des von ihm geleiteten Institutes, zur Teilnahme zu entsenden [3, S. 124].

Eine seiner Reisen nach Amerika zu Beginn der dreißiger Jahre hing mit Vavilovs Teilnahme am VI. Internationalen Genetik-Kongreß zusammen, der im August 1932 in Ithaca, USA, stattfand. Vavilov wurde zum Vizepräsidenten des Kongresses gewählt, dessen Präsident T. H. Morgan war. Es sei daran erinnert, daß Deutschland auf ihm durch R. Goldschmidt, Stern, Nachtsheim und eine Reihe junger Genetiker vertreten war. Aus dem Institut für Hirnforschung in Berlin nahm an dem Kongreß N. V. Timofeev-Resovskij teil [5, S. 288]. In einem speziellen Artikel, in dem er die Ergebnisse des Kongresses einschätzte, bemerkte Vavilov, daß auf ihm die von Goldschmidt und Jollos entdeckte Möglichkeit bestätigt wurde, Mutanten durch Temperatureinwirkung zu gewinnen, und er bedauerte, daß auf dem Kongreß die Frage der experimentellen Orthogenese, die von Jollos erhoben worden war, unangesprochen blieb. Die Beschreibung eines Besuches von Vavilov bei Jollos ist erhaltengeblieben. „In der Folgezeit, im Februar 1933", schrieb Vavilov, „hatte ich die Gelegenheit, Dr. Jollos in Dahlem (Berlin) zu besuchen und neue Materialien über gerichtete Mutationen zu sehen, über die Jollos eine große neue Arbeit vorbereitete. Die Schwierigkeiten, die die Wissenschaft in Deutschland durchmachte, ermöglichten es Dr. Jollos nicht, diese Frage auf eine breite experimentelle Basis zu stellen, obgleich diese Arbeit in einem der besten genetischen Institute der Welt durchgeführt wird (Kaiser-Wilhelm-Institut für Biologie in Dahlem). Der Vergleich des umfangreichen Faktenmaterials über die erbliche Variabilität, das wir im Verlaufe vieler Jahre bei den Kulturpflanzen gesammelt haben, macht uns geneigt, ein außerordentliches Interesse an dem von Jollos' Forschungen berührten Gebiet zu bekunden, und es erscheint uns völlig unerläßlich, in nächster Zeit diesem Gebiet in unseren genetischen Instituten große Aufmerksamkeit zu widmen" [5, S. 294].

N. I. Vavilov konstatierte besonders, daß auf dem Kongreß in Amerika, deutlicher noch als 1927 in Deutschland, eine Loslösung der Genetik von der Züchtung in Erscheinung trat. Vavilov selbst jedoch propagierte auf jede Weise die Arbeiten, die darauf gerichtet waren, „die Züchtung mit der Genetik organisch in Einklang zu bringen" [5, S. 303].

Bei der Rückkehr von seiner Mittel- und Südamerikaexpedition machte N. I. Vavilov im Februar 1933 in Deutschland Station und hielt in Halle Vorträge über die Ergebnisse der Expedition, über den damaligen Stand der landwirtschaftlichen Wissenschaft in der UdSSR und über den Ursprung der Kulturpflanzen [3, S. 213]. Das war die letzte Begegnung Vavilovs mit deutschen Wissenschaftlern. In Halle hielt der hervorragende Geograf und Naturwissenschaftler seinen letzten Vortrag im Ausland [6]. Später verließ Vavilov nicht mehr die

Grenzen seines Landes, und seine ganze Expeditionstätigkeit richtete sich auf die Erforschung einzelner Regionen der Sowjetunion.

Allen ist gut bekannt, wie einschneidend sich in den dreißiger Jahren die Beziehungen zwischen Deutschland und der UdSSR zuspitzten. Das mußte sich auch auf die sowjetisch-deutschen wissenschaftlichen Kontakte auswirken, die stark eingeschränkt wurden. Schwierig war auch die Lage der Wissenschaftler in ihren eigenen Ländern. Die großen Genetiker GOLDSCHMIDT und STERN verließen Deutschland [5, S. 387]. Auch die Situation VAVILOVS wurde komplizierter. Die sowjetische Biologie wurde unerwartet in langwierige Diskussionen über die Entwicklung der genetischen Forschungen in der UdSSR verstrickt. N. I. VAVILOV war genötigt, einen kompromißlosen Kampf für den weiteren Entwicklungsweg der genetischen Wissenschaft gegen die antigenetischen Tendenzen zu führen, gegen die Verzerrungen der weltweiten Errungenschaften der Genetik.

Die Wissenschaftler Deutschlands enthielten sich unter dem Einfluß einer ganzen Reihe politischer Realitäten, die sich auch auf dem Gebiet der Wissenschaft bemerkbar machten, der Fortsetzung der wissenschaftlichen Kontakte.

Unter diesen Bedingungen verdient das Auftreten N. I. VAVILOVS auf einer Beratung der Redaktion der Zeitschrift „Unter dem Banner des Marxismus" im Oktober 1939 eine besondere Erwähnung. Er verteidigte die Genetik als Ergebnis umfangreicher schöpferischer Tätigkeit, genauer Experimente, der sowjetischen und der ausländischen Praxis, und baute seine Argumentation auf dem gesamten Erfahrungsschatz der Entwicklung der Biologie in der Welt auf. In dieser Rede sprach VAVILOV über den damals jüngsten Genetik-Kongreß in Deutschland, der 1938 stattgefunden hatte und ganz den Problemen der Evolution im Lichte der Genetik gewidmet war. Er gab dem fünfbändigen Handbuch der Pflanzenzüchtung, das in Deutschland unter der Leitung ROEMERS und RUDORFS herausgegeben wurde, und das den Stand der westeuropäischen Theorie und Praxis resümierte und dabei auch in wesentlichem Maße die Erfahrung der Entwicklung der sowjetischen Wissenschaft nutzte, eine hohe Wertschätzung. „Dieses grundlegende ausländische Handbuch über die Planzenzüchtung", sagte VAVILOV, „zeigt anschaulich, sowohl in seinem allgemeinen Teil als auch bezogen auf einzelne Kulturen, welche Bedeutung die moderne genetische Theorie für die Pflanzenzüchtung hat" [5, S. 389–390]. Sowohl die Einbeziehung der neuesten Ergebnisse der Forschung auf dem Gebiet der Genetik und der Züchtung in Deutschland in seine Rede als auch die Propagierung der sowjetischen Erfahrungen in Deutschland sind als Ausdruck der Zivilcourage und Redlichkeit des Gelehrten zu werten.

In einer seiner letzten Arbeiten, der „Kritischen Übersicht über den heutigen Stand der genetischen Theorie der Züchtung von Pflanzen und Tieren", die erst 1965 erschien, schrieb N. I. VAVILOV, daß die Züchtungseinrichtungen besonders Schwedens, Deutschlands, Frankreichs, Englands und der USA an der Herausbildung der genetischen Theorie selbst äußerst aktiv beteiligt waren. Zu den Begründern der Genetik zählte VAVILOV auch BAUR, den er „den größten Genetiker Deutschlands der letzten Jahrzehnte" nannte [5, S. 407].

Wir haben uns nur auf einige Aspekte des Problems der wissenschaftlichen

Beziehungen zwischen sowjetischen und deutschen Genetikern und Züchtern beschränkt, und zwar unter dem Gesichtspunkt ihrer Widerspiegelung im Schaffen und in der praktischen Tätigkeit N. I. Vavilovs. Mit den oben angeführten Mitteilungen ist die Widerspiegelung dieses Themas im wissenschaftlichen und brieflichen Nachlaß N. I. Vavilovs bei weitem noch nicht ausgeschöpft. Dies ist nur ein erstes Herantasten an das Thema.

Gleichzeitig ist dies auch ein Anlaß, die Aufmerksamkeit der Teilnehmer dieses wissenschaftlichen Symposiums auf die gewaltige, praktisch noch nicht durch die Forschung angetastete Auslandskorrespondenz Vavilovs zu richten. Sein Briefwechsel mit Wissenschaftlern und wissenschaftlichen Einrichtungen im Ausland stellt nach unserer tiefen Überzeugung eine wahre „Ideenbank" auf dem Gebiet der Botanik und der Agronomie, der Genetik und der Züchtung dar. Wir möchten die Teilnehmer des Symposiums aufrufen, Arbeiten zur Ermittlung von Briefen Vavilovs in ihren Ländern in Angriff zu nehmen.

Anläßlich der Durchführung des XIV. Internationalen Genetik-Kongresses in Moskau 1978 wandte sich die Kommission der Akademie der Wissenschaften der UdSSR zur Bewahrung und Erschließung des wissenschaftlichen Nachlasses des Akademiemitgliedes N. I. Vavilov bereits in den Seiten der Zeitschrift „Genetika" [7] schon einmal an die ausländischen Wissenschaftler und Organisationen mit dem Vorschlag, den Briefwechsel N. I. Vavilovs mit Wissenschaftlern der ganzen Welt aufzubereiten und zu publizieren. Ein solches Vorhaben kann nur durch eine breite internationale Zusammenarbeit verwirklicht werden. Die Kommission wandte sich an alle Wissenschaftler, Mitarbeiter von Archiven und Bibliotheken, Inhaber persönlicher Archive und Sammlungen mit der Bitte, sie über bekannte Briefsammlungen oder Einzelbriefe N. I. Vavilovs zu informieren. Leider ist keine auch nur einigermaßen befriedigende Reaktion auf diese Appelle erfolgt.

In den Tagen der Hundertjahrfeier des Gelehrten halten wir es für unsere Pflicht, diesen Aufruf zu wiederholen.

Die Kommission für den Nachlaß N. I. Vavilovs ist sich darüber im klaren, daß die in den Archiven und privaten Sammlungen der Staaten der Welt erhaltengebliebenen dokumentarischen Materialien und Briefe N. I. Vavilovs nationales Gemeingut dieser Staaten und Eigentum ihrer Inhaber sind. Jedoch besteht kein Zweifel daran, daß die Herausgabe der wissenschaftlichen Korrespondenz N. I. Vavilovs mit Wissenschaftlern anderer Länder es in bedeutend breiterem Umfang und vollständiger als bisher gestatten würde, die Anfangsetappen der Herausbildung der Genetik als Wissenschaft zu klären, und daß sie zu einem Stimulus für die weitere Entwicklung des wissenschaftlichen Schöpfertums würde. Als Grundlage für eine solche Veröffentlichung könnten die in Archiven der UdSSR erhaltengebliebenen Originale der Briefe von Wissenschaftlern der ganzen Welt an Vavilov sowie die Kopien seiner Korrespondenz dienen.

Es naht das 100-jährige Jubiläum der Herausbildung der Genetik als Wissenschaft, das zweifellos im Jahre 2000 von der ganzen wissenschaftlichen Gemeinschaft der Welt in großem Umfang begangen werden wird. Wir sind zutiefst überzeugt, daß die Herausgabe dieses Briefwechsels, eines wahren Schatzes der Weltwissenschaft, einen würdigen Beitrag zu seiner Vorbereitung darstellen würde.

Übersetzt von H. KNÜPFFER, Gatersleben

Literatur

[1] NIKOLAJ IVANOVIČ VAVILOV. Očerki, vospominanija, materialy [Aufsätze, Erinnerungen, Materialien]. Moskva, 1987.
[2] NIKOLAJ IVANOVIČ VAVILOV. Iz epistoljarnogo nasledija 1911–1928 gg. [Aus dem brieflichen Nachlaß der Jahre 1911–1928]. „Naučnoe nasledstvo", t. 5. Moskva, 1980.
[3] NIKOLAJ IVANOVIČ VAVILOV. Iz epistoljarnogo nasledija 1929–1940 gg. [Aus dem brieflichen Nachlaß der Jahre 1929–1940]. „Naučnoe nasledstvo", t. 10. Moskva, 1987.
[4] VAVILOV, N. I. Teoretičeskie osnovy selekcii [Theoretische Grundlagen der Züchtung]. Moskva, 1987.
[5] VAVILOV, N. I. Izbrannye trudy [Ausgewählte Werke]. Tom V. Moskva, 1965.
[6] siehe: Nova Acta Leopoldina, 1933, Band 1, Heft 2–3, S. 332–337.
[7] „Genetika", 1979, Bd. XV, Nr. 8, S. 1525–1526.

Dr. V. D. ESAKOV
Institut istorii SSSR Akademii nauk SSSR
ul. D. Ul'janova 19
117 036 Moskva
UdSSR

Kulturpflanze 36 · 1988 · 71–83

Genetic Resources

CHRISTIAN O. LEHMANN

Summary

Since the beginning of agriculture crop plants are subjected to a continuous diversification by man and environment. Six major categories of genetic resources can be recognized in a cultigen: related wild species, land-races, old commercial and obsolete varieties, advanced cultivars, and products of plant breeding programmes or genetical studies (CHANG 1985).

Both the intensification of crop husbandry and the development of plant breeding led to diminishing of the diversity of crop plants. This process of genetic erosion attained international public attention in the 1960ies. In June 1974, the International Board for Plant Genetic Resources (IBPGR) was established.

The concept of the activities of the Central Institute of Genetics and Cultivated Plant Research was strongly influenced by the ideas and work of N. I. VAVILOV. From the second half of the 1970ies, activities of collecting endangered genetic resources could be substantially intensified. Collection missions were performed in European and extra-European countries and long-term co-operations initiated with institutions in the host countries to explore their genetic resources.

The preliminary evaluation of the germplasm preserved in the Gatersleben Gene Bank is based on the requirements set up in the long-term breeding programmes, e.g. resistance to diseases, tolerance to low temperature. Therefore, close co-operations with specialized teams from other institutes were arranged. These evaluations carried out over decades resulted in a number of cultivars with markedly improved traits derived from germplasm of the gene bank. In the German Democratic Republic there are 35 cultivars which were released from 1973 to 1987.

Diversification of crop plants

Since the beginning of agriculture for at least 10,000 years ago, farmers have been selecting crops suited to a wide range of environments. Starting for each crop from a small area, or sometimes several areas, plants were selected to fit a diverse range of environments and to fulfil man's different demands with respect to, among other features, taste, color preference, texture, and cooking quality.

Once under domestication, plants underwent rapid and radical changes because either novel environments or man exerted strong selection pressures on the rich pool of genetic variation (VAVILOV 1949). In primitive agriculture farmers mostly grew mixtures of genotypes. In the course of time desirable traits accumulated due to mutation, natural hybridization and selection in response to different climates, soils, pests, and pathogens (CHANG 1976, HARLAN 1965, 1975). Introgression from related wild or weedy species contributed additional variation.

Before the year 2000 BC. most of our crops were domesticated and had dispersed far from their ancestral homes (SAUER 1969). As crops were adopted by different cultures and encountered new growing conditions, they diversified. This diversification received a new impetus in the colonial periods, from the expansion of Roman civilization until the Europeans settled in the tropics and subtropics. With each introduction into new environments, crop plants had opportunities to adapt and to change. Therefore, variability in crop plants further increased as a result of the crop interchange taking place between continents and islands during the colonial period.

This "natural range" of genetic diversity of crop plants has been "canilized" by modern plant breeding since the begin of our century. By means of pure-line selection, cross-breeding, mutation-induction combined with cross-breeding, among other methods, scientific breeders created a "new" diversity in a restricted number of crops, focusing efforts on developing high-yielding varieties responsive to fertilizers, resistant to diseases and pests and adapted to difficult environments.

Categories of crop genetic resources

T. T. CHANG (1985) recognizes six major categories of genetic resources to be found in a cultigen:

1. Related wild species and weedy races in the same genus and related genera found in regions of primary or secondary diversity. This category may also include non-domesticated wild species which are consumed as food or used for other purposes, e.g. in forestry, for medicinal use, as pasture plants, or as raw material for chemical industries.
2. Land-races. These evolved by both natural and human selection under conditions of low-input cultivation and show a high phenotypic and genotypic variation. Such populations are adapted to the local environment, where they may have been cultivated for ages, with its soil types, climatic conditions, diseases and pests, as well as cultural practices. Their level of yield is generally low but the genetic variability provides a certain kind of yield stability which provides an insurance against a complete crop failure. They can also meet special dietary or religious needs.–The main use of land-races has been and will be as donors of desirable genes for plant breeding.
3. Old commercial varieties. Pure-line selections or open-pollinated varieties from old agricultural areas where production levels remained largely unchanged during the last half century.

4. Obsolete varieties. These can be found only in germplasm collections. Ecostrains of obsolete varieties may still be grown in remote areas.
5. Advanced cultivars. Modern high-yielding varieties and F_1-hybrids were developed by scientific breeding for and grown in regions of intensive agriculture. Composites and synthetics also belong to this category.
6. Products of plant breeding programmes or genetical studies. They include breeding lines, breeding stocks, mutants, gene markers, genetic stocks, induced polyploids, aneuploids, intergeneric and interspecific hybrids, and cytoplasmic sources.

Conservation of crop genetic resources

The disappearance of species and varieties is part of a normal evolutionary process. Natural catastrophies, such as wide spread droughts, floods and volcanic eruptions, have also in the past wiped out populations of land-races and crop relatives, but within the last 150 years, the genetic erosion has assumed alarming proportions.

In the middle of the last century, the intensification of crop husbandry and the development of scientifically based plant breeding began in Europe. Both activities led to the consequence that landraces were gradually replaced by more productive homogenous varieties and thereby threatened with extinction. These new varieties were often pure-line selections from the heterogenous local landraces. At the turn of the century, several plant breeders and geneticists pointed out the value of the land-races as donors of desirable genes for future breeding and called for action in collecting and preserving the genetic diversity, also beyond Europe. Among these were ERICH VON TSCHERMAK (1915), the rediscoverer of MENDEL'S laws, HERMAN NILSSON-EHLE (1911), the famous Swedish plant breeder at Svalöf, and ERWIN BAUR (1914).

The spread of new cultivars and the adoption of new farming techniques began in the Third World countries, where most of the diversity of our crops occurred, in the 1950ies and 1960ies, resulting in a replacement of native land-races by high-yielding modern cultivars. This loss of genetic diversity is now accelerating due to destruction of natural ecosystems and a continuing ecological degradation caused by soil erosion, desertification, salinization, fire and population growth (FAO 1987).

In contrast to the situation at the beginning of this century, the scientists that now are ringing the alarm bells can count on considerably more public attention.

Under the auspices of the International Council of Scientific Unions (ICSU), an international, non-governmental programme, the International Biological Programme (IBP), was established in 1963. Its subject was defined as "The Biological Basis of Productivity and Human Welfare". In the section concerned with Use and Management of Biological Resources a so-called "Gene Pool" Subcommittee was set up under the direction of Sir OTTO FRANKEL, a pupil of ERWIN BAUR. He sought a close co-operation between FAO and IBP and proposed, 20 years ago, the FAO/IBP Technical Conference on the Exploration,

Utilization and Conservation of Plant Genetic Resources that was held in September, 1967. This conference can be called a landmark for the "Genetic Resources Movement". In the words of FRANKEL "it was the first attempt to bring together all scientific information relating to genetic diversity in economic plants and its preservation for the future" (FRANKEL 1986). The scientists associated with the International Biological Programme laid the basis for the further development of an action programme. The next steps were a conference of experts held in Beltsville in March, 1972, and the United Nations Conference for Human Environment, held in Stockholm, in June, the same year.

This resulted in the establishment of another centre of the Consultative Group on International Agricultural Research (CGIAR), the International Board for Plant Genetic Resources (IBPGR), in June, 1974. The main objectives of this autonomous, international scientific organization are "to further the study, collection, including preservation and documentation, the evaluation and utilization of the genetic diversity of useful plants for the benefit of people throughout the world" as it is stated in its mandate (IBPGR 1986). The board's activities resulted in significant successes in promoting world-wide participation in genetic resources preservation programmes by governments and scientists. Priorities were set for collecting and the collecting of priority targets was stimulated and supported. The maintenance, safe storage and documentation of collected food and industrially important crops, along with their wild relatives, was arranged (FRANKEL 1987). Over 130,000 samples of crops in more than 100 countries have been gathered over the past 12 years on missions in which IBPGR had some involvement (IBPGR 1987). Technical meetings, training at all levels, and publications defining the scientific standards for gene banks and clonal repositories for the conservation of vegetatively propagated crops were promoted. Recently, a broad and carefully designed research programme was included to develop scientific standards which will ensure the safety and enhanced use of the genetic diversity in both the crop and related wild species (IBPGR 1984, 1986).

The IBPGR programme has become truly international spanning countries of all political persuasions and degrees of development and the IBPGR itself is now recognized as a focal scientific body in world plant genetic resources conservation.

Collection of plant germplasm– contributions of the Central Institute of Genetics and Cultivated Plant Research

The concept of the activities of the Central Institute of Genetics and Cultivated Plant Research established in 1943 was strongly based on the ideas and work of N. I. VAVILOV and his co-workers. It was entrusted with the task to set up and preserve a world-wide collection of varieties and local land-races of crops and their related wild species. This collection was to be permanently extended by collection missions and exchange of material. On the basis of the collection comprehensive research in the crop genetic diversity has been performed and germplasm has been made available for applied breeding research and practical plant breeding (STUBBE 1982). The stock maintained in the gene bank grew from 3,500 accessions in 1945/46 to over 61,000 accessions in 1987.

In the second half of the 1970ies, the collection activities could be intensified thanks to a generous support from the Academy of Sciences of the GDR and corresponding scientific institutions or organizations in host countries as well as to the assistance of the International Board for Plant Genetic Resources.

Mediterranean Region

As early as 1926, N. I. VAVILOV had indicated that the Mediterranean Region was the centre of origin of numerous Old World agricultural and horticultural crops. These included tetraploid wheats, the olive tree, *Avena byzantina*, large-seeded flax and pulses (broad beans, lentils, Sweet Pea species, *Vicia* species and others) as well as many vegetables and spices.

In 1980, a fruitful long-term co-operation with the Istituto del Germoplasma in Bari was initiated. Its director in these days, E. PORCEDDU, coordinated at that time an IBPGR regional programme for the Mediterranean countries concerning the collection and preservation of the wealth of genetic diversity in crops threatened by loss or erosion in these countries. The Istituto del Germoplasma, which was established in 1970 as an institution of the National Research Council of Italy, has at present the responsibility for the collection and preservation of the plant genetic resources in Italy.

Together with staff members of this institute, in particular with the present director P. PERRINO, a joint thorough exploration, especially of cereals and vegetables, is performed in South and Central Italy. The aim is, besides the collection and preservation of the germplasm available, the compilation of a "Flora of the Crop Plants in Italy". In this respect some monographic papers have already been published on the basis of previous missions by K. HAMMER and P. PERRINO, e.g., for the plant family Cactaceae (HAMMER and PERRINO 1987), for Azzeruolo, a now neglected fruit tree *(Crataegus azarolus)* (HAMMER and PERRINO 1985a), for Carosello, an indigenous melon from the south (HAMMER, HANELT and PERRINO 1986), and for Farro *(Triticum dicoccon)* (HAMMER and PERRINO 1984).

In the period from 1980 to 1987 nine collection missions were carried out and altogether 1,734 samples were gathered (table 1).

In the course of these explorations some cultivation refuges of *Triticum mono-*

Table 1
The results of 9 collection missions to Italy in 1980–1987

Plant Group	No. Samples
Cereals	464
Grasses *(Aegilops*, Fodder-Grasses*)*	45
Pulses	606
Vegetables	512
Technical and Medicinal Plants, Spices	107

coccum (Einkorn) and *T. dicoccon* (Emmer) were observed. These are located in the mountainous regions in Campania and Basilicata (HAMMER and PERRINO 1984). In 1987, further samples have been collected in the Abbruzzi Mountains. The fields of these cereals still contain, as admixtures, Durum and Common Wheat as well as barley. This mixture cultivation of wheats obviously resulted in an increased variability of the Durum and Common Wheats due to introgressions from the cultivated Einkorn and Emmer. The six-rowed barleys resemble those depicted on coins from Metapont dating back to the time of Great Greece. The cultivation of rye is limited to small, mainly high hill relict areas. In the Sila mountains, wild rye *(Secale strictum)* considered hypothetically to be the initial form of cultivated rye, is very often found at the edges or in the middle of the fields. This joint habitat promotes the introgression of characters from wild into cultivated rye (HAMMER, LEHMANN and PERRINO 1985).

The Mediterranean Region is known to be the centre of origin and diversity for a large number of vegetables, inter alia of cabbage *(Brassica oleracea)*, lettuce *(Lactuca)* and spices like Small Fennel *(Nigella sativa)*, Roman Caraway *(Cumium cymimum)*, Anis and Fennel. Accordingly the spectrum of local land-races of vegetables and spices found in Italian backyard gardens is also diverse. The systematic sampling and utilization of such land-races in breeding may result in a future enrichment of the supply of varieties of vegetables and spices suitable for cultivation also in Central Europe.

In the framework of the Mediterranean Programme, 294 samples of cultivated and wild growing forms, in particular of the genera *Lupinus*, *Vicia* and *Pisum* were collected in 1978 in the south-west of Spain in co-operation with staff members of the Banco de Germoplasma of the Instituto Nacional de Investigaciones Agrarias (INIA). Of particular interest were the lupines, the species Yellow and Blue Lupine and *Lupinus hispanicus*. They were the first samples made available for breeding in the GDR after collections on the Iberic Peninsula made by M. KLINKOWSKI in 1937. These accessions have meanwhile been evaluated and promising forms have been introduced into breeding programmes in the country and abroad. Since the cultivation of White Lupines is rapidly declining in the south-west parts of Spain, this collection may at least have contributed in saving part of their genetic diversity from extinction (LEHMANN and HAMMER 1983).

The experts of the FAO and of the International Board for Plant Genetic Resources have repeatedly recommended certain priorities for the exploration, collection and preservation of plant genetic resources. In this context very high priority was given to the indigenous wheats and barleys in the Socialist People's Libyan Arab Jamahiriya. In the years 1981 to 1983 specialists from this institute together with staff members of the Agricultural Research Center in Tarābulus and of the Istituto del Germoplasma in Bari performed three collections in Libya, i.e. in the Cyrenaica, Tripolitania, and in the oases of Fezzan, Ghāt and Ghadamis. The collections were strongly supported by the Director General of the Agricultural Research Centre in Tarābulus.

In the coastal regions the wheats were often derived from Italian durum wheat cultivars introduced during the Italian occupation. The barleys, however, represented the original six-row type. In the oases of Fezzan and Ghadamis a rapid expansion of recent cultivars from abroad, especially of wheat, could be observed. Nevertheless, a large number of samples of local land-races were gathered. As concerning wheat, autochthonous forms of Common Wheat, characterized by inflated awns and hairy glumes, are prevailing. Among barleys the most striking representatives in the oases were the deficiens forms. They suggest, as do the forms of other plants grown in this region, that in the past these oases had been linked through caravan paths with Ethiopia. In the Ghāt oases forms have been preserved up to this day which obviously are no longer found in their primary areas of origin (HAMMER and LEHMANN 1985).

Georgian SSR

The Georgian Soviet Socialist Republic is part of the classical Southwest-Asian Gene Centre. The astonishing variability of its many autochthonous crops, first mentioned by N. I. VAVILOV, has very often been described (e.g. MENABDE 1948, DEKAPRELEVIČ 1954, DOROFEEV 1972, KOBACHIDZE 1974). The modernization of agricultural production in the last few decades resulted in a considerable decrease of indigenous land-races. In 1981, the scientific staff of the Department of Taxonomy and Evolution began in co-operation with the staff of the Institute of Botany of the Academy of Sciences of the Georgian Soviet Socialist Republic a joint and long-term planned exploration and collection of the remaining genetic resources (BERIDZE, HANELT and KRUSE 1982). In Georgia, R. K. BERIDZE, who has a wealth of many years experience in this field, is charged with the organization. Meanwhile, seven successful collections for the mutual benefit of both countries and institutes can be recorded (table 2).

Table 2
The results of 7 collection missions to the Georgian SSR in 1981–1987

Plant Group	No. Samples
Cereals	398
Pulses	876
Vegetables	508
Technical and Medicinal Plants, Spices	290
Weeds, Wild Plants	92

European and extra-European countries

In the majority of the European regions beyond the Mediterranean area genetic erosion of the autochthonous populations of cultivated plants progressed rapidly after the Second World War. The niches, fields and gardens of small-holders, where traditionally local landraces were grown, have almost completely disappeared.

Therefore, a number of rescue collections were initiated in 1974, 1977, and 1981 in Czechoslovakia, in Poland in 1976, 1978, and 1984, and in Austria in 1982, 1983, 1985, and 1986, supported by colleagues in the respective countries (table 3).

Table 3
Collections in European countries (1974–1986)

Country	No. Missions	No. Samples
Austria	4	266
CSSR	3	1153
Poland	3	442
Spain	1	344

In recent years, the collection activities could be extended into extra-European countries due to the assistance of the Academy of Sciences of the GDR and especially to the support of colleagues in the host countries. Thanks to their guidance all these explorations gave considerable results in number and quality of gathered samples. The countries in question were Ethiopia, Iraq, Mongolian People's Republic, People's Republic of China, Korean Democratic People's Republic and Cuba (table 4).

Table 4
Collections in extra-European countries (1981–1987)

Country	No. Missions	No. Samples
Cuba (1986)	2	351
Ethiopia (1984)	1	186
Iraq (1985, 1986)	2	155
Korean Democratic People's Republic (1984–1987)	5	382
Libya (1981–1983)	3	491
Mongolian People's Republic (1985, 1987)	2	33
People's Republic of China (1986)	1	43

Check-lists have been compiled for some of the collecting areas. These lists contain all the known crop species of the area in question. They proved to be useful for the field work by indicating the species to be expected and, at the same time, they document the state of the plant genetic resources and the amount of collected material. These check-lists exist for the Ghāt oases (HAMMER and PERRINO 1985b), for Korea (BAIK, HOANG and HAMMER 1986, HAMMER, HAN and HOANG, 1987), and for Libya (HAMMER, LEHMANN and PERRINO 1988). A check-list of the cultivated plants of South Italy is in progress.

The Gatersleben Gene Bank– preliminary evaluation and utilization of germplasm

The germplasm maintained in the gene bank amounts to over 61,000 accessions at the end of 1987. There are 29,800 accessions of cereals, 13,600 of pulses, 8,300 of vegetables, etc. (table 5).

Table 5
Stock of the Gene Bank Gatersleben, 1987

Plant Group	No. Samples
Cereals	28.856
Grasses	1.617
Pulses	13.850
Vegetables	8.986
Technical and Medicinal Plants, Spices	5.496
Mutants	
Antirrhinum	434
Soybean	1.656
Tomatoes	634
	61.529

The accessions are in general used for solving practical as well as basic research problems. Particular genotypes, land-races and mutants are receiving increasing attention for molecular approaches, such as the *Rht*-sources for semidwarfing in wheat, the mutants with irregular metabolic pathways and those with genetic instabilities indicating transposon activities.

The prerequisites for the utilization of genetic resources are characterization and continuous evaluation. The preliminary evaluation of the germplasm preserved in the gene bank is based on the requirements set up in the long-term breeding programmes. Priority is given to such traits which may contribute to the breeding of cultivars with high and stable yield, good quality properties and the ability to make optimal use of the natural growth conditions.

The evaluation is focused on such traits as resistance to diseases (bacterial, fungal and virus diseases), tolerance to low temperatures and on the quantity and quality of storage proteins. Therefore, the staff of the gene bank co-operates closely with other specialized teams from this institute, with teams from institutes of the Academy of Agricultural Sciences of the GDR, from the Martin-Luther-University in Halle and in breeding stations. The staff of the gene bank is responsible for the continuous supply of identical material to the experts used in their studies. Only for the period 1983 to 1987 more than 17,600 samples (9,500 cereals and 4,100 vegetables) were made available for disease resistance screenings.

The results of the screenings were, along with the germplasm showing positive properties, immediately placed at the disposal of the breeders. That insures its rapid incorporation into the breeding process. The information on the results is fed back to the gene bank and they are included into the documentation of the accession concerned.

The convertation of the documentation from the hitherto traditionally used card files to the computerized form according to international standard descriptors proposed by IBPGR was recently initiated. This will be a manpower and time consuming process since data have been collected in different manners and accumulated over several decades. But such an internationally harmonized documentation is an essential component of genetic conservation and stimulates germplasm exchange, evaluation and use.

Table 6
Released varieties in the GDR with improved traits derived from gene bank germplasm (1973–1987)

Crop	No. Cultivars
Winter Barley	2
Spring Barley	20
Winter Wheat	8
Spring Wheat	1
Peas	3
Lettuce	1

As a result of an evaluation directed to the demands of plant breeders carried out over decades, new germplasm has always been made available for applied research and integrated into breeding processes. A number of cultivars with markedly improved traits have been derived from germplasm of the gene bank. In the years from 1973 to 1987 35 cultivars were released for the socialist agriculture of the GDR and contributed considerably to an increase of yields (table 6).

Zusammenfassung

Genetische Ressourcen

Die Kulturpflanzen unterliegen seit dem Beginn des Ackerbaues ständigen Veränderungen, die ihre Ursache in der Selektion durch den Menschen und durch die natürlichen Umweltverhältnisse haben. Nach T. T. CHANG (1985) können bei den pflanzengenetischen Ressourcen sechs Gruppen unterschieden werden: verwandte Wildarten, Landsorten, alte Handelssorten und Sorten, die nicht mehr im Anbau sind, moderne Zuchtsorten sowie Material aus Zuchtprogrammen (z. B. Zuchtstämme) oder genetischen Untersuchungen (z. B. Mutantenlinien).

Die Intensivierung des Acker- und Pflanzenbaues und die Entwicklung der Pflanzenzüchtung führten bei den kultivierten Pflanzen zu einer drastischen Verringerung ihrer Mannigfaltigkeit. Diese genetische Erosion begann in den 60er Jahren der breiten Öffentlichkeit bewußt zu werden. Im Juni 1974 wurde der International Board for Plant Genetic Resources (IBPGR) gegründet).

Die Gründung des heutigen Zentralinstituts für Genetik und Kulturpflanzenforschung wurde wesentlich durch die Ergebnisse der Arbeiten N. I. VAVILOVS beeinflußt. Seit Mitte der 70er Jahre konnte von den Mitarbeitern des Zentralinstituts die Sammlung der vom Verlust bedrohten pflanzengenetischen Ressourcen verstärkt weitergeführt werden. Sammelreisen führten in zahlreiche europäische und außereuropäische Länder. Damit verbunden ist eine langfristige Zusammenarbeit mit den Mitarbeitern entsprechender Einrichtungen zur Erforschung der genetischen Ressourcen in diesen Ländern.

Die vorläufige Evaluierung des Materials der Gaterslebener Genbank geschieht gemäß den Zielstellungen langfristiger Züchtungsprogramme, es sind beispielsweise Merkmale der Krankheitsresistenz oder der Toleranz gegenüber niedrigen Temperaturen. Dabei entwickelte sich seit den 50er Jahren eine enge Zusammenarbeit mit spezialisierten Arbeitsgruppen anderer Institute. Im Ergebnis dieser jahrzehntelangen Evaluierungen entstanden zahlreiche Sorten, deren verbesserte Eigenschaften aus dem Material der Genbank stammen. In der DDR sind es 35 Sorten, die in der Zeit von 1973 bis 1987 zum Anbau zugelassen wurden.

Краткое содержание

Генетические ресурсы

С тех пор как возникло земледелие, культурные растения находятся в постоянных изменениях, обусловленных селекцией осуществляемой человеком и естественными отношениями с окружающей средой. По Т. Т. Chang (1985) генетические ресурсы можно разделить на 6 групп: родственные дикие виды, местные сорта, старые торговые сорта и сорта, которые больше не используются в земледелии, современные селекционные сорта, а также материал селекционных программ (например, селекционные линии) или генетических исследований (например, мутационные линии).

Интенсификация полеводства и растениеводства, а также развитие селекции привели к драматическому снижению полиформности культурных растений. Эта генетическая эрозия начала осознаваться широкой общественностью в 60-х годах. В июне 1974 года был основан Международный Совет растительных генетических ресурсов (МСРГР). Создание теперешнего Центрального института генетики и исследования культурных растений происходило под значительным влиянием результатов работ Н. И. Вавилова. С середины 70-х годов сотрудники института особенно усиленно ведут сборы растительных генетических ресурсов, стоящих под угрозой. Экспедиционные работы вели в многочисленные европейские и неевропейские страны. С этим также связано долголетнее сотрудничество сотрудников института с сотрудниками соответствующих учреждений в этих странах.

Предварительная оценка материала гатерслебенского генного банка происходит согласно поставленным целям долгосрочной селекционной программы; это, например, признаки на резистентность к заболеваниям или признаки на толерантность к низким температурам. При этом с 50-х годов развивается тесное сотрудничество со специализированными рабочими группами других институтов. В результате этих, длящихся десятилетия, оценок возникли многочисленные сорта, чьи улучшенные свойства обязаны происхождением материалу генного банка. В ГДР с 1973 по 1987 год было допущено к использованию в полеводстве 35 сортов.

Literature

Baik, M.-C., H.-Dz. Hoang, and K. Hammer, 1986: A check-list of the Korean cultivated plants. – Kulturpflanze **34**, 69–144.

Baur, E., 1914: Die Bedeutung der primitiven Kulturrassen und der wilden Verwandten unserer Kulturpflanzen für die Pflanzenzüchtung. – Jb. Deut. Landw.-Ges. **29**, 104 bis 109.

BERIDZE, R. K., P. HANELT, and J. KRUSE, 1982: Report of a travel to the Georgian SSR 1981, for the collection of indigenous material of cultivated plants. – Kulturpflanze **30**, 203–213.

CHANG, T. T., 1976: The rice cultures. – Philosoph. Transactions Royal Society (London) **B 275**, 146–157.

–, 1985: Principles of genetic conservation. – Iowa State J. Research **59**, 325–348.

DEKAPRELEVIČ, L. L., 1954: Vidy, raznovidnosti i sorta pšenic Gruzii. – Trudy inst. polevodstva AN Gruz. SSR **8**, 3–58.

DOROFEEV, V. F., 1972: Pšenicy Zakavkaz'ja. – Trudy prikl. bot., genet., selekc. **47** (1), 3–206.

FAO, 1987: Report of the 2nd session of the commission on plant genetic resources, Rome, 16–20 March 1987.

FRANKEL, O., 1986: Genetic resources: the founding years. – Part 2: The movement's constituent assembly. – Diversity **8**, 30–32.

–, 1987: Genetic resources: the founding years. – Part 4: After twenty years. – Diversity **11**, 25–27.

HAMMER, K., U.-X. HAN and H.-Dz. HOANG, 1987: Additional notes to the check-list of Korean cultivated plants (1). – Kulturpflanze **35**, 323–333.

–, P. HANELT, and P. PERRINO, 1986: 'Carosello' and the taxonomy of *Cucumis melo* L. especially of its vegetable races. – Kulturpflanze **34**, 249–259.

–, und CHR. O. LEHMANN, 1985: Neue Sammlungen von Getreidelandsorten in Süditalien und Libyen. – Tag.-Ber., Akad. Landwirtsch.-Wiss. DDR, Berlin **237**, 83–87.

–, –, und P. PERRINO, 1985: Die in den Jahren 1980, 1981 und 1982 in Süditalien gesammelten Getreide-Landsorten – botanische Ergebnisse. – Kulturpflanze **33**, 237 bis 267.

–, –, and –, 1988: A check-list of the Libyan cultivated plants including an inventory of the germplasm collected in the years 1981, 1982 and 1983. – Kulturpflanze **36**, 475–527.

–, and P. PERRINO, 1984: Further information on farro (*Triticum monococcum* L. and *T. dicoccon* SCHRANK) in South Italy. – Kulturpflanze **32**, 143–151.

–, and –, 1985a: Azzeruolo (*Crataegus azarolus* L.) – a rare fruit tree in South Italy. – Gleditschia **13**, 107–111.

–, and –, 1985b: A check-list of the cultivated plants of the Ghāt oases. – Kulturpflanze **33**, 269–286.

–, und –, 1987: Studien zu einer Kulturpflanzenflora Süditaliens: Cactaceae. – Kakteen/Sukkulenten (Dresden) **22**, 3–10, 20–21.

HARLAN, J. R., 1965: The possible role of weed races in the evolution of cultivated plants. – Euphytica **14**, 173–176.

–, 1975: Crops and man. – American Society Agronomy, Madison, Wisconsin.

IBPGR, 1984: The IBPGR in its second decade. An updated strategy and planning report. – International Board for Plant Genetic Resources, Rome.

–, 1986: IBPGR Programme structure. – International Board for Plant Genetic Resources, Rome.

–, 1987: Annual Report 1986. – International Board for Plant Genetic Resources, Rome.

KOBACHIDZE, A. A., 1974: K botaniko-sistematičeskomu izučeniju zerno-bobovych rastenij Gruzii (georg., russ. summary). – Trudy inst. bot. AN Gruz. SSR **27**, 163–190.

LEHMANN, CHR. O., und K. HAMMER, 1983: Botanische Ergebnisse einer Reise nach Spanien 1978 zur Sammlung kultivierter und wildwachsender Leguminosen. – Kulturpflanze **31**, 185–206.

MENABDE, V. L., 1948: Pšenicy Gruzii. – Tbilisi.

NILSSON-EHLE, H., 1911 (1913): Mendélisme et acclimatisation. – Compte rendu de la IV ième conférence internationale de génétique à Paris 1911 (1913), 136–155.

SAUER, C. O., 1969: Agricultural origins and dispersals. The domestication of animals and foodstuffs. – Massachusetts Institute of Technology Press, Cambridge, Massachusetts.

STUBBE, H., 1982: Geschichte des Instituts für Kulturpflanzenforschung Gatersleben

der Deutschen Akademie der Wissenschaften zu Berlin (1943–1968). – Akademie-Verlag, Berlin.
TSCHERMAK, E., VON, 1915: Über die Notwendigkeit der Sammlung und Erhaltung unserer bewährten, noch unveredelten Getreidelandrassen. – Wiener Landw. Zeitg. No. **104**, 759–761.
VAVILOV, N. I., 1949: The origin, variation, immunity and breeding of cultivated plants. – Chronica Botanica **13**, 1–366.

Dr. CHRISTIAN O. LEHMANN
Zentralinstitut für Genetik und Kulturpflanzenforschung der
Akademie der Wissenschaften der DDR
Correnssstraße 3
Gatersleben
DDR - 4325

Kulturpflanze 36 · 1988 · 85–105

The diversity in VAVILOV'S Mediterranean Gene Center

PIETRO PERRINO

Summary

The Mediterranean is an important center of diversity for several families of cultivated plants: Leguminosae, Labiatae, Compositae, Umbelliferae, Cruciferae, Chenopodiaceae, etc.

The diversity of 53 families present in the Mediterranean and that of the most important ones is discussed in relation also to other gene centers.

Some crops, like wheat, maize, etc., have been highly domesticated and are suffering genetic erosion while some others, like chickpea, grass pea, etc., are still waiting for further domestication. The diversity of few crops important for the Mediterranean agriculture is discussed and, whenever possible, compared with other gene centers.

1. The Mediterranean Gene Center according to VAVILOV

VAVILOV (1951) identified eight World Centers of Diversity of cultivated plants (Fig. 1 and Tab. 1). He listed 666 species (broad sense) of which 555 had their centers of diversity in the Old World and 111 in the New World.

If the number of species per center is considered as a direct index of plant diversity the Mediterranean with its 84 species locates itself at the third place after the Chinese and the Indian Centers with their 137 and 117 species respectively.

However, since the number of species alone cannot indicate the importance of a center, crops have been grouped in categories (table 1) from which one can conclude that most of the cultivated fruit trees (125), cereals and other grains (109), vegetable crops (96), oil (47), spices (42), roots etc. (29), fiber (21), medicinal (19), forage (19), manufacturing (18) etc. plants originated in the Old World. A lower, but not necessarily less important, number of species of fruit trees (37), cereals and other grains (26), vegetables (12), tubers and bulbs (10) etc. were domesticated in the New World.

The Mediterranean is undoubtedly the center of origin of two fruit trees, the olive and carob tree, a large number of cultivated vegetables (30), spice (15), oil (6) and many of the old varieties of forage plants (11). Each civilization in-

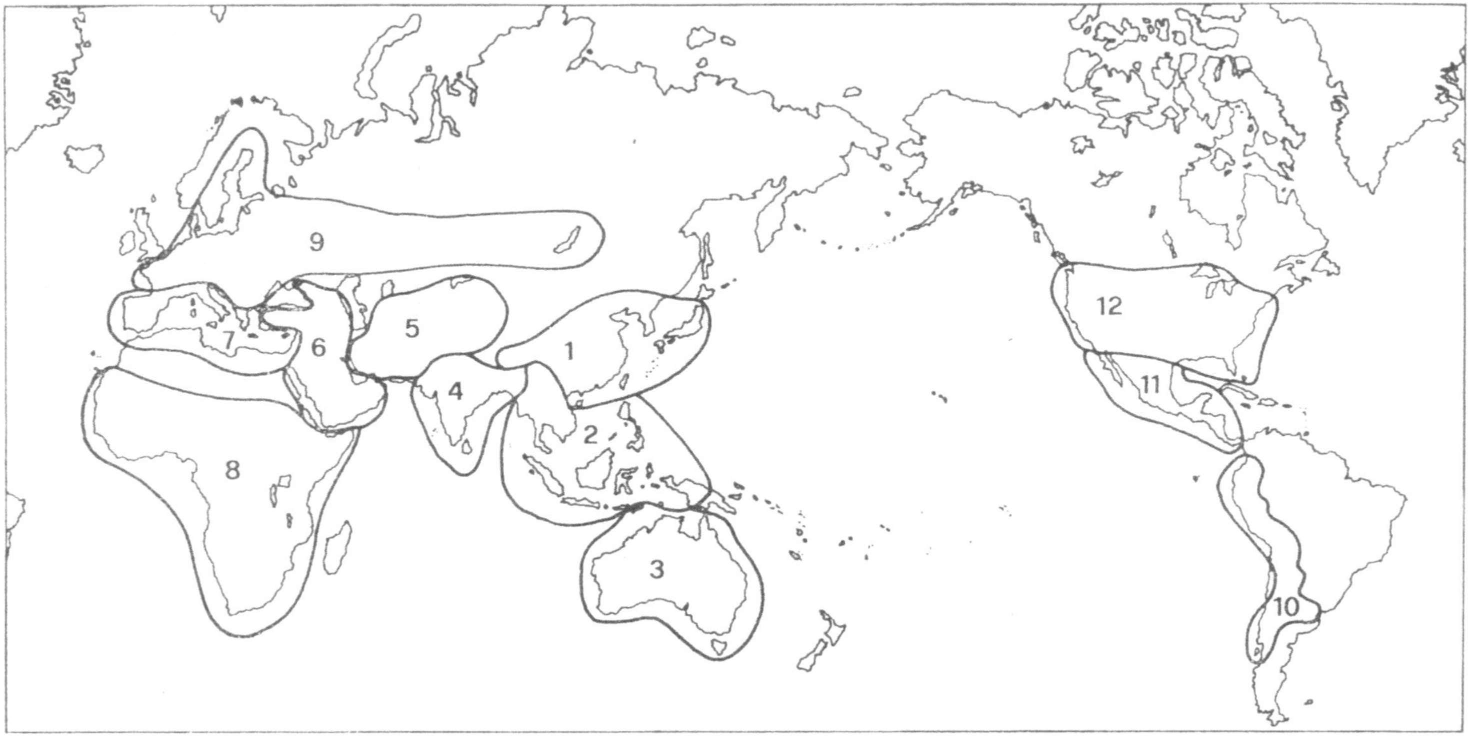

Fig. 1 Centers of origin according to VAVILOV (1951): I: Chinese; II: Indian; IIa: Indo-Malayan; III: Central Asiatic; IV: Near Eastern; V: Mediterranean; VI: Abyssinian; VII: South Mexican and Central American; VIII: South American; VIIIa: Chiloe; VIIIb: Brazilian-Paraguayan

Table 1
Number of species originated and/or diversified in the 8 VAVILOV's centers and here arranged in 14 different plant categories

Gene Centers	CROP CATEGORIES 1	2	3	4	5	6	7	8	9	10	11	12	13	14	Tot.
I	39	14	24	6	6	19	6	12	–	5	1	3	–	2	136
II	24	19	14	13	9	–	11	7	–	8	2	–	–	4	117
IIa	26	2	–	6	5	10	2	–	–	1	2	2	1	–	55
III	10	21	9	–	1	–	1	–	–	–	–	–	–	–	42
IV	24	18	15	16	–	–	–	–	8	2	–	–	–	–	83
V (a)	2	16	30	6	15	–	1	–	11	2	–	–	–	1	84
VI	–	19	4	5	6	–	–	–	–	–	–	–	–	4	38
VII	17	8	6	–	2	–	3	–	–	–	–	–	–	10	49
VIII	13	8	6	–	–	10	2	2	–	–	–	–	–	–	45
VIIIa	–	4	–	–	–	–	–	–	–	–	–	–	–	–	4
VIIIb	7	6	–	–	–	–	–	–	–	–	–	–	–	–	13
Total Old World (b)	125	109	96	47	42	29	21	19	19	18	5	5	1	11	555
Total New World (b)	37	26	12	–	2	10	5	2	–	–	–	–	–	10	111
Total (b)	162	135	108	47	44	39	26	21	19	18	5	5	1	21	666

1: Cultivated fruits; 2: Cereals, other grains and other cultivated crops; 3: Vegetables; 4: Oil, ethereal, oil resin and tannin plants; 5: Spice plants; 6: Taproots, tubers, bulbs and aquatic plants; 7: Fiber plants; 8: Technical and medicinal plants; 9: Forage plants; 10: Manufacturing dyes; 11: Sugar plants; 12: Bamboos; 13: Rubber plants; 14: Miscellaneous plants. – I: Chinese; II: Indian; IIa: Indo-Malayan; III: Central Asiatic; IV: Near-Eastern; V: Mediterranean; VI: Abyssinian; VII: South Mexican and Central American (including Antilles); VIII: South American (Peruvian-Ecuadorean-Bolivian); VIIIa: Chiloe; VIIIb: Brazilian-Paraguayan. (a) For details see table 2. (b) All the totals may result a bit overestimated because of the contemporary presence of some species in more than one center.

troduced its own forage plants into cultivation: the Egyptian Clover came from Egypt and Syria; *Hedysarum coronarium* and *Trifolium repens giganteum* from the Appennines; the single flowered lentil from the Pyrenees; *Lathyrus gorgoni* from Syria; and *Ulex europaeus* from Portugal.

The Mediterranean is also a secondary center of origin for many of the most important cultivated cereals and other grains (16) such as wheat and the legumes. In this respect VAVILOV pointed out several geographical regularities that it is worth to remember here because they have helped in a great deal plant breeders for choosing their raw material.

Many of the cultivated plants of the Mediterranean countries, such as flax, barley, beans and chickpea were notable for their large seeds and fruits, in contrast to the small-seeded forms of Central Asia, their basic place of origin, where most of the dominant genes of these plants were concentrated.

The bean seeds of Sicily and Spain were seven or eight times larger than those growing in the region of Kabul and in Badakshan. The same was true for chickpea. Thus in a number of species the recessive characters increase as one goes from the Himalayas to the Mediterranean, and the seeds and fruits become larger.

The hard wheats of the Mediterranean countries had a distinct immunity from stripe and leaf rust in contrast to the relatively susceptible hard wheats of Abyssinia and partly of Egypt.

The different geographic groups may also be characterized by other biological differences. For example, the grass pea forms of Afghanistan, Palmyra, and Tadjikistan have a tendency to self-pollinate, while the European Mediterranean forms show, on the contrary, a tendency toward cross-pollination.

As far as forage plants are concerned, VAVILOV pointed out that their introduction into cultivation originated at a relatively late period and only two of the existing centers of origin possess endemic groups of cultivated forage plants, namely the Near Eastern (IV) and the Mediterranean (V) Centers. These two centers have given rise to a number of highly valuable plants such as alfalfa, a number of clovers, grass pea, lentil, vetch, seradella and French Honey Suckle.

In conclusion according to VAVILOV the Mediterranean center has given a great contribution to the domestication of many cereals, grain legumes and vegetables and the greatest contribution in the domestication of forage and spice plants.

2. Plant diversity in the Mediterranean Gene Center today

2.1. Plant diversity at family and species level

The Mediterranean flora is very rich in number of families, genera, species and lower ranks. In a recent work (ZEVEN and ZHUKOVSKY 1975) it is reported that of a total of 167 families of cultivated plants, distributed throughout 12 world centers of diversity (Tab. 2, Fig. 2), 53 (31 %) have at least one genus and one species with its primary or secondary center of origin in the Mediterranean Center. Moving down to the species level, of a total of 2297 species distributed throughout the 12 world centers, 221 (10 %) are found in the Mediterranean Center.

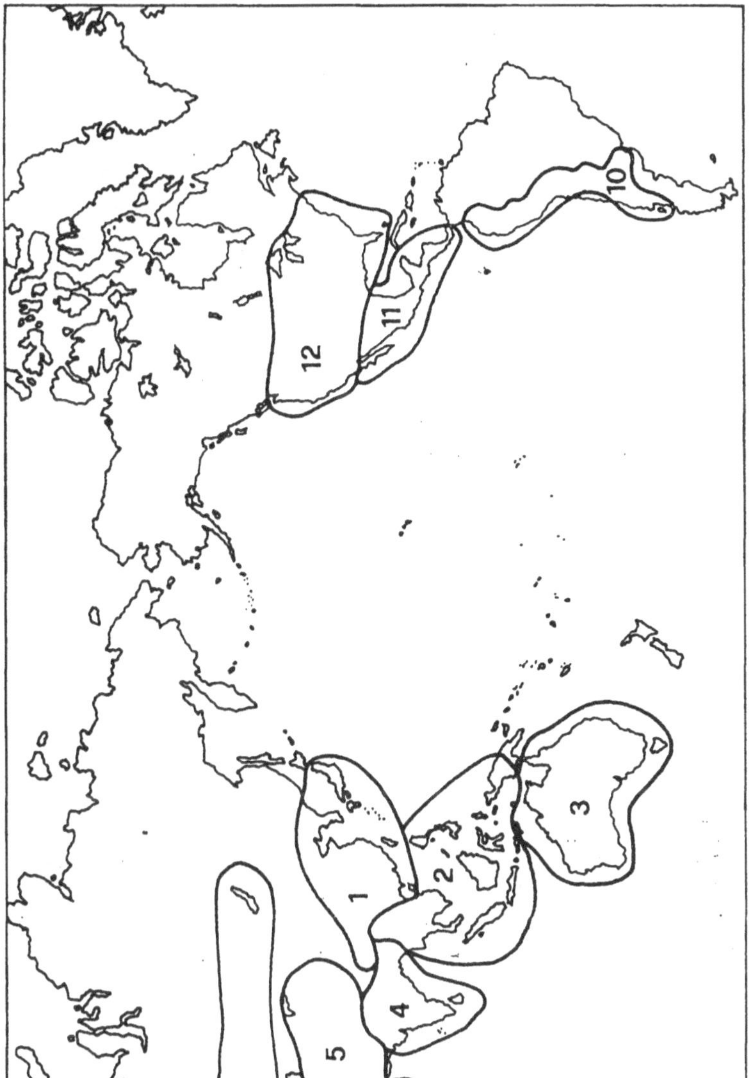

Fig. 2 Centers of diversity according to ZEVEN and ZHUKOVSKY (1975): 1: Chinese-Japanese; 2: Indochinese-Indonesian; 3: Australian; 4: Hindustani; 5: Central Asian; 6: Near Eastern; 7: Mediterranean; 8: African; 9: European-Siberian; 10: South American; 11: Central American and Mexican; 12: North American

Table 2

Number of species per family and per center. Of 167 families that may occur throughout the 12 World centers, only 53 occur also in the Mediterranean Center and are here listed with their number of species per center of diversity (arranged from ZEVEN and ZHUKOVSKY 1975)

Family	CENTER 1	2	3	4	5	6	7	8	9	10	11	12	Unidentified	Total or Mean
Alliaceae	9			1	2	5	2		2					21
Amaranthaceae	1	3		2			1	1		5	3	3	1	20
Amaryllidaceae							2							2
Anacardiaceae	2	7		1			1	1		4	4		1	21
Apocynaceae		1		2			1	4		2			1	11
Asclepiadaceae		1		1			1		1			1		5
Balanitaceae**							1							1
Boraginaceae	1	1				1	2		1					6
Cappàridaceae**							1							1
Caryophyllaceae							2		2					4
Chenopodiaceae*	4		1	1	2	6	6		5	2	1	1	1	30
Compositae*	10	7		2	5	3	14	6	17	5	4	2		75
Convolvulaceae	2	1		1			1			3	2			10
Corylaceae	4					3	1							8
Cruciferae*	8			3		4	12	4	11	1				43
Cucurbitaceae*	5	2		9	1	2	3	11	2	2	7		2	46
Cyperaceae*	6	3					3		2				2	16
Ericaceae							1					3		4
Euphorbiaceae	4	13		2			2	7		10	2	1		41
Fagaceae						6	1					2		9
Geraniaceae							2	7						9
Gramineae*	34	44	1	27	13	35	33	70	38	22	15	25	2	359
Grossulariaceae	3						1		6			2		12
Hippocastanaceae					1		1							2
Iridaceae	2					1	2				1			6
Labiatae*	5	7			1	1	17	10	10		3	1		55
Lauraceae	2	3					1			2	2			10
Leguminosae*	13	46	8	23	7	21	48	42	35	41	23	10	6	323
Liliaceae*	8	1			1	1	3		2			2		18
Linaceae				1	1	1	1	1	1					6
Malvaceae	6	4	3	8	2	6	2	13	1	9	9	1	3	67
Moraceae	3	6		4	2	1	1	2			1	1		21
Myrtaceae*		10	40	2			3			13	5			73

	1	2	3	4	5	6	7	8	9	10	11	12	13	Total
Oleaceae*	5			2	1		3							11
Palmae	1	11		3			1	9		3	2			30
Papaveraceae					1	1	1				1			4
Pinaceae**							1							1
Pistaciaceae**							2							2
Plantaginaceae	1			1			2							4
Ranunculaceae	2						2		3					7
Resedaceae*						1	3		1					5
Rhamnaceae*	3						3		2	1				9
Rosaceae	40	2		1	25	22	2	1	37	4	1	19		154
Rutaceae*	12	12	1	4		1	5	3	2	2			1	43
Scrophulariaceae	1						1		3					5
Solanaceae	1	2	6	4			2	11	4	34	31	5		100
Ulmaceae					2		1							3
Umbelliferae*	5	2		1	2	3	13		10	1			1	38
Urticaceae	1	1		2			1						2	7
Valerianaceae							2		6			1		9
Verbenaceae				1			1	2		1				5
Violaceae	1						1		1					3
Vitidaceae	2				1		1					7		11
No. families (A)	73	59	11	46	27	27	53	50	39	57	43	32	12	167
% of total	44	35	7	27	16	16	32	30	23	34	26	19	7	24
No. of species (a)	284	303	66	152	79	129	221	276	229	250	181	104	23	2297
% of total	12	13	3	7	3	5	10	12	10	11	8	5	1	100
No. of families (B)	34	24	7	26	18	21	53	19	26	21	14	18	12	53
% of total	64	45	13	49	34	40	100	36	49	40	26	34	23	43
No. of species (b)	160	190	60	109	70	120	221	204	204	167	119	87	23	1734
% of total	9	11	3	6	4	7	13	12	12	10	7	5	1	100
No. of families (C)	13	10	5	10	9	11	15	7	13	10	7	6	7	15
% of total	86	66	33	66	60	73	100	47	86	66	47	40	47	63
No. of species (c)	118	134	51	74	33	78	169	146	135	90	60	40	15	1143
% of total	10	12	4	6	3	8	15	13	12	9	5	3	1	100
No. species/fam. (a/A)	4	5	6	4	3	5	4	6	6	4	4	3	2	14
No. species/fam. (b/B)	3	4	1	2	1	2	4	4	4	3	2	2	2	33
No. species/fam. (c/C)	8	9	3	5	2	5	11	10	9	6	4	3	2	76

1: Chinese-Japanese; 2: Indochinese-Indonesian; 3: Australian; 4: Hindustani; 5: Central Asian; 6: Near Eastern; 7: Mediterranean; 8: African; 9: European-Siberian; 10: South American; 11: Central American and Mexican; 12: North American.

* most important families in the Mediterranean Center. ** families which occur only in the Mediterranean Center

A and a refered to the distribution of 167 families and related species respectively.
B and b refered to the distribution of 53 families and related species respectively.
C and c refered to the distribution of 15 families and related species respectively.

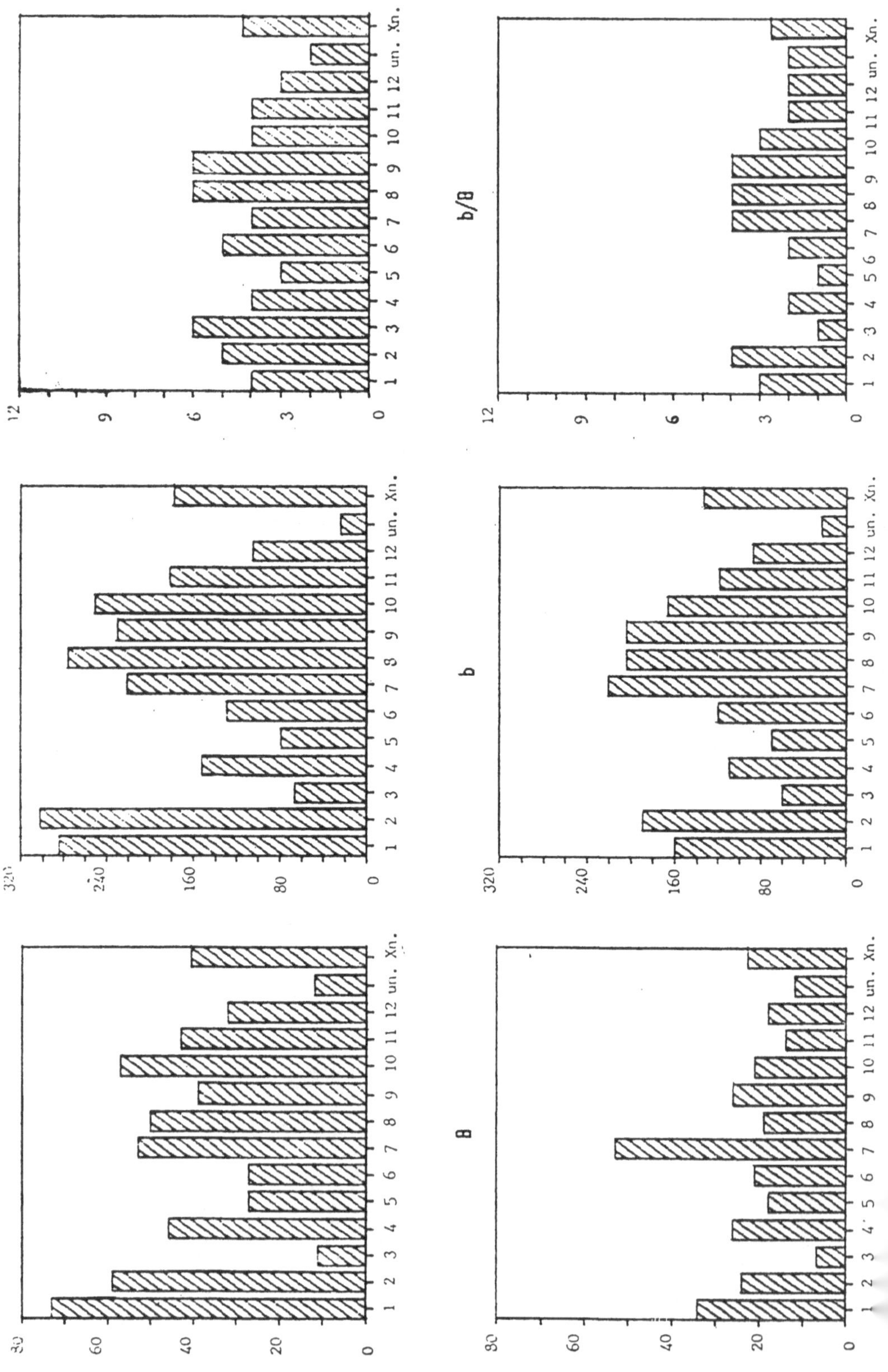

A
J
c/A
B
b
b/B
1 2 3 4 5 6 7 8 9 10 11 12 un. Xn.

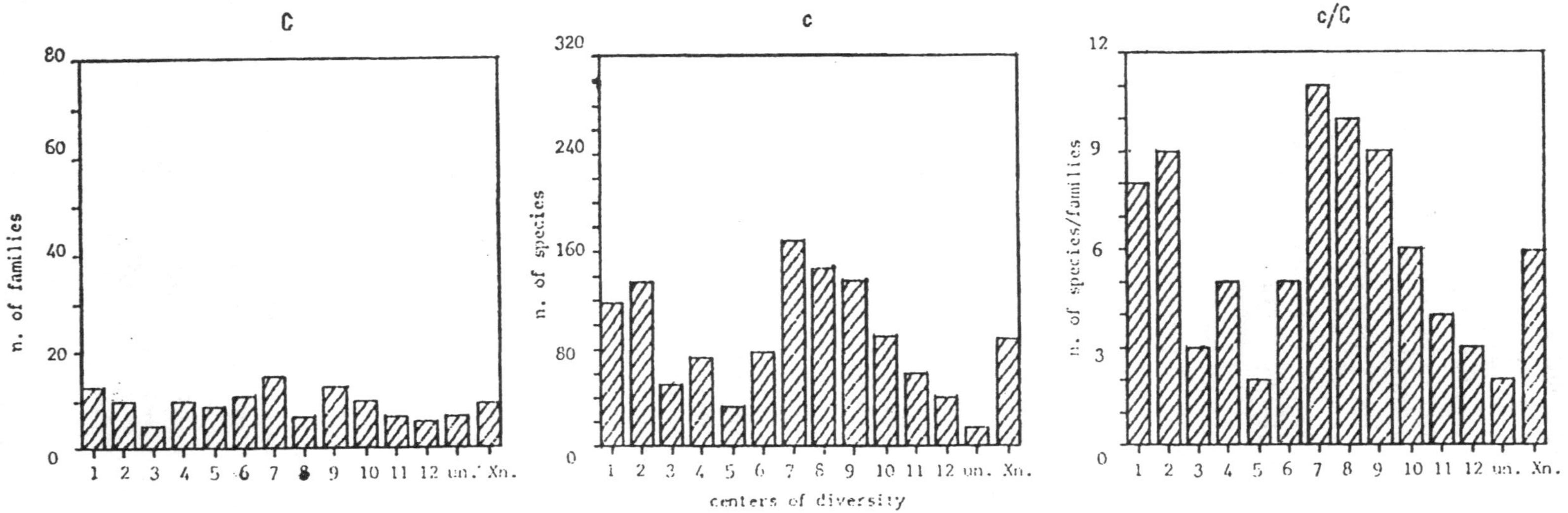

Fig. 3: Distribution throughout 12 world centers of 167 (A), 53 (B), and 15 (C) families and their related species: 2297 (a), 1734 (b) and 1143 (c). The number of species per family is obtained dividing the number of species (a, b and c) by the number of families (A, B and C). For details see table 3. — 1: Chinese-Japanese; 2: Indochinese-Indonesian; 3: Australian; 4: Hindustani; 5: Central Asian; 6: Near Eastern; 7: Mediterranean; 8: African; 9: European-Siberian; 10: South American; 11: Central American and Mexican; 12: North American; un.: unknown center; Xn: mean

The number of families per center varies from 11 to 73 (Tab. 2 and Fig. 3). Thus the Mediterranean Center (7) with its 53 families locates itself at the 4th place after the Chinese-Japanese (1), Indochinese-Indonesian (2) and South American (10) Centers with 73, 59 and 57 families, respectively, while with its 221 species locates itself at the 6th place after Indochinese-Indonesian (2), Chinese-Japanese (1), African (8), South American (10) and European-Siberian (9) Centers with 303, 284, 276, 250 and 229 species, respectively.

Considering the distribution of all families (167) and of all species (2297) the following further observations can be made. The Australian (3), Central Asian (5), Near-Eastern (6) and North American (12) Centers have the lowest number of families (11, 27, 27 and 32, respectively). The Australian Center has also the lowest number of species (66), while the Indochinese-Indonesian Center (2) has the highest number of species (303) but not the highest number of families (59). On a world scale the average number of species per family is 14 (2297 species/167 families) but it decreases and varies from 3 to 6 when each center is considered separately. For instance, in the Australian Center (3) though the number of families is the lowest (11), the number of species per family is one of the highest (6) or at least is as high as that found in the European-Siberian (9) and African (8) Centers where the number of families is much higher (39 and 50, respectively). Though the lowest number of species per family (3) is present in centers like the Central Asian (5) and North American (12) which are characterized by a relatively low number of families (27 and 32, respectively) there is no correlation between number of families per center and number of species per family.

Considering only the distribution of the 53 families present in the Mediterranean Center the total number of species falls down from 2297 to 1734 while the global number of species per family goes up from 14 to 33 and that per center, as expected, is for all centers lower, from 1 to 4, except for the Mediterranean one for which the number of 53 families remains the same.

The Mediterranean Center (7) shares the highest number of families, 34 (64 %) out of its 53 families, with the Chinese-Japanese Center (1) while with the other centers the sharing is less than 50 %. In particular Hindustani (4) and the European-Siberian (9) Centers share 26 (49 %) families each, the Indochinese-Indonesian Center (2) shares 24 (45 %) families, the Near-Eastern (6) and South American (10) share 21 (40 %) families each, the African (8) shares 19 (36 %) families, the Central Asian (5) and North American (12) share 18 (34 %) families each, the Central American and Mexican (11) shares 14 (26 %) families. Finally the Australian Center (3) by sharing only 7 (13 %) families is the most dissimilar from the Mediterranean one (7).

Unfortunately, similarity due to sharing of families becomes dissimilarity because of not sharing of species contained in those families. Moreover sharing of families does not mean very much since several families are more "prolific" in other centers than in the Mediterranean one. This is the case of Alliaceae, Anacardiaceae, Cucurbitaceae, Euphorbiaceae, Myrtaceae, Palmae, Rosaceae, Rutaceae and Solanaceae.

The Mediterranean (7), Indochinese-Indonesian (2), African (8) and European-Siberian (9) Centers have the highest number of species, 221, 190, 204 and 204, respectively, and also the highest number of species per family.

In the Mediterranean Center the richest families of cultivated plants in number of species are the Leguminosae with 48 species, Gramineae 33, Labiatae 17, Compositae 14, Umbelliferae 13, Cruciferae 12, Chenopodiaceae 6 and Rutaceae 5; others, like Cucurbitaceae, Cyperaceae, Liliaceae, Oleaceae, Myrtaceae, Resedaceae and Rhamnaceae have only 3 species each; all the rest (38 families) have from 1 to 2 species each. Thus only 15 families (28 %) out of 53 include 169 species (76 %) out of a total of 221.

Considering only the distribution of these 15 families the global number of species falls down from 2297 to 1143 while the average global number of species per family goes up from 14 to 76. The average number of species per family and per center increases, for the Mediterranean Center (7) from 4 to 11, African Center (8) from 6 to 10, European-Siberian (9) and Indochinese-Indonesian (2) Centers from 6 to 9 and the Chinese-Japanese (1) from 4 to 8. This average number of species per family is much lower in other centers. As for the 53 families the data based only on 15 families show that the Mediterranean (7), the African (8), European-Siberian (9), Indochinese-Indonesian (2) and Chinese-Japanese (1) Centers have the highest average number of species per family. This similarity in degree of diversity within families may be related to the existence in those centers of special niches or microcenters but also to natural hybridization and domestication.

Reducing the number of families from 167 to 53 and 15 there is an increase of the mean percentage of sharing of families from 24, to 43 and 63, respectively. However the largest difference between the Mediterranean and the other centers exists when 53 families are considered. The distribution pattern of species remains more or less the same when the different number of families is considered.

The Mediterranean Center has the highest number of species for the Leguminosae (48), Labiatae (17), Umbelliferae (13), Cruciferae (12), Chenopodiaceae (6) and Resedaceae (3) and one of the highest for the Compositae (14) and Gramineae (33). In addition there are four families which occur only in the Mediterranean Center, namely: Balanitaceae, Capparidaceae, Pinaceae and Pistaciaceae which, however, have only one or two species each.

To sum up the number of families and species of cultivated plants in the Mediterranean Center is one of the highest. The number of species per family is also one of the highest if not the highest when only the most important families of cultivated plants are considered.

Assuming that these data are true in the sense that they reflect the real situation, this presentation and discussion has aimed to provide an index for comparing the diversity of the flora of the cultivated plants of the Mediterranean Center with that of other centers of diversity. Since there may be more diversity within species among varieties, forms etc. than among species and also that the same species may be more variable in one center than in others a comparison for diversity among centers or regions would be more correct if it could be done at all plant kingdom levels from the highest to the lowest systematic rank. However, not all the regional floras have been adequately studied and since there are not yet data banks available for such analysis one can either be happy with the above exercise or, whenever possible, try to compare the variability on species or crop base.

2.2. Plant diversity within species: genetic erosion and crop diversity

Comparing the total number of species listed by VAVILOV (Tab. 1) with that reported by ZEVEN and ZHUKOVSKY (Tab. 2) one would get the impression that since VAVILOV's time there has been an increase of species in the Mediterranean Center, but though this may be partly true because of more recent plant introduction activity, the real reason liesš in the fact that VAVILOV was not concerned with some of the minor crops or semi-domesticated species, like medicinal plants (PERRINO 1984), crops from the New World etc. On the contrary, since VAVILOV's time in the Mediterranean countries as in many other centers of diversity an enormous amount of genetic erosion and especially within species has taken place. Most of the variability existing in many crops at VAVILOV's time has gone for ever. This has been experienced by the Germplasm Institute at Bari, which was founded mainly with the aims to collect, preserve and distribute genetic resources still available in the Mediterranean Center (SCARASCIA MUGNOZZA and PORCEDDU 1972a and b, PORCEDDU and SCARASCIA MUGNOZZA 1972, PERRINO 1985, 1986).

Examples of genetic erosion and diversity for some of the most important crops

Wheat

A considerable genetic erosion was found in Sicily (PERRINO and MARTIGNANO 1973, BOGYO et al. 1980, PERRINO and HAMMER 1983) where excluding post-war wheat selections, only 21 old varieties out of 45 recognized by DE CILLIS (1942) were found. Thus over thirty years about 50 % of the traditional varieties were lost for ever. Similar situations were found in Cyprus and Greece (PAPADAKIS 1929, PORCEDDU 1979a, b) and in similar geographical areas in Algeria, Tunisia (PORCEDDU and OLITA 1974–75, PERRINO et al. 1976), Libya (AL ALAZZEH et al. 1982, PERRINO et al. 1984), Egypt and Spain. Until few years ago in each of these countries it was possible to collect valuable germplasm only in mountainous areas.

In 1976 and 1977 some forms of *Triticum monococcum* and *T. dicoccon* were found in Spain both in the southern part and in Asturias. From 1980 to 1984 (PERRINO and HAMMER 1982, 1984) some forms of these two species were found on the Appennines in Southern Italy. While in Spain they were found as contaminants of other wheats and barley, in Italy they were found in pure stands. Though they may be still cultivated there is evidence that every year they are less and less cultivated.

In general, in the North African countries especially in Morocco (PERRINO et al. 1986) a more severe genetic erosion was noted than in Italy, Spain and Greece. The largest variability in wheat fields was found in mountainous areas of Algeria and Sicily.

More recently (PERRINO and HAMMER 1983) it became clear that most of the old varieties collected in Sicily in 1973 were not there any more simply because the land was abandoned.

Of more than 400 wheat varieties cultivated in Italy soon after the First World War (DE CILLIS 1927) only very few (say 1–2 %) have been collected in the last 15 years of research. On the other hand the number of new or relatively new wheat varieties today cultivated in Italy is not only lower, about 150, but it is hard to believe that their genetic base and genetic distance is as large as that of the very old ones.

An analysis of variability (PORCEDDU 1979 a, b) for 8 characters carried out on 15 populations of wheat collected in 1972–73 from Ethiopia, Algeria and Italy (Tab. 3) showed the highest variation for the Italian material, though the

Table 3

Variability for 8 agronomic characters observed on 15 selected wheat populations from three different origins (1)

Characters	Ethiopia (2)			Algeria (2)			Italy (2)				Populations involved	
	min	max	Diff.	min	max	Diff.	min	max	Diff.		min	max
Heading time in days from May 1st	10	18	8	19	23	4	8	24	16	*	7965	8001
Flag leaf senescence from May 1st	34	38	5	33	41	8	33	37	4	n.s.		
Culm senescence from May 1st	13	16	3	14	17	3	13	17	4	n.s.		
Plant height (cm) (3)	73	80	7	92	114	22	86	121	35	**	7763	7961
Upper internode length (cm) (3)	34	37	3	43	49	6	43	55	12	**	7763	7961
Leaf sheath length (cm) (3)	18	20	2	23	25	2	21	27	6	**	7763	7961
Flag leaf length (cm) (4)	17	20	3	20	21	1	17	24	7	*	7763	7983
Flag leaf breadth (cm) (4)	10	14	4	10	14	4	16	18	2	**	18064	7947
Mean of differences (5)			4			6			11			

* P 0.05
** P 0.01

(1) Five populations from Ethiopia, five from Algeria and five from Italy (Sicily).
(2) Each value is referred to the population mean value, that is the average of 500 plants (five plants selected at random from each progeny for 100 progenies present in each population).
(3) at maturity.
(4) at 30 days from heading.
(5) Average value of the diversity for the 8 characters within each country of origin.

Ethiopian wheats had the highest frequency for early ripening, shortest plants, lowest length of upper internode and leaf sheath. For the same characters the Italian material showed the highest variation and the highest values. Since the 5 populations from each country were selected among those with the highest variability and, at least for Ethiopia and Algeria, from very distant sites of collection, in order to cover the maximum geographical range of each country, one can conclude that, at least for the analyzed characters, the diversity of the Mediterranean wheats seemed to be greater than that from Ethiopia.

A more comprehensive study on the geographical diversity (SPAGNOLETTI ZEULI and QUALSET 1987) for 8 quantitative spike characters in a world collection of more than 3000 entries of durum-wheat carried out in California showed that in general the diversity of the material from the Mediterranean was as great as that found in the material from the Near-Eastern (Fig. 4). The wheats from the two centers were very different from each other. Wheats from France clustered with USSR and USA materials. Wheats from Ethiopia clustered with those from India while the Afghanistan material formed a very distinct group.

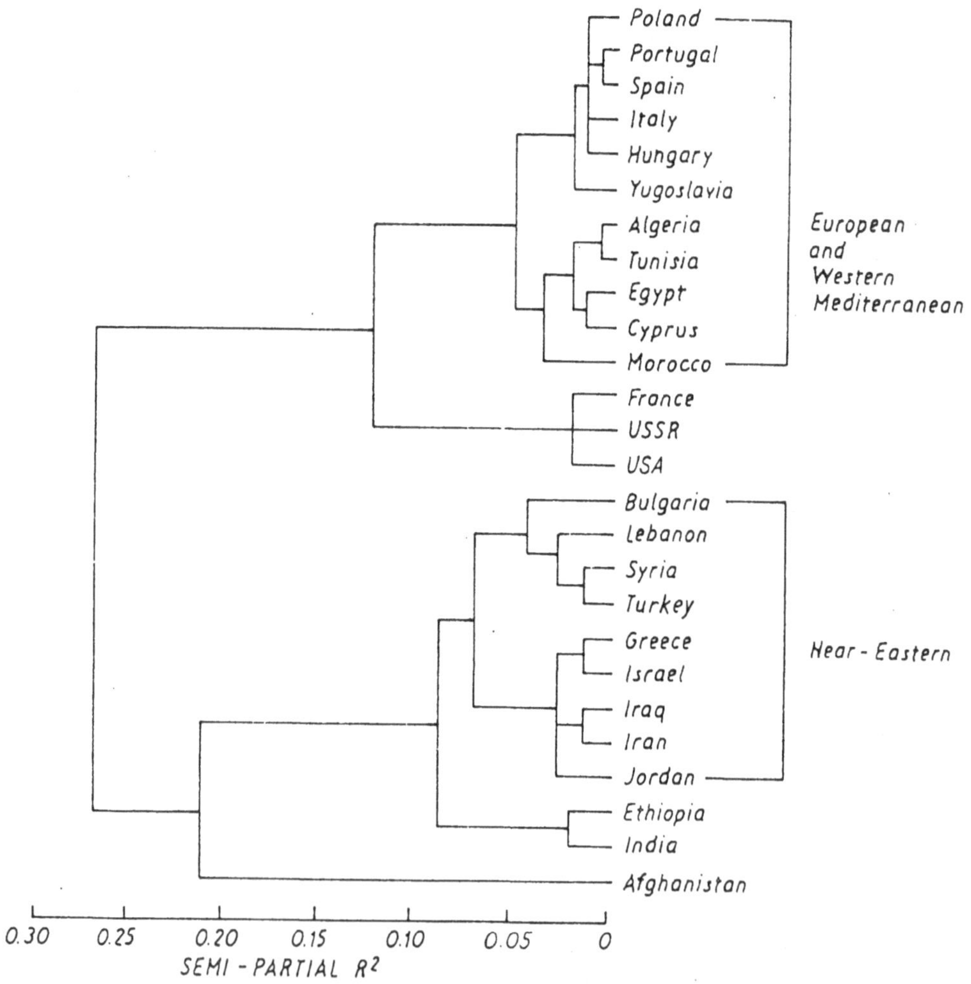

Fig. 4 Dendrogram of phenotypic distances among groups of durum wheats from 26 countries of origin. Cluster analysis was performed for 8 quantitative spike characters (spike length, awn length, no. of nodes per spike, spike internode length, awn/spike ratio, kernel number/spike, kernel weight/spike, weight/kernel)

According to the authors of this study the position of the USA-USSR-France cluster can be explained by the impressive collecting activities of N. I. VAVILOV in the USSR, the extensive introductions to the USA, the relationships between French und North-African countries and the subsequent use of wheat germplasm in breeding activity.

Maize

Maize is a new world crop which once brought into Europe diversified under cultivation in a series of different races. Thirty years ago, 20 races plus 32 intermediate forms were recognized all over Spain (SANCHEZ-MONGE Y PARELLADA 1962).

More than a quarter of these races with several intermediate forms were found in 1976 (PERRINO and FARIAS) in a relatively small region of Spain: Galicia. Though old races of maize can be found elsewhere in the Mediterranean countries, it seems that the largest variability may still exist in Galicia, Portugal, and along the Appennines. Here landraces are still cultivated mainly for making polenta while the new hybrids are cultivated mainly for feeding animals.

In Italy there are 524 varieties of maize registered by the Ministry of Agriculture and Forestry but, unfortunately, this high number of varieties does not always mean high diversity.

Faba bean

An analysis of the seed protein content, seed weight, number of pods per plant and number of seeds per pod, carried out on 753 accessions of faba bean obtainned from 15 different European, Mediterranean and Asiatic countries (POLIGNANO et al. 1979) showed that accessions from Ethiopia, Egypt and Afghanistan had the highest protein content variation. The Italian material was comprehensive of most of the variation found in each individual country. In all, the protein content varied from 19 to 34 %, the 1000-seed weight from 130 to 2030 g, the number of pods per plant from 1 to 140 and finally the number of seeds per pod from 1 to 6.

An analysis of 41 characters carried out on 123 accessions (POLIGNANO and OLITA 1981) from 10 different Mediterranean countries showed a considerable variation for at least 12 characters (Tab. 4). For each character it is possible to choose the country of origin with the highest frequency for the lowest and for the highest value. This can help in increasing the probability to detect the material with the desired character. For example looking for plants with the lowest number of stems per plant (<5) the germplasm collection with the highest frequency (54 %) for this character is that from Egypt, while the highest number of stems per plant (>15) is more frequent in the collection from Greece; early flowering types (<75 days) are more frequent (82 %) in the material from Iraq and the latest flowing (>80 days) are more frequent (63 %) in the material from Spain; the less productive accessions (<50 g) come from Egypt and the most productive ones (>150 g) from Italy.

Table 4

Variability for 12 characters observed on 123 accessions of faba bean from 8 different Mediterranean Countries (1), Iran and Iraq

Characters	Range of variability min	max	Countries with the highest frequency min		max	
Stems/plant (No.)	< 5	> 15	Egypt	(54 %)	Greece	(28 %)
Plant height (cm)	<40	>100	Spain	(20 %)	Greece	(17 %)
Lowest node bearing pods (No.)	< 2	> 6	Italy	(9 %)	Iran	(13 %)
Nodes of main stem with pods (No.)	< 5	> 15	Greece	(46 %)	Tunisia	(21 %)
Flowering time (from January 1st)	<75	> 80	Iraq	(82 %)	Spain	(63 %)
Pod angle	1	3	Lebanon	(51 %)	Greece	(92 %)
Mean weight of seed (g)	< 1	> 2	Egypt	(86 %)	Algeria	(5 %)
Seeds per pod (No.)	< 6	> 12	Iran	(97 %)	Iran	(2 %)
Pods per plant (No.)	<20	> 60	Egypt	(63 %)	Italy	(8 %)
Yield of pods per plant (g)	<20	>100	Egypt	(41 %)	Greece	(21 %)
Seeds per plant (No.)	<50	>200	Egypt	(40 %)	Italy	(15 %)
Yield of seeds per plant	<50	>150	Egypt	(65 %)	Italy	(23 %)

(1) Italy, Greece, Turkey, Lebanon, Egypt, Tunisia, Algeria and Spain

Chickpea

An analysis of variability for 6 agronomic traits carried out on 172 accessions from 7 different Mediterranean countries, Nepal and Ethiopia (GIORDANO and PERRINO 1987) showed that the number of seeds per plant, seed yield and 1000-seed weight were the most variable traits (Tab. 5). Plant height, and seed size

Table 5

Variability for 6 characters observed on 172 accessions of chickpea from 7 different Mediterranean countries (1), Ethiopia and Nepal

Characters	Range of variation min	max	Countries min	max
Plant height (cm)	40	54	Ethiopia	Nepal
Seed size (mm)	5	8	Ethiopia	Algeria
Pods per plant (No.)	80	152	Italy	Ethiopia
Seeds per plant (No.)	80	240	Italy Greece Algeria	Ethiopia Nepal
Seed yield per plant (g)	24	48	Egypt Nepal	Algeria Cyprus
1000 seed weight (g)	150	420	Ethiopia Egypt Nepal	Algeria Italy Cyprus

(1) Algeria, Cyprus, Egypt, Greece, Italy, Spain and Tunisia

were the least variable though the general trend was to have the lowest plants and the smallest seeds from Ethiopia. Plants with the highest number of pods (152) per plant were from Ethiopia while those with the lowest value were from Italy. Plants with the highest number of seeds per plant (240) came from Ethiopia and Nepal, while those with the lowest values (80) were from Italy, Greece and Algeria. The material from Egypt und Nepal presented the lowest seed yield per plant (24 g), while that from Algeria and Cyprus presented the highest values (48 g). The material from Ethiopia, Egypt and Nepal presented the lowest values (120–150 g) for the 1000-seed weight, while that from Algeria, Italy and Cyprus presented the highest ones (420 g).

Table 6

Coefficient of variation per character and per country of origin for 172 accessions of chickpea

Characters	Greece	Ethiopa	Nepal	Spain	Algeria	Tunisia	Cyprus	Italy	Egypt	Mean
Seeds per plant (No.)	66	55	56	46	44	45	51	43	28	48
Pods per plant (No.)	57	58	50	46	42	43	46	41	28	46
Seed yield per plant	53	60	48	43	50	42	43	38	30	45
1000-seed weight [(g)	29	22	20	26	21	22	19	26	13	22
Plant height	13	14	12	11	10	12	9	10	8	11
Seed size	12	8	10	9	8	11	5	10	5	9
Mean	38	36	33	30	29	29	29	28	19	

In general the variability (Tab. 6) was greater for the material from Greece, Ethiopia and Nepal (CV=38, 36 and 33, respectively) than for that from Spain, Algeria, Tunisia, Cyprus and Italy (CV from 28 to 30). Egypt presented the lowest variation (CV=19).

Pea

More than 2000 accessions of pea from 58 different countries were analyzed for 32 characters (Tab. 7). Remarkable variability was found for flowering time, number of pods per plant and number of seeds per plant, susceptibility to diseases etc. In general variability was rather continuous within and among accessions and origins.

Conclusions

The Mediterranean is one of the most important centers of diversity for cultivated plants of Leguminosae, Gramineae, Labiatae, Compositae, Umbelliferae, Cruciferae and Chenopodiaceae. The high number of species domesticated or on the way to be domesticated is already an index of the crop potentiality of the above mentioned families. In fact many crops, even most of the traditional ones, like grass pea, lentil, cowpea, etc. are still waiting to be further domesticated and better exploited. A lot more can be done in the field of forage plants.

Table 7
List of characters and related states in peas

Characters States	1	2	3	4	5	6	7	8	9	10
1 Base branches	present	absent								
2 Top branches	present	absent								
3 Stem length	very high	high	medium	low	very low					
4 Plant habit	climbing	bush type	fasciata type	not fasciata						
5 Internode length	long	medium	short							
6 Peduncle	long	medium	short							
7 Stipule size	big	medium	short							
8 Tendrils	present	absent								
9 Leaf-axil spots	present	absent								
10 Leaf colour	dark green	green	light green	yellow						
11 Sup. wax leaf upper surface	present	absent								
12 Sup. wax leaf lower surface	present	absent								
13 Leaf size	big	medium	small	needle like	very small					
14 Leaf margin	smooth	med. toothed	toothed							
15 Leaf apices	pointed	truncated	toothed							
16 Date of 30 % flowering	60–79 (days)	80–99	100–119	120–139	140–160					
17 Date of 50 % flowering	60–79 (days)	80–99	100–119	120–139	140–160					
18 Flower size	medium	big	small							
19 Flower colour	white	white cream	wild type	rose violet	white rose					
20 No. of pods per plant	1–15	16–30	31–45	46–60	61–75	76–90	91–105	106–120	121–145	146–160
21 Pod colour	green yellow	green	blue	purple	purp. spotted	purp. striate	green venation			
22 Pod texture	w/o parch. memor.	w. parch. mem								
23 Pod general shape	straight	intermediate	curved	curv. reversed	curv. twisted					
24 Pod free end	pointed	semi-pointed	truncated	semi truncated						
25 Pod length	short (7 cm)	medium	long (10 cm)							
26 Pod width	narrow	medium	large							
27 Disease susceptibility (1)	resistant	med. resistant	susceptible	med. susceptible						
28 No. seeds per pod (×10)	0–25	26–45	46–65	66–85	86–105	106–120				
29 Seed shape	flattered	round	humpy							
30 Seed colour with spots	creme	green	grey	brown	red					
31 Seed colour w/o spots	creme	green	grey	brown	red					
32 Seed surface	rough	smooth								

(1) *Fusarium*, *Peronospora*, *Ascochyta* and *Erysiphe*

There are evidences that in the last thirty years there has been a dramatically reduction of genetic diversity for many crops: hundreds of varieties, races and forms cultivated in the past have been lost for ever.

As an example, more than 400 primitive varieties of wheat cultivated in Italy around 1930, have been replaced, step by step, with about 150 modern cultivars. The drama is not only in the number of cultivars but also in the size of the genetic base which, as well known, was very large in the primitive varieties while is very narrow in the modern ones. Today, valuable crop genetic resources, can still be found in some, not in all, mountainous regions of the Mediterranean. This region is also a very important center of diversity for aromatic and medicinal plants but very little has been done in this field. Unfortunately, as already declared by experts, in several occasions, in the last ten or twenty years the majority of the botanists have bounded themselves to closed laboratories and are neglecting the open field: the biggest and richest book of nature. It was by reading this book that N. I. VAVILOV improved on his colleagues.

Zusammenfassung

Die Mannigfaltigkeit in VAVILOVS Mediterranem Genzentrum

Das Mittelmeergebiet ist ein wichtiges Mannigfaltigkeitszentrum für die Kulturpflanzen einer Reihe von Pflanzenfamilien, u. a. Leguminosen, Gramineen, Labiaten, Compositen, Umbelliferen, Cruciferen, Chenopodiaceen.

Die Mannigfaltigkeit der Kulturpflanzen von 53 Familien, die im Mittelmeergebiet vorkommen, wird erörtert; dabei wird auch auf andere Genzentren Bezug genommen.

Einige hoch domestizierte Kulturarten, beispielsweise Weizen, Mais u. a., sind stark von dem Wirken der Generosion betroffen. Einige andere Kulturarten dagegen sehen noch einer weiteren Domestikation entgegen, beispielsweise Kichererbsen, Saat-Platterbsen u. a. Die Mannigfaltigkeit ausgewählter, für die mediterrane Landwirtschaft bedeutsamer Kulturpflanzen wird erörtert und mit der anderer Genzentren verglichen.

Краткое содержание

Разнообразие вавиловского Средиземноморского генного центра

Средиземноморье является важным географическим центром разнообразия для многих культурных видов целого ряда семейств растений, таких как: бобовые, губоцветные, сложноцветные, зонтичные, крестоцветные, маревые.

Освещается разнообразие культурных растений 53 семейств, встречающихся в Средиземноморье, при этом приводятся ссылки и на другие генные центры.

Некоторые одомашенные виды культур, как например: пшеница, кукуруза и др. находятся под сильным влиянием эрозии генов. Другие же культурные виды: бараний горох, чина посевная и др. – ещё недостаточно одомашнены. Освещается разнообразие выбранных, самых важных для средиземноморского сельского хозяйства культурных растений и сравнивается их разнообразие с другими генными центрами.

Literature

Al Alazzeh, A., K. Hammer, Chr. O. Lehmann, and P. Perrino, 1982: Report on a travel to the Socialist People's Libyan Arab Jamahiriya 1981 for the collection of indigenous taxa of cultivated plants. – Kulturpflanze **30**, 191–202.

Anonymous, 1987: Elenco delle varietà di species agrarie iscritte nel Registro. Ministero dell' Agricoltura e delle Foreste. – Roma, Italy.

Bogyo, T. P., E. Porceddu, and P. Perrino, 1980: Analysis of sampling strategies for collecting genetic material. – Econ. Bot. **34**, 160–174.

de Cillis, E., 1927: I Grani d'Italia. – Pubblicato dal Ministero dell' Economia Nazionale. Tipografia della Camera dei Deputati. 174 pp.

de Cillis, U., 1942: I frumenti siciliani. – Stazione Sperimentale di Granicoltura per la Sicilia, pubbl. **9**, Catania.

Giordano, I., and P. Perrino, 1987: Caratterizzazione morfologica e produttiva di accessioni di cece (*Cicer arietinum* L.) di diversa origine geografica. – Terra e Sole n. **534**, 107–109.

Papadakis, J. S., 1929: Formes greques des blés. – Epistim. Delt. Inst. Kallit. Fut. **1**.

Perrino, P., 1984: Medicinal plants used in Italy and their centers of diversity. – Proc. Eucarpia Internatl. Symp. on Conservation Genetic Resources of Aromatic and Medicinal Plants, Oeiras, Portugal 1984, 81–86.

–, 1985: Conservazione delle risorse genetiche vegetali in Italia: realizzazione e programmi. – Proc. Internatl. Congr.: Risorse Genetiche Vegetali: Autonomia di Sviluppo, 17–25.

–, 1986: Country report on plant genetic resources in Italy. – Proc. 1st Internatl. Symp., Addis Abeba (Ethiopia), October 13–15, 1986 (in press).

–, and R. Farias, 1976: IBPGR report of a mission to Galicia (Spain) for collecting corn (*Zea mays* L.) in October–November 1976.

–, and K. Hammer, 1982: *Triticum monococcum* and *T. dicoccum* Schuebler (syn. of *T. dicoccon* Schrank) are still cultivated in Italy. Presence, collecting and actions. – Genet. Agr. **36**, 343–352.

–, and –, 1983: Sicilian wheat varieties. – Kulturpflanze **31**, 227–279.

–, and –, 1984: The Farro: Further information on its cultivation in Italy, utilization and conservation. – Genet. Agr. **38**, 303–311.

–, and F. Martignano, 1973: The presence and distribution of old wheat varieties in Sicily. – Ecologia Agraria **9** (1), 1–11.

–, G. B. Polignano, K. Hammer, and Chr. O. Lehmann, 1984: Report on a travel to the Socialist People's Libyan Arab Jamahiriya 1983 for the collection of indigenous taxa of cultivated plants. – Kulturpflanze **32**, 197–206.

–, –, J. S. Kwong, and M. Khouya-Ali, 1986: Collecting germplasm in Southern Morocco. – Plant Genetic Resources Newsletter **65**, 26–28.

–, –, and E. Porceddu, 1976: Frumenti del Nord-Africa. II. Risultati di una missione del Nord-Ovest Algerino e nelle oasi. – Annali della Facoltà di Agraria dell'Università di Bari **18**, 14–39.

Polignano, G. B., D. Lafiandra, V. Miccolia, and G. Taranto, 1979: Variabilità di caratteri agronomici e del contenuto proteico in una collezione di *Vicia faba* L. – Incontro Seminario sulla attività di ricerca dei sottoprogetti "Frumenti duro" e "Leguminose da granella". Enna, 295–311.

–, and G. Olita, 1981: Variability in *Vicia faba* L. of Mediterranean origin. – Genet. Agr. **35**, 275–287.

Porceddu, E., 1979a: Genetic variability in durum wheat germplasm of different origins. – Genet. Agr. Monogr. **4**, 39–70.

–, 1979b: Wheat collecting in the Mediterranean region. – In: ZEVEN, A. C., and A. M. VAN HARTEN (Eds.): Proc. Conf., Broadening Genet. Base Crops, Wageningen, 1978. Pudoc, Wageningen, 75–81.

–, and G. OLITA, 1974–75: Frumenti del Nord-Africa. I. Risultati di una missione nel Nord-Est Algerino. – Annali della Facoltà di Agraria dell'Università di Bari **27**, 671–686.

–, and G. T. SCARASCIA MUGNOZZA, 1972: Aims and methods of genetic conservation in Italy. – Plant Genetic Resources Newsletter **28**, 12–16.

SANCHEZ-MONGE E. Y PARELLADA, 1962: Razas de maíz en España.

SCARASCIA MUGNOZZA, G. T., and E. PORCEDDU, 1972a: Il problema della salvaguardia delle risorse genetiche vegetali in Italia. – Atti del II Simposio Nazionale della Conservazione della Natura. Università di Bari, 26–30 Aprile, 1972.

–, and –, 1972b: Activities and programmes of the Italian Germoplasm Laboratory. – Paper presented at the Eucarpia Conference on European and Regional Genebanks held at Izmir (Turkey) on April 1972.

SPAGNOLETTI ZEULI, P. L., and C. O. QUALSET, 1987: Geographical diversity for quantitative spike characters in a World Collection of durum wheat. – Crop Sci. **27**, 235–241.

VAVILOV, N. I., 1951: The origin, variation, immunity and breeding of cultivated crops. – Chronica Botanica **13**, 364 p.

ZEVEN, A. C., and P. M. ZHUKOVSKY, 1975: Dictionary of cultivated plants and their centres of diversity. Excluding ornamentals, forest trees and lower plants. – Pudoc, Wageningen.

Dr. PIETRO PERRINO
Istituto del Germoplasma
Via G. Amendola 165/A
70126 Bari
Italia

Kulturpflanze 36 · 1988 · 107–119

Genetische Ressourcen der Kulturpflanzen im alpinen Raum

Rudolf Schachl

Zusammenfassung

Die Kulturpflanzenevolution im alpinen Raum ist durch drei Faktoren geprägt, durch klimatische, geologisch-landschaftsmorphologische und geschichtliche. Die Aufgliederung in eine Vielzahl von ökologischen Nischen, in denen verdrängte Arten und Varietäten überleben konnten, mußte zwangsläufig zu einer bestimmten Formenanreicherung führen. Ihr steht aber ein scharfer natürlicher Selektionsdruck einschränkend entgegen, der mit fortschreitender Höhenlage stärker wird. Er bestimmt letztlich das Aussehen der Populationen und läßt allfällige Zufallsfaktoren bei beginnender Einnischung und kleiner werdenden Populationsgrößen in den Hintergrund treten. Darin liegt die Ursache, daß mit zunehmender Höhenlage die Populationen uniformer werden, die umgekehrt im Flachland die größte Variabilität aufweisen.

Die Kulturpflanzenarten, Varietäten und Sorten sind einem ständigen Bewegungsprozeß unterworfen, bedingt durch das Streben des Menschen, Leistung, Qualität, Aussehen, usw., zu verbessern. Die Suche nach Neuem birgt stets die Möglichkeit in sich, daß ein besseres Sortiment das altbewährte verdrängt. Ist eine Sorte ausreichend adaptierfähig und bringt sie eine Verbesserung mit sich, wird sie sich schrittweise – das alte Sortiment vor sich herschiebend – bis in die Alpentäler ausbreiten. Die Frage, wieviele Arten und Varietäten auf diese Weise ins Land gelangten, bleibt unbeantwortet. Jedenfalls waren es nur wenige, die diesem Verdrängungsprozeß haben standhalten können und bis heute erhalten geblieben sind.

Wenn wir im Rückzugsgebiet der Alpen eine Formenanhäufung finden, die historisch betrachtet einen Abriß des Widerstandsfähigsten aus den letzten Jahrhunderten darstellt, ist dieser Formenreichtum doch bescheiden im Vergleich zu dem eines Genzentrums. Besteht hier das entscheidende evolutionsmotorische Moment darin, daß neu entstandene Formen auch eine entsprechende Überlebens- und Fortpflanzungschance besitzen, wirkt der scharfe Selektionsdruck der Alpen einer solchen Mannigfaltigkeit entgegen und wird stets in genotypische wie phänotypische Uniformität münden.

1. Vorwort

Das Alpenvorland und allen voran die Alpen mit ihren Tälern und Almenböden haben seit jeher wegen ihrer Varietätenvielfalt interessiert. Das hat gelegentlich sogar dazu geführt, hier im alpinen Raum ein Genzentrum – zumindest ein sekundäres Genzentrum für Kulturpflanzen – zu vermuten. Das einmal mehr, als genau jene Faktoren, die auch für den Formenreichtum der Genzentren bestimmend sind, hier wirksam werden; es sind diese drei Faktoren:
1) klimatische,
2) geologische und landschaftsmorphologische,
3) geschichtliche.

2. Der alpine Lebensraum

2.1. Klimatische Faktoren

Wir liegen hier am Übergang vom humiden, atlantischen Klimaraum zum kontinentalen, pannonischen, wobei an der Peripherie im äußersten Westen und Osten die Klimate bereits sehr eindeutig ausgeprägt sind. Das heißt, von Westen nach Osten fortschreitend ändert sich auf eine Entfernung von knapp 500 km das Klima von einem kühlen, niederschlagsreichen, atlantisch beeinflußten, zu einem relativ trockenen, kontinentalen mit sehr extremen Temperaturunterschieden zwischen Sommer und Winter.

2.2. Geologische und landschaftsmorphologische Faktoren

Entsprechend dem Klima und dem geologischen Ausgangsgestein sind die Böden vielfältig, und sie reichen von den seichtgründigen, kalkreichen Rendsinen in den Alpen über die schweren Lehm- und Lößböden des Alpenvorlandes bis hin zu den tiefgründigen Tschernosemen im Osten oder zu den humusarmen sauren Sandböden im Norden. Die durchschnittliche Seehöhe des intensiven Ackerbaugebietes im Alpenvorland liegt zwischen 150–350 m Seehöhe; heute nur mehr gelegentlich, früher aber – vor der großräumigen Umstrukturierung der Landwirtschaft nach dem 2. Weltkrieg – wurde der Ackerbau bis auf eine Seehöhe von 1100 m hinauf betrieben. Die Alpentäler sind deutlich voneinander isoliert und stehen nur über den Umweg des Taleinganges miteinander bzw. mit ihrer Umwelt in Verbindung. Wenngleich auch hier allfällige Mikroklimate gegenüber dem, generell mit zunehmender Höhenlage rasch rauher werdenden Gesamtklima kaum ins Gewicht fallen, sind diese Alpentäler dennoch ökologische Nischen und klassische Rückzugsgebiete.

Betrachtet man diese reiche klimatische, geologische und landschaftliche Gliederung des an und für sich kleinen, kaum mehr als 85000 km² umfassenden Raumes, wird die floristische Verschiedenartigkeit mit ihren unterschiedlichen Arten, Varietäten und Vergesellschaftungen verständlich. Eine Verschiedenartigkeit, bedingt durch das spezifische Angepaßtsein an den jeweiligen Lebensraum, nicht nur im Wildpflanzen-, sondern naturgemäß auch im Kulturpflanzenbestand.

2.3. Geschichtliche Faktoren

Der Alpenraum ist ein uraltes Siedlungs- und Kulturgebiet. Donautal und Alpenpässe sind traditionelle Handelswege und Heerstraßen, auf denen eine bunte Palette von Kulturpflanzenarten und Varietäten stets ins Land gelangte. Aus ihr konnte entsprechend der ökologischen Eigenheiten des Landes all das genommen werden, das jeweils am bestgeeignetsten erschien. Die neuen und anderen natürlichen Selektionsbedingungen sowie gewollte und ungewollte Auslese durch den Menschen, haben diese Kulturpflanzenpopulationen adaptiert und ihr Aussehen verändert. Wie das Beispiel des Spelzweizens zeigt, bieten die Rückzugsgebiete der Alpentäler die Chance für ein Überleben selbst dann, wenn im umliegenden Edaph längst neue Sorten Eingang gefunden haben; vorausgesetzt natürlich, daß diese Arten und Varietäten dem Verdrängungsprozeß bis hinein in die Alpen standhalten können. Andere Grenzen sind durch die Lebensgewohnheiten gesetzt, nämlich, daß eine Kulturpflanze nicht angenommen wird – so blieb der Spelz auf den alemannischen Raum beschränkt – oder wie das Beispiel der Hirse und in jüngster Zeit eben dieses Spelzes und der Nacktgerste zeigt, daß diese Kulturpflanzenarten aufgrund der geänderten Lebensgewohnheiten oder Ackerbaumethoden an Bedeutung verlieren und verschwinden. Ich denke hier im Speziellen an den maschinellen Drusch, bei dem die Keimlingsanlagen der Nacktgerste vermehrt beschädigt werden. Andererseits kann es die mangelnde Adaptierbarkeit einer Art oder Varietät sein, die sie nicht anbauwürdig erscheinen läßt. So der Mais, der bis zum Züchtungserfolg frühreifer Hybriden nicht über die Alpen in das nördliche Alpenvorland vorzudringen vermochte.

3. Das pflanzliche Material

3.1. Wildformen

Abgesehen von einigen wenigen Wildarten, die gelegentlich bis zum Alpenostrand vordringen – etwa der Wildapfel, die Wildbirne *(Pirus piraster)* oder die Zwergmandel *(Prunus nana)* – sind eigentlich keine jener wildwachsenden Ausgangsformen zu finden, die unmittelbar als Vorläufer unserer Kulturpflanzen in Betracht kämen. Und selbst hier bleibt die Frage offen, wieweit es sich bei bestimmten, sogenannten Wildformen von *Pirus, Malus* oder *Prunus* tatsächlich um echte Wildformen handelt und nicht um verwilderte oder sehr urtümliche Kulturvarietäten und Sämlinge. Eine Grenze, die einmal mehr fließend und schwer zu ziehen sein wird, wenn solche kultivierten und wildwachsenden Formen nicht auch durch entsprechende Kreuzungsbarrieren voneinander isoliert sind. Zumindest aber dürfen diese „Wildformen", sei es eben die nur gelegentlich in den Donauauen östlich von Wien vorkommende Wildbirne oder die häufig bis in eine große Höhenlage von über 1400 m hinaufreichende Vogelkirsche *(Prunus avium)*, für die unmittelbare Entstehung unserer Kulturpflanzen nicht mehr in Betracht kommen, zumal sie bereits an der Peripherie ihres eigentlichen Verbreitungsgebietes wachsen und ihnen eine entsprechende Formenmannigfaltigkeit schon fehlt.

3.2. Landsorten

3.2.1. Begriffsbestimmung

FRUWIRTH, 1893 Dozent für allgemeine und spezielle Pflanzenproduktionslehre an der Hochschule für Bodenkultur in Wien, hat sich wahrscheinlich als erster wissenschaftlich mit den Landsorten beschäftigt und sie in

autochthon
autochthogen
allochthon
allochthogen

eingeteilt. Autochthone Landsorten sind solche, die seit der Besiedelung ihres heutigen Anbaugebietes dort kultiviert werden, autochthogene, die durch spontane Mutation oder Kreuzung in ihrem heutigen Anbaugebiet entstanden sind. Allochthone, die erst spät in ein anderes Anbaugebiet gebracht wurden, und allochthogene, die vor längerer Zeit in ihr Anbaugebiet gebracht und durch Umweltseinflüsse verändert wurden. Eine Einteilung, die auch von MAYR, KÖCK und WERNECK vollinhaltlich übernommen wurde. Die Landsorten des alpinen Raumes galten im wesentlichen als autochthon bzw. als autochthogen. Wurde eine Verbindung bis hin zu den jungsteinzeitlichen Pfahlbaudörfern versucht, so liegt hier zweifelsohne eine gewaltige Überschätzung des Alters unserer Landsorten vor, eine Überschätzung, die auch das geschichtliche Geschehen unberücksichtigt läßt. Man darf nicht übersehen, daß der Alpenraum und allen voran das Alpenvorland fallweise entvölkert war, und in dem sich ausbreitenden Wald bestenfalls das eine oder andere Obstgehölz, keinesfalls aber eine nichteinheimische Kulturpflanze, wie das Getreide, sich hätte durchsetzen können.

Der Begriff der Landsorte, namentlich der Landsorte, wie wir sie in unserem Raum seit Beginn des vorigen Jahrhunderts finden, und sie uns bis heute erhalten geblieben ist, bedarf vielmehr einer neuen Definition, die sie deutlich von den Land- und Primitivsorten in der Dritten Welt, somit auch von denen in den klassischen Genzentren, abhebt. Zumindest seit der Mitte des vorigen Jahrhunderts wird die Landsorte des alpinen Raumes im hohen Maße von einem formalistischen Denken als Ausdruck einer hochstehenden, selbstbewußten, bäuerlichen Kultur bestimmt. Das hat, wie wir gerade aus dem Bereich der Tierzucht wissen, zu einer großen Vereinheitlichung der Rassen und zu einem schmerzlichen Genverlust geführt. Daß sich bei den ganz anderen Populationsgrößen im pflanzlichen Bereich und der hier allgemein zur Anwendung gekommenen Massenauslese selektive Maßnahmen nicht so tiefgreifend ausgewirkt haben wie in der Tierzucht, ist wohl klar, doch darf auch hier die fortgesetzte und in einer bestimmten Richtung laufende Auslesewirkung nicht unterschätzt werden; einmal mehr, als diese Auslese zunehmend von Landsortensaatgut erzeugenden Betrieben übernommen wurde.

Es ist, wollte man eine Landsorte definieren, auch unerläßlich, jene botanischen und genetischen Kriterien festzulegen, die für die Identifizierung einer Landsorte bestimmend sind, um abzugrenzen, wo die Lokalsorte aufhört und die Landsorte beginnt. Der Begriff der Landsorte – besser vielleicht Landsortengruppe – hat dem der Lokalsorte übergeordnet zu sein, jener Lokalsorten, die in ihrer Summe den gemeinsamen Genpool der Landsorte repräsentieren. Landsorten dabei nach dem Gesichtspunkt der modernen Zuchtsortenbeschreibung taxieren zu wollen, wäre wenig zielführend; wir müssen die Landsorte vielmehr mit denselben Augen sehen und denselben Kriterien messen, wie es der in der Landsorte Massenauslese vornehmende Bauer seinerzeit getan hat. Ich möchte diese Landsorten, wie sie unser pflanzengenetisches Erbe heute darstellen, vielmehr definieren als: Kulturpflanzenpopulationen von ganz bestimmtem Aussehen und ganz bestimmter ertraglicher und qualitativer Leistung, die durch zunehmende bäuerliche Massenauslese aus einem natürlich vorgegebenen Kulturpflanzenmaterial entstanden sind und hier ganz klar den Unterschied zwischen der Landsorte einerseits und der Primitivsorte andererseits herausstreichen, die wesentlich urtümlicher ist, von natürlicher Selektion und vielfach noch unbewußter Auslese geprägt wird und so deutlicher die unmittelbare Verwandtschaft zu ihren wildwachsenden Ausgangsformen erkennen läßt.

3.2.2. Landsorten in ihrem Lebensraum

Werden die Landsorten nicht als autochthon-autochthogen, sondern allenfalls als allochthogen und allochthon angesehen, erhebt sich die Frage, wie alt sie nun wirklich sind, und woher sie kommen. Das Beispiel der sich Anfang des vorigen Jahrhunderts, nach 1830, von England bis in unsere Alpen ausbreitenden Himalayagerste, oder noch deutlicher, die Verbreitung der klassischen oberösterreichischen Landsorte, des Sipbachzeller-Weizens, deuten auf ein mitunter erstaunlich junges Alter hin. So spricht einiges dafür, daß dieser besagte Sipbachzeller erst zwischen 1840 und 1860, vermutlich aus dem Osten, aus dem Pannonikum kommend, in das nördliche Alpenvorland eingedrungen ist und den bis zu diesem Zeitpunkt angebauten Bartweizen in die Höhenlagen der Alpen zurückgedrängt hat. Wieweit der Selektionsvorteil ausgereicht hätte, den Bartweizen auch aus dem Refugium des Berglandes zu verdrängen, kann nicht beantwortet werden, da dieser Verdrängungsprozeß durch Zuchtsorten jäh unterbrochen wurde. Zum anderen zeigt die völlige Identität des Sipbachzellers mit den niederbayerischen Landweizen und dem „Altsteirischen Landweizen" im Grazer Becken, am südöstlichen Alpenrand, daß ein und dieselbe Landsorte sich durchaus über einen großen Raum mit ökologisch vergleichbaren Bedingungen auszubreiten vermag. Wir wissen sogar konkret, daß ein traditioneller Sortenzug bestanden hat und Saatgut von Landsorten, etwa des Sipbachzeller Weizens, von Sipbachzell, südlich von Linz ausgehend, bis ins Innviertel, ja bis weit ins Bayerische, oder das des Mühlviertler Hafers bis in das Alpenvorland und die Alpentäler, und das des Haunsbergroggens, ausgehend vom Salzburger Flachgau bis tief hinein in das Bergland Salzburgs, Tirols und Bayerns gehandelt wurde. Ein Sortenzug, der im Prinzip auch heute noch bei den Zuchtsorten zu beobachten ist, wobei gelegentlich noch dieselben Betriebe, die seinerzeit Landsortensaatgutvermehrer waren, illegal Nachbau von Zuchtsorten erzeugen und vertreiben. Das heißt aber, daß man vom Alpenostrand über das nördliche Alpenvorland, zumindest bis hin zum alemannischen Siedlungsraum, es immer wieder mit relativ einheitlichen Landsortengrundpopulationen zu tun hat, die sich in eine mehr oder minder große Anzahl von Lokalvarietäten aufgliedern: sie unterscheiden sich geno- und phänotypisch nicht oder nur wenig.

3.2.3. Evolutionsbedingte Aussehensänderung von Landsorten

Grundsätzlich muß auch in einer Landsortenpopulation ein genetisches Gleichgewicht angenommen werden, das beim Fremdbefruchter zwischen den Genotypen entsprechend der Hardy-Weinberg-Regel besteht und beim Selbstbefruchter zwischen den jeweiligen Linien. Evolution tritt dann merkbar und im großen Stil zutage, wenn dieses Gleichgewicht gestört wird, einmal durch den Menschen und zum anderen durch geänderte natürliche Umweltbedingungen.

a) Menschliche Störungseinflüsse

Kulturpflanzenpopulationen sind genutzte Populationen, d. h., die Reproduktionsorgane – wie das Korn bei Getreide – dienen im höheren Maße dem Bedürfnis des Menschen, als dem Fortbestand der eigenen Art. Es wird zufallsbedingt bestimmt, und zwar um so mehr als der Ertrag steigt, was zur Fortpflanzung gelangt. Es muß ein gewaltiger Selektionsvorteil oder ein sehr schwacher Selektionsdruck gegeben sein, wenn ursprünglich nur in geringer Individuenanzahl in einer Population enthaltene Formen sich letzten Endes durchsetzen können.

Ein weiteres Kennzeichen dieser Landsortenpopulationen ist die, wenn auch nur gelegentlich gepflegte, Massenauslese. Durch sie haben diese Populationen wahrscheinlich die empfindlichste Formeneinschränkung erfahren. Auch wenn diese Auslese sich nach den Zielvorstellungen des Menschen richtet, darf sie grundsätzlich nicht entgegen den natürlichen Anforderungen verstanden werden, da klarerweise schlecht adaptierte, kümmerliche Typen wohl kaum einen Anreiz zur Auslese bieten würden. Es ist dies vielmehr ein Überlebenskampf, der nicht unwesentlich vom Menschen mitbestimmt wird, da in den Alpen die Anbauwürdigkeit einer Sorte immer einen Kompromiß zwischen den Zielvorstellungen des Menschen und dem natürlichen Selektionsdruck darstellt.

Eine Maßnahme freilich trägt auch bis zu einem gewissen Grade zur Erhaltung des Formenreichtums bei, wenngleich auch sie das genetische Gleichgewicht durch verstärktes Konkurrenzverhalten der Linien innerhalb der Landsorte stört. Es ist dies die altgepflegte Vorsichtsmaßnahme, Restsaatgut aus dem Vorjahr oder beim Sortenwechsel, das der alten Sorte beizumischen.

b) Natürliche Störungseinflüsse

Die wohl markantesten natürlichen Störungseinflüsse sind Änderungen der Umweltsbedingungen. Hier spielen zweifelsohne Schwankungen des Jahresklimas, die sich im Schnitt der Jahre nivellieren, die geringste Rolle. Die bedeutendste Änderung der Umweltseinflüsse wird vielmehr beim Eindringen einer Landsorte in einem neuen Lebensraum gegeben sein, d. h., wenn eine solche Sorte in das Land kommt und sich ausbreitet oder durch eine andere, neue und bessere aus ihrem ursprünglichen Anbaugebiet abgedrängt wird. Es werden die eingangs aufgezeigten ökologisch unterschiedlichen Lebensräume selektiv unterschiedlich auf das Liniengemisch der Landsorte wirksam werden. Der unterschiedliche Selektionsvorteil der einzelnen Genotypen und Linien wird zwangsläufig zum Verlust der einen oder anderen führen müssen und zu einer Aussehensänderung der Lokalvarietät gegenüber der Grundpopulation. Dies ist eine Aussehensänderung, die aber stets dadurch gekennzeichnet ist, daß immer und lediglich nur Phänotypen, die auch schon in der Grundpopulation vorhanden waren – und das zu keinem geringen Anteil – verstärkt zum Vorschein kommen werden.

Allgemein gilt, daß der Selektionsdruck vom intensiven Anbaugebiet ins extensive fortschreitend, oder mit anderen Worten, vom optimalen Lebensraum in der Niederung hin zum außeroptimalen im Bergland zunimmt, bis ab einer bestimmten Höhenlage jeglicher Kulturpflanzenanbau überhaupt aufhört. Wir haben hier den typischen Modellfall der Rassenverdrängung gegeben. Das bedeutet aber nichts anderes, als daß die Linienvielfalt mit zunehmender Höhenlage abnimmt, und die Population phänotypisch und genotypisch zunehmend uniformer wird. Ein Phänomen, das zwar von Mayr sehr wohl beobachtet und beschrieben wurde, ohne dafür aber eine ausreichende Erklärung zu finden.

Gehen wir also von einem gemeinsamen Genpool im Alpenvorland aus, wird dieser hier die größte Variabilität haben, während mit beginnender Einnischung in den Alpentälern vorerst bis zu einem sich kaum auswirkenden Umfang zufallsbedingt und ab einer bestimmten Höhenlage rein selektiv bestimmt, immer weniger Genkombinationen aus diesem gemeinsamen Genpool übrig bleiben werden. Wenn dermaßen Lokalvarietäten ihr Aussehen gegenüber der Ausgangspopulation geändert haben, müssen sie dennoch zum gemeinsamen Genpool der Landsorte gerechnet werden, und es wäre – meines Dafürhaltens – absolut nicht gerechtfertigt, solche Lokalvarietäten als eigene Landsorten anzusprechen; selbst dann nicht, wenn ihre Verbindung zum gemeinsamen Genpool längst verlorengegangen ist, und der gemeinsame Genpool im Alpenvorland lange zu bestehen aufgehört hat. Im Prinzip sind es aber immer wieder dieselben Genotypen, die in jeder dieser ökologischen Nischen, d. h. in jedem Alpental den schärfer werdenden Selektionsbedingungen standhalten und so die Landsorte ab einer bestimmten Höhenlage in jener verblüffenden Uniformität erscheinen lassen, wie wir sie z. B. beim alpinen Bartweizen beobachten können. Hier sind die Herkünfte aus dem oberen Inntal, von Kleinarl, Rauris, Wagrain bis hin zum Haunsberg oder zum Attergau völlig identisch, obwohl ihre isolierten Aufwuchsgebiete über 200 km voneinander entfernt liegen.

3.2.4. Das heute noch erhaltene Sortiment

Untersucht man nach diesem Gesichtspunkt die in der Alpenregion und dem Alpenvorland vorhandene Varietätenvielfalt, bleibt von der immer wieder zitierten breiten Variabilität der autochthonen Landsorten nicht allzuviel übrig; bei Landsorten, die oftmals jüngeren Datums sind, als bislang angenommen wurde. Man kann unter den Aspekten dieses Evolutionsgeschehens kaum von einem echten großen Variationszyklus mit Querverbindungen zwischen den einzelnen Landsortengruppen sprechen. Findet man dermaßen grundsätzlich verschiedene Genotypen, wie z. B. den alpinen Bartweizen und den Sipbachzeller, müssen sie eindeutig unterschiedlichen Landsortengruppen zugeordnet werden, Landsortengruppen, die zwar denselben Grad an Selektionsresistenz aufweisen, aber zeitlich aufeinanderfolgend dem Verdrängungs- und Einnischungsprozeß unterworfen waren. Wenngleich der Genpool solcher Landsorten im Zuge der Wanderung und Einnischung umgeformt wurde und allenvoran verarmt ist, ist er trotzdem in seiner Art charakteristisch geblieben und läßt klar erkennen, daß sich der eine unmöglich aus den anderen heraus entwickelt haben kann.

Abgesehen vom Spelz und den pannonischen Weizen existieren beim Winterweizen, der bisher am gründlichsten untersucht wurde, überhaupt nur zwei Landsortengruppen – eben der vorhin erwähnte Bartweizen und der Sipbachzeller – bzw. drei Gruppen, wenn man den in großer Zahl den Sipbachzeller begleitenden, begrannten, rotährigen Typus als eigene Landsorte, gewissermaßen als Landsorte in der Landsorte, ansehen möchte. Dafür sprechen neueste elektrophoretische Untersuchungen und ein von ZEVEN (1987) angestellter Vergleich der botanischen Merkmale. Nicht viel anders verhält es sich mit Winterroggen; auch hier ist die Anzahl der echt morphologisch unterscheidbaren Landsortengruppen gering und dürfte bei sechs bis acht liegen. Wintergerste hat im Landsortenanbau nie eine größere Rolle gespielt; so wird nur von einer einzigen Landsorte berichtet. Auch bei Sommerungen liegen die Verhältnisse ganz ähnlich, und die Variabilität ist kaum viel mannigfaltiger. Paradoxerweise sind ausgerechnet die scharfen, natürlichen Selektionsbedingungen die Ursache dafür, daß sich bei Winterungen größere und geschlossenere Landsortenpopulationen erhalten haben als bei Sommerungen, da das Zuchtsortiment ausnahmslos den extremen Anforderungen von Schnee und Frost in Höhenlagen über 650 m nicht entsprechend gerecht zu werden vermochte und vermag.

Sicher hat es eine unvergleichlich größere Anzahl von Landsorten gegeben und zwar von genetisch und phänotypisch klar abgrenzbaren Landsorten, die ins Land gekommen sind und im Anbau versucht wurden. Sie haben sich aber nicht durchsetzen oder dem Veränderungsprozeß standhalten können. Sie sind verlorengegangen oder kümmern vielleicht als jene nicht identifizierbaren Beimengungen in unseren heute noch existenten Landsorten dahin. Diese Spuren, denen ein gemeinsamer Genpool fehlt und die keine eigenständige Population in der Population mehr sind, noch als eigene Landsorten ansprechen zu wollen, ist keinesfalls gerechtfertigt. Die letzte dermaßen ins Land gekommene und belegte Landsorte ist ein weißer und schwarzer Winteremmer, der um das Jahr 1908 im Gebiet von St. Florian bei Linz „versuchsweise angebaut" wurde – so WERNECK (1935), aber schon nach zwei bis drei Jahren wieder aufgegeben verschwand.

3.2.5. Nicht dem Verdrängungsprozeß unterworfene Kulturarten

Kulturpflanzen, wie Obst, bestimmte Gemüsearten und Gewürz- und Heilpflanzen, soweit sie nicht wild wachsen und gesammelt werden, dienen nur innerbetrieblich dem menschlichen Konsum und haben keinen oder nur beschränkten Handelswert. Sie unterliegen nicht den Prinzipien dieses vorhin aufgezeigten Verdrängungsprozesses, wie das mit seiner hohen betriebswirtschaftlichen Bedeutung und seinem hohen Handelswert die Existenzgrundlage des bäuerlichen Betriebes bildende Getreide. Bis zu einem gewissen Grade wären dazu auch die ursprünglich angebauten Maislandsorten zu zählen, die in der ärmlichen kleinbäuerlichen Betriebsstruktur der Steiermark und des Burgenlandes nicht unwesentlich zur Ernährung beitrugen. Es sind dies die Kulturpflanzen des Hausgartens, wo nach völlig anderen, mitunter rein emotionellen Momenten über den Anbauwert entschieden wird.. Die erhaltengebliebene Formenvielfalt ist bei diesen Arten unvergleichlich größer – sie dürfte bei Mohn bei 20 und bei der *Phaseolus*-Bohne bei etwa 80 Grundtypen liegen – und es sind selbst auf ein und demselben Betrieb mitunter mehrere verschiedene Varietäten nebeneinander zu finden. Das Festhalten an traditionellen Vorstellungen ist so stark, daß hier bis heute Zuchtsorten der Einbruch nicht gelungen ist. Der schwerpunktmäßige Anbau dieser Kulturpflanzen bleibt auf bestimmte Regionen beschränkt, in denen sie als gesamte Art, ohne sortenspezifische Unterschiede, optimale oder zumindest annehmbare Bedingungen finden; so der Mohn in den nördlichen Landesteilen des Mühl- und Waldviertels, der Mais, Ölkürbis und die *Phaseolus*-Bohne im südöstlichen Alpenvorland und das Mostobst im nördlichen Alpenvorland Ober- und Niederösterreichs, wo das Klima für den Weinanbau schon zu rauh ist. Es gibt Gegenden, in denen die eine oder andere Varietät stärker vertreten ist, wie die Dorschbirne im Ennstal oder die Weiße Pelzbirne, der Böhmische Brünnerling und der Plankenapfel im Innviertel; im Grunde ist die Verteilung aber regellos und ohne sichtlichen Einfluß eines regional unterschiedlichen Selektionsdruckes.

Das Auffinden der im Auftrag des steirischen Landesfürsten Erzherzog Johann in den Jahren zwischen 1830 und 1850 angelegten Bohnensammlung erlaubt die Veränderungen im Sortiment von *Phaseolus coccineus* und *Phaseolus vulgaris* seit damals zu untersuchen: 80 % dieses Sortiments werden auch heute noch in der Steiermark angebaut. Diese Formen scheinen ausnahmslos einem ost-mitteleuropäischen Grundsortiment anzugehören, das mit derselben Variabilität über das Burgenland und die Südsteiermark hinaus auch in Ungarn und Slovenien anzutreffen ist. Ganz ähnlich liegen die Verhältnisse beim bäuerlichen Wirtschaftsobst, das, soweit es sich um Mostobst – namentlich um Mostbirne und Mostapfel – handelt, auch eine nicht zu übersehende Marktleistung erbrachte und neuerdings wieder erbringt. Die Erzeugung von Gärmösten (Apfelwein) und diversen Obstbränden ist ein uraltes, unantastbares bäuerliches Recht, verbrieft seit Mitte des 18. Jhd. durch Kaiserin Maria Theresia. Die Herstellung dieser alkoholischen Getränke ist Liebhaberei; sie setzt hohes persönliches Wissen und gute Sortenkenntnisse über Farbgebung, Geschmacksausbildung, Gäreignung, usw. voraus, sowie über die Mischbarkeit der Sorten, da kaum reine Möste – weder nach Art noch nach Sorte – erzeugt werden. Bestimmte Sorten haben einen ganz speziellen Verwendungszweck, wie die rote und die grüne Pichlbirne, die rote und die grüne Winterbirne oder die Leitschbirne, die zum Klären des Mostes verwendet werden. Dementsprechend groß ist die bis heute erhaltengebliebene Sortenvielfalt, sowohl im einzelnen bäuerlichen Betrieb, wie auch im breiten Landesanbau; das um so mehr, als neben der Anzahl der eindeutig identifizierbaren Sorten auch ein breites Spektrum von Sämlingen zu finden ist. Bisher wurden an die 80 Mostobstsorten identifiziert und isoliert, doch dürfte ihre Zahl weit über 100 liegen.

4. Die Alpen als potentielles Genzentrum

4.1. Ein primäres oder sekundäres Genzentrum

Die Alpen scheiden, in Hinsicht auf alle unsere Kulturpflanzen, als primäres Genzentrum aus. Das allein schon deshalb, weil die wildwachsenden Ausgangsformen entweder vollständig fehlen oder ohne eine entsprechende Formenvielfalt an der Peripherie ihres eigentlichen Verbreitungsgebietes vorkommen. Überlegungen, wie zum Beispiel die Entstehung des Spelzes aus einer spontanen Kreuzung von *T. compactum* mit *T. aestivum* in die Alpen verlegen zu wollen, entbehrt jeder Realität, ganz abgesehen davon, daß dies der längst geklärten Weizenabstammung widerspricht. Die Alpen kommen nur als Rückzugsgebiet für bestimmte Kulturpflanzenarten und Varietäten in Betracht – früher für Landsorten, heute verstärkt auch für manche alten, überlebten Zuchtsorten, die hier den scharfen Selektionsbedingungen gut standhalten können.

Es bliebe allenfalls die Annahme eines Sekundärzentrums übrig, in dem die eine oder andere Kulturpflanzenart nach ihrem Eindringen eine Formenanreicherung erfahren hat, sei es durch Mutation und Rekombination oder allein schon durch fortgesetztes Eindringen neuer Varietäten, die hier gemäß ihren spezifischen Ansprüchen ökologische Nischen gefunden haben, wo sie überleben. Eine Anreicherung, die, wie das Beispiel von *Cucurbita* oder der *Phaseolus*-Bohne im kleinasiatischen Genzentrum zeigt, über der Formenfülle in ihrem eigentlichen primären Genzentrum liegen kann.

4.2. Widerlegung eines alpinen Genzentrums

Erkennen wir ein Genzentrum im Sinne VAVILOVS grundsätzlich an, gibt es neben dem genotypischen und phänotypischen Moment allen voran auch ein evolutionsmotorisches, das zu seiner Entstehung führt. Es besteht darin, daß der zur Neuentstehung von Formen führende Mutations- und Rekombinationsdruck stärker sein muß, als der zum Formenverlust führende Selektionsdruck. Mit anderen Worten, ein Genzentrum ist dadurch gekennzeichnet, daß neuentstandene Formen auch eine entsprechend hohe Überlebens- und Vermehrungschance besitzen müssen. Gerade das ist es aber, was in den Alpen nicht gegeben ist. Im Alpenraum ist stets der Selektionsdruck bei weitem das überlegene Moment, in dessen Folge immer mit einer Formenverarmung zu rechnen ist.

Ein zweites, nicht unbedeutendes Phänomen ist die Wanderrichtung der Kulturpflanzen. Wie anhand des Getreides gezeigt wurde, geht diese ausnahmslos vom intensiven Flachland in das extensive Bergland und nicht umgekehrt. Nehmen wir wiederum das Modell des klassischen Genzentrums, herrscht hier im Mittelpunkt die größte Formenmannigfaltigkeit vor, die zur Peripherie hin ausstrahlt, um in dem das Zentrum umgebenden Edaph rasch abzunehmen. Wollte man in den Alpen ein Genzentrum annehmen, müßten hier die Verhältnisse genau umgekehrt liegen, d. h., es müßte in der Alpenregion, in den Alpentälern der Formenreichtum größer sein als im Alpenvorland, und der traditionelle Sortenzug müßte vom Bergland ins Flachland gehen. Die größere Mannigfaltigkeit liegt hier aber eindeutig im Alpenvorland.

5. Schlußbetrachtung

Vergleicht man das Rückzugsgebiet der Alpen mit dem des äthiopischen Berglandes, so reichen die klimatischen, landschaftsmorphologischen und geschichtlichen Voraussetzungen allein nicht aus, eine Formenanreicherung entstehen zu lassen, wenn nicht auch die evolutionsmotorischen Voraussetzungen gegeben sind. In den Alpen überwiegt der Selektionsdruck einer zufallsbedingten Weiterentwicklung von aufgesplitterten, isolierten Kleinpopulationen und bedingt eine zunehmende Uniformität, die auch dann noch in dieselbe Richtung tendiert, wenn der Einnischungsprozeß abgeschlossen ist und kein Genaustausch mehr zwischen diesen Populationen erfolgt.

Die Varietäten der Alpen sind lediglich die spärlichen, selektiv stark vereinheitlichten Reste dessen, was in den letzten Paar hundert Jahren angebaut wurde. Es sind Landsorten von in sich geschlossenen Formenkreisen unterschiedlichen Alters, die keinesfalls hier entstanden sein müssen, ich möchte sogar sagen – die Palette der Wirtschaftsobstvarietäten ausgenommen – in den allerwenigsten Fällen hier entstanden sind und die sich keinesfalls als Folge eines ungestörten Evolutionsgeschehens voneinander ableiten und auf gemeinsame Ausgangsformen zurückführen lassen. Dieses Sortiment ist vielmehr die Folge eines permanenten Verdrängungs- und Einnischungsprozesses, der solange anhält, als die verdrängte Sorte den schärfer werdenden Selektionsbedingungen standzuhalten und die verdrängende Sorte nachzustoßen vermag.

Als genetische Ressource ist dieses alpine Sortiment aber keineswegs von geringerem Wert. Gerade die harten Auslesebedingungen haben Formen sich durchsetzen lassen, die in besonderer Weise extremen geologischen und klimatischen Anforderungen gerecht zu werden vermögen. Es ist ein Sortiment, das in seiner Stellung innerhalb der Kulturpflanzenevolution viel eher den modernen Zuchtvorstellungen entspricht als Primitiv- oder Wildformen. Ich möchte hier das besondere Augenmerk u. a. auf jene Zuchtformen richten, die dem Einnischungsprozeß der Landsorten folgend, den Weg der Entstehung einer modernen Landsorte gehen und in Zukunft eine zusätzliche Genreserve darstellen könnten, die durchaus nicht unterschätzt werden soll.

Summary

Crop genetic ressources in the alps

The evolution of cultivated plants in the area of the Alps is especially influenced by climatical, geological-orographical and historical factors. The available abundance of ecological niches providing chances for the survival of otherwise displaced species and varieties, consequently led to a certain increase of diversity. It is counteracted by strong natural selection pressures increasing with progressive altitudes. These selection pressures ultimately determine the composition of the populations and predominate over coincidental factors during the first phases of annidation connected with descreasing population size. That causes an increasing uniformity of the populations in higher altitudes whereas in the lowlands the highest diversity can be found.

Due to human efforts in improving yields, quality, appearance, etc., of cultivated species, varieties and cultivars, they are subject to a permanent evolutionary process. The search for new material always includes the possibility that better accessions displace the well-known old ones. If a variety is sufficiently adaptable and shows improved characters, it will proceed step by step, – pushing the old accessions ahead of it – into the valleys of the Alps. How many species and varieties were introduced in this way is a question which cannot be answered. Anyway, only a few varieties could resist this displacing process and are in existance still today.

Though we can find a certain amount of variation in the refugial area of the Alps, which, as seen from the historical standpoint of view, represents a part of the most resistant races from the last few centuries, this variation is relatively low in comparison with that of a gene center. In a gene center the decisive evolutionary mechanisms result in the maintaining of newly evolved forms whereas the strong selection pressures of the Alps counteract a high variability and will always lead to genotypical and phenotypical uniformity.

Краткое содержание

Генетические ресурсы культурных растений в альпийском регионе

Эволюция культурных растений в альпийском регионе обусловлена тремя следующими факторами: климатическим, геолого-морфологически ландшафтным и историческим. Расчленение на большое число экологических ниш, в которых вытесняемые виды и разновидности имеют шанс на выживание, должно неизбежно вести к обогащению одной определенной формой. Но, этому, ограничивая его, противостоит резкое естественное давление отбора, которое усиливается с уровнем высоты. В конечном итоге, оно определяет внешний вид популяций и позволяет отступить на задний план всевозможным случайным факторам при начинающемся заселении ниш и сокращающемся размере популяции. В этом заключается причина того, что с увеличением уровня высоты, популяции становятся единообразными, и наоборот, на равнине наблюдается их наибольшая вариабельность.

Виды культурных растений, разновидности и сорта подчинены постоянному двигательному прогрессу, обусловленному стремлением людей улучшить их продуктивность, качество, внешний вид и т. д. Поиск нового всегда таит в себе вероятность того, что улучшенный сортимент вытеснит старый апробированный. Если новый сорт обладает достаточной приспособляемостью и если он несет с собой улучшение, то он будет, шаг за шагом подвигая перед собой старый сортимент, распространяться до альпийских долин. Вопрос, сколько видов и разновидностей таким образом достигло сельской местности, остается без ответа. Во всяком случае, это лишь немногие, которые смогли противостоять этому процессу вытеснения и сохранились до наших дней.

Если в областях отступления Альп мы находим скопление форм, с исторической точки зрения отражающих черты наиболее устойчивых за последнюю пару столетий, то, однако, это богатство является скромным, по сравнению с генным центром. Хотя здесь решающий эволюционно-моторный момент состоит в том, что новые, возникающие формы обладают соответствующими шансами выживания и размножения, однако, резкое давление отбора в Альпах противодействует подобному разнообразию и это будет всегда выливаться в генотипическое и фенотипическое единообразие.

Literatur

BERNKOPF, S., 1987: Problematik in der Beschreibung und Evaluierung von Apfel- und Birnenlandsorten. – Aktuelle Probleme der landw. Forschung. 12. Seminar, Linz.

BERTSCH, F., 1939: Herkunft und Entwicklung unserer Getreide. – Mannus **31**, 171–224.

KÖCK, L., 1973: Die Landsortenforschung im alpinen Raum. – Bericht der Arbeitstagung der Saatzuchtleiter 1973, Gumpenstein, 143–157.

KUCKUCK, H., 1982: Abstammung der Kulturweizen. – Aktuelle Probleme der Landw. Forschung, 9. Seminar, Linz, 13–14.

MAYR, E., 1928: Die Getreidelandsorten und der Getreidebau im Salzachtal und seinen Nebentälern. – Wien.

–, 1934: Die Bedeutung der alpinen Getreidelandsorten für die Pflanzenzüchtung und Stammesforschung mit besonderer Berücksichtigung der Landsorten in Tirol und Vorarlberg. – Z. Züchtung **19**, 195–228.

–, 1935: Über wissenschaftliche und praktische Ergebnisse der alpinen Landsortenforschung an Getreide. – Forschung und Fortschritte **11**, 376–378.

SCHACHL, R., 1981: Cereal land-races from Austria and their utilization in plant breeding. – Kulturpflanze **29**, 99–110.

–, 1982: Ein eiszeitliches Genzentrum für Getreideausgangsformen. – Aktuelle Probleme der landw. Forschung. 9. Seminar, Linz, 50–58.

–, 1987: Neue Erkenntnisse zur Evolution des Weizens. – Inform **2/87**, 3–7.

SCHIEMANN, E., 1939: Weizenstammbäume. – Bot. Jahrbücher **71**, (1), 1–31.

SCHWANITZ, F., 1967: Evolution der Kulturpflanzen. – München – Basel – Wien.

WERNECK, H. L., 1935: Die naturgesetzlichen Grundlagen der Land- und Forstwirtschaft in Oberösterreich. – Linz.

ZEVEN, A. C., 1987: Groups of Bread Wheat landraces in the Austrian Alps. – Aktuelle Probleme der landw. Forschung. 12. Seminar, Linz, 71–85.

Dr. RUDOLF SCHACHL
Landwirtschaftlich-chemische Bundesanstalt
Wieningerstraße 8
A 4025 Linz
Österreich

Kulturpflanze 36 · 1988 · 121–134

Computer-supported gene bank management

STIG BLIXT

Summary

Man's interest in plants goes back to times immemorable. The collecting of useful plants to improve the output from agriculture is likewise very ancient. A clear purpose to utilize became apparent at the end of the last century and a purpose to also preserve came with VAVILOV in the 1930-ies.

Preservation became a pressing necessity as the agricultural development after the Second World War accelerated and this necessity became very apparent as the Mexican wheats were introduced, which resulted in systematic efforts to establish national and regional gene banks all over the world.

It soon became clear that the establishment of gene banks among other things led to a massive accumulation of data which could not possibly be handled with traditional manual field book and recording systems. The computer was introduced to support the information handling.

This lecture presents an overview of the major components to consider in designing a computerized gene bank management system. One consideration forwarded is that such a system should be utilizable not only on a recording and retrieval-level (R&R-level) but also used for analysis, producing new data for further interpretation (A-level).

To ensure utility as well as safety aspects, a collection of genetic resources material could be preserved as different collections–alternatively as parts of one collection–for different purposes, Duplicate Base Collection for long-term safety, Base Collection for rejuvenation, Active Collection for multiplication and distribution, characterization, research, etc., the organization implemented to be reflected in the designing of databases.

An attempt is made to discuss what material should come under the responsibility of gene banks for preservation. Arguments are given for excluding plant breeding material, plant introductions, commercial seed and ordinary agricultural products from the gene bank's responsibilities.

It is further argued that the samples, accessions, preserved in the gene bank are vehicles for the genes, which are the units of variation, recombined and selected on. The justification for preserving an accession can therefore be expressed in terms of it being a vehicle for specific genes, geneblocks, chromosomes, genotypes or groups of genotypes.

The preservation of genetic resources may be handled *ex situ* or *in situ*, and an accession can be preserved in either way or by a combination of both, the most appropriate mode depending on what the accession is supposed to preserve, which again has to be considered in designing a management system.

The information relating to the material to be stored and handled by a gene bank management system is often categorized, based on content and use, into passport, management and character data. An argument is put forward in favour of regarding gene and taxonomic data also as categories of their own, since the utilization of such data can become a powerful tool but will require specifically programmed software.

The description of an accession in terms of genes using gene symbol descriptors is considered the superior method, to which taxonomic infraspecific classification offers a good substitute for species lacking detailed genetic information. Least preferable is to rely completely on unorganized character descriptors; it is pointed out, however, that carefully designed character descriptors in combination with competent observations for those descriptors would result in information needed to elaborate an infraspecific classification.

Finally, some more important auxiliary databases used in a computerized gene bank management system are briefly mentioned, for instance code keys in general and such for genes and taxa in particular.

Man's interest in plants in general and cultivated plants in particular goes back to times immemorable, for obvious reasons. Collecting of plants for purposes that we would to-day call plant breeding has probably also taken place for thousands of years though records of these activities are scarce.

At the end of the 19th century, after the work of the VILMORIN-brothers became known and plant breeding activities were attempted in different European countries, systematic and sometimes well recorded collecting activities were initiated. Land-races of most crops were collected and screened, selected upon and crossed with. After the rediscovery of MENDEL's results the breeding work, having obtained a scientific basis, accelerated and in the two first decades of this century new cultivars appeared to replace, at an increasing rate, the old land-races. In this process, little attention was given to the material brought together–modern material was to replace the old and obsolete, and what became of the old and obsolete was of no great concern.

A change in this attitude came in the 1930-ies with VAVILOV and his scientific contributions. Among other things he made clear that the old land-races were, in fact, a phylogenetic record to be interpreted and a valuable, adapted material for use in plant breeding. Systematic collecting activities to cover different geographic areas were again carried out but this time with the clear intention to save the material for the future; the collections then established are the first gene banks, though that name was not yet thought of.

The gene bank concept was borne as a consequence of the realization that the post-war efforts to increase the per-capita agricultural production in the world had to include a massive input in plant breeding resulting in new varieties which would threat with extinction a large part of the hitherto cultivated material. The more general awareness was, however, slow in coming and several examples of emergency situations were encountered, for instance when the new Mexican wheats began to spread. It was only in 1974 that the Consultative Croup on International Agricultural Research (CGIAR) sponsored by FAO, the World Bank and United Nations Development Programme established the International Board for Plant Genetic Resources (IBPGR) to aid in the world-wide preservation of plant genetic resources. One of the means used by IBPGR became the support for establishing national and regional gene banks.

Many gene banks with a history as what may be called Vavilovian seed collections had well established management systems, usually manual, while many newly established gene banks had no tradition, no system at all to fall back on, neither manual, nor computerized. In fact, a generally agreed, scientifically founded genetic resources concept, giving genetic resources preservaticn a scientific standing similar to e.g. ecology, has yet to be presented and implemented.

This explains largely the present situation with respect to computer supported gene bank management systems. Despite efforts from different organizations to uniformize and coordinate the work, almost every gene bank that acquired computers and acquired or developed software started out by computerizing whatever manual system that was already in use or, where no system existed, were satisfied with piecemeal solutions to the most pressing problems, offered by available standard software packages.

Within the framework of consultancies to IBPGR and to the Nordic Gene Bank and as a plant breeder having also since 1962 served as curator for a quite old collection with a since 1973 completely computerized management system, the author has had opportunity to give the problem considerable attention. The following presentation therefore contains elements of a gene bank management system which have been tested and implemented as well as such which have not yet but are considered essential for a system adequately meeting scientific as well as practical needs.

Firstly must be emphasized that bringing in the computer as a tool in the gene bank management introduces an enormous new potential in processing data and handling information, not only quantitatively but also qualitatively. The computer can, of course, do nothing that can not be done manually and by using the brain, since the computer works with a software produced by man (leaving out for the time being the more extreme prophecies on Artificial Intelligence).

In contemplating how to design a computerized gene bank management system it is very useful to think in terms of computerization on different levels:

- The recording and retrieval level (R&R), at which the data and the processing are not used for creating new data, and
- the analytical level (A), where data are used to create new data and new information to be interpreted.

Most of the discussion going on to-day regarding computerization of gene bank management relates to the R&R-level at which advantages and gains are mainly of a practical nature, such as timesaving and better overview and insight. Most of the scientific advantages of the computerization are, however, to be had at the A-level. This, however, requires that the practical management of the material is so organized as to yield high level quality data with high level information content. Needless to say, costs and competence required are major factors to be considered. Competence is expensive, and particularly so in the field of computer software and this in itself can be enough to justify for the gene banks to develop inhouse computer competence. The decisive factor to strongly recommend the gene banks to have an own programming competence is really another, viz., that programming for the A-level and for an A-level prepared R&R-level requires a combination of biological specialized gene bank competence combined with the computer competence, since the A-level calls for biologically "intelligent" programs.

The first considerations concern the organization of collections. In the long term, one has to achieve adequate longevity of the stored material, safety from losses by accidents, adequate quantities for distribution, efficiency in recording data and economy with funds and competence. At the same time the current situation needs to be considered, since changes in an existing gene bank management system necessarily have to be evolutionary rather than revolutionary. The following kinds of collections–or functions within one physical collection–are considered normally to be needed in a full-scale gene bank.

A **Base Collection:** Long-term storage of an active copy of the basic seed of the accession. Seeds from the Base Collection are used solely for rejuvenation. All handling is under highest quality demand and seeds are used to replenish the Base Collection as well as to form the basic seed for multiplication for distribution in the Active Collection.

An **Active Collection:** Long-term to medium term storage of material for multiplication, distribution, characterization, evaluation, research, etc. For multiplication for distribution, seeds may be taken from the Active Collection and multiplied under somewhat less strict quality demands and usually to greater quantities.

A **Duplicate Base Collection:** Long-term safety duplicate of the Base Collection, stored completely separate from this. The Duplicate Base Collection is resorted to only in case of emergency, for instance when the accession in the Base Collection is destroyed by accident.

The organization of a gene bank material as outlined above should be familiar to those dealing with seed in general. It reflects the same concept as underlying the seed- and cultivar-testing systems, i. e. that to keep a cultivar unchanged and at highest possible quality, constant maintenance selection–by nature and/or by man–has to be applied and that depending on proximity in terms of generations the quality of the seed from the cultivar deteriorates. The seed-trade has since long applied this by grading seeds into different genetic qualities, such as breeder's seed, elite, original, A-grade, etc., and have learned to economize the process by applying the right quality in the right place for the right purpose.

In computerizing the management of a collection thus organized the information on the collection can be organized in different ways depending on the hardware–machinery–available, particularly the data storage capacity. With no restrictions on storage space and with fast computers it may be most convenient to have one big database with the information relating to the Base, Active, and Duplicate Base Collections as different states of the accession. The physical seeds belonging to the Base and the Active Collections may or may not be located at different places, whereas the seeds of the Duplicate Base Collection are always stored at a location different from the Base and the Active Collection. A hardware constellation with restricted storage capacity and longer disk access times may take advantage of the fact that normally all descriptors describing a collection are not used simultaneously and keep a separate database for each function of the collection, dividing the descriptors in a logical fashion between the databases and thereby achieve an on that particular constellation more manageable system.

The next issue to address is what the gene bank is going to preserve in the collection. This can be defined in different terms and dealing with gene banks, the genetical terms may have the lead. First to be addressed here is a question of considerable controversy and the following deliberations may be helpful in this particular curator's dilemma.

For practical and scientifical reasons it is imperative to have best possible definition of what is a genetic resource possible to preserve in a gene bank and what is not. Concerning agricultural and horticultural plants, material can roughly be separated into the following categories, of which only the first one can be considered the responsibility of gene banks:

- Gene bank material proper;
- Plant breeding material;
- Plant introduction material;
- Seed for plant production;
- Plant products.

Gene bank material is then here characterized as material indigenous to the geographic area for which the gene bank has accepted responsibility to preserve genetic resources. The responsibility includes the duty to preserve the material without genetic loss or change. Such material is further characterized by being not guaranteed survival outside a collection or reserve; as being accessions of self-fertilizers or vegetatively propagated crops which are homozygous lines, clones or stable mixtures of such lines or clones, with minimal need of artificial maintenance selection to be preserved unchanged; or as being accessions of cross-pollinated crops which are balanced populations that can be kept genetically unchanged through natural selection; as being preserved, rejuvenated and multiplied in small quantities to make it economically feasible to keep sufficient high quality of scientific, sanitary and technical care to maintain genetic identity; and as therefore being distributed only in small quantities and therefore free of charge.

In contrast, **Plant breeding material** is characterized by a dynamic decrease from often extreme genetic diversity to extreme uniformity and is therefore subject to extensive – and intentional – genetic loss or erosion through natural and artificial selection against certain genes; is intentionally brought to extreme uniformity through selection for other genes; is also characterized by cultivation of large materials with a very high rate of disposals; is in need of constant artificial selection to achieve a certain goal and when this goal is achieved to maintain the result; has an end product, a cultivar, which, as normally produced for a certain environment, climate, technology and purpose, represents an evolutionary specialization, which is stable and reproducible. As such, the cultivar represents a gene bank material proper—the breeding material does not.

Plant introduction material are stable products that normally can be kept unchanged without or with limited input of maintenance breeding, i. e., cultivars (with or without names); is available in larger quantities through normal channels, such as plant breeders, seed companies, etc.; are normally the responsibility of another gene bank to preserve.

Seed for plant production is material used in agriculture or horticulture to produce a crop, i.e. the seed-material; it is therefore available on a regular basis through normal seed commercial channels, be it private or state.

Plant products are intended for consumption or processing and therefore normally available on the open market.

It is imperative that these distinctions are made: Gene banks cannot handle e.g., plant breeding material, mainly for three reasons:
- the quantity would be unlimited ('the number of gene combinations is infinite') and thus make gene bank costs unlimited as well. A larger breeding unit produces easily 100000 selections a year and who is to decide what is *not* to be preserved?
- The material would require constant selection but who would decide for what and towards what? The gene bank would turn into a plant breeding unit and the purpose of the gene bank as a genetic resources preservation unit would then have been lost.
- In most breeding work parents of crosses, original populations, selections, etc., are known. These, as well as cultivars resulting from breeding material, are the genetic resources proper, from which a breeding material can be recreated any time.

Gene banks cannot and should not handle *plant* introduction material or *seed* material for plant production for two reasons:
- A gene bank is responsible for preserving genetic variation of a large number of accessions. To evaluate—test—in a standard acceptable way the agricultural or horticultural value of an introduction the quantity of seed required is much larger than a gene bank can normally produce and store. A standard pea trial requires, for instance, 5 kg, this amounts to 5 tons per 1000 accessions to be harvested and stored to provide seeds for one evaluation of these accessions.
- Cultivars or strains equalling cultivars are normally available through a breeder or a seed company. Gene banks should not spend scarce financial and personnel resources doing work that can be—and often is more efficiently—done by other institutions. The fact that gene banks should not be involved in dis-

tributing evaluation quantities of marketed varieties should, on the other hand, not prevent gene banks from distributing such material in the regular small gene bank distribution quantities.

Having hopefully reached a conclusion as to what to include and what to exclude from his responsibilities, the curator may turn to the question of what, in genetical terms, he should preserve. He could then consider the eventual validity of the following deliberations and their implications to his problems.

The gene is the unit of mutation and recombination, i.e. variation; this variation exists as alternative states of the gene–alleles–and as different recombinations of the alleles and of the different loci in adapted complexes. Genotypes and populations are distinguished by different gene complexes.

The number of genes and their alleles is finite and limited, whilst the number of gene and allele combinations is infinite. The conclusion from this is that it is quite possible to preserve all genes but practically impossible to preserve all gene and allele combinations. What may, in genetical terms, be preserved in a gene bank is therefore:

Genes, the aim being to preserve all known alleles within a species and try to maintain as many as possible of the ones not yet identified, which is possible with a relatively limited number of accessions.

Geneblocks, which ought to be preserved when justified, for instance in the case of adaptive blocks toward climatologically or ecologically marginal and/or extreme areas, towards high yield under specific circumstances or in specific areas, towards specific quality combinations, etc.

Chromosomes may constitute units for preservation when justified by special value, for example aneuploid lines, translocations or other chromosome changes.

Genotypes ought to be preserved when justified, for example varieties of self-fertilized or vegetatively propagated crops or breeding lines thought to be of particular value as parents.

Groups of genotypes ought to be preserved when justified, for instance cultivars of cross-pollinated crops, representatives or relatives of cultivated species.

In general the greatest emphasis would be placed on the first two categories which embody the basic variation of the species. In the gene bank these units exist as living material in the form of accessions. An accession is an assembly of individuals of the organism preserved as a unit. Gene exchange may take place within an accession but not between different accessions.

The main implication of all these genetic considerations for designing computerized databases is first of all that the system need functions to handle genes and genotypes, both in terms of descriptors and in terms of other software functions. This does not present any major problems, but considering the fact that a plant may harbor some thousands of genes to be dealt with, it certainly deserves specific consideration in the designing of gene bank management systems.

For many of our cultivated plant species–and almost all of the wild ones–is valid that little detailed genetic knowledge seems to be available, though this lack of information might be more apparent than real. More species have been dealt with botanically and taxonomically. It is rather self-evident that characters of plants enough constant under different environmental conditions to be useful in taxonomic classification must have a genetic background, which has also been amply demonstrated from this very institute (ZIGuK). For cultivated plants, therefore, an infraspecific taxonomic treatment is a scientifically valid base for a gene bank management system that will allow many, if not all, of the functions and processings possible with a genetically based system.

The taxonomic classification being less detailed, the implication for the computerized management system is that on the R&R-level, the descriptors and functions needed are fewer and simpler but also that on the A-level the utility becomes much more restricted. Therefore, whenever possible, both genetic and taxonomic descriptors should be utilized, as allowing processing and handling in a complementary fashion and enabling presentation of information in the languages of both these disciplines of science.

It may be worthwhile pointing out, that in those many species where neither a genetic nor a taxonomic treatment is available, sensible definition of characterization descriptors and careful characterization almost automatically result in data useful in developing an infraspecific classification which may or may not be formally taxonomic.

Up to now, accessions have, for convenience, been referred to as a sample of seeds collected somewhere and stored somewhere else, which, of course, is not always the case. There are actually two main ways of preserving material.

In situ–preservation means that the organism, protected in a suitable manner, is left in its original habitat. Utilization is by collecting the required quantity of material in the habitat when necessary to meet the needs of breeders and researchers.

Ex situ–preservation means that the organism–or such parts of it as seeds, tubers, etc.–is removed from the original habitat and transferred to a gene bank. The collected material constitutes an accession that in case of whole organisms may be planted in clonal archives or in case of seeds stored in an appropriate way. The quantity of materials is limited.

For accessions aimed at preserving such units as *geneblocks*, *genotypes* and *groups of genotypes* the best way of preservation is probably *in situ*, as transfer to long term storage in combination with extinction of the living population means abortion of future genetic resources due to ceased adaptive evolution. For plant species which are big trees or even bushes practical considerations involving economy greatly favours the *in situ* conservation. *Ex situ* preservation must here be regarded as an emergency solution. For *genes* and *chromosomes*, the convenient way for preservation should be *ex situ*.

The implications for the computerized gene bank management system of introducing the *ex* and *in situ* concept is again the need for the specific descriptors and software functions to handle the problems. To complicate the issue somewhat, populations may be represented in the collection in both forms of preservation. Considering that many descriptors for the *in situ* preservation management are rather specific, a separate database for *in situ* purposes may be the most convenient solution.

The conventional mode of designing a database for use in computers is to define for each unit of information, each datum, to be stored, a descriptor. This descriptor will define what the datum represents, in case of fixed format databases the number of characters assigned to the datum, the position in the record, the field, and in addition the type of the datum, whether integer, decimal number, string, etc. In a free format database, it has similar functions except there is not supposed to be a fixed length of the field.

A database may, in a simple form, be constructed of a fixed number of descriptors, one such sequence of descriptors forming a record, one record describing, e.g., one accession. To manage gene bank material includes the handling and description of biological material, living organisms. The description includes the history of the material as well as its biological constitution. Considering the complexity of biology, it should not come as a surprise that designing a gene bank management system that has any serious aspiration to succeed in handling and with a reasonable accuracy describing living organisms, becomes quite complex.

It must therefore for this presentation suffice to rather coarsely survey the major kinds of descriptors to be used in a database for managing a gene bank.

Conventionally, the history of an accession is described using descriptors called *passport descriptors*. These will include such data as name of cultivar, country of origin, habitat of collections, etc., etc. This is information supposed to accompany the sample when it enters the gene bank. There is little variation as to the quality or quantity of passport information considered essential for a gene bank between different species of plants, more may be between different types of material within a species.

The perhaps most important kind of information for the actual management or handling of the material in the gene bank itself—and what seems at present too little in use—is what can be called *management descriptors*. What particular descriptors should be included here varies perhaps more between species than between different types of accessions. The particular importance of such descriptors for gene bank management may be elucidated by the following considerations.

A gene bank should, per definition, preserve genetic resources for the future. Obviously this must mean a long-term commitment, actually a very long-term commitment. At the same time, longest possible intervals between rejuvenating material is recommended to minimize genetic distortion. With current preservation methods it is quite possible for some crops that 50 years may elapse before decreasing germinability forces a rejuvenation in which time the entire gene bank staff may have been changed more than once. Also, many gene banks have responsibility for a great number of species but a very limited staff, who cannot be expected to be experts in all the crops. Further, all accessions of the same species cannot be handled in the same way.

Everything considered, it is essential for a reasonably continued correct handling of the material that all information pertinent to the cultivation, observation, storing and distribution of the material is recorded in the information system in as much detail as is needed.

Conventionally, such data as regarding harvest year, quantity harvested and stored, germinability tests and storage location are included in most gene banks. There is much other needed information that seems not to be.

For instance, with regard specifically to autogamous crops, such as peas and barley at northern latitudes, a large number of accessions are to be kept as 'pure lines' and thus to be pedigree propagated. This requires, for instance, that always some plants are to be harvested individually for the further propagation.

In most species, cultivars have certain defined characteristics which requires particular measures, such as weeding rouges of frequent mutants.

Collected populations of heterogamous plants should be so handled as to maintain the genetic diversity.

Collected samples of autogamous plants, 'pseudopopulations', i. e. mixtures of lines, should either also be maintained as mixtures or separated into individual pure lines.

Accessions defined to carry male sterility or other sterility or lethality causing genes must be kept through the heterozygotes.

Each type of accession has to be correctly handled to maintain its genetic identity.

Also belonging here are descriptors recording the distribution of material. With the growing number of gene banks and accessions involved in exchange of genetic resources the need to avoid unnecessary duplication in maintaining material increases and it becomes more and more important to be able to track the movements of distributed material.

Many of these problems are taken care of by experienced curators and experience is normally carried on by a person to person transfer. However, the development of present cultural patterns seem not to go in the direction of favouring such person to person transfer, and it seems therefore essential that as much as possible of such experience is transferred to the computerized gene bank management system–though admittedly experience is too complicated a phenomenon to be ever entirely captured this way.

Again conventionally, the biological characteristics of accessions have been recorded in *character descriptors*, including, when applicable, genes as well as botanical taxa. Particularly if looking ahead for a more sophisticated A-level use of gene bank information it seems, however, advisable to separate out these categories, since an efficient use of such descriptors demands a specialized, more 'knowledgeable' or 'intelligent', software. This amounts to designing *gene symbol descriptors* and *taxonomic descriptors* as categories to be identified as such by the computer system.

The biological characteristics of an accession are handled by *character descriptors*. Many such have been designed and the IBPGR have issued crop-wise lists with recommendations for definition and use, largely based on current use in breeding programs, etc. As a result, the genetic content of these descriptors is varying and though not necessarily causing any particular problems on the R&R-level the use of many of them at the A-level can be problematic.

This concludes the presentation of major factors deemed to be of importance for the plant material part of computerized gene bank management systems.

Details as to individual descriptors to be used cannot be discussed here; it is for the crop specialized geneticists, taxonomists and other specialists to work out together with gene bank curators and information officers. The paucity of details regarding converting the system into computer programs was intentional; the real problem is to develop a scientifically and biologically sound concept and to develop a management system in accordance with that. That achieved, the computerization is a comparatively trivial matter providing the combined biological and programming competence is available.

Having discussed what can be seen as the central structure of a gene bank management system it remains to be mentioned something about all the auxiliary devices that will be needed to make a computerized system work smoothly. Much information to be stored and used in the databases handling the material is most conveniently worked with as codes. This calls for *code key databases* of different kinds. Some of these, dealing for instance with country abbreviations and similar matters, are easily set up; so easy that the temptation is great for each gene bank to make its own. For the benefit of common communication standard codes as recommended for instance by IBPGR should be used whenever available.

Gene symbols and taxonomic names are, on the other hand, rather special cases. These are both codes in themselves, which require a very specialist constructed code key. A gene symbol code key or list should contain as a minimum information the name of the symbol – the code – and the manifestation of the gene in the plant. Essential is also information on chromosomal location and interactions with other genes. Extremely useful is information regarding author of gene symbol and chromosomal location, in what accessions different alleles can be found and important literature references.

With regard to taxonomic names, these are, in contrast to gene symbols, often long, particularly as the author name is to be considered part of a taxonomic name. It is therefore often useful to make one more level of the code–for instance through convenient abbreviations of the name. Such codes have been constructed at least for specific and higher taxonomic levels. A code key would in such a case require a minimum information comprised of the code, the full name including author and a description – definition – of the taxon. Also here, further information such as publication and date would be useful. Such a taxonomic code key is probably most efficiently constructed as a standard botanic key to be read backwards.

Also passport and character descriptors are most conveniently used in a computerized system as codes and then code keys must also for such descriptors be stored and handled by the system. Minimum information would here be code, full name of descriptor, maximum field length, when appropriate, and full definition of the meaning of the descriptor.

Someone having proceeded this far in computerizing a gene bank management system will almost certainly not stop here, but continue to computerize further auxiliaries, such as library functions relating to literature references used, for instance, in the code keys; for the correspondence and distribution, address-databases may come in handy; and so on. But may this be considered another story for another occasion.

Zusammenfassung

Computergestütztes Genbank-Management

Die Entwicklung der Menschheit ist von Anbeginn mit den Pflanzen verbunden. Das Sammeln nutzbarer Pflanzen, um die Erzeugung aus der Landwirtschaft zu erhöhen, ist ebenfalls sehr alt. Am Ende des letzten Jahrhunderts begann man, Pflanzen für die planmäßige Nutzung in der Züchtung zu sammeln. VAVILOV ging in den 30er Jahren darüber hinaus und betonte, daß die gesamte Mannigfaltigkeit kultivierter Pflanzen zu sammeln und zu erhalten ist.

Dringend erforderlich wurde ihre Erhaltung, als sich nach dem Zweiten Weltkrieg die Landwirtschaft beschleunigt entwickelte und besonders mit der weltweiten Verbreitung der mexikanischen Weizen das Wirken der Generosion offenbar wurde. Das führte schließlich zu Bestrebungen, planmäßig überall in der Welt nationale und regionale Genbanken einzurichten.

Bald wurde man gewahr, daß die Einrichtung von Genbanken, neben anderen, zu einer massiven Anhäufung von Daten führte. Sie konnten unmöglich mit den traditionellen, manuell geführten Feldbüchern und Dokumentationssystemen gehandhabt werden. So wurde der Computer eingeführt, um die Bearbeitung der Informationen zu unterstützen.

Dieser Vortrag gibt einen Überblick über die wichtigeren Komponenten, die bei der Planung eines rechnergestützten Systems für das Genbank-Management zu berücksichtigen sind. Eine Überlegung bezieht sich darauf, daß ein derartiges System nicht nur zur Aufzeichnung und Wiedergabe von Informationen (recording and retrieval, R&R-level) verwendet werden sollte; es sollte auch für Analysen und die Erzeugung neuer Daten zu nutzen sein, aus denen sich weitere Interpretationen ableiten lassen (A-level).

Das Material genetischer Ressourcen kann sowohl unter Berücksichtigung von Gesichtspunkten seiner Nutzung als auch der Sicherheit seiner Erhaltung in unterschiedlichen Kollektionen – alternativ als Teile einer Kollektion – erhalten werden: Basis-Kollektion von Duplikaten für eine langfristige sichere Erhaltung, Basis-Kollektion für die Erneuerung des Materials, Aktive Kollektion für die Vermehrung und Verteilung, für die Charakterisierung, für die Untersuchung des Materials usf. Die damit verbundene praktische Organisation der Kollektion muß sich in der Planung der dazugehörigen Datenbank widerspiegeln.

Es wird versucht darzulegen, für welches Material Genbanken die Verantwortung zur Erhaltung übernehmen sollten. Gründe für den Ausschluß von der Erhaltung in Genbanken werden für das Zuchtmaterial, für introduzierte Pflanzen, für Material von Handelssorten und aus der normalen landwirtschaftlichen Produktion dargelegt.

Weiterhin wird erörtert, daß die in der Genbank erhaltenen Muster Träger von Genen sind. Die Gene sind, rekombiniert und selektiert, die Einheiten der Variation. Die Rechtfertigung für die Erhaltung eines Musters läßt sich daher so ausdrücken, daß es ein Träger für spezifische Gene, Genblöcke, Chromosomen, Genotypen oder Gruppen von Genotypen ist.

Es ist möglich, die genetischen Ressourcen *ex situ* oder *in situ* zu erhalten.

Ein Muster kann entweder auf eine der beiden oder in einer Kombination beider Arten erhalten werden. Das geeignetste Verfahren hängt von dem Grund der Erhaltung des betreffenden Musters ab. Die Art und Weise der Erhaltung muß bei der Planung eines Management-Systems berücksichtigt werden.

Die auf das Material bezogene Information, die mit einem Genbank-Management-System gespeichert und bearbeitet werden muß, wird oft in Kategorien eingeteilt. Dem Inhalt und der Verwendung entsprechend ordnet man sie den Passport-, Management- und Charakterisierungsdaten zu. Die Einführung eigener Kategorien für die genetischen und taxonomischen Daten wird begründet. Ihre Nutzung kann sich als sehr wertvoll erweisen; sie erfordert aber eine besonders programmierte Software.

Die Beschreibung eines Musters durch die Angabe von Genen, unter Verwendung von Gensymbol-Deskriptoren, wird als die weiter fortgeschrittene Methode angesehen. Dazu bietet für die Arten, bei denen eine detaillierte genetische Information fehlt, die infraspezifische Klassifikation einen guten Ersatz. Am wenigsten ist zu empfehlen, sich vollständig auf ungeordnete Merkmalsdeskriptoren zu stützen. Es wird jedoch darauf verwiesen, daß sorgfältig definierte Merkmalsdeskriptoren in Verbindung mit angemessenen Beobachtungen die für die Ausarbeitung einer infraspezifischen Klassifikation benötigten Informationen ergeben würden.

Am Ende werden einige wichtige Hilfsdatenbanken kurz erwähnt, die in einem rechnergestützten System für das Genbank-Management gebraucht werden. Dazu gehören beispielsweise allgemeine und spezielle Code-Schlüssel, besonders solche für Gene und Taxa.

Краткое содержание

Управление генным банком с помощью ЭВМ

Сбор полезных растений, с целью повышения продуктивности сельского хозяйства, тесно связан с историей развития человечества. В конце последнего столетия и, особенно, после второй мировой войны, в связи с ускоренным развитием сельского хозяйства, влекущим за собой генную эрозию, стала очевидно, указываемая ещё в 30-х годах Н. И. Вавиловым, необходимость сбора и сохранения всеобщего разнообразия растительного мира. С этой целью по всему миру были созданы национальные и региональные генные банки.

Однако, создание генных банков вело к накоплению большого массива данных, которые было бы невозможно обрабатывать по традиционным документационным системам, с ведущимися от руки полевыми книгами. Отсюда следующий шаг – привлечение ЭВМ для обработки информации.

В данном докладе дается обзор наиболее важных компонент, которые следует учитывать при развитии собственной программной системы для управления генным банком. Прежде всего, следует учесть, что подобные системы должны служить не только для регистрации и воспроизведения информации (recording an d retrieval, R&R-level), но и для её анализа, получения новых данных с их (последующей интерпретацией (A-level).

С учетом аспектов использования и надежности, материал генетических ресурсов можно хранить в коллекциях различных типов – или же в различных частях одной коллекции –, предназначенных для различных целей: в базисной коллекции дубликатов для длительного обеспечения сохранности, в базизсной коллекции для воспроизведения материала, в рабочей коллекции для размножения и обмена, для исследовательских целей, и т. д. Практическая организация коллекции, отвечающая конкретным заданиям, должна найти свое отражение в организации соответствующего банка данных.

Делается попытка объяснить какой вид материала подлежит хранению в генных банках. Так как образец, хранимый в генном банке, является носителем генетической информации, то обоснованием для его хранения может служить следующее утверждение: образец – это носитель специфических генов, генных блоков, хромосом, генотипа или группы генотипов.

Образцы генетических ресурсов можно хранить ex situ или in situ, либо обоими способами, но тип хранения следует учитывать при организации программной системы управления.

Информация, касающаяся материала, хранимого в памяти автоматизированного банка данных, подразделяется на категории. Согласно содержанию и использованию выделяют паспортные, менеджементные и характеристические данные. Обосновывается введение собственных категорий для генетических и таксономических данных. Однако, их использование требует особого математического обеспечения.

Описание образца путем ввода генетической информации, используя для этого дескрипторы генных символов, рассматривается как более прогрессивный метод. Для образцов, у которых отсутствует подробная генетическая информация, хорошей заменой служит внутривидовая классификация.

В заключение упоминаются некоторые важные вспомогательные банки данных, которые необходимы при работе с генными банками. К ним, например, относятся общие и специальные кодовые ключи, в частности, для генсв и таксонов.

Dr. S. Blixt
Nordic Gene Bank for Agricultural and
Horticultural Plants
Box 41
S – 23053 Alnarp
Sweden

Kulturpflanze 36 · 1988 · 135–162

The European Barley Database of the ECP/GR: an introduction[1]

HELMUT KNÜPFFER

Summary

Passport data of 55,369 accessions from 35 barley collections in 26 countries are stored in the European Barley Database (EBDB) of the European Cooperative Programme for the Conservation and Exchange of Crop Genetic Resources (ECP/GR) which is maintained at the Zentralinstitut für Genetik und Kulturpflanzenforschung at Gatersleben, German Democratic Republic. A catalogue, the European Barley List, was published in 1987. The database runs on an 8 bit microcomputer under the CP/M operating system and the database management system dBASE II. The objectives of the EBDB are outlined, and the origin of the data is described. The definitions of the 23 passport descriptors are given, and problems of their standardization and the development of unified acronym systems are discussed. Surveys of the geographical distribution and the botanical composition of the material are presented. Detailed tables list the origin countries of the material, the most frequent botanical varieties in *Hordeum vulgare*, and the 33 wild species of the genus *Hordeum* which are represented by 2785 accessions. The frequencies of certain morphological character combinations in *H. vulgare* are calculated from the frequencies of the corresponding infraspecific taxa. The projected development of the database includes the identification of duplicates and of geographical gaps in European collections. The usefulness of a KWIC (Key Word In Context) index as a new tool for the identification of duplicates in plant genetic resources databases is illustrated by two examples. The services of the EBDB and computer-readable copies of the database are offered to potential users.

1. Introduction

The European Barley Database (EBDB) of the European Cooperative Programme for the Conservation and Exchange of Crop Genetic Resources (ECP/GR) is maintained at the Zentralinstitut für Genetik und Kulturpflanzenforschung (ZIGuK) of the Academy of Sciences of the German Democratic Republic at Gatersleben.

[1] Extended version of a paper presented at the N. I. VAVILOV Symposium at Gatersleben, 8.–10. December, 1987

The objectives of the EBDB are as follows (cf. UNDP/IBPGR 1983, 1986a):
– to catalogue the barley genetic resources in European collections;
– to provide information on the barley germplasm available;
– to identify duplicates in order to reduce the workload for the maintenance and characterization of the material by cooperation between gene banks;
– to identify gaps in European barley collections in order to elaborate strategies for further collecting.

As a first product of the EBDB, the European Barley List (KNÜPFFER 1987a, b) was issued. It is an inventory of barley genetic resources containing passport data of more than 55,000 accessions from 35 gene banks in 26 countries (see below).

The difference between this database and registers of cultivars like ARIAS et al. (1983) and BAUM et al. (1985) is that these registers are designed to provide information about all cultivars bred and described hitherto, whereas the EBDB contains information on living material which is maintained in, and available from European gene banks.

This paper describes the previous development, the present state and the contents of the EBDB. The projected activities of the database are outlined. The last two sections illustrate possibilities of secondary use of the accumulated data which go beyond the initial scope of the database: geographical and botanical surveys of the material (Sect. 6) and a new approach to the identification of duplicates using a KWIC index (Sect. 7).

2. Historical background

The ECP/GR was initiated by the UNDP (United Nations Development Programme), the FAO (Food and Agriculture Organization) of the United Nations and European Governments. After a first phase financed by the UNDP and executed by the FAO, it became part of the IBPGR operations in 1983 (PERRET 1985). From 1979 it had been proposed to document existing genetic resources and to promote the exchange of material for breeding and research purposes (FAO/UNDP 1980).

Six crop specific Working Groups were established by the ECP/GR, namely for barley, oats, forage crops, *Allium*, sunflower and *Prunus*. Besides other activities, each of these working groups builds up one or several databases of genetic resources of a particular crop or group of crops held in European gene banks. The ZIGuK at Gatersleben was designated to establish and maintain the European Barley Database (EBDB) (UNDP/IBPGR 1983).

The EBDB is being built up at the Gene Bank of the ZIGuK since 1985. From 1983 to 1985 Dr. S. BLIXT, Landskrona, Sweden, gathered data on magnetic media from European gene banks and preprocessed them. These data were transferred on diskettes to Gatersleben in 1985. Here they were merged with data registered from lists. More details about the development of the database may be found in the Reports of the Barley Working Group (UNDP/IBPGR 1983, 1985, 1986a) and in the Introduction to the European Barley List (KNÜPFFER 1987a).

3. Present state of the ECP/GR European Barley Database

3.1. Hardware and software

An NGB IRS-83 microcomputer was provided to the ZIGuK by IBPGR in 1985. It is an 8 bit microprocessor with the operating system CP/M. In addition to two 5 1/4″ disk drives of 788 kByte capacity, it is equipped with a 32 MByte Winchester hard disk. The European Barley Database is maintained with the relational database management system dBASE II which has excellent facilities in comparison with other systems designed for 8 bit processors (FREESTON 1984).

Data may be exchanged via the Nordic Genebank on diskettes in MS-DOS format (IBM PC) or on magnetic tapes. Data compatibility exists also with the Robotron PC 1715 and AC 7100 microcomputers.

3.2. Origin of the data

The EBDB contains passport[2] data (up to 23 descriptors, see below) of 55,369 accessions from 34 barley collections in 25 countries participating in the ECP/GR and from the Ethiopian gene bank (Table 1). In addition, selected information on 5142 barley cultivars and lines taken from ARIAS et al. (1983) is included for reference and comparison purposes.

Table 1
Gene banks contributing to the European Barley Database

Country Gene bank	Accessions Total[1]	 Wild[2]
German Democratic Republic	10266	488
Zentralinstitut für Genetik und Kulturpflanzenforschung, Gatersleben		
Great Britain	9472	159
Plant Breeding Institute (PBI), Cambridge	9458	145
Royal Botanic Gardens, Kew and Wakehurst Place	14	14
Federal Republic of Germany	8274	123
Braunschweig Genetic Resources Centre		

[2] Readers not familiar with the genetic resources terminology have to be aware that "passport information" is catalogue information, i. e. information concerning the identity, the history, the geographical origin, the breeding and the taxonomy of an accession (cf. IBPGR 1982, KNÜPFFER 1983). This is contradictory to the meaning of the term "passport" in other fields. Plant breeders call a description of the main properties of a cultivar the "passport", which corresponds to "characterization/evaluation information" in the genetic resources terminology. In microbial collections, the term "passport information" is also used for morphological, biochemical, genetical and other characterization information, whereas the data printed in catalogues are called "catalogue information".

Continued Tab. 1

Country Gene bank	Accessions Total[1]	 Wild[2]
Ethiopia	5335	0
Plant Genetic Resources Centre/Ethiopia (PGRC/E), Addis Ababa		
Netherlands	2912	13
Centre for Genetic Resources The Netherlands, Wageningen		
France	2547	2
Institut National de la Recherche Agronomique (INRA), Clermont-Ferrand	1674	2
Institut National de la Recherche Agronomique (INRA), La Minière	873	0
Poland	2437	29
Institute of Plant Breeding and Acclimatization (IHAR), Radzików	2321	0
Botanical Garden of the Polish Academy of Sciences, Warszawa	116	29
Hungary	2207	0
Research Centre for Agrobotany, Tápiószele		
Czechoslovakia	2158	4
Research and Plant Breeding Institute of Cereals, Kroměříž	1278	4
Research Institute of Plant Production, Praha-Ruzyně	907	0
Sweden	1861	1800
Scandinavian Hordeum Collection, Svalöf		
Italy	1242	16
Istituto del Germoplasma, Bari		
Spain	1004	0
Instituto Nacional de Investigaciones Agrarias (INIA), Madrid		
Nordic Genebank	968	7
Royal Veterinary and Agricultural University, Copenhagen, Denmark	791	7
Government Institute of Plant Breeding, Jokioinen, Finland	91	0
Agricultural University of Norway, Aas, Norway	68	0
Hankkija Plant Breeding Institute, Hyrylä, Finland	18	0
Greece	785	53
Cereal Institute, Thessaloniki	721	0
Greek Gene Bank, Thessaloniki	64	53

Continued Tab. 1

Country Gene bank	Accessions Total[1]	Wild[2]
Belgium	783	6
Clovis Matton N. V. Avelgem-Kerkhove	292	0
Station d'Amélioration des Plantes, Gembloux	289	1
Centrum voor Toegepaste Biologie, Heverlee	202	5
Switzerland	748	0
Station Fédérale de Recherches Agronomiques de Changins, Nyon		
Turkey	685	85
Aegean Regional Agricultural Research Institute (ARARI), Izmir		
Yugoslavia	660	0
Institute for Small Grains, Kragujevac		
Bulgaria	506	0
Institute of Plant Introduction and Genetic Resources, Sadovo		
Austria	298	0
Landwirtschaftlich-Chemische Bundesanstalt Linz		
Israel	102	0
Israel Gene Bank for Agricultural Crops, Beit Dagan		
Portugal	46	0
Estaçao Nacional de Melhoramento de Plantes, Elvas	40	0
data from a collection list	6	0
Cyprus	26	0
Agricultural Research Institute, Nicosia		
Ireland	20	0
National Cereal Breeding and Seed Propagation Centre, Backweston		
Data from ARIAS et al. (1983)	5142	0
Total:	60511	2785

[1] Total number of accessions from a gene bank
[2] Number of wild species accessions among the total number of accessions

3.3. Descriptors

The data provided by the contributing gene banks have a great variability in formats and coding schemes and different degrees of completeness. The original data contain more than 70 descriptors (BLIXT 1985). Many of them appear in the files from several gene banks; these may differ in code systems, e.g., country of origin. The information accompanying the data files was often not detailed enough to identify identical descriptors in different files. As BLIXT (1985) wrote, "There seem to be two ways of approaching the creation of a compiled database: (a) only very specifically defined data/descriptors are asked for and accepted only when conforming to a defined standard, (b) almost everything is taken in and the compiler makes the best of what has been gathered. The barley data were processed according to (b) and it works. The great difference is that (a) places the big demand for input on the organizer and the data delivering institutes, alternative (b) puts that demand on the compiler."

A subset of 23 of the most useful and most common descriptors was selected for the combined database (see below). Only this information is presented in the European Barley List (KNÜPFFER 1987a, b) and in the data files obtainable from the EBDB.

Several descriptors had to be standardized prior to the inclusion into the database. For this purpose, unified lists of acronyms or codes have been set up for such descriptors as Country of Origin, Gene Bank, Donor, Breeder, Expedition/Collector.

The country of origin is abbreviated by three letter acronyms based on the recommendations of the IBPGR (Anon. 1982). This list was extended for geographical regions, e.g., North Africa (KNÜPFFER 1987a, Appendix 3). Following the recommendations of the ECP/GR Workshop on Exchange of Information (UNDP/IBPGR 1984), a list of standardized, internationally agreed acronyms is being developed for institutions dealing with plant genetic resources (e.g., SERWIŃSKI et al. 1987). These acronyms consist of up to ten letters, the first three characters being the IBPGR country acronym, followed by an abbreviation of the institution's or person's name. They are used for the descriptors Gene Bank (2), Donor (4), and Breeder (10) (KNÜPFFER 1987a, Appendix 4). For the descriptor Expedition/Collector (17) there is no accepted standard for acronyms yet. Therefore, an own set of acronyms was developed (cf. KNÜPFFER 1987a, Appendix 6).

Scientific names are corrected and unified on the basis of relevant literature and experts' advice (see below).

The descriptor numbers in parentheses after the names refer to the IBPGR descriptor list for barley (IBPGR 1982).

(1) EBL Number. A unique number assigned to each accession in the database, mainly for internal use and reference purposes, e.g., linking records in different files, identification of duplicates. These numbers remain stable. An EBL number will never be re-assigned to any other accession even if the corresponding accession is deleted.

(2) Gene bank. Acronym of the gene bank holding the material.

(3) Accession Number (IBPGR 1.1.). Number of the accession in the holding gene bank. The accession number is meaningful only in connection with the respective gene bank.

(4) Donor (IBPGR 1.2). Acronym of the institute or person from which the gene bank obtained the accession, in some cases only **Country of the Donor** (3 letters).

(5)Donor's Number (IBPGR 1.3). Number of the accession in the donor's collection. The donor's number is meaningful only in connection with the respective donor.

(6) Seasonality (IBPGR 4.1.1). One-letter codes:
A= spring form;
H= winter form;
I = intermediate form;
P= perennial form.

(7) Row Number (IBPGR 4.2.2). Number of rows of the spike (2, 4, 6). Information on this descriptor is stored in the EBDB only if it is explicitely given by the originator of the data. It may also be derived from the convarietas name (see below).

(8) Country of Origin (IBPGR 2.4). Country where the material was bred or originally collected. Mainly IBPGR acronyms. For accessions with missing or obviously wrong information on the country of origin it has been corrected on the basis of other available information (e.g., geographical information or accession name). Further correction and completion is necessary.

(9) Accession Name (IBPGR 1.6). Name of cultivar, breeder's line, mutant, landrace, local name, or any other name associated with the accession. The accession name is usually stored as provided by the contributing gene bank, without correction of obvious spelling errors or removal of differences caused by transcription from non-Latin alphabets. Often the "accession names" contain information actually belonging to other descriptors, e.g., collection site, donor number, other numbers like CI or PI, expedition and collection number, scientific name. According to Blixt (1985), "the weight of an accession name of a cultivar, a landrace variety, a local name in Ethiopia or a scientific line is of course extremely different. To make different descriptors for each is impractical."

(10) Breeder. Acronym of the breeder or breeding firm.

(11) Other Numbers (IBPGR 1.4). Numbers of the accession in other collections, except donor's number and collector's number.

Scientific Name including: **(12) Species** (IBPGR 1.5.2), **(13) Subspecies** (IBPGR 1.5.3), **(14) Convarietas, (15) Varietas** (IBPGR 1.5.4), **(16) Subvarietas.** The names of all taxonomic ranks are given with authority as far as possible.

In European gene banks there are several taxonomic systems in use for the genus *Hordeum*. Moreover, the entire genus is in a process of biosystematic investigation and taxonomic revision by several botanists in the world at present. Synonyms within *H. vulgare* have been brought together as far as possible, consulting MANSFELD'S (1950) classification of the infraspecific variability and GANDILJAN'S (1980) book. Questions concerning the synonymy of wild species have been resolved using the publications of CVELEV (1976), VON BOTHMER et al. (1982), and SCHULTZE-MOTEL (1986). Authority names have been completed, and obvious misspellings have been corrected as far as possible. However, there are still cases which cannot be resolved without seeing living plants or herbarium material, e.g. *Hordeum agriocrithon* ÅBERG is not fully identical (though overlapping) with *H. vulgare* L. s.l. subsp. *agriocrithon* (ÅBERG) SCHOLZ, and the same is true for *H. spontaneum* KOCH and *H. vulgare* L. s. l. subsp. *spontaneum* (KOCH) THELL. (K. HAMMER, personal communication). Therefore, both forms of these names have been retained in the database.

Despite of these difficulties a good taxonomic determination of the material is of great value for the users interested in specific combinations of morphological characters. An example is given in Sect. 6.

(17) Expedition/Collector (IBPGR 2.2). Acronym of the expedition, collector or collecting institute.

(18) Collector's Number (IBPGR 2.1). Number assigned to the sample by the collector during collection. The collector's number is meaningful only in connection with the name of the respective expedition or collector.

Geographical information relating to the site of collection:

(19) Province (IBPGR 2.5). Province, state, or other administrative or geographical subdivision of the country of origin.

(20) Site (IBPGR 2.6). Place where the sample has been collected.

(21) Latitude (IBPGR 2.7), **(22) Longitude** (IBPGR 2.8), and **(23) Altitude** (IBPGR 2.9).

4. Products and services of the database

4.1. The European Barley List

The primary goal of the European Barley Database is to catalogue the genetic resources of barley held in European gene banks. For this purpose, a draft of the European Barley List (EBL) with 37,478 accessions from the EBDB was prepared for presentation at the Barley Working Group Meeting in 1986 (KNÜPFFER 1986). A new edition was issued in 1987 (KNÜPFFER 1987a, b). It consists of two volumes. The actual barley data (23 descriptors as listed in Sect. 3.3) are printed in vol. 2. Vol. 1 contains the introduction, tables of acronyms and summary information. An alphabetical index allows to find material appearing in Parts 2 and 3 of the EBL by accession name quickly.

Vol. 2 is divided into three parts. They have most of the descriptors in common, although they differ in the sorting order. Several columns contain combined information from two or more descriptors. The columns Expedition (including collection number) and Province/Site appear in Parts 2 and 3 only.

Part 1 contains 23,418 "Named Accessions" on 339 pages, i.e., recent and old bred varieties (cultivars), varieties selected from landraces (mainly of European origin), breeder's lines, mutants, and special genetic resources (e.g., polyploids, translocation lines) of *Hordeum vulgare*, i.e., material carrying an "Accession Name". In addition, information on 5142 cultivars and lines from Arias et al. (1983) is included in this part. The accessions are ordered alphabetically by
(1) Accession Name,
(2) Country of Origin,
(3) Gene Bank/Accession Number.
Material may be searched in Part 1 most easily by accession name.

Part 2 contains 29,166 "Unnamed Accessions" of *H. vulgare* on 450 pages, i.e., material collected in the field, old landraces and material without any accession name. The accessions are sorted by
(1) Country of Origin (subheadings in the list),
(2) Geographical Information (Province/Site),
(3) Accession Name,
(4) Gene Bank/Accession Number.
This sorting order allows to find material with known country of origin by geographical information or the accession name (via the index of accession names).

Part 3 contains 2785 accessions of wild species, interspecific and intergeneric hybrids of the genus *Hordeum* on 39 pages. They are presented in alphabetical order of
(1) Scientific Name (subheadings in the list),
(2) Country of Origin,
(3) Geographical Information (Province/Site),
(4) Accession Name,
(5) Gene Bank/Accession Number.
Material in part 3 may be easily searched by scientific name and country of origin. Via the index of accession names it is also possible to locate material with known accession name.

The subdivision of the barley genetic resources into these categories is based mainly on information given in the original data. Often there is no or only misleading information on the Status of Sample (IBPGR descriptor 2.11, cf. IBPGR 1982). In such cases, the decision to include a particular accession into one of the categories bases on other available information, e.g., accession name, presence of a collection number, scientific name. For example, material of "primitive" origin maintained in collections for dozens of years and established under a particular name, like 'Aegyptische Zweizeilige' or 'Black Persicum', is included in Part 1. Possibly some accessions of wild species are hidden in the other parts, e.g., material without scientific or accession name.

4.2. Services of the EBDB

The main service from the EBDB to gene banks, breeders and scientists is to find out where the specified germplasm is available and to provide related passport, characterization and evaluation data. Common types of inquiries are "Print a list of all two-rowed winter barleys originating from the Far East" or "Where can I request for living seeds of the cultivars and strains listed below?" The EBDB contains data on further descriptors which are not included in the EBL.

Information (complete or summary) from the database is disseminated to the contributing gene banks in form of printouts and–via the Nordic Genebank – on IBM-PC diskettes or magnetic tapes. These gene banks in turn will distribute the information on a national or regional basis. Information from the EBDB may also be provided to barley collections outside Europe and other interested institutions on request (UNDP/IBPGR 1986a, KNÜPFFER et al. 1987).

5. Future development of the database

The Barley Working Group agreed that the following activities should be undertaken in Phase III (1987–1989) of the ECP/GR (UNDP/IBPGR 1986a):

5.1. Correction and completion of existing data by means of proof-reading of special printouts or files by European barley specialists. Two types of printouts or files will be distributed: one containing the data contributed by the respective gene bank as transformed by the EBDB, the other one containing the data for all material originating from a particular country.

5.2. Registration of additional passport descriptors. The inclusion of the descriptors "Year of Registration or Release" and "Principal Attribute" into the EBDB was recommended.

5.3. Inclusion of certain characterization/evaluation descriptors. The EBDB will register summary information on characterization and evaluation, whereas the national gene banks will store the detailed data. Each gene bank should select five of the most important descriptors and provide related data to the EBDB for the unique material identified by the EBDB.

5.4. Identification of duplicates. The Barley Working Group repeatedly stressed the need to identify duplicates in the database in order to reduce the number of redundant duplicates in European collections (UNDP/IBPGR 1983, 1985, 1986a). This is aimed at a rationalization of efforts in the maintenance, characterization and evaluation of the material. On the basis of a list of duplicates with indication of the accession(s) which best represent the original material, it will be possible to make sensible plans for the regeneration of unique material and the deposition of a safety duplicate of each unique accession. A new approach to the identification of duplicates is illustrated in Sect. 7.

Apparent duplicates in landrace populations as identified by collection numbers, collection sites, etc., will in many cases not be genetically identical. Therefore, these duplicates should not be removed from the gene banks. However, as such accessions originate from the same population, they inflate the number of samples collected in a particular area and lead to biased conclusions about the geographical distribution and the frequencies of particular characters.

5.5. Recommendations for further collecting on the basis of the data accumulated. After the elimination of duplicates from the analyses, more realistic estimates on the number of unique accessions from each country will be derived. Such information will be of great value for the IBPGR as a basis for further collecting strategies.

6. Survey of barley germplasm in European collections

In this section the possibility to derive secondary information from the database will be demonstrated by examples. The data stored in the European Barley Database allow to analyse the geographical distribution, the botanical composition, or frequencies of certain morphological characters and their combinations in the material,

The material comprises 52,584 cultivated *(H. vulgare)* and 2785 wild barley accessions.

The provenance of the cultivated barleys is shown in Table 2. These figures

Table 2
Provenance of cultivated barleys *(H. vulgare)* in the European Barley Database

Continent Country	Acronym	Accessions
Europe		18092
"Germany" [1]		3655
Germany (until 1949)	GER	565
Federal Republic of Germany	DEU	2602
German Democratic Republic	DDR	488
Great Britain	GBR	1989
France	FRA	1470
Spain	ESP	1469
Soviet Union (incl. Asian part)	SUN	1394
Netherlands	NLD	963
Sweden	SWE	846
Czechoslovakia	CSK	842
Austria	AUT	757
Switzerland	CHE	740
Denmark	DNK	489
Hungary	HUN	489
Greece	GRC	484
Poland	POL	442
Bulgaria	BGR	354
Italy	ITA	353
Yugoslavia	YUG	265
Romania	ROM	222
Belgium	BEL	180
Finland	FIN	159
Portugal	PRT	115
Norway	NOR	95
Ireland	IRL	51
Cyprus	CYP	32
Albania	ALB	24
Iceland	ISL	2
North Europe	EUN	73
West Europe	EUW	48
East Europe	EUE	44
South Europe, Balkan	EUS	28
South West Europe	ESW	14
Central Europe	EUC	4
Africa		14304
Ethiopia	ETH	13092
Libya	LBY	236
South Africa	ZAF	208

Continued Tab. 2

Continent Country	Acronym	Accessions
Algeria	DZA	170
Egypt	EGY	162
Tunisia	TUN	93
Morocco	MAR	76
Zimbabwe	ZIM	42
Tchad	TCD	19
Sudan	SDN	12
Kenya	KEN	1
Nigeria	NGA	1
East Africa	AFE	175
North Africa	AFN	12
Africa	AFR	5
Asia		10899
Turkey (mainly Anatolia)	TUR	2392
Nepal	NPL	2149
Pakistan	PAK	1909
India	IND	1164
Japan	JPN	749
China	CHN	622
Afghanistan	AFG	616
Iran	IRN	532
Syria	SYR	191
Israel	ISR	110
Yemen	YEM	62
Iraq	IRQ	59
Korea (South)	KOR	52
Mongolia	MNG	42
People's Republic of Korea	PRK	25
Jordan	JOR	17
Saudi Arabia	SAU	7
Lebanon	LBN	5
Taiwan	TWN	2
Bhutan	BTN	1
Central Asia	ASC	108

Continent Country	Acronym	Accessions
East Asia	ASE	54
Asia	ASI	25
West Asia, Near East	ASW	6
America		3219
USA	USA	2175
Canada	CAN	516
Argentina	ARG	137
Bolivia	BOL	39
Uruguay	URY	35
Peru	PER	30
Mexico	MEX	24
Columbia	COL	18
Chile	CHL	10
Ecuador	ECU	7
Guatemala	GTM	7
El Salvador	SLV	2
Barbados	BRB	1
North America	AMN	148
South America	AMS	69
Central America	AMC	1
Australia/New Zealand		227
Australia	AUS	208
New Zealand	NZL	19
Unknown or not stated		5843
Total:		52584

[1] Many gene banks do not distinguish between the acronyms DEU (Federal Republic of Germany) and GER (Germany until 1949). Therefore, these figures are biased.

have to be interpreted with caution because they still are inflated by duplication. They do, however, permit a preliminary identification of countries underrepresented in European barley collections.

There are 33,521 spring, 6127 winter and 655 intermediate barley accessions (Table 3).

The database contains scientific names below the species level for nearly half of the *H. vulgare* material. The frequencies of the convarietates (MANSFELD 1950) are shown in Table 4. The great morphological variation of the material is reflected by the presence of 219 different varietates (botanical varieties) after exclusion of synonyms. The 32 most frequent varietates are shown in Table 5.

Table 3

Codes for seasonality and their frequencies in the European Barley List. Parts 1 and 2 contain cultivated barley *(H. vulgare)*, part 3 contains wild species

Code	Part 1[1]	Part 2	Part 3
Unknown or not stated	3539	8741	2018
A = spring form	14850	18671	623
H = winter form	4907	1220	49
I = intermediate form	122	533	2
P = perennial form	–	–	93
Total	23418	29165	2785

[1] These figures do not include the data from ARIAS et al. (1983)

Table 4

Frequencies of convarietates in *H. vulgare* accessions and numbers of varietates in each convarietas

Convarietas	Accessions	Varietates
vulgare	13008	78
distichon (L.) ALEF. s. l.	9000	51
deficiens (STEUD.) MANSF.	1181	30
intermedium (KOERN.) MANSF.	437	31
labile (SCHIEM.) MANSF.	380	13
Unknown or not stated	28578	16
Total	52584	219

Table 5

Frequencies of the 32 most common varietates of *H. vulgare*

Varietas	Acces-sions	Convarietas	Morphology
hybernum VIB.	6526	*vulgare*	covered, lax
nutans (RODE) ALEF.	5137	*distichon*	covered, lax
coeleste L.	557	*vulgare*	naked, lax
deficiens (STEUD.) KOERN.	518	*deficiens*	covered, lax
parallelum KOERN.	477	*vulgare*	covered, dense
erectum (RODE) ALEF.	341	*distichon*	covered, dense
nigripallidum R. REGEL	276	*vulgare*	covered, lax
rikotense R. REGEL	275	*vulgare*	covered, lax
densum SER.	267	*vulgare*	covered, very dense
himalayaense (RITT.) KOERN.	241	*vulgare*	naked, lax
nudum (L.) ALEF.	229	*distichon*	naked, lax
medicum KOERN.	212	*distichon*	covered, lax
subviolaceum (KOERN.) MANSF.	195	*vulgare*	covered, lax
nigrum (WILLD.) LINK	184	*vulgare*	covered, lax
steudelii KOERN.	184	*deficiens*	covered, lax
hybernum-deficiens	145	*labile*	covered, lax

Continued Tab. 5

Varietas	Accessions	Convarietas	Morphology
nigrescens KOERN.	107	*distichon*	covered, lax
revelatum KOERN.	82	*vulgare*	naked, dense
brevisetum R. REGEL	80	*vulgare*	naked, dense
trifurcatum (SCHLECHTEND.) WENDER.	74	*vulgare*	naked, lax
abyssinicum (SER.) KOERN.	72	*deficiens*	covered, lax
coerulescens SER.	72	*vulgare*	covered, lax
hypatherum (VAV. et ORL.) MANSF.	71	*vulgare*	covered, dense
viride (VAV. et ORL.) MANSF.	71	*distichon*	naked, lax
violaceum KOERN.	65	*vulgare*	naked, lax
horsfordianum WITTM.	61	*vulgare*	covered, lax
harlani (VAV. et ORL.) MANSF.	58	*intermedium*	covered, lax
atterbergii KOERN.	55	*intermedium*	covered, lax
nudipyramidatum KOERN.	55	*vulgare*	naked, very dense
duplinigrum (KOERN.) MANSF.	53	*vulgare*	naked, lax
deficiens-hybernum	52	*labile*	covered, lax
nigricans SER.	50	*distichon*	covered, lax

Table 6

Frequencies of accessions with combinations of the morphological characters Number of Rows (convarietas), Covered/Naked Grain, Spike Density (L = lax, D = dense, V = very dense)

covered or naked	convar. *vulgare*	convar. *intermedium*	convar. *distichon*	convar. *deficiens*	convar. *labile*	Total
covered	L: 7693	L: 153	L: 5635	L: 887	L: 286	L: 14654
	D: 652	D: 56	D: 363	D: 60	D: 2	D: 1133
	V: 368.	V: 5	V: 48	V: 14	V: –	V: 435
	8713	214	6046	961	288	16222
naked	L: 1145	L: 73	L: 490	L: 41	L: –	L: 1749
	D: 206	D: 36	D: 23	D: –	D: –	D: 265
	V: 89	V: 29	V: 18	V: –	V: –	V: 136
	1440	138	531	41	–	2150
Total	L: 8838	L: 226	L: 6125	L: 928	L: 286	L: 16403
	D: 858	D: 92	D: 386	D: 60	D: 2	D: 1398
	V: 457	V: 34	V: 66	V: 14	V: –	V: 571
	10153	352	6577	1002	288	18372

Using MANSFELD's key to translate scientific names into combinations of morphological characters, it is possible to calculate the frequency distribution of certain characters and their combinations in the barley material. As an example, the joint distribution of the characters Number of Rows (convarietas), Spike

Table 7

Numbers of different varietates with specific combinations of morphological characters (cf. Table 6).

covered or naked	convar. *vulgare*	convar. *inter-medium*	convar. *distichon*	convar. *deficiens*	convar. *labile*	Total
covered	L: 17 D: 11 V: 11	L: 7 D: 4 V: 2	L: 17 D: 7 V: 2	L: 14 D: 5 V: 2	L: 12 D: 1 V: –	L: 67 D: 28 V: 19
	39	13	28	21	13	114
naked	L: 20 D: 12 V: 6	L: 8 D: 7 V: 2	L: 17 D: 1 V: 2	L: 4 D: – V: –	L: – D: – V: –	L: 50 D: 20 V: 10
	38	17	20	5	–	80
Total	L: 37 D: 23 V: 17	L: 15 D: 11 V: 4	L: 34 D: 8 V: 6	L: 19 D: 5 V: 2	L: 12 D: 1 V: –	L: 117 D: 48 V: 29
	77	30	48	26	13	194

Table 8

Frequencies of wild species and interspecific and intergeneric hybrids of the genus *Hordeum*

Species, Hybrid Combination	Accessions	Infraspec. Categories
Hordeum spp.:		
H. spontaneum KOCH; *H. vulgare* subsp. *spontaneum* (KOCH) THELL.[1]	648	6 var.
H. murinum L.	297	3 subsp.
H. bulbosum L.	289	2 subsp.
H. marinum HUDS.	190	2 subsp.
H. pubiflorum HOOK. f.	165	
H. lechleri (STEUD.) SCHENCK	131	
H. brachyantherum NEVSKI	114	
H. jubatum L.	104	
H. patagonicum (HAUM.) COVAS	90	5 subsp.
H. brevisubulatum (TRIN.) LINK	79	5 subsp.
H. comosum PRESL	61	
H. agriocrithon ÅBERG; *H. vulgare* subsp. *agriocrithon* (ÅBERG) SCHOLZ[1]	57	3 var.
H. parodii COVAS	57	
H. lagunculiforme (BACHT.) BACHT. ex NIKIF.	48	
H. stenostachys GODR.	44	
H. fuegianum BOTHMER et al.	41	
H. chilense ROEM. et SCHULT.	34	
H. secalinum SCHREB.	31	
H. tetraploidum COVAS	28	
H. muticum PRESL	26	

Continued Tab. 8

Species, Hybrid Combination	Accessions	Infraspec. Categories
H. bogdani WILENSKY	23	
H. pusillum NUTT.	22	
H. depressum (SCRIBN. et SM.) RYDB.	21	
H. flexuosum NEES	19	
H. euclaston STEUD.	16	
H. procerum NEVSKI	10	
H. cordobense BOTHMER et al.	7	
H. arizonicum COVAS et STEBBINS	6	
H. intercedens NEVSKI	5	
H. roshevitzii BOWDEN	5	
H. capense THUNB.	2	
H. crinitum (SCHREB.) DESF.	1	
H. erectifolium BOTHMER et al.	1	
Hordeum sp.	62	
Hybrids:		
interspecific hybrids (15 forms)	36	
intergeneric hybrids (5 forms)	9	
Total:	2785	

[1] The two forms of the scientific names are not fully synonymous (see text). Therefore, both forms are given here.

Density, and Covered/Naked Grain is shown in Table 6. The numbers of different varietates for each of these character combinations are given in Table 7. According to the names of the varietates, there are 16,222 covered barleys (114 varietates) and 2150 naked barleys (80 varietates).

This approach could also be applied to other morphological characters used by MANSFELD (1950) to distinguish between varietates. If the correspondence between morphological characters and alleles of genes is known, the scientific name may be easily "translated" into a set of gene symbols (cf. LEHMANN and BLIXT 1984 for *Pisum*). This technique also allows to reveal geographical differences in the frequency distribution of certain characters and their combinations. Such analyses were undertaken earlier by observing large world collections of particular crops (e.g., JAIN et al. 1975 for *Triticum durum*).

33 species with 27 infraspecific taxa and 20 different interspecific and intergeneric hybrid combinations are represented in the wild barley material (Table 8). Table 9 summarizes their origin. The data of approximately two thirds of the wild species accessions and hybrids with many new taxa for the EBDB were provided by Dr. R. VON BOTHMER from the Scandinavian *Hordeum* Collection of the Swedish Agricultural University at Svalöf.

Table 9
Provenance of barley wild species in the European Barley Database

Continent Country	Acronym	Accessions
America		1170
Argentina	ARG	589
USA	USA	369
Chile	CHL	162
Canada	CAN	20
Mexiko	MEX	14
Bolivia	BOL	12
Peru	PER	2
Uruguay	URY	2
Europe		755
Greece	GRC	284
Soviet Union (incl. Asian part)	SUN	234
Spain	ESP	86
France	FRA	34
Italy	ITA	26
"Germany"[1]		20
German Democratic Republic	DDR	10
Federal Republic of Germany	DEU	8
Germany (until 1949)	GER	1
West Berlin	WBE	1
Portugal	PRT	12
Denmark	DNK	9
Belgium	BEL	8
Yugoslavia	YUG	8
Bulgaria	BGR	7
Hungary	HUN	7
Great Britain	GBR	6
Romania	ROM	4
Czechoslovakia	CSK	2
Cyprus	CYP	2
Netherlands	NLD	2
Sweden	SWE	2
Switzerland	CHE	1
Ireland	IRL	1
Asia		601
Israel	ISR	228
Turkey (mainly Anatolia)	TUR	141
Iran	IRN	65
China	CHN	61
Jordan	JOR	40
Pakistan	PAK	25
Afghanistan	AFG	20
Syria	SYR	11
Iraq	IRQ	7
Bahrain	BHR	1
India	IND	1
West Asia, Near East	ASW	1
Africa		36
Morocco	MAR	13
Libya	LBY	10
Egypt	EGY	6
Tunisia	TUN	4
South Africa	ZAF	3
Australia/New Zealand		1
Australia	AUS	1
Unknown/doubtful		222
Total		2785

[1] Many gene banks do not distinguish between the acronyms DEU (Federal Republic of Germany) and GER (Germany until 1949). Therefore, these figures are biased.

7. The KWIC index– a new tool for the identification of duplicates

The identification of duplicates in international plant genetic resources databases is a time-consuming procedure requiring much knowledge about the breeding and collecting history of a particular crop. A first search for duplicates was carried out in the EBDB in 1985 according to the procedures described in Appendix IV of the Report of the Barley Workshop (UNDP/IBPGR 1985). By compari-

	Keyword	Or.	Page
	ARCHER		20
	Archer	DNK	20
	Archer	GBR	21
	Archer	GBR	20
	Archer	GBR	20
	Archer	GBR	20
	ARCHER	DNK	21
Abed	Archer	DNK	7
Abed	Archer	DNK	7
IRSK	ARCHER		151
HUMES	ARCHER		144
Irish	Archer	IRL	150
Irish	Archer	GBR	150
CAMELS	ARCHER	GBR	55
Danish	Archer	GBR	79
GOLDEN	ARCHER	GBR	116
GOLDEN	ARCHER	ENG	116
GOLDEN	ARCHER		116
GOLDEN	ARCHER	GBR	116
Golden	Archer	GBR	116
Golden	Archer	GBR	116
Spratt	Archer	GBR	287
SPRATT	ARCHER	IRL	287
SPRATT	ARCHER	DEU	287
Spratt	Archer	GBR	287
Spratt	Archer	IRL	288
Spratt	Archer	IRL	288
Spratt	Archer	IRL	287
SPRATT	ARCHER	GBR	288
SPRATT-	ARCHER	IRL	288
Winter	Archer	GBR	332
Beavans	Archer	GBR	34
Beavans	Archer	GBR	34
BEAWENS	ARCHER	GBR	34
Cannels	Archer	GBR	55
ENGELSK	ARCHER		96
Gartons	Archer	GBR	111
PLUMAGE	ARCHER	GBR	253
PLUMAGE	ARCHER	ENG	253
PLUMAGE	ARCHER		253
Plumage	Archer	GBR	253
Plumage	Archer	GBR	253
Plumage	Archer	GBR	253
Plumage-	Archer	GBR	253
PLUMAGE-	ARCHER	GBR	253
ENGLISCH	ARCHER	GBR	96
Old Wilts	Archer	GBR	235
Goldthorpe	Archer	GBR	117

son of the accession names, among 22,952 accessions, 8,880 accessions were identified as duplicates (cf. UNDP/IBPGR 1985, Appendix III).

VALENTE SOARES and VANDERBORGHT (1986) report that their computer program "automatically" realizes the search for duplicates, provided that the files and descriptors concerned are specified. They mention a procedure based on the comparison of different number designations of the accessions. This approach is also used in the ECP/GR *Avena* Database (SEIDEWITZ 1986). It requires that the information on which the identification of duplicates bases is stored exactly in the same way in all accessions. But this is not always the case, especially when the data originate from different sources. A new approach to the identification of duplicates in the European Barley Database based on a KWIC index is illustrated by examples in the following.

	Keyword	Or.	Page
Regenerated	Archer	GBR	264
Golden White	Archer	GBR	116
Gartons White	Archer	GBR	111
Old Wiltshire	Archer	GBR	235
Old Wiltshire	Archer	GBR	235
Gartons Winter	Archer	GBR	111
Gartons Archer = White	Archer	GBR	111
Beavens Archer = B. English	Archer	GBR	34
Irish	Archer 1	IRL	150
Plumage	Archer 14 = (14/145)	GBR	253
Spart	Archer 14709		287
SPRATT	ARCHER 14709	GBR	288
Irish	Archer 2	IRL	150
	ARCHER 217		21
	ARCHER 23		21
Plumage	Archer 24 = (14/145/46/55)	GBR	253
Plumage	Archer 25/1	GBR	253
Spratt	Archer 32/6	GBR	288
	ARCHER 35		21
Plumage	Archer 35 = (35/7)	GBR	253
Golden	Archer 35/51S	GBR	116
Plumage	Archer 35/7	GBR	253
Spratt	Archer 37 Nr. 3	GBR	288
SPRATT	ARCHER 37 NR3	GBR	288
SPRATT	ARCHER 37/3		288
SPRATT X	ARCHER 37/4		288
Spratt	Archer 37/6	GBR	288
SPRATT	ARCHER 37/6/3		288
Spratt	Archer 37/6/3	GBR	288
Spratt	Archer 37/6/3	GBR	288
Plumage	Archer 43	GBR	253
Plumage	Archer 62	GBR	253
Golden	Archer = (35/7)	GBR	116
Beavens	Archer = B. English Archer	GBR	34
Gartons	Archer = White Archer	GBR	111
	ARCHER BARLEY		21
	ARCHER GOLDTHORPE	GBR	21
	Archer Goldthorpe 4/5/1	GBR	21
	Archer II	GBR	21
Plumage	Archer Selection	GBR	253
	ARCHER STIFF STRAW		21
	Archer Tetraploid	SWE	21
Plumage	Archer Tetraploid	GBR	253
	ARCHER, ABED		21
	Archer-Goldthorpe	GBR	21
Hansen 378 nutans	Archer-type		356

Fig. 1 Portion of the KWIC index with the keyword 'Archer' (see text, page 154). The last two columns contain the country of origin and the page number in the European Barley List.

A cultivar name or geographical information may appear in the database in different forms. This may be caused by transcription, transliteration or translation of foreign names, by abbreviation of parts of the names, by changing the order of words or by adding the breeder's name before or after the cultivar name, e.g., 'Britta', 'Britta Weibulls', 'Weibulls Britta' (Baum 1970, 1986, Knüpffer 1983). The same name may have been given to different cultivars (cf. Arias et al. 1983). Moreover, the same piece of information may be found in different descriptors. For example, a Gatersleben accession number (HOR number) may appear as the accession number, the donor number, an other number, or even as the accession name or as a part of the accession name. The name of a collection site may be hidden in an accession name. This is one of the reasons why accessions belonging to a particular group of duplicates are found in distant parts of an alphabetically sorted printout like the European Barley List.

Under these circumstances, the task to identify as many duplicates as possible calls for a new approach. A KWIC (Key Word In Context) index was found to be the solution. This method is routinely applied in bibliographical databases, however, it has not yet been reported to be used in genetic resources databases. A KWIC index provides the keywords surrounded by their context (cf. TREMBLAY and SORENSON 1976).

The entries are sorted alphabetically or numerically, depending on whether the keyword starts with a letter or with a digit. The keywords are placed in the centre, and some text immediately adjoining the keyword is retained to provide its context. All entries containing a particular word or number are found in subsequent lines. Keywords with limited search value, like "and", "of", "km", "district", "valley", etc., are excluded.

A KWIC index was generated from selected data fields of the EBDB, i.e., Accession Name, Geographical Information, Donor/Donor Number, Expedition/Collection Number. For example, the accession name 'Lion = CI 923 = Black Barbless' appears five times:

	Lion = CI 923 = Black Barbless
Lion =	**CI** 923 = Black Barbless
Lion = CI	**923** = Black Barbless
Lion = CI 923 =	**Black** Barbless
Lion = CI 923 = Black	**Barbless**

Fig. 1 shows a part of the KWIC index with the name 'Archer' as keyword. The index allows a rapid search for any word or number in the beginning of or inside a data field.

The price for this comfort is the large additional storage capacity occupied by the index and by the temporary files for sorting, the large amount of computing time needed to generate and sort the index, and the size of the printout of such an index. After the exclusion of keywords with limited search value, the KWIC index derived from the four data fields mentioned above still occupies about 17 MBytes (i.e., approximately the same size as the database itself) and contains more than 180,000 entries. It took 400 hours of computer time to generate the index, including programming, sorting and backup copies, but excluding preparation of printfiles and printing.

The following two examples may illustrate the usefulness of the KWIC index for the identification of duplicates. More detailed information on the problems and methods of identification of duplicates will be published elsewhere (KNÜPFFER 1989).

Example 1. Identification of accessions belonging to the duplicate group 'Abyssinian 1102'. Twelve entries with the key '1102' are found in the KWIC index (Fig. 2a). Seven of them seem to belong to the same group of duplicates. The accession name appears in different variants, e.g., as 'Abessinische 1102', 'Ab. 1102', 'Ab. 1102/47'. In two entries there is an indication for the possible identity of 'Abyssinian 1102' with 'L 94', and another entry shows that 'Ab. 1102/47' carries the Gatersleben accession number HOR 2551. The next step is to look

2a

Or.	P	EBL	Descr	Keyword	
ETH	2	32717	EXPED	ETHPGRC:	1102
ETH	2	55161	NAME	Abyssinian	1102
GRC	2	1883	EXPED	GRCBALK-42:	1102
GRC	2	1110	EXPED	GRCBALK-42:	1102
ETH	2	32007	NAME	ABESSINISCHE	1102
ETH	2	10986	NAME	ETHIOPIA AB.	1102
ETH	2	25512	NAME	ABYSSINIAN	1102 = L 94
NLD	2	39007	NAME	Abyssinian	1102 = L 94
EUS	2	16700	NAME	BALKAN 1942	1102 C 90
GRC	2	10517	NAME	BALKAN 1942:	1102, PELOPONNES #: HOR 1873
ETH	2	2457	DONOR	DDRHOHEIPZ: Ab	1102/47
ETH	2	10987	NAME	ETHIOPIA AB.	1102/47 #: HOR 2551

2b

Or.	P	EBL	Descr	Keyword	
ETH	2	44934	EXPED	ETHBH:	094
.	.	.....	.....	....	....
	1	15043	NAME	3.	094.2
ETH	2	5675	NAME	H-	94
ETH	2	5676	NAME	H-	94
ETH	2	2927	NAME	L.	94
.	.	.....	.....	....	....
ETH	2	17125	NAME	ABESSINIA 1192 L	94
TUR	2	527	EXPED	TURMUEL-28-30: A	94
ETH	2	25512	NAME	ABYSSINIAN 1102 = L	94
NLD	2	39007	NAME	Abyssinian 1102 = L	94
ETH	2	11021	NAME	ETHIOPIA L	94 #: HOR 3036
CSK	1	90606	NAME	Suransky	94 (Surany)
.	.	.....	.....	....	....
AFR	1	31628	NAME	SWANNEK G	94AD2/60/1059
NPL	2	26268	NAME	NEPAL	94AN 3SEG GONDA-MALI NUE

2c

Or.	P	EBL	Descr	Keyword	
ETH	2	48493	NAME	A.Hor.	2551
ETH	2	10987	DONOR	DDRGAT: HOR	2551
DEU	1	36516	DONOR	DEUMPIKOEL:	2551
ETH	2	10987	NAME	ETHIOPIA AB. 1102/47 #: HOR	2551
ETH	2	29536	DONOR	DDRGAT:	2551/84

Fig. 2 Portions of the KWIC index used to identify duplicates of the duplicate group 'Abyssinian 1102' = 'L 94' (see text, pp. 154, 156, Example 1). Explanation of columns: 1. country of origin, 2. part of the EBL (1 = "Named Accessions", 2 = "Unnamed Accessions"), 3. EBL number, 4. the descriptor where the information in the particular line of the KWIC index was taken from (DONOR = Donor and Donor Number, EXPED = Expedition/Collector and Collection Number, NAME = Accession Name). Fig. 2a shows all entries with the key '1102', Fig. 2b selected entries with the key '94', Fig. 2c all entries with the key '2551'.

up in the KWIC index for these keys. There are 73 entries with the key '94' (selected entries are shown in Fig. 2b), among them three new items containing 'L 94' in the accession name, and five entries with the key '2551' (Fig. 2c), including two new accessions with 'HOR 2551'. One entry in Fig. 2b indicates the identity of 'L 94' with 'HOR 3036'. A search for 'HOR 3036' does not reveal any new items. Fig. 3 provides all twelve accessions forming this group of ostensible

Genebank: Acc. No.	Donor: Donor Number	Or.	Accession Name	L	Pag
DDRGAT: HOR 2551	DDRHOHEIPZ: Ab 1102/47	ETH		C	425
POLPOWSIN: 21540	DDRGAT: 2551/84	ETH		C	467
NLDGBN: 1507		ETH	A.Hor. 2551	C	476
HUNRCA: 1241	NLD	ETH	ABESSINIA 1192 L 94	C	476
DEUBGRC: 10842	DEUBBABRAU: 1618	ETH	ABESSINISCHE 1102	C	476
GBRPBI: 8806	NLDSVP	ETH	Abyssinian 1102	C	477
FRAINRACLF: CFH 3013		ETH	ABYSSINIAN 1102 = L 94	C	477
GRCCERI: 7111		NLD	Abyssinian 1102 = L 94	C	688
POLIHAR: 2628	POLBAKOW: 12	ETH	ETHIOPIA AB. 1102	C	487
POLIHAR: 3161	DDRGAT: HOR 2551	ETH	ETHIOPIA AB. 1102/47	C	487
POLIHAR: 482	DDRGAT: HOR 3036	ETH	ETHIOPIA L 94	C	493
DDRGAT: HOR 3036	DEUBBABRAU: BBA 1465	ETH	L. 94	C	507

Fig. 3 Complete list of accessions belonging to the duplicate group 'Abyssinian 1102' = 'L 94' (see text, page 156, Example 1). Explanation of columns: 1. holding gene bank and accession number, 3. country of origin, 5. part of the EBL (S = "Named Accessions", C = "Unnamed Accessions"), 6. page number in the EBL.

duplicates. The rightmost column shows the page numbers where the respective accessions may be found in the European Barley List. Two of these accessions are maintained at Gatersleben, and three in the Polish gene bank. Knowing only the data available for the two Gatersleben accessions HOR 2551 and HOR 3036, it would not be possible to suppose their identity. Thus the data accumulated in the European Barley Database allow to identify hidden duplicates within gene banks. Fig. 4 illustrates the connections between the elementary units of infor-

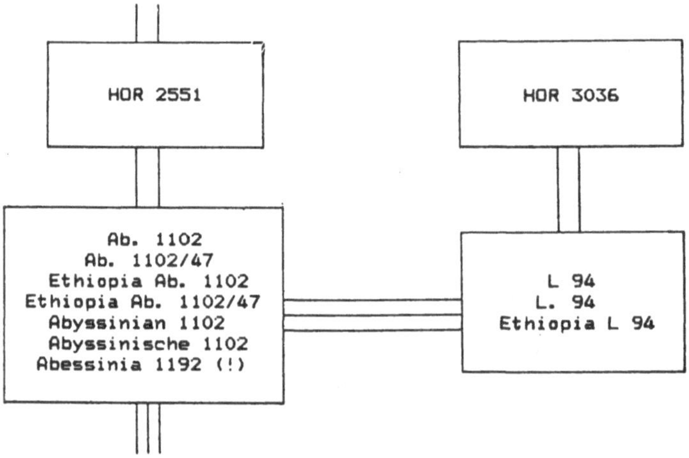

Fig. 4 Graphical representation of connections between members of the duplicate group 'Abyssinian 1102' = 'L 94' (see text, page 156 f., Example 1).

mation of the twelve accessions graphically. The four boxes contain the different numbers assigned to accessions of this duplicate group. The number of lines between two boxes represents the number of accessions carrying both of the respective numbers.

Example 2. Identification of accessions belonging to the duplicate group 'Jygeva 1104'. Of the 20 entries of the KWIC index with the key number 1104, eight seem to represent duplicates of the variety 'Jygeva 1104' (Fig. 5). The name 'Jygeva'

Or.	P	EBL	Descr		Keyword
	1	58519	NAME	H	1104
	2	10272	NAME	HOR	1104
DDR	2	17122	NAME	HOR	1104
	2	47533	NAME	H.Hor.	1104
SUN	1	17264	NAME	INGAV	1104
SUN	1	16034	NAME	INGOC	1104
ETH	2	44312	DONOR	ETHBH:	1104
SUN	1	50340	NAME	Iigeva	1104
RSE	1	13564	NAME	IYGEVA	1104
SUN	1	11329	NAME	IYGEWA	1104
SUN	1	93335	NAME	Jigeva	1104
SUN	1	51477	NAME	Jygeva	1104
ETH	2	32719	DONOR	ETHPGRC:	1104
	1	22649	NAME	NYTSCHEVA	1104
ETH	2	10988	NAME	ETHIOPIA AB.	1104
USA	1	93094	NAME	Mob-	1104 = CI 10535 (MO)
CHE	2	18863	DONOR	CHEFAP:	1104 B
ETH	2	2456	DONOR	DDRHOHEIPZ: Ab	1104/47
DDR	2	12790	NAME	HORDEUM	1104/61
DDR	1	94053	NAME	Hordeum	1104/61

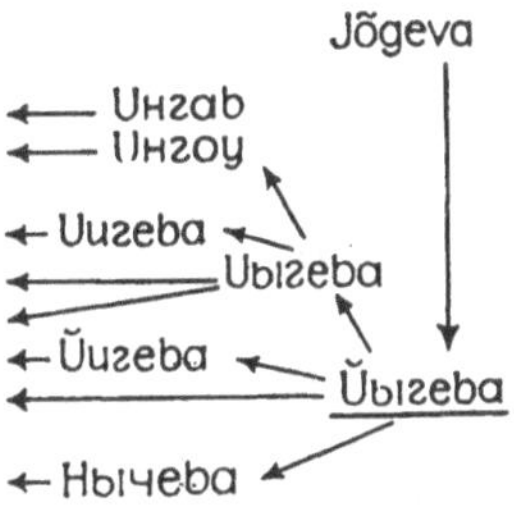

Fig. 5 Portions of the KWIC index with the key '1104' used to identify duplicates of the duplicate group 'Jygeva 1104' (see text, page 157f., Example 2). For explanation of the columns, cf. Fig. 2. The Cyrillic names to the right of the accession names show the hypothetical way of "evolution" from the original Estonian name 'Jõgeva' via the Russian transcription (the correct form is underlined) and different possible variants of misreadings to the accession names actually appearing in the EBL.

Genebank: Acc. No.	Donor	Or.	Accession Name	L	Pag
GBRPBI: 3685	SUNVIR	SUN	Iigeva 1104	S	147
HUNRCA: 1384		SUN	INGAV 1104	S	149
HUNRCA: 41		SUN	INGOC 1104	S	149
CSKKROME: 3C060254	SUNRSE	RSE	IYGEVA 1104	S	154
POLIHAR: 871	CSKRUZYNE	SUN	IYGEWA 1104	S	154
Barley-Dir		SUN	Jigeva 1104	S	158
GBRPBI: 4865	SUNVIR	SUN	Jygeva 1104	S	161
REGNGB-KVL: 701			NYTSCHEVA 1104	S	231

Fig. 6 Complete list of accessions belonging to the duplicate group 'Jygeva 1104' (see text, page 158, Example 2). For explanation of the columns, cf. Fig. 3.

is a retranscription from the Russian transcription of the original Estonian name 'Jõgeva'. The different spellings may be explained partly by different transcription schemes used, partly by misinterpretation of an illegible handwritten accession name on a seed bag. The hypothetical way of diversification of the name by means of "evolution" via "mutations" is shown in Fig. 5. Fig. 6 lists the eight accessions of the EBDB belonging to this duplicate group with eight different spellings. The Hungarian gene bank and the Plant Breeding Institute Cambridge have two of these accessions each, and they may be not aware of it. A simple computer-based "automatical" search for absolutely identical names would not have revealed any of these duplicates. This example also shows how much confusion may arise from inconsistent or erroneous transcription of names from non-Latin alphabets.

The KWIC index is also a very powerful instrument for the search of germplasm specified by an accession name, a number or a geographical name.

8. Conclusions

The EBDB is by far the largest one among the crop specific databases of the six working groups of the ECP/GR, followed by the oats database with data on 9506 accessions from 15 collections in 14 countries (SEIDEWITZ 1986, UNDP/IBPGR 1986b). Another international database of comparable size is the International *Phaseolus vulgaris* Databank of the IBPGR developed at Gembloux on the powerful DIGITAL VAX 750 mainframe computer. It contains data on 51,835 accessions from 12 gene banks (VALENTE SOARES and VANDERBORGHT 1986).

The successful establishment of the European Barley Database proves that it is possible to maintain a relatively large passport database of plant genetic resources on an 8 bit microcomputer, provided that a hard disk of sufficient capacity and a powerful database management system are available. This supports the opinion of BARRON (1984) that "it has recently been found possible to implement relational databases of moderate size with reasonable efficiency on relatively small machines (e.g. CP/M systems)."

It has been shown that besides the primary aims of the European Barley Database, i.e., to catalogue information on barley genetic resources and to retrieve specific information on request, it is possible to derive valuable "secondary" information, as, e.g., geographical distribution summaries or frequency distributions of certain morphological characters. The KWIC index has proved to be a powerful instrument for the identification of duplicates and for the retrieval of accessions specified by names or numbers.

SARASAN and NEUNER (1983) found that many publications about computerized systems in collections lack any indication of problems and constraints and, therefore, mislead the reader. For that reason, some constraints connected with the hardware are mentioned here. Severe problems have to be dealt with because of hardware constraints, especially the limited storage capacity of the Winchester hard disk. The combined and condensed files of the EBDB which contain only 23 selected descriptors in their standardized form, occupy more than 50% of the 32 MByte hard disk. Because of the size of auxiliary and derived files and the additional workspace needed for sorting, the available storage capacity does not allow to accomodate the complete database on the disk with direct access, and large parts have to be kept on diskettes. Much time spent to copy data from the disk to diskettes and vice versa could be used more effectively if a disk storage device with higher capacity would be available.

The Database and the European Barley List are valuable sources of information for barley breeders and other users. In numerous cases it was possible to provide the desired information. Requests for searches in the database should be directed in written form to the Gene Bank of the ZIGuK. Computer-readable copies of the data files (IBM PC diskettes or magnetic tapes) may be obtained via the Nordic Genebank.

The European Barley Database of the ECP/GR is interested to include passport data from other European barley collections (gene banks, breeder's collections, botanical gardens), preferably in computer-readable form, as far as they are willing to exchange the seed material free of charge. Before mailing any data, please, contact the author for details of diskette or tape format, file structures, descriptors and coding schemes.

It would be highly desirable to link the European Barley Database with other national and international databases on barley genetic resources (cf. CHAPMAN 1987) and with barley cultivar inventories as the "Directory of Barley Cultivars and Lines" (ARIAS et al. 1983) and the "Barley Register" (BAUM et al. 1985). The former would add information for non-European barley collections and complete and improve the geographical survey, whereas the latter would provide valuable additional data, like breeder, pedigree, year of release, etc. A comparison of these two kinds of databases would reveal cultivars and lines which do not exist any more as living material in gene banks.

Acknowledgements

The Gene Bank of the ZIGuK expresses its thanks to the IBPGR and the Nordic Genebank for the provision of the equipment and the software necessary to run the database. The help of Dr. STIG BLIXT, Landskrona (now at the Nordic Genebank, Alnarp), who collected and processed the data in the initial stages of the EBDB and shared his experiences and ideas during refreshing discussions and by correspondence, is also highly acknowledged. We have to thank Dr. FLEMMING YNDGAARD and his colleagues at the Nordic Genebank and Mr. FRANK MORTENSEN of Dansk EDB Logic A/S, Aarhus, for the transformation of data from different formats of magnetic tapes to NGB IRS-83 diskettes as well as for their advice and help in the use of the NGB hardware and software. The author wishes to thank his colleague, Dr. KARL HAMMER, for his advice in questions of barley nomenclature, and Dr. ROLAND VON BOTHMER, Svalöf, for providing valuable data of the Scandinavian *Hordeum* Collection with many new taxa for the EBDB, and for his help in the standardization of these data, especially of the scientific names. Finally, we sincerely thank the curators and staff of the numerous gene banks who contributed to the present form of the database, repeatedly carrying out a time-consuming work of checking and correcting the printouts and of gathering additional information. Without their cooperation it would have been impossible to build up the database and to produce the European Barley List.

Zusammenfassung

Die Europäische Gerstendatenbank des ECP/GR: Eine Einführung

Paßportdaten von 55369 Sippen genetischer Ressourcen aus 35 Gerstenkollektionen in 26 Ländern sind in der Europäischen Gerstendatenbank (European Barley Database, EBDB) des European Cooperative Programme for the Conservation and Exchange of Crop Genetic Resources (ECP/GR) gespeichert, die am Zentralinstitut für Genetik und Kulturpflanzenforschung Gatersleben geführt wird. Ein Katalog, die Europäische Gerstenliste (European Barley List), wurde 1987 publiziert. Die Datenbank ist auf einem 8-bit-Mikrocomputer unter dem Betriebssystem CP/M und dem Datenbankverwaltungssystem dBASE II installiert. Die Aufgaben der Datenbank werden genannt, und die Herkunft der Daten wird beschrieben. Die Definitionen der 23 Paßportdeskriptoren sind angeführt, und Probleme ihrer Standardisierung und der Entwicklung einheitlicher Abkürzungssysteme werden diskutiert. Aus den vorhandenen Daten werden Übersichten über die geografische Verbreitung und die botanische Zusammensetzung des Materials abgeleitet. Die Ursprungsländer, die häufigsten Varietäten von *Hordeum vulgare* und die 33 Wildarten der Gattung *Hordeum*, von denen insgesamt 2785 Sippen in der Datenbank vorhanden sind, sind in ausführlichen Tabellen zusammengestellt. Die Häufigkeiten einiger Kombinationen morphologischer Merkmale bei *H. vulgare* wurden anhand der Häufigkeiten der entsprechenden infraspezifischen Taxa ermittelt. Zu den geplanten weiteren Aktivitäten der Datenbank gehören die Identifizierung von Duplikaten und die Ermittlung derjenigen Länder und Gebiete, die in europäischen Gerstenkollektionen zu schwach repräsentiert sind. Die Nützlichkeit eines sog. KWIC-Index (Key Word In Context) als neues Hilfsmittel zur Auffindung von Duplikaten in internationalen Datenbanken genetischer Pflanzenressourcen ist anhand von zwei Beispielen dargestellt. Dienstleistungen der Datenbank und computerlesbare Kopien der Dateien werden potentiellen Nutzern angeboten.

Краткое содержание

Европейский банк данных ячменя ЕКП по генетическим ресурсам: введение

Паспортные данные 55369 образцов генетических ресурсов из 35 коллекций ячменей 26 стран хранятся в Европейском банке данных ячменя (European Barley Database, EBDB) Европейской кооперативной программы по сохранению и обмену генетических ресурсов (ЕКП/ГР), который ведется в Центральном институте генетики и исследования культурных растений, в Гатерслебене. В 1987 году был опубликован каталог – Европейский список ячменя (European Barley List). Банк данных базируется на 8-битовой микро ЭВМ с операционной системой CP/M и пакетом программ dBASE II. Сообщаются задачи банка данных, описывается происхождение данных. Приводится определение 23-х паспортных дескрипторов и обсуждаются проблемы по их стандартизации и развитии единой системы сокращений. На основании имеющихся данных дается обозрение о гесграфическом распространении и ботаническом составе материала. Составлены подробные таблицы стран происхождения наиболее частых разновидностей *Hordeum vulgare* и 33-х диких видов рода *Hordeum*, из которых, в общей сложности, 2785 образцов хранятся в банке данных. На основании повторяемости соответствующих внутривидовых таксонов были установлены частоты отдельных комбинаций морфологических признаков у *H. vulgare*. К дальнейшим запланированным работам банка данных относятся идентификация дубликатов и выяснение тех стран и областей, которые очень слабо представлены в европейских коллекциях ячменей. На двух примерах показана важность, так называемого, КСВК-индекса (ключевое слово в контексте) как нового вспомогательного средства для нахождения дубликатов в международных банках данных генетических растительных ресурсов. Потенциальным потребителям предлагаются услуги банка данных, а также считываемые с помощью микроЭВМ копии массива данных.

Literature

Anon., 1982: Country abbreviations for use with IBPGR descriptors. – Plant Genetic Resources Newsletter **49**, 45–48.

Arias, G., L. Reiner, A. Penger and A. Mangstl, 1983: Directory of Barley Cultivars and Lines. – Eugen Ulmer, Stuttgart.

Barron, D. W., 1984: Current database design–the user's view. – In: R. Allkin and F. A. Bisby (eds.), Databases in Systematics, pp. 35–42. – Acad. Press, London, etc.

Baum, B. R., 1970: The problem of classifying cultivars with special emphasis on oat *(Avena)* cultivars. – Canad. J. Bot. **48**, 1373–1381.

–, 1986: International registration of cultivars with emphasis on barley: procedures and methods of producing a register. – Acta Hortic. **182**, 237–250.

–, L. G. Bailey and B. K. Thompson, 1985: Barley Register. – Canada Governm. Publ. Ctr., Cat. No. A53-1783/1985.

Blixt, S., 1985: Final report, preparation of the European Barley List of unique accessions. – 80 pp. (unpublished).

von Bothmer, R., N. Jacobsen, and R. B. Jörgensen, 1982: Kornsläktet och användning av vilda kornarter i växtförädling. – Sveriges Utsädesförenings Tidskrift **92**, 93–106.

Chapman, C., 1987: Barley genetic resources, the status of collection and conservation. – In: Barley Genetics **V**, Proc. 5th Internat. Barley Genetics Sympos., Okayama, Japan, October 1986 pp. 43–49.

Cvelev, N. N., 1976: Grasses of the U.S.S.R. – Nauka, Leningrad (Russian).

FAO/UNDP, 1980: FAO/UNDP/Governments consultation on the European Cooperative Programme for the Conservation and Exchange of Genetic Resources for Plant Breeding. – Food and Agriculture Organization, Rome.

Freeston, M. W., 1984: The implementation of databases on small computers. – In: R. Allkin and F. A. Bisby (eds.), Databases in Systematics, pp. 43–52. – Acad. Press, London, etc.

Gandiljan, P. A., 1980: Determiner to the Wheats, *Aegilops*es, Ryes and Barleys. – Izdatel'stvo AN Armjanskoj SSR, Erevan (Russian, English summary).

IBPGR, 1982: Barley Descriptors. – Internat. Board for Plant Genetic Resources, Rome.

Jain, S. K., C. O. Qualset, G. M. Bhatt, and K. K. Wu, 1975: Geographical patterns of phenotypic diversity in a world collection of durum wheats. – Crop Sci. **15**, 700–704.

Knüpffer, H., 1983: Computer in Genbanken – eine Übersicht. – Kulturpflanze **31**, 77–143.

– (compiler), 1986: European Barley List (Draft). – Zentralinst. Genetik u. Kulturpflanzenforsch., Gatersleben, xxx +670 pp. (unpublished)

KNÜPFFER, H. (compiler), 1987a: European Barley List. Vol. 1, Introduction. – Zentralinst. Genetik u. Kulturpflanzenforsch., Gatersleben, 82 pp.

– (compiler), 1987b: European Barley List. Vol. 2. – Zentralinst. Genetik u. Kulturpflanzenforsch., Gatersleben, 829 pp.

–, 1989: Identification of duplicates in international databases of plant genetic resources. – Plant Genetic Resources Newsletter (in preparation).

–, C. O. LEHMANN, and F. SCHOLZ, 1987: Barley genetic resources in European genebanks – the European Barley Database. – In: Barley Genetics **V**, Proc. 5th Internat. Barley Genetics Sympos., Okayama, Japan, October 1986, pp. 75–82.

LEHMANN, C. O., and S. BLIXT, 1984: Artificial infraspecific classification in relation to phenotypic manifestation of certain genes in *Pisum*. – Agri Hortique Genetica **42**, 49–74.

MANSFELD, R., 1950: Das morphologische System der Saatgerste, *Hordeum vulgare* L. s. l. – Züchter **20**, 8–24.

PERRET, P. M., 1985: European Programme for Conservation and Exchange of Crop Genetic Resources. – Plant Genetic Resources Newsletter **61**, 5–12.

SARASAN, L., and A. M. NEUNER, 1983: Museum Collections and Computers. – Assoc. Systemat. Collections, Lawrence, Kansas.

SCHULTZE-MOTEL, J., 1986: Gramineae (*Cynosurus* bis *Paspalum*). – In: SCHULTZE-MOTEL, J. (ed.), RUDOLF MANSFELDS Verzeichnis landwirtschaftlicher und gärtnerischer Kulturpflanzen (ohne Zierpflanzen), 2. Auflage, Bd. **3**, S. 1415–1536. – Akademie-Verlag, Berlin.

SEIDEWITZ, L. (ed.), 1986: European Catalogue of *Avena*. 2nd ed. – Inst. Pflanzenbau u. Pflanzenzücht., Braunschweig; Internat. Board Plant Genetic Resources, Rome. xxxv + 262 pp.

SERWIŃSKI, J., et al. (compilers), 1987: List of Institutions–Genebanks, Donors, Collecting Institutions, etc. – Computer printout of 5-Jan-87. IHAR Radzików, Poland (unpublished).

TREMBLAY, J. P., and P. G. SORENSON, 1976: An Introduction to Data Structures with Applications. – McGraw-Hill Book Co., New York, etc. (Russ. translation: Moskva, 1982).

UNDP/IBPGR European Cooperative Programme for the Conservation and Exchange of Crop Genetic Resources, 1983: Report of a Working Group on Barley. – Internat. Board for Plant Genetic Resources, Rome.

–/– –, 1984: Report of a Workshop on Exchange of Information. – Internat. Board for Plant Genetic Resources, Rome.

–/– –, 1985: Report of a Barley Workshop. – Internat. Board for Plant Genetic Resources, Rome.

–/– –, 1986a: Report of a Working Group on Barley (Second Meeting). – Internat. Board for Plant Genetic Resources, Rome.

–/– –, 1986b: Report of a Working Group on Avena (Second Meeting). – Internat. Board for Plant Genetic Resources, Rome.

VALENTE SOARES, F., and T. VANDERBORGHT, 1986: Analysis of plant genetic resources data for *Phaseolus vulgaris* L. Final Report. – Report AGPG: IBPGR/86/37, IBPGR-Gembloux Project, Internat. Board for Plant Genetic Resources, Rome, 41 pp.

Dr. HELMUT KNÜPFFER
Zentralinstitut für Genetik und Kulturpflanzenforschung
der Akademie der Wissenschaften der DDR
Corrensstraße 3
Gatersleben
DDR - 4325

Kulturpflanze 36 · 1988 · 163–168

Einige Gedanken zu Vavilovs Gesetz der homologen Reihen und zu den Ursachen homologer genetischer Variationen aus wissenschaftstheoretischer Sicht

Wolfram Voigt

Zusammenfassung

Es wird die nach wie vor bestehende Gültigkeit des Gesetzes der homologen Reihen anhand von Ergebnissen der Zoologie und der konventionellen Pflanzenzüchtung dargestellt. Der Stand der Diskussionen über die Ursachen homologer Mutationen wird erörtert. Es wird der innere sachliche Zusammenhang des Gesetzes der homologen Reihen mit der Theorie der Gen- oder Mannigfaltigkeitszentren deutlich gemacht und Gültigkeit und Grenzen des Gesetzes der homologen Reihen im Lichte der sich abzeichnenden Ergebnisse und Aussichten der Gentechnologie diskutiert. Die erkenntnistheoretische Bedeutung des Gesetzes der homologen Reihen für Genetik und Züchtung wird mehrfach sichtbar gemacht.

Im Unterschied zu Vavilovs Genzentrentheorie, die in den letzten Jahren wiederholt kontrovers und kritisch diskutiert worden ist (Harlan 1971, Lehmann 1984), findet das von Vavilov im Juni 1920 auf dem III. Allrussischen Kongreß der Züchter erstmals formulierte und 1922 erstmals publizierte Gesetz der homologen Reihen ("law of homologous series in variation") (Vavilov 1922) bis in die jüngste Zeit im großen und ganzen ungeteilte Zustimmung. Die Züchtung hat auf seiner Grundlage immer wieder erfolgreich gearbeitet, was die Gültigkeit der von Vavilov erkannten allgemeinen gesetzmäßigen Zusammenhänge bestätigt. Als Vavilov im Juni 1920 in Saratov das Gesetz der homologen Reihen erstmals öffentlich vortrug, wurde er enthusiastisch als Mendelejev der Biologie bezeichnet (Wessel 1986). Und in der Tat ermöglichte das Gesetz ähnlich dem Periodensystem der chemischen Elemente auf Grund bekannter Zusammenhänge die Voraussage der Existenz noch unbekannter Formen, die dann tatsächlich gefunden wurden. Der seinerzeit aufsehenerregende Erfolg der von Baur auf der Grundlage des Gesetzes der homologen Reihen und auf der Grundlage der *Antirrhinum*-Forschung initiierten Süßlupinenzüchtung brachte Vavilovs Gesetz allgemeine Anerkennung. Bekannt ist die Gültigkeit des Gesetzes nicht nur für Leguminosen, sondern auch für Gramineen und Cruciferen. Neben morphologischen Merkmalen gibt es homologe Wiederholungen auch bei physiologischen Merkmalen wie Variabilität, Widerstandsfähigkeit gegen niedere Temperaturen und Krankheiten, Länge der Vegetationszeit, photoperiodisches Reaktionsvermögen, Gehalt an primären Pflanzenstoffen (Kohlenhydrate, Eiweiße, Fette) und an sekundären Pflanzeninhaltsstoffen (Alkaloide, Glycoside, Gerbstoffe).

Wenn VAVILOV nach Auskunft seines Schülers GERSCHENSON (GERSCHENSON 1985) die Auffassung vertrat, daß man wissenschaftliche Arbeiten nur auf solchen Gebieten beginnen sollte, die neu sind und auf denen bisher niemand arbeitete, so ist er bei all seinen eigenen Arbeiten entsprechend verfahren. Sie besaßen in der Regel einen profunden Neuheitswert. Er hat aber auch beim Gesetz der homologen Reihen zumindest *einen* Vorläufer gehabt. DARWIN hat zwar den betreffenden Zusammenhang nicht klar als gesetzmäßig ausgesprochen und die pflanzengeographischen Zusammenhänge nicht gesehen, aber er hat die „Parallelvariationen" (d. h. die homologen Reihen) bereits gekannt und beschrieben und auch bis zu einem gewissen Grade gewußt, daß sie in bestimmten Bereichen allgemein verbreitet (d. h. gesetzmäßig) auftreten. Im übrigen war VAVILOV nach Auskunft GERSCHENSONS der Meinung, daß fast alle wissenschaftlichen Auffassungen und Theorien angenäherte Lösungen sind, die durch nachfolgende Forschungen korrigiert werden, was er ausdrücklich auch auf das Gesetz der homologen Reihen und die Genzentrentheorie bezogen wissen wollte, die er nicht für absolute Wahrheiten hielt.

Gesetze haben nicht nur eine prognostische Funktion (die ja das Gesetz der homologen Reihen für die Züchtungsforschung und für die Domestikationsforschung so besonders interessant machen), sondern sie haben auch eine erklärende Funktion. Daß es sich um parallele erbliche Veränderungen („gleichsinnige Mutationen") innerhalb bestimmter Tier- und Pflanzengruppen handelt, hat schon DARWIN angenommen, der sie eben deshalb als „Parallelvariationen" bezeichnete. Der allgemeine Hinweis auf von früheren gemeinsamen Vorfahren ererbte Anlagen kann heute allein nicht mehr genügen (SCHMALZ 1969). Die konkreten Ursachen dieser Parallelvariationen sind nach wie vor in der Diskussion und nicht völlig aufgeklärt (MEDNIKOV 1979). Offensichtlich spielen bestimmte Mutationen dabei eine Rolle (GUSTAFSSON und LUNDQVIST 1981, HERRE 1981). Als mögliche Ursachen werden Mutationen homologer Loci, Mutationen von Kettenloci oder Mutationen von Loci mit Kombinanzrelation angenommen. In diesem Zusammenhang ist auch von „Kryptotypus" gesprochen worden, womit die Summe der noch nicht realisierten latenten erblichen Potenzen eines Organismus bezeichnet wurde, die gelegentlich, unter Umständen disjunkt auf verschiedene Arten einer Gruppe verteilt, im Phänotypus erscheinen können. Daß innerhalb von Verwandtschaftsgruppen homologe Chromosomen und DNA-Sequenzen auftreten, ist vielfach bewiesen, es sind aber genauere Kenntnisse über die möglichen Mechanismen homologer Mutationen nötig, um solche Mechanismen in der Mutationsforschung und vielleicht auch in der Gentechnologie ausnutzen und beherrschen zu können. Offensichtlich entstehen unter bestimmten Voraussetzungen bei nahe verwandten Arten in entsprechenden Genen gleichartige Allele, aber auch bei systematisch entfernten Arten können auf der Grundlage identischer Stoffwechselketten Mutationen entstehen, die ähnliche Phänotypen bedingen. Für wildlebende Tiere ist eine solche vermutliche homologe erbliche Veränderung 1980 für die Gelbhalsmaus *(Apodemus flavicollis)* durch v. FRISCH (FRISCH 1980) beschrieben worden. FRISCH entdeckte eine silbergraue Mutante bei wildlebenden Gelbhalsmäusen. Solche silbergrauen Mutanten gibt es auch bei anderen Mäusen.

DIENELT (1987) berichtete über die Zulassung der ersten Gelbweizensorte

'Sunnan' für die BRD. Sie ist ein Abkömmling der ersten 1972 in Schweden zugelassenen Gelbweizensorte 'Saffran'. Es wurde vermutet, daß die Anlage für intensive Gelbfärbung des Endosperms (die vermutlich mit der Anlage für Braunrostresistenz gekoppelt ist) durch Einkreuzung der Queckenart *Agropyron elongatum* auf den Weizen übertragen wurde. Da gelbes Endosperm auch bei *Setaria*-Hirsen, Gerste, Roggen und Mais bekannt ist, liegt die Vermutung nahe, daß hier innerhalb der Gramineen Zusammenhänge zugrundeliegen, die auf dem Gesetz der homologen Reihen beruhen. Die Vererbung der Endospermfarbe ist nach dem wenigen, was bis heute darüber bekannt ist, offensichtlich polygen bedingt. Auch das Mitwirken kryptomerer Gene ist vermutet worden. Für den Mais ist bekannt, daß das gelbe Endosperm Carotenoide (Vitamin A) enthält, weshalb gelbkörniger Mais früher für den Anbau besonders empfohlen wurde, während gelbkörniger Roggen von der Verarbeitungsindustrie nicht bevorzugt wurde. Auch für den gelben Sommerweizen 'Sunnan' wird erhöhter Carotengehalt (Vitamin A) angegeben. Wegen des hohen Gelbpigmentanteils wird er jedoch nur für spezielle Zwecke (Spezialgebäcke, Teigwaren, Tierernährung, Rohkostnahrung) eingesetzt.

Vavilov hat sein Gesetz der homologen Reihen *vor* der Genzentrentheorie (die er auf dem V. Internationalen Genetikerkongreß in Berlin 1927 vortrug) formuliert (Vavilov 1927) und offensichtlich gilt das Gesetz der homologen Reihen *logisch* auch unabhängig von dieser Theorie. Für Vavilov, der nicht nur Genetiker und Pflanzenzüchter, sondern auch Pflanzengeograph war, stand jedoch das Gesetz der homologen Reihen in einem bestimmten *sachlichen* Zusammenhang mit der Theorie der Gen- oder Mannigfaltigkeitszentren. Die Reihen erblicher homologer Variationen treten nach Vavilov vor allem in den Mannigfaltigkeitszentren auf (Kurth 1957), d. h. die homologen erblichen Variationen bei verwandten Arten haben für ihn nicht nur genetische Ursachen, sondern sie unterliegen auch pflanzengeographischen Gesetzmäßigkeiten. Vavilov spricht direkt von geographischen Gesetzmäßigkeiten (geographical regularities) in der Verteilung der Gene der Kulturpflanzen (Vavilov 1927). So treten z. B. dunkelkörnige Typen nicht nur bei bespelzten Gersten, tetraploiden Weizen, Ackerbohnen, Erbsen und Kichererbsen auf, sondern sie treten bei diesen Arten vor allem im Zentrum des abessinischen Mannigfaltigkeitsgebietes auf und nehmen in den peripheren Lagen immer mehr ab, d. h. die gleichsinnigen erblichen Variationen sind an ein bestimmtes pflanzengeographisches Muster gebunden. Nackte Typen von Gerste, Hafer und Hirsen sind z. B. für das ostasiatische Mannigfaltigkeitszentrum charakteristisch. Hieraus ergibt sich, daß für das für die Züchtung verwendete Ausgangsmaterial (für seine genetische Beschaffenheit) nach Vavilovs Überzeugung auch die pflanzengeographische Herkunft wesentlich ist. Vielleicht ist dieser Zusammenhang nicht immer klar gesehen worden. Offen bleibt aber die Frage, *warum* die Dunkelkörnigkeit bei verwandten Arten im abessinischen Hochland oder die Nacktkörnigkeit bei verwandten Arten überwiegend in Ostasien auftritt und nicht anderswo. Vavilovs Verdienst besteht jedenfalls darin, Züchtung und Genetik in geographische Zusammenhänge gestellt zu haben oder, erkenntnistheoretisch gesprochen, dem strukturalistischen Element ein historisches Element der Betrachtung hinzugefügt zu haben. Vavilov war ja nicht nur Direktor botanisch-genetisch-züchterischer Einrichtungen in Leningrad und Moskau, sondern auch Präsident der Allunionsgesellschaft für Geographie (und übrigens auch ein Sprachgenie). Die Erstveröffentlichungen des Gesetzes der homologen Reihen und der Genzentrentheorie erfolgten in englischer bzw. deutscher Sprache. Die vielseitigen Interessen und Leistungen VAVILOVS korrespondieren durchaus mit den unterschiedlichen Aspekten der Homologietheorie, die ja auch morphologische, genetische, geographische, sprachliche und andere Zusammenhänge berührt (VOIGT 1973). Aus dem Gesamtsystem der theoretischen Auffassungen VAVILOVS ergibt sich VAVILOVS Grundposition, daß das genetische Material, das die im Gesetz der homologen Reihen angesprochenen gleichsinnigen homologen Mutationen bedingt, aus konkreten pflanzengeographischen Gebieten der Erde stammt, daß es nicht „an sich", unabhängig von Raum und Zeit existiert und auch bei seiner Bearbeitung nicht so betrachtet werden sollte. In diesem Zusammenhang wird auch die Gründung des Allunionsinstituts für Angewandte Botanik und Neue Kulturen und die Begründung der Sammlungen in Leningrad durch VAVILOV verständlich, was nach POPOVSKY (1985) eine Folge dessen war, daß LENIN durch ein amerikanisches Fachbuch auf die großen Möglichkeiten der Pflanzenzüchtung aufmerksam wurde.

Die seit Ende der 60er/Anfang der 70er Jahre sich entwickelnde Gentechnologie hat die durch Homologiebeziehungen gezogenen Grenzen gesprengt. Es können nicht nur homologe, sondern auch nichthomologe Gene transferiert werden. Dies ist sogar die Regel (GEISSLER 1982). Die Gentechnologie läßt für die Zukunft ein synthetisches Vorgehen zu immer freieren Abwandlungen natürlicher Strukturen und schließlich auch die Schaffung von Genen nach menschlichen Entwürfen ohne natürliche Vorbilder erwarten (HOBOM 1986). Damit wären die Grenzen des Gesetzes der homologen Reihen vollständig überschritten. Die Probleme liegen aber vorerst noch darin, daß die stabile Einführung eines Fremdgens nicht in allen Fällen gelingt. Es läßt sich nicht immer vorausbestimmen, an welchem Ort im Genom das Fremdgen jeweils aufgenommen wird. Beim zufallsmäßigen Einbau wird häufig ein anderes Gen zerstört, was zu einer unvorhersehbaren Schädigung führen kann. Zwar kann man in der Züchtung durch Eliminierung unter den Nachkommen diese Probleme überwinden, es ist aber noch viel zu wenig untersucht, welche Auswirkungen der Transfer von Fremdgenen auf das Empfängergenom hat und ob hier nicht dem Gentransfer Grenzen gesetzt sind. Bei Gattungsbastarden zeigen sich entsprechende Probleme (VOIGT 1985, 1988). So wird die Anwendung von VAVILOVS Gesetz im Rahmen der konventionellen Züchtung auch weiterhin ihre Bedeutung behalten. Die große erkenntnistheoretische Bedeutung von VAVILOVS Gesetz der homologen Reihen besteht auch heute noch darin, daß es uns ermöglicht, aber uns auch dazu anhält, Einzelfaktoren in größere Zusammenhänge einzuordnen. Es beinhaltet eine beachtliche Dialektik.

Man müßte eigentlich so weit gehen, daß man sagt: VAVILOV gebührt das Verdienst, darauf aufmerksam gemacht zu haben, daß dem strukturellen (synchronen) Aspekt, mit dem wir es bei vorliegendem genetischem Material stets zu tun haben, prozeßhafte (diachrone) Abläufe *zugrundeliegen*, daß die Formen, mit denen Züchtung und Genetik arbeiten, Raum-Zeit-Gefüge sind und daß historische Dimensionen (auf längere Sicht betrachtet) auch in Züchtung und Genetik durchaus eine Rolle spielen. Das Gesamtsystem von VAVILOVS Auffassungen bildet auf diese Weise (einschließlich des Gesetzes der homologen Reihen und der Gen- oder Mannigfaltigkeitszentrentheorie) ein relativ in sich geschlossenes (wenn auch nicht abgeschlossenes) Theoriengefüge. Es erhebt sich in diesem Zusammenhang natürlich die Frage: Wenn eine Säule dieses Gefüges (die Genzentrentheorie) ins Wanken gebracht wird (BRÜCHER 1969), fällt dann das gesamte Theoriengefüge VAVILOVS? Mir scheint, nach dem heutigen Stand der Diskussionen muß man ohne Apologetik feststellen: Erstens schwankt die Theorie der Mannigfaltigkeitszentren wohl nicht ganz so stark wie manche ihrer Opponenten meinen (WITT 1985, SEDLAG und WEINERT 1987) und zweitens besteht das Theoriengefüge VAVILOVS (mit entsprechenden Modifikationen und Weiterentwicklungen, die die Wissenschaftsentwicklung notwendigerweise mit sich brachte) *auch* mit dem Gesetz der homologen Reihen in der erblichen Variation. Die Praxis der Tier- und Pflanzenzüchtung bestätigt VAVILOVS Leistung als die des bedeutendsten sowjetischen Biologen in der Zeit zwischen den beiden Weltkriegen, der als Pionier einer ganz neuen Forschungsrichtung auch mit A. v. HUMBOLDT und DARWIN verglichen worden ist (STUBBE 1987).

Summary

VAVILOV'S law of homologous series and the causes of homologous genetic variations – theoretical aspects

The continuous validity of the law of homologous series is proved by the results of zoology and conventional plant breeding. An outline is given of the present state of discussion on the causes of homologous mutations. The relationship between the law of homologous series and the theory of gene centres (theory of genetic diversity) is shown. Validity and limits of the law of homologous series are discussed in the light of results and prospects of modern genetic engineering. The theoretical significance of the law of homologous series for genetics and plant breeding is illustrated by several examples.

Краткое содержание

Название работы: О некоторых аспектах закона гомологических рядов Вавилова и причинах гомологической генетической изменчивости с точки зрения теории науки

На примере результатов из зоологии и традиционной селекции растений автор показывает, что закон гомологических рядов продолжает оставаться в силе и в настоящее время. Сообщается о современном уровне дискуссий в связи с причинами гомологических мутаций. Выясняется связь между законом гомологических рядов и теорией генных центров или наследственной изменчивостью. Обсуждается сохранившаяся актуальность и пределы закона гомологических рядов в свете полученных результатов и перспектив генной инженерии. Неоднократно указывается на теоретическое и познавательное значение закона гомологических рядов для генетики и селекции растений.

Literatur

BRÜCHER, H., 1969: Gibt es Genzentren? – Naturwissenschaften **56**, 77–84.
DIENELT, E., 1987: Der neue Sommerweizen mit dem gelben Mehlkern. – Mühle und Mischfuttertechnik **124**, 127–128.
FRISCH, O. v., 1980: Eine silbergraue Mutation der Gelbhalsmaus *(Apodemus flavicollis)*. – Braunschweiger Naturkundl. Schriften **1**, 161–162.
GEISSLER, E., 1982: Makromutationen – gestern und heute. – In: HANS STUBBE – 80 Jahre. – Tag.-Ber., Akad. Landwirtsch.-Wiss. DDR **206**, 43.
GERSCHENSON, S., 1985: „Er war heiter, voller Kraft und von unwiderstehlichem Charme . . ." – Wissenschaft in der UdSSR 1985, **2**, 37–45.
GUSTAFSSON, A., and U. LUNDQVIST, 1981: Mutations and parallel variations. – In: Induced Mutation – a tool in plant research. – IAEA, Vienna, 1981, 85–110.
HARLAN, J., 1971: Agricultural origins: Centers and noncenters. – Science **174**, 468–474.
HERRE, W., 1981: Domestikation. Ein experimenteller Beitrag zur Stammesgeschichte. – Naturwiss. Rundschau **34**, 456–463.
HOBOM, G., 1986: Gentechnologie – Herausforderung und Verantwortung. – Umschau **86**, 466–471.
KURTH, H., 1957: Vom Wildgewächs zur Kulturpflanzensorte. – Wittenberg , 33–35.
LEHMANN, CHR. O., 1984: Die Genzentrentheorie in heutiger Sicht. – In: Aktuelle Probleme der landwirtschaftlichen Forschung. 9. Seminar „Abstammung der Kulturpflanzen und die Erhaltung des natürlichen Formenreichtums", Landwirtschaftlich-Chemische Bundesanstalt Linz/Donau am 13. und 14. Juli 1982, 28–36.
MEDNIKOV, B., 1979: Das Gesetz der homologen Reihen in unseren Tagen. – Nauka i Shisn. (Moskau) 1979, **2**, 33–37, **3**, 125–129 (Russ.).
POPOVSKY, M., 1985: The VAVILOV Affair. – Archon Books, Hamden, Conn., 216 Seiten.
SCHMALZ, H., 1969: Pflanzenzüchtung. – Berlin, 2. Aufl., 193–195.
SEDLAG, U., und E. WEINERT (Hrsg.), 1987: Biogeographie, Artbildung, Evolution. – Wörterbücher der Biologie. – Jena, 111–112.
STUBBE, H., 1987: Erinnerungen an NIKOLAJ IVANOVIČ VAVILOV. – Wissenschaft und Fortschritt **37**, 284–285.
VAVILOV, N. I., 1922: The law of homologous series in variation. – Journ. Genetics **12**, 47–89.
–, 1927: Geographical regularities in the distribution of the genes of cultivated plants. – Bull. appl. Bot., Genet. and Plant Breed. **17**, **3**, 411–428 (Russ., Engl. summ.).
–, 1928: Geographische Genzentren unserer Kulturpflanzen. – Ztschr. f. induktive Abst.- u. Vererbungsl., Suppl. **1**, 342–369.
VOIGT, W., 1973: Homologie und Typus in der Biologie. – Jena, 57–58.
–, 1985: Homologisierung als disziplinäres und interdisziplinäres Problem. – IV. Berliner Konferenz „Disziplinarität und Interdisziplinarität". Berlin, Januar 1983. Schriftenr. Philosophie und Wissenschaften, Humboldt-Universität Berlin, Heft **25**, 83–87.
–, 1988: Einige aktuelle Ergebnisse und internationale Tendenzen der Triticalezüchtung. – Fortschrittber. Landwirtschaft und Nahrungsgüterwirtschaft **26** (4) 36 S.
WESSEL, A., 1986: N. I. VAVILOV (1887–1943). – In: PLESSE, W., und D. RUX (Hrsg.): Biographien bedeutender Biologen. Berlin, 3. Aufl., 309–315.
WITT, S. C., 1985: Biotechnology and genetic diversity. – San Francisco, 37–40.

Dr. WOLFRAM VOIGT
Institut für Landwirtschaftliche Information und Dokumentation der
Akademie der Landwirtschaftswissenschaften der DDR
Krausenstraße 38/39
Berlin
DDR - 1086

Kulturpflanze 36 · 1988 · 169–187

Taxonomy as a tool for studying plant genetic resources

PETER HANELT

This paper is dedicated to our colleague and friend Mrs. Dr. RUSUDAN K. BERIDZE, Head of the Department of Genofund of the Botanical Institute of the Georgian Academy of Sciences in Tbilissi, on the occasion of her 70th birthday on October 29, 1988.

By her engagement a successful cooperation could be developed between the institutes in Tbilissi and Gatersleben in regard to the study of plant-genetic resources from the Georgian SSR. The participants in the joint collecting missions from Gatersleben remember thankfully the stimulating activities of Dr. BERIDZE in the field and deliver to her their deep gratitude and hearty congratulations.

Summary

The research of plant genetic resources as a synthetic discipline has many sources which contribute to the characterization, evaluation, use and to the understanding of evolution of the cultivated plants and their wild relatives. One of these sources is botanical taxonomy, here considered in a broad sense including evolutionary science.

Taxonomy of cultivated plants

- should describe their often enormous variability by various methods and technics in order to enable researchers of genetic resources to communicate on the representatives of this variability
- should relate this variability to ecological and geographical parameters
- should analyse and explain the relationships between cultivated and closely related wild taxa in a (phylo)genetic context and
- should contribute to the understanding of the complex interactions between evolution and domestication of cultivated plants and development and history of man.

Characterization of the variability and the evaluation of evolutionary relationships as the two main contributions of taxonomy to the research of genetic resources are highly relevant to problems of applied botany, mainly to the management of plant genetic resources in gene-banks and to breeding aims.

There are no fundamental differences between the taxonomy of cultivated and wild species, both have to use partly methods and procedures of other disciplines (karyology, biochemistry, mathematics etc.) for the accomplishment of their tasks.

Introduction

In table 1 objects and main aims of the research of plant-genetic resources are summarized. It is evident that the research of plant genetic resources is a synthetic discipline being based on diverse branches of biology, other natural sciences and even those ones from history and social science. The research of N. I. VAVILOV and his students exemplifies excellently this broad scope and Professor STUBBE had in mind a similar concept when he initiated the foundation of the Gatersleben institute, originally named Institute for "Kulturpflanzenforschung" which is the German equivalent for research of plant genetic resources (STUBBE 1982).

Table 1
Objects and aims of research of plant genetic resources

objects:	cultivated plants wild relatives other actually or potentially useful plants
aims:	structural and functional properties their genetic basis variability and eco-geographic patterns evolution and differentiation in connection with human activities plant use and its historical development collection, management and evaluation of diversity

One of the sources of this discipline is botanical taxonomy here understood in a broad sense comprising classification and evolution science.

What can contribute taxonomy to the study of genetic resources? In a thesis-like manner this may be summed up as follows: The tasks of taxonomy are

1. the characterization and description of the diversity of genetic resources by various methods and technics, its grouping and the naming of the entities (classification), as well as establishing relations between groupings and ecological and geographical parameters;
2. the analysis of evolutionary relationships between cultivated and related taxa as well as the explanation of the complex interactions between domestication of plants and the history of man.

Characterization, description, classification

There is a general agreement on the necessity for description and classification of the variability of genetic resources as a basis for further research. Without such activities a communication on the elements of this variability seems to be impossible. A world collection of genetic resources without at least some simple taxonomic judgements of its representatives, e.g. botanical naming of species, would be a chaos useless for everyone. Any gene-bank with the intention to be a little more than a refrigerator for seeds must apply taxonomic methods for the characterization of its material (compare also the paper by KNÜPFFER in this volume and the difficulties arising for large data banks if taxonomic data are uncomplete, unsufficient or unequal for parts of the collections).

The importance of taxonomy for genetic resource studies had been recognized by VAVILOV very early and can be illustrated by the outstanding series of the "Flora of Cultivated Plants", taxonomic monographs of cultivated plant species published since the thirties by VAVILOV'S institute in Leningrad. It should be underlined that the characterization of the diversity of genetic resources should not be restricted to data of morphology but should include further characters from karyology, biochemistry, serology etc. and there are likewise no strict rules in regard to the method of characterization to which also numerical ones might be applied.

Taxonomic studies of genetic resources can be separated into two levels, the specific and the infraspecific one.

Taxonomy of specific level

Taxonomy of the specific level is less controversial although there are widely deviating opinions of the species concept. Roughly we may distinguish two main concepts, the so-called morphological or taxonomical and the biological species concept. The first one is based on the existence of distinct discontinuities between population groups; it is open for criticism because the amount of discontinuity necessary for the establishment of a species cannot be ascertained objectively. In contrary the biological species concept based on the genetic coherence of the populations and their reproductive isolation against other populations or groups of them may be tested experimentally by genetic methods especially by crossing experiments. However there are also serious theoretical and practical arguments which prevent a rigid and universal application of this concept to cultivated or other plant species, these have been summarized already by BAKER (1970) and by HAWKES (1970) and they refer e.g. to breeding systems not adaptable to this concept, to widely differing tolerances for natural crossings in different taxonomic groups and also to the many cases of intergrading degrees of isolation which again introduce subjective judgements.

An illustration of the result of these conflicting concepts if applied to the same material are the classifications of the wheat genus (table 2). The classification of the genus based on the taxonomical species concept and adopted by DOROFEEV and KOROVINA (1979) in the "Flora of Cultivated Plants" comprises 27 species, these species are grouped into 6 sections and 2 subgenera. MAC KEY (1988) as a breeder and geneticist favouring the biological species definition classifies the same material in a recent paper into 6 species, 4 of which are subdivided into 14 subspecies and 4 convarietas. Most of the taxa of the first classification are here recognized at a lower rank, only a few others had completely

Table 2

Wheat classifications according to taxonomic (left) or biological species concept (right); in brackets genome formula resp. chromosome number

DOROFEEV and KOROVINA (1979)	MAC KEY (1988)
Subgenus *Triticum*	*Monococca* ($2n = 14$)
	T. urartu
Sect. *Urartu* (A^u)	*T. monococcum*
T. urartu	ssp. *boeoticum*
	var. *aegilopoides*
Sect. *Dicoccoides* (A^uB)	var. *thaoudar*
T. dicoccoides	ssp. *monococcum*
T. dicoccum	
T. karamyschevii	*Dicoccoidea* ($2n = 28$)
T. ispahanicum	*T. turgidum*
T. turgidum	ssp. *dicoccoides*
T. jakubzineri	ssp. *dicoccum*
T. durum	ssp. *georgicum*
T. turanicum	ssp. *turgidum*
T. polonicum	conv. *turgidum*
T. aethiopicum	conv. *durum*
T. persicum	conv. *turanicum*
Sect. *Triticum* (A^uBD)	conv. *polonicum*
T. macha	ssp. *carthlicum*
T. spelta	*T. timopheevi*
T. vavilovii	ssp. *armeniacum*
T. compactum	ssp. *timopheevi*
T. aestivum	*Speltoidea* ($2n = 42$)
T. sphaerococcum	*T. zhukovskyi*
T. petropavlovskyi	*T. aestivum*
Subgenus *Boeoticum*	ssp. *spelta*
	ssp. *macha*
Sect. *Monococcum* (A^b)	ssp. *aestivum*
T. boeoticum	ssp. *compactum*
T. monococcum	ssp. *sphaerococcum*
T. sinskajae	
Sect. *Timopheevii* (A^bG/A^bA^bG)	
T. araraticum	
T. timopheevii	
T. zhukovskyi	
T. militinae	
Sect. *Kiharae* (A^uGD)	
T. kiharae	

sunk into synonymy, mostly those ones with very weak morphological discontinuities to neighbouring taxa or with an intergrading variability *(ispahanicum → dicoccum, aethiopicum → durum, vavilovii → spelta)*. If you have in mind that MAC KEY did not consider at all some hybrid *(kiharae)* or mutant taxa of unsufficiently known origin *(sinskajae, militinae)* then we must acknowledge that there are no substantial differences between these 2 classifications and that the some times serious polemics between the proponents of the 2 concepts are really not justified.

Already earlier HAWKES (1970) favoured a somewhat more pragmatic point of view which had to consider the special situation of the taxa under investigation. This should be supported and one should use the principles of the biological species concept (reproductive isolation, genetic coherence by actual or potential gene exchange) not as dogmas but as operational principles open for modification in the cases of disagreement between them and the amount of character divergence of the taxa to be classified. Thus VAVILOV's species definition put forward nearly 50 years ago in his paper on "The new systematics of cultivated plants" in the book "The new Systematics" edited by J. HUXLEY (1940) sound rather modern and was clearly far ahead of the philosophy of many of his contemporary colleagues. I may quote the following sentence from the mentioned paper: "After many years of collective studies of the most important cultivated plants, with the aid of cytologists, geneticists, physiologists, anatomists, and immunologists, we are coming to the concept of a Linnean species as a definite, discrete, dynamic system differentiated into geographical and ecological types and comprising sometimes an enormous number of varieties" (1940).

In the following this will be illustrated by 2 examples:

The marigold species *Chrysanthemum coronarium* L. is widespread in the Mediterranean region, it is sometimes cultivated as decorative plant as one of the summer chrysanthemums in Northern countries and in India. Since long it had

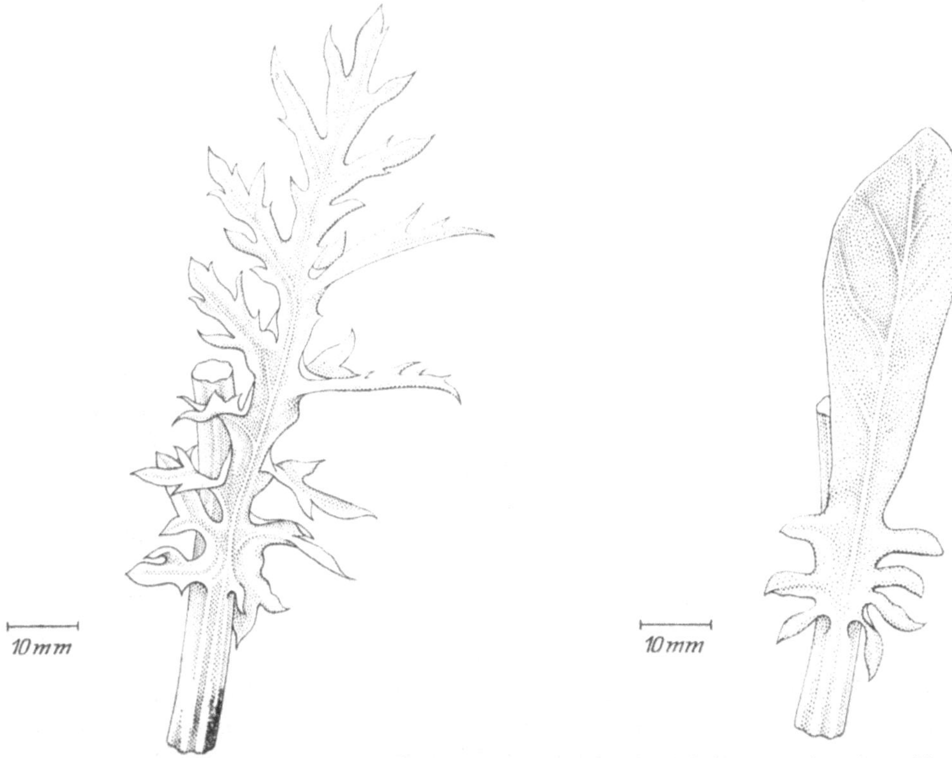

Fig. 1 Upper stem leaves from *Chrysanthemum coronarium* (left, accession from North Korea, D 4497) and from Chr. "*spatiosum*" (right, accession from China, Yunnan province, D 4411)

been introduced to East Asia where it is grown e.g. in Korea, China and Japan as a leaf-vegetable. Deviating plants from Eastern China, later found also in S China and Korea, had been described by BAILEY firstly as a variety of *Ch. coronarium* (1920) and later on raised to specific rank (1949) named *Ch. spatiosum* BAIL. The status of this taxon remained doubtfully. Both taxa, typical *Ch. coronarium* and *Ch. spatiosum* (fig. 1) can be easily distinguished mainly by their leaf-segmentation which is pinnate in *Ch. coronarium* and only toothed in *Ch. spatiosum*, the latter one possesses less numerous leaves per stem and is also less branched. It could be shown that both types are characterized by the same chromosome number ($2n=18$ as common in this tribe of the family), by a very similar karyotype and that they are cross compatible. In the F_1 the leaf shape of *Ch. coronarium* is dominating but leaf segmentation seems to be inherited polygenically. The hybrids develop normally, they are highly pollen and seed fertile (table 3). No differences in the viability of the seeds between parents and hybrids could be found and also the F_2 did not show any breakdown. – Thus according to our guide-line *spatiosum* can't be given specific rank, it represents merely a morphological variant (although a striking one) of the rather variable *Ch. coronarium*, evolved during the domestication of this species and maintained and favoured by some growers.

Table 3
Fertility of *Chrysanthemum* parents and hybrids

	Pollen (%)	Seeds per plant
Chrys. coronarium	95,3	2973 (1468)
coron. × *spatios.*	95,6	2838 (2485)
spatios × *coron.*	94,9	2841 (2788)
Chrys. spatiosum	95,1	2245 (1957)

(numbers in brackets are from cage-isolated plots, the others from uncaged, spatially isolated plots)

The next example refers to the genus *Allium* which is being studied since some years by the taxonomic department of the institute in Gatersleben and in which the Drs. R. FRITSCH, J. KRUSE, H. MAASS, H. OHLE, K. PISTRICK and J. SCHULTZE-MOTEL are involved. Up till now the so-called shallots are very often recognized as a separate species, called *A. ascalonicum* erronously. The misinterpretation of this name given 1756 by STRAND, a student of LINNÉ, originally to a Near Eastern wild species later on widely known as *A. hierochuntinum* BOISS. had been clarified thoroughly by STEARN (1960) and WILDE-DUYFJES (1973). The shallots differ from the common onions by the development of numerous lateral bulbs forming already in the first year distinct bulb aggregations (fig. 2), by a smaller size of the single bulbs, often by reduced bolting (or its complete lack) and a more or less pronounced seed-sterility. Other differences, e.g. in flower characters, earlier sometimes claimed to be significant, could not be verified. Shallots and common onions are cross-fertile, they possess the same chromosome number ($2n=18$), a similar karyotype and the Giemsa banding pattern is

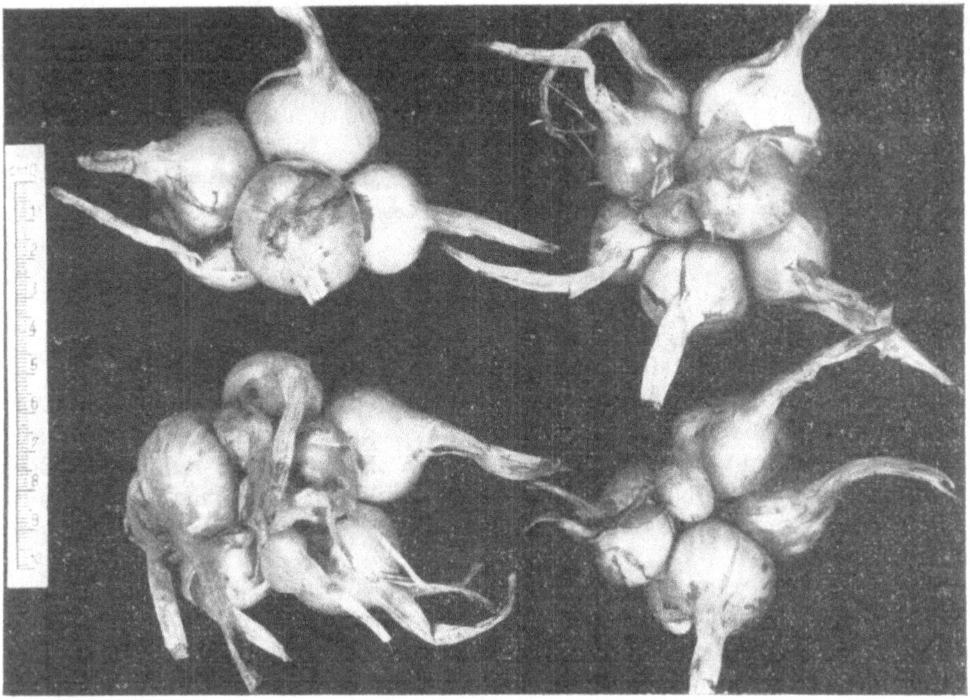

Fig. 2 Shallot bulbs from 4 plants of a German local race (ALL 249) photo TERPE

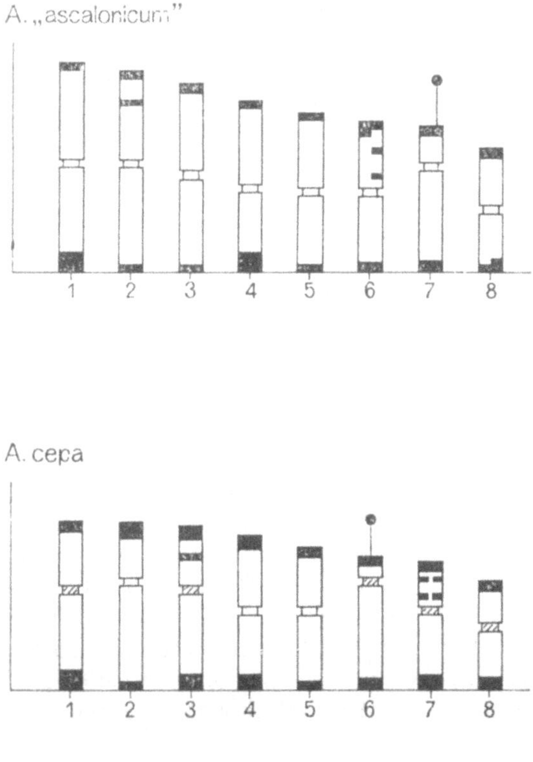

Fig. 3 Karyograms of shallot (above, S-Italian local race, ALL 548) and common onion cv. Makoi Kerek (bottom) and banding patterns (Giemsa) of the chromosomes (OHLE, unpubl.)

almost identical (fig. 3, OHLE unpubl.). Therefore the inclusion of the varietal group of the shallots within *A. cepa* seems to be wholly justified (HANELT, in press).

However it should not be forgotten that by the application of the described principles in other groups a splitting into different species will result which formerly had been combined within one very variable aggregate species. This was illustrated earlier by studies in the *Vicia sativa* group (METTIN and HANELT 1973).

Taxonomy of intraspecific level

Taxonomy of the infraspecific level is a much more controversial object, because there are widely diverging opinions on the taxonomic procedure which should be applied. There is a general agreement however that the main aims of infraspecific taxonomy should be 1. to survey the variability, 2. to arrange it into determinable units and 3. if possible to interpret their relationships in (phylo)genetic terms.

Some years ago the different methods have been summarized and their advantages and limitations outlined (HANELT 1986). In table 4 there is to be seen a simple grouping of these different methods which may be divided mainly into taxonomically formal infraspecific classifications and informal ones which are not burdened by nomenclatural problems. Without going into details it is obvious that all proposed methods have their advantages and disadvantages and that none is able to serve all the 3 mentioned goals equally.

Some extremely differing infraspecific classifications should illustrate the situation: *Triticum aestivum* L. in a broad sense (including *T. compactum* HOST) was classified by MANSFELD (1951) into 404 botanical varieties without further hierarchical grouping ; in the recent monograph by DOROFEEV and KOROVINA (1979) *T. aestivum* is subdivided into 2 subspecies, 3 convarieties and 194 varieties and *T. compactum* as separate species into 3 convarieties and additional 93 varieties. These are so-called morphological-diagnostic classifications based upon differences in few easily recognizable characters mostly of the spike or the grain (e.g. colour or indument of glumes, density of the spike, absence or presence of awns, colour of the grain). MAC KEY (1988) however resists any further detailed subdivision between the levels of subspecies and cultivar, because he does not see the necessity for the description of these genetically not meaningful entities which are characterized only by few common monofactorially inherited character states and which do not indicate any property which would be relevant for the breeder (e.g. ecology, spring/winter type, origin, resistance etc.). Breeders are inclined to the establishment of more open, less formalized classifications, in which the products of breeding could be incorporated without difficulty and remodelling of the classification, that means they favour informal, scarcely hierarchial constructed classifications in which the cultivars and cultivar groups with some genetical integrity are the basic units (compare for this question also the proceedings of the First International Symposium on Taxonomy of Cultivated Plants, published in Acta Horticulturae 182, 1986). Although the polemics

Table 4
Types of infraspecific classifications for cultivated plants (from Hanelt in Styles 1986)

Infraspecific classifications

- 1. formal classifications
  Serious nomenclatural difficulties
- 2. Informal classification
  No problems with regard to naming
- Classifications mixing both principles
- Description in tabular form
  Consideration of the overall variability but: no grouping of variants

1.1. Diagnostic-morphological classification	**1.2. Phenetic classification**	**1.3. Eco-geographic classification**	**2.1. Diagnostic classification**	**2.2. Phenetic classification**	**2.3. Genetic classification**
Units easy to recognize	Natural groupings	Biologically meaningful groupings	Units easy to delimit and determine	Natural groupings with higher predictability	Units with ± high (phylo) genetic integrity
Rapid survey possible	Higher predictability	Higher phylogenetic integrity	First survey rapid to achieve		Higher flexibility
But: Highly artificial Low information content Low flexibility	But: High expense No convincing examples	But: Units difficult to determine Low flexibility	But: Lack of names renders communication difficult No example for total crop variability known See also 1.1	But: High expense Few classifications available	But: Danger of neglecting detailed morphological variation

(1.1–1.3 and 2.1–2.3 → Multiple classification)

against the mentioned diagnostic classifications have a long-standing history nevertheless they proved to be useful especially for the management of great living collections in gene-banks. It must be stressed that these classifications are so-called special purpose classifications (according to different demands several such systems could be elaborated for one species) apparently especially convenient for the gene-bank work. J. HAWKES observed in his concluding remarks at the conference in 1980 in Gatersleben (compare "Kulturpflanze" vol. 29, 1981) that there exists an East-West cline in regard to the preference and estimation of such detailed diagnostic classifications. That seems to be simply related to the fact, that large living collections of cultivated plants are located mainly in central and Eastern parts of Europe, at least in the past. Some exceptions which do not fit into the East-West cline confirm this assumption: PERCIVAL (1921), a

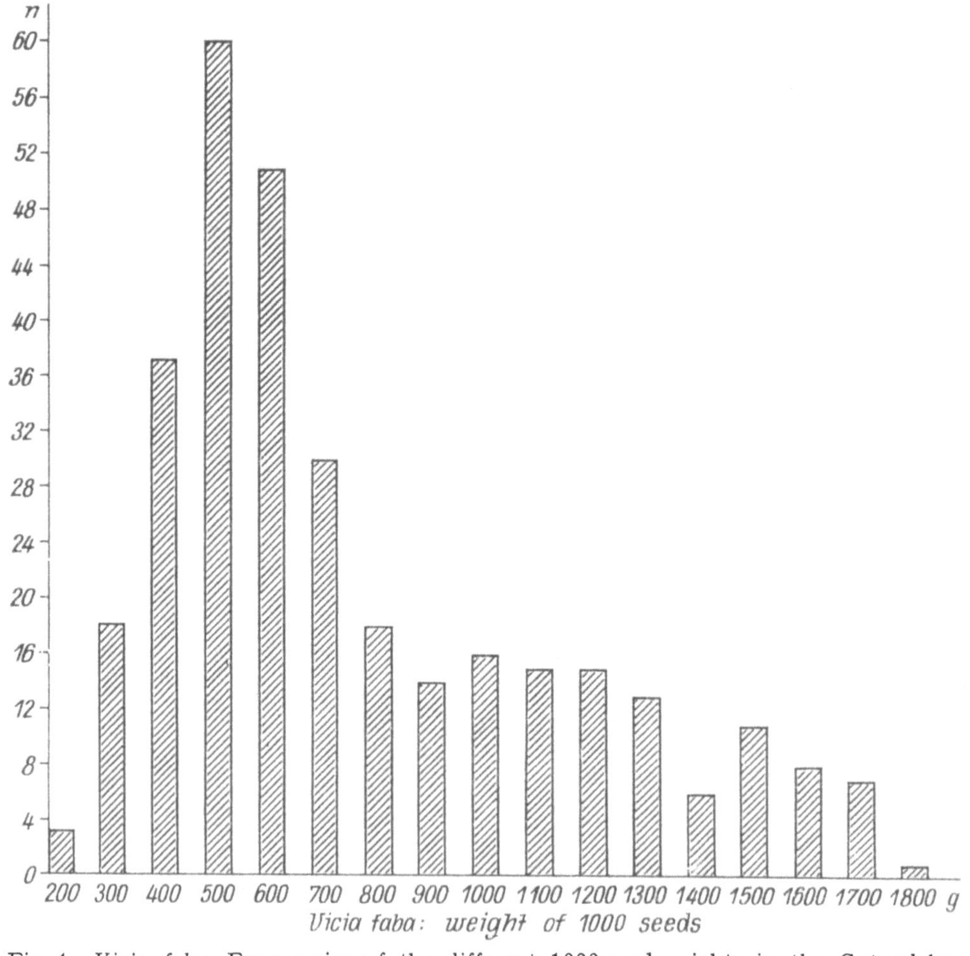

Fig. 4 *Vicia faba:* Frequencies of the different 1000-seed-weights in the Gatersleben collection of faba beans (from HANELT, in Kulturpflanze 20, 1972, p. 102); the 3 peaks representing the 3 botanical varieties of the species (from left: var. *minor*, var. *equina*, var. *faba*) are connected by many transitional accessions; therefore the subdivision into varieties is merely an artificial diagnostic grouping

Table 5
Classification schemes for *Vicia faba* (Hanelt 1972)

Vicia faba					
ssp. *minor*		ssp. *faba*			
var. *minor*		var. *equina*		var. *faba*	
subv. *minor*	subv. *tenuis*	subv. *equina*	subv. *rugosa*	subv. *faba*	subv. *clausa*
Indian race		Irano-Afghan race			
Afghan race		Mediterranean race			
Tadzhik race		NE-European race			
Ethiopian race		W- and Central-Europ. race			
Egyptian race		E-Asiatic race			
S-Balkan race					
NE-European race					
Italian race					
W- and Central-Europ. race					

Above formal-diagnostic classification according to different seed sizes and to shattering resp. non-shattering of pods (the type subvar. always shattering). Below informal-geographic classification of the 2 subspecies into groups of some genetic integrity.

British, nevertheless adopted and developed the diagnostic wheat classification by Körnicke and Alefeld, but he had at his disposal considerable large and variable wheat collections!

Thus it is becoming obvious that it will be extremely difficult to cover by one classification all the above mentioned demands and as consequence it seems to be appropriate to establish different ones of the same taxon for different purposes as it has been done, already long ago e.g. by Flaksberger (1935) who paralleled his formal eco-geographical wheat classification with a formal diagnostic one; a similar principle used Fursa (1981) for the subdivision of the watermelons and Hanelt (1972) for *Vicia faba* L. (see table 5, fig. 4).

One had to be aware however that the choice of the taxonomic method for infraspecific classification must depend not only from the purpose which should serve the classification but also from inherent properties of the plant species itself, like breeding system (diagnostic classifications are useful mainly for autogamous plants), amplitude of variability, ecological tolerance, advancement of breeding work etc.; in every case the purpose of classification should be fixed first and then a classification method must be carefully chosen which is adequate to the material.

Analysis of evolutionary relationships

The analysis of evolutionary relationships between cultivated and wild species is of fundamental theoretical importance, it is likewise very important for breeding research. By these means the gene-pools can be defined which may be exploited succesfully by conventional or non-conventional breeding methods for the improvement of a cultivated plant species.

Evolution science of cultivated plants itself is a synthetic discipline to which different biological branches may contribute. That was indicated already by the species definition of VAVILOV mentioned above. Most of the so-called biosystematic methods may be applied for this purpose, mainly karyology, genetics, biochemistry and I would like to draw the attention to the fact that long before the wave of biosystematics or cytotaxonomy arose in the forties classical papers on this topic had been published by students of VAVILOV in the "Bulletin of applied botany" in the twenties and thirties, e.g. AVDULOV (1931) on karyosystematics of grasses, SVEŠNIKOVA (1927 etc.) on *Vicia* or the programmatic paper of LEVICKIJ "The karyotype in systematics" (1931). The valuable contributions from biochemistry to the evaluation of evolutionary relationships (see e.g. protein chemistry and wheat evolution) need no detailed references but it should be noted that other biological properties can be very helpful, too: The character of *Triticum carthlicum* NEVSKI as a taxon of its own value was at first suggested by its peculiar resistance pattern (VAVILOV and JAKUŠKINA 1925) and similar was true for the recognition of the isolated position of *Triticum timopheevi* (ZHUK.) ZHUK. within the wheat genus (ŽUKOVSKIJ 1971).

The basis for studies of evolution are always traditional-morphological and geographical comparisons. In the genus *Allium* by a plant-geographical analysis it could be shown that all the related species of *A. cepa* L. are distributed mainly within the Irano-Turanian floristic region in some countries of Middle East and in Middle Asia, the two most closely related ones, *A. vavilovii* M. POP. et VVED. and *A. oschaninii* O. FEDTSCH., are located in Tadshikistan, Afghanistan and have some isolated occurrences in Turkmenia and N Iran (HANELT 1985). This relationship could be confirmed by studies of the sculpturation of the seed testa by means of SEM, which agrees for *A. cepa* and the mentioned 2 wild taxa whereas other species of the section *Cepa* (with the exception of *A. farctum* WDLB. from Pakistan/Afghanistan) possess testa structures more similar to the chive, *A. schoenoprasum* L., and other taxa of subgen. *Rhizirideum* (KRUSE 1986 and unpubl.).

Another case-study from *Allium* refers to *A. tuberosum* ROTTL. ex SPR., which is in Eastern Asia, mainly China, Korea and Japan widely cultivated (in Chinese called chiu tsai), and from which the leaves and the flower scapes (in Chinese restaurants mostly called garlic sprouts) are used as vegetables, sometimes also the inflorescences. Chinese people introduced the cultivation to other countries, e.g. to the Middle Asian republics where also the Chinese name (as dju tsaj) had been adopted and recently the species began to appear on the markets in Western Europe as a novelty (fig. 5). This Chinese chive, as it is sometimes called, had been cultivated since very long times. It is the only *Allium* species mentioned in the Chinese classic "Book of Poetry", the Shi Ching, which is supposed to be compiled at the beginning of the first millenium B. C. (Chou dynasty). Here it is described as being used as offering together with lamb meat in religious rituals (KENG 1974).

This vegetable plant is very similar to a wild one, named *A. ramosum* L. (*A. odorum* L.) and widespread in steppes and dry meadows in South Siberia, North, Central and East Mongolia, North China, the Soviet Far East and adjacent North Korea as well as in the Himalayas, further records from other Asiatic countries

Fig. 5 *Allium tuberosum* (N-Chinese accession, TAX 196), experimental field, Gatersleben, photo TERPE

may refer to escapes from cultivation (fig. 6). These wild plants share with the mentioned cultivated types all essential morphological and anatomical characters (FRITSCH, unpubl.), both are tetraploid with $2n=32$ and have a very similar karyotype especially characterized by faintly stained small satellites (OHLE, unpubl., fig. 7). They correspond in respect to the seed coat structure (KRUSE 1984) and proved to be serologically almost identical (MAASS, unpubl.). The cultivated strains differ only in minor respect, by higher scapes, more robust habit, longer and wider leaves, and by larger flowers. In regard to flower morphology

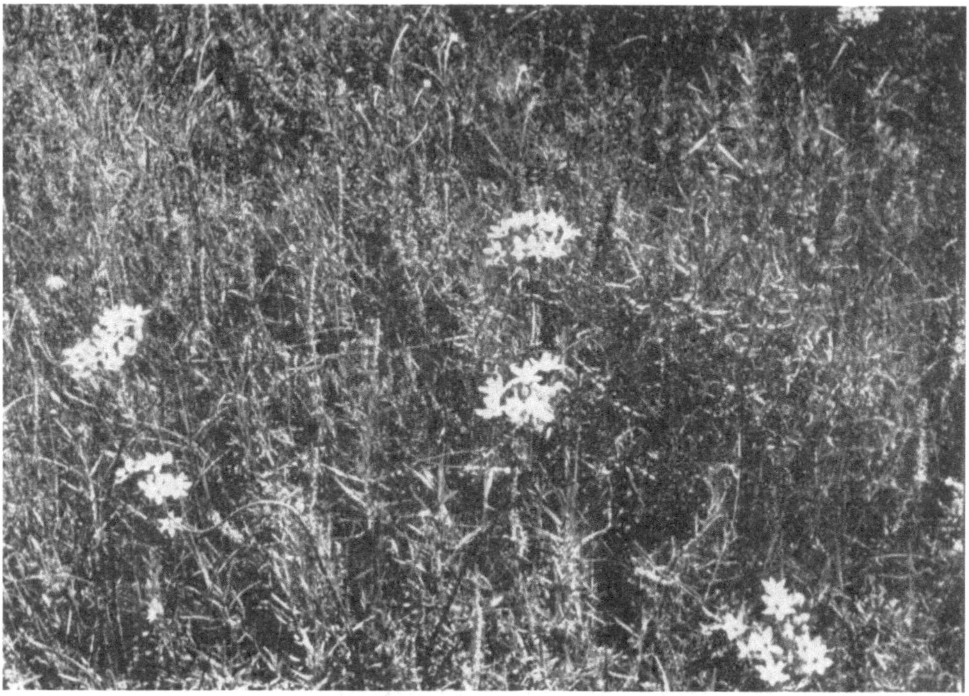

Fig. 6 *Allium ramosum*, as component of the *Poa botryoides* TRIN. – *Koeleria macrantha* (LDB.) SCHULT. – *Agropyron cristatum* (L.) P. B. – *Artemisia frigida* WILLD. – steppe association in Central Mongolia (near Erdenesant, Central Aimak), photo KRUSE

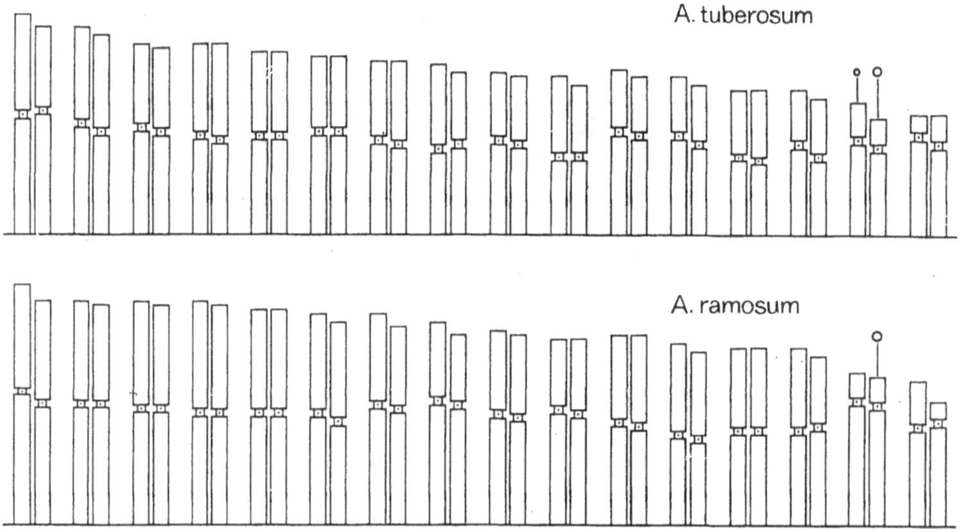

Fig. 7 Karyograms of *Allium tuberosum* (ALL 546, above) and *A. ramosum* (TAX 613, bottom); satellites sometimes hardly visible (OHLE, unpubl.)

there is some variability within the wild accessions (especially tepal length and width and length relations between stamens and tepals) which is reflected by the variability of the cultivated ones. The late-flowering plants with shorter and broader tepals, more or less equalling the stamens had been called mostly *A. tuberosum* s. str., but almost identical plants could be found within the spontaneous populations of *A. ramosum* from Mongolia. Therefore we prefer a rather broad species concept for this material and include under *A. ramosum* the wild forms as well as the Chinese chives which must have been domesticated in Northern China according to the geographical situation. Although the domestication must have happened rather early it has not led to substantial morphological changes but only to an increased size of the plant parts used by man. Contrary to other cultigens of *Allium* domestication was not combined with speciation in this case. If it should be necessary to broaden the genetic base of this crop a vast gene-pool would be available to the breeder in the wild populations from the above mentioned area.

Finally it was postulated that taxonomy could contribute to the understanding of the interactions between domestication and human activities. One example related to pre-domestication, the unconscious selection of domestication traits in obligate weeds, induced by the agricultural practice of man should serve as illustration: For the corn cockle, *Agrostemma githago* L., this had been studied by HAMMER et al. (1982) in detail. Here will be mentioned *Cephalaria syriaca* (L.) R. et S., an annual weed, a blue-flowering *Scabiosa*-like species of the Dipsacaceae, distributed from Near East to Iran (often as a casual elsewhere in S Europe). It is a noxious weed in winter wheat, resembling it in height, maturity and especially in the size and weight of the seeds (fig. 8). Cereal strains of this species had been apparently selected for this seed size by the traditional cleaning meth-

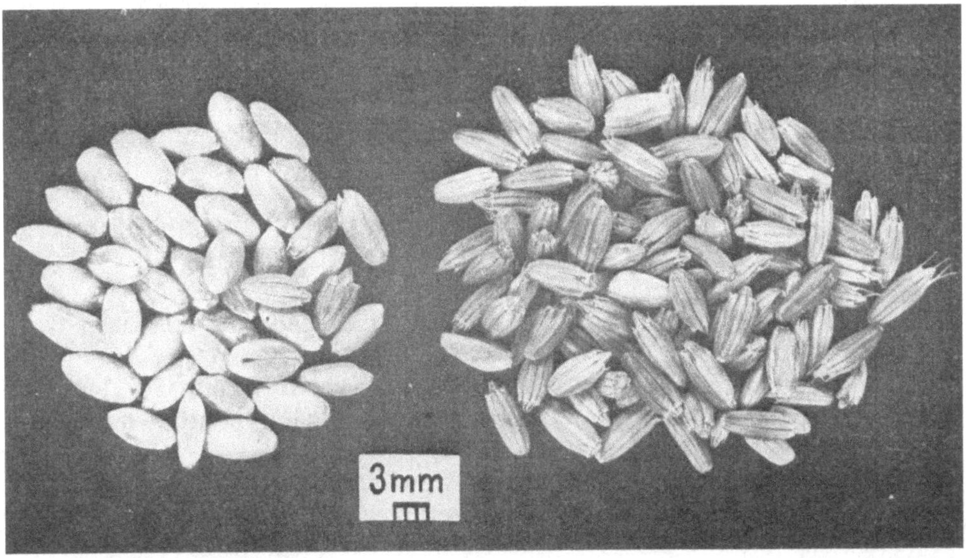

Fig. 8 Grains of (left) *Triticum aestivum* (land-race, Transcaucasus) and (right) of *Cephalaria syriaca* (CEPH 1), photo TERPE

ods, thus they became obligate wheat companions and their dispersal relied solely upon the automatic transmission to the seed grain of wheat. Unter conditions unfavourable for wheat the *Cephalaria* may increase its abundancy in such a way, that this species instead of wheat will be harvested (and used as oil-plant), so it is reported for Near East countries (ZOHARY 1986) and this species represents therefore a classical example of the so-called secondary crops which passed through a stage of weediness in the course of their domestication, a principle which VAVILOV already analyzed for rye, oat and other crops (VAVILOV 1987). As it was told for the corn cockle the replacement of traditional winnowing by modern machinery had led to a rapid decrease of this weed and in Georgia machobeli as it is called in Georgian language nowadays became extremely rare. People regret this because it is said that the admixture of *Cephalaria* gave the wheat flour a pleasant flavour (MANDŽGALADZE, pers. communication). Already ŽUKOVSKIJ (1933) wrote that formerly in Georgia *Cephalaria* seeds had been collected from the fields and intentionally added to the wheat flour; the bread could be stored for a longer time than without this admixture.

This story should illustrate that taxonomic comparisons can be useful for many aspects of the research of plant genetic resources. The most important contributions of taxonomy to this field are however the characterization of the variability of these resources and the evaluation of evolutionary relationships being likewise highly relevant to problems of applied botany especially for the management of gene-banks and for breeding research.

Zusammenfassung

Taxonomie und die Untersuchung pflanzen-genetischer Ressourcen

Das Studium pflanzen-genetischer Ressourcen als eine synthetische Disziplin beruht auf vielen Beiträgen, die an der Charakterisierung, Bewertung und Nutzung von Kulturpflanzen und ihren wilden Verwandten sowie an der Analyse ihrer Evolution teilhaben. Eine dieser Grundlagen-Disziplinen ist die botanische Taxonomie, die hier in einem weiten Sinn einschließlich der Evolutionsforschung aufgefaßt wird.

Die Taxonomie von Kulturpflanzen

- hat deren oftmals beträchtliche Variabilität mit Hilfe unterschiedlicher Methoden und Techniken zu beschreiben, um eine Verständigung über die Vertreter dieser Variabilität zu ermöglichen,
- sie hat diese Vielfalt in Beziehung zu ökologischen und geographischen Parametern zu setzen,
- sie hat die Verwandtschaftsverhältnisse zwischen Kulturpflanzen und nah verwandten Wildsippen zu analysieren und sie (phylo)genetisch zu interpretieren und
- sie hat beizutragen zum Verständnis der komplexen Wechselbeziehungen zwischen Evolution und Domestikation von Kulturpflanzen einerseits und der Entwicklung und Geschichte des Menschen andererseits.

Die Charakterisierung der Variabilität und die Ermittlung evolutionistischer Verwandtschaftsverhältnisse als die zwei hauptsächlichsten Beiträge der Taxonomie zur Kulturpflanzenforschung besitzen gleichzeitig eine hohe Relevanz zu Problemen der angewandten Botanik, vor allem zum Management von Pflanzen-Sortimenten in Genbanken und zu Züchtungsvorhaben.

Es gibt keine prinzipiellen Unterschiede zwischen der Taxonomie von Kulturpflanzen und der von Wildarten, in beiden Fällen müssen Methoden und Verfahren anderer Disziplinen (Karyologie, Biochemie, Mathematik usw.) zur Lösung der Aufgaben herangezogen werden.

Краткое содержание

Таксономия и исследование растительно-генетических ресурсов

Изучение растительно-генетических ресурсов как синтетической дисциплины основывается на многих вкладах, которые участвуют в характеристике, оценке и использовании культурных растений и их диких сородичей, а также в анализе их эволюции. Одной из этих основопологающих дисциплин является ботаническая таксономия, которая здесь понимается в широком смысле, охватывающем и эволюционное исследование.

Таксономия культурных растений

– должна описывать их, зачастую, значительную вариабельность с помощью различных методов и техник, чтобы облегчить понимание о представителе этой вариабельности;
– она должна поставить это многообразие в связь с экологическими и географическими параметрами;
– она должна анализировать родственные отношения между культурными растениями, и их дикими сородичами, их (фило)генетически интерпретировать и
– она должна вносить вклад в понимание комплексных взаимоотношений между эволюцией и доместикацией культурных растений, с одной стороны, и между развитием и историей человечества, с другой стороны.

Характеристика изменчивости и выяснение эволюционных родственных связей – в качестве двух важнейших вкладов таксономии в исследование культурных растений, обладают, одновременно, высокой релевантностью к проблемам приклацной ботаники и, прежде всего, к управлению коллекциями растений в генных банках и к селекционным замыслам.

Нет принципиальных различий между таксономией культурных растений и таксономией диких видов; в обоих случаях следует привлекать к решению задач методы и опыты других дисциплин (кариологии, биохимии, математики и т. д.).

I am indebted to Miss A. Kilian for her drawings and to Mrs. G. Terpe for her photographical work

Literature

Avdulov, N. P., 1931: Karyo-systematische Untersuchung der Familie Gramineen. – Trudy prikl. bot., genet., selekc., prilož. **44**, 428 p.

Bailey, L. H., 1920: A collection of plants in China. – Gent. Herb. **1** (1).

–, 1949: Manual of cultivated plants. – The MacMillan Company, New York.

Baker, H. G., 1970: Taxonomy and the biological species concept in cultivated plants. – In: Frankel, O. H., and E. Bennett (eds.), Genetic resources in plants–their exploration and conservation, pp. 49–68. – IBP/Blackwell Sci. Publ., Oxford – Edinburgh.

Dorofeev, V. F., and O. N. Korovina, 1979: (Wheat). – In: Brežnev, D. D. (ed.), (Flora of Cultivated Plants) vol. 1. – Kolos, Leningrad.

Flaksberger, C. A., 1935: (Cereals – Wheat). – In: Wulff, E. V. (ed.), (Flora of Cultivated Plants) vol. 1. – Gos. Izd. Sovch. Kolch. Lit., Moskva – Leningrad.

Fritsch, R., 1987: Unpublished results.

Fursa, T. B., 1981: Intraspecific classification of water-melon under cultivation. – Kulturpflanze **29**, 297–300.

Hammer, K., P. Hanelt und H. Knüpffer, 1982: Vorarbeiten zur monographischen Darstellung von Wildpflanzensortimenten: *Agrostemma* L. – Kulturpflanze **30**, 45–96.

Hanelt, P., 1972: Die infraspezifische Variabilität von *Vicia faba* L. und ihre Gliederung. – Kulturpflanze **20**, 75–128.

–, 1985: Zur Taxonomie, Chorologie und Ökologie der Wildarten von *Allium* L. sect. *Cepa* (Mill.) Prokh. – Flora **176**, 99–116.

–, 1986: Formal and informal classifications of the infraspecific variability of cultivated plants–advantages and limitations. – In: Styles, B. T. (ed.), Infraspecific classification of wild and cultivated plants, pp. 139–156. – Clarendon Press, Oxford.

–, (in press): Taxonomy, evolution and history. – In: Brewster, J. L., and H. D. Rabinowitch (eds.), Onions and allied crops. – CRC Press Inc., Boca Raton, USA.

Hawkes, J. G., 1970: The taxonomy of cultivated plants. – In: Frankel, O. H., and E. Bennett (eds.), Genetic resources in plants–their exploration and conservation, pp. 69–85. – IBP Blackwell Sci. Publ., Oxford – Edinburgh.

Keng, Hsuan, 1974: Economic plants of ancient North China as mentioned in Shih Ching (Book of Poetry). – Econ. Bot. **28**, 391–410.

Kruse, J., 1984: Rasterelektronenmikroskopische Untersuchungen an Samen der Gattung *Allium* L. – Kulturpflanze **32**, 89–101.

–, 1986: Rasterelektronenmikroskopische Untersuchungen an Samen der Gattung *Allium* L. II. – Kulturpflanze **34**, 207–228.

–, 1987: Unpublished results.

Levickij, G. A., 1931: The 'karyotype' in systematics. – Trudy prikl. bot., genet., selekc. **27** (1/2), 187–240.

Maass, H., 1987: Unpublished results.

Mac Key, J., 1988: Plant breeding aspects on taxonomy of cultivated plants. – Biol. Zbl. 107, 369–379.

Mansfeld, R., 1951: Das morphologische System des Saatweizens, *Triticum aestivum* L. s. l. – Züchter **21**, 41–60.

Mettin, D., und P. Hanelt, 1973: Über Speziationsvorgänge in der Gattung *Vicia* L. – Kulturpflanze **21**, 25–54.

Ohle, H., 1987: Unpublished results.

Percival, J., 1921: The wheat plant. A monograph. – London.

Stearn, W. T., 1960: *Allium* and *Milula* in the Central and Eastern Himalaya. – Bull. Brit. Mus. (Nat. Hist.), Bot. **2** (6), 161–191.

Stubbe, H., 1982: Geschichte des Instituts für Kulturpflanzenforschung Gatersleben der Deutschen Akademie der Wissenschaften zu Berlin (1943–1968). – Akademie-Verlag, Berlin.

Svešnikova, I. N., 1927: (Karyological studies on *Vicia*). – Trudy prikl. bot., genet., selekc. **17** (3), 37–72.

Vavilov, N. I., 1940: The new systematics of cultivated plants. – In: Huxley, J., (ed.), The new systematics, pp. 549–566. – Clarendon Press, Oxford.

–, 1987: Proischoždenie i geografija kul'turnych rastenij. – Nauka, Leningrad.

– i O. V. Jakuškina, 1925: K filogenezu pšenic. Gibridologičeskij analiz vida *Triticum persicum* Vav. i meždUvidovaja gibridizacija u pšenic. – Trudy prikl. bot., genet., selekc, **15** (1), 3–159.

Wilde-Duyfjes, B. E. E. de, 1973: Typification of 23 *Allium* species described by Linnaeus and possibly occuring in Africa. – Taxon. **22**, 57–91.

ZOHARY, M., 1986: Pflanzen der Bibel, 2. Aufl. – Calwer Verlag, Stuttgart.
ŽUKOVSKIJ, P. M., 1933: Zemledel'českaja Turcija. – Sel'chozgiz, Moskva – Leningrad.
–, 1971: Kul'turnye rastenija i ich sorodiči. – Kolos, Leningrad.

Dr. P. HANELT
Zentralinstitut für Genetik und Kulturpflanzenforschung
der Akademie der Wissenschaften der DDR
Correnssstr. 3
Gatersleben
DDR - 4325

Kulturpflanze 36 · 1988 · 189–208

The evolution of cultivated potatoes and their tuber-bearing wild relatives

JOHN G. HAWKES

Summary

Recent evidence indicates that potatoes were first domesticated in the central Andes of South America some 10,000 years ago. These belonged to the primitive diploid species, *Solanum stenotomum*, derived from the wild prototype, *S. leptophyes*. The tetraploid potato, *S. tuberosum*, arose through hybridization of *S. stenotomum* with a second wild diploid species, *S. sparsipilum*. Further evolution took place with at least two other wild species, *S. acaule* and *S. megistacrolobum*, bringing genes for frost resistance into the cultivated gene pool, and resulting in a polyploid series.

Wild potatoes began to evolve in Mexico, and some of these migrated into South America when the land bridge was formed in Pliocene times. Return migrations to Mexico took place later, forming tetraploid and hexaploid species groups. Evidence of evolution is based on the change of the primitive white stellate corolla into an advanced rotate corolla form in South America. This hypothesis is also supported by serological and cytogenetical evidence.

All the hypotheses on potato evolution proposed here accord well with VAVILOV's theories of plant domestication.

1. Introduction

In this contribution I shall attempt to outline the origin and evolution of the wild and cultivated potato species, relating, where appropriate, the methods now used to those established by N. I. VAVILOV, whose centenary we are here commemorating.

The potato is in many ways similar to wheat in possessing a number of cultivated species, each of rather distinct evolutionary origins. As with wheat and oats there is a somewhat complex polyploid series, which has evolved under domestication. The wild relatives of the potato, however, go far beyond those of wheat, in the diversity of their relationships and the large numbers of species, most of which can be hybridized with the cultigens. The basic outlines of this situation are now fairly well understood, with the result that a vast range of genetic diversity has become available to breeders, which more than justifies the efforts spent on taxonomic, cytological and genetical studies on this group of plants.

Table 1
Classification and chromosome number of the more important wild potato species in series I to XIX

Series		Species arranged according to chromosome number ($x=12$) 2x	3x	4x	5x	6x
I	Morelliformia	*S. morelliforme*				
II	Bulbocastana	*S. bulbocastanum* *S. clarum*	*S. bulbocastanum*			
III	Pinnatisecta	*S. brachistotrichum* *S. cardiophyllum* *S. jamesii* *S. pinnatisectum* *S. tarnii* *S. trifidum*	 *S. cardiophyllum* *S. jamesii*			
IV	Polyadenia	*S. polyadenium* *S. lesteri*				
V	Commersoniana	*S. commersonii*	*S. calvescens* *S. commersonii*			
VI	Circaeifolia	*S. circaeifolium* *S. capsibaccatum*				
VII	Lignicaulia	*S. lignicaule*				
VIII	Olmosiana	*S. olmosense*				
IX	Glabrescentia	*S. arnezii* *S. chacoense* *S. tarijense* *S. yungasense*				
X	Megistacroloba	*S. astleyi* *S. boliviense* *S. megistacrolobum* *S. sanctae-rosae* *S. toralapanum*				
XI	Cuneoalata	*S. infundibuliforme*				
XII	Conicibaccata	*S. chomatophilum* *S. violaceimarmoratum* *S. laxissimum*		*S. colombianum* *S. oxycarpum* *S. agrimonifolium*		*S. moscopanum*

XIII	Piurana	*S. piurae*		*S. tuquerrense*		
XIV	Ingaefolia	*S. rachialatum*				
XV	Maglia	*S. maglia*	*S. maglia*			
XVI	Tuberosa (wild)	*S. alandiae*				
		S. berthaultii				
		S. brevicaule				
		S. bukasovii				
		S. canasense				
		S. gourlayi		*S. gourlayi*		
		S. hondelmannii				
		S. kurtzianum				
		S. leptophyes				
		S. microdontum	*S. microdontum*			
		S. neocardenasii				
		S. okadae				
		S. oplocense		*S. oplocense*		*S. oplocense*
		S. sparispilum				
		S. spegazzinii		*S. sucrense*		
		S. vernei				
		S. verrucosum				
XVI	Tuberosa (cultivated)	*S.* × *ajanhuiri*	*S.* × *chaucha*		*S.* × *curtilobum*	
		S. phureja	*S.* × *juzepczukii*			
		S. stenotomum		*S. tuberosum* subsp. *tuberosum*		
				S. tuberosum subsp. *andigena*		
XVII	Acaulia			*S. acaule*	*S. acaule*	*S. acaule*
XVIII	Longipedicellata		*S.* × *vallis-mexici*	*S. fendleri*		
				S. hjertingii		
				S. papita		
				S. polytrichon		
				S. stoloniferum		
XIX	Demissa				*S.* × *edinense*	*S. brachycarpum*
					S. × *semidemissum*	*S. demissum*
						S. hougasii
						S. schenckii
						S. guerreroense
						S. iopetalum

In order to understand the evolution of wild and cultivated potatoes it will be necessary to take a brief look at their taxonomy. Table 1 shows some of the more important wild species, grouped into nineteen series and arranged according to chromosome number and also shows the cultivated species, placed in their ploidy groups and forming part of the series XVI, of which the major part is composed of wild diploid species.

2. Reproductive biology and speciation in potatoes

With very few exceptions wild and cultivated potatoes are out-breeders. The diploid species possess a strong self-incompatibility system similar to that of *Nicotiana*. Exceptions to this are seen in *S. morelliforme*, *S. polyadenium*, *S. verrucosum*, *S. brevidens* and *S. etuberosum*. The first and last two species are considered to be highly primitive on other criteria. Tetraploid and hexaploid species on the whole are self-compatible, but too much selfing causes loss of vigour and fertility through inbreeding depression.

Speciation seems to have taken place by means of eco-geographical isolation, rather than through cyto-genetical barriers. There are some exceptions to this rule, mainly in the hexaploids of series Demissa.

Such a phenomenon of eco-geographical speciation renders it possible for artificial hybrids to be made by breeders between a very wide range of species, including the cultivated ones; thus the gene pool available to potato breeders is fortunately very large. The evidence from crossability studies shows clearly that there are no completely definable genome differences between potato species, in contrast to wheat. Nevertheless, some differences can be seen, particularly amongst the Mexican species, and these have helped us to build up a picture of evolutionary relationships, as I shall show later. Furthermore, analysis of F_2 interspecific hybrids shows a clear difference of genetic architecture between most species, in that independent assortment of blocks of chromatin from each parent do not always give complete viability or "thriftiness", with the result that many seedlings die at an early stage and others do not survive to maturity. The F_2 analysis technique has in consequence provided much useful evidence on species relationships.

Detailed pollination biology studies on potatoes are sadly lacking. It has been known for a long time that potato flowers do not produce nectar, and recent observations have established that they are visited by a range of Hymenopteran insects for their pollen. So far as can be seen at present there is no specific link between Hymenopteran visitors and particular potato species. Thus, natural hybrids between two contiguous species are easily formed. It seems probable, however, that before man altered the ecosystems through agriculture and land settlement the wild species remained eco-geographically isolated. Natural species hybrids, when formed, do not seem to survive in the wild for very long, and it is assumed that because they lack the complete set of adaptive complexes of each parent they easily succumb to environmental stresses which the parents themselves can survive.

Even less is known about seed distribution. The berries are green and inconspicuous; for this reason it is very doubtful that they would be distributed by birds. On the other hand, when the fruits are mature they drop to the ground, become sweet, and produce quite a pleasant fruity odour. It is therefore very possible that they are distributed by small mammals, or even perhaps by quite large ones (SYMON, personal communication). On this assumption we might have expected them to have spread rapidly on a geological time scale. The fact that so many species are endemic to small areas, however, would indicate that on our own time scale the spread might be rather slow. We shall return to the problem of species migration later.

3. The evolutionary relationships of wild potatoes

Many contributions on this subject have been published by the distinguished potato expert, Academician S. M. BUKASOV, who was one of VAVILOV's colleagues (BUKASOV 1939, 1941, 1968, 1970, etc.) and it was largely due to him and to RYBIN (1930, 1933) that the extent of polyploidy in potatoes was first understood.

Apart from the presence of polyploids in cultivated potatoes and the wild series Acaulia, Longipedicellata, Demissa and Conicibaccata, most of the others are diploid. Some diploid species also occur as triploid cytotypes due to the functioning of 2n gametes (TARN and HAWKES 1986). It does not seem as though tetraploids were formed in this way, but more probably through species hybridization. Indeed, it has been suggested that spontaneous polyploidisation may have taken place by means of natural species crosses in which 2n gametes from both parents were functioning (MOK and PELOQUIN 1975a, b, DEN NIJS and PELOQUIN 1977). That this can take place with artificial species hybrids was first shown by LÓPEZ (1979).

Despite these very probable explanations of how polyploid potato species could arise in nature, no-one as yet has been able to demonstrate the actual origins of wild polyploid species experimentally. This has been possible, however, in the case of cultivated potatoes. We are by no means certain as to the phylogeny of wild potato species in general. How did all the basic diploids evolve for instance? In the following section I shall set out a hypothesis based on flower shape, supported where possible by biochemical and other evidence.

Probably the most primitive of all the series are Juglandifolia and Etuberosa. They do not produce stolons or tubers, and are now grouped in a separate subsection: Estolonifera. These species are not closely related to the tuberiferous species and are not discussed in this contribution.

We now come to the true tuberiferous species, those which BUKASOV (1939) has rightly called the Stolonifera (now called subsection Potatoes). BUKASOV in the same publication divided these into two major groups, the Stellata (with star-shaped corollas in which the lobes are deeply divided and do not possess clearly defined acumens), and the Rotata (with wheel-shaped corollas in which the lobes are more or less shallowly divided from each other and possess clearly defined acumens). I have formally used these names to designate two superseries.

Whilst Bukasov used these terms as part of a classificatory system I believe that they possess a deeper significance of a phylogenetic nature. Admittedly, it is rather dangerous to trace evolutionary relationships by reference to morphological characters alone, but it seems likely that flower morphology and even flower colour may point to connections which are at least not contradicted by the results of experimental techniques.

There is much to be said for regarding *S. morelliforme* (series Morelliformia) as the most primitive living representative of the tuber-bearing species, with its very small, deeply stellate corolla, simple leaves and very small berries. It is an epiphyte (unique to the section), and self-compatible. It also possesses a very simple immunological spectrum, of one line only, compared with few to many for all other species (Gell et al. 1960). This then, can be regarded as akin to the prototype of the Stellata and indeed of all the tuber-bearing species (table 2).

Before we go any further we should also try to envisage the origin of the tuber-bearing species (section Petota, subsection Potato, formerly Hyperbasarthrum) themselves. The most likely source is section Basarthrum, in the present writer's opinion. Many of the Basarthrum species are easily confused at first sight with

Table 2
Major corolla groups, taxonomic series and distribution

Superseries (Corolla Groups)	Taxonomic Series	Distribution
Stellata (Primitive)	Morelliformia Bulbocastana Pinnatisecta Polyadenia	South-Western U.S.A., Mexico, Central America
	Lignicaulia Circaeifolia Commersoniana Olmosiana	South America
Stellata (Advanced)	Glabrescentia	South America
Rotata (Primitive)	Cuneoalata Megistacroloba Southern forms of Tuberosa Southern forms of Conicibaccata	Southern to central regions of South America
Rotata (Advanced)	Piurana Ingaefolia Acaulia Central and northern forms of Tuberosa and Conicibaccata	Central to northern regions of South America
	Longipedicellata Demissa Mexican forms of Conicibaccata	South-Western U.S.A., Mexico, Central America

Petota species until the articulation of the pedical is studied (basal in Basarthrum, above-base in Petota). Even though CORRELL (1962) thought that the two groups were not related, I strongly suspect that either they may have had a common ancestor or that Petota has been derived from Basarthrum.

Because *S. morelliforme* and most other primitive Stellata series are to be found north of the Panamanian Isthmus and are most diverse in central Mexico it seems to me that the origin of the tuber-bearing species can be located in that

Fig. 1 Suggested evolutionary trends in potato species

region (see Fig. 1). We have here four series of white-stellate-flowered species of simple immunological spectra, the others being not too different from *S. morelliforme*. The series are Morelliformia itself, together with Bulbocastana and Pinnatisecta. They cross only with great difficulty with other groups of species (see later) and I believe can be thought of as remnants of the original wild potato gene pool. These four series, then, are what I call the "primitive" Stellata of North and Central America, spreading northwards into the USA and southeastwards into Guatemala.

At this stage we must ask ourselves where did these primitive Stellata species spring from and what was their geographical origin. It is reasonable to suppose that the genus *Solanum* arose in the southern continent of Gondwanaland, and that a very large part of its diversity is still to be found in South America and quite a substantial amount in Australia. How, then, did the Proto-Tuberiferous species get to Mexico?

I reported in several earlier publications (see HAWKES 1958a, b, 1978, etc.) that some of the more successful Mexican species may have migrated southwards into South America in late Eocene or early Oligocene times some 37 to 40 million years ago when a temporary land bridge between the two continents was formed (see Fig. 2) according to RAVEN and AXELROD (1975). This may have been no more than an arc of volcanic islands, but HALLAM (1981) states that "various mammals, lizards, the genus *Bufo* and plants seem to have been dispers-

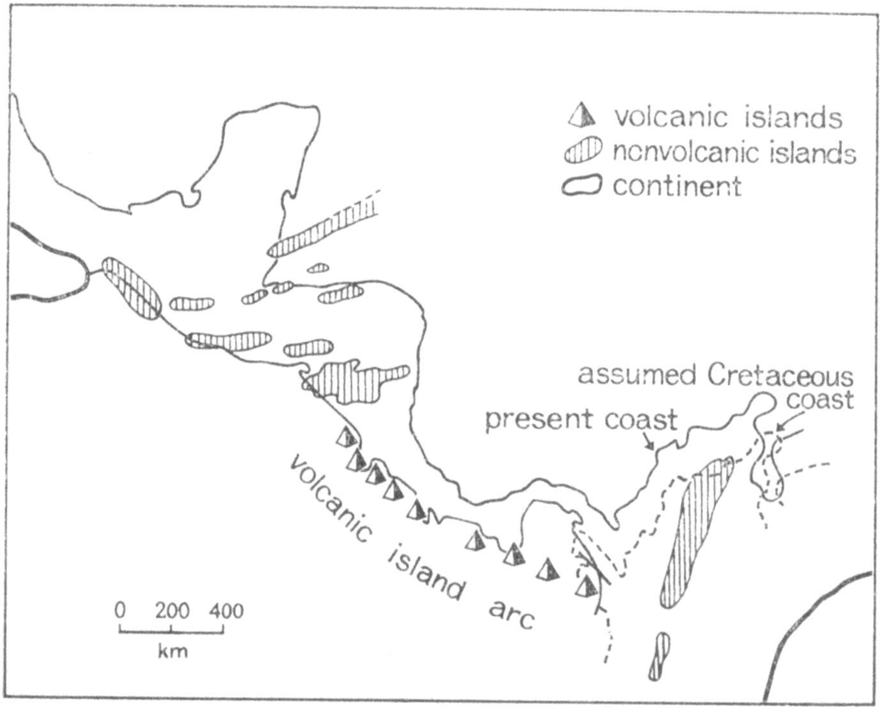

Fig. 2 Postulated late Cretaceous to Eocene (ca 65–40 million years ago) land masses and islands arcs connecting North and South America (RAVEN and AXELROD 1975)

ed between the two continents prior to the end of the Eocene". However, I now think it more likely that the first migration of the "Proto-Petota" (tuberiferous section) took place at this time in the early Tertiary, some 45 million years ago, proceeding in the *opposite* direction from *South* to *North* America.

We may then suppose that some of the "primitive" Stellata migrated into South America much later, in the early Pliocene, when the Panamá Isthmus was formed, some 3,5 million years ago. There is good evidence that some of the "primitive" Stellata still exist in South America. These have been placed in the series Circaeifolia, Commersoniana (sensu BUKASOV), Olmosiana and Lignicaulia (see table 1). They cross readily with the Mexican stellate-flowered species, but not with other species in South America. Such evidence as we have on Embryo Balance Number (see JOHNSTON et al. 1980, HANNEMAN and BAMBERG 1986) also points toward the close evolutionary relationships of all the species grouped within the "primitive" Stellata (see also HAWKES and JACKSON, in press).

The "primitive" Stellata of South America evolved to begin with into what I have termed the "advanced" Stellata (table 2). These are grouped into Glabrescentia covering parts of Bolivia, Argentina, Uruguay, Paraguay and S. E. Brazil. It is difficult to decide on the ancestral forms of this series, but possibly Lignicaulia and Olmosiana may fairly closely related to it.

From this primitive stock came also the series Conicibaccata, with conical berries, and occurring as diploid species in its southern extremity of Bolivia to Peru. Series Conicibaccata would appear to have carried out a return migration in the form of tetraploids further northwards into Colombia and Venezuela, through Panamá and Costa Rica into Guatemala and south-central Mexico. Considering the rather close similarities of these species it would seem probable that this return migration took place in late Pliocene or Pleistocene times. It is interesting to note, incidentally, that at least two hexaploid species have been found in the northern part of the range of series Conicibaccata.

In South America another line of advancement was meanwhile taking place – the development of species with rotate corollas, the Rotata. Again one can divide these into "primitive" forms in which the corolla is sub-stellate to pentagonal and "advanced" ones where the corolla is much more approaching a circular outline.

The "primitive" forms of Rotata occur in the south, to quite a large extent overlapping the distribution of the "advanced" Stellata in series Glabrescentia. Indeed, in some places an intergrading between the two can still be seen. Thus in Argentina, prov. La Rioja, the corolla form of *S. chacoense* (Stellata) and *S. kurtzianum* (Rotata) is almost the same. It differs, however, in other localities where the two species are much more distinct. As well as *S. kurtzianum*, practically all the series Tuberosa species of Argentina, and south and central Bolivia show a strong tendency towards a pentagonal to broadly sub-stellate corolla and thus fit neatly into the "primitive" Rotata group. Also included here are the two series Cuneoalata and Megistacroloba, the latter actually penetrating further north than the rest of the primitive Rotata species. The southern forms of series Conicibaccata also possess pentagonal to sub-stellate corollas.

We may surmise, therefore, that all the primitive Rotata species developed from one or more advanced Stellata species such as *S. chacoense* or *S. tarijense* which indeed cross very easily with them (HAWKES and HJERTING 1969, 1988).

The "advanced" Rotata, with a clearly rotate corolla begin to appear in northern Bolivia, continuing into Peru, Ecuador and Colombia. One species, *S. verrucosum*, has even reached as far north as Mexico (see below).

Particularly interesting are the Mexican/USA tetraploid series Longipedicellata and the Mexican/Guatemalan hexaploid series Demissa, both of which were classified by BUKASOV in the group Rotata. These series appear to have arisen through hybridizations between the ancient Mexican diploid "primitive" Stellata and more advanced species from South America on a return migration some time in the distant past.

Cytological studies indicate that Longipedicellata possesses the A-genome that is to be found in the South American *S. chacoense* (series Glabrescentia) and the Rotata species. Although five Longipedicellata tetraploid species are at present recognized (and a sixth is due to be published shortly), they differ hardly at all in their genetic architecture, since all F_2 families of hybrid combinations so far attempted are completely thrifty and fertile (HAWKES 1966). So far, noone has attempted to synthesise these species experimentally, and the postulated Mexican parent species has not been identified; it may well now have become extinct.

On the other hand the Mexican hexaploids in series Demissa produce sterile F_1 hybrids when crossed with each other (HAWKES 1956). Thus, MARKS (1955) has shown cytologically that they possess two sets of homologous chromosomes, the third set being non-homologous. The hybrids tend towards the production of $24_{II}+24_{I}$ at meiosis, but this number is only approximate, perhaps because of the reduction of chiasma frequency. He considers that one of the common genomes may have come from *S. verrucosum*. This is a diploid Mexican species which has now been placed in series Tuberosa. KAWAKAMI and MATSUBAYASHI (1957) also regard this as highly likely. So far, however, we have no certain knowledge as to the derivation of the other two genomes of these hexaploid species.

We must now turn our attention southwards to discuss the phylogeny of the South American monotypic series Acaulia. The only species, *S. acaule*, is mostly tetraploid, but contains hexaploid cytotypes and a hexaploid subspecies in northern Peru. Cytologically *S. acaule* behaves as an allotetraploid but in crosses with diploid Tuberosa species the triploid F_1 progeny behave like autotriploids— a very different picture from tetraploid×diploid Longipedicellata crosses. We assume that the *S. acaule* result is due to the fact that it possesses slightly differentiated A2 and A3 genomes, which when associated with an A1 genome from series Tuberosa in the absence of their homologues associate indiscriminantly with homoeologues. This does not tell us much about the phylogeny of *S. acaule*, only that its constituent genomes are not highly differentiated from those of the diploid Tuberosa. We still have not been able to synthesize *S. acaule* from its diploid ancestors, or to break it down into dihaploids. It is thought that one of its ancestors may have been identical with or very close to *S. megistacrolobum* in series Megistacroloba and the other some high altitudes stemless species in series Tuberosa. What this was we cannot say; neither have we any idea of the nature of the hexaploid cytotypes and subspecies of *S. acaule* in north Peru.

To end this long discussion on the wild species of tuberiferous solanums we shall mention certain diploid species that possess cytotypes also of a higher ploidy level. One of these is *S. gourlayi* with tetraploid cytotypes, possibly derived by autopolyploidy. Another is *S. oplocense*, with frequent tetraploid and hexaploid cytotypes, as well as the very rare diploid one. It is closely related to the diploid species, *S. hondelmannii*, which may have played a role in the polyploidization, but so far no work to verify this has been attempted.

We know more about the tetraploid Bolivian weed species, *S. sucrense*, which has been shown to be a natural hybrid of *S. oplocense* (4*x*)×*S. tuberosum* subsp. *andigena* (Astley and Hawkes 1979). It possesses much useful genetic diversity inherited from each of its parents.

Perhaps we could best summarize this section by referring to the map (Fig. 1), indicating what I believe to be the migration paths of the wild potato species. It is most interesting, and perhaps instructive, to compare these with the migration of the early mammals (see Simpson 1980, Hallam 1981), which was particularly marked between the northern and southern continents after they were connected by the Central American land bridge in the Pliocene, some 5 million years ago. Since the fruits of wild potatoes may well be distributed by fructivorous ground mammals, it may not be too far-fetched to suppose that the two groups could have migrated together. In all events it is a hypothesis worth keeping in mind for the future.

4. The origins and evolutionary relationships of cultivated potatoes

We are able to speak about the cultivated potatoes with more certainty than the wild ones. One reason is that the former began to evolve only 10,000 years ago or less, when plant domestication first began in South America. Another reason is that more general interest is attached to a crop species as compared with related wild taxa.

Bukasov (1939) in his article on the origin of potato species does not deal with the origin of domestication as such. Here, we have to go to Vavilov, whose well-known hypothesis was that the origin of a cultivated plant was to be found in its area of greatest diversity. He assumed that the longer a domesticate had existed in an area the greater the diversity. Conversely, by looking at the area of greatest diversity one could assume that the crop had been in existence in that area for longer than anywhere else and had thus originated there. This makes sense in general terms, providing that selection pressures remain more or less identical in the regions where the crop is grown. If they do not, one may be led to false conclusions. Many scientists have preferred to investigate the distribution of the most closely similar wild species and to use this as a check against Vavilov's method. However, Vavilov was rather sceptical about this method, stating that some assumed wild prototypes do not vary over wide areas (*Hordeum spontaneum*, for instance), and thus the point at which the domesticates originated cannot be defined accurately. With the much larger range of techniques now available to us for assessing species diversity and relationships we can be much more certain about the wild prototype and centre of origin of a crop than was possible in VAVILOV's time.

With potatoes the area (rather than the centre) of greatest diversity lies in the central Andes of Peru and Bolivia (Figs. 3 and 4). This, then, could be the

Fig. 3 Distribution of cultivated diploid potato species in South America (HAWKES 1958a)

Fig. 4 Distribution of cultivated triploid, tetraploid and pentaploid potato species in South America (HAWKES 1958a)

place of origin, and archaeological evidence, of potato tubers dated to about 10,000 years ago, backs up this supposition. The most "primitive" (i.e. wild-looking) of the cultivated species is the diploid *S. stenotomum* and the most likely wild ancestor to this is *S. leptophyes* from north Bolivia. It is this area where the most "wild-looking" varieties of *S. stenotomum* are to be found; so it would seem that the area around or just to the south of Lake Titicaca is the centre of origin of the domesticated potato (see Fig. 5).

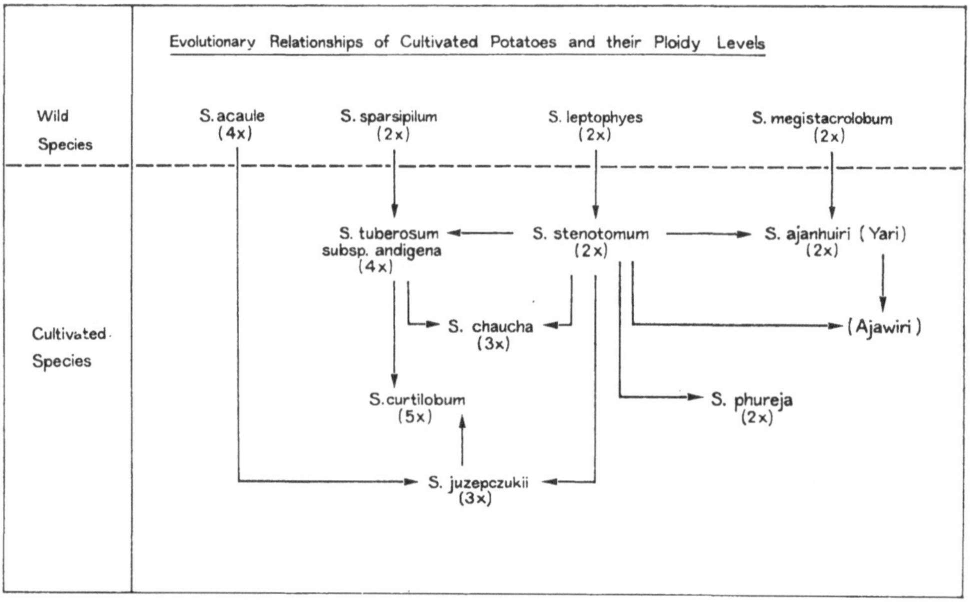

Fig. 5 Evolutionary relationships of cultivated potatoes and their ploidy levels

Was there a secondary centre of origin for potatoes? VAVILOV and BUKASOV believed so and placed this in southern Chile. I do not agree with this, though the area is certainly a centre of diversity. My doubts are due to the fact that the Chilean cultivated potatoes are all tetraploid, and there are no tetraploid wild species from which they could have been derived (apart from two or three obvious "escapes"). Why should there be no diploids, as there are in the Andes? To me it seems quite clear that the Chilean potatoes (*S. tuberosum* subsp. *tuberosum*) were taken to Chile a very long time ago from the central Andes by migrating tribes or through exchange from tribe to tribe. Here they developed a wide range of diversity, causing VAVILOV to think that southern Chile might be a centre of origin (VIIIa on his map), rather than a secondary centre of diversity; another example of this phenomenon is the diversity of barleys and tetraploid wheats in Ethiopia, which certainly did not originate there as domesticates.

To return to the central Andes, figure 5 indicates a total of four wild species involved in cultivated potato evolution, three of them being involved *after* domestication. The first step was probably the formation of the tetraploid *S. tuberosum* subsp. *andigena* (CRIBB and HAWKES 1986), by natural hybridization of *S. stenotomum* with the weed species *S. sparsipilum*.

Then came the incorporation of frost resistance by natural hybridization between *S. stenotomum* and the wild tetraploid frostresistant species, *S. acaule*. From this resulted the triploid cultigen *S. juzepzukii* and the pentaploid *S. curtilobum* (HAWKES 1962, SCHMIEDICHE et al. 1980, 1982). At some point also, frost resistance was introduced from another wild source *S. megistacrolobum*, which by a natural cross and a backcross with *S. stenotomum* created *S. ajanhuiri* (HUAMÁN et al. 1982, 1983).

The other diploid cultigen, *S. phureja*, evolved from *S. stenotomum* by selection for rapid maturity and lack of tuber dormancy, so as to develop varieties capable of giving two or even three crops a year in the lower eastern frost-free Andean valleys. Although *S. phureja* may be polyphyletic, derived by unconscious selection many times in these valleys it is clearly distinguishable from *S. stenotomum*. Moreover, it has extended its range from northern Bolivia and Peru far beyond the distribution area of *S. stenotomum* into Ecuador, Colombia and Venezuela.

Finally, we should mention a series of triploid clones that have been given a species name, *S. chaucha*, for ease of reference and seem to be natural crosses of *S. tuberosum* subsp. *andigena* with *S. stenotomum* (JACKSON et al. 1977, 1978).

Thus, although BUKASOV in several publications considered *S. chaucha* to be derived from crosses of *S. tuberosum* subsp. *andigena* by *S. phureja*, JACKSON et al. came to the conclusion that *S. stenotomum* was the most general parent, though possibly *S. phureja* might have been involved here and there.

JUZEPCZUK and BUKASOV (1929) in describing their new cultivated species defined some six more than we now recognize. These have come to be considered as minor variants by western potato taxonomists, though BUKASOV always maintained them, as well as the Chilean "escapes", *S. leptostigma* and *S. molinae*. BUKASOV also followed a previous suggestion of mine that *S. canasense* might have been the wild progenitor of *S. stenotomum*; this is certainly possible, but the pubescence type of *S. leptophyes* matches better with that of *S. stenotomum*. It is very unlikely that the Argentinean species *S. vernei* could be the progenitor of the cultivated potato as BRÜCHER (1954) postulated. *S. vernei* occurs at lower altitudes than *S. stenotomum* or *S. tuberosum* subsp. *andigena* and is adapted to mountain rain forests, not to the high altiplano to which the cultigens are adapted. Finally, none of the cyst-nematode resistance genes of *S. vernei* occur in the cultigens.

One final point concerns VAVILOV's observation that the centre of origin of a crop plant generally coincides with the greatest diversity of its specialized pests and parasites. This sounds reasonable enough, but with potatoes it does not always hold true. Thus the late blight fungus *Phytophthora infestans* has its centre of diversity in central Mexico, where the wild species there, not the cultivated ones (which arrived in historical times), have developed various types of genetic resistance to it. In the centre of origin of the crop it is true that a generalized resistance can be found but no more. With other pests and diseases such as the potato viruses X, Y, leaf roll, M. etc., resistance is found in wild species, very rarely in the cultigens. Similarly, with cyst nematodes (*Globodera* ssp.) and root-knot nematodes *(Meloidogne)* very little resistance is found in the cultigens and very much in wild species. This is curious, since in those wild species assumed to be ancestral to the potato, such as *S. leptophyes* and *S. sparsipilum*, we find high levels of resistance, but in the cultigens themselves very much less. It could be assumed that only susceptible forms of the wild progenitors were brought into cultivation, but the reason for this remains obscure.

Finally, we should examine the impact of VAVILOV's Law of Homologous

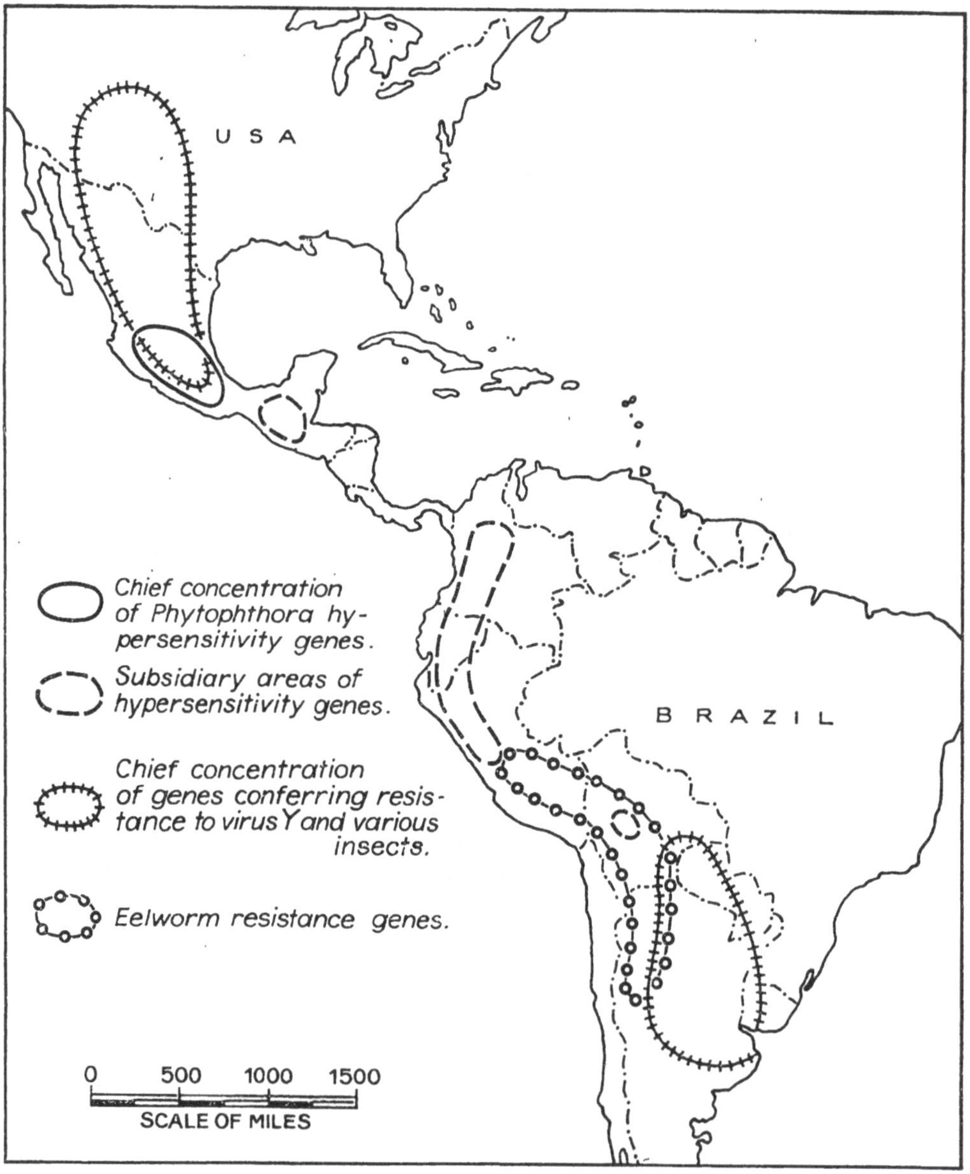

Fig. 6 Geographical distribution of genes conferring resistance to certain potato diseases and pests (HAWKES 1958b)

Series on potatoes. One fact stands out very clearly, as I have shown in 1958: resistance genes are found in many distinct wild species in specific areas. As figure 6 shows, insect resistant genes and those conferring resistance to insect-transmitted viruses are clearly restricted to Argentina on the one hand and Mexico to the S. W. USA on the other. This obviously relates to the strong selection pressure on wild potatoes for resistance to insects and viruses in those areas. A similar situation relates to *Phytophthora infestans* and to cyst and root-knot nematodes. So parallel variation is clearly demonstrable in wild potatoes. As we have said before, it is curious that it hardly occurs at all in cultivated ones, and where it does, as in the case of morphological similarities, it may possibly be due to gene transfer or introgression. More investigations are needed on this point. However, there is no question but that the work of VAVILOV, BUKASOV and other Russian potato geneticists revolutionised our knowledge of potato evolution and showed clearly the value of the wild and cultivated potatoes to plant breeders.

Zusammenfassung

Die Evolution der Kulturkartoffeln und ihrer knollentragenden verwandten Wildarten

Neue Befunde weisen darauf hin, daß die Kartoffeln zuerst vor etwa zehntausend Jahren in den Zentral-Anden Südamerikas domestiziert wurden. Diese gehörten zur primitiven diploiden Art *Solanum stenotomum*, die vom wilden Prototyp *S. leptophyes* hergeleitet wird. Die tetraploide Kartoffel *S. tuberosum* ging aus der Hybridisierung von *S. stenotomum* mit einer zweiten diploiden Wildart, *S. sparsipilum*, hervor. An der weiteren Evolution waren mindestens zwei weitere Wildarten beteiligt, nämlich *S. acaule* and *S. megistacrolobum*. Sie brachten Gene für Frostresistenz in den kultivierten Genpool ein und hatten die Entstehung einer polyploiden Serie zur Folge.

Die Wildkartoffeln begannen sich in Mexiko zu entwickeln und einige von ihnen wanderten im Pleistozän über die temporäre Landbrücke nach Südamerika. Später fanden Rückwanderungen nach Mexiko statt, die zur Ausbildung von tetra- und hexaploiden Artengruppen führten. Der Beweis für die Evolution wird auf die Veränderung der primitiven weißen strahlenförmigen Blumenkrone in eine weiter entwickelte radförmige Blumenkronenform in Südamerika gegründet. Diese Hypothese wird auch durch serologische und cytogenetische Befunde gestützt.

Alle hier vorgeschlagenen Hypothesen über die Kartoffelevolution stimmen gut mit VAVILOVS Theorien zur Pflanzendomestikation überein.

Краткое содержание

Эволюция культурного картофеля и его клубненосных родственных диких видов

Новые находки указывают на то, что картофель был одомашен всего лишь около 10000 лет назад в Центральных Андах Южной Америки. Он принадлежал к примитивному диплоидному виду *Solanum stenotomum*, диким прототипом которого является *S. leptophyes*. Тетраплоидный картофель *S. tuberosum* произошел путем гибридизации *S. stenotomum* с другим диплоидным диким видом – *S. sparsipilum*. В дальнейшей эволюции участвовали, по крайней мере, ещё два других диких вида, такие как: *S. acaule* и *S. megistacrolobum*. Они внесли гены морозоустойчивости в культивируемый генный пул и, как следствие, произошло возникновение полиплоидной серии.

Дикие виды картофеля начали развиваться в Мексике и некоторые из них попали в период плэоцена, через временный перешеек, в Южную Америку. Позднее произошло его обратное переселение в Мексику, что привело к образованию тетра- и гексаплоидных видов групп. Доказательством эволюции служит также изменение венчика от примитивного белого лучеобразного в более развитую, колесовидную форму в Южной Америке. Эта гипотеза поддерживается также серологическими и цитогенетическими результатами.

Все здесь предложенные гипотезы об эволюции картофеля, хорошо совпадают с теорией Вавилова об одомашивании растений.

Literature

ASTLEY, D., and J. G. HAWKES, 1979: The nature of the Bolivian weed potato species *Solanum sucrense* HAWKES. – Euphytica **28**, 685–696.

BRÜCHER, H., 1954: Cytologische und ökologische Beobachtungen an nordargentinischen *Solanum*-Arten der Section Tuberarium. Teil I. Die Wildkartoffel-Arten des Aconquija-Gebirges. – Züchter **24**, 281–295.

BUKASOV, S. M., 1939: The origin of potato species. – Physis, Buenos Aires **18**, 41–46.

–, 1941: The origin of species of potatoes. – Vestnik Socialisticheskogo Rastenievodstva **1**, 157–164 (Russ.).

–, 1968: Phylogeny of the cultivated potato species. – In: Genetichii izsledvaniya v pametna Doncho Kostov, 19–30. (Russ.) – Bulgarian Academy of Sciences. Sofia.

–, 1970: Cytogenetic problems of evolution of the potato species of the section Tuberarium (DUN.) BUK. genus *Solanum*. – Genetika **6**, (4), 84–95 (Russ.).

CORRELL, D. S., 1962: The potato and its wild relatives. – Contributions from the Texas Research Foundation, **4**, pp. 606. – Texas Research Foundation, Renner, Texas.

CRIBB, P. J., and J. G. HAWKES, 1986: Experimental evidence for the origin of *S. tuberosum* subsp. *andigena*. In: D'ARCY, W. G. (Ed.): Solanaceae: biology and systematics. – Columbia University Press, New York.

GELL, P. G. H., J. G. HAWKES, and S. T. WRIGHT, 1960: The application of immunological methods to the taxonomy of species within the genus *Solanum*. – Proc. Royal Society, Series B, **151**, 364–383.

HALLAM, A., 1981: Relative importance of plate movements, eustasy and climate in controlling major biogeographical changes since the early Mesozoic. In: NELSON, G., and D. E. ROSEN (Eds.): Vicariance Biogeography: A Critique. – Columbia University Press, New York.

HANNEMAN, R. E., and J. B. BAMBERG, 1986: Inventory of tuber-bearing *Solanum* species. – University of Wisconsin, Madison. U.S.D.A. Bulletin **533**.

HAWKES, J. G., 1956: Hybridization studies on four hexaploid *Solanum* species in series Demissa BUK. – New Phytol. **55**, 191–205.
–, 1958a: Potatoes: Taxonomy, Cytology and Crossability. In: KAPPERT, H., and W. RUDORF (Eds.): Handbuch der Pflanzenzüchtung, 2nd edition, Vol. 3, Chapter 1, 1–43. Parey, Berlin und Hamburg.
–, 1958b: Significance of wild species and primitive forms for potato breeding. – Euphytica **7**, 257–270.
–, 1962: The origin of *Solanum juzepszukii* BUK. and *S. curtilobum* JUZ. et BUK. – Zeitschr. Pflanzenzücht. **47**, 1–14.
–, 1966: Modern taxonomic work on the *Solanum* species of Mexico and adjacent countries. – Amer. Potato J. **43**, (3), 81–103.
–, 1978: Biosystematics of the potato. In: HARRIS, P. M. (Ed.): The Potato Crop: the Scientific Basis for Improvement. Chapter 2, 15–69. – Chapman and Hall, London.
–, and J. P. HJERTING, 1969: The potatoes of Argentina, Brazil, Paraguay and Uruguay – a biosystematic study. – Annals of Botany, Memoir No. **3**. Oxford University Press.
–, –, 1988: The potatoes of Bolivia – their Breeding Value and Evolutionary Relationships. – Oxford University Press.
–, and M. T. JACKSON (in press): Evolutionary implications of the embryo balance number hypothesis in potatoes. –
HUAMÁN, Z., J. G. HAWKES, and P. R. ROWE, 1982: A biosystematic study of the origin of the diploid potato, *Solanum ajanhuiri*. – Euphytica **31**, 665–675.
–, –, –, 1983: Chromatographic studies on the origin of the cultivated potato *Solanum ajanhuiri*. – Amer. Potato J. **60**, 361–367.
JACKSON, M. T., J. G. HAWKES, and P. R. ROWE, 1977: The nature of *Solanum chaucha* JUZ. et BUK., a triploid cultivated potato of the South American Andes. – Euphytica **25**, 775–783.
–, P. R. ROWE, and J. G. HAWKES, 1978: Crossability relationships of Andean potato varieties of three ploidy levels. – Euphytica **27**, 541–555.
JOHNSTON, S. A., T. P. M. DEN NIJS, S. J. PELOQUIN, and R. E. HANNEMAN, 1980: The significance of genic balance to endosperm development in interspecific crosses. – Theor. Appl. Genet. **57**, 5–9.
JUZEPCZUK, S. W., and S. M. BUKASOV, 1929: A contribution to the question of the origin of the potato. – Trudy Vsesoyuznoi Sezda po Genetike i Selektsii **3**, 593–611 (Russ.).
KAWAKAMI, K., and M. MATSUBAYASHI, 1957: Studies on the species differentiation in the section Tuberarium of *Solanum*. V. Genomic affinity between *Solanum verrucosum* and *S. demissum*. – Hyogo Noka Daigaku Kenkyu Hokoku: Nogaku Hen/Sci. Rep. Hyogo Univ. Agric.: Ser. Agric. 1957, **3**, 17–21.
LÓPEZ, L., 1979: A biosystematical study of the Series Conicibaccata of the genus *Solanum*. – Ph. D. Thesis, University of Birmingham.
MARKS, G. E., 1955: Cytogenetic studies in tuberous *Solanum* species. I. Genomic differentiation in the group Demissa. – J. Genetics **53**, 262–269.
MOK, D. W. S., and S. J. PELOQUIN, 1975a: Three mechanisms of 2n pollen formation in diploid potatoes. – Canad. J. Genet. and Cytol. **17**, 217–225.
–, –, 1975b: Breeding value of 2n pollen (diplandroids) in tetraploid × diploid crosses in potatoes. – Theor. Appl. Genet. **46**, 307–314.
NIJS, T. P. M. DEN, and S. J. PELOQUIN, 1977: Polyploid evolution via 2n gametes. – Amer. Potato J. **54**, 377–386.
RAVEN, P. H., and D. I. AXELROD, 1975: History of the flora and fauna of Latin America. – Amer. Scient. **63**, 420–429.
RYBIN, V. A., 1930: Karyologische Untersuchungen an einigen wilden und einheimischen kultivierten Kartoffeln Amerikas. – Z. indukt. Abstammungs- und Vererbungslehre **53**, 313–354.
–, 1933: Cytological investigations of the South American cultivated and wild potatoes and its significance for plant breeding. – Trudy Prikl. Bot. Genet. i Selek. IId Series, No. **2**, 3–173 (Russ.).
SCHMIEDICHE, P. E., J. G. HAWKES, and C. M. OCHOA, 1980: Breeding of the cultivated

potato species *Solanum juzepczukii* BUK. and *S. curtilobum* JUZ. et BUK. I. – Euphytica **29**, 685–704.
–, –, –, 1982: The breeding of the cultivated potato species *Solanum juzepczukii* BUK. and *S. curtilobum* JUZ. et BUK. II. – Euphytica **31**, 695–707.
SIMPSON, G. G., 1980: Splendid Isolation. The Curious History of South American Mammals. – Yale University Press, New Haven and London.
TARN, T. R., and J. G. HAWKES, 1986: Cytogenetic studies and the occurrence of triploidy in the wild potato species *Solanum commersonii* DUN. – Euphytica **35**, 293–302.

Professor Dr. J. G. HAWKES
The University of Birmingham
P. O. Box 363
Birmingham B15 2TT
England

Kulturpflanze 36 · 1988 · 209–224

Co-evolution in host-parasite relations

MARTIN S. WOLFE

Summary

The growth of interest recently in co-evolution of hosts and their parasites arises partly from the hope that a better understanding of the processes involved should provide new insights into disease control in agriculture. Unfortunately, examination of natural systems makes it immediately clear that they are often complex and that the host-parasite interaction may be obscured by many other interactions with different organisms and with physical factors that all affect evolution. For example, though it may be generally true that parasites are deleterious to their hosts in natural systems, this may not always be the case. There is evidence that some parasites are directly beneficial to their hosts: others may be cryptically so.

Furthermore, although processes such as density-dependent and frequency-dependent selection are considered to be important in host parasite co-evolution, there is little direct evidence for such effects. The role of gene-for-gene interactions and the effects of "unnecessary" virulence genes are also poorly understood.

The principal reason for our lack of understanding of host-parasite co-evolution is that there have been no large-scale analyses of natural ecosystems that have been repeated at regular intervals to follow the dynamics of the host and parasite genotypes under selection.

Introduction

N. I. VAVILOV (1914) while working at the John Innes Horticultural Research Station in London (COHEN 1980), now associated with IPSR, wrote a major paper on disease resistance in cereals which was among the first to intimate the possibility of co-evolution of host and parasite in natural ecosystems. He found that it was possible to use response to parasites such as *Erysiphe graminis* and *Puccinia triticina* (= *P. recondita*) as a taxonomic criterion. For example, accessions of *Triticum vulgare*, *T. compactum* and *T. spelta* were largely susceptible to the two parasites, whereas *T. durum*, *T. polonicum*, *T. turgidum* and *T. monococcum* were resistant. He also noted that *T. dicoccoides*, the parent of modern wheats, had some resistant and some susceptible forms.

Such ideas developed eventually into the modern view of host-parasite relations which sees a feed-back process between the two organisms that affects their continued evolution. It is generally accepted that parasites can damage hosts in ways that more or less severely reduce host fecundity; equally, some parasites can fail to reproduce on resistant hosts. Thus each organism is capable of affecting the fitness of the other. But is this sufficient evidence forco-evolution?

If we consider natural ecosystems, we are immediately aware of competitive interaction between plant species, each of which may be affected by different ranges of parasites affecting each host at different stages. The parasites may themselves be considerably affected by hyperparasites, and so on. Furthermore, the system is also affected by the animals within it, including man, together with their system of parasites, predators and prey, and so on. In addition to the complex interrelations between all of the living organisms in the system, we must also realise that the degree and direction of the interactions that occur will be affected by environmental variation. Is it possible, therefore, with any confidence, to disentangle this complex web and to be sure that the host-parasite element is co-evolving? Is a reductionist view of part of the overall interaction relevant? Such questions are difficult to answer, but we can try to examine some of the evidence in a way similar to the elegant and extensive survey of BURDON (1987).

Agricultural ecosystems represent a special case, first, in that host and pathogen are largely isolated from interactions with other organisms in the environment, and second, that the feedback process between host and pathogen is mediated by man. The distinction between the two ecosystems is often blurred by their interaction in many parts of the world.

Discussion

1. Deleterious effects of parasites on hosts

Particularly where imbalance occurs between host and parasite, there is endless evidence of major and catastrophic effects of the parasite; late blight on potato, chestnut leaf blight, Dutch elm disease, southern corn leaf blight of maize, downy mildew of pearl millet, and so on. Indeed, many such epidemics have been so severe as to radically affect the course of social history.

Some parasites may regularly kill large numbers of their hosts. For example, BURDON (1987) noted that pre- and post-emergence damping off diseases caused by *Phytophthora*, *Pythium* and other species may often cause 50 % or more mortality. With these parasites and their hosts, there is often no evidence of co-evolution as measured by selection of resistance in the host or of virulence in the parasite. However, the effect of the parasite could be to select for other host characters such as larger seed numbers or greater seed dispersal which might be followed by selection for greater spore numbers and dispersal in the parasite.

For parasites that attack their hosts at later stages of development, mortality is less common; more often there is a greater or lesser degree of host starvation, leading to a reduction in reproductive performance. The extent to which the loss in reproductive performance affects fitness depends on many other factors; indeed, it may not always be possible to assume or predict that there will, necessarily, be a loss in fitness, particularly in relation to the balance of all other variables in the ecosystem.

The general view that parasites are always deleterious probably arises because such effects are considered in isolation. If the effects of a parasite are considered in relation to all other interactions in the ecosystem, those effects may often be beneficial to both host and parasite, rather than deleterious (HALDANE 1949, DINOOR and ESHED 1984). Moreover, where a host and parasite exist passively together, there may be considerable selection for accommodation, that is for the organisms to exhibit mutualism as a long-term strategy beneficial to both.

There are at least three ways in which such mutualism might operate:

1. Plant parasites such as those causing rusts and mildews have an enviable Harvest Index; the ratio of the weight of propagules produced to the vegetative structures that produce them, is very high, much more so than in, say, wheat. Selection towards improved H. I. in the parasite is selection towards improvement in its transmissibility (BARRETT 1984), or in its efficiency of use of host energy. The converse in the host is selection for tolerance of the parasite; thus, for a given amount of parasite infection, the selected host is less affected than the unselected host.

A related generalisation is that there is often a positive correlation between spore production and growing conditions favouring host development. In other words, the parasite maximises spore production only when the host is well able to tolerate such production (the converse, of maximising spore production when the host is danger of death, has a theoretical advantage as a parasite strategy, but appears to be uncommon among obligate biotrophs).

2. The existence of infection on the host may have the advantage for it, as implied by HALDANE (1949), of providing a weapon against competitive invasion of the latter are more sensitive of the effects of the spores being dispersed from the established host.

Host infection by the co-evolved parasite may also have the advantage for the host of reducing invasion by other parasites through induced resistance. Infection of a host plant with a compatible parasite isolate may often render the host resistant or less susceptible not only to the same isolate, but also to other isolates of the same parasite and to at least some other parasites. The effect is generally density-dependent in that it increases with increasing amounts of inoculum (MARTINELLI, unpublished data). This suggests that under environmental conditions increasingly favourable for invasion by other parasites, the effect of induced resistance would be greater. This feature of induced resistance may also be advantageous to the host because it ensures that large effects are produced only when they are needed.

3. DINOOR and ESHED (1984) suggested from field observations that grazing animals, and farmers under subsistence conditions, tend to avoid diseased plants and to take only healthy leaves and heads. Indeed, it may be no accident that the symptoms caused by successful biotrophic parasite are commonly striking

in appearance and provide their names, stripe rust, stem rust, powdery mildew, net blotch, and so on. GIBBS (1980) found that the growth rate of *Kennedia rubicunda* was reduced by infection with Kennedia yellows mosaic virus, but the bright yellow colour of the foliage restricted grazing by mammalian herbivores so that overall fitness may have been increased relative to that of healthy plants. In another interesting example, BRADSHAW (1959) found that *Epichloe typhina* prevented flowering of *Agrostis* ssp. but increased vegetative growth. Thus, under heavy grazing, infected plants were fitter than at least some healthy plants, but in the absence of grazing they were eliminated.

Considering these features together, and perhaps others, it may be argued that our view of so-called host-parasite interactions and the effects of disease in natural ecosystems may sometimes be incorrect or biased; the co-evolved organisms may be well-adapted to mutually helpful co-existence.

2. *Genetic variation in host resistance and parasite virulence*

For co-evolution to occur, there must be genetic variation for resistance in the host and for virulence in the parasite. Such potentially interactive variation is most easily demonstrable for obligately biotrophic parasites such as the fungi causing rusts, mildews and smuts, as VAVILOV was well aware. In other groups there appears to be variation in host resistance, but no obvious matching variation in the parasite, for example, with some of the wilt diseases. Elsewhere, variation in the parasite occurs apparently without variation in the host, for example, in *Gauemannomyces graminis* on wheat. For the majority of plants, there is no matching variation in either potential host or potential parasite, and therefore no infection.

Among the obligate biotrophs, the outstanding work of FLOR showed that, at least for flax and its rust pathogen, it was possible to describe a gene-for-gene interaction, provided that simultaneous genetic analysis was carried out on host and pathogen. The beauty of the analysis has, however, been too dazzling in that many authors began to see gene-for-gene interactions wherever hosts and parasites occurred together. Such wholesale use of the idea was questioned by DAY (1974), DAY et al. (1983) and BARRETT (1985). CHRIST et al. (1987) later reviewed a range of experimental results that deviated from a strict one-for-one relationship between the genes of host and parasite.

FLOR's genetic classification was based on the occurrence of qualitative variation in resistance and virulence. However, similar variation also occurs commonly at the quantitative level. Moreover, interaction of quantitative resistance and virulence may be more common than is often supposed (CHRIST et al. 1987, WOLFE et al. 1983), probably because of the difficulty of obtaining reliable assessments from population samples from the field.

In addition to the genes involved directly in causing host-parasite interactions, there are doubtless many other genes that modify the response of host and parasite. In terms of fitness, it is therefore more useful to consider interactions as phenotype-for-phenotype rather than gene-for-gene (WOLFE et al. 1976).

Co-evolution may involve characters other than resistance and virulence in the conventional sense. The point was made above that there may be interaction among characters involved in reproduction of host and parasite; another example might be in relation to timing of infection, with selection for differences in host maturity being matched by selection for relevant matching variation in the parasite. The principle is that if there is variation in the host that limits the parasite, then there will be selection in the parasite to react to that change (SCHWARZBACH 1981); this gives rise to a 'quadratic check' as a trivial result:

		HOST more affected	less affected
PARASITE	less effective	S	R
	more effective	S	S

Selection proceeds in the direction of the arrows.

Genetic analysis of interactions involving characters other than resistance and virulence will inevitably be more difficult, but this does not reduce the potential for their importance in co-evolution.

3. Density-dependent interactions

Infection depends on some minimum density of occurrence of host and parasite. In general, as density increases, we may expect more infection to occur. BURDON (1987) summarised much of the data available on the effect of host density on disease. He warned against the dangers of generalisation but found nevertheless, that for many fungal pathogens spread passively by airborne spores, there is a positive correlation between host density and amount of disease. This would be expected from the inverse power law that governs dispersal of parasite propagules. Against this, however, we have also observed that, with increasing host density and therefore increasing plant-to-plant competition, there is a decrease in the ability of individual plants to support parasite growth. Thus there may be a limit of host density above which the total amount of parasite does not increase. At very low densities, vigorous host plants may support very large amounts of parasite growth (see 2 above), which may provide part of the explanation for observations of severe disease on isolated plants.

Within a natural ecosystem, plants of one species often occur in dispersed clumps. The clumps may well reflect host dispersal; most seed will tend to fall and germinate close to the parent plant and thus be subject to locally spreading infection, particularly if the host progeny are selfed. Occasional seeds may be dispersed successfully to a greater distance, effectively out of range of the infection in question (e.g. AUGSPURGER and KELLY 1984). Unaffected by disease, the distant plant may then establish effectively while the parent colony declines.

Later, however, the new colony will form a target sufficiently large to be hit by spores arriving from the declining parent colony or others and the process recommences.

If such a process does occur, we may predict that host clumps will be restricted to a range of sizes and that they will tend to move around within a space over ecological time. Unfortunately, there are no long-term studies to investigate such a possibility although shifts in the species patchwork of natural ecosystems are easily observed.

4. Frequency-dependent selection

BARRETT (in press) and others have pointed out that in considering frequency-dependent selection in co-evolution, rarity of, say, a resistant host genotype, has no selective advantage unless the matching parasite genotype is also rare. In other words, frequency-dependence operates across the species rather than within. This point appears to be obvious, but it has often been poorly understood. For example, there are many statements in the literature, even up to the 1970's, emphasising that the most important objective in breeding for disease resistance is to produce a host variety resistant to the common races, without consideration of the frequency of the matching virulence. Of course, the more important objective is to produce a resistant variety for which matching virulence is exceedingly rare or, preferably, absent.

Unfortunately, in natural ecosystems, there is no clear evidence of the occurrence of frequency-dependent selection between host and parasite. However, a form of frequency-dependent selection in agriculture was described in detail by WOLFE (1987). This example followed the introduction of the *Mla* 12 resistance to powdery mildew in barley in the UK.

During the early 1970's, the variety 'Sultan' with this resistance had a considerable advantage because the matching virulence was rare; as a consequence, the variety increased rapidly in popularity. Increased selection for the matching virulence eventually caused a response in the pathogen population and the host then became susceptible.

Because susceptibility to mildew caused a considerable loss in yield of the variety, its popularity began to decline and it was replaced by other varieties with different resistance genes. Reduction in host frequency led to a reduction in frequency of the matching virulence, thus completing the cycle. However, during the early stages of this first cycle, other breeders began to incorporate *Mla* 12 into new varieties with different genetic backgrounds. These were selected in the field at the time that virulence matching 'Sultan' was common so that the new *Mla*12 varieties were resistant to the 'Sultan'-matching races of the pathogen. These varieties then started a new cycle.

Of course, the frequency-dependence cycle described is not a true host-pathogen cycle in that it depended on the intervention of the farmer to drive the frequency changes in the host. Nevertheless, the response of the farmer to the pathogen was similar in kind, if not in degree, to the expected response of the host.

Clearly, density-dependent selection and frequency-dependent selection are inter-related. For example, at low density, phenotypes that occur at low frequency may be lost, whereas at high density they may be of crucial importance for evolutionary change (see also BARRETT, in press).

5. Models

Numerous models of gene-for-gene interaction and co-evolution have been produced in recent years (see BURDON 1987) which lack realism on at least two important counts. The first is that the majority have assumed perfect random distribution of all pathogen propagules over all hosts. The second is the assumption that both host resistance and pathogen virulence carry a cost for the organism in question.

The first problem was highlighted and resolved, at least to some extent, by BARRETT (1980) and BARRETT and WOLFE (1978) by introducing an estimate for the relative proportions of auto- and allo-infection into the dynamics of the pathogen population. Computer simulations with this improved model showed that evolution of pathogen races able to attack all host components in the experimental system was not predictable and that it was likely to occur more slowly than in the simpler models.

All of the models depend on assigning fitness values to the various components, based on the assumption noted above, of a load associated with resistance or virulence. More recently, BARRETT (in press) has pointed out that the fitness differences between host and parasite are likely to be asymmetrical:

	Host fitnesses		Parasite fitnesses	
	R	r	R	r
A	1	1 – s	0	1
V	1 – t	1 – t′	1 – a	1 – b

Thus, for the host, the differences, between all four interactions may be relatively small; certainly, the differences between Ar, VR and Vr are likely to be small. For the parasite, there is likely to be a large difference at least between AR and the remainder.

Because the fitness differences between the host phenotypes are smaller than those between the parasite phenotypes, BARRETT (in press) argued that if cycling did occur between host and parasite phenotypes, the amplitude of the parasite cycles would be greater than those of the host so that parasite phenotypes might become fixed or lost due to stochastic effects. If so, then constant cycling would be likely to be replaced by an 'arms-race'. In other words, if the virulent phenotypes became fixed in the population, the only way out for the host would be by the evolution of a novel resistant phenotype.

The observations of GROTH and ROELFS (1982) particularly, led to questions of the need for assumptions about a coast of resistance or virulence in the dynamics of selfed hosts or asexual pathogens. Since the different clones in the population do not interact genetically, "whole genotypes (clones) are replaced because they do not have the appropriate virulence gene *not* because they carry unnecessary virulence genes" (BURDON 1987), which would theoretically reduce their fitness.

BROWN (to be published) has developed a model for asexually reproducing pathogen populations that shows how cyclical dynamics could develop without invoking the idea of deleterious effects of unnecessary virulence genes to account for the decrease in frequency of unnecessary races. For pathogens that reproduce asexually, this model provides a valuable and simple explanation for the whole process of dynamic change in populations. It could presumably be extended to hosts that reproduce largely by selfing and in which co-adapted gene complexes, rather than single genes, provide the unit of selection (BROWN et al. 1980).

The model was tested in relation to the rapid increase of infection of powdery mildew on the barley variety 'Triumph', which recently achieved a high degree of popularity in eastern England. Tests of spore samples of the pathogen from the atmosphere on differential varieties, for fungicide resistance and for restriction fragment length polymorphism (RFLP) of the pathogen DNA, led to the conclusion that there were probably few clones of the pathogen involved in the large-scale infection of 'Triumph', and that these were probably closely related.

During the early increase of 'Triumph'-virulent clones, there was an associated increase in virulence for *Mla*6. This character was unnecessary; indeed, no known matching hosts were grown in the area at the time so we may assume that this was an example of "hitch-hiking". Presumably, the first selected mutations for virulence on 'Triumph' happened to occur in *Mla*6 virulent clones so that the *Mla*6 virulence was carried along during the rapid multiplication of the pathogen on 'Triumph'.

Interestingly, this combination of virulence genes reached a maximum in 1984. Since then, virulence for 'Midas' has declined rapidly in frequency. Why? Two possible reasons are, first, that a clone or clones with greater fitness on 'Triumph', which by chance lacked *Mla*6-virulence, was selected and displaced those with *Mla*6-virulence; this assumes that the unnecessary virulence did not affect fitness. Alternatively, the occurrence of *Mla*6-virulence did reduce fitness and the first selected clones were eventually replaced by other, fitter, clones that lacked virulence on *Mla*6. At the moment, we cannot say which explanation is correct; to do so requires an experimental test of the kind suggested by BRONSON and ELLINGBOE (1986) and OSTERGAARD (1987) in which the effect of the presence or absence of an unnecessary virulence is tested against random genetic backgrounds. Such tests are also needed to analyse the apparent negative effects of unnecessary virulence for *Ml*-1a and *Mla*12 on virulence for *Mla*7, and vice versa (WOLFE 1987).

The success of *Erysiphe graminis* f. sp. *hordei* as a pathogen is, of course, related partly to the effective sexual stage which helps to provide a massive source of variation. Evidence for such variation comes, for example, from an analysis of 85 isolates of the pathogen from a single field of the variety 'Maris Otter' obtained in 1983 (WOLFE et al. 1987). A total of 30 different phenotypes, based on virulence and fungicide resistance characters, was found. The five major differential varieties used were capable of detecting a maximum of 32 phenotypes; 15 were actually recorded from this small sample, representing the maximum possible, given the frequencies of the individual virulence characters. In a similar way a population sample of isolates from a field of 'Atem', obtained in 1985, was analysed for RFLPs and again revealed considerable variation within a small number of isolates (WOLFE and SIMPSON, unpublished data).

The contrast between these observations that reveal population complexity, and the observations with 'Triumph', indicating population simplicity, underline the success of the pathogen in being able both to generate variation through its sexual stage, and to respond rapidly to a major selective influence through its asexual stage.

6. Co-evolution of host-parasite relations in natural ecosystems

Despite the features of host and parasite interaction described in the foregoing sections, there is still no hard evidence to show that co-evolution does occur. This deficiency in our knowledge occurs primarily for two reasons. The first is that many experimental observations have relied on tests of local parasite isolates on standard host differentials and of local host lines with standard pathogen isolates. Such methods are relatively simple, but there is no assurance that the performance of local hosts or isolates in this respect is of relevance to their interaction with each other in a particular niche.

The second major problem is that there are few studies of the interactions of local populations over time. Among the few are the analyses of the Composite Cross populations of barley responding to *Rhynchosporium secalis* (WEBSTER et al. 1986) or to *Erysiphe graminis* (KEMAL and BARRETT, pers. comm.). Considerable changes in the frequencies of resistance genes have been noted, but it is not always clear, at least with *R. secalis*, that these changes were due to selection by the pathogen. Because of the small scale of the experiments it was not possible to investigate any effect of the host on the pathogen populations. Some of the evidence in the studies with *R. secalis* suggested that there was a cost of resistance; the frequencies of resistance genes declined in years with little or no disease.

An experiment on a natural system that approaches more closely to the ideal requirements for analysis was reported by DINOOR and ESHED (1987). Samples of *Hordeum spontaneum* from five locations on a west to east transect across Israel were planted in a single field experiment. They were each grown on ten separated sites with two plots at each site, one of which was shaded. The ten separated sites were inoculated with different isolates of *Erysiphe graminis* f. sp. *hordei*, two from each of the five original locations. Frequency distributions were then drawn from the reactions of individual plants in each population sample to each of the ten isolates, both in the shade and in the direct sunlight. The overall mean disease levels of the five host samples and the ten pathogen samples are given in table 1.

From table 1, there was some indication that the host population from Yavne was more susceptible and that from Jerusalem more resistant, than the remainder. On the other hand, there appeared to be no overall differences among the pathogen populations. I also analysed the data for interactions among host and parasite populations; the mean infection on host populations infected with

Table 1
Mean levels of powdery mildew infection on host population samples of *Hordeum spontaneum* from five locations in Israel and of ten population samples of *Erysiphe graminis* f. sp. *hordei* from the same locations

	Location Yavne	Har'el	Kesalon	Q. Anavim	Jerusalem
Host	44.1	33.3	32.0	34.4	29.2
Parasite	33.3	35.5	34.8	32.7	36.7

parasite isolates from the same locations was 34.4, compared with a mean value of 34.7 for host populations infected with parasite isolates from other locations.

From the table of 5 host populations × 10 parasite isolates, the total chi-squared value was 22.87 (not significant), one quarter of which was due to the interaction of the parasite isolates with the host population from Jerusalem, and one quarter from the interaction of the host populations with the isolates from Kesalon. The isolates from Kesalon were notably more pathogenic than expected on the host population from Jerusalem.

The amount of infection developing at the five locations varied in amount and timing with very little infection at Yavne and late infection at Jerusalem. It seems, however, that these differences may have been almost entirely environmental since there was remarkably little interaction between the host and parasite populations from the different sites. This could suggest that each population had reached an equilibrium in its evolution which was being maintained despite considerable environmental differences among the sites.

DINOOR and ESHED (1984, 1987) suggested that the greater resistance of the Jerusalem host population was associated with a larger than expected number of virulence genes in the associated parasite population. However, since the virulence gene numbers were determined from tests with standard host differentials, it is difficult to be certain of the relevance of this observation to the field reactions.

Nevertheless, it was thought that the differences between the Jerusalem population and the remainder may have been due to the more difficult, arid conditions for survival of the parasite. This view is contrary to the conclusions of BURDON et al. (1983) who observed that for *Puccinia coronata* on wild oat species, there was more, and greater diversity of, resistance in northern New South Wales where conditions were *more* favourable for disease development. It is unlikely that such difficulties of interpretation of observations in wild populations will be resolved until experiments can be carried out repeatedly on closely defined populations over an extended time scale.

Because of the extremely varied environment in Israel with many ecological niches, it is thought that many of the small interacting populations of wild host and parasite species are isolated. This raises a problem in relation to the co-evolution of such populations. GALE (1987) considered that, on average, the resistance of a new variety introduced into intensive agriculture survived longer than might be expected given the massive size of the pathogen population and the very large selective advantage associated with virulence on the new host. He suggested some key features of the early establishment of the newly selected pathogen mutant matching the resistance of the host to explain such delays. Principally, they were that the new mutant might be deleterious and would occur in an unselected background. Furthermore, the mutant may not occur in a reproductive line of the pathogen.

If we apply GALE's considerations to small, isolated populations of host and parasite, then it would seem unlikely that the parasite would ever be capable of adapting to resistance in the host. However, it is possible that, although the host populations of selfed species such as most cereals, may be truly isolated since their progeny are restricted to their site of origin, the parasite populations are not. SCHWARZBACH (pers. comm.) was unable to detect mass movement of conidia of *Erysiphe graminis* in Israel, but this does not exclude the possibility that occasional conidia may spread from one niche to another. Perhaps the lack of interaction between host and parasite at the five locations analysed by DINOOR and ESHED (1987) indicates that there was indeed effective gene flow between the parasite populations in those different niches.

Alternatively, or additionally, one may also argue that the physical limitation in niche size encourages selection for the ability of the parasite to extend its host range and therefore the effective size of the niche. WAHL et al. (1978) and others have shown that the formae speciales of *Erysiphe graminis* in Israel are indeed able to colonise successfully many different host species, in contrast to the same formae speciales in, say, Europe, which appear to be totally restricted to their own host species. Further evidence for this contrast comes, on the one hand, from DINOOR and ESHED (1984), who were able to produce "dangerously fit" interformal hybrids of rust parasites in Israel, and on the other, from our own data (WOLFE et al. 1987) on restriction fragment length polymorphisms of pathogen DNA which has shown considerable differences in the DNA structure among samples of *Erysiphe graminis* f. ssp. *avenae, hordei, secalis* and *tritici* from the intensive agriculture of the UK.

Following GALE'S reasoning, highly inbred host would seem to offer an easy target for the parasite since there would be even less change for the small host population to generate successful resistant mutants. Nevertheless, some hosts survive and, as BARRETT (in press) pointed out, fitness differences among hosts and parasites tend to be asymmetrical. In other words, the fitness differences between resistant and susceptible hosts tend to be smaller than those between virulent and non-virulent races of the parasite. However, this begs the question: how did they come to be this way? What is the reason for the apparent accumulation of specific resistance genes in small host populations growing in isolated niches?

7. Co-evolution of host-pathogen relations in agricultural ecosystems

Harlan (1976) pointed out some of the factors in the earliest forms of agriculture that are distinct from modern agriculture and which probably prevented regular and serious outbreaks of epidemic diseases. Farms were well separated, fields were small, crops were rotated between mixtures of species and varieties within those species were highly heterogeneous; fertiliser supply, at best, was probably no more than adequate. As a consequence, there was little opportunity for build-up of inoculum of a single pathogen or race.

Gradually, however, agriculture became more intensified and trade and movement of hosts, and their pathogens, increased. Imbalances between host and pathogen populations thus became common and epidemic plant disease began to shape the history of human society. "Boom and Bust" cycles are well-documented and they led to the most common method of using host resistance on modern agriculture, the replacement strategy (Duvick 1977). This represents a simplified form of co-evolution in which host selection is effected by man (see above).

Following the replacement strategy for spring barley in the UK in the 1970's, we noted that the evolving pathogen (*Erysiphe graminis* f. sp. *hordei*) did not accumulate all of the necessary virulence genes into a single phenotype. We reasoned, therefore, that mixture of varieties with different resistance genes might provide a means of exploiting the diversity in the pathogen population. This led to successful field experiments and a theoretical model to explain disease development and the dynamics of the pathogen in variety mixtures (Wolfe and Barrett 1980, Barrett 1980, Wolfe 1985).

We assumed that the excellent performance of the mixtures was, in part, due to the better adaptation of simple pathogen phenotypes on their "own" host compared with phenotypes carrying one or more unnecessary virulence characters. This assumption was based on observation of pathogen dynamics in the field rather than on strict experimentation. Thus, in the light of Brown's model (to be published) that does not invoke such fitness effects, further investigation will be necessary. Whatever the outcome, however, it is clear that strategic use of host resistance should be arranged so as to prevent selection for the accumulation of many virulences into single pathogen genotypes.

8. Interaction of natural and agricultural ecosystems

Inevitably, natural and agricultural ecosystems interact and this will affect host-parasite co-evolution. The most obvious example is in relation to heteroecious rusts where one host is wild and the other is agricultural. The bestknown is *Puccinia graminis*, growing on wheat and *Berberis* ssp., that led to the elimination of barberry from the wheat-growing areas of the United States.

Fortunately, in this example, society was not concerned about the removal of the wild host. More recently, in Israel, Dinoor (1981) noted the increase in rust disease of stone fruits partly because the alternate host for *Tranzschelia pruni-spinosae* is the wild anemone, *Anemone coronaria*, which is a protected species. Indeed, protection of the wild species host and increased planting of the commercial host led to an overall increase in disease on both.

Apart from interactions involving alternate hosts, *sensu stricto*, there are many examples where wild species are sufficiently closely related to the crop species to allow a particular pathogen to survive in the absence of the host, say, after harvest. Such relationships are particularly important in countries with Mediterranean climates where pathogens of cereal crop species can also infect wild relatives. The importance of such interactions in relation to co-evolution in both ecosystems is barely known.

Conclusions

Interest in co-evolution of host-parasite systems has increased in recent years for several reasons, one of which is the hope that better understanding of co-evolution in the natural ecosystem may provide new insights in the search for better disease control in agriculture. While this may eventually be true, current knowledge has little to offer. To a considerable extent this is because of the complexity of natural ecosystems; we cannot always be sure that host-parasite interactions, or the co-evolution of a host and its parasite, represent the result of effects that are detrimental to the host. Indeed, the two organisms may be co-existing harmoniously while in equilibrium.

However, evidence that relates to the genetics of resistance and virulence (there is none for other characters that may be interacting), and also to density-dependent and frequency-dependent selection, all indicate that co-evolution may be important in natural ecosystems. Indeed, recent development of theoretical models has led to the view that sex in higher organisms may have evolved to provide the host variation necessary to combat parasite evolution.

Unterstanding co-evolution in natural ecosystems would be helped by three major improvements in the analytical approach. The first would be to analyse the interaction and genetics of host and parasite samples taken from the sites where they are interacting. The second would be to simultaneously record other easily indentifiable characters not involved in the interaction. The third improvement would then be re-analyse the host and parasite populations for all of those characters at different times over as long a period as possible. The data produced should then reveal the dynamics of the interacting characters of host and parasite, and whether evolution was driven by asexual or sexual reproduction, determined from the association, or lack of association, of the interacting and non-interacting characters.

Zusammenfassung

Koevolution in Wirt-Parasit-Beziehungen

Das neuerlich anwachsende Interesse an der Koevolution von Wirtspflanzen und ihren Parasiten liegt teilweise in der Hoffnung begründet, aus einem besseren Verständnis dieser Prozesse zu neuen Erkenntnissen für die Bekämpfung von Pflanzenkrankheiten zu gelangen. Allerdings ergibt sich bei der Untersuchung der natürlichen Systeme sofort, daß sie oft komplexer Natur sind, und die Wechselwirkungen zwischen Wirt und Parasit durch viele andere Interaktionen verdeckt werden, die mit verschiedenen Organismen und mit den natürlichen Umweltfaktoren bestehen. Sie alle beeinflussen die Evolution. Obgleich es im allgemeinen zutrifft, daß in natürlichen Systemen die Parasiten ihre Wirte schädigen, braucht es nicht immer der Fall zu sein. Es gibt beispielsweise Parasiten, deren direkter Nutzen für ihre Wirte augenscheinlich ist, während er bei anderen nicht offen zu Tage tritt.

Obgleich Selektionsprozesse, die in Abhängigkeit von Befallsdichte und -häufigkeit ablaufen, für die Koevolution von Wirt und Parasit als bedeutungsvoll angesehen werden, gibt es dafür wenig direkte Beweise. Die Rolle der Wechselwirkungen auf der Grundlage einzelner Gene und das Wirken „unnützer" Virulenzgene werden ebenfalls noch nicht vollständig verstanden.

Die Hauptursache für unser mangelhaftes Verständnis der Koevolution von Wirt und Parasit liegt in dem Fehlen von umfassend angelegten Analysen natürlicher Ökosysteme, die in regelmäßigen Abständen wiederholt wurden, um die Dynamik der Genotypen von Wirten und Parasiten unter den gegebenen Selektionsbedingungen zu verfolgen.

Краткое содержание

Ко-эволюция в связях паразит–хсзяин

Вновь возросший интерес к ко-эволюции растений-хозяев и их паразитов вызван, частично, надеждой, при лучшем понимании этих процессов, получить новые знания для борьбы с болезнями растений. Однако, при исследовании естественных систем, тотчас же выясняется, что они имеют сложную природу и взаимодействия между хозяином и паразитом скрываются под многими другими взаимодействиями, которые осуществляются с различными организмами и естественными факторами окружающей среды. Они все влияют на эволюцию. Несмотря на то, что, в общем, в естественных системах паразиты вредят своему хозяину, однако бывают и исключения. Существую, например, паразиты, чья прямая польза для их хозяев очевидна, в то время как у других – эта выгода не так наглядна.

Несмотря на то, что селекционные процессы, протекающие в зависимости от плотности и частоты поражения, рассматриваются для ко-эволюции хозяина и паразита как важные, однако, для этого существует недостаточно прямых доказательств. Роль взаимодействий на основе отдельных генов и влияние «ненужных» вирулентных генов, пока еще не вполне понятна.

Главная причина для нашего недостаточного понимания коэволюции лежит в отсутствии обширных анализов естественных экосистем, которые следовало бы повторять регулярно через определенное время, чтовы проследить динамику генотипов хозяина и паразита при данных селекционных условиях.

Literature

AUGSPURGER, C. K., and C. K. KELLY, 1984: Pathogen mortality of tropical tree seedlings: experimental studies of the effects of dispersal distance, seedling density, and light conditions. – Oecologia (Berlin) **61**, 211–217.

BARRETT, J. A., 1980: Pathogen evolution in multilines and variety mixtures. – J. Plant Diseases and Protection **87**, 383–396.

–, 1984: The genetics of host–parasite interaction. – In: SHORROCKS, B. (Ed.): Evolutionary Ecology – Blackwell Scientific Publications, Oxford, 275–294.

–, 1985: The gene-for-gene hypothesis: parable or paradigm. – In: ROLLINSON, D., and R. M. ANDERSON (Eds.): Ecology and Genetics of Host–Parasite Interactions. – Linnean Society Symposium Series no. **11**, 215–225.

–, 1988: Frequency-dependent selection in plant–fungal interactions. – Proc. Royal Soc. B. (in press)

–, and M. S. WOLFE, 1978: Multilines and super-races–a reply. – Phytopathology **68**, 1535–1537.

BRADSHAW, A. D., 1959: Population differentiation in *Agrostis tenuis* SIBTH. II. The incidence and significance of infection by *Epichloe typhina*. – New Phytologist **58**, 310–315.

BRONSON, C. R., and A. H. ELLINGBOE, 1986: The influence of four unnecessary genes for virulence on the fitness of *Erysiphe graminis* f. sp. *tritici*. – Phytopathology **76**, 154–158.

BROWN, A. H. D., M. W. FELDMAN, and E. NEVO, 1980: Multilocus structure of natural populations of *Hordeum spontaneum*. – Genetics **96**, 523–536.

BURDON, J. J., 1987: Diseases and Plant Population Biology. – Cambridge University Press, Cambridge, 208 pp.

–, J. D. OATES, and D. R. MARSHALL, 1983: Interactions between *Avena* and *Puccinia* species. I. The wild hosts: *Avena barbata* POTT. ex LINK, *A. fatua* L. and *A. ludoviciana* DURIEU. – Appl. Ecology **20**, 571–584.

CHRIST, B. J., C. O. PERSON, and D. D. POPE, 1987: The genetic determination of variation in pathogenicity. – In: WOLFE, M. S., and C. E. CATEN (Eds.): Populations of Plant Pathogens: their Dynamics and Genetics. – Blackwell Scientific Publications, Oxford, 7–19.

COHEN, B. M., 1980: NIKOLAI IVANOVICH VAVILOV–his life and work. – Ph. D. Thesis, University of Texas.

DAY, P. R., 1974: Genetics of Host–Parasite Interaction. – W. H. Freeman, San Francisco, 238 pp.

–, J. A. BARRETT, and M. S. WOLFE, 1983: The evolution of host–parasite interaction. In: KOSUGE, T., C. P. MEREDITH and A. HOLLAENDER (Eds.): Genetic Engineering in Plants. – Plenum Press, New York, 419–430.

DINOOR, A. D. 1981: Epidemics caused by fungal pathogens in wild and crop plants. – In: THRESH, J. M. (Ed.): Pests, Pathogens and Vegetation. – Pitman, London, 143–158.

–, and N. ESHED, 1984: The role and importance of pathogens in natural plant communities. – Ann. Rev. Phytopath. **22**, 443–466.

–, –, 1987: The analysis of host and pathogen populations in natural ecosystems. – In: WOLFE, M. S., and C. E. CATEN (Eds.): Populations of Plant Pathogens: their Dynamics and Genetics. – Blackwell Scientific Publications, Oxford, 75–88.

DUVICK, D. N. 1977: Major United States crops in 1976. – Annals New York Acad. Sci. **287**, 86–96.

GALE, J. S., 1987: Factors delaying the spread of a virulent mutant of a fungal pathogen: some suggestions from population genetics. – In: WOLFE, M. S., and C. E. CATEN (Eds.): Populations of Plant Pathogens: their Dynamics and Genetics. – Blackwell Scientific Publications, Oxford, 55–62.

GIBBS, A., 1980: A plant virus that partially protects its wild legume host against herbivores. – Intervirology **13**, 42–47.

GROTH, J. V., and A. P. ROELFS, 1982: The effect of sexual and asexual reproduction on race abundance in cereal rust fungus populations. – Phytopathology **72**, 1503–1507.

HALDANE, J. B. S., 1949: Disease and evolution. – La Ricerca Scient. **19**, Suppl. 68–76.

HARLAN, J. R., 1976: Diseases as a factor in plant evolution. – Ann. Rev. Phytopath. **14**, 31–51.

OSTERGAARD, H., 1987: Estimating relative fitness in asexually reproducing plant pathogen populations. – Theor. and Appl. Genet. **74**, 87–94.

SCHWARZBACH, E., 1981: Progress and problems with breeding for disease resistance. – In: Barley Genetics IV. Proc. 4th Internatl. Barley Genetics Symp., 427–434.

VAVILOV, N. I., 1914: Immunity to fungous diseases as a physiological test in genetics and systematics, exemplified in cereals. – J. Genetics **4**, 49–65.

WAHL, I., N. ESHED, A. SEGAL, and Z. SOBEL, 1978: Significance of wild relatives of small grains and other wild grasses in cereal powdery mildews. – In: SPENCER, D. M. (Ed.): The Powdery Mildews. – Acad. Press, London, 83–100.

WEBSTER, R. K., M. H. SAGHAI-MAROOF, and R. W. ALLARD, 1986: Evolutionary response of barley Composite Cross II to *Rhynchosporium secalis* analyzed by pathogenic complexity and gene-by-race relationships. – Phytopathology **76**, 661–668.

WOLFE, M. S., 1985: The current status and prospects of multiline cultivars and variety mixtures for disease control. – Ann. Rev. Phytopath. **23**, 251–273.

–, 1987: Trying to understand and control powdery mildew. – In: WOLFE, M. S., and C. E. CATEN (Eds.): Populations of Plant Pathogens: their Dynamics and Genetics. – Blackwell Scientific Publications, Oxford, 253–273.

–, and J. A. BARRETT, 1980: Can we lead the pathogen astray? – Plant Disease **64**, 148–155.

–, J. A. BARRETT, and S. E. SLATER, 1983: Pathogen fitness in cereal mildews. – In: LAMBERTI, F., J. M. WALLER. and N. A. VAN DER GRAAFF (Eds.): Durable Resistance in Crops. – Plenum Press, New York, 81–100.

–, P. N. MINCHIN, and S. E. SLATER, 1987: Annual Report of the Plant Breeding Institute 1986, Cambridge.

–, J. A. BARRETT, R. C. SHATTOCK, D. S. SHAW, and R. WHITBREAD, 1976: Phenotype–phenotype analysis: field applications of the gene-for-gene hypothesis in host–pathogen relations. – Annals Appl. Biology **82**, 369–374.

Prof. Dr. M. S. WOLFE
Institute of Plant Science Research
Cambridge Laboratory
Trumpington
Cambridge CB2 2LQ
England

Kulturpflanze 36 · 1988 · 225–236

Some aspects of the evolution of C_4 photosynthesis

PETER APEL

Summary

C_4 photosynthesis occurs in at least 18 families of angiosperms. To our current knowledge it is lacking among the gymnosperms.

It seems to be appropriate assuming a polyphyletic origin of this syndrome of anatomical and metabolical traits during the course of angiosperm evolution, e. g. since the Cretaceaous period.

C_4 photosynthesis per se is an adaptation of plants to hot and dry environments or in some cases to salinity.

Speculations about number and sequence of steps during the evolution of C_4 species from ancestors with C_3 photosynthesis should be based on careful comparisons of anatomical as well as biochemical features of related species with different photosynthetic pathways. Thinking about evolutionary problems with regard to C_4 photosynthesis was much influenced by the discovery of C_3–C_4 intermediate species. These were thought to be on the way of evolution from C_3 to C_4 photosynthesis. Best investigated is the genus *Flaveria* (Asteraceae), which contains C_3, C_4 and C_3–C_4 intermediate species, respectively. Therefore a detailed description of the situation within this genus is given.

The genetic distance between C_3 and C_4 and the driving forces for selection of C_4 genotypes in a given environment has to be elucidated by further investigations. Among those the analysis of hybrids between C_3 and C_4 species of the genus *Flaveria* may be a helpful approach.

Introduction

Microfossils of photoautotrophic organisms have been found in 3.5 billion years old sediment (OLSON and PIERSON 1986). It is supposed that since that time live on earth is tightly coupled with harvest of light energy and production of organic matter by photosynthetic organisms. Evolutionary adaptations of the photosynthetic apparatus to a steadily changing environment must unaviodably have taken place during the evolution of the plant kingdom. Photosynthesis itself changed the composition of the atmosphere in such a way that the biochemistry of carbon assimilation was strongly influenced. The formation of oxygen and the decrease in CO_2 concentration both inhibit the efficiency of Rubisco due to the kinetic properties of this key enzyme in the CALVIN cycle. Additionally, as a consequence of the enhanced oxygen concentration the ozone layer was formed and this allowed the development of land biota by preventing a deleteriously high UV radiation.

One of the more recent events (on a geological timescale) in the evolution of photosynthesis has been the development of the C_4 pathway of photosynthesis.

C_4 photosynthesis is known only among angiosperms but among them in several not closely related families (DOWNTON 1975, RAGHAVENDRA and DAS 1978).

This means a maximum of available time of about 150 Mill. years, if the origin of angiosperms is assumed to be in the Cretaceous period. Further, a polyphyletic origin of the C_4 syndrome must be deduced from its taxonomical distribution.

From the internal structure of the C_4 pathway as well as from at least two case studies within the genus *Atriplex* (OSMOND et al. 1980) and *Flaveria* (POWELL 1978) one can conclude that the ancestors of C_4 plants were species with C_3 photosynthesis.

Keeping this in mind we can speculate about the evolution of C_4 photosynthesis. We can ask: What does it mean: understanding of the evolution of a syndrome of anatomical, biochemical and physiological traits. Perhaps this: first we should be able to describe, step by step, the single traits which must have been changed to develop a C_4 plant from a C_3 ancestor. A carefull comparison of C_3 and C_4 plants and especially C_3–C_4 intermediates will be a precondition for such a task.

And second we should try to apply the general rules of evolution to this special case. Evolution is driven by mutation and (or) recombination, selection and isolation. With regard to the problem mentioned we have to address the following questions: How many and which genes must have been mutated to create a fully developed C_4 syndrome? Can we exclude recombination as a possible mechanism for the development of C_4 species, especially in recent genera with both C_3 and C_4 species? What was the selection pressure which favoured plants with C_4 photosynthesis? Which type of isolation (sexual or spatial) warranted the establishment of an occasionally developed C_4 plant as a new species?

C_3 and C_4 photosynthesis–a comparison

The first point, description and comparison, should be mentioned only briefly in this review because modern monographs (EDWARDS and WALKER 1983) and reviews (APEL and PEISKER 1979, RAGHAVENDRA 1980, RATHNAM-CHAGUTURU 1981, RATHNAM and CHOLLET 1980, HOLADAY and CHOLLET 1984) exist.

Apparently, the most important development of C_4 photosynthesis as compared with C_3 was the spatial separation of two carboxylation reactions and the enhancement of CO_2 concentration at the site of Rubisco. The development of a suberized lamella within bundle sheath cell walls obviously was of partial significance (HATTERSLEY and BROWNING 1981, HATTERSLEY and PERRY 1984).

If we asses such a list of single traits under genetical aspects it is important to differentiate between traits immediately linked to gene action and others which are not. Enzymes, of course, are direct gene products. In contrast Γ, γ and $\delta^{13}C$ values are results of the functioning of the whole syndrome.

But, whatever the number of gene differences between C_3 and C_4 plants is, it

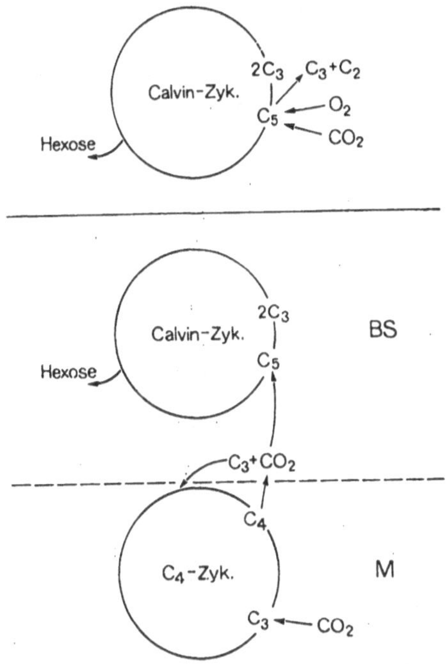

Fig. 1 Simplified schemes for the C_3 (top) and the C_4 pathway of photosynthesis. M = Mesophyll; BS = Bundle Sheath

seems obvious that more than one single mutation was nescesary to create a C_4 plant from a C_3 ancestor.

C_3–C_4 intermediate plants

Therefore, the discovery of C_3–C_4 intermediate species as evolutionary links between C_3 and C_4 photosynthesis, was not surprising.

In Tab. 2 the currently known intermediate genera are listed. They belong to 9 genera within 4 families.

Remarkable are the differences in the degree of intermediacy. These differences can be interpreted as a different degree of evolutionary progress and perhaps one can use this to speculate about the sequence of steps during the evolution of the whole syndrome.

In this context the intermediate species of *Panicum* and *Moricandia* could be assessed as C_3 plants with reduced photorespiration and a "Kranz–like" leaf anatomy (APEL et al. 1978, BROWN 1976, BROWN and BROWN 1975, GOLDSTEIN et al. 1976, KANAI and KASHIWAGI 1975, KU and EDWARDS 1978, BAUWE and APEL 1979). The mechanism of reducing photorespiration and Γ within these species seems to be unclear because of very low rates of β-carboxylation (HOLADAY and CHOLLET 1984). A special compartmentation of glycine decarboxylase between mitochondria of mesophyll and bundle sheath cells was found with *Moricandia arvensis* (RAWSTHORNE et al. 1987).

In contrast intermediate *Flaveria* species possess a limited C_4 cycle as it is indicated by short time ^{14}C labeling patterns (BASSÜNER et al. 1984, RUMPHO et al. 1984, MONSON et al. 1986) and enzyme activities (BAUWE 1984, NAKAMO-

Table 1
Differences between C_3 and C_4 photosynthesis

	C_3	C_4
leaf anatomy	non Kranz	Kranz
rate of apparent photosynthesis ($mg \cdot m^{-2} \cdot s^{-1}$)	0.4–1.0	1.0–2.2
photorespiration	high	low
Γ (vpm CO_2)	≥ 40	<10
$\gamma \frac{\text{vpm } CO_2}{\% \ O_2}$	~ 2	zero
carboxylic enzymes	Rubisco	PEPC Rubisco
decarboxylic enzymes	–	NAD-ME NADP-ME PCK
primary products	PGA	OAA malate aspartate
δ ^{13}C (‰)	−23 ... −36	−9 ... −18

Γ	= CO_2 compensation concentration
γ	= Oxygen dependence of Γ
$\delta^{13}C$	= Value for isotope discrimination
Rubisco	= Ribulose-1,5-bisphosphate carboxylase/oxygenase
PEPC	= Phosphoenolpyruvate carboxylase
NAD-ME	= NAD malic enzyme
NADP-ME	= NADP malic enzyme
PCK	= Pyruvate carboxykinase
PGA	= Phosphoglyceric acid
OAA	= Oxaloacetic acid

Table 2
Genera with C_3–C_4 intermediate species

Mollugo	Molluginaceae	KENNEDY and LAETSCH 1974
Panicum	Poaceae	BROWN and BROWN 1975
Moricandia	Brassicaceae	KRENZER et al. 1975 APEL et al. 1978
Flaveria	Asteraceae	POWELL 1978 APEL and MAASS 1981
Neurachne	Poaceae	HATTERSLEY and ROKSANDIC 1983
Parthenium	Asteraceae	PATIL and HEDGE 1983
Bougainvillea	Nyctaginaceae	SABALE and BHOSALE 1984
Alternanthera	Amaranthaceae	RAJENDRUDU et al. 1986
Manihot	Euphorbiaceae	EL-SHARKAWY and COCK 1987 COCK et al. 1987

TO et al. 1983, ADAMS et al. 1986, BAUWE and CHOLLET 1986). This and the existence of only 21 known *Flaveria* species with photosynthetic pathways ranging from C_3, C_3–C_4 intermediate, and C_4 makes this genus a most useful and promising tool for the elucidation of specific steps in the evolution of C_4 photosynthesis.

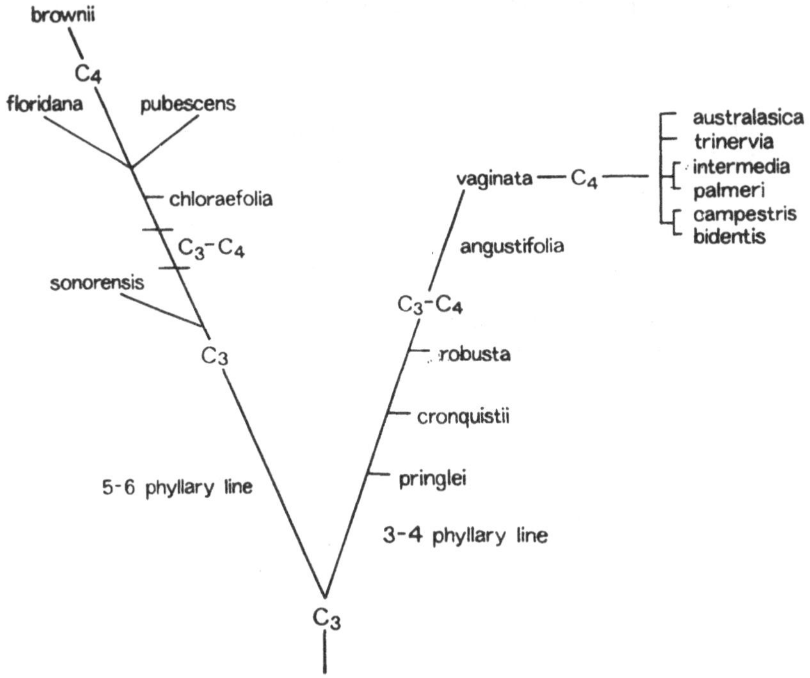

Fig. 2 Evolutionary tree of the genus *Flaveria*. (After Powell (1978) modified)

In his proposal for an evolutionary tree of the genus *Flaveria* Powell (1978) distinguishes between two main lines which differ in the number of phyllaries. In both lines C_4 photosynthesis had evolved independently. It is remarkable that the most derived species in a common evolutionary sense (annual growth behaviour, reduced ligulae, self-pollination, instead of insect pollination) all possess a well developed C_4 syndrome of photosynthesis.

The perhaps most derived species are *F. trinervia* and *F. australasica* and the latter is the only species which is distributed all over the world.

Flaveria brownii is of interest insofar as it represents a borderline case of C_4 photosynthesis. In this species mesophyll cells contain Rubisco (Bauwe 1984, Reed and Chollet 1985) and only 65 % of primary label was in C_4 compounds (Monson et al. 1986).

One reason for the growing interest in *Flaveria* as an object for evolutionary and genetic studies is the possibility to get hybrids between C_3 and C_4 species (Holaday et al. 1985, Brown et al. 1986, Apel 1986, Apel et al. 1988). Unfortunately, to our current knowledge all hybrids were pollensterile and no segregating progenies could be obtained. Therefore, statements about the inheritance of single traits are very limited. Perhaps the analyses of backcross generations, which are possible, may bring some insight into the genetics of C_4 photosynthesis (Apel 1988).

Driving forces in the evolution of C_4 photosynthesis

Time scale

Fossile records of plants with C_4 photosynthesis are rather meager. One is a panicoid grass from the late Miocene Ricardo formation in California (NAMBUDIRI et al. 1978). C_4 photosynthesis in this case was confirmed by demonstration of Kranz anatomy and C_4 typical $\delta^{13}C$ values.

Another fossil grass with Kranz anatomy was collected from Miocene Ogallala formation and the leaf fragment is assigned an age of 7 to 5 million years. (THOMASSON et al. 1986). Because of the lack of fossils in foregoing formations one can only conclude that about 120 million years would be a maximum time for the development of C_4 photosynthesis among grasses. Perhaps it was much shorter. An interesting hypothesis was put foreward by POWELL (1978) with regard to the evolution of the genus *Flaveria*. From different reasons he concluded, that the genus has evolved in connection with the formation of the Chihuahuan desert during the Pliocene-Pleistocene formation. If this is true the time span for evolution of the whole C_4 syndrome from C_3 ancestors is reduced to only about 5 million years. This would be a strong argument in favour cf involvement of only a few genes.

Mutation

There is no enzyme in C_4 plants which is not also present in C_3 species. Nevertheless some mutations in structural genes for photosynthetic enzymes must have occurred. This is documented by the existence of isoenzymes with different kinetic and molecular, electrophoretic and chromatographic properties (OSMOND et al. 1980, NAKAMOTO et al. 1983, BAUWE 1984, 1987, BAUWE and CHOLLET 1986, ADAMS et al. 1986) in C_4 compared with C_3 plants.

However, up till now it seems to be speculation to assess whether the changed kinetic properties of C_4 typical enzymes (PEPC, decarboxylases, PP-dikinase etc.) are essential for an efficient functioning of the C_4 pathway. Perhaps some of these mutations were occasional events and selection neutral.

Counting isoenzyme differences between related C_3 and C_4 species with regard to photosynthetic enzymes will only be a raw measure of genetic diversity and will hardly give the minimum number of mutations in structural genes which were necessary for functioning of C_4.

The known differences in amount and compartmentation of photosynthetic enzymes confront us with the fundamental problem of pattern development during ontogenesis. Genes of Rubisco must be repressed in mesophyll cells as well as PEPC genes in bundle sheath cells. The case of *Flaveria brownii* demonstrates that a complete repression of Rubisco genes within the mesophyll cells was perhaps one of the latest steps during the evolution of C_4 (PEISKER 1986).

The much higher amount of some photosynthetic enzymes in C_4 plants rises the question wether this is a gene dosage effect caused by multicopies of the structural genes or due to regulation of gene expression or both. The answer is still unknown.

The same is true for the developmental pattern which leads to the formation of a bundle sheath and the concentration of chloroplasts and mitochondria within it. OSMOND et al. (1980) from investigations of hybrids between C_3 and C_4 *Atriplex* species and segregating progenies concluded that "the genetic divergence between C_3 and C_4 species need not to be great. On the other hand, neither is the inheritance of C_4 photosynthesis simple".

Recombination

Originally C_4 species must have evolved from C_3 ancestors by mutation and selection. But given the existence of both C_3 and C_4 species within one genus the possibility to get "secondary C_4 species" by crosses between C_3 and C_4 species cannot be excluded completely. Under natural conditions this seems unlikely within the genus *Flaveria* because of spatial isolation. However, in an artificial cross between a C_3 and a C_4 *Flaveria* species a bybrid with a limited C_4 cycle was produced and by repeated backcrossing with the C_4 parent C_4 characters were stepwise increased (APEL et al. 1988). In the second backcross generation $\delta^{13}C$ was 16.0 ‰ indicating a functioning C_4 pathway.

Selection

Soon after the discovery of C_4 photosynthesis agronomists and crop physiologists were impressed by the high rates of photosynthesis and biomass production by some C_4 species. Although this is a continuing point of interest (LUDLOW 1985) there now seems to be agreement, that the better water use efficiency was the main driving force for selection of C_4 plants (BJÖRKMAN 1976, TEERI and STOWE 1976, EDWARDS and WALKER 1980, OSMOND et al. 1982). This is indicated by direct measurements of water use efficiency as well as by geographical distribution of C_4 plants (JONES 1985, TAKEDA et al. 1985). At least in some cases physiological drought caused by salinity perhaps was the selection pressure which favoured species with C_4 photosynthesis (OSMOND et al. 1980).

Very often in tropical regions shortage of water is combined with a low soil nitrogen content. Nitrogen use efficiency of C_4 plants is higher than in C_3 species and this would be a further selection advantage under such conditions (BROWN 1978, 1985, BOLTEN and BROWN 1980, SCHMITT and EDWARDS 1981, TER HAZEBORG and GEISLER 1983a, b, APEL et al. 1985).

The higher temperature optima of C_4 plants are often emphasized. This very likely reflects an adaptation to the climate within the regions of their origin. But there may not be any fundamental reason why C_4 plants should be excluded from cooler areas (POTVIN 1986). Species of the genus *Spartina* are well known examples of C_4 plants, which are well adapted to cool temperatures (LONG 1983).

The successful breeding of maize genotypes which are adapted to the temperature climate of mid-Europe is another example that preference of high temperatures by C_4 plants at least in part can be overcome (STAMP 1984, 1987a, b, c).

At the present level of atmospheric CO_2 concentration of 345 vpm photosynthesis of C_4 plants is CO_2 saturated (GIFFORD and MORISON 1985) whereas it is not in C_3. This is recently and was the more during the past centuries with a much lower CO_2 content (OESCHGER and STAUFFER 1986) a selection advantage for C_4 plants. It is unclear, wether this was also a factor during the evolution because the CO_2 content of the atmosphere during the millions of years since the Cretaceous period is not known.

A further factor of selection should not be overlooked. It is the feeding preference of herbivores with regard to C_3 and C_4 plants. It has been demonstrated that under conditions of mixed stands of C_3 and C_4 species insect herbivors as well as grazing animals prefer C_3 plants (CASWELL and REED 1976, BOUTTON et al. 1987, OKUDA 1986). It has been hypothesized that for herbivores, C_4 plants were generally less nutritious than C_3 plants. It could be shown that degradation of bundle sheath cell walls by rumen bacteria was rather slow (AKIN and BURDICK 1977, AKIN et al. 1983). Within a plant community consisting of both C_3 and C_4 species this clearly will be an advantage for C_4 plants.

Speculating about selection it should be taken in mind that no single mechanism is acting isolated and it will largely depend on the concrete situation in the biota which of the different factors will be dominating.

Isolation

From genera containing both C_3 and C_4 species *Flaveria* and *Atriplex* are best investigated with regard to evolution (POWELL 1978, OSMOND et al. 1980). It seems that in *Flaveria* as well as in *Atriplex* both mechanisms of isolation, spatial and reproductive barriers, have played a role during speziation. Within *Atriplex* speziation often was connected with alloploidization whereas in *Flaveria* it was not.

In both genera the reproductive barriers between species are not very strictly and spontaneous or artificial hybrids are known. Species hybrids in *Atriplex* were selffertile (OSMOND et al. 1980), whereas in most cases in *Flaveria* they were pollensterile.

Zusammenfassung

Einige Aspekte der Evolution des C_4-Weges der Photosynthese

Vertreter des C_4-Weges der Photosynthese sind von mindestens 18 Familien der Angiospermen bekannt. Innerhalb der Gymnospermen kommt dieser Photosynthesetyp nicht vor.

Auf Grund der systematischen Verbreitung des C_4-Syndroms muß ein polyphyletischer Ursprung angenommen werden.

C_4-Photosynthese ist eine Anpassung der Pflanzen an heiße und aride Bedingungen und in einigen Fällen an hohe Salzgehalte.

Abschätzungen über die Zahl und Sequenz der Mutationen während der Evolution von C_4-Arten sollten basieren auf einem sorgfältigen Vergleich anatomischer und biochemischer Eigenschaften verwandter C_3- und C_4-Arten. Sie können allerdings nur einen groben Anhaltspunkt liefern.

C_3–C_4 intermediäre Arten können aufgefaßt werden als Zwischenglieder der

Evolution von der C_3- zur C_4-Photosynthese. Arten der Gattung *Flaveria* sind hier besonders gut untersuchte Beispiele.

Auch die Analyse von Hybriden zwischen C_3- und C_4-Arten vermag einen gewissen Aufschluß über die genetische Distanz zwischen Vertretern der beiden Photosynthesetypen zu geben.

Es werden einige Überlegungen über Mechanismen der Evolution des C_4-Syndroms angestellt.

Краткое содержание

Некоторые аспекты эволюции C_4-пути фотосинтеза

Представители C_4-пути фотосинтеза известны, самое меньшее, у 18 семейств покрытосеменных. Среди голосеменных этот тип фотосинтеза не существует. На основе систематического распространения C_4-синдрома, следует предположить полифилетическое происхождение.

C_4-фотосинтез является проявлением приспособления растений к жарким, сухим условиям и, в некоторых случаях, к высокой засоленности.

Оценки о числе и последовательности мутаций во время эволюции C_4-видов должны основываться на тщательном сравнении анатомических и биохимических свойств подственных C_3- и C_4-видов. Однако, они могут предоставить лишь грубую исходную точку.

C_3–C_4 промежуточные виды следует понимать как промежуточные члены эволюции C_3- и C_4-фотосинтеза. Виды рода *Flaveria* представляют здесь особо хорошо изученные примеры.

Анализы гибридов между C_3- и C_4-видами могут также дать определенной объяснение о генетической дистанции между представителями обоих фотосинтетических типов.

Делаются некоторые размышления о механизме эволюции C_4-синдрома.

Literature

Adams, C. A., F. Leung, and S. S. M. Sun, 1966: Molecular properties of phosphoenolpyruvate carboxylase from C_3, C_3–C_4 intermediate and C_4 *Flaveria* species. – Planta **167**, 218–225.

Akin, D. E., and D. Burdick, 1977: Rumen microbial degradation of starch containing bundle sheath cells in warm seasons grasses. – Crop Sci. **17**, 529–533.

–, J. R. Wilson, and W. R. Windham, 1983: Site and rate of tissue digestion in leaves of C_3, C_4 and C_3/C_4 intermediate *Panicum* species. – Crop Sci. **23**, 147–155.

Apel, P., 1986: Intrageneric hybrids within the genus *Flaveria* Juss. (Asteraceae). – Kulturpflanze **34**, 177–184.

–, H. Bauwe, R. Frank, and M. Peisker, 1985: Beziehungen zwischen Kohlenstoff und Stickstoffmetabolismus bei Pflanzen – eine Übersicht über ausgewählte Aspekte. – Kulturpflanze **33**, 41–72.

–, B. Bassüner, H. Bauwe, and I. Maass, 1988: Photosynthetic properties of *Flaveria cronquistii*, *F. palmeri* and hybrids between them. – Biochem. Physiol. Pflanzen **183**, 291–299.

–, and I. Maass, 1981: Photosynthesis in species of *Flaveria*: CO_2 compensation concen-

tration, O_2 influence on photosynthetic gas exchange and $\delta^{13}C$ values in species of *Flaveria* (Asteraceae). – Biochem. Physiol. Pflanzen **176**, 396–399.
–, und M. PEISKER, 1979: Pflanzenarten mit intermediärer Merkmalsausprägung in bezug auf den C_3- und C_4-pathway der Photosynthese. – Kulturpflanze **27**, 49–66.
–, I. TICHÁ, und M. PEISKER, 1978: CO_2-Kompensationspunkt von *Moricandia arvensis* (L.) DC bei Blättern unterschiedlicher Insertionshöhe und bei verschiedenen O_2-Konzentrationen. – Biochem. Physiol. Pflanzen **172**, 547–552.
BASSÜNER, B., O. KEERBERG, H. BAUWE, T. PÄRNIK, and H. KEERBERG, 1984: Photosynthetic C metabolism in C_3–C_4 intermediate and C_4 species of *Flaveria* (Asteraceae). – Biochem. Physiol. Pflanzen **179**, 631–634.
BAUWE, H., 1984: Photosynthetic enzyme activities and immunofluorescence studies on the localization of ribulose-1,5-biophosphate carboxylase/oxygenase in leaves of C_3, C_4, and C_3–C_4 intermediate species of *Flaveria* (Asteraceae). – Biochem. Physiol. Pflanzen **179**, 253–268.
–, 1987: Untersuchungen zur Evolution des C_4-Weges der Photosynthese unter besonderer Berücksichtigung des Photosynthesestoffwechsels C_3–C_4-intermediärer Arten der Gattungen *Moricandia* und *Flaveria*. – Diss. B, AdW der DDR, Berlin.
–, and P. APEL, 1979: Biochemical characterization of *Moricandia arvensis* (L.) DC., a species with features intermediate between C_3 and C_4 photosynthesis, in comparison with the C_3 species *Moricandia foetida* Bourg. – Biochem. Physiol. Pflanzen **174**, 251–254.
–, and R. CHOLLET, 1986: Kinetic properties of phosphoenolpyruvate carboxylase from C_3, C_4, and C_3–C_4 intermediate species of *Flaveria* (Asteraceae). – Plant Physiol. **82**, 695–699.
BJÖRKMAN, O., 1976: Adaptive and genetic aspects of C_4 photosynthesis. In: CO_2 Metabolism and Plant Productivity (Eds. R. H. BURRIS and G. C. BLACK), pp. 287–309. – Univ. Park Press, Baltimore – London – Tokyo.
BOLTON, J. K., and R. H. BROWN, 1980: Photosynthesis of grass species differing in carbon dioxide fixation pathways. V. Response of *Panicum maximum*, *Panicum milioides*, and tall fescue *(Festuca arundinacea)* to nitrogen nutrition. – Plant Physiol. **66**, 97–100.
BOUTTON, T. W., G. N, CAMERON, and B. N. SMITH, 1978: Insect herbivory on C_3 and C_4 grasses. – Oecologia **36**, 21–32.
BROWN, R. H., 1976: Characteristics related to photosynthesis and photorespiration of *Panicum milioides*. In: CO_2 Metabolism and Plant Productivity (Eds. R. H. BURRIS and C. C. BLACK) pp. 311–325. – University Park Press. Baltimore – London – Tokyo.
–, 1978: A difference in N use efficiency in C_3 and C_4 plants and its implications in adaptation and evolution. – Crop Sci. **18**, 93–98.
–, 1985: Growth of C_3 and C_4 grasses under low N levels. – Crop Sci. **25**, 954–957.
–, C. L. BASSETT, R. G. CAMERON, P. T. EVANS, J. H. BOUTON, C. C. BLACK, L. O. R. STERNBERG, and M. DENIRO, 1986: Photosynthesis of F_2 hybrids between C_4 and C_3–C_4 species of *Flaveria*. – Plant Physiol. **82**, 211–217.
–, and W. V. BROWN, 1975: Photosynthetic characteristics of *Panicum milioides*, a species with reduced photorespiration. – Crop Sci. **15**, 681–685.
CASWELL, H., and F. C. REED, 1976: Plant herbivore interactions: The indigestibility of C_4 bundle sheath cell by grasshoppers. – Oecologia **26**, 151–156.
COCK, J. H., N. M. RIANO, M. A. EL-SHARKAWY, Y. LOPEZ, and G. BASTIDAS, 1987: C_3–C_4 untermediate photosynthetic characteristics of cassava (*Manihot esculenta* Crantz) II. Initial products of $^{14}CO_2$ fixation. – Photosynth. Res. **12**, 237–241.
DOWNTON, W. J. S., 1975: The occurrence of C_4 photosynthesis among plants. – Photosynthetica **9**, 96–105.
EDWARDS, G., and D. WALKER, 1983: C_3, C_4: Mechanism, and Cellular and Environmental Regulation of Photosynthesis. – Blackwell Sci. Publ., Oxford.
EL-SHARKAWY, M. A., and J. H. COCK, 1987: C_3–C_4 intermediate photosynthetic characteristics of cassava *(Manihot esculenta* Crantz) I. Gas exchange. – Photosynthesis Res. **12**, 219–235.

GIFFORD, R. M., and J. I. L. MORISON 1985: Photosynthesis, water use and growth of a C_4 grass stand at high CO_2 concentration. – Photosynthesis Res. **7**, 69–76.
GOLDSTEIN, L. D., T. B. RAY, D. P. KESTLER, B. C. MAYNE, R. H. BROWN, C. C. BLACK, 1976: Biochemical characterization of *Panicum* species which are intermediate between C_3 and C_4 photosynthesis plant. – Plant Sci. Letters **6**, 85–90.
HATTERSLEY, P. W., and A. J. BROWNING, 1981: Occurrence of the suberized lamella in leaves of grasses of different photosynthetic type I. In parenchymatous bundle sheath and PCR ('Kranz') sheaths. – Protoplasma **109**, 371–401.
–, and S. PERRY, 1984: Occurrence of the suberized lamella in leaves of grasses of different photosynthetic type. II. In herbarium material. – Aust. J. Bot. **32**, 465–473.
–, and Z. ROKSANDIC, 1983: $\delta^{13}C$ values of C_3 and C_4 species of australian *Neurachne* and its allies (Poaceae). – Austr. J. Bot. **31**, 317–321.
HOLADAY, A. S., and R. CHOLLET, 1984: Photosynthetic/photorespiratory characteristics of C_3–C_4 intermediate species. – Photosynthesis Res. **5**, 307–323.
–, S. TALKMITT, and M. E. DOOHAN, 1985: Anatomical and enzyme studies of leaves of a $C_3 \times C_4$ hybrid exhibiting reduced photorespiration. – Plant Sci. **41**, 31–39.
JONES, C. A., 1985: C_4 Grasses and Cereals. Growth, development and stress response. – John Wiley and Sons, New York.
KANAI, R., and M. KASHIWAGI, 1975: *Panicum milioides*, a Gramineae plant having Kranz leaf anatomy without C_4-photosynthesis. – Plant and Cell Physiol. **16**, 669–679.
KENNEDY, R. A., and W. M. LAETSCH, 1974: Plant species intermediate for C_3, C_4 photosynthesis. – Science **184**, 1087–1089.
KRENZER, E. G., D. N. MOSS and R. K. CROOKSTON, 1975: Carbon dioxide compensation points of flowering plants. – Plant Physiol. **56**, 194–206.
KU, S. B., and G. E. EDWARDS, 1978: Photosynthetic efficiency of *Panicum hians* and *Panicum milioides* in relation to C_3 and C_4 plants. – Plant and Cell Physiol. **19**, 665–675.
LONG, S. P., 1983: C_4 photosynthesis at low temperature. – Plant, Cell and Environ. **6**, 345–363.
LUDLOW, M. M., 1985: Photosynthesis and dry matter production in C_3 and C_4 pasture plants with special emphasis in tropical C_3 legumes and C_4 grasses. – Aust. J. Plant Physiol. **12**, 557–572.
MONSON, R. K., B. D. MOORE, M. S. B. KU, and G. E. EDWARDS, 1986: Co-function of C_3- and C_4-photosynthetic pathways in C_3, C_4 and C_3–C_4 intermediate Flaveria species. – Planta **168**, 493–502.
NAKAMOTO, H., M. S. B. KU, and G. E. EDWARDS, 1983: Photosynthetic characteristics of C_3–C_4 intermediate *Flaveria* species II. Kinetic properties of phosphoenolpyruvate carboxylase from C_3, C_4 and C_3–C_4 intermediate species. – Plant and Cell Physiol. **24**, 1387–1393.
NAMBUDIRI, E. M. V., W. D. TIDWELL, B. N. SMITH, and N. P. HEBBERD, 1978: A C_4 plant from the Pliocene. – Nature **276**, 816–817.
OESCHGER, H., and B. STAUFFER, 1986: Review of the history of atmospheric CO_2 recorded in ice cores. In: The Changing Carbon Cycle–a global analysis. (Eds. J. R. TRABALKA and D. E. REICHLE), pp. 89–108. – Springer-Verlag, Berlin.
OKUDA, T., 1986: Effects of herbivores on the competition of C_3 and C_4 graminoids. – J. Sci. Hiroshima Univ., Ser. B, Div. 2 (Bot.) **20**, 1–27.
OLSON, J. M., and B. K. PIERSON, 1986: Photosynthesis 3,5 thousand million years ago. – Photosynthesis Res. **9**, 251–259.
OSMOND, C. B., O. BJÖRKMAN, and D. J. ANDERSON, 1980: Physiological Processes in Plant Ecology – Towards a Synthesis with *Atriplex*. – Springer-Verlag, Berlin.
–, K. WINTER, and H. ZIEGLER, 1982: Functional significance of different pathways of CO_2 fixation in photosynthesis. In: Encyclopedia of Plant Physiology (Eds. O. L. LANGE, P. S. NOBEL, C. B. OSMOND and H. ZIEGLER). New Ser., vol. **12B**, Physiological Plant Ecology II, pp. 479–547. – Springer-Verlag, Berlin.
PATIL, T. M., and B. A. HEDGE, 1983: Pattern of starch distribution, carbon dioxide compensation concentration, and photochemical reduction of tetranitro tetrazolium blue in *Parthenium hysterophorus* L. – Photosynthetica **17**, 64–68.

PEISKER, M., 1986: Models of carbon metabolism in C_3–C_4 intermediate plants as applied to the evolution of C_4 photosynthesis. – Plant, Cell and Environment **9**, 627–635.
POTVIN, C., 1986: Differences in photosynthetic characteristics among northern and southern C_4 plants. – Physiol. Plant, **69**, 659–664.
POWELL, A. M., 1978: Systematics of *Flaveria* (Flaveriinae–Asteraceae). – Ann. Missouri Bot. Gard. **65**, 590–636.
RAGHAVENDRA, A. S., 1980: Characteristics of plant species intermediate between C_3 and C_4 pathways of photosynthesis: their focus of mechanism and evolution of C_4 syndrome. – Photosynthetica **14**, 271–283.
–, and V. S. R. DAS, 1978: The occurrence of C_4 photosynthesis: a supplementary list of C_4 plants reported during late 1974–mid 1977. – Photosynthetica **12**, 200–208.
RAJENDRUDU, G., J. S. R. PRASAD, and V. S. M. DAS, 1986: C_3–C_4 intermediate species in *Alternanthera* (Amaranthaceae): leaf anatomy, CO_2 compensation point, net CO_2 exchange and activities of photosynthetic enzymes. – Plant Physiol. **80**, 409–414.
RATHNAM-CHAGUTURU, C. K. M., 1981: C_3–C_4 intermediate species. – What's New in Plant Physiol. **12**, 21–24.
RATHNAM, C. K. M., and R. CHOLLET, 1980: Photosynthetic carbon metabolism in C_4 plants and C_3–C_4 intermediate species. – Progr. Phytochem. **6**, 1–48.
RAWSTHORNE, S., CH. M. HYLTON, A. M. SMITH, and H. W. WOOLHOUSE, 1988: Photorespiratory metabolism and immunogold localization of photorespiratory enzymes in leaves of C_3 and C_3–C_4 intermediate species of *Moricandia*. – Planta, in press.
REED, J. E., and R. CHOLLET, 1985: Immunofluorescent localization of phosphoenolpyruvate carboxylase and ribulose-1,5-bisphosphate carboxylase/oxygenase protein in leaves of C_3, C_4, and C_3–C_4 intermediate *Flaveria* species. – Planta **165**, 439–445.
RUMPHO, M. E., M. S. B. KU, S. H. CHENG, and G. E. EDWARDS, 1984: Photosynthetic characteristics of C_3–C_4 intermediate *Flaveria* species. – Plant Physiol. **75**, 993–996.
SABALE, A. B., and J. L. BHOSALE, 1984: C_3–C_4 photosynthesis in *Bougainvillea* cv. Mary Palmer. – Photosynthetica **18**, 84–89.
SCHMITT, M. R., and G. E. EDWARDS, 1981: Photosynthetic capacity and nitrogen use efficiency of maize, wheat and rice: A comparison between C_3 and C_4 photosynthesis. – J. Exp. Bot. **32**, 459–466.
STAMP, P., 1984: Chilling tolerance of young plants demonstrated on the example of maize (*Zea mays* L.). – Suppl. **7** to J. Agron. and Crop. Sci.
–, 1987a: Seedling development of adapted and exotic maize genotypes at severe chilling stress. – J. Exp. Bot. **38**, 1336–1342
–, 1987b: The expression of photosynthetic traits during and following severe chilling stress of European and tropical maize genotypes. – Physiol. Plant. **71**, 73–76.
–, 1987c: Seedling development of maize genotypes at constant and at fluctuating temperatures. – J. Agron. and Crop. Sci. **158**, 289–293.
TAKEDA, T., T. TANIKAWA, W. AGATA, and S. HAKOYAMA, 1985. Studies on the ecology and geographical distribution of C_3 and C_4 grasses. – Japan. J. Crop. Sci. **54**, 54–71.
TEERI, J. A., and J. G. STOWE, 1976: Climatic patterns and the distribution of C_4 grasses in North America. – Oecologia **23**, 1–12.
TER HAZEBORG, E., and G. GEISLER, 1983a: Das Wachstum von C_3- und C_4-Getreidearten in Abhängigkeit von der Stickstoffversorgung. – Z. Acker- und Pflanzenbau **152**, 116–124.
–, and –, 1983b: Die Effizienz der Stickstoffassimilation von C_3- und C_4-Getreidearten in Abhängigkeit von der Stickstoffversorgung. – Z. Acker- und Pflanzenbau **152**, 300–309.
THOMASSON, J. R., M. E. NELSON, and R. J. ZAKRZEWSKI, 1986: A fossil grass (Gramineae: Chloridoideae) from the Miocene with Kranz anatomy. – Science **233**, 876–878.

Dr. P. APEL
Zentralinstitut für Genetik und Kulturpflanzenforschung
der Akademie der Wissenschaften der DDR
Corrensstr. 3
Gatersleben
DDR - 4325

Kulturpflanze 36 · 1988 · 237–246

Paläoethnobotanik und ihr Beitrag zur Evolutionsforschung bei Kulturpflanzen

JÜRGEN SCHULTZE-MOTEL

(Eingegangen am 4. Januar 1988)

Zusammenfassung

Archäologische Reste von Kulturpflanzen sind eine wertvolle Erkenntnisquelle, da sie direkte Zeugnisse des Ablaufs der Kulturpflanzen-Evolution darstellen. Anhand von Beispielen aus den Gattungen *Triticum, Hordeum, Pisum, Vicia, Papaver, Linum, Vitis* und *Solanum* wird gezeigt, wie durch das Studium archäologischer Reste unsere Kenntnisse und Vorstellungen von der Evolution der Kulturpflanzen gefördert und beeinflußt werden.

Einleitung

Archäologische Reste von Kulturpflanzen sind schon seit über hundert Jahren Gegenstand wissenschaftlicher Untersuchungen. Die Schrift „Die Pflanzen der Pfahlbauten" von OSWALD HEER (1865) eröffnete einen neuen Abschnitt in der Erforschung der Kulturpflanzen. Zum ersten Male kamen Kulturpflanzenreste aus urgeschichtlicher Zeit in großer Menge und guter Erhaltung zutage. Diese Reste stellen unmittelbare Zeugnisse des Ablaufs der Evolution der Kulturpflanzen dar, müssen wir doch eine Kulturpflanzenart wie eine Art der Wildflora als einen Komplex betrachten, der auch eine zeitliche Ausdehnung hat. Die Kulturpflanzenarten haben als Schöpfungen des Menschen freilich eine wesentlich kürzere Geschichte als die Arten der Wildflora.

In der zweiten Hälfte des vorigen und in der ersten Hälfte dieses Jahrhunderts beschäftigten sich mehrere Autoren vereinzelt mit der Erforschung urgeschichtlicher Kulturpflanzen, aber erst seit 1950 nimmt die Zahl derartiger Arbeiten stark zu. Bei reger Ausgrabungstätigkeit im Nahen Osten kamen viele Kulturpflanzenreste ans Licht, die Einblicke in das Evolutionsgeschehen bei diesen Pflanzen gewähren. In diese Zeit fällt auch die Schaffung des Begriffes „Paläoethnobotanik" durch HELBAEK (1955). Die Paläoethnobotanik erforscht das Verhältnis des urgeschichtlichen Menschen zu den Pflanzen seiner Umwelt. Wenn auch die Kulturpflanzen dabei eine wichtige Rolle einnehmen, so ist das Betätigungsfeld der Paläoethnobotanik doch wesentlich umfangreicher und vielfältiger. Die Paläoethnobotanik kann Aussagen machen zur Umwelt des Menschen durch die Erforschung der Vegetation mit Hilfe der Pollenanalyse. Sie kann unter den Hinterlassenschaften des Menschen seinen Gebrauch von Hölzern, Wildpflanzen und Kulturpflanzen studieren. Sie kann Aussagen machen, die in erster Linie den Prähistoriker angehen, indem sie allgemeine Angaben zur Ökonomie des früheren Menschen erlaubt.

Wenn man die Paläoethnobotanik als Hilfsmittel der Evolutionsforschung bei Kulturpflanzen anwenden will, so muß man besonders nach archäologischen Resten aus den Anfangsstadien des Ackerbaus Ausschau halten, d. h. nach Material, das alt genug ist, um Übergangsmerkmale zwischen Wild- und Kulturpflanzen zu zeigen.

Triticum L.

Die Unterscheidung der einzelnen Taxa innerhalb dieser Gattung ist sehr schwierig, zumal nach einzelnen Organen. Das kommt in verschiedenen Gliederungen zum Ausdruck. Die Schwierigkeiten der Zuordnung archäologischer Reste, meist Körner, selten Spelzenreste, Ährenachsen-Fragmente oder Ährenstücke, sind noch ungleich größer.

Die ältesten mit kultiviertem Weizen in Verbindung gebrachten Reste sind drei Körner von *Triticum dicoccon* Schrank aus Nahal Oren, Israel, die aus der Zeit 14800–13000 v. u. Z. stammen. Bei so wenigen Körnern ist jedoch bei der Beurteilung große Vorsicht geboten. Die ältesten Funde von *Triticum monococcum* L. stammen aus Syrien und Anatolien aus der Zeit um 7000 v. u. Z. In die gleiche Zeit fällt der Fund von Jarmo, Irak. Das Material besteht aus Abdrücken von Körnern und Ährchen in Lehm sowie aus verkohlten Körnern und Ährchen. Hier traten mehrere Formen des Weizens auf und zwar die Wildformen *Triticum boeoticum* Boiss. und *Triticum dicoccoides* Körn. sowie die Kulturform *Triticum dicoccon*. Es liegt hier offenbar ein Übergangsstadium in der Entwicklung vom Wildemmer, *Triticum dicoccoides*, zum Kulturemmer, *Triticum dicoccon*, vor (Helbaek 1959). Die hier gefundenen Reste von *Triticum boeoticum* haben vielleicht Unkrautcharakter.

Der älteste sichere Nachweis von kultiviertem Emmer stammt von Tell Aswad bei Damaskus/Syrien schon aus der Zeit 7800–7600 v. u. Z. An derselben Fundstelle, aber in einer jüngeren Schicht (etwa um 7000 v. u. Z.), tritt zum ersten Male Nacktweizen in Erscheinung. Es handelt sich um Ährenspindelfragmente und kleine Körner. Diese Reste wurden von Kislev (1979/80, 1984) einer neuen Art, *Triticum parvicoccum*, zugewiesen, die sich wahrscheinlich durch mehrere Mutationsschritte, einschließlich eines Wechsels von bespelztem zu nacktem Korn, von *Triticum dicoccon* ableitet. Diese Art kommt nur in archäologischem Material vor. Die Rhachis-Fragmente sind im allgemeinen an unspezifischen Stellen der Internodien gebrochen. Außerdem sind die Hüllspelzen nicht mit den Nodien verbunden und bilden nicht die typischen Ährchengabeln wie beim Emmer. Dies weist darauf hin, daß dieser kleinkörnige Weizen vom nacktkörnigen Typ ist. Der tetraploide *Triticum parvicoccum* könnte der Vorfahr rezenter tetraploider Weizen-Arten wie *Triticum durum* Desf. und *Triticum turgidum* L. sein, vielleicht auch des ausgestorbenen *Triticum compactum* Host var. *antiquorum*, der als spezielle Form in den Pfahlbauten vorkommt.

Über die Weiterentwicklung der Weizen zu den hexaploiden Formen kann nur wenig gesagt werden. Allgemein nimmt man bekanntlich eine Kreuzung von *Triticum dicoccon* mit *Aegilops tauschii* Cosson an, die zu *Triticum spelta* L. geführt hat. Dies könnte aber auch unter Beteiligung von *Triticum parvicoccum* geschehen sein. Archäologische Reste von *Triticum spelta* im Nahen Osten sind sehr selten, zudem meist fraglich. Allenfalls könnten Funde aus Yarim Tepe/Nord-Irak aus dem 5. Jt. v. u. Z. hierhergehören.

Die ältesten Reste des Saatweizens (*Triticum aestivum* L.) stammen aus Can Hasan in Süd-Anatolien aus der Mitte des 7. Jt. v. u. Z. Nachdem sich der Saatweizen in Europa eingebürgert hatte, entstand nördlich der Alpen durch Rückmutation ein zweites Mal *Triticum spelta*. Es sei daran erinnert, daß der europäische und der asiatische Spelz genetisch etwas voneinander verschieden sind. Früher waren archäologische Funde von *Triticum spelta* nur aus dem Alpenvorland bekannt, was zu der Vorstellung geführt hatte, daß der Spelz hier entstanden sei. In diesem Gebiet waren jedoch die postulierten Ausgangsarten nicht vorhanden, was zu vielen Widersprüchen führte. Der europäische Spelz ist in urgeschichtlicher Zeit offenbar stärker in Kultur genommen worden als die asiatische Form.

Hordeum vulgare L.

Kürzlich wurde in Israel ein Fund von frühneolithischer Gerste in Netiv Hagdud im Jordan-Tal gemacht, der aus dem späten 9. Jt. bis frühen 8. Jt. v. u. Z. (mithin aus dem akeramischen Neolithikum) stammt. Es handelt sich um zahlreiche bespelzte Körner sowie Ährenachsen-Fragmente, die eine verschiedene Fraktur zeigen und eine kultivierte Form der zweizeiligen Gerste darstellen. Daneben traten aber noch Formen von *Hordeum spontaneum* C. Koch auf, so daß hier ein beginnendes Stadium der Domestikation vorliegt. Anders ausgedrückt haben wir es hier mit dem ältesten bisher entdeckten Material von Getreide zu tun. Nach diesem Fund könnte somit die Gerste die erste vom Menschen domestizierte Pflanzenart sein (Kislev et al. 1986).

Weitere Nachweise der Gerste im 9. bzw. 8. Jt. v. u. Z. sind selten, einige davon stammen von der Wildgerste, andere bereits von domestizierten Pflanzen. In Mureybit in Syrien (8400–7500 v. u. Z.) fanden sich Körner der Wildform. In Tell Abu Hureyra, Syrien (7400–6200 v. u. Z.) traten zahlreiche Körner auf, die z. T. der Wildform zugerechnet werden, z. T. aber schon von domestizierten Pflanzen abstammen und zwar von der mehrzeiligen Form.

Auch bei den Funden aus Jarmo/Irak, die aus dem 7. Jt. v. u. Z. stammen, kommen nebeneinander zweireihige Wild- und Kulturformen vor. Dieser Fund galt bisher als der älteste, bei dem der Übergang von der brüchigen zur festen Ährenachse zu beobachten war. Hier waren einige Ährenachsenfragmente gefunden worden, denen z. T. noch die Seitenblütchen an dem Mittelkorn anhafteten. Trotz der starken Behaarung und der langen Stielchen der Seitenblütchen mußte diese Form als kultiviert angesehen werden (Helbaek 1966).

In dem akeramischen Fundort Hacilar in Anatolien sowie in Ali Kosh im Iran (ca. 7000 v. u. Z.) traten zum ersten Male unter den bespelzten Körnern auch nackte Körner auf. Dabei stammen die nackten Körner von Hacilar von sechszeiligen Ähren. Um 5600 v. u. Z. konnte in Çatal Hüyük/Anatolien erstmals ein extensiver Anbau von nackter sechszeiliger Gerste nachgewiesen werden. Bis jetzt sind keine zweireihigen nackten Gersten-Formen aus derart alten Ausgrabungen bekannt.

Gerste könnte für eine Domestizierung überall von Zentral-Asien bis zum Atlantik ausgewählt worden sein. Aber es gibt offenbar keine alte Kultur, die sich allein auf Gerste gründet. Trotz des oben erwähnten sehr alten Gersten-Fundes könnte man vielmehr annehmen, daß Gerste sich als sekundäre Kulturpflanze entwickelt hat, indem sie zunächst als Unkraut in Weizen auftrat.

Pisum sativum L.
Aus dem Neolithikum sind etwa 100 Funde der Erbse bekannt. Unter diesen Funden traten auch Wilderbsen auf. Sie unterscheiden sich durch warzige Samenoberflächen von den kultivierten Formen, deren Samenschalen glatt sind. So hat es bei dem Fund von Çayönü (Türkei, 7500–6500 v. u. Z.) den Anschein, daß in den älteren Schichten Wilderbsen vorkamen, während in den jüngeren Schichten bereits kultivierte Formen auftraten. In Çatal Hüyük (Türkei, 5850 bis 5600 v. u. Z.) sind die zahlreichen Erbsen meist glatt, nur vereinzelt treten Samen mit warziger Oberfläche auf. In Hacilar (Türkei, 5450–4950 v. u. Z.) dagegen entdeckte man nur Wilderbsen, so daß vermutet wurde, daß diese lediglich gesammelt worden seien. Doch fanden sich diese Wilderbsen einerseits zusammen mit eindeutig kultivierten Getreiden und andererseits ist zu bedenken, daß die ersten kultivierten Erbsen eben wilde Formen waren, die erst allmählich in Kulturformen umgewandelt wurden.

Erstaunlicherweise konnten Wilderbsen aber auch in Mittel-Europa nachgewiesen werden (BAUMANN und SCHULTZE-MOTEL 1968). Bei der Ausgrabung einer frühneolithischen Siedlung wurden in Dresden-Nickern große Mengen verkohlter Erbsen gefunden. Es handelt sich um 22000 Samen, die sehr klein (im Durchschnitt 4 mm) und in den meisten Fällen ohne Samenschale sind. In den Fällen, bei denen die Samenschale noch erhalten blieb, ist diese meist glatt, in vier Fällen aber rauh wie bei den Wilderbsen. Da bei den meisten Erbsen die Samenschale nicht erhalten blieb, kann man keine Aussage über das Mengenverhältnis zwischen Erbsen mit glatter zu solchen mit warziger Samenschale machen. Aber auch für den Fall, daß es ursprünglich nur wenige Wilderbsen innerhalb dieses Materials waren, ist dieser Umstand sehr aufschlußreich. Er signalisiert uns, daß wir es hier mit einem relativ frühen Stadium der Erbsenkultur in Mittel-Europa zu tun haben, da sich neben den Kulturformen noch Samen mit einem Wildpflanzenmerkmal finden. Glücklicherweise ist dieser Tatbestand bei der Erbse, im Gegensatz zu anderen Leguminosen, am Samen ablesbar, dem einzigen Teil der Pflanze, der uns überliefert ist.

Vicia faba L.
Von der Ackerbohne ist bis jetzt keine Wildform bekannt. Wenn man die bisherigen archäologischen Funde betrachtet, so ergibt sich folgendes Bild: die meisten Funde stammen aus der Bronzezeit und Eisenzeit und verteilen sich über Mittel- und West-Europa. Außerdem gibt es Nachweise aus dem Mittelmeergebiet: Iberische Halbinsel, Italien, Griechenland, Ägypten sowie Israel und Jordanien. Diese sind meist entweder spätneolithisch oder ihre Zeitstellung innerhalb des Neolithikums ist nicht näher bestimmbar.

In letzter Zeit sind aus dem Beginn des 5. Jt. v. u. Z. in Sizilien einige Ackerbohnen gefunden worden. Wichtiger ist aber ein umfangreicher Fund aus Israel, der aus dem 7. Jt. v. u. Z. stammt und somit die Kultur dieser Art um etwa 2000 Jahre vorverlegt (KISLEV 1985). Dieses zeitliche Gefälle der Funde läßt zumindest vermuten, daß der Beginn der Kultur dieser Art und somit auch die dazugehörige Wildform im Nahen Osten zu suchen sind. Alle diese Funde gehören der kleinsamigen Form an. Der bisher einzige zweifelsfreie Fund einer großsamigen Form stammt aus Tell Bazmosian in Iraqi Kurdistan und wird der frühen Islamischen Zeit zugerechnet (etwa 1000 u. Z.). Unter der Voraussetzung, daß die großsamige Form grundsätzlich die gleiche Erhaltungschance hat, muß man daher annehmen, daß sie erst in historischer Zeit entstanden ist.

Ein Ackerbohnenfund aus der Bronzezeit von Zitz, Kr. Brandenburg, soll noch erwähnt werden, da er einen wichtigen Hinweis zur Einschätzung verkohlter Reste gibt (SCHULTZE-MOTEL 1972). In einem Teil der gut erhaltenen Samen sind Fraßlöcher vom Ackerbohnenkäfer. Die Messung der Durchmesser dieser Löcher ergab, daß sie mit der Größe der Fraßlöcher heutiger Käfer identisch sind. Daraus ist zu schließen, daß bei der Verkohlung offenbar keine meßbaren Größenveränderungen geschehen sind. Bei guter Erhaltung verkohlter Kulturpflanzenreste sind daher Größenmessungen und die daraus gezogenen Schlußfolgerungen zulässig und sinnvoll.

Papaver somniferum L.
Archäologische Reste des Mohns sind nicht allzu häufig. Das ist nicht verwunderlich, denn die Größe der Samen beträgt nur etwa 1 mm. Daher werden die Samen sicherlich oft übersehen. Bei der Verkohlung wirkt außerdem der Ölgehalt für die Erhaltung nicht förderlich, da die Samen dadurch aufgebläht und zerstört werden. Die ältesten Funde stammen aus Spanien, Italien, Frankreich, der Schweiz, Österreich und der BRD. Dabei ist eine Häufung der Funde in den Pfahlbausiedlungen festzustellen, was auf besonders gute Erhaltungsbedingungen schließen läßt. Eine weitere Häufung findet sich in bandkeramischen Fundstellen des Rheinlandes; dies ist auf besondere Forschungsaktivitäten zurückzuführen. Aber selbst bei Berücksichtigung dieser Besonderheiten ergibt sich für den Mohn ein völlig anderes Muster seiner Entstehung und Entwicklung als bei vielen anderen Kulturpflanzen, die im Nahen Osten entstanden sind.

Bei den archäologischen Resten handelt es sich meist um Samen. Nur bei dem Fund aus Spanien und bei einem Fund aus der Schweiz liegen Kapseln vor. Die in Spanien entdeckten vier Kapseln haben einen Durchmesser von 12,5–15 mm bei einer Höhe von 12–15 mm. Unter den Narbenstrahlen sind rundliche Löcher zu erkennen: es ist dies ein Wildpflanzenmerkmal. Die Löcher dienen dem Ausstreuen der Samen, es liegt also ein sog. Schüttmohn vor. Beim Kulturmohn öffnen sich diese Löcher meist nicht mehr, man spricht dann vom Schließmohn. Unter den heutigen Kulturmohnen gibt es also beide Typen, obwohl Schüttmohn nur noch sehr selten angebaut wird. Die fraglichen Kapseln aus Spanien sind nach ihrer Form zu *Papaver somniferum* zu stellen. Samen des Mohns fanden sich hier nicht. Die verkohlte Kapsel von Robenhausen in der Schweiz ist 12 mm hoch und mißt 10 mm im Durchmesser. Sie war nach Untersuchung der darin enthaltenen Samen anscheinend unreif. Diese Feststellung und der Umstand, daß die Narbenstrahlen am Rande abgestoßen sind, erschweren eine genaue Bestimmung. Immerhin messen die außerdem gefundenen Tausende von einzelnen Samen 1–1,3 mm und wären danach ebenfalls zu *Papaver somniferum* zu stellen.

Besonders bemerkenswert sind die in den bandkeramischen Fundstellen des Rheinlandes entdeckten Mohnsamen, die sämtlich zum Borstenmohn (*Papaver setigerum* DC.) gerechnet werden. Der Borstenmohn wird als Wildform des Schlafmohns betrachtet. Eine Unterscheidung des Schlafmohns und des Borstenmohns nach der Größe und Oberflächenbeschaffenheit der Samen ist aber leider nicht möglich.

Bei den zahlreichen Ausgrabungen im Nahen Osten, die die Zeitspanne von etwa 7500 v. u. Z. bis etwa 1000 u. Z. umfassen, sind trotz größter Aufmerksamkeit bisher niemals Mohnreste zutage gekommen, ein Umstand, der sicherlich nicht als bloßer Zufall angesehen werden darf. Nach unseren derzeitigen Kenntnissen über die archäologischen Funde des Mohns folgt hieraus, daß der Mohn sich als Kulturpflanze im westlichen Mittelmeergebiet entwickelt hat (SCHULTZE-MOTEL 1979).

Linum usitatissimum L.

Der Lein gehört zu den ältesten Kulturpflanzen. Bei seinen Resten handelt es sich meist um verkohlte Samen, die bei der Verkohlung wegen ihres Ölgehaltes häufig starken Schaden leiden. Selten kommen Kapselreste vor. Es gibt fast 100 neolithische Lein-Nachweise.

Die ältesten Reste fanden sich im Iran, dem Irak, der Südost-Türkei und in Syrien. So stammt der Fund aus Çayönü/Türkei aus der Zeit von etwa 7500 bis 6500 v. u. Z., der aus Ali Kosh/Iran aus der Zeit von etwa 7000–6500 v. u. Z. Es unterliegt daher keinem Zweifel, daß der Lein in einem Gebiet entstand, in dem auch Emmer, Gerste, Linse und Erbse zu Kulturpflanzen entwickelt worden sind.

Bereits in den Pfahlbauten hatte man Reste des Leins gefunden. Dieser Pfahlbautenlein war kleinsamig, hatte kleine Kapseln, die geschlossen blieben oder sich nur schwach öffneten, und stellte eine einjährig-überwinternde Form (Winterlein) dar. Die in ägyptischen Gräbern entdeckten Leinreste, die aus der Zeit um 4200 v. u. Z. stammen, waren dagegen großsamige, einjährige Formen (Sommerlein), die bei der Ernte nicht abgeschnitten, sondern aus der Erde gezogen wurden, wie man an einem Wandgemälde aus Benihassan sehen kann.

Der Pfahlbautenlein wurde mit der Wildart *Linum bienne* MILL. in Verbindung gebracht. Den in Ägypten gefundenen Lein stellte man dagegen zu *Linum usitatissimum* und zwar großenteils zum sog. Spring-Lein, obwohl das Merkmal der aufspringenden Kapseln nicht beobachtet wurde. Grundlage für die Zuordnung zu dieser Primitivgruppe des Leins waren die Größenverhältnisse der Kapseln und Samen sowie besonders die Behaarung der Kapselscheidewände. So klaffte zwischen dem Pfahlbautenlein und dem in Ägypten gefundenen Lein eine Lücke. Die beiden Formen konnte man nach den damaligen Kenntnissen weder voneinander ableiten, noch ließ sich zwischen den von ihnen bewohnten Gebieten ein kultureller Zusammenhang nachweisen. Inzwischen hat man den Pfahlbautenlein als kleinsamige echte Kulturform von *Linum usitatissimum* erkannt. Das konnte auch nach der Anatomie der Samenschale bestätigt werden. Der

Pfahlbautenlein und der Lein aus Ägypten gehören beide zum Kulturlein und sind somit zwei ökologisch angepaßte Entwicklungslinien, die von einem in der Mitte liegenden Kerngebiet herstammen. Die Funde im Nahen Osten stellen zwischen beiden Typen die entsprechende Verbindung her.

Ein Teil der ältesten Funde im Nahen Osten ist mit *Linum bienne* in Verbindung gebracht worden, obwohl die Bestimmung allein nach den Samen sehr problematisch ist. Bei den Leinformen, die sich besonders in nördlichen Gebieten zur Fasergewinnung entwickelten, blieben die Samen klein, während bei den zur Ölgewinnung kultivierten Formen auf größere Samen gezüchtet wurde.

Vitis vinifera L.

Bei der Weinrebe können die Samen der Wildform und der Kulturform relativ gut voneinander unterschieden werden. Der Längen-Breiten-Index der beiden Formen ist verschieden, selbst wenn es eine Zone der Überschneidung gibt. Die Samen der Wildrebe sind klein, kurz, dick, kugelig bis herzförmig, ungeschnäbelt; die der Kulturrebe sind groß (6–7 mm lang), birnförmig und geschnäbelt.

Die meisten archäologischen Funde gehören anscheinend zur Wildrebe. Sie wurde in Mittel- und Süd-Europa, in der Türkei, Syrien und Pakistan gefunden. Die zahlreichen Funde der Wildrebe weisen darauf hin, daß diese Form offenbar genutzt wurde. Außerdem zeigt es sich, daß ihr früheres Verbreitungsgebiet weiter nach Norden reichte als heute, wie Funde in der Mark Brandenburg und in Schweden belegen.

Reste der Weinrebe, die mit der Kulturform in Verbindung gebracht wurden, gibt es aus Ägypten aus dem 4. und 3. Jt. v. u. Z. Leider sind über die Samen keine morphologischen Einzelheiten bekannt. Jedoch gibt es heute in Ägypten keine Wildrebe. Bei der Annahme, daß die Verbreitung auch früher ähnlich war, würde man für die ägyptischen Funde folgern müssen, daß sie von kultivierten Reben abstammen. Ähnliches gilt für Funde aus Jordanien, Israel, Syrien, Libanon und Zypern. In einem Fund aus Jericho/Jordanien aus der Bronzezeit waren außer Kernen auch einige verkohlte Beeren erhalten, die je vier Kerne enthalten. Danach dürfte eher eine Form vorliegen, die der Wildform noch nahesteht.

Aus weiter nördlich gelegenen Gebieten (Türkei, Irak, Turkmenien, Azerbajdžan, Georgien, Balkangebiet) gibt es Funde, die wenigstens teilweise mit der Kulturform in Verbindung zu bringen sind. Von besonderer Bedeutung ist das Material von Sitagroi in Griechenland. In dem Gesamtkomplex, dessen Alter von 4700–1900 v. u. Z. reicht, finden sich in den ersten drei Phasen nur Wildformen, in den Phasen 4 und 5 dagegen Formen, die als domestiziert zu gelten haben.

Als Entstehungs- und Entwicklungsgebiet der kultivierten Weinrebe ist wohl am wahrscheinlichsten Transkaukasien zu betrachten, das nach Vavilov das Hauptmannigfaltigkeitsgebiet für die Wild- und Kulturrebe ist, oder die Berge um Nord-Mesopotamien, von wo aus die Weinrebe dem Ackerbau in das östliche Mittelmeergebiet und nach Griechenland gefolgt ist. Bei einer Pflanze mit so weiter Verbreitung der Wildform muß man aber auch an eine mehrfache Entstehung der Kulturform denken.

Solanum tuberosum L.
In archäologischen Funden sind Reste von Knollen und anderen wasserreichen Pflanzenteilen sehr selten. Die bisherigen archäologischen Funde von Kartoffeln stammen aus der sehr trockenen Küstenwüste von Peru. Sie gehören alle zu der Gruppe kultivierter Kartoffeln von *Solanum tuberosum* ssp. *andigenum* (JUZ. et BUK.) HAWKES.

Nun wurden kürzlich in einer archäologischen Ausgrabung aus dem späten Pleistozän von Monte Verde in Chile aus der Zeit um 11000 v. u. Z. Reste von Kartoffelknollen gefunden, die den ältesten Nachweis von Kartoffeln überhaupt darstellen (UGENT et al. 1987). Sie stammen aus den feuchten Waldgebieten des südlichen Zentral-Chile. Es handelt sich bei diesem Fund um Häute von Knollen der wilden Kartoffelart *Solanum maglia* SCHLECHTENDAL, der einzigen knollentragenden Art in Chile.

Die Stärkekörner der heutigen *Solanum maglia* sind ungewöhnlich, indem vier charakteristische Formtypen vorkommen: oval, rund, dreieckig sowie rechteckig, wobei die ovalen am häufigsten sind. Die Körnergröße beträgt bei runden 10–20, bei den anderen Typen 35–80 Mikron. Im polarisierten Licht fällt der Schnittpunkt der Arme des Interferenzkreuzes bei runden und rechteckigen Stärkekörnern in das geometrische Zentrum, bei ovalen und dreieckigen Körnern in die Nähe eines Endes. Diese Kombination von Merkmalen bei den Stärkekörnern gibt es bei keiner anderen Kartoffelart. Mit Hilfe dieser Merkmale konnten die Schalenreste als *Solanum maglia* bestimmt werden. Die Stärke von *Solanum tuberosum* besteht nur aus einem Formtyp, nämlich dem ovalen.

Reste von *Solanum maglia* erscheinen also als archäologischer Fund viele Tausend Jahre vor dem ersten Auftreten von *Solanum tuberosum*, deren älteste Reste aus Höhlen von Zentral-Peru aus der Zeit um 8000 v. u. Z. stammen.

Die Knollen von *Solanum maglia* sind im Gegensatz zu früheren Angaben nicht bitter und so ist es denkbar, daß die Knollen lange vor Beginn des Ackerbaus gesammelt und gegessen wurden. Die Domestikation dieser Pflanzen in späteren Jahrtausenden hat dann eine Reihe von speziellen Veränderungen in Richtung auf *Solanum tuberosum* hervorgebracht. Dazu gehören kräftigerer Wuchs der Pflanze, ein höherer Knollenertrag und eine Tendenz zur Ausbildung nur eines Stärkekorntyps, der gleichzeitig größer war. All das kann durch spontane Verdopplung der Chromosomen geschehen sein, auf die eine lange Selektion durch den Menschen erfolgte.

Der Fund dieser Kartoffelreste, die im Zusammenhang mit menschlichen Hinterlassenschaften entdeckt wurden, macht es wahrscheinlich, daß diese Wildart als Nahrungsmittel genutzt wurde und daß diese Art den Ausgangspunkt der heutigen hochertragreichen chilenischen Sorten unserer Kartoffel bildet, also von *Solanum tuberosum* ssp. *tuberosum*. Diese Ansicht stünde im Einklang mit den entsprechenden Vorstellungen von N. I. VAVILOV, nämlich daß in Chile ein eigenständiges Entwicklungszentrum der Kartoffel bestand. Man kann also annehmen, daß die Evolution der Kartoffel an zwei weit voneinander entfernten Gebieten Südamerikas begonnen hat: in den Küstenwäldern von Chile und in den Zentral-Anden. In jedem dieser Gebiete sind Kultigene entstanden, die von verschiedenen Wildarten abstammen.

Schluß

Bei vielen Kulturpflanzenarten sind die bisherigen Funde noch so selten und lückenhaft, daß sich keine Aussagen zu ihrer Evolution machen lassen. Auch der Erhaltungszustand der Reste tritt als limitierender Faktor auf. Außerdem hängt die Auswertung der fragmentarischen Reste vom derzeitigen Kenntnisstand bei rezenten Kulturpflanzen ab. Die aufgeführten Beispiele aber zeigen deutlich, daß generell aufgrund archäologischer Reste Aussagen zur Entwicklung der Arten möglich sind, da diese Reste direkte Zeugnisse des Ablaufs der Kulturpflanzen-Evolution darstellen.

Der Mensch hat die Kulturpflanzen geschaffen, er wird aber seinerseits durch sie geprägt und ist von ihnen abhängig. Auch im Atomzeitalter lebt der Mensch von Kulturpflanzen, von denen viele ihm schon im Neolithikum dienten.

Diese Wechselwirkung von Mensch und Kulturpflanze in urgeschichtlicher Zeit, Teil des Forschungsgebietes der Paläoethnobotanik, sollte auch in Zukunft unser Interesse verdienen.

Summary

Palaeoethnobotany and its contribution to evolution research in cultivated plants

Archaeological remains of cultivated plants are a useful source of knowledge because they represent direct witnesses of the course of evolution. By using examples from the genera *Triticum, Hordeum, Pisum, Vicia, Papaver, Linum, Vitis* and *Solanum* it is shown how our knowledge of the evolution of cultivated plants is furthered and influenced by investigating archaeological remains.

Краткое содержание

Палеоэтноботаника и её вклад в исследование эволюции культурных растений

Археологические остатки культурных растений являются ценным источником познания, так как они представляют собой прямые свидетельства хода эволюции культурных растений. На примерах из родов *Triticum, Hordeum, Pisum, Vicia, Papaver, Linum, Vitis* и *Solanum* показывается как, благодаря изучению археологических остатков оказывается влияние на наши знания и представления о эволюции культурных растений.

Literatur

Baumann, W., und J. Schultze-Motel, 1968: Neolithische Kulturpflanzenreste aus Sachsen. – Arbeits- u. Forschungsberichte zur sächsischen Bodendenkmalpflege **18**, 9–28.

Heer, O., 1865: Die Pflanzen der Pfahlbauten. – 68. Neujahrsblatt der Naturforschenden Gesellschaft auf das Jahr 1866, Zürich, 54 pp., 1 Tafel.

HELBAEK, H., 1955: La recherche paletnobotanique. Une science née de la découverte des palafittes. – Sibrium **2**, 225–232.

–, 1959: Domestication of food plants in the Old World. – Science **130** (3372), 365–372.

–, 1966: 1966 – Commentary on the phylogenesis of *Triticum* and *Hordeum*. – Econ. Bot. **20**, 350–360.

KISLEV, M. E., 1979/80: *Triticum parvicoccum* sp. nov., the oldest naked wheat. – Israel J. Bot. **28**, 95–107.

–, 1984: Emergence of wheat agriculture. – Paléorient **10**, 61–70.

–, 1985: Early Neolithic horsebean from Yiftah'el, Israel. – Science **228**, 319–320.

–, O. BAR-YOSEF, and A. GOPHER, 1986: Early Neolithic domesticated and wild barley from the Netiv Hagdud Region in the Jordan Valley. – Israel J. Bot. **35**, 197–201.

SCHULTZE-MOTEL, J., 1972: Die archäologischen Reste der Ackerbohne, *Vicia faba* L., und die Genese der Art. – Kulturpflanze **19**, 321–358.

–, 1979: Die urgeschichtlichen Reste des Schlafmohns (*Papaver somniferum* L.) und die Entstehung der Art. – Kulturpflanze **27**, 207–215.

UGENT, D., T. DILLEHAY, and C. RAMIREZ, 1987: Potato remains from a Late Pleistocene settlement in southcentral Chile. – Econ. Bot. **41**, 17–27.

Dr. J. SCHULTZE-MOTEL
Zentralinstitut für Genetik und Kulturpflanzenforschung
der Akademie der Wissenschaften der DDR
Corrensstraße 3
Gatersleben
DDR - 4325

Kulturpflanze 36 · 1988 · 247–274

Genetische Variabilität

Joachim Dehne, Kurt Skiebe, Martin Stein, Hagen Herdam, Rolf Franke und Heinz Leike

Zusammenfassung

Für die Pflanzenzüchtung ist die genetische Variabilität eine entscheidende Voraussetzung. Sie basiert auf Genmutationen, Chromosomenmutationen, Introgressionen, Autopolyploidie, Alloplasmie, transponiblen DNA-Elementen und der Kombination. Diese Variabilitätskomponenten werden charakterisiert. Außerdem wird anhand von Beispielen ihr Einfluß auf die Entwicklung der Kulturpflanzen demonstriert.

Um effektiv in der Pflanzenzüchtung arbeiten zu können, bedarf es der Analyse von genetischer Variabilität. Dies geschieht mit Hilfe von Kreuzungsexperimenten und Parameterschätzungen. In zunehmendem Maße werden auch Marker bei der Analyse eingesetzt.

Einen wichtigen Faktor zur zielgerichteten Beeinflussung der genetischen Variabilität stellt die Selektion dar. Sie führt zur Einschränkung der Kombination. Die Selektion ist für die Entwicklung von Sorten notwendig. Sie hat aber auch eine Verarmung an genetischer Information zur Folge.

Für den weiteren Fortschritt in der Pflanzenzüchtung gilt es, eine genügende genetische Variabilität zu gewährleisten. Dazu bedarf es auch Maßnahmen zu ihrer Erhaltung. Genetische Variabilität muß außerdem verstärkt charakterisiert und analysiert werden.

1. Grundlagen der genetischen Variabilität aus pflanzenzüchterischer Sicht

1.1. Begriffsbestimmungen

Die genetische Variabilität soll im folgenden aus pflanzenzüchterischer Sicht betrachtet werden.

Es handelt sich um die Gesamtheit der jeweiligen Zustandsstufen der Gene im Genom des Zellkerns, der Plastiden und der Mitochondrien. Die jeweiligen Zustandsstufen der Gene eines Individuums werden dabei unter der Bezeichnung Idiotyp zusammengefaßt. Daraus ergibt sich, daß sich die genetische Variabilität einer Art in der realisierten Idiotypenvielfalt manifestiert.

Genetische Variabilität entsteht durch Genmutationen, Chromosomenmutationen, Introgressionen, Autopolyploidie, Allopolyploidie, Alloplasmie, der Wirkung transponibler Elemente und Kombinationen.

Der Idiotyp realisiert zusammen mit der Umwelt den Phänotyp. Eine genetische Variabilität wird vielfach durch den gleichen Phänotyp repräsentiert.

Eine derartige Polygenie gleicher Phäne beruht auf verschiedenen Allel- und Genbeziehungen. Andererseits können gleiche Idiotypen durch eine variable Allelmanifestierung unterscheidbare Phänotypen ausprägen.

1.2. Erfassung der genetischen Variabilität

Die idiotypisch bedingte genetische Variabilität wird in der Pflanzenzüchtung mit Hilfe des Phänotyps analysiert. Der Phänotyp wird durch einen Merkmalsvektor charakterisiert, der auch eindimensional sein kann.

Die genetische Grundlage von Merkmalen wird in der Regel mit Hilfe von Kreuzungsexperimenten analysiert. Zu diesem Zweck werden Merkmalsklassen gebildet. Es ist dann möglich, mit Hilfe der Klassenzahl oder der jeweiligen Klassenbesetzung eine genetische Identifizierung vorzunehmen. Dabei ist das Skalierungsproblem zu beachten. So können bei metrischen Skalierungen genetische Wirkungen detaillierter nachgewiesen werden als bei Nominalskalierungen. Bei Merkmalen mit kontinuierlicher Variabilität wird deren genetische Grundlage vielfach mit Hilfe von Parameterschätzungen analysiert. Dies geschieht auf den metrischen Skalierungsebenen. Parameterschätzungen erlauben allerdings nur eine Beurteilung von Individuengruppen (SKIEBE et al. 1987).

Tiefere Einblicke in die genetischen Grundlagen von Merkmalen mit kontinuierlicher Variabilität gestattet die Nutzung von Markern. Entsprechende Methoden wurden im Institut für Züchtungsforschung Quedlinburg erarbeitet. Dabei werden sowohl das verbreitete Pleiotropiephänomen als auch die Koppelung ausgenutzt (PETERKA 1973).

Es werden quantitative Merkmale mit Hilfe qualitativer analysiert. Werden Koppelungsgruppen oder Teile davon mit qualitativen Merkmalen markiert, lassen sich Aussagen über deren Auswirkung auf quantitative Merkmale machen (Abb. 1).

Eine Markierung auf der Grundlage der Pleiotropie wurde im Institut für Züchtungsforschung Quedlinburg z. B. bei Tomate vorgenommen. Dabei wurde mit Hilfe von Allelen, welche eine rassenspezifische (qualitative) *Cladosporium*-resistenz bewirken, die rassenunspezifische (quantitative) *Cladosporium*resistenz erfaßt (SKIEBE und KIESSLING 1986). So sind beispielsweise
$A_2A_2B_1B_2C_2C_2D_1D_2$-Genotypen rassenunspezifisch
hoch anfällig und
$A_1A_2B_1B_2C_1C_2D_2D_2$-Genotypen hoch resistent.

Eine Erfassung der Wirkung von Koppelungsgruppen auf quantitative Merkmale mit Hilfe von biochemischen und morphologischen Markern bei der Sommergerste hat PETERKA (pers. Mitt.) vorgenommen. Als Material kamen homozygote Linien zum Einsatz, die mit Hilfe der Bulbosumtechnik in der F_1-Generation erzeugt wurden. Da heterozygote Pflanzen bei diesen Experimenten ausgeschlossen sind, brauchen Dominanzeffekte nicht berücksichtigt zu werden. Dadurch war eine Konzentration vor allem auf additive Effekte möglich. Bei diesen Analysen

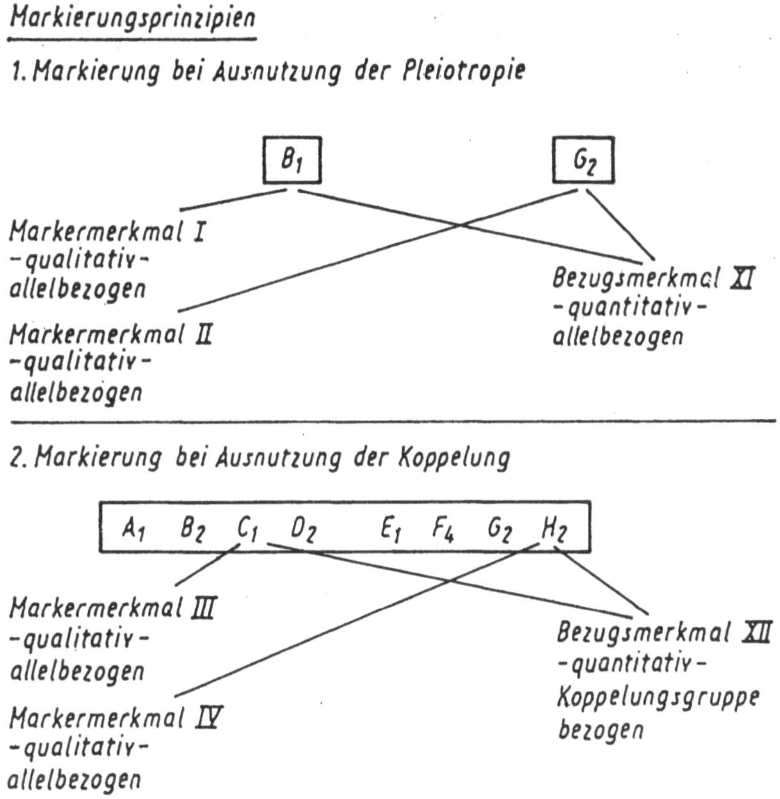

Abb. 1 Schematische Darstellung von zwei Prinzipien zur Erfassung und Analyse quantitativer Merkmale mit Hilfe von Markern, die qualitative Merkmale darstellen

zeigte sich beispielsweise, daß für die Ausprägung des Merkmals Blühtermin additive Effekte hauptverantwortlich sind. Bei diesem Merkmal konnte für die vier beteiligten Koppelungsgruppen auch eine anteilige Zuordnung vorgenommen werden.

Die Schwierigkeiten beim Erkennen des Idiotyps am Phänotyp haben verschiedene Auswirkungen.

So wird in der Pflanzenzüchtung bei den zu schaffenden Sorten eine große phänotypische Ausgeglichenheit angestrebt. Dies ist aber nicht erreichbar, indem nur eine idiotypische Homogenität herbeigeführt wird. Vielmehr muß zwischen idiotypischer und phänotypischer Ausgeglichenheit unterschieden werden. In bestimmten Fällen, z. B. bei Allogamen, kann aus einer spezifischen idiotypischen Unausgeglichenheit eine phänotypische Ausgeglichenheit resultieren.

Bei Idiotyp-Phänotypbeziehungen ist weiterhin zu beachten, daß sie sich auf verschiedenen biologischen Organisationsebenen realisieren, also auf dem Niveau der Zelle, des Gewebes, des Individuums und der Population. Für einige Merkmale ist das Zellniveau gar nicht für die Idiotyp-Phänotypbeziehungen der gesamten Pflanze geeignet, da bei Einzelmerkmalen, beispielsweise einer Krankheitsresistenzkomponente, zwischen dem Zellniveau und den anderen Organisationsebenen nicht immer eine Übereinstimmung im Phänotyp vorliegt. Dies gilt vor allem auch für andere komplexe Merkmale wie beispielsweise Ertrag, Winterfestigkeit u. a.

2. Entstehung und Bedeutung der genetischen Variabilität

2.1. Mutationen

Bei den Genmutationen kommt es durch eine Veränderung in der Basensequenz der DNA zur Ausprägung von neuen Allelen. Dieser Vorgang ist nicht auf die Entstehung eines zweiten Allels beschränkt. Meistens ist mit einer multiplen Allelie zu rechnen.

Allerdings werden häufig Mutationen mit geringen Allelwirkungsunterschieden nicht erkannt. So konnte z. B. beim Reis eine Serie multipler Allele, welche die Reifezeit beeinflussen, nur mit Hilfe eines eng gekoppelten Resistenzfaktors identifiziert werden (YOKOO und KIKUCHI 1977). Allele mit einer großen Wirkungsdifferenz gegenüber dem Ausgangsallel stellen vielfach das Endglied einer Serie multipler Allele dar. Je größer die Allelwirkungsunterschiede gegenüber dem Ausgangsallel sind, um so größer sind auch im allgemeinen die negativen Auswirkungen im Rahmen einer pleiotropen Merkmalsausprägung. Handelt es sich dabei um generative bzw. heterotische Merkmale, so sind die züchterischen Belange besonders betroffen.

GAUL und LIND (1974) ermittelten im statistischen Sinne einen Zusammenhang zwischen der Größe der Allelwirksamkeit einer Genmutation, der Häufigkeit ihres Auftretens und dem Grad ihrer Schädigung. Sowohl die durchschnittliche Häufigkeit einer Mutation als auch die Vitalität der Mutante ist um so geringer, je größer der Mutationsschritt bei einem gegebenen Merkmal ist. Diese These läßt sich, zumindest was die Vitalität der Allelwirksamkeit betrifft, durch zahlreiche Beispiele belegen.

HENTRICH (1979) konnte bei Sommergerste aufgrund von Unterschieden im Befallsgrad beim Mehltau für den *ml-o*-Locus neben dem Wildtypallel vier funktionell verschiedene Allele nachweisen. Außerdem fand HENTRICH (1979 u. pers. Mitt.) nach Einlagerung der vier Mutantenallele in den genetischen Hintergrund verschiedener Sommergerstensorten eine allelspezifische Abhängigkeit der durch die *ml-o*-Allele bewirkten pleiotropen Blattnekrosen.

Er empfiehlt daher, schwach bis mittelstark wirkende Resistenzallele des *ml-o*-Genortes züchterisch zu nutzen. Sie reichen für eine Mehltauresistenz aus und ermöglichen außerdem eine Abschwächung der Blattnekrosen mit Hilfe bestimmter Allele anderer Genorte.

Diese Erkenntnis bedeutet, daß für eine unmittelbare züchterische Nutzung Allele ausgelesen werden sollten, die möglichst keine negativen pleiotropen Nebenwirkungen aufweisen. Zahlreiche Sorten bei den verschiedensten Objekten sind ein Beleg dafür. Reichen die dabei erzielten Merkmalsausprägungen nicht aus, sollten mehrere „Kleinmutanten“ kombiniert werden. Für eine derartige stufenweise Merkmalsverbesserung mit Hilfe von Genmutationen hat STUBBE (1967) bei *Lycopersicon pimpinellifolium* (JUSL.) MILL. Belege geliefert (Tab. 1).

Tabelle 1
Stufenweise Verbesserung der Fruchtgröße bei *Lycopersicon pimpinellifolium* in mehreren Mutationsschritten

Mutationsstufen	Fruchtgewicht g	Fruchtbreite cm	Fruchtlänge cm
P 917	1,12	1,21	1,25
P 910	1,82	1,37	1,68
P 962	5,39	2,09	2,06
P 936	11,30	2,65	2,70
P 911	17,00	2,99	2,93

2.2. *Autopolyploidie*

Genetische Variabilität wird auch durch die Vermehrung identischer Genome hervorgerufen. Werden 4x-Autopolyploide erzeugt, kommt es in der Meiose zu Quadrivalentbildungen. Daraus resultieren häufig aneuploide sowie aneusome Gameten und dementsprechend aneuploide sowie aneusome Individuen.

Das erhöht die genetische Variabilität, kann aber auch eine Quelle von Störungen sein, die dann vielfach bei den genetischen Merkmalen zu einer Minderleistung führen. Dies ist bei den jeweiligen Objekten unterschiedlich. Beim Roggen zum Beispiel führten Fälle von Aneusomie nicht zu Meiosestörungen (SCHLEGEL et al. 1985).

Wie entsprechende Experimente am Institut für Züchtungsforschung Quedlinburg gezeigt haben, führt ein genügend hoher, aber auch spezifischer Hetero-

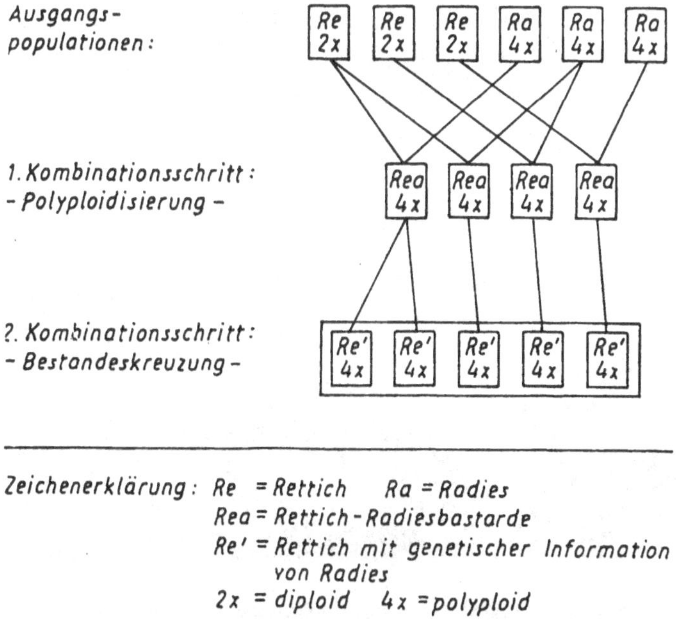

Abb. 2 Schematische Darstellung der Entwicklung von autopolyploiden (4x) Rettichlinien

zygotiegrad in 4x-Populationen zu nicht mehr gravierenden Aneuploidie- und Aneusomieanteilen. In solchen Fällen kommen dann erst die einer Autopolyploidie inhärenten Merkmalsverbesserungen zur Nutzung. Ein charakteristisches Beispiel dafür liefert 4x-Rettich. Er resultiert aus Kreuzungen zwischen 2x-Rettich und 4x-Radies. Durch Vereinigung von unreduzierten 2x-Rettich- und reduzierten 2x-Radiesgameten entstanden 4x-Pflanzen. An diesem Vorgang waren auf beiden Seiten verschiedene Idiotypen beteiligt. Außerdem wurden die 4x-Pflanzen noch miteinander kombiniert (Abb. 2). So entstanden verschiedene 4x-Populationen. Aus ihnen wurden ertragreiche, frühe Linien mit einer guten Geschmacksqualität entwickelt.

2.3. *Introgressionen*

Die Einlagerung fremdartiger genetischer Information unterhalb der Genomebene hat die genetische Variabilität der Kulturarten stark geprägt. So haben am Institut für Züchtungsforschung Quedlinburg durchgeführte Recherchen ergeben, daß es beispielsweise bei den Stabtomaten kaum noch eine Sorte gibt, die nicht auf Introgressionen zurückzuführen ist.

Bei den Introgressionsarbeiten ist die Berücksichtigung von Geninteraktionen sehr wichtig. So kann die Addition genetischer Informationen der Gerste an Wei-

Abb. 3 Ährenmorphologie des Satzes von Weizen-Gerste-Chromosomen-Additionen mit Eltern und primärem Bastard. Von links nach rechts: *T. aestivum* 'Chinese Spring' (CS). *H. vulgare* 'Betzes', primärer Bastard CS×'Betzes', Addition von H-Chromosomen an CS-1H, 2H, 3H, 4H, 6H, 7H (nach SCHRADER und ZERNEKE 1988)

zen oder Triticale auf Grund epistatischer Wirkungen der Empfängergene nur sehr eingeschränkt zur Geltung kommen. Dies läßt sich am Beispiel der Ährenmorphologie des Satzes von disomen Gerste-Chromosomenadditionen der Sorte 'Betzes' an dem Saatweizen 'Chinese Spring' (ISLAM et al. 1981) nachweisen.

In Abb. 3 sind die dazu entsprechenden Ausgangsformen, der Gattungs-Bastard und die Additionslinien dargestellt.

Erst die Substitution einzelner Weizenchromosomen durch entsprechende homöologe Gerstenchromosomen führt zur Defizienz der epistatisch wirkenden Weizengene und macht eine Expression gerstengenetischer Information möglich.

Sowohl zur Entwicklung einzelner Additionslinien von Gerstenchromosomen an Weizen und Triticale als auch zur Entwicklung von Chromosomensubstitutionslinien von Gerstenchromosomen in Weizen laufen Forschungsarbeiten im Institut für Züchtungsforschung Quedlinburg.

Dabei fließen als Ausgangsmaterial überwiegend Kultur- bzw. Hochleistungssorten in die Programme ein. Aber auch die Wildform *Hordeum chilense* ROEM. et SCHULT. findet wegen ihrer Resistenzeigenschaften Verwendung, wobei ihre relativ gute Kreuzbarkeit mit Weizen, Roggen und Triticale diesen Prozeß begünstigt.

Neben diesem bezüglich des einzelnen Chromosoms relativ gut definierten Weg

Abb. 4 Ähren von links nach rechts: *H. vulgare* 'Erfa', *T. aestivum* 'Tom Pouce', 6x Triticale 'Lasko', Bastard ('Erfa' × 'Tom Pouce') kolch. × 'Lasko' (A^uA^uBBDRH)

Abb. 5 Ähren von links nach rechts: amphidiploider Dreigattungsbastard (*H. chilense* × 6x Triticale) $A^uA^uBBRRH^{ch}H^{ch}$, Valenzkreuzung des Dreigattungsbastards mit *T. aestivum* 'Alcedo' $A^uA^uBBDRH^{ch}$, *T. aestivum* 'Alcedo'

zur Introgressionsauslösung werden im Institut für Züchtungsforschung auch andere Wege beschritten.

Durch Valenzkreuzungen werden in einem Genotyp monoploide Genomkonstellationen von Gerste, Weizen und Roggen bei gleichzeitigem Vorhandensein von diploiden Puffergenomen erzeugt, welche die Voraussetzungen für genomatische und chromosomale Strukturumbauten bieten. In Valenzkreuzungen der Genomkonstellation A^uA^uBBDRH im Gerstenplasmon zeigte es sich, daß bei Verwendung von *H. vulgare* absolut sterile Valenzkreuzungsprodukte erzeugt wurden. Anders ist dies bei der Verwendung von *H. chilense*. Hier konnten Bastardkombinationen derselben Genomkonfiguration erzeugt werden, die relativ gut weiblich fertil waren, so daß durch Rückkreuzung mit 6x-Weizen und 6x-Triticale eine Weiterführung zur näheren Charakterisierung möglicher Introgressionsprodukte gelungen ist (SCHRADER und ZERNEKE 1988) (Abb. 4 und 5).

Die aus der Literatur bekannte, absolut männliche Sterilität bedingende Wirkung des Plasmons von *H. vulgare* bei Bastardierungen mit Saatweizen (vergl. ISLAM et al. 1981; MUJEEB-KAZI und RODRIGUEZ 1984) konnte auf der Ebene von Dreigattungsbastarden der Genomkombination $A^uA^uBBRRH^vH^v$ nach Rückkreuzung mit 6x-Triticale überwunden werden (SCHRADER et al. 1988).

Am Institut für Züchtungsforschung ist auch ein Introgressionsprogramm bei der Sojabohne begonnen worden. Angeregt durch Arbeiten von NEWELL und HYMOWITZ (1982) wurden Kreuzungen zwischen der Sojabohne (*Glycine max* (L.) MERR.) und *Glycine tomentella* HAYATA durchgeführt. Zwei Drittel der aufgesetzten Embryonen zeigten während der *in-vitro*-Phase Anomalien der Sproßentwicklung.

Embryonen, die von geselbsteten Pflanzen isoliert worden waren, entwickelten sich auf dem gleichen Embryokulturmedium normal. Aus den Kreuzungsexperimenten gingen Hybridpflanzen hervor. Es gelang bisher jedoch nicht, die Sterilität dieser Produkte zu überwinden (KRAUSSE, pers. Mitt.).

2.4. Allopolyploidie

Die Allopolyploidisierung beinhaltet die Kombination genetischer Informationen von verschiedenen Arten gleicher oder verschiedener Gattungen. Die Fixierung der Kombinationsprodukte stellt einen wesentlichen Weg der Artbildung dar. Viele Kulturpflanzen, wie z. B. Saatweizen, Saathafer, Baumwolle, Begonien und Gladiolen, entstanden auf dieser Grundlage. Die methodischen Möglichkeiten, z. B. die Embryokultur, gestatten es, zahlreiche neuartige Allopolyploide zu entwickeln. So sind beispielsweise im Institut für Züchtungsforschung Quedlinburg Allopolyploide aus Weizenarten und Saatroggen, aus Gerstenarten und Saatroggen sowie aus verschiedenen Haferarten und zwischen verschiedenen Brassicaarten hergestellt worden. Die Schaffung neuer Allopolyploider beinhaltet allerdings nicht nur eine Erweiterung der Artenvielfalt. Dieser Prozeß führt auch zu stark veränderten Einzelmerkmalen.

Die im Institut für Züchtungsforschung Quedlinburg intensiv bearbeiteten primären allopolyploiden Weizen-Roggen-Bastarde liefern eine Fülle von Belegen für das Auftreten neuer genetischer Variabilität. Dabei ist es sicher im Einzelfall zweckmäßig, zwischen der Neukombination bereits bestehender Variabilität und dem Auftreten völlig neuartiger Merkmalsausprägungen innerhalb der jeweiligen Art oder Gattung zu unterscheiden.

In der Regel zeichnen sich Allopolyploide dadurch aus, daß die Kombination der genetischen Information der Ausgangsarten Möglichkeiten für eine Erhöhung des Leistungspotentials eröffnet, die allerdings nur nach intensiven Rekombinationsvorgängen zu züchterisch nutzbarer genotypischer Variabilität führen.

So ist zum Beispiel bei Triticale eine Erhöhung der Blütenzahl pro Ähre durch Kombination der höheren Ährchenzahl/Ähre des Roggens und der größeren Blütenzahl/Ährchen des Weizens zu verzeichnen (WANDELT und ALBRECHT 1985).

Eine besonders große genetische Vielfalt entsteht mit Hilfe der Allopolyploidie, wenn an dem Prozeß mehrere Arten beteiligt sind. Dies ist beispielsweise bei Weizen-Roggen-Allopolyploiden der Fall. Dabei wird die genetische Variabilität primärer Allopolyploider durch zusätzlich erzeugte Introgressionen wesentlich ausgeweitet (SKIEBE 1982).

Durch solche Vorgänge entstehen sekundäre Allopolyploide, aus denen Sorten entwickelt werden können, wie in Abb. 6 am Beispiel von Triticale erkennbar ist.

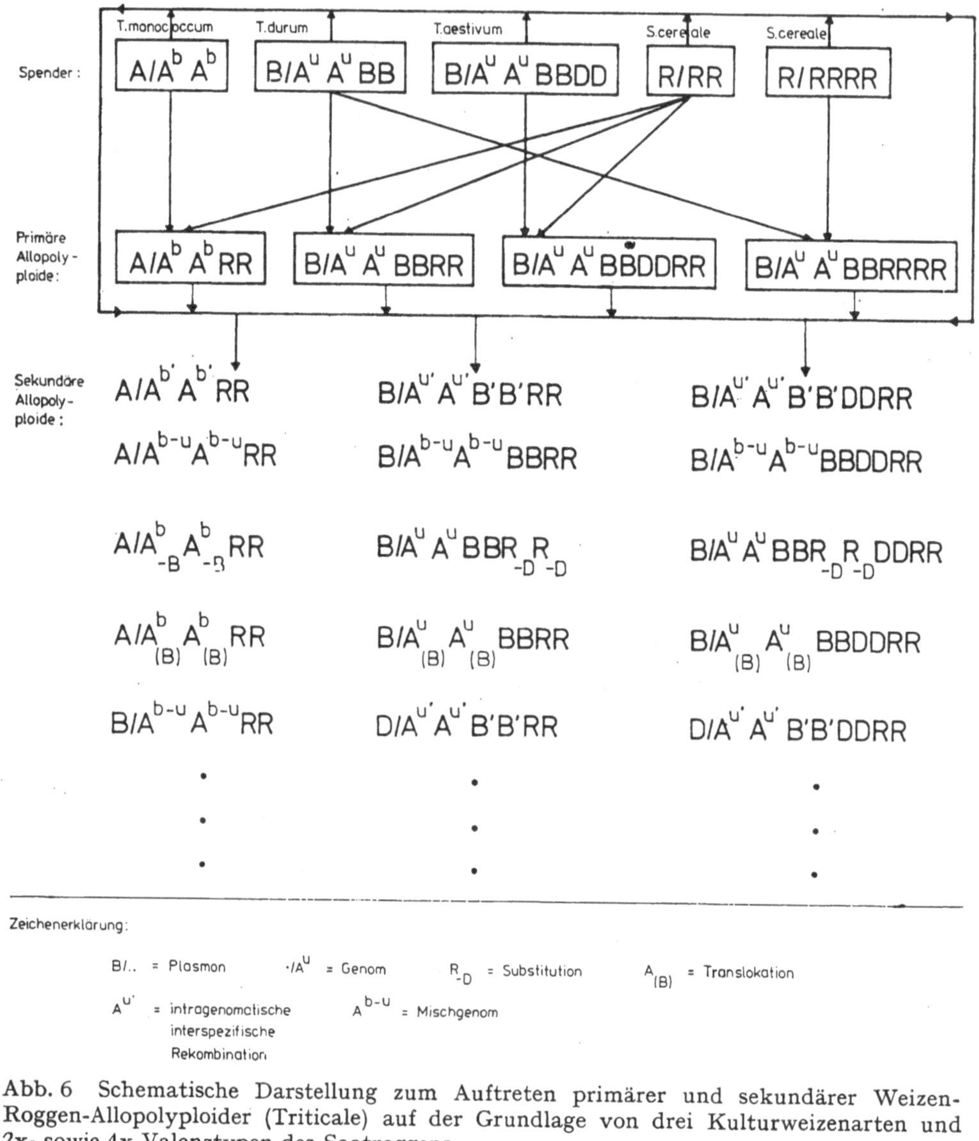

Abb. 6 Schematische Darstellung zum Auftreten primärer und sekundärer Weizen-Roggen-Allopolyploider (Triticale) auf der Grundlage von drei Kulturweizenarten und 2x- sowie 4x-Valenztypen des Saatroggens

2.5. Alloplasmie

Wechselwirkungen zwischen Genotyp und Plasmotyp sind eine wichtige Quelle genetischer Variabilität. In züchterischer Hinsicht haben sie unter anderem in Systemen der Pollensterilität eine große Bedeutung erlangt, wofür der Hybridmais als Beispiel stehen möge.

Während es sich jedoch im Falle des Maises um eine solche Interaktion auf intraspezifischem Niveau handelt, wird besonders bei neuen Genom-Plasmon-Kombinationen, also Alloplasmie im eigentlichen Sinne, eine wesentliche Erweiterung genetischer Variabilität erwartet und beobachtet. Meist ist mit der Art- und Gattungsbastardierung auch eine partielle Alloplasmie verbunden, welche durch weitere Maßnahmen, z. B. wiederholte Rückkreuzung, zu einer vollständigen Alloplasmie entwickelt werden kann, wie die Arbeiten zu Weizen und Triticale im Institut für Züchtungsforschung Quedlinburg belegen (Albrecht et al. 1984).

Dabei wurden die genetischen Verhältnisse bei der Fertilitätsrestoration für die männliche Sterilität beim Saatweizen *T. aestivum* L. mit dem *T. timopheevi*-Plasmon untersucht. Im Ergebnis dieser Arbeiten wurde festgestellt, daß sich bezüglich dieses Merkmals die Plasmone beider Arten wahrscheinlich nur in zwei oder höchstens drei Genen unterscheiden.

Dementsprechend sind auch Allele von höchstens drei Genen im Genom des Zellkerns zu berücksichtigen, wenn es gilt, die männliche Sterilität von G/A^uA^u BBDD-Individuen wieder zu restaurieren. Eines von ihnen restauriert mit seinen dominanten Allelen. Es stammt aus dem Genpool von *T. timopheevi* Zhuk., wurde aber auch in der Saatweizensorte 'Prof. Marchal' gefunden. Multiple Allelie ist für beide Herkünfte wahrscheinlich, aber auch sehr enge Kopplung ist möglich (Albrecht et al. 1984). In enger Zusammenarbeit mit dem Institut für Weizen und Sonnenblumen in Tolbuhin (VRB) wurde das von Panajotov entwickelte bzw. durch Austausch mit anderen Forschungsgruppen erweiterte Sortiment alloplasmatischer Formen auf praktisch nutzbare Effekte geprüft.

Aus den über 100 alloplasmatischen Weizenformen mit den Plasmonen unterschiedlicher Arten und Unterarten der Gattungen *Triticum* und *Aegilops* wurden mehrere Formen gefunden, die sich in einzelnen Eigenschaften positiv vom *T. aestivum*-Plasmon unterscheiden. Diese Plasmone werden in der Triticalezüchtung genutzt. Bisher bestätigte sich die beim Saatweizen beobachtete bessere Vitalität und Ertragsfähigkeit der Pflanzen mit dem Plasmon von *T. vavilovii* und *T. haynaltricum* auch in den Triticalestämmen.

Völlig neue experimentelle Möglichkeiten der Alloplasmie ergeben sich durch somatische Zellhybridisierungen. Dabei ist es auch möglich, trotz uniparentaler plasmotypischer Erbgänge zu einer Vereinigung der Plasmotypen beider Eltern in Cybriden zu kommen.

2.6. Transponible Elemente

Für das Auftreten genetischer Variabilität in der Pflanzenzüchtung können auch transponible Elemente Bedeutung erlangen, so z. B. für die Isolierung und Klonierung von Allelen, deren Primärprodukt nicht bekannt ist. Voraussetzung hierfür ist, daß in der betreffenden Pflanzenart transponible Elemente nachweisbar sind und an dem speziellen Genlocus eine durch das Element verursachte Insertionsmutation erzeugt wurde. Das kann gegebenenfalls durch ein gezieltes Kreuzungsprogramm erreicht werden. Wenn weiterhin das transponible Element als markierter Klon zur Verfügung steht, kann so verfahren werden, wie es in Abb. 7 dargestellt ist.

Die Anwesenheit diskreter mobiler genetischer Elemente trägt zu dynamischen Veränderungen im Pflanzengenom bei, indem die Elemente genetische Instabilität einschließlich spontaner instabiler Mutationen verursachen.

Die im Institut für Züchtungsforschung Quedlinburg begonnenen Forschungs-

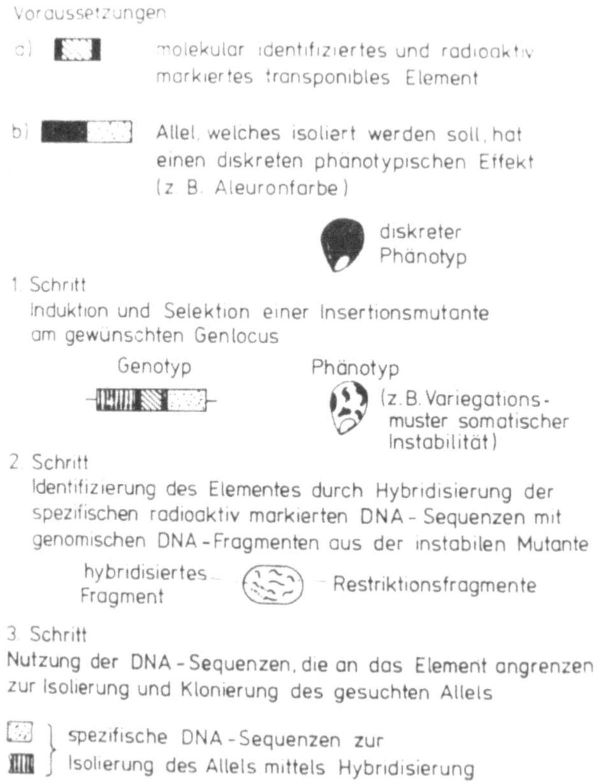

Abb. 7 Nutzung eines identifizierten transponiblen DNA-Elements zur Isolierung und Klonierung von Allelen eines Gens (verändert nach. FEDOROFF et al. 1984)

arbeiten zur Charakterisierung des Verhaltens bei einer offenbar genetisch instabilen Gerstenlinie haben das Ziel, bei dieser wirtschaftlich bedeutenden Nutzpflanze transponierbare Elemente nachzuweisen.

2.7. Kombinationen

Genetische Variabilität beruht nicht nur auf Mutationen und Polyploidie, sondern vor allem auf Kombinationen. Dadurch potenzieren sich primäre qualitative und quantitative Veränderungen der DNA im Hinblick auf die genetische Variabilität. Es kommt dabei auch zu neuen, eigenständigen Merkmalsausprägungen. Die Kombination wird vor allem bei Allogamen blüten- und befruchtungsbiologisch durch die Diöcie, Heterostylie, Protandrie, Protogynie, Inkompatibilität und männliche oder weibliche Gonensterilität begünstigt.

Allen diesen Mechanismen ist inhärent, daß sie generative Reproduktionen als autogame oder geitenogame Befruchtungen erschweren oder sogar unmöglich machen. Das bedeutet gleichzeitig, daß von einer völlig freien Kombination nicht ausgegangen werden kann. Bei allogamen Insektenbestäubern wird die freie Kombination auch durch das Wahlverhalten der Insekten beeinflußt.

Ferner wird eine freie Kombination in der Züchtung vielfach wegen zu geringer Populationsumfänge eingeschränkt. Auch hat der jeweilige Vermehrungskoeffizient einen großen Einfluß. Hinzu kommen die spezifischen befruchtungsbiolo-

Tabelle 2
Blütenbiologische Systeme und das Verhältnis Pollen zu Eizellen (nach CRUDEN 1977)

Blütenbiologie	Anzahl geprüfter Arten	Pollen zu Eizellen
Kleistogamie	6	4,7
Obligate Autogamie	7	27,7
Fakultative Autogamie	20	168,5
Fakultative Allogamie	38	796,6
Obligate Allogamie	25	5859,2

gischen Besonderheiten und dabei auch das Verhältnis von Pollen zu Eizellen (Tab. 2).

Zu beachten ist bei der Kombination eine mehr oder weniger große Zufälligkeit. Sie ist besonders bei der Hybridzüchtung zu konstatieren und macht aufwendige und umfangreiche Testkreuzungen erforderlich, um geeignete Hybridpartner zu ermitteln. Es zeigt sich allerdings, daß es Möglichkeiten gibt, nicht bei diesem extensiven Vorgehen zu bleiben, sondern zu Vorhersagen über wahrscheinliche Kombinationseignung zu kommen. Versuche dafür sind am Institut für Züchtungsforschung Quedlinburg in Zusammenarbeit mit der Saatzuchtstation Aschersleben bei Tomaten durchgeführt worden (SKIEBE et al. 1988).

Dabei sind Kenntnisse über die Merkmalsbeziehungen notwendig. Zur Ermittlung der Merkmalsbeziehungen eignen sich multivariate statistische Verfahren. Besonders die Faktorenanalyse hat sich hierbei bewährt (LÜHE 1977, KISON 1979, FECHNER 1986). Bei Tomaten haben beispielsweise die Einzelfruchtmasse und die Wurzelmasse denselben Faktor. Es liegen dabei positive Beziehungen vor. Zwischen Einzelfruchtmasse und Fruchtanzahl ist dies nicht der Fall. Sie werden verschiedenen Faktoren zugeordnet. Eine besondere Berücksichtigung beider Merkmale ist daher notwendig.

Ausgehend von diesen Merkmalsbeziehungen sind dann bei den einzelnen Merkmalen Kenntnisse über deren Genetik für eine Auswahl von Kombinationspartnern erforderlich. Handelt es sich um diskontinuierliche Merkmale und sind deren genetische Grundlagen bekannt, lassen sich Voraussagen über die Eignung der potentiellen Hybridpartner für eine Kombination machen. Dies gilt beispielsweise bei Tomate für den Wuchstyp, für die Anthocyanfärbung der Keimlinge, für die Knicklosigkeit der Fruchtstiele oder für die rassenspezifische *Cladosporium*-resistenz.

Handelt es sich um Merkmale mit einer kontinuierlichen Variabilität, ist nur in Ausnahmefällen deren genetische Grundlage bei dem zu verwendenden Zuchtmaterial bekannt. Um so notwendiger ist es, Informationen über das erbliche Merkmalsverhalten nach Kreuzungen zur Verfügung zu haben. So verhalten sich beispielsweise bei der Tomate die Merkmale Fruchtanzahl und Samenmasse bei vielen Genotypen heterotisch.

Das Merkmal Einzelfruchtmasse zeigt in der Regel ein anderes Verhalten. Fast immer sind die Bastarde dem besseren Elter unterlegen. Aus diesem Grunde ergeben Hybridpartner meistens nur dann genügend große Früchte, wenn wenigstens ein Elternteil eine hohe Einzelfruchtmasse besitzt und der andere nicht zu kleine Früchte hat.

Die Fruchtfestigkeit ist ebenfalls nicht heterotisch. Sie liegt nie über dem festeren und nur ganz selten unter dem weicheren Elter.

Daraus folgt, daß bei diesem Merkmal die Hybridpartner mindestens eine mittlere Fruchtfestigkeit besitzen müssen. Ist dies nicht der Fall, sind Kombinationen auszuwählen, in welchen dann der Partner sich durch eine sehr gute Fruchtfestigkeit auszeichnet.

Tabelle 3

Beispiel für eine Vorauswahl von Kombinationspartnern bei Tomaten

Diskontinuierliche Variabilität

Merkmal	Genetische Grundlage	Merkmalsausprägung der Kombinationspartner	Angestrebte Merkmalsausprägung der Bastarde
Knicklosigkeit	monogen rezessiv	knicklos/knicklos	knicklos
rassenspezifische *Cladosporium*-resistenz	pentagen dominant	teilw. resi./teilw. resi.	resistent
		anfällig/resistent	resistent
		resistent/resistent	resistent
Anthocyan-losigkeit	monogen rezessiv	anthocyanlos/anthocyanlos	anthocyanlos
indeterminiertes Wachstum	monogen dominant	indeterm. Wachstum/determ. Wachstum	indeterminiertes Wachstum
		indeterm. Wachstum/indeterm. Wachstum	indeterminiertes Wachstum

Kontinuierliche Variabilität

Merkmal	Erbliches Merkmals-verhalten	Merkmalsausprägung der Kombinationspartner und genetische Distanz	Angestrebte Merkmalsausprägung der Bastarde
Fruchtanzahl	heterotisch	geringe / mittlere bei weiter Distanz	hohe Fruchtanzahl
		mittlere / mittlere bei weiter Distanz	hohe Fruchtanzahl
Einzelfrucht-masse	intermediär	mittlere / sehr hohe bei variabler Distanz	hohe Einzelfrucht-masse
		hohe / hohe bei variabler Distanz	hohe Einzelfrucht-masse
Fruchtfestigkeit	intermediär	mittlere / sehr hohe bei variabler Distanz	hohe Fruchtfestig-keit
		hohe / hohe bei variabler Distanz	hohe Fruchtfestig-keit
Samenmasse	heterotisch	geringe / mittlere bei weiter Distanz	hohe Samenmasse
		mittlere / mittlere bei weiter Distanz	hohe Samenmasse

Bei quantitativen Merkmalen ist es außerdem günstig für eine Vorauswahl von Kombinationspartnern, ihre genetische Distanz zu kennen. Dies gilt vor allem für heterotische Merkmale.

Bei ihnen zeigen meistens Bastarde von Kreuzungseltern mit einem großen genetischen Abstand eine hohe Merkmalsausprägung. Aus diesem Grund sind Distanzmaße zu ermitteln, wie beispielsweise Mahalanobiskoeffizienten.

In Tab. 3 wird noch einmal eine schematische Übersicht für solche wahrscheinlichen Vorhersagen gegeben (Skiebe et al. 1988).

Das Beispiel zeigt, daß sich das Zufälligkeitsprinzip einschränken läßt, wenn entsprechende Kenntnisse vorliegen. Dies entspricht der Auffassung von Vavilov, die er bereits mit seiner Regel von den homologen Reihen in so eindrucksvoller Weise demonstriert hat (Vavilov 1922).

2.8. Selektion

Eine Selektion bedeutet in der Regel eine Einschränkung der Rekombination und damit des Genpools oder der genetischen Ressourcen. Die moderne Pflanzenzüchtung führt mit dem Bestreben, stabile ausgeglichene Sorten zu entwickeln, zu einer Verarmung an genetischer Variabilität bei Pflanzen. Dieser Verarmung wirkt der Aufbau von Genbanken entgegen.

Bei autogamen Kulturarten wurden bereits gute Fortschritte erreicht. Bei den Allogamen gibt es größere Schwierigkeiten und es sind noch erhebliche Anstrengungen erforderlich.

So zeigt sich beispielsweise bei der Maishybridzüchtung in den USA, daß etwa 20 Idiotypen der Ausgangspunkt für die Erfolge waren und in Form des second cycle-Prinzips mehr oder weniger bleiben. Auf Grund der vom Erfolg diktierten Einschränkung der Rekombination wird daher die Hybridzüchtung von McKey (1986) und Gallais (1977) als eine relativ kurze Phase in der Geschichte der Pflanzenzüchtung prognostiziert.

Bei einer Selektion in Kreuzungsnachkommenschaften hat sich eine Frühselektion, extrem in der F_2, immer mehr eingeführt. Dies ist mit einer Preisgabe noch möglicher vorteilhafter Varianten verknüpft. Wenn dabei der Umfang der Pflanzenzahl gleichfalls aus ökonomischen Gründen minimiert wird, werden die Erfolgschancen ungleich geringer. Berücksichtigt man, daß allein bei einem Unterschied von 10 Genpaaren zwischen den Kreuzungspartnern 1024 Gametensorten entstehen, so wird deutlich, wie umfangreich die Auslesegeneration sein müßte. Die Grenze nach oben ist dort gesetzt, wo die Beurteilung des Zuchtmaterials, Einzelpflanzen oder Stämme, nicht mehr mit der ausreichenden Exaktheit erreicht wird. Dies ist aber kein genetisches und züchterisches Problem, sondern ein technisch-organisatorisches und von besonderem Einfluß auf die Erfolgschancen.

Für die Selektion, insbesondere bei Selbstbefruchtern, ist es ein Vorteil, möglichst schnell homozygote Einzelpflanzen und Nachkommenschaften zu erhalten. Je früher das erreicht ist, um so mehr wird dabei allerdings die Rekombination eingeschränkt. Bei der Anwendung der Haploidentechnik ist diese Gefahr in besonderem Maße gegeben.

Dies gilt vor allem bei einer Dihaploidenerzeugung schon in der F_1-Generation und bei einer relativ eingeschränkten Individuenanzahl.

Über diese Problematik wird auch am Institut für Züchtungsforschung Quedlinburg bei Gerste gearbeitet. Dabei wird, aufbauend auf KASHA und KAO (1970), die Bulbosumtechnik genutzt. PETERKA (pers. Mitteilung) empfiehlt, erst ab der F_2-Generation die Homozygotisierung durchzuführen. Dabei entstehen gegenüber dem konventionellen Vorgehen kaum Rekombinationseinschränkungen, weil dort auch meistens in der F_2-Generation die entscheidenden Einzelpflanzenauslesen vorgenommen werden. Abgesehen davon empfiehlt PETERKA (pers. Mitteilung) in Anlehnung an SNAPE (1981), die Dihaploidentechnik vor allem nach konventionell vorgenommenen Ausleseschritten einzusetzen. Man erhält dadurch sichere Hinweise dafür, welche Merkmalsausprägungen bei der Homozygotie auftreten, die später bei den Sorten auch genutzt wird. Es können außerdem keine Aufspaltungen mehr auftreten, und man erzielt die für Sorten wichtige Homogenität.

In der Regel erfolgt die Selektion auf jenem biologischen Organisationsniveau, auf dem die Nutzung vorgenommen wird. Es kann in Sonderfällen aber auch von Vorteil sein, auf der Zellebene zu selektieren.

Die Wirksamkeit dieser bei höheren Pflanzen hinsichtlich Zahl und Zeit vorteilhaften Methode läßt sich nur ausschöpfen, wenn die selektierten Zellen zu Pflanzen regenerierbar sind, das Selektionsmerkmal im Stoffwechsel der Zellkultur wirksam wird und sich das Merkmal an der Ganzpflanze manifestiert.

Eine Komplikation bei einer Selektion auf Zell- und Kallusebene ergibt sich noch durch die dabei auftretenden genetischen Instabilitäten. Sie stellen vielfach Gen- und Chromosomenmutationen dar. Es ist jedoch möglich, dieselben in eine genetisch erzeugte Variabilität mit einzubeziehen oder sogar allein zu nutzen. Als ein Beispiel dafür sei die *in-vitro*-Selektion gegen Toxine des Erregers der bakteriellen Tomatenwelke, *Clavibacter michiganense*, erwähnt. Am Institut für Züchtungsforschung Quedlinburg wurde dafür in Kooperation mit dem Institut für Phyto-

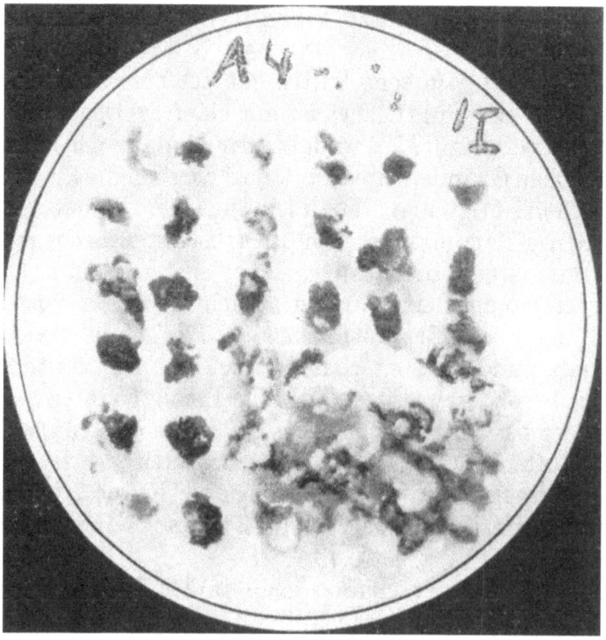

Abb. 8 Kallus- und Sproßbildung an Kallusexplantaten auf Nährmedium mit 12 mg/ml Toxin

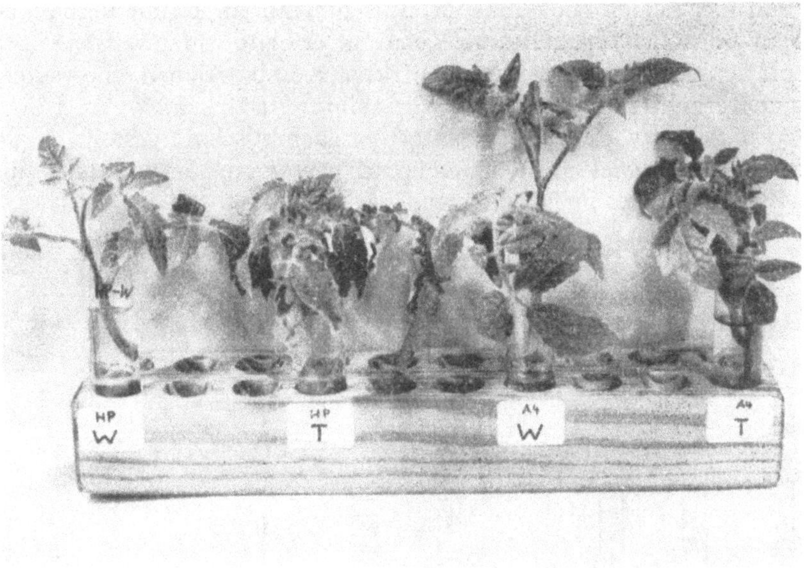

Abb. 9 Tomaten-Schnittlingstest mit Wasser (W) und Toxinlösung (T) an 'Hellperle'- und A4-Schnittlingen

pathologie Aschersleben ein *in-vitro*-Selektionssystem entwickelt. In Kalluskulturen der Tomate, die unterschiedlichen Toxinkonzentrationen ausgesetzt sind, stirbt der größte Teil der Zellen (Abb. 8). Einige Zellen entwickeln sich jedoch weiter. Nach mehrfachen Wiederholungen des Versuches wurden die aus den überlebenden Geweben regenerierten Pflanzen im Toxin-Resistenztest geprüft (Abb. 9) und zeigten eine deutlich nachweisbare Resistenz gegenüber dem Welketoxin. Gewächshausversuche im Institut für Phytopathologie Aschersleben ergeben darüber hinaus auch eine etwas erhöhte Widerstandsfähigkeit gegenüber der Welkekrankheit bei den aus resistenten Zellen regenerierten Pflanzen (Schütze et al. 1988).

3. Beispiele für die Nutzung genetischer Variabilität im Rahmen der vom Menschen gelenkten Evolution

Entsprechend der These von Vavilov (1951) ist Züchtung gelenkte Evolution. In die Sortenentwicklung gehen alle Evolutionsfaktoren ein. Die in der Züchtung realisierte genetische Variabilität ist, allgemein betrachtet, das Produkt aus dem Zusammenwirken von Mutationen der verschiedensten Art, Polyploidie, Introgression, Kombination, Isolation und Selektion. Im Einzelfall können dabei manche dieser Evolutionsfaktoren besonders wichtig gewesen sein. Das soll nachfolgend an einigen charakteristischen Beispielen demonstriert werden.

3.1. Genmutationen

Am Institut für Züchtungsforschung Quedlinburg durchgeführte Analysen haben ergeben, daß bei der Entwicklung des Erbsensortimentes Genmutationen sehr wichtig waren. Sie bewirken eine weiße Blütenfarbe, ein Markerbsenkorn, grüne

Kotyledonen und das Fehlen einer inneren Hülsenmembran. Damit verbunden war eine Erhöhung des Zuckergehaltes im Korn. Sie erfolgte stufenweise, je nach Anzahl der Mutationsschritte. Außerdem bewirkten Kombinationen eine weitere Aufgliederung und erhöhten die genetische Variabilität zusätzlich.

In Abb. 10 wird die Entwicklung der Saaterbse schematisch dargestellt.

Insbesondere für die Entwicklung der Gemüseerben stand die Selektion auf eine Erhöhung des Zuckergehaltes im Vordergrund.

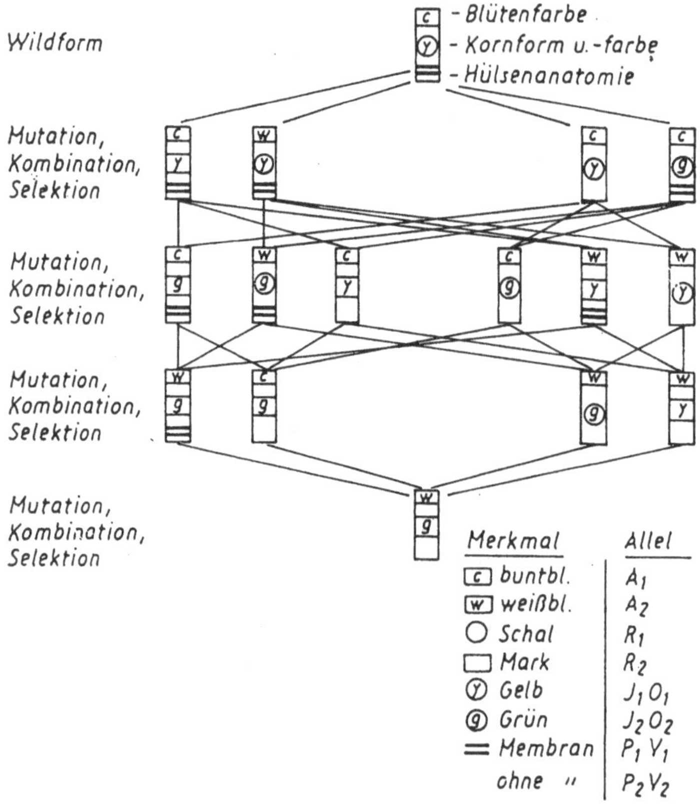

Abb. 10 Schematische Darstellung der Evolution bei der Saaterbse unter besonderer Berücksichtigung von Genmutationen

3.2. Introgressionen

Introgressionen haben bisher zur Ausweitung der genetischen Variabilität bei einigen Kulturpflanzenarten beigetragen.

Dies ist vor allem auf die vorliegenden Inkompatibilitätsbarrieren, auf die meistens auftretende Hybridsterilität und auf mitunter sich entwickelnde Hybridnekrosen zurückzuführen.

Hatten diese Hemmnisse keinen entscheidenden Einfluß, wurden für die Entwicklung der Kulturart auch Introgressionen sehr bedeutsam. Dies wird beispielsweise für den Mais vermutet. Seine überragenden Ertragspotenzen basieren auf einer Integration genetischer Information von *Manisuris cylindrica* (MICHAUX)

Kuntze in das Mais-Genom (Plarre 1974). Dies geschah aber erst, nachdem aus der Wildform und dem Kulturmais eine allopolyploide Form zur Verfügung stand. Sie fungierte als genetischer Informationsspender.

Aus den Introgressionen gingen nicht nur verbesserte Kulturformen hervor, sondern auch diploide Wildformen, die unter der Gattungsbezeichnung *Tripsacum* zusammengefaßt werden. Diese *Tripsacum*-Species sind erneute Introgressionsspender für den Mais.

In Abb. 11 wird die Genealogie des Maises schematisch dargestellt. Daraus ist ersichtlich, daß Introgressionen, Mutationen, Kombinationen und Selektion für die auftretende genetische Variabilität verantwortlich sind.

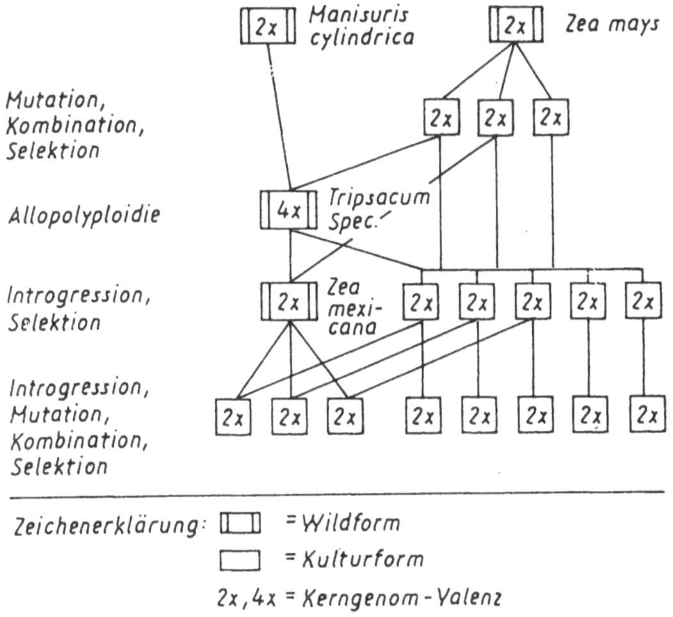

Abb. 11 Schematische Darstellung der Entwicklung beim Mais unter besonderer Berücksichtigung des Einflusses von Introgressionen

3.3. Autopolyploidie

Mit Hilfe der Autopolyploidie kann die genetische Variabilität innerhalb von Kulturarten stark ausgeweitet werden. Auf Grund der cytologischen Verhältnisse gibt es allerdings Schwierigkeiten in der Meiose. Sie führen vielfach zu Fertilitätsstörungen. Komplikationen gibt es auch bei der Einengung der genetischen Variabilität im Laufe der Züchtungsprozesse. Bei Allogamen sind mehrfache Selbstungen nicht zu vertreten, da 4x-Idiotypen auf diese strenge Inzucht verstärkt mit Depressionen in den inzuchtsensiblen Merkmalen reagieren. Es ist naheliegend, daß sich die Autopolyploidie besonders bei vegetativ vermehrten Kulturarten nutzen läßt. Kommt es bei diesen außerdem noch vor allem auf Merkmale der vegetativen Phase an, so ist das für die Züchtung besonders günstig. Ein typischer Vertreter für diese Gruppe von Kulturarten ist die Kartoffel. Bei ihr hat die Autopolyploidie als genetische Variabilitätsursache ihre große Bedeutung unter Beweis gestellt. Dies gilt nicht nur in ihrer amerikanischen Heimat, sondern auch für ihre Wanderung über alle anderen Kontinente.

Daß sich aber auch bei einer generativen Vermehrung die Autopolyploidie züchterisch nutzen läßt, belegt die Fliederprimel. Diese Kulturpflanze kam als Wildpflanze von China nach Europa. Auf diploidem Niveau wurde zunächst eine Kulturart entwickelt, die aber keine große Anbaubedeutung erlangte. Die damit verbundene veränderte genetische Variabilität war notwendig, um auf dem polyploiden Niveau zu einer starken Ausweitung der genetischen Variabilität beizutragen.

Dies ist durch eine meiotische Polyploidisierung begünstigt worden, wobei die Genomvermehrung mit einer Rekombination verbunden wird (SKIEBE 1966). Auf dieser Grundlage konnte sehr erfolgreich selektiert werden (Abb. 12).

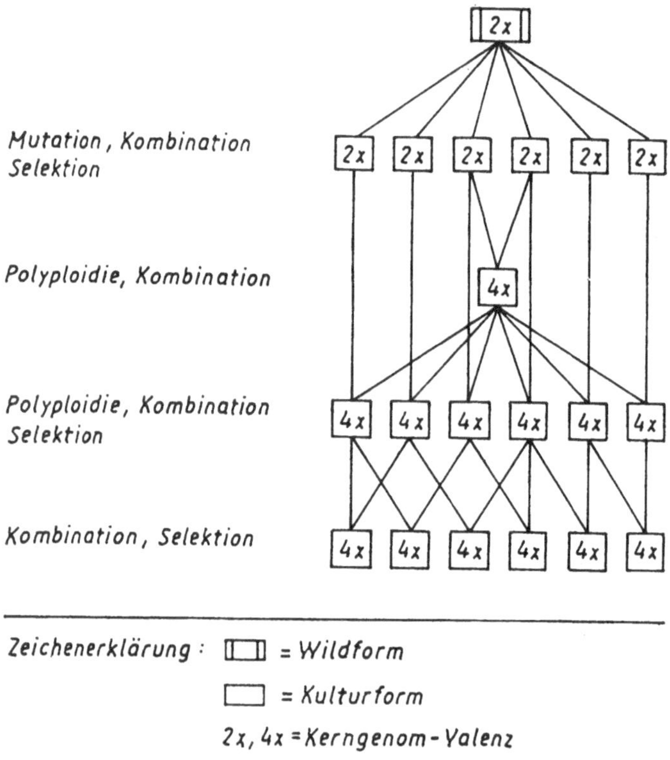

Abb. 12 Schematische Darstellung der Entwicklung des polyploiden Basismaterials für die Entwicklung des Sortiments bei der Fliederprimel

Im Ergebnis der züchterischen Arbeiten entstanden zahlreiche wertvolle 4x-Sorten. In ihren Merkmalsausprägungen sind sie 2x-Sorten eindeutig überlegen. Dies betrifft insbesondere die Blütengröße, den Blütenstand und neue Blütenfarben (SKIEBE 1958).

3.4. Allopolyploidie

Ein Beispiel für die Bedeutung der Allopolyploidie, verbunden mit einer partiellen Alloplasmie für die genetische Variabilitätserweiterung, stellt *Begonia semperflorens gracilis* dar (Skiebe 1970).

Der eine Elter ist *Begonia semperflorens cultorum* (Krauss). Er kam als Wildpflanze von Südamerika nach Europa. Hier wurde auf der Grundlage von Genmutationen in Verbindung mit Kombinationen und Selektion eine Kulturpflanze entwickelt. Sie hatte keine besondere Bedeutung. Ebenfalls aus Südamerika gelangte *Begonia schmidtiana* Regel nach Europa.

Es handelt sich dabei um eine Wildpflanze, die nicht zu einer Kulturpflanze entwickelt wurde. Sie diente aber als Kern-Genomspender für eine allopolyploide Form, an der noch *B. semperflorens* beteiligt ist. Die aus der Verbindung der beiden Arten *B. semperflorens* und *B. schmidtiana* Regel entstandene 4x-allopolyploide Form erhielt die Bezeichnung *B. semperflorens gracilis.*

Auf diesem Niveau wurde eine große genetische Variabilität erzeugt. Daran sind Rückkreuzungen mit *B. semperflorens* stark beteiligt (Abb. 13). Die Selektion konzentrierte sich besonders auf einen großen Blütenreichtum und auf eine bessere Anpassung an die Umweltbedingungen.

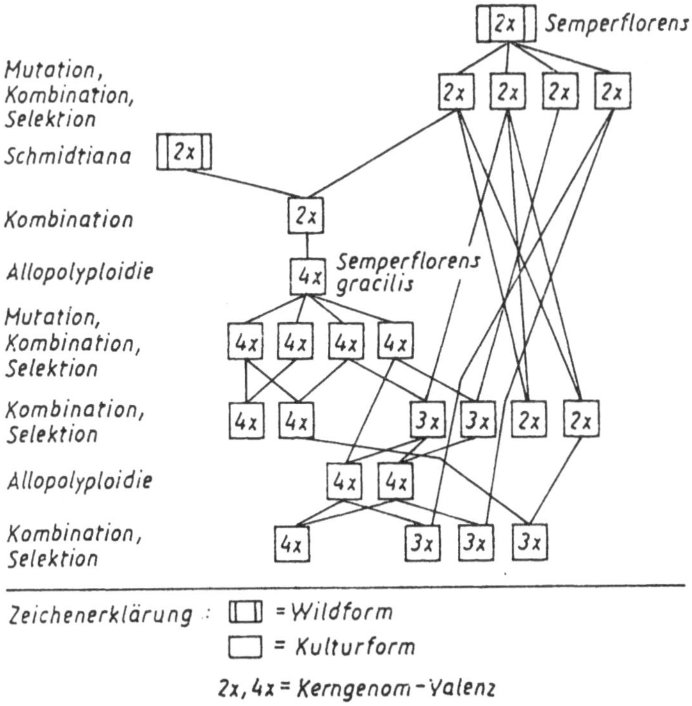

Abb. 13 Schematische Darstellung der Sortimentsentwicklung für die Züchtung der allopolyploiden *Begonia semperflorens gracilis*

4. Ressourcen der genetischen Variabilität

Auch im Laufe der Evolution unserer Kulturpflanzen ist nur ein Bruchteil der aufgetretenen genetischen Variabilität bis heute erhalten geblieben. Sehr viele für uns heute wichtige Idiotypen existieren nicht mehr. Das ist in den meisten Fällen ein irreversibler Verlust, da der Evolutionsprozeß kaum noch einmal in der gleichen Weise wiederholbar ist. Selbst wenn dies gelänge, würde er so viel Zeit in Anspruch nehmen und Aufwand erfordern, daß entsprechende Experimente praktisch nicht durchführbar sind. Diese Sachlage hat VAVILOV (1951) mit Weitblick erkannt. Vor allem ihm ist es zu verdanken, wenn man sich seit Jahrzehnten bemüht, genetische Variabilität für neue Aufgaben und für weitere Zuchtfortschritte zu erhalten. Welch große Bedeutung die Erschließung der genetischen Variabilität des Weltsortimentes hat, soll an zwei Beispielen demonstriert werden. Bei der Gurke gab es bis vor einigen Jahrzehnten im Zuchtmaterial nur monöcische Genotypen. Aus diesem Geschlechtstyp wurden fürs Freiland samenechte Sorten und für den Gewächshausanbau vorwiegend Hybridsorten entwickelt. Bei seinen intensiven Sortimentsanalysen fand TKACHENKO (1935) auch weibliche Genotypen. Sie wurden später für die Hybridzüchtung nutzbar gemacht.

Dazu bedurfte es allerdings noch der Erkenntnis, daß man mit Hilfe von chemischen Agenzien eine modifikative Geschlechtsumstimmung der Gynöcisten bewirken kann (GALUN 1959; PEARSON 1983 u. a.). So gibt es seit etwa drei Jahrzehnten Hybridsorten, die insbesondere bei den Freilandgurken höhere Erträge möglich machten. Es wird in diesem Zusammenhang nur auf die DDR-Hybridsorte 'Libelle' verwiesen, welche den samenechten Sorten im Ertrag sehr deutlich überlegen ist.

Bei dem bisherigen zuchtmethodischen Vorgehen im Rahmen der Hybridzüchtung gibt es noch Schwierigkeiten. So lassen sich Gynöcisten bei kühlem feuchtem Wetter schwer umstimmen. Wird viel Saatgut gebraucht, kann man die Hybridsaatgutproduktion nicht ins Gewächshaus verlegen. Das ist gar nicht möglich, wenn parthenokarpe Sorten erzeugt werden sollen. Außerdem führen die Geschlechtsumstimmungen zu Problemen bei einer Selektion auf möglichst genetisch reine Weibchen. Es gelingt daher kaum, zu einem 100 %igen Bastardanteil in den Hybriden zu kommen. Um diese Komplikation zu überwinden, galt es wieder, einen Rückgriff auf seltene Vertreter im Weltsortiment vorzunehmen. Es handelt sich um Synöcisten, auf die wiederum bereits TKACHENKO (1935) aufmerksam gemacht hatte. Aus Kreuzungen zwischen Gynöcisten und Synöcisten entstehen in der F_1-Generation erneut Gynöcisten. Es bedarf daher nicht einer Geschlechtsumstimmung, um gynöcische Linien für die Hybridsaatgutgewinnung bereitstellen zu können. MEŠČEROV (1968), KUBICKI (1968) u. a. haben deshalb empfohlen, Synöcisten in die Züchtung zur Erzeugung der mütterlichen Hybridpartner einzubeziehen.

Dazu war es notwendig, die vorhandenen Synöcisten ihrer extensiven Merkmalsausprägungen zu entledigen. Außerdem mußte der Gynöcistenanteil nach Kreuzungen mit Synöcisten erhöht werden bzw. stabiler sein. Dies wurde durch entsprechende Arbeiten erreicht. Ein effektiver Einsatz von Synöcisten in der Züchtung ist jetzt möglich (SKIEBE und KAMPE 1988). Zu diesem Zweck sind neuartige diöcische Populationen entwickelt worden, die sich zu 50 % aus Gynöcisten und zu 50 % aus Synöcisten zusammensetzen (Abb. 14). Ein erster Zuchtstamm des

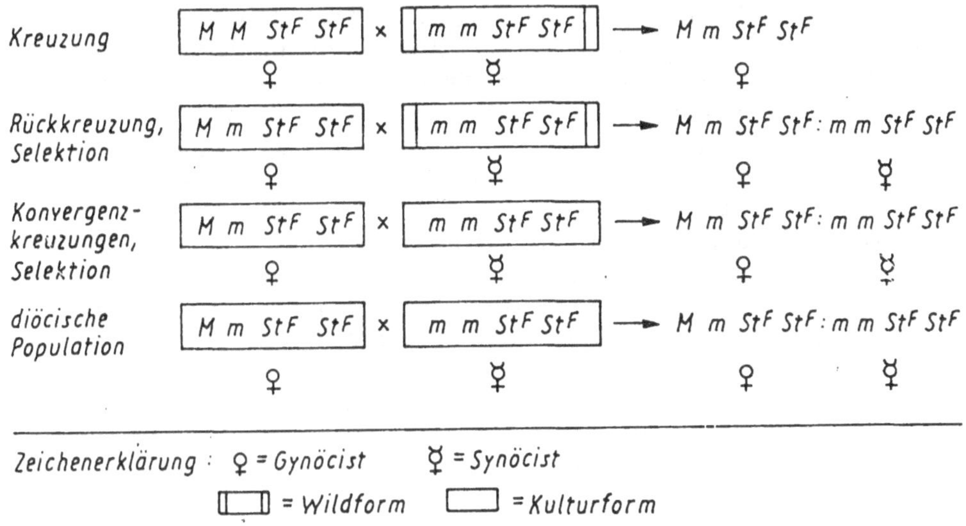

Abb. 14 Schematische Darstellung der Entwicklung von diözischen Populationen bei Gurken, bestehend aus Gynözisten und Synözisten, für züchterische Zwecke

Instituts für Züchtungsforschung Quedlinburg unter Verwendung von Synöcisten befindet sich bereits in den Züchterprüfungen und zeigt, daß man mit Hilfe geeigneter Zwitter auch Hybriden entwickeln kann, welche den bisherigen Sorten im Ertragsniveau sogar überlegen sind, allerdings bisher noch nicht in der Sortierung (Tab. 4).

Wichtige züchterische Aufgaben bei den Getreidearten bestehen z. B. in der Erhöhung des Rohproteingehaltes, des α-Amylasegehaltes für Gärungszwecke und

Tabelle 4
Dreijährige Ertragsergebnisse von zwei verschieden entstandenen parthenokarpen Stämmen im Vergleich zu einer Sorte bei Freiland-Einlegegurken

Versuchsglied Nr.	Stamm- oder Sortenbezeichnung	Entstehungsweise der Stämme	Gesamtertrag dt/ha	signif. x^2 $\alpha = 5\,\%$	Ertrag Sortierung AII und AIII dt/ha	signif. x^2 $\alpha = 5\,\%$
1	901	(♀ x zu ♂ umgest. ♀) x ☿	433	1 : 2 = + 1 : 3 = +	197	1 : 2 = 0 1 : 3 = 0
2	201	(♀ x zu ♂ umgest. ♀) x zu ♂ umgest. ♀	362	2 : 3 = +	218	2 : 3 = 0
3	'Colet' (Niederlande)	Vergleichssorte	305		206	

Zeichenerklärung: + = Nullhypothese verworfen
0 = Nullhypothese angenommen
♀ = Gynöcist ♂ = Monöcist ☿ = Synöcist

einer besseren Resistenz gegen Blattkrankheiten. Für solche Zuchtziele galt es, genetische Informationsquellen zu suchen. Am Institut für Züchtungsforschung Quedlinburg wurde mit Varietäten von *Triticum monococcum* L. ein geeigneter Spender gefunden. Diese Kulturart wird kaum noch angebaut, steht aber auf Grund rechtzeitiger Sammelreisen für züchterische Zwecke zur Verfügung.

Eine derartige Sortimentserhaltung wurde betrieben, obwohl man die große Bedeutung von *T. monococcum* als Informationsspender noch nicht kannte.

Inzwischen ist die Eignung von Varietäten dieser Kulturart als Introgressionsquelle untersucht worden (SKIEBE 1984, NEUMANN et al. 1985 u. a.). Die bestehenden Kreuzungsbarrieren zu den anderen Getreidearten wurden aufgeklärt (Abb. 15). Wege zu ihrer Überwindung konnten gezeigt werden. Es war möglich, genetische Informationen von *T. monococcum* in 6x-Triticale zu übertragen. Dabei traten Idiotypen auf, die einen hohen Rohproteingehalt oder einen hohen α-Amylasegehalt haben. Sie werden jetzt in der Triticalezüchtung unmittelbar genutzt. Außerdem können sie als Brückenformen für die Verbesserung des Saatweizens fungieren (NEUMANN und SKIEBE 1983).

In der ČSSR wurde ebenfalls eine erfolgreiche Introgression mit *T. monococcum* als Spender betrieben. Als Empfänger benutzte man dabei auch den Saatweizen.

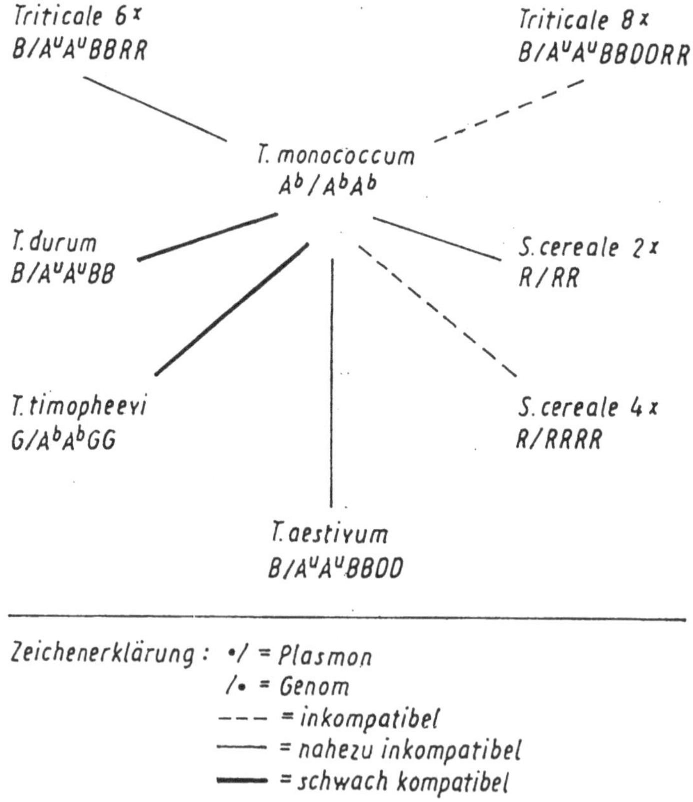

Abb. 15 Schematische Darstellung der Inkompatibilitätssituation zwischen *Triticum monococcum* L. und ährentragenden Kulturgetreidearten

Brückenformen stellten bei diesem Vorhaben 4x-Weizen dar, die sich sowohl mit *T. monococcum* (2x) als auch mit *T. aestivum* L. (6x) relativ leicht kreuzen lassen. Genetische Information von *T. monococcum* wird bereits züchterisch wirksam in Linien der 6x-Weizensorten 'Zlatka' und 'Jubilejnaja' (VALKOUN et al. 1986).

Zum gegebenen Thema „Genetische Variabilität aus pflanzenzüchterischer Sicht" ließen sich nur einige ausgewählte Probleme behandeln. Dabei wurde aber deutlich, daß die genetische Variabilität im System der Pflanzenzüchtung das Ergebnis einer vom Menschen gelenkten Evolution ist.

Für den weiteren Fortschritt in der Pflanzenzüchtung gilt es, die genetische Variabilität verstärkt zu charakterisieren und zu analysieren, vor allem aber auch so weit als möglich zu erhalten. Die existenten Idiotypen sind einmalig und wir wissen heute noch nicht, welche von ihnen wir morgen schon benötigen.

Summary

Genetic variability

Genetic variability is a decisive prerequisite to plant breeding. It is based on gene mutations, chromosome mutations, introgressions, autopolyploidy, alloplasmy, transposible DNA elements and recombinations. These components of the genetic variability are illustrated and examples are given to demonstrate their contributions to the evolution of crop plants.

Effective plant breeding requires the analysis of the genetic variation. It is analysed by hereditary studies and parameter estimations. The utilization of markers is continuously increasing in studies of the genetic variation.

Selection is an important factor to a purposive influence on the genetic variability and leads to a restriction of the recombinations. Selection is necessary for the development of varieties but results also in an impoverishment of genetic information.

For the continuous progress in plant breeding an adequate genetic variability is to secure. That includes also activities to its conservation. Furthermore the characterization and analysis of the genetic variability has to be intensified.

Краткое содержание

Генетическая изменчивость

Генетическая изменчивость является решающей предпосылкой в селекции растений. Она основывается на генной мутации, хромосомной мутации, интрогрессии, аутополиплоидии, аллоплазмии, транспонироваии элементов ДНК и комбинации. Характеризуются эти компоненты изменчивости. Кроме того, на ряде примеров демонстрируется их влияние на развитие културных растений.

Для того, чтобы можно было более эффективнее работать в селекции растений, необходим анализ генетической изменчивости. Это осуществляется при помощи экспериментов по скрещиванию и оценок параметров. Во всё возрастающей мере используются также маркеры при анализе.

Селекция представляет собой важный фактор по целенаправленному влиянию на генетическую изменчивость. Она ведет к ограничению комбинаций. Селекция необходима для развития сортов. Но, как следствие, она ведет к обеднению генетической информации.

Для дальнейшего прогресса в селекции растений необходимо гарантировать достаточную генетическую изменчивость. Поэтому необходимы мероприятия по её сохранению. Кроме того нужно усиленно характеризовать и анализировать генетическую изменчивость.

Literatur

ALBRECHT, R., W. LÜHE und G. WURL, 1984: Untersuchungen zur Genom-Plasmon-Interaktion am Beispiel der Fertilitätsrestoration des Saatweizens (*Triticum aestivum* L.). – AdL der DDR, Berlin, Diss. B., 592 S.

CRUDEN, R. W., 1977: Pollen-ovule ratio: A conservative indicator of breeding systems in flowering plants. – Evolution **31**, 32–46.

FECHNER, M., 1986: Ergebnisse über Untersuchungen zur Beurteilung von Linien bei Gewächshaustomate (*Lycopersicon esculentum* MILL.) hinsichtlich ihrer Eignung in der Hybridzüchtung zur Erzielung ertragsstarker Hybriden. – Humb. Universität Berlin, Sekt. Gartenbau, Diss. A, 155 S.

FEDOROFF, N. V., D. B. FURTER, and O. E. NELSON jr., 1984: Cloning of the bronze locus in maize by a simple and generalizable procedure using the transposable controlling element Ac. – Proc. Nat. Acad. Sci. USA **81**, 3825–3829.

GALLAIS, A., 1977: Amélioration des populations, méthodes de sélection et création de variétés. I. Synthèse sur les problèmes généraux et sur les bases théoriques pour la sélection récurrente intra-population. – Ann. Amél. Plantes **27**, 281–330.

GALUN, E., 1959: Effects of gibberellic acid and naphthalene-acetic acid on sex expression and some morphological characters in the cucumber plant. – Phyton **13**, 1–8.

GAUL, H., und V. LIND, 1974: Die Auflösung des Pleiotropie-Komplexes im veränderten genetischen Hintergrund, demonstriert mit Gerstenmutanten. – Ber. Arb. Gem. Saatzuchtleiter, Gumpenstein, 43–64.

HENTRICH, W., 1979: Allelwirkung und Pleiotropie mehltauresistenter Mutanten des *ml-o* Locus der Gerste. – Arch. Züchtungsforsch. **9**, 283–291.

ISLAM, A. K. M. R., K. W. SHEPHERD, and D. H. B. SPARROW, 1981: Isolation and characterization of euplasmic wheat-barley chromosome addition lines. – Heredity **46**, 161–174.

KASHA, K. J., and K. N. KAO, 1970: High frequency haploid production in barley (*Hordeum vulgare* L.). – Nature **225**, 874–875.

KISON, H.-U., 1979: Pollenlebensfähigkeit und Reproduktionsgrad bei Weizen-Roggen-Allopolyploiden. – AdL der DDR, Berlin, Diss. A, 200 S.

KUBICKI, B., 1968: Heterosis-Hybriden von Gurken. – Intern. Z. Landw. 1968, 176–178.

LÜHE, H., 1977: Untersuchungen zur Variation des Kornansatzes bei normal fertilen und fertilitätsrestaurierten Weizenformen (*Triticum aestivum* L.) unter besonderer Berücksichtigung verschiedener Kriterien zur Beurteilung des Kornansatzes. – MLU Halle, Diss. A, 162 S.

MCKEY, J., 1986: Recombination in future plant breeding. In: OLSSON, G. (Ed.): Svalöf 1886–1986. Research and results in plant breeding. – LTs förlag, Stockholm, 275–279.

MEŠČEROV, E. T., 1968: Wege zur Nutzung von Gurkenformen in der Züchtung, die zu verschiedenen Geschlechtstypen gehören. – Trudy prikl. bot., genet. i selekc., Leningrad, **40**, 148–157 (Russ.).

MUJEEB-KAZI, A., and E. RODRIGUEZ, 1984: *Hordeum vulgare* × *Triticum aestivum* hybrids. – Cytologia **49**, 557–565.

NEUMANN, M., und K. SKIEBE, 1983: Ergebnisse von Kreuzungen zwischen Saatweizen und Triticale. – Arch. Züchtungsforsch. **13**, 387–392.

NEUMANN, M., W. SODKIEWICZ, and K. SKIEBE, 1985: On possibilities of genetic information transfer from *Triticum monococcum* to Triticale. – Genet. Polon. **26**, 209–215.
NEWELL, C. A., and T. HYMOWITZ, 1982: Successful wide hybridization between the Soyabean and a wild perennial relative *G. tomentella* HAYATA. – Crop Science **22**, 1062–1065.
PEARSON, O. H., 1983: Heterosis in vegetable crops. In: Heterosis, reappraisal of theory and practice. – Monographs Theor. Appl. Genet. **6**, 139–188.
PETERKA, H., 1973: Entwicklung neuer Prinzipien zur Erfassung der genetischen Grundlagen quantitativer Merkmale. – AdL der DDR, Berlin, Diss. A, 141 S.
PLARRE, W., 1974: Die Bedeutung der introgressiven Hybridisation bei der Evolution der Kulturpflanzen. – Ber. Arb. Gem. Saatzuchtleiter, Gumpenstein, 160–192.
SCHLEGEL, R., J. SCHOLZ und K. FISCHER, 1985: Aneusomie als Ursache für Meiosestörungen beim tetraploiden Roggen? – Biol. Zbl. **104**, 375–384.
SCHRADER, O., and F. ZERNEKE, 1988: Morphology, cytology and fertility of the amphidiploid from *H. chilense* ×6x-Triticale Lasko (AABBRRH^{C}H^{C}). – Proc. EUCARPIA Meeting of the Cereal Section on Triticale, Schwerin, June 1987. 1988, im Druck.
–, J.-CH. SCHMIDT und F. ZERNEKE, 1988: Selbstungsansatz in Rückkreuzungsprodukten gerstenplasmatischer Dreigattungsbastarde der Kreuzung *Hordeum vulgare* ×6x-Triticale. – Arch. Züchtungsforsch. **18**, 269–274.
SCHÜTZE, R., R. KRÄMER und E. GRIESBACH, 1988: *In-vitro*-Regeneration von Tomatenpflanzen mit verbesserter Resistenz gegen *Clavibacter michiganense* p. v. *michiganense* (SMITH) JENSEN. – Arch. Züchtungsforsch. **18**, 139–147.
SKIEBE, K., 1958: Die Bedeutung von unreduzierten Gameten für die Polyploidiezüchtung bei der Fliederprimel (*Primula malacoides* FRANCHET). – Züchter **28**, 353–359.
–, 1966: Polyploidie und Fertilität. – Z. Pflanzenzücht. **56**, 301–342.
–, 1970: Polyploidie bei *Begonia semperflorens cultorum* KRAUSS. – Tag.-Ber. Deutsch. Akad. Landw.-Wiss., Berlin, **101**, 109–119.
–, 1982: Zur Entwicklung von neuartigen Allopolyploiden am Beispiel von Triticale. – Biol. Zbl. **101**, 617–632.
–, 1984: Rohprotein- und Lysingehalt bei sekundären Triticale-Idiotypen. – Tag.-Ber. Akad. Landw.-Wiss. DDR, Berlin **219**, 127–134.
–, und F. KAMPE, 1988: Zur Nutzung von Zwittern für die Hybridzüchtung bei der Gurke (*Cucumis sativus* L.). – Arch. Züchtungsforsch. **18**, 113–122.
–, und D. KIESSLING, 1986: Untersuchungen zur Genetik der unvollständigen Resistenz von *Lycopersicon esculentum* MILL. gegen *Cladosporium fulvum* COOKE. – Arch. Züchtungsforsch. **16**, 179–187.
–, M. FECHNER und H. ARNDT, 1988: Zur Einschätzung der potentiellen Kombinationseignung von Hybridpartnern am Beispiel der Tomate (*Lycopersicon esculentum* MILL.). – Arch. Züchtungsforsch. **18**, 99–111.
–, D. RASCH und G. HERRENDÖRFER, 1987: Zur Verwendung der Begriffe Dominanz und Epistasie. – Arch. Züchtungsforsch. **17**, 221–233.
SNAPE, J. W., 1981: The use of doubled haploids in plant breeding. In: Induced Variability in Plant Breeding. – Pudoc, Wageningen, 52–58.
STUBBE, H., 1967: On the relationships between the spontaneous and experimentally induced form diversity and on some experiments on the evolution of cultivated plants. In: STUBBE, H. (Hrsg.): Induzierte Mutationen und ihre Nutzung. Erwin-Baur-Gedächtnisvorlesungen IV, 1966. – Abh. Dt. Akad. Wiss. Berlin, Kl. f. Medizin 1967, No. **2**, 99–121.
TKACHENKO, N. N., 1935: Preliminary results of a genetic investigation of the cucumber – *Cucumis sativus* L. – Bull. appl. bot., genet., plant breed. Ser. **II**, **9**, 311–356.
VALKOUN, J., D. KUČEROVÁ, and P. BARTOŠ, 1986: Transfer of leaf rust resistance from *Triticum monococcum* L. to hexaploid wheat. – Z. Pflanzenzücht. **96**, 271–278.
VAVILOV, N. I., 1922: The law of homologous series in variation. – J. Genet. **12**, 47–89.
–, 1951: The origin, variation, immunity and breeding of cultivated plants. – Chronica Botanica **13**, 1–366.
WANDELT, W., und B. ALBRECHT, 1985: Ergebnisse zur Abhängigkeit der Triticalemerkmalsausprägung vom Merkmalsniveau der Weizen- und Roggenausgangsformen. – AdL der DDR, Berlin, Diss. B und A, 365 S.

YOKOO, M., and F. KIKUCHI, 1977: Multiple allelism of the locus controlling heading time of rice, detected using the close linkage with blast resistance. – Jap. J. Breed. **27**, 123–130.

Prof. Dr. sc. JOACHIM DEHNE, Dr. sc. KURT SKIEBE,
Dr. sc. MARTIN STEIN, Prof. Dr. sc. HAGEN HERDAM,
Dr. sc. ROLF FRANKE, Prof. Dr. sc. HEINZ LEIKE
Institut für Züchtungsforschung Quedlinburg der
Akademie der Landwirtschaftswissenschaften der DDR
Ethel-und-Julius-Rosenberg-Straße 22/23
Quedlinburg
DDR - 4300

Kulturpflanze 36 · 1988 · 275–288

Ergebnisse und Probleme bei der züchterischen Nutzung transgener Pflanzen

ANDREAS J. MÜLLER und DIETER METTIN

Zusammenfassung

Die vorwiegend bei Tabak, Petunie und Tomate gewonnenen Erkenntnisse über die genetischen Eigenschaften transgener Pflanzen werden referiert und hinsichtlich ihrer Bedeutung für die pflanzenzüchterische Nutzung von Gentechnik und Gentransfer diskutiert. Die aus einem Transferexperiment hervorgehenden transgenen Pflanzen variieren hinsichtlich des Expressionsniveaus und der Transmissionsstabilität des transferierten Gens sowie als Folge von insertionsbedingten und spontanen („somaklonalen“) Mutationen. Die bei züchterischen Gentransferprogrammen angestrebte verbesserte Sorte (Linie, Klon) kann daher nur in einem Selektions- und Vermehrungsprozeß durch kombinierten Einsatz von molekulargenetischen und konventionell-züchterischen Prüfverfahren gewonnen werden. Die zweckmäßige Gestaltung dieses Prozesses hängt vom Reproduktionsmodus der betreffenden Pflanzenart, möglichen Kriterien zur Früherkennung des züchterischen Wertes sowie möglichen Pleiotropien und Genotypspezifitäten in der Wirkung des transferierten Gens ab.

1. Einleitung

Seitdem es vor vier Jahren erstmals bei höheren Pflanzen (Tabak, Petunie) gelang, isolierte Fremdgene zu übertragen und aus den so manipulierten Zellen fertile Pflanzen mit neuen erblichen Eigenschaften zu regenerieren, sind Tausende solcher transgener Pflanzen mit unterschiedlichen Fremdgenen bei einer rasch größer werdenden Zahl von dikotylen Pflanzenarten gewonnen worden.

Diese Gentransferexperimente haben gezeigt, daß aus Pflanzen isolierte Gene in der Regel auch in anderen Pflanzenarten funktionsfähig sind und dabei in der für sie spezifischen Weise reguliert werden können. Allerdings erreichen sie nach dem Transfer in eine andere Pflanzenart durchaus nicht immer ihr ursprüngliches Expressionsniveau. Gene, die von Bakterien, Pilzen oder Tieren herstammen, lassen sich zwar gleichfalls in das pflanzliche Genom einbauen, doch werden sie im Originalzustand in der Pflanzenzelle nicht abgelesen. Sie können jedoch dadurch in der Pflanze zur Expression gebracht werden, daß man ihre Kontrollsequenzen gegen solche pflanzlichen Ursprungs austauscht. Derartige, auf gentechnischem Wege hergestellte Fusionsgene (chimäre Gene) werden in Abhängigkeit von den jeweils verwendeten Kontrollsequenzen (Promotor, Terminator, Verstärkerelemente) in der Pflanze entweder konstitutiv oder reguliert bzw. gewebespezifisch exprimiert. Somit ist es mit dem heute in der Gentechnik verfügbaren Instrumentarium möglich, Gene aus beliebigen Organismen zu isolieren und in funktionsfähiger Form in das Genom einer höheren Pflanze einzubauen (ECKES et al. 1987).

Obwohl die bisher bei Pflanzen durchgeführten Gentransferexperimente in erster Linie dazu dienten, die molekulare Organisation und Regulation pflanzlicher Gene zu studieren und ein grundsätzliches Verständnis der Eigenschaften transgener Pflanzen zu gewinnen, liegen bereits auch Ergebnisse vor, die Möglichkeiten für pflanzenzüchterische Anwendungen des Gentransfers demonstrieren. Durch Übertragung von Fusionsgenen konnten transgene Pflanzen mit Resistenz gegen verschiedene Herbicide, pflanzenschädigende Insekten oder Viren gewonnen werden (Tab.).

Tabelle
Transgene Pflanzen mit züchterisch relevanten Eigenschaften

Übertragene Eigenschaft	Rezipient	Übertragenes Gen Genprodukt	Donor der Codierungssequenz	Literatur
Resistenz gegen Glyphosat	*Nicotiana tabacum*, *Lycopersicon esculentum*	5-Enolpyruvyl-shikimat-3-phosphat-synthase (EPSP-Synthase) (glyphosattolerante Mutantenform)	*Salmonella typhimurium*	FILLATTI et al. 1987
desgl.	*Petunia hybrida*	EPSP-Synthase (cDNA)	*Petunia hybrida*	SHAH et al. 1986
Resistenz gegen Phosphinothricin (Basta)	*N. tabacum*, *L. esculentum*, *Solanum tuberosum*	Phosphinothricin-acetyltransferase	*Streptomyces hygroscopicus*	DE BLOCK et al. 1987
Resistenz gegen Tabakmosaikvirus (TMV)	*N. tabacum*	TMV-Hüllprotein (cDNA)	TMV (RNA)	ABEL et al. 1986
Resistenz gegen Insekten (Lepidopteren)	*N. tabacum*, *L. esculentum*	insektentoxisches Protein (bt2, btk)	*Bacillus thuringiensis*	VAECK et al. 1987, FISCHHOFF et al. 1987
Resistenz gegen Insekten	*N. tabacum*	Trypsin-Inhibitor (CpTI), (cDNA)	*Vigna unguiculata*	HILDER et al. 1987

Zumindest zwei dieser Gene haben dabei so günstige Ergebnisse gezeigt, daß ihre baldige Nutzung in Form von anbauwürdigen transgenen Sorten sehr wahrscheinlich ist. Im ersten Fall wurde ein aus *Bacillus thuringiensis* isoliertes Gen, das für ein insektentoxisches Protein codiert, nach Kopplung an pflanzliche Kontrollsequenzen zum Transfer verwendet. Es wurden Tabakpflanzen gewonnen, die dieses Protein synthetisieren und dadurch gegen Raupen verschiedener Lepidopteren-Arten geschützt sind (VAECK et al. 1987). Im zweiten Fall wurde mit Hilfe eines gleichfalls aus Bakterien isolierten Gens Resistenz gegen das nicht-selektive

Herbicid Basta (Phosphinothricin) erzeugt. Das von diesem Gen codierte Enzym inaktiviert Basta durch Acetylierung. Nach Konstruktion eines Fusionsgens und dessen Transfer in die Pflanzenzellen entstanden Tabak-, Tomaten- und Kartoffelpflanzen, die hohe und zur Unkrautbekämpfung völlig ausreichende Basta-Konzentrationen ohne Schädigung überleben (DE BLOCK et al. 1987). In beiden Fällen wurde die neue Eigenschaft auf die Nachkommen vererbt.

Im folgenden sollen die vorwiegend bei Tabak, Petunie und Tomate gewonnenen Erkenntnisse über die genetischen Eigenschaften transgener Pflanzen zusammenfassend dargestellt und dabei in erster Linie solche Probleme behandelt werden, die für die züchterische Nutzung des Gentransfers von Bedeutung sind. Im Vordergrund stehen also Fragen der Transmissionsstabilität von transgenen Linien, der Variabilität der transgenen Eigenschaften und des Auftretens störender Nebeneffekte der Fremdgen-Integration. Auf der Grundlage der vorliegenden Kenntnisse werden Schlußfolgerungen für die züchterische Behandlung transgener Pflanzen gezogen.

2. Integration der transferierten DNA in das Genom

Transgene Pflanzen können sowohl durch Agrobakterien-vermittelte als auch durch direkte Einschleusung von Fremd-DNA in die Pflanzenzellen gewonnen werden. Das Agrobakterien-vermittelte Verfahren, das gegenwärtig am meisten angewandt wird, nutzt den natürlichen Genübertragungsmechanismus, mit dem Agrobakterien normalerweise Pflanzentumoren induzieren. Zur Übertragung von Fremd-DNA sind nicht-oncogene („entschärfte") Agrobakterien-Stämme geschaffen worden, die die Fremd-DNA mit Hilfe Ti-Plasmid-abgeleiteter Vektoren aufnehmen und sehr effizient in Pflanzenzellen einschleusen können. Ein Nachteil dieses Verfahrens ist, daß es von der Wirtsspezifität der Agrobakterien abhängt und sich somit im wesentlichen nur bei dikotylen Arten anwenden läßt. Für die Getreidearten müssen daher direkte Einschleusungsverfahren benutzt werden. Bei diesen wird reine DNA in die Pflanzenzellen eingeführt, und zwar entweder auf mechanischem Wege (z. B. durch Mikroinjektion) oder einfach dadurch, daß die DNA in Kontakt mit isolierten Protoplasten gebracht und ihre Aufnahme durch bestimmte chemische bzw. elektrische Stimuli gefördert wird. Die Gewinnung transgener Pflanzen hängt bei allen Verfahren davon ab, ob und mit welcher Effizienz sich bei der betreffenden Pflanzenart Protoplasten oder Zellen zu Pflanzen regenerieren lassen. (Hinsichtlich weiterer Einzelheiten zu den Gentransferverfahren sei auf das Review von ECKES et al. (1987) und die dort angegebene Originalliteratur verwiesen.)

Der molekulare Mechanismus der Integration von transferierter DNA ist bei höheren Pflanzen (wie auch bei anderen höheren Eukaryoten) noch weitgehend ungeklärt, doch haben sich durch molekulare und genetische Charakterisierung von transgenen Pflanzen zumindest einige grundsätzliche Aussagen gewinnen lassen. Demnach wird die Fremd-DNA sowohl bei Agrobakterium-vermittelter als auch bei direkter Einschleusung zufallsgemäß in irgend eine Stelle der Chromosomen eingebaut. Die Integration erfolgt durch kovalente Bindung an die Rezipienten-DNA, die dabei in der Umgebung des Integrationsortes beträchtliche Sequenzumlagerungen erfährt (GHEYSEN et al. 1987). Im Ergebnis dieses nicht-homologen Integrationsvorgangs entsteht somit ein neuer chromosomaler Locus, der in der Regel bei der Chromosomenverdopplung genau wie ein normaler Locus repliziert wird und dementsprechend mitotisch stabil ist.

Als fester Bestandteil eines Chromosoms zeigt das Fremdgen mendelnden Erbgang und kann bei Vorliegen geeigneter Marker durch Rekombinationsanalyse lokalisiert werden (WALLROTH et al. 1986, CHYI et al. 1986). Fremdgene haben allerdings nicht notwendigerweise den gleichen Grad von meiotischer Stabilität wie normale Pflanzengene. Die Mehrzahl der bisher in dieser Hinsicht untersuchten transgenen Linien war jedoch immer noch stabil genug, um züchterisch verwendbar zu sein (MÜLLER et al. 1987 und unveröff.).

Der Umstand, daß die Integration der Fremd-DNA nicht – wie bei Bakterien und Hefen – durch homologe Rekombination erfolgt, macht den pflanzlichen Gentransfer in seiner gegenwärtigen Form zu einem recht einseitigen genetischen Manipulationsverfahren, das nicht mehr leistet, als lediglich dem Genom neue Gene hinzuzufügen. Weder gelingt es, die Fremd-DNA an eine bestimmte Stelle im Genom (oder in der Organellen-DNA) zu lenken, noch können vorhandene Sequenzen gegen homologe Fremd-Sequenzen ausgetauscht werden. Es ist daher auch nicht möglich, in der Pflanze ein unerwünschtes Gen auszuschalten oder gezielt in seinen Codierungs- oder Kontrollsequenzen zu verändern. Solche Veränderungen können ausschließlich am isolierten Gen vorgenommen und nur dadurch wirksam gemacht werden, daß das „verbesserte" Gen zusätzlich in das Genom eingebaut wird.

Der nicht-homologe Charakter der Integration ist allerdings insofern auch vorteilhaft, als er erlaubt, jede beliebige DNA-Sequenz in das Genom der Rezipienten-Pflanze einzubauen. Dabei ist jedoch zu beachten, daß sich die entsprechenden transgenen Pflanzen meist nur dadurch selektieren und identifizieren lassen, daß gleichzeitig noch ein Markergen übertragen wird. Alle bisher mit züchterischer Zielstellung erzeugten transgenen Pflanzen enthalten daher zusätzlich zu dem gewünschten Fremd-Gen noch ein als Selektionsmarker dienendes Kanamycinresistenz-Gen. Da der Marker eng mit dem gewünschten Fremdgen gekoppelt ist und daher aus der transgenen Pflanzenlinie nicht entfernt werden kann, dürfen beim züchterischen Gentransfer nur Marker verwendet werden, die keine Ertragsminderung bedingen. Dies scheint bei der Kanamycinresistenz nach bisherigen Befunden (MÜLLER et al. 1987) der Fall zu sein, doch sind für ein endgültiges Urteil noch die Ergebnisse genauerer Feldversuche abzuwarten.

3. Expression und züchterischer Wert von Fremdgenen

Die in züchterischen Transferexperimenten eingesetzten klonierten Gene sind bereits auf ein bestimmtes Zuchtziel präselektiert. Man verwendet also solche Gene, deren Funktion man kennt und von denen man auf Grund ihrer Wirkung im Spenderorganismus annimmt, daß sie die Empfänger-Pflanze in gewünschter Weise verbessern könnten, und häufig koppelt man das Gen mit Kontrollsequenzen (Promotor, Verstärkerelemente usw.), deren Wirkung in der Empfänger-Pflanze bereits aus Transferversuchen mit Reportergenen bekannt ist. Trotzdem lassen sich die Eigenschaften der transgenen Pflanzen natürlich nicht mit absoluter Sicherheit voraussagen. Insbesondere kann die Frage, ob ein bestimmtes Fremdgen tatsächlich geeignet ist eine gegebene Pflanzensorte zu verbessern, letztlich nur durch Ertragsprüfung der gewonnenen transgenen Linien entschieden werden.

Dies bedeutet allerdings nicht, daß jedes Gen oder gar jedes der vielen Konstrukte, die man durch Modifikation der Kontroll- oder Codierungssequenzen aus einem Gen herstellen kann, bis zum Feldversuch geführt werden muß. Über ihren züchterischen Wert wird vielmehr in einer Testhierarchie entschieden. Genkonstrukte, die in der Pflanzenzelle nicht oder zu schwach exprimiert werden, lassen sich häufig schon unmittelbar nach dem Transfer durch einen Test auf transiente Genexpression erkennen. Dann braucht die bei manchen Arten recht aufwendige Gewinnung von transgenen Pflanzen nur noch für die gut exprimierenden Genkonstrukte vorgenommen zu werden. Die Untersuchung der primären transgenen Pflanzen liefert weitere Entscheidungskriterien, z. B. Aussagen über die Gewebespezifität der Expression und meistens auch darüber, ob die gewünschte Eigenschaft (z. B. Resistenz gegen ein bestimmtes Herbicid) ausgebildet wird. Nur die positiv bewerteten transgenen Pflanzen brauchen vermehrt und durch wiederholte Stammprüfungen von zunehmender Prüfgenauigkeit darauf untersucht zu werden, ob das in ihnen enthaltene Fremdgen die gewünschte Eigenschaft in ausreichendem Maße und ohne ertragsmindernde Nebeneffekte bewirkt.

Wie häufig es vorkommt, daß ein transferiertes Fremdgen durch pleiotrope Wirkungen zu Ertragsminderungen führt, läßt sich noch nicht beurteilen, da bisher kaum Ergebnisse von Ertragsprüfungen transgener Linien veröffentlicht worden sind. Durch Gentrasfer kanamycinresistent gemachte Tabak-Linien unterschieden sich hinsichtlich Wachstum und Pflanzengröße nicht signifikant von ihrer Ausgangsform (Müller et al. 1987). Anscheinend normales Wachstum wurde auch bei transgenen Tabakpflanzen beobachtet, die Resistenz gegen andere Antibiotica, Basta oder Insekten aufwiesen (de Block et al. 1987, Vaeck et al. 1987), und es erscheint durchaus möglich, daß in all diesen Fällen das transferierte Resistenzgen keinen negativen Nebeneffekt hat. Diese Gene codieren nämlich für Proteine, die offensichtlich nicht in den pflanzlichen Stoffwechsel eingreifen. Es handelt sich entweder um Enzyme, die darauf spezialisiert sind, bestimmte, als Antibioticum und Herbicid wirkende Stoffe durch Phosphorylierung oder Acetylierung zu inaktivieren, oder – im Falle der Insektenresistenz – um ein Protein, das erst nach Umformung im Verdauungstrakt der Insektenlarven toxisch wirkt. Außerdem werden diese Proteine von den transgenen Pflanzen nur in sehr kleinen Mengen gebildet, so daß ihre Synthese den Stoffwechsel nicht spürbar belastet. Beispielsweise macht das in den Blättern insektenresistenter Tabakpflanzen vorhandene Bt-Protein nur 0,02 % des gesamten löslichen Proteins aus (Vaeck et al. 1987).

Kompliziertere Situationen, die leicht zu ertragsmindernden Nebeneffekten führen können, sind dann gegeben, wenn das vom Fremdgen gebildete Enzym in den pflanzlichen Stoffwechsel eingreift und entweder die Regulation bzw. Gewebespezifität eines Reaktionsschrittes verändert oder eine völlig neue Reaktion katalysiert. So bleibt beispielsweise abzuwarten, ob sich durch Einbau zusätzlicher EPSP-Synthase-Gene in die Pflanze eine hinreichend hohe Resistenz gegen das Herbicid Glyphosat erreichen läßt, ohne daß die ständige Überproduktion an EPSP-Synthase bzw. die Anwesenheit einer bakteriellen glyphosattoleranten

EPSP-Synthase zu ertragsmindernden Störungen im Aminosäurestoffwechsel führt (SHAH et al. 1986, FILLATTI et al. 1987). Problematisch wäre auch der Versuch, Bastaresistenz durch Einbau zusätzlicher Glutaminsynthetase-Gene zu erzeugen (DE BLOCK et al. 1987).

Ähnliche Gesichtspunkte spielen auch für die Frage eine Rolle, inwieweit bei einem Fremdgen mit art- und genotypspezifischen Wirkungsunterschieden zu rechnen ist. Beispielsweise kann davon ausgegangen werden, daß das Phosphinothricin-acetyltransferase-Gen nicht nur bei Tabak, Tomate und Kartoffel (DE BLOCK et al. 1987), sondern wahrscheinlich bei allen Pflanzenarten zu Bastaresistenz führt. Dagegen brauchen Enzyme, die in den pflanzlichen Stoffwechsel eingreifen, durchaus nicht bei jeder Art und jedem Genotyp den gleichen Effekt zu haben. Beispiele für eine Genotypspezifität der Wirkung von Fremdgenen sind bei Pflanzen allerdings noch nicht verfügbar.

4. Genetische Variabilität der transgenen Pflanzen

Die Bestimmung des züchterischen Wertes eines Fremdgens erfährt zusätzliche Komplikationen durch den Zufallscharakter des Transfer- und Integrationsprozesses. Da es allein schon für die chromosomale Lokalisation eines Fremdgens wahrscheinlich unübersehbar viele Variationsmöglichkeiten gibt, stellen die aus unabhängigen Transferereignissen hervorgehenden transgenen Pflanzen praktisch immer Unikate mit unterschiedlicher genetischer Konstitution und eventuell auch unterschiedlicher Merkmalsausprägung und Stabilität dar. Um entscheiden zu können, ob ein bestimmtes Genkonstrukt geeignet ist, einer gegebenen Pflanzensorte die gewünschte Eigenschaft ohne negative Nebeneffekte zu verleihen, muß daher eine größere Serie von transgenen Linien erzeugt und geprüft werden (METTIN 1988).

Aus den vorwiegend bei Tabak, Petunie und Tomate durchgeführten Analysen geht hervor, daß transgene Pflanzen nicht nur hinsichtlich der Integrationsstelle variieren, sondern auch dadurch, daß die Fremd-DNA in unterschiedlicher Kopienzahl und unterschiedlich modifizierter Form in das Genom integriert worden ist.

Besonders vielfältig sind die Variationsmöglichkeiten beim direkten Gentransfer. In der Fremd-DNA können Punktmutationen, Deletionen und Sequenzumlagerungen auftreten, und häufig vereinigen sich mehrere Kopien der Fremd-DNA zu langen Strängen, die dann als Ganzes an einer Stelle des Genoms integriert werden (JONGSMA et al. 1987). Aber auch beim Agrobakterien-vermittelten Gentransfer, der sich generell durch eine höhere Übertragungsgenauigkeit auszeichnet, wird die transferierte DNA häufig in unvollständiger Form integriert. Die Inserte sind allerdings weniger komplex und bestehen meist nur aus ein oder zwei Kopien der Fremd-DNA. Andererseits ist es durch Steigerung der Infektionsfrequenz leicht zu erreichen, daß in einem Genom gleichzeitig mehrere unabhängige Integrationen erfolgen. Dadurch entstehen dann transgene Pflanzen, die aktive Kopien des Fremdgens an verschiedenen, nicht-gekoppelten Chromosomenorten aufweisen und in der Nachkommenschaft entsprechend komplizierte Spaltungsverhältnisse ergeben (SPIELMANN und SIMPSON 1986, WALLROTH et al. 1986, CHYI et al. 1986, MÜLLER et al. 1987, JORGENSEN et al. 1987).

Bei einem züchterischen Gentransfervorhaben dürfte es zwar kaum erforderlich sein, die Molekularstruktur und chromosomale Lokalisation der Inserte genau zu bestimmen. Erfaßt und selektiert werden müssen jedoch die sich aus der unterschiedlichen genetischen Konstitution der transgenen Pflanzen ergebenden Unterschiede in der Expression und Stabilität des Fremdgens sowie eventuelle Abweichungen in anderen Merkmalen und im Ertrag.

a) Expression des Fremdgens

Daß sich die aus einem Transferexperiment hervorgehenden transgenen Pflanzen voneinander im Expressionsniveau des Fremdgens unterscheiden, ist bei allen entsprechenden Untersuchungen beobachtet worden. Auch die zur Basta- bzw. Insektenresistenz transformierten Tabakpflanzen variierten im Resistenzniveau (DE BLOCK et al. 1987, VAECK et al. 1987). Verständlicherweise wird das Expressionsniveau von der Anzahl der Genkopien bestimmt, doch bleiben auch nach Berücksichtigung der Kopienzahl gewöhnlich noch deutliche Niveauunterschiede, die dementsprechend – sofern sie erblich sind – durch Veränderungen im Fremdgen oder durch Positionseffekte bedingt sein müssen. Manche Kopien des Fremdgens sind sogar völlig inaktiv.

Das Expressionsniveau transgener Nachkommen korreliert in der Regel mit dem ihrer Elternpflanzen, wobei homozygote Nachkommen entsprechend der verdoppelten Gendosis ein höheres Expressionsniveau haben als die heterozygoten Elternpflanzen. In den Selbstungsnachkommenschaften von Multilocus-Transformanten spalten erwartungsgemäß neben höher exprimierenden Pflanzen auch solche heraus, deren Expressionsniveau geringer ist als das der jeweiligen Elternpflanze.

b) Insertionsmutagenese

Es ist damit zu rechnen, daß bei manchen transgenen Linien die Integration in einem pflanzlichen Gen erfolgt ist und dieses dadurch mutiert ist. Zwar liegen für Pflanzen noch keine Ergebnisse vor, die Aufschluß über die Häufigkeit solcher Insertionsmutanten gäben, doch ist aus Transferversuchen mit promotorlosen Reportergenen („Promotorfallen") zumindest bekannt, daß Integrationen nicht nur in den genfreien Chromosomenabschnitten, sondern auch in den Genen erfolgen (TEERI et al. 1986).

Bei Genübertragungen mit züchterischer Zielstellung muß also das Auftreten von Insertionsmutanten in Rechnung gestellt und die Selektionsbasis entsprechend vergrößert werden. Auf jeden Fall ist es erforderlich, mehrere, auf optimale Expression des Fremdgens vorselektierte Linien bis zur Homozygotie zu führen und in die Stammprüfung zu nehmen.

c) Somaklonale Variabilität

Transgene Pflanzen können außer den insertionsbedingten auch noch andere Mutationen aufweisen. Bei allen gegenwärtig für den pflanzlichen Gentransfer benutzten Verfahren erfolgt das Einschleusen der Fremdgene in explantierte Zellen, Protoplasten oder Gewebeteile, die notwendigerweise durch *in vitro*-Kultur vermehrt und zu Pflanzen regeneriert werden müssen. Da die *in-vitro*-Kultur schon für sich mutagen ist und außerdem die Zellen durch die DNS-Behandlung bzw. Agrobaktieren-Infektion noch besonderen Stressbedingungen ausgesetzt sind, treten in erhöhtem Maße Genom-, Chromosomen und Genmutationen auf. Diese somaklonalen Mutationen unterscheiden sich von den insertionsbedingten Mutationen dadurch, daß sie unabhängig vom integrierten Fremdgen spalten. Sie führen also zu einer Variabilität innerhalb der transgenen Linie und können u. U. durch Selektion mutationsfreier Segreganten aus der Linie eliminiert werden.

d) Meiotische Instabilität der Fremdgene

Eine Vielzahl von Untersuchungen hat gezeigt, daß transferierte Fremdgene, die auf Grund ihrer stabilen Expression in den primären transgenen Pflanzen identifiziert worden sind, in ihrem Erbgang den Mendelschen Regeln folgen. Befunde dieser Art besagen allerdings noch nicht, daß Fremdgene genau so stabil sind wie normale Pflanzengene. Tatsächlich wurden in den wenigen Fällen, wo homozygote transgene Pflanzen in dieser Hinsicht analysiert wurden, stets ungewöhnlich hohe Mutations- bzw. Verlustraten ermittelt.

Für chimäre Kanamycinresistenz-Gene, die mit Hilfe von Agrobakterien in Tabak übertragen worden waren, wurde gefunden, daß die meiotischen Verlustraten bei 8 von 10 untersuchten transgenen Linien im Bereich von 10^{-3} bis 10^{-4} pro Generation lagen und bei den übrigen zwei Linien wesentlich höher waren (MÜLLER et al. 1987, unveröff.). Meiotische Verlustraten von mehr als 10^{-2} pro Generation wurden auch bei zwei transgenen Linien festgestellt, die durch direkte DNS-Einschleusung gewonnen worden waren (POTRYKUS et al. 1985).

Diese Ergebnisse sind für die züchterische Nutzung des Gentransfer in zweifacher Hinsicht aufschlußreich:

1. Sie zeigen, daß zumindest durch Agrobakterien-vermittelten Gentransfer transgene Linien entstehen können, die Verlustraten von weniger als 10^{-3} aufweisen und damit eine für samenvermehrte Handelssorten hinreichend hohe Transmissionsstabilität haben.
2. Sie zeigen aber auch, daß das Auftreten ausgesprochen instabiler Linien a priori nicht ausgeschlossen werden kann.

Die Variabilität im Stabilitätsgrad stellt, zumindest für samenvermehrte Arten, ein ernstes und gegenwärtig noch nicht befriedigend zu lösendes Problem der züchterischen Nutzung des Gentransfer dar. Sie würde nämlich erfordern, daß alle transgenen Linien durch Testkreuzungen auf meiotische Stabilität geprüft werden. Das wäre aber in jedem Falle sehr aufwendig und bei solchen Fremdgenen, die sich nur durch komplizierte Tests nachweisen lassen, kaum durchführbar. Als mögliche Lösung für dieses Problem bietet sich an, daß man entweder die Gentransfermethoden so optimiert, daß sie nur oder fast nur meiotisch stabile Transformanten liefern, oder daß man Methoden zur Früherkennung von potentiell instabilen Insertstrukturen entwickelt. Ob und auf welchem Wege dies erreicht werden kann, läßt sich erst durch weitere Untersuchungen zur Kausalanalyse von Instabilitäten entscheiden.

5. Von der transgenen Pflanze zur transgenen Sorte

Ein züchterisches Gentransferprogramm zielt immer darauf ab, einen gegebenen leistungsfähigen Genotyp durch Einfügen von einem oder mehreren zusätzlichen Genen in bestimmter Hinsicht zu verbessern. Dieser verbesserte Genotyp kann bei Selbstbefruchtern und vegetativ vermehrten Arten unmittelbar (d. h. ohne daß er noch mit anderen Genotypen gekreuzt werden müßte) als neue Sorte genutzt werden. Seine Einführung als Sorte wird insbesondere dann problemlos vonstatten gehen, wenn der Ausgangsgenotyp zu diesem Zeitpunkt noch anbauwürdig ist. Dementsprechend können als Ausgangsmaterial für den Gentransfer auch nur die besten Sorten oder aussichtsreiche, genetisch hochgradig homogene Zuchtstämme bzw. Klone in Frage kommen. Das Gentransferprogramm setzt also einen an sich schon abgeschlossenen Zuchtprozeß fort und nutzt dessen Ergebnis.

Wegen der Variabilität des Integrationsvorgangs kann die angestrebte transgene Sorte nur dadurch gewonnen werden, daß zunächst – möglichst unter Verwendung verschiedener Genkonstrukte – eine größere Serie transgener Pflanzen erzeugt und anschließend ein Selektions- und Vermehrungsprozeß durchgeführt wird, der dazu dient, 1) insertionsbedingte und andere, den Ausgangsgenotyp verändernde Mutationen zu eliminieren, 2) die hinsichtlich Expression und Stabilität günstigste und somit leistungsfähigste transgene Linie zu ermitteln und 3) diese Linie auf den erforderlichen Saat- und Pflanzgutbedarf zu vermehren. In Abhängigkeit von den einzelnen Prüfergebnissen wird dieser Prozeß entweder die neue Sorte schaffen oder zu der Feststellung führen, daß keines der verwendeten Genkonstrukte in Verbindung mit dem gegebenen Ausgangsgenotyp einen ausreichenden züchterischen Wert hat.

Wie schnell im Verlaufe des Selektions- und Vermehrungsprozesses das zunächst sehr umfangreiche Material eingeengt und gegebenenfalls ein negatives Urteil über das Genkonstrukt gefällt werden kann, hängt natürlich von der Art der angestrebten Merkmalsänderung ab, insbesondere davon, inwieweit sich die erzielten Verbesserungen bereits an der Einzelpflanze erkennen und bewerten lassen. Das ist vor allem bei Resistenzen gegen biotische und abiotische Schadursachen möglich. So wurden beispielsweise in den bereits erwähnten Versuchen zur Übertragung eines chimären Bastaresistenz-Gens transgene Tabakpflanzen selektiert, die wiederholte Behandlungen mit sehr hohen Basta-Konzentrationen ohne Wachstumshemmung überstanden (DE BLOCK et al. 1987). Wenn, wie in diesem Fall, das Resistenzniveau schon in der ersten Generation ermittelt werden kann, sind Stammprüfungen im wesentlichen nur noch zum Ausschluß von ertragsmindernden Nebenwirkungen oder Mutationen erforderlich und brauchen daher nur bei wenigen transgenen Linien vorgenommen zu werden. Diese selektierten Linien müssen allerdings über mehrere Generationen vermehrt und in Feldversuchen eingehend geprüft werden, ehe beurteilt werden kann, ob das von ihnen gebildete Basta-inaktivierende Enzym tatsächlich keine ertragsmindernde Nebenwirkung hat. Besonders vorteilhaft ist der Umstand, daß sich Genkonstrukte, die kein ausreichendes Resistenzniveau bedingen, bereits durch Untersuchung der primären transgenen Pflanzen und somit ohne jede Stammprüfung ermitteln lassen.

Bei einem Gentransferprogramm, das auf die Veränderung eines quantitativen Merkmals (z. B. Inhaltsstoffquantität) abzielt, kann dagegen ein negatives Urteil erst nach umfangreichen Feldversuchen mit vielen transgenen Linien gewonnen werden. Allerdings brauchen auch in diesem Falle durchaus nicht alle primären transgenen Pflanzen vermehrt zu werden. Durch die Arbeiten zur Charakterisierung und Klonierung des transferierten Gens sind nämlich immer biochemische Tests verfügbar, mit denen nicht nur die transgenen Individuen eindeutig identifiziert, sondern auch Angaben über ihr Expressionsniveau auf RNA- oder Proteinebene gewonnen werden können. Damit besteht in jedem Fall die Möglichkeit, die Stammprüfungen auf Linien mit hohem Expressionsniveau zu beschränken.

Der Ablauf des Selektions- und Vermehrungsprozesses wird wesentlich durch den Reproduktionsmodus der betreffenden Pflanzenart bestimmt. So bleibt bei vegetativ vermehrten Arten der heterozygote Zustand der primären transgenen Pflanzen bei deren klonaler Vermehrung und schließlich auch in der transgenen Klonsorte erhalten, wobei sich als zusätzlicher Vorteil ergibt, daß rezessive Mutationen (insertionsbedingte oder somaklonale), Fertilitätsstörungen und meiotische Instabilitäten keine Rolle spielen. Bei samenvermehrten Arten müssen dagegen aus den selektierten transgenen Pflanzen durch Selbstung, Selektion auf hohe Expression, erneute Selbstung der selektierten Segreganten und Ermittlung homogener S_2-Familien zunächst homozygote transgene Linien gewonnen werden. Diese Linien werden dann zu den erforderlichen Stammprüfungen vermehrt Während bei Selbstbefruchtern die transgenen Linien unmittelbar zu Sorten werden können, ist ihre Nutzung bei Fremdbefruchtern problematisch. Hybridsaatgut, das hinsichtlich der transgenen Eigenschaft homogen ist, kann nur durch Einfachkreuzungen mit der transgenen Inzuchtlinie erzielt werden. Für die meisten Fremdbefruchterarten müßte daher noch untersucht werden, auf welche Weise sich transgene Pflanzen am zweckmäßigsten züchterisch nutzen lassen.

Insgesamt gesehen lassen sich somit gewisse Analogien zwischen der züchterischen Behandlung von transgenen Pflanzen und der von Gen-Mutanten erkennen. Es gibt jedoch auch einen wesentlichen Unterschied: Während nämlich ein mutiertes Gen nur durch Kreuzung auf sein Interaktionsverhalten mit einem differierenden genotypischen Hintergrund geprüft und häufig auch nur auf diesem Wege züchterisch nutzbar gemacht werden kann, bietet der Gentransfer die Möglichkeit, das Fremdgen gleichzeitig in verschiedene Genotypen einzusetzen. Dadurch sollte es auch bei einem Fremdgen, das in seiner Wirkung genotypabhängig ist, möglich sein, ohne Kreuzungen und somit ohne das kreuzungsbedingte Auseinanderreißen des leistungsfähigen Ausgangstyps auszukommen.

Ausblick

Prognostische Aussagen zur pflanzenzüchterischen Nutzung des Gentransfers können gegenwärtig verständlicherweise nur in sehr allgemeiner Form gemacht werden und müssen sich im wesentlichen darauf beschränken, erkennbare Möglichkeiten und die mit deren Realisierung verbundenen Probleme aufzuzeigen.

Es ist offensichtlich, daß durch den Transfer isolierter Gene prinzipiell neue, mit den bisherigen Züchtungsmethoden nicht erreichbare Möglichkeiten zur züchterischen Verbesserung von Pflanzen eröffnet werden. Das wurde durch die Übertragung von insektentoxischen Bt-Proteinen und eines Basta-inaktivierenden

Enzyms bereits eindrucksvoll demonstriert. Generell bietet der Gentransfer folgende neue Möglichkeiten:

1. Während durch Kreuzung nur Gene aus der gleichen oder einer nahe verwandten Art übertragen werden können, lassen sich durch die gentechnischen Transfermethoden Gene aus beliebigen anderen Pflanzen und beliebigen anderen Organismen in Kulturpflanzen einführen.
2. Da es möglich und bei entfernterer Herkunft der transferierten Gene sogar notwendig ist, deren Kontrollsequenzen auszuwechseln, können Stärke, Induzierbarkeit und Gewebespezifität der Genexpression bewußt eingestellt werden.
3. Der Transfer ist nicht auf natürliche Gene beschränkt, sondern schließt die Möglichkeit einer vorherigen Manipulation der Codierungssequenz ein. Dadurch werden die in der Gentechnik verfügbaren Methoden zur gezielten Umgestaltung von Genen und der von ihnen codierten Proteine für die Pflanzenzüchtung nutzbar.
4. Der molekulare Gentransfer vermeidet einen entscheidenden Nachteil der Kreuzung, nämlich die zwangsläufige Mitübertragung vieler unerwünschter Gene.

Wenn trotz dieser weitreichenden Möglichkeiten gegenwärtig selbst beim Tabak, bei dem die Gewinnung transgener Pflanzen keine Probleme bereitet, nur sehr wenige Übertragungen von potentiell nützlichen Genen durchgeführt worden sind (vgl. Tabelle), so dürfte dafür in erster Linie der Umstand verantwortlich sein, daß züchterisch relevante Gene nicht leicht zu finden sind. Genauer gesagt, es müssen Gene identifiziert werden, die den Genotyp der betreffenden Empfänger-Pflanze so ergänzen, daß daraus eine Verbesserung des Ertragspotentials oder der Qualitätseigenschaften resultiert. Ausgangspunkt für die Identifizierung solcher Gene ist gewöhnlich die Feststellung, daß eine andere Pflanzenart oder ein Mikroorganismus über eine Eigenschaft verfügt, deren Transfer in die betreffende Kulturpflanze wünschenswert wäre. Diese Verfahrensweise ist aber nur erfolgversprechend, wenn die Eigenschaft monogen oder höchstens oligogen bedingt ist und ihre Ausbildung in der Empfänger-Pflanze möglichst wenig durch deren genotypisches Milieu modifiziert wird. Es ist daher verständlich, daß bisher nur Resistenzen gegen Herbicide und biotische Schadursachen übertragen worden sind. Diese Resistenzen hängen unmittelbar von einem Gen bzw. einem Protein ab. Aus dem gleichen Grund sind auch in nächster Zeit praktisch nutzbare Ergebnisse des Gentransfers vorwiegend durch Übertragung von weiteren Resistenzeigenschaften sowie durch die Manipulation der Aminosäurezusammensetzung von Samenproteinen zu erwarten.

Das Spektrum der durch Gentransfer erzielbaren Merkmalsänderungen wird sich nur allmählich erweitern, da der für die Identifizierung und Klonierung potentiell nützlicher Gene erforderliche Forschungsaufwand beträchtlich ist. Dieser Aufwand potenziert sich zudem noch, wenn die zu übertragende Eigenschaft von mehreren Genen abhängt. Trotzdem ist damit zu rechnen, daß die pflanzenzüchterische Bedeutung des molekularen Gentransfers kontinuierlich ansteigt, ohne daß dadurch jedoch die konventionellen Züchtungsverfahren überflüssig würden.

Abschließend sei noch darauf hingewiesen, daß der Gentransfer nur dann größere Bedeutung für die Pflanzenzüchtung erlangen kann, wenn er bei den wirtschaftlich wichtigsten Kulturpflanzenarten anwendbar ist. Dementsprechend wird gegenwärtig weltweit daran gearbeitet, Verfahren zur Gewinnung transgener Pflanzen für alle wichtigen Kulturpflanzenarten, insbesondere für die Hauptgetreidearten, zu entwickeln.

Summary

Results and problems in the use of transgenic plants for crop improvement

Transgenic plants have been obtained by both *Agrobacterium*-mediated and direct gene transfer methods in tobacco, petunia, tomato, and very recently also in other plant species. In this review we summarize the results of molecular and genetical analyses of transgenic plants and discuss their implications with the use of recombinant DNA technology for crop improvement.

These results indicate that by the methods presently available it is possible to insert a foreign gene into the plant genome in a highly stable and fully functional form without altering other characters of this plant variety. However, this ideal type of a transgenic plant has to be selected from a large number of less favourable transfer products. The transgenic individuals generated in a single transfer experiment vary with respect to the number, structure and chromosomal localization of the gene copies integrated, and consequently differ in the expression and stability of the foreign gene. Moreover, their genotype may have been changed by insertional and spontaneous ("somaclonal") mutations. Whether or not a foreign gene is capable of improving a given variety, can therefore only be decided by testing a series of transgenic lines. These tests obviously cannot be confined to screening the primary transgenic plants for high expression level. It is necessary to propagate several of the selected plants, to establish homozygous transgenic lines and to evaluate the agronomic performance of these lines in field trials. Since the transgenic individuals can be identified by biochemical tests, it will generally not be difficult to recover the homozygous lines, although this procedure sometimes may be complicated by the presence of functional gene copies at more than one locus. In principle, it would also be necessary to see whether the foreign gene is transmitted to progeny with the high degree of meiotic stability required for commercial varieties. However, assessment of the genetic stability depends on an easily detectable phenotype and therefore will in most cases be extremely difficult.

We discuss several factors that may influence the selection of the desired transgenic variety or may limit its agronomic value, e.g. deleterious pleiotropic effects of the transferred gene, modifications of the gene effect by the recipient genotype, and effects of marker genes co-transferred with the desired gene.

Краткое содержание

Результаты и проблемы селекционного использования трансгенных растений

Реферируются знания, достигнутые преимущественно для табака, петунии и помидор, о генетических свойствах трансгенных растений и обсуждается их значение для селекционного использование в генной инженерии и передаче генов. Трансгенные растения, полученные в эксперименте по переносу, изменяются относительно уровня экспрессии и стабильности трансмиссии переносимых генов, а также, как следствие, обусловленные вшивками и спонтанные («сомаклональные») мутации. Улучшение сорта (линии, клона), являющееся целью селекционных программ по передаче генов, можно, следовательно, получить лишь в процессе селекции и размножения путем комбинированного использования молекулярно-генетических и общепринятых селекционных методик испытания. Целесообразное оформление этого процесса зависит от способа воспроизведения данного растительного вида, возможных критериев по раннему распознованию селекционной ценности, а также от возможных плейотропий и специфичности генотипа при действии переносимого гена.

Literatur

Abel, P. P., R. S. Nelson, B. De, N. Hoffmann, S. G. Rogers, R. T. Fraley and R. N. Beachy, 1986: Delay of disease development in transgenic plants that express the tobacco mosaic virus coat protein gene. – Science **232**, 738–743.

Chyi, J. S., R. A. Jorgensen, D. Goldstein, S. D. Tanksley and F. Loaiza-Figueroa, 1986: Locations and stability of *Agrobacterium*-mediated T-DNA insertions in the *Lycopersicon* genome. – Mol. Gen. Genet. **204**, 64–69.

de Block, M., J. Bottermann, M. Vandewiele, J. Dockx, C. Thoen, V. Gossele, N. Rao Movva, C. Thompson, M. van Montagu and J. Leemans, 1987: Engineering herbicide resistance in plants by expression of a detoxifying enzyme. – EMBO J. **6**, 2513–1518.

Eckes, P., G. Donn und F. Wengenmayer, 1987: Gentechnik mit Pflanzen. – Angew. Chem. **99**, 392–412.

Fillatti, J. J., J. Kiser, R. Rose and L. Comai, 1987: Efficient transfer of a glyphosate tolerance gene into tomato using a binary *Agrobacterium tumefaciens* vector. – Biotechnol. **5**, 726–730.

Fischhoff, D. A., K. S. Bowdish, F. J. Perlak, P. G. Marrone, S. M. McCormick, J. G. Niedermeyer, D. A. Dean, K. Kusano-Kretzmer, A. J. Mayer, D. E. Rochester, S. G. Rogers and R. T. Fraley, 1987: Insect tolerant transgenic tomato plants. – Biotechnol. **5**, 807–813.

Gheysen, G., M. van Montagu and P. Zambryski, 1987: Integration of *Agrobacterium tumefaciens* transfer DNA (T-DNA) involves rearrangements of target plant DNA sequences. – Proc. Natl. Acad. Sci. **84**, 6169–6173.

Hilder, V. A., A. M. R. Gatehouse, S. E. Sheerman, R. F. Barker and D. Boulter, 1987: A novel mechanism of insect resistance engineered into tobacco. – Nature **330**, 160–163.

Jongsma, M., M. Korneef, P. Zabel and J. Hille, 1987: Tomato protoplast DNA transformation: physical linkage and recombination of exogenous DNA sequences. – Plant Mol. Biol. **8**, 383–394.

Jorgensen, R. A., C. Snyder and J. D. G. Jones, 1987: T-DNA is organized predominantly in inverted repeat structures in plants transformed with *Agrobacterium tumefaciens* C58 derivatives. – Mol. Gen. Genet. **207**, 471–477.

Mettin, D., 1988: Bemerkungen zur Nutzung der Gentechnik in der Pflanzenzüchtung und Züchtungsforschung. – Tag.-Ber. Akad. Landwirtsch.-Wiss., Berlin, **257** (im Druck).

Müller, A. J., R. R. Mendel, J. Schiemann, C. Simoens and D. Inze, 1987: High meiotic stability of a foreign gene introduced into tobacco by *Agrobacterium*-mediated transformation. – Mol. Gen. Genet. **207**, 171–175.

Potrykus, I., J. Paszkowski, M. W. Saul, J. Petruska and R. D. Shillito, 1985: Molecular and general genetics of a hybrid foreign gene introduced into tobacco by direct gene transfer. – Mol. Gen. Genet. **199**, 169–177.

SHAH, D., R. HORSCH, H. KLEE, G. KISHORE, J. WINTER, N. TUMER, C. HIRONAKA, P. SANDERS, C. GASSER, S. AYKENT, N. SIEGEL, S. ROGERS and R. FRALEY, 1986: Engineering herbicide tolerance in transgenic plants. – Science **233**, 478–481.

SPIELMANN, A., and R. B. SIMPSON, 1986: T-DNA structure in transgenic tobacco plants with multiple independent integration sites. – Mol. Gen. Genet. **205**, 34–41.

TEERI, T. H., L. HERRERA-ESTRELLA, A. DEPICKER, M. VAN MONTAGU and E. T. PALVA, 1986: Identification of plant promoters *in situ* by T-DNA-mediated transcriptional fusions to the npt-II gene. – EMBO J. **5**, 1755–1760.

VAECK, M., A. REYNAERTS, H. HÖFTE, S. JANSENS, M. DE BEUCKELEER, C. DEAN, M. ZABEAU, M. VAN MONTAGU and J. LEEMANS, 1987: Transgenic plants protected from insect attack. – Nature **328**, 33–37.

WALLROTH, M., A. G. M. GERATS, S. G. ROGERS, R. T. FRALEY and R. B. HORSCH, 1986: Chromosomal localization of foreign genes in *Petunia* hybrids. – Mol. Gen. Genet. **202**, 6–15.

Dr. habil. A. J. MÜLLER
Prof. Dr. D. METTIN
Zentralinstitut für Genetik und Kulturpflanzenforschung
der Akademie der Wissenschaften der DDR
Corrensstraße 3
Gatersleben
DDR - 4325

Ergänzungen bei der Korrektur

Inzwischen sind weitere Originalarbeiten über transgene Pflanzen mit züchterisch relevanten Eigenschaften publiziert worden. Tomatenpflanzen, in die ein für das Hüllprotein des Tabakmosaikvirus codierendes Fusionsgen eingebaut worden war, erwiesen sich als hochgradig resistent gegen Infektionen mit Tabak- oder Tomatenmosaikviren (NELSON et al. 1988, Biotechnology 6, 403). Aus diesen transgenen Pflanzen wurden homozygote resistente Linien gewonnen, die im Feldversuch auch bei Virusinfektion ein normales Ertragsniveau zeigten. Daß sich durch Übertragung des Hüllprotein-Gens Resistenz gegen das jeweilige Virus erzeugen läßt, wurde beim Tabak auch für das Luzernemosaikvirus (TUMER et al. 1987, EMBO J. 6, 1181; LOESCH-FRIES et al. 1987, EMBO J. 6, 1845), das Gurkenmosaikvirus (CUOZZO et al. 1988, Biotechnology 6, 549) und das X-Virus der Kartoffel (HEMENWAY et al. 1988, EMBO J. 7, 1273) nachgewiesen.

Resistenz gegen weitere Herbicide konnte durch Einführung unempfindlicher Wirkorte erzielt werden. So zeigten Tabakpflanzen, in die zusätzlich zu ihren eigenen Acetolactatsynthase-Genen noch eine mutierte Form dieses Gens aus Tabak oder *Arabidopsis* eingebaut worden war, eine beträchtliche Resistenz gegen Sulfonylharnstoff-Herbicide (LEE et al. 1988, EMBO J. 7, 1241; HAUGHN et al. 1988, Mol. Gen. Genet. 211, 266). Durch Einbau eines Fusionsgens, das Codierungssequenzen für ein mutiertes PhotosystemII-Protein und für ein Chloroplasten-Transitpeptid sowie pflanzliche Kontrollsequenzen enthielt, entstanden atrazinresistente Tabakpflanzen (CHEUNG et al. 1988, Proc. Natl. Acad. Sci. 85, 391).

II. Übersichtsdarstellungen (Reviews)

Kulturpflanze 36 · 1988 · 291—313

Additional notes to the check-list of Korean cultivated plants (2)

HOANG HO-DZUN[1] and KARL HAMMER

(Eingegangen am 7. Januar 1988)

Summary

Recent exploration work and additional literature studies resulted in new information for the check-list of Korean cultivated plants (BAIK et al. 1986). 52 new species could be included. For another 45 species collections and/or observations are presented for the first time.

Introduction

As a result of the cooperation between scientists of the Academy of Sciences of the D. P. R. K. and the Academy of Sciences of the German Democratic Republic a check-list of the Korean cultivated plants was published (BAIK et al. 1986). Mainly on the basis of field work in 1986 (KIM et al. 1987) additional notes have been compiled (HAMMER et al. 1987). Recent activities (HAMMER et al. 1988) and literature studies resulted in interesting new information so that a further additional list can be given.

Explanations

The additional notes are presented in the same way as in the two previous papers (BAIK et al. 1986, HAMMER et al. 1987). Species not present in these lists are printed in bold face. Further notes are concerning those species which are collected (C.) and/or observed (O.) by us for the first time during the expeditions. The principal source for Korean plant names is RI and HOANG (1984). The distribution is indicated as N. (northern part), M. (central part), S. (southern part), Ch. (Cheju island) and G. (general distribution). For more information see BAIK et al. (1986). The modes of use include cereals–C., fodder crops–Fo., fibre crops–Fi., fruit crops–Fr., industrial crops–I., medicinal plants–M., nuts–N. and vegetables–V. The plant parts used are given in brackets: Bulbs (b.), bark (ba.), flowers (fl.), fruits (fr.), herb (h.), leaves (l.), roots, rhizomes and other related parts (r.), seeds (s.), wood (w.).

The concise synonymy for the newly presented species contains the accepted

[1] Botanical Institute, Pyongyang, D. P. R. K.

names, their basionyms and a few "Eastern" synonyms. For a more complete synonymy see Fl. Cor., Append. and SCHULTZE-MOTEL (1986).

Remarks (Rem.) are concerning indications where the plants have been collected and/or observed, specifications of use and other remarkable items. Some interesting results of the determination work, mainly done on material grown on the experimental fields in Gatersleben, are also included. Illustrations of some typical plants have been taken from Dzosonsigmul. (figs. 1, 4, 5, 11–13, 15, 17, 18) by permissions of the Botanical Institute of the Academy of Sciences of the D. P. R. K.

Additions to the check-list

Achyranthes japonica (Miq.) Nak. – Rem.: C. North Hwanghae.

Aconitum carmichaelii Debx. – Rem.: C. South Hwanghae.

Actinidia chinensis J. E. Planch. in Hook., Lond. J. Bot. 6: 303, 1847 (Actinidiaceae).
Wangdaraenamu
Distr.: S. Ch. Use: Fr.

Adenophora tetraphylla (Thunb.) Fisch. in Mem. Soc. Nat. Mosc. 6: 167, 1823; Sigmul. 10, 1984. – *Campanula verticillata* Pall., Reise 3: 719, 1776, non Hill 1765; *C. tetraphylla* Thunb., Fl. Jap. 87, 1784; *Adenophora verticillata* (Pall.) Fisch., l. c.; Fl. Cor. 6: 99, 1976; Dzosonsigmul. 650, 1976. (Campanulaceae).
Dzandae

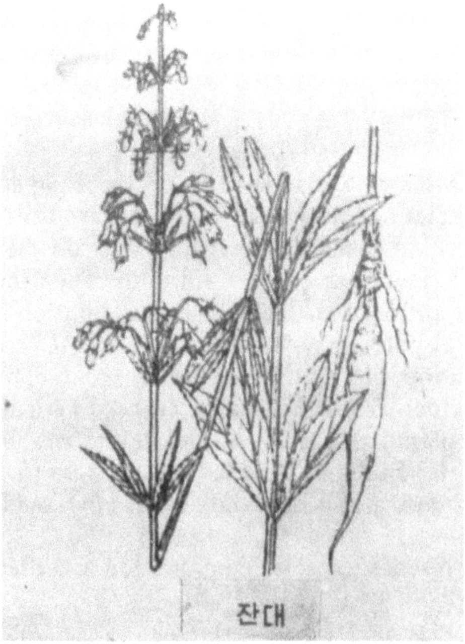

Fig. 1 *Adenophora tetraphylla* (Thunb.) Fisch. is cultivated as a medicinal plant

Distr.: G. Use: M. (r.)
Rem.: O. North Hwanghae. Fig. 1.

Allium macrostemon Bunge, Enum. Pl. China Bor. 65, 1833, Sigmul. 14, 1984. (Liliaceae).
Duldalae
Distr.: N. M. Use: V. (l.)
Rem.: O. Cultivated on an experimental scale (see Kim et al. 1987).

Allium tuberosum Rottl. ex Spreng., Syst. 2: 38, 1825. (Liliaceae).
Butschu
Distr.: G. Use: V. (l.), M. (s.)
Rem.: C. North Hwanghae. Cultivated as a medicinal plant. Also sometimes grown as a vegetable (see Kim et al. 1987).

Althaea rosea (L.) Cav., Diss. 2: 92, 1790; Sigmuls. 522, 1972; Dzosonsigmul. 65, 1976. – *Alcea rosea* L., Sp. Pl. 678, 1753. (Malvaceae).
Dzobsiggot, Tschoggjuhoa
Distr.: G. Use: M. (fl., r.)

Fig. 2 *Angelica dahurica* (Fisch.) Benth. et Hook, ex Fr. et Sav., grown in the experimental field at Gatersleben

Amaranthus hybridus L. em. Robins. et Fern., Gray's Man. ed. 7: 371, 1908. – Bulgunbirum
A. hybridus L., Sp. Pl. 990, 1753, s. l. (Amaranthaceae).
Distr.: G. Use: C., Fo.
Rem.: C. South Pyongan (1985). The leaves are mainly used as fodder for pigs, the seeds for human consumption. All collections belong to convar. *erythrostachys* (Moq. in DC.) Thell. ex Aschers. et Graebn.

Amaranthus tricolor L., Sp. Pl. 989, 1753; Fl. Cor. 2: 115, 1974; Dzosonsigmul. 111, 1976. (Amaranthaceae).
Samsaegbirum
Distr.: G. Use: Fo. (h., s.)

Angelica dahurica (Fisch.) Benth. et Hook. ex Fr. et Sav. – Fig. 2.

Angelica gigas Nak. – Rem.: C. North Hwanghae.

Arctium lappa L. – Rem.: C. North Hwanghae. Cultivated as a medicinal plant.

Artemisia asiatica (Pampan.) Nak. ex Kitamura in Acta Phytotax. Geobot., Kyoto 5: 100, 1936; Fl. Cor. 6: 271, 1976; Dzosonsigmul. 662, 1976; Dzosondong. 2: 370, 1979. – *A. dubia* sensu auct. Jap. non Wall., Catal. no. 3307, 1828 f. *asiatica* Pampan. (Compositae).
Ssug, Jagssug
Distr.: G. Use: M. (h.)
Rem.: O. North Hwanghae.

Artemisia messerschmidtiana Bess. in Nouv. Mém. Soc. Nat. Mosc. 3: 27, 1843 var. **viridis** Bess., l. c.; Fl. Cor. 6: 265, 1976; Dzosonsigmul. 668, 1976; Dzosondong. 2: 311, 1979. (Compositae).
Saengdangssug, Dowidzigi
Distr.: G. Use: M. (h.)
Rem.: O. North Hwanghae.

Aster tataricus L. f. – Rem.: O. South Hwanghae, Fig. 3.

Avena sativa L. – Rem.: C. Ryanggang.

Azolla pinnata R. Br., Prodr. 167, 1810. (Azollaceae).
Dzilsopul
Distr.: G. Use: Fo. (h.)
Rem.: O. Pyongyang district.

Bassia scoparia (L.) Scott – Rem.: C. Ryanggang. Grown for the production of brooms for local use.

Boehmeria holosericea Blume, Mus. Bot. Lugd. Bat. 2: 223, 1857; Dzosonsigmul. 65, 1976; Sigmul. 37, 1984. (Urticaceae).

Fig. 3 *Aster tataricus* L. f., cultivated in the garden of the local hospital in Pyoksong (South Hwanghae)

Wangmosipul
Distr.: M. S. Use: Fi. (ba.)
Fig. 4.

Brassica juncea (L.) Czern. – Rem.: Also grown as a root vegetable (see KIM et al. 1987).

Brassica rapa L. subsp. *pekinensis* (Lour.) Hanelt – Rem.: Several collections, e. g. from South Hwanghae and the Pyongyang district. C.

Bupleurum komarovianum Lincz. – Rem.: C. North Hwanghae.

Buxus koreana Nak. – Rem.: O. North Hwanghae.

Caragana chamlagu Lam. – Rem.: O. Ryanggang.

Cassia occidentalis L. – Rem.: O. North Hwanghae. Fig. 5.

Catalpa bungei C. A. Mey. in Bull. Sc. Acad. Pétersb. 2: 51, 1837; Dzosonsigmul. 600, 1976; Sigmul. 55, 1984. (Bignoniaceae).

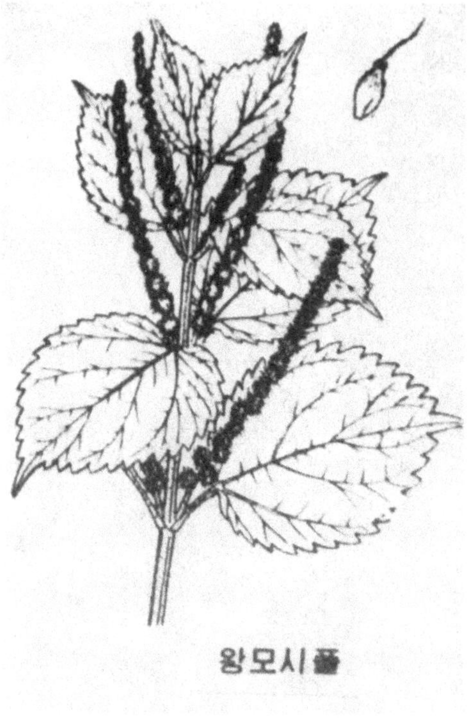

Fig. 4 *Boehmeria holosericea* Blume is occasionally grown as a fibre plant

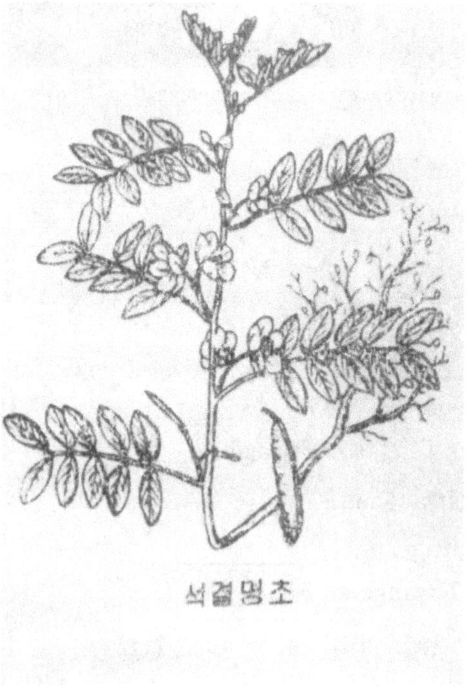

Fig. 5 *Cassia occidentalis* L. is cultivated as a medicinal plant for its seeds

Danghjangodongnamu
Distr.: M. S. Use: M. (fr.)

Chaenomeles lagenaria (Loisel.) Koidz. – Rem.: O. Pyongyang district. Fig. 6.

Fig. 6 *Chaenomeles lagenaria* (Loisel.) Koidz. is wide spread grown for its fruits and also as an ornamental plant

Chrysanthemum×morifolium Ramat. – Rem.: O. North Hwanghae. Cultivated as a medicinal plant.

Cimicifuga heracleifolia Komar. in Act. Hort. Petrop. 18: 438, 1901; Fl. Cor. 2: 280, 1974; Dzosonsigmul. 154, 1976; Dzosondong. 1: 44, 1979. (Ranunculaceae).
Sungma
Distr.: G. Use: M. (r.)
Rem.: O. North Hwanghae.

Citrullus lanatus (Thunb.) Matsum. et Nakai – Rem.: O. Pyongyang district.

Colocasia esculenta (L.) Schott – Rem.: O. North Hwanghae.

Corylus heterophylla Fisch. ex Boss. in Beibl. Flor. 1: 24, 1834 var. **thunbergii** Blume, Mus. Bot. Lugd. Bat. 1: 310, 1850; Sigmuls. 91, 1972; Fl. Cor. 1: 195.

1972; Dzosonsigmul. 53, 1976. – *C. heterophylla* var. *japonica* Koidz. in Bot. Mag., Tokyo 27: 143, 1850. (Corylaceae).
Gaeamnamu
Distr.: G. Use: N.

Crataegus pinnatifida Bunge – Rem.: O. Ryanggang. Fig. 7.

Fig. 7 A special jam is prepared from the fruits of *Crataegus pinnatifida* Bunge

Cryptotaenia japonica Hassk. in Retzia 1: 113, 1855; Fl. Cor. 4: 473, 1976; Dzosonsigmul. 475, 1976. – *C. canadensis* (L.) DC. subsp. *japonica* (Hassk.) Hand.-Mazz., Symb. Sin. 7, 3: 713, 1933. (Umbelliferae).
Padudugnamul
Distr.: N. M. Use: V. (l.)

Fig. 8 *Dioscorea opposita* Thunb. grown in the experimental field at Gatersleben

Cucumis melo L. – Rem.: O. Pyongyang district.

Curcuma aromatica L. – Rem.: O.. North Hwanghae.

Dianthus chinensis L. – Rem.: C. North Hwanghae.

Dioscorea opposita Thunb. – Fig. 8.

Diospyros lotus L. – Rem.: This species is sometimes grown for its fruits (fig. 7).

Fig. 9 The fruits of *Diospyros lotus* L. are sometimes eaten, but this tree has greater importance as grafting stock for *D. kaki* Thunb.

Eichhornia crassipes (Mart.) Solms in A. DC., Monogr. phan. 4: 527, 1883; Sigmuls. 663, 1972; Sigmul. 89, 1984. – *Pontederia crassipes* Mart., Nov. Gen. 1: 9, 1823. (Pontederiaceae).
Pungogran, Punganran
Distr.: M. S. Use: Fo. (h.)
Rem.: O. Pyongyang district. Fig. 10.

Fig. 10 A rich crop of *Eichhornia crassipes* (Mart.) Solms is prepared for use as a winter fodder, Pyongyang district

Foeniculum vulgare Mill. – Rem.: C. North Hwanghae. Grown as a medicinal plant (s.).

Gardenia jasminoides Ellis in Phil. Trans. London 51, 2: 935, 1761 f. **grandiflora** (Lour.) Mak., Fl. Jap., ed. rev. 117, 1949; Fl. Cor. 6: 19, 1976; Dzosonsigmul. 616, 1976. – *G. grandiflora* Lour., Fl. Cochinch. 1: 147, 1790; *G. florida* Baill. var. *grandiflora* (Lour.) Fr. et Sav., Enum. Pl. Jap. 1: 208, 1875. (Rubiaceae).
Tschidzanamu
Distr.: M. S. Use: I. (fr., dye), M. (fr.)

Gleditsia japonica Miq., Ann. Mus. Bot. Lugd. Bat. 3: 54, 1867; Sigmuls. 544, 1972; Fl. Cor. 4: 30, 1976; Dzosonsigmul. 304, 1976. (Leguminosae).
Dzugomnamu
Distr.: G. Use: M. (thorns, fr.)
Rem.: C. North Hwanghae. The fruits are also used for tanning.

Gomphrena globosa L., Sp. Pl. 224, 1753; Fl. Cor. 2: 116, 1974; Dzosonsigmul. 112, 1976. (Amaranthaceae).
Tschonnalsaripul
Distr.: G. Use: M. (fr.)

Fig. 11 *Gynura japonica* (Thunb.) Juel is cultivated as a medicinal plant

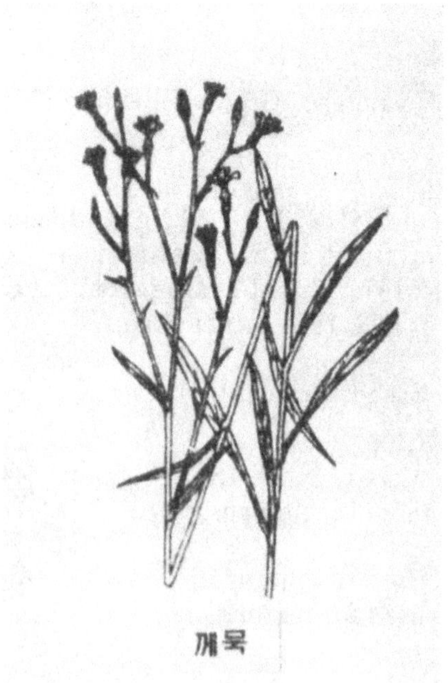

Fig. 12 *Hololeion maximowiczii* Kitam. is wide spread grown for its roots which are used medicinally

Gynura japonica (Thunb.) Juel in Act. Hort. Bergian. 1, 3: 86, 1891. – *Senecio japonicus* Thunb., Fl. Jap. 315, 1784; *Cacalia pinnatifida* Lour. et *C. segetum* Lour., Fl. Cochinch. 486, 1790; *Gynura pinnatifida* (Lour.) DC., Prodr. 6: 301,

1838; *G. segetum* (Lour.) Juel, l. c.; Sigmuls. 632, 1972; Sigmul. 106, 1984. (Compositae).
Tosamtschil, Samtschil
Distr.: G. Use: M. (r., l.)
Rem.: O. South Hwanghae. Fig. 11.

Hololeion maximowiczii Kitam. – Rem.: C. North Hwanghae. Fig. 12.

Humulus lupulus L. – Rem.: O. Ryanggang.

Hyoscyamus niger L. var. *annuus* Sims – Rem.: O. North Hwanghae.

Impatiens balsamina L. – Rem.: O. North Hwanghae.

Inula helenium L. – Rem.: C. North Hwanghae.

Ipomoea batatas (L.) Poir. var. *edulis* (Thunb.) Kuntze – Rem.: O. Pyongyang district.

Iris tectorum Maxim. in Bull. Acad. Pétersb. 15: 380, 1846; Dzosonsigmul. 936, 1976; Sigmul. 115, 1984. (Iridaceae).
Noranggottschangpo, Busggotrantscho
Distr.: M. S. Use: M. (r.)

Jasminum nudiflorum Lindl. in Trans. Hort. Sci. 1: 153, 1846; Dzosonsigmul. 504, 1976; Sigmul. 117, 1984. (Oleaceae).

Fig. 13 *Iris tectorum* Maxim., a medicinal plant cultivated in the temperate parts of the country

Bommadziggotnamu, Jongtschunhoa
Distr.: G. Use: hedges

Lagenaria siceraria (Molina) Standl. – Rem.: The material collected belongs to subsp. *asiatica* (Kob.) Heiser. The characteristic seeds and the fruit shape are shown in fig. 14

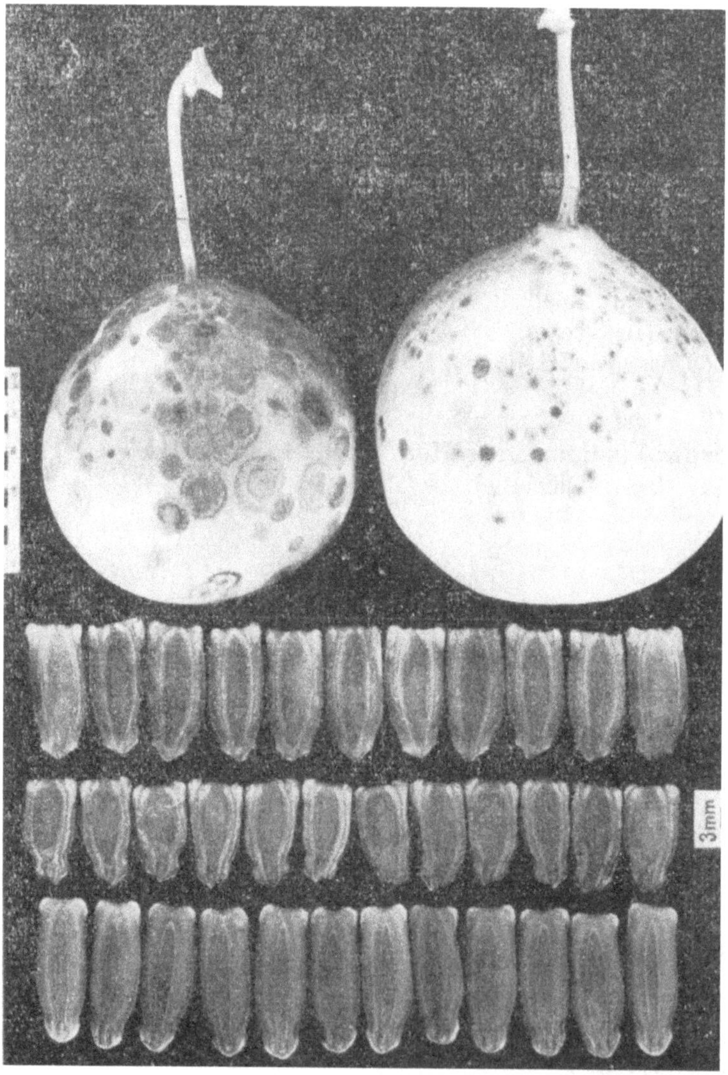

Fig. 14 The typical seeds and the fruit shape of *Lagenaria siceraria* (Molina) Standl. subsp. *asiatica* (Kob.) Heiser

Leonurus macranthus Maxim. in Mem. Ac. Petersb. Sav. etr. 9: 476, 1859; Fl. Cor. 5: 240, 1975. (Labiatae).
Sanigmotscho

Distr.: G. Use: M. (r.)
Rem.: C. North Hwanghae.

Lespedeza bicolor Turcz. in Bull. Soc. Nat. Mosc. 13: 69, 1840; Sigmuls. 171, 1972; Fl. Cor. 4: 135, 1976. (Leguminosae).
Dzompulssari
Distr.: G. Use: Fo. (l.)
Rem.: Also planted for soil erosion control (HANELT 1986).

Ligusticum acutilobum Sieb. et Zucc. – Rem.: O. North Hwanghae.

Ligusticum jeholense (Nakai et Kitag.) Nakai et Kitag. in Rep. First Sc. Exped. Manchoukuo, Sect. 4, 4: 90, 1936; Jagtschoues. 445, 1984. – *Cnidium jeholense* Nakai et Kitag. In Rep. First Sc. Exped. Manchoukuo, Sect. 4, 1: 35, 1934. (Umbelliferae).
Santschonggung
Distr.: N. M. Use: M. (r.)
Rem.: O. North Hwanghae.

Lilium lancifolium Thunb. in Trans. Linn. Soc. 2: 333, 1794; Sigmuls. 577, 1972; Fl. Cor. 7: 519, 1976. – *Lilium tigrinum* Ker-Gawl. in Curt. Bot. Mag. 31: t. 1237, 1809. (Liliaceae).
Tschamnari
Distr.: G. Use: M. (b.), V. (b.)

Luffa cylindrica (L.) Roem. – Rem.: C. Pyongyang district.

Lycium chinense Mill. – Rem.: C. Pyongyang district.

Lycoris squamigera Maxim. in Engl. Bot. Jahrb. 6: 79, 1885; Dzosonsigmul. 927, 1976; Dzosondong. 2: 483, 1979; Sigmul. 133, 1984.
Sangsahoa
Distr.: M. S. Use: M. (r.)

Macleaya cordata (Willd.) R. Br. – Rem.: O. North Hwanghae.

Magnolia praecocissima Koidz. in Bot. Mag., Tokyo 43: 386, 1929. – *M. kobus* DC., Syst. Nat. 1: 456, 1817, p. min. p. (cf. UEDA in Taxon 35: 346, 1986); Fl. Cor. 2: 173, 1974; Dzosonsigmul. 135, 1976; Dzosondong. 1: 359,1 979. (Magnoliaceae).
Mogrjon
Distr.: M. S. Ch. Use: M. (fl.)
Rem.: O. North Hwanghae.

Malus baccata (L.) Borkh. – Rem.: O. Ryanggang.

Momordica charantia L. – Rem.: C. North Hwanghae. Cultivated as a medicinal plant.

Monochoria korsakowii Reg. et Maack in Mém. Ac. Pétersb. 4: 155, 1861; Sigmuls. 262, 1972; Fl. Cor. 7: 473, 1976; Dzosonsigmul. 878, 1976. (Pontederiaceae).
Mulogdzam
Distr.: G. Use: V. (l.), Fo. (l.)

Nandina domestica Thunb., Nov. Gen. 1: 14, 1781; Sigmuls. 124, 1972; Sigmul. 145, 1984. (Berberidaceae).
Namtschon
Distr.: G. (greenhouse) Use: M. (fr.)

Ocimum tenuifolium L., Sp. Pl. 597, 1753. – *O. sanctum* L., Mant. 1: 85, 1767. (Labiatae).
Ganunhjanggulpul
Distr.: N. Use: M. (h.)
Rem.: C. North Pyongan near Hyangsan (1986). Recently introduced.

Ophiopogon japonicus (L. f.) Ker-Gawl. in Curt. Bot. Mag. 27: t. 1063, 1807; Sigmuls. 276, 1972; Fl. Cor. 7: 547, 1976; Dzosonsigmul. 903, 1976; Dzosondong. 2: 448, 1979. – *Convallaria japonica* L. f., Suppl. Pl. 204, 1781. (Liliaceae).
Dzobunipmaegmundongadzaebi
Distr.: S. Use: M. (r.)

Ostericum praeteritum Kitag. – Rem.: O. North Hwanghae.

Papaver somniferum L. – Rem.: C. South Hwanghae.

Phryma leptostachya L., Sp. Pl. 601, 1753; Fl. Cor. 5: 201, 1975. (Phrymaceae).
Paripul
Distr.: G. Use: M. (h.)
Rem.: C. North Hwanghae.

Phytolacca americana L., Sp. Pl. 441, 1753; Dzosonsigmul. 113, 1976; Sigmul. 163, 1984. (Phytolaccaceae).
Bbalgandzarigong
Distr.: G. Use: M. (r.)

Phytolacca esculenta van Houtt. – Rem.: O. North Hwanghae. Grown as a medicinal plant.

Polygonatum odoratum (Mill.) Druce in Ann. Scot. Nat. Hist. 226, 1906 var. **pluriflorum** (Miq.) Ohwi, Fl. Jap. 313, 1953; Fl. Cor. 7: 530, 1976; Dzosonsigmul. 906, 1976; Dzosondong. 2: 439, 1979. – *Convallaria odorata* Mill., Gard. Dict. ed. 8: no. 4, 1768; *Polygonatum officinale* auct. non All. (1785), quoad pl. Cor. (Liliaceae).
Dungule
Distr.: G. Use: M. (r.)
Rem.: O. North Hwanghae.

Prunus avium (L.) L. – Rem.: O. South Hwanghae.

Prunus mume (Sieb.) Sieb. et Zucc. .– Rem.: O. South Hwanghae.

Prunus padus L., Sp. Pl. 473, 1753; Fl. Cor. 3: 253, 1974; Dzosonsigmul. 286, 1976. – *Padus avium* Miller, Gard. Dict. ed. 8: no. 1, 1768. (Rosaceae)
Gurumnamu, Guerongnamu
Distr.: G. Use: M. (l., w.), hedges

Prunus persica (L.) Batsch – Rem.: O. South Hwanghae.

Prunus tomentosa Thunb. – Rem.: O. South Hwanghae. Fig. 15.

Fig. 15 *Prunus tomentosa* Thunb. is highly praised for its delicious fruits (l.); a branch showing the typical indumentum (r.)

Pseudosasa japonica (Sieb. et Zucc. ex Steud.) Makino in J. Jap. Bot. 2: 15, 1920. – *Arundinaria japonica* Sieb. et Zucc. ex Steud. Syn. Pl. Glum. 1: 334, 1854. (Gramineae).
Idae
Distr.: S. Ch. Use: I.
Rem.: Widely cultivated for hedges and soil erosion control (Lautensach 1945).

Ptertidium aquilinum (L.) Kuhn in Decken, Reise Ost-Afr. Bot. 3, 3: 11, 1879; Sigmuls. 44, 1972; Dzosonsigmul. 975, 1976. – *Pteris aquilina* L., Sp. Pl. 1075, 1753. (Polypodiaceae).
Gosari
Distr.: G. Use: V. (h.)
Rem.: "Gosarinamul" is one of the specialities of the Korean kitchen.

Pyrus acidula Nak. in Bot. Mag., Tokyo 30: 27, 1916 var. **spontanea** Nak. in Bot. Mag., Tokyo 49: 345, 1935; Fl. Cor. 3: 218, 1974; Dzosonsigmul. 296, 1976. (Rosaceae).

Tschuhjangri
Distr.: M. Use: Fr.

Pyrus domestica Medik. – Rem.: O. South Hwanghae. The "Bjongbae" is less frequently grown than *P. pyrifolia* (Burm. f.) Nak. var. *culta* (Mak.) Nak., the "Bae", Fig. 16.

Fig. 16 One fruit of *Pyrus domestica* Medik. (r.) and two different forms of *P. pyrifolia* (Burm. f.) Nak. var. *culta* (Mak.) Nak.

Pyrus maximowicziana (Lev.) Nak., Fl. Sylv. Kor. 6: 50, 1916; Fl. Cor. 3: 220, 1974; Dzosonsigmul. 297, 1976. – *P. sinensis* Lindl. var. *maximowicziana* Lev. in Feddes Rep. 10: 377, 1912. (Rosaceae).
Gosili
Distr.: M. S. Use: Fr.

Pyrus ussuriensis Maxim. in Bull. Ac. Pétersb. 15: 132, 1857; Fl. Cor. 3: 219, Dzosonsigmul. 298, 1976. – *P. sinensis* Lindl. var. *ussuriensis* (Maxim.) Mak. in Bot. Mag., Tokyo 22: 69, 1908. (Rosaceae).
Sandolbaenamu
Distr.: G. Use: Fr.

Quercus dentata Thunb., Fl. Jap. 177, 1784; Fl. Cor. 1 : 177,1972; Dzosonsigmul. 40, 1976. (Fagaceae).

Ddoggalnamu
Distr.: G. Use: I.
Rem.: The leaves are used as fodder for silkworms (*Antheraea pernyi*). The trees are sometimes especially planted or usually protected (semi-cultivation).

Raphanus sativus L. – Rem.: C. Several accessions. All belong to convar. *sativus* var. *albus* DC., sinensis-group (see PISTRICK 1987). Two types of the small radish (var. *sativus*) with short and long red root tubers have been observed.

Rheum rhabarbarum L. – Rem.: C. North Hwanghae. Cultivated as a medicinal plant.

Rohdea japonica (Thunb.) Roth, Nov. Pl. Sp. 197, 1821; Dzosonsigmul. 908, 1976. – *Orontium japonicum* Thunb., Fl. Jap. 144, 1784. (Liliaceae).
Mannjontschong
Distr.: S. Use: M. (l., r., fl., fr.)
Fig. 17.

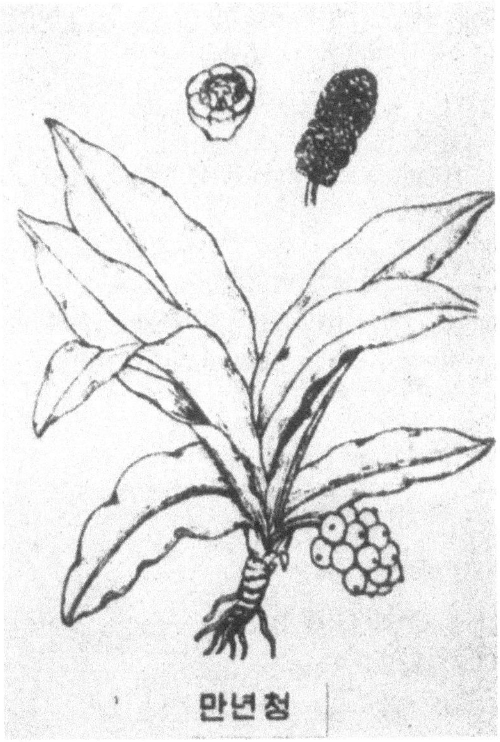

Fig. 17 Nearly all parts of *Rohdea japonica* (Thunb.) Roth are used medicinally

Rosa × alba L., Sp. Pl. 492, 1753. – *R. hybrida* hort., Dzosonsigmul. 267, 1976; Pjongjangsig. t. 34, fig. 2, 1984. (Rosaceae).
Hinggothjangdzangmi
Distr.: G. Use: I. (fl., perfume)
Rem.: Introduced from Bulgaria as source for attar of roses.

Ruta graveolens L. – Rem.: O. North Hwanghae.

Salix koriyanagi Kimura in Goerz., Sal.Asiat. 1: 17, 1931; Sigmul. 196, 1984. – *S. purpurea* L. var. *japonica* Nak. in Bull. Soc. Dendr. Fr. no. 66: 14, 1928; Fl. Cor. 1: 133, 1972. (Salicaceae).
Kibodul, Goribodul
Distr.: G. Use: I. (basketry)

Saponaria officinalis L. – Rem.: O. North Hwanghae.

Schizonepeta tenuifolia (Benth.) Briq. – Rem.: O. North Hwanghae.

Scutellaria baicalensis Georgi – Rem.: O. North Hwanghae.

Silybum marianum (L.) Gaertn. – Rem.: C. North Hwanghae. O. Ryanggang.

Solanum laciniatum Ait. – Rem.: O. North Hwanghae.

Sophora japonica L. f. – Rem.: O. North Hwanghae.

Stemona japonica Franch. et Sav. – Rem.: O. North Hwanghae.

Syringa dilatata Nak. in Bot. Mag., Tokyo 32: 128, 1918; Fl. Cor. 5: 112, 1975; Dzosonsigmul. 507, 1976. – *S. amurensis* auct. non Rupr. (Oleaceae).
Susuggotdari
Distr.: G. Use: I. (fl., perfume)

Taxus cuspidata Sieb. et Zucc. in Abh. Acad. Wiss. Muench. 4, 3: 232, 1846; Fl. Cor. 1: 20, 1972; Dzosondong. 1: 236, 1979. (Taxaceae).
Dzumog
Distr.: G. Use: M. (l., cones)

Toona sinensis (Juss.) M. Roem., Fam. Nat. Syn. Mon. 1: 139, 1846; Fl. Cor. 4: 191, 1976; Dzosonsigmul. 358, 1976. – *Cedrela sinensis* Juss. in Mém. Mus. Par. 19: 255, 1830. (Meliaceae).
Tschamdzugnamu
Distr.: M. S. Use: V. (young l.)

Trigonella foenum-graecum L. – Rem.: O. North Hwanghae.

Tussilago farfara L. – Rem.: O. North Hwanghae.

Typhonium giganteum Engl., Bot. Jahrb. 4: 66, 1883; Dzosonsigmul. 873, 1976; Sigmul. 228, 1984. (Araceae).
Dolgagrjon
Distr.: N. M. Use: M. (r.)

Ulmus pumila L., Sp. Pl. 226, 1753; Fl. Cor. 1: 218, 1972; Dzosonsigmul. 32, 1976. – *U. mandshurica* Nak., Fl. Sylv. Kor. 19: 22, 1932. (Ulmaceae).
Bisulnamu
Distr.: G. Use: hedges
Rem.: O. Ryanggang.

Verbascum densiflorum Bertol., Pl. Rar. Dec. 3: 52, 1810. – *V. thapsiforme* Schrad., Monogr. Verbascum 1: 21, 1813; Dzosonsigmul. 593, 1976; Sigmul. 230, 1984. (Scrophulariaceae).
Belbastscho
Distr.: G. Use: M. (fl.)
Rem.: O. North Hwanghae.

Vitis amurensis Rupr. in Bull. Ac. Pétersb. 15: 266, 1857; Sigmuls. 233, 1972; Fl. Cor. 4: 289, 1976. (Vitaceae).
Moru
Distr.: G. Use: M. (fr.), Fr.
Rem.: Important grafting stock for *V. vinifera* L.

Zingiber mioga (Thunb.) Rosc. in Trans. Linn. Soc. 8: 348, 1807; Dzosonsigmul. 938, 1976; Sigmul. 239, 1984. – *Amomum mioga* Thunb. in Nov. Act. Soc. Sc. Upsal. 4: 38, 1783. (Zingiberaceae).
Jangha
Distr.: S. Ch. Use: M. (r.), Sp. (r.)
Fig. 18.

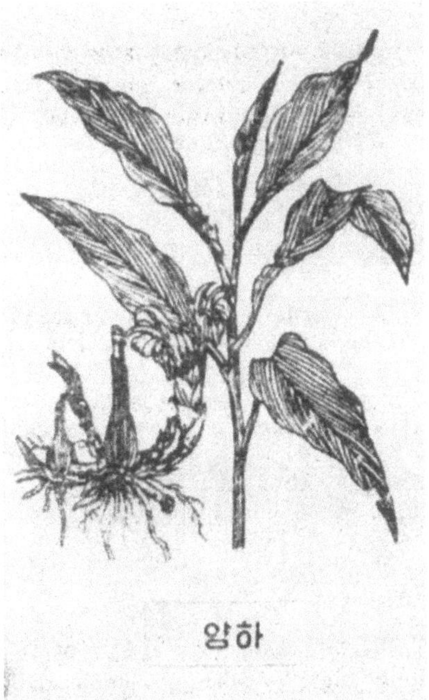

Fig. 18 *Zingiber mioga* (Thunb.) Rosc., a medicinal and spice plant

Final remarks

52 species have been found which are neither present in our original list (Baik et al. 1986) nor in its first addition (Hammer et al. 1987). Most of the new species resulted, again, from our field work. Altogether the lists now contain 399 species.

From this figure 235 species have been collected and/or observed by us. The greatest input derived from the group of medicinal plants.

In the result of our determination work and of continuing exploration in the D. P. R. K. a further increase in our knowledge concerning the number of cultivated plants of Korea is to be expected.

Zusammenfassung

Ergänzende Notizen zur Liste der koreanischen Kulturpflanzen (2)

Die weitere Exploration und ergänzende Literaturstudien führten zu neuen Informationen für die Liste der koreanischen Kulturpflanzen. 52 Arten wurden neu aufgenommen. Für weitere 45 Arten liegen erstmals Sammlungen und/oder Beobachtungen vor.

Краткое содержание

Дополнительные заметки к списку корейских культурных растений (2)

Дальнейшее исследование и дополнительное изучение литературы дали новую информацию к списку корейских культурных растений. В список занесено ещё 52 вида. Для следующих 45 видов располагают пока коллекциями и/или наблюдениями.

Literature

ANONYM, 1972: Sigmulsadzon (A dictionary of plants). – KIM IL SUNG Dzonghabdaehagtschulpansa (Publishing House of the Kim Il Sung University). – Pyongyang, 1036 pp. (abbr. Sigmuls.).

–, 1979a: Dzosondongjagtschongsol (Korean oriental drugs), Vol. **1.** – Goahagbaekgoasadzontschulpansa (Publishing House of the Academy and Encyclopedy). – Pyongyang, 745 pp., 224 figs. (abbr. Dzosondong. 1).

–, 1979b: As above, Vol. **2.** – Pyongyang, 903 pp., 250 figs. (abbr. Dzosondong. 2).

BAIK MUN-CHAN, HOANG HO-DZUN and K. HAMMER, 1986: A check-list of the Korean cultivated plants. – Kulturpflanze **34**, 69–144.

Dzosondong. 1 see ANONYM (1979a)

Dzosondong. 2 see ANONYM (1979b)

Dzosonsigmul. see IM (1976)

Fl. Cor. and Fl. Cor., Append. – the complete citations are given by BAIK et al. (1986).

GO HAK-SU, 1984: Pjongjangsigmuldzi (Flora of Pyongyang). – Goahagbaekgoasadzontschulpansa (Publishing House of the Academy and Encyclopedy). – Pyongyang, 448 pp., 116 plates (abbr. Pjongjangsig.).

HAMMER, K., HAN UN-XOAN and HOANG HO-DZUN, 1987: Additional notes to the checklist of Korean cultivated plants (1). – Kulturpflanze **35**, 323–333.

–, O HJONG-GUN and HAN UN-XOAN, 1988: Report on a mission for the collection of plant genetic resources to the Korean Democratic People's Republic, 1987. – Kulturpflanze **36**, 465–473.

HANELT, P., 1986: Leguminosae – Papilionoideae (excl. *Glycine, Vigna, Phaseolus, Pisum*).

– In: J. SCHULTZE-MOTEL (Hrsg.), Rudolf Mansfelds Verzeichnis landwirtschaftlicher und gärtnerischer Kulturpflanzen, pp. 483–699. – Akademie-Verlag, Berlin.

IM ROG-DZAE, 1976: Dzosonsigmuldogam (Korean illustrated flora). – Goahakwontschulpansa (Publishing House of the Academy of Sciences). – Pyongyang, 1023 pp. +19 pp. Korean index +25 pp. Latin index, 3068 figs. (abbr. Dzosonsigmul.).

Jagtschoues. see MUN (1984)

KIM HJON-SAM, K. HAMMER, HAN UN-XOAN, P. HANELT and PAK HJON-SON, 1987: Missions for the collection of plant genetic resources in the Democratic People's Republic of Korea 1986. – Kulturpflanze **35**, 355–365.

LAUTENSACH, H., 1945: Korea. Eine Landeskunde auf Grund eigener Reisen und der Literatur. – K. F. Koehler Verlag, Leipzig, 542 pp.

MUN GOAN-SIM, 1984: Jagtschouesongbungoarijong (Chemical constituents of medicinal plants and their use). – Goahagbaekgoasadzontschulpansa (Publishing House of the Academy and Encyclopedy). – Pyongyang, 775 pp. (abbr. Jagtschoues.).

PISTRICK, K., 1987: Untersuchungen zur Systematik der Gattung *Raphanus* L. – Kulturpflanze **35**, 225–321.

Pjongjangsig. see GO (1984)

RI JONG-DZAE and HOANG HO-DZUN, 1984: Sigmulmjongsadzon (A dictionary of plant names). – Goahagbaekgoasadzontschulpansa (Publishing House of the Academy and Encyclopedy). – Pyongyang, 544 pp. (abbr. Sigmul.).

Sigmul. see RI and HOANG (1984)

Sigmuls. see ANONYM (1972)

SCHULTZE-MOTEL, J. (Hrsg.), 1986: Rudolf Mansfelds Verzeichnis landwirtschaftlicher und gärtnerischer Kulturpflanzen (ohne Zierpflanzen), 4 vols. – Berlin.

Dr. K. HAMMER
Zentralinstitut für Genetik und Kulturpflanzenforschung
der Akademie der Wissenschaften der DDR
Corrensstr. 3
Gatersleben
DDR - 4325

III. Originalarbeiten (Original Papers)

Kulturpflanze 36 · 1988 · 317–330

Über das Vorkommen meiotischer und apomeiotischer Embryosäcke in der Gattung *Fragaria* (L.)

Evelyn Kunz und Kurt Gröber

(Eingegangen am 3. März 1988)

Zusammenfassung

Bei der Sorte 'Mieze Schindler' der Gartenerdbeere *Fragaria*×*ananassa* (Duchesne) und bei *Fragaria moschata* Weston werden multizelluläre Archespore ausgebildet, welche in voll entwickelten Nuzelli aus 15–25 Zellen bestehen. Maximal 5 Zellen aus dem Archespor einer Samenanlage verändern sich durch auffällige Volumenzunahme und können in der Folge davon sowohl als Embryosackmutterzellen für eine meiotische Embryosackentwicklung als auch als Initialzellen für eine diplospore Embryosackentwicklung fungieren. Diplospore Embryosäcke entstehen bevorzugt nach dem *Antennaria*-Typus, in etwas geringerer Häufigkeit aber auch nach dem *Taraxacum*-Typus.

Nuzelli mit mehreren Embryosäcken treten in beiden untersuchten Formen auf. In wenigen Fällen werden zwei meiotische Embryosäcke je Nuzellus beobachtet. Sofern mehr als zwei Embryosäcke je Nuzellus entstehen, sind die zusätzlichen in der Regel apomeiotischen Ursprungs. Von den im Stadium der Gametogenese analysierten Nuzelli mit einem Embryosack entstehen etwa die Hälfte auf meiotischem, die andere Hälfte auf apomeiotischem Wege.

1. Einleitung

In einer Reihe von Publikationen der letzten Jahrzehnte wird darauf hingewiesen, daß nach Bestäubung der Gartenerdbeere (*F.*×*ananassa* 8x) mit Pollen von *Fragaria*-Arten anderer Ploidiestufen (4x und 6x) neben sterilen Bastarden fertile Pflanzen hervorgehen, die phänotypisch mit dem mütterlichen Elter mehr oder weniger gut übereinstimmen (u. a. Hunter 1948, Scott 1951, Bauer 1959). Derartige matrokline Nachkommen wurden auch dann in unterschiedlicher Frequenz erhalten, wenn Samen von männlichen sterilen 8x-Pflanzen zur Aussaat kamen (Bauer und Gruber 1962). So entstanden aus Samen der Sorte 'Mieze Schindler' Pflanzen von einer bemerkenswerten Uniformität hinsichtlich von Merkmalen, die normalerweise quantitativ vererbt werden.

Die Ursachen für das Auftreten dieser „matroklinen Sämlingstypen" wurden von den Autoren nicht näher analysiert; Bauer und Gruber (1962), Petrov und Sukhareva (1983), Baturin (1985) vermuteten aber bereits, daß diese in der apomiktischen Samenausbildung zu suchen sein könnten. Widersprüchliche Angaben über das Vorkommen unreduzierter Gameten, Parthenogenese oder Apomixis sind in einer Reihe älterer und jüngerer Arbeiten zu finden, die sich mit cytogenetischen oder züchterischen Untersuchungen bei der Gartenerdbeere oder *Fragaria*-Arten befassen (z. B. East 1930, Darrow 1937, Ellis 1962 oder Staudt 1967). Von Niemirowicz-Szczytt ist 1984 eine Veröffentlichung erschienen, in der über das Auftreten diplosporer und aposporer Embryosäcke bei der Gartenerdbeere berichtet wird. In dieser Arbeit fehlen allerdings Belege dafür, auf welchem Wege die Autorin zu diesem Ergebnis gekommen ist.

In der vorliegenden Arbeit wird über Beobachtungen zum Vorkommen und zur Entstehungsweise apomeiotischer Embryosäcke bei der Gartenerdbeere und bei *Fragaria moschata* berichtet. Damit wird, soweit wir sehen, zum ersten Mal der experimentelle Nachweis erbracht, daß in der Gattung *Fragaria* Embryosäcke auf apomeiotischem Wege entstehen. Die Untersuchungen erfolgen im Rahmen einer angewandten Zielstellung und stellen einen Beitrag zur Lösung der dort konzipierten Aufgabe dar (s. a. Gröber und Zacharias 1983).

2. Material und Methoden

Für die Präparation wurden Knospen der Sorte 'Mieze Schindler' bzw. der Wildform *Fragaria moschata* in einem Gemisch von 6 Teilen Äthanol, 3 Teilen Chloroform und 1 Teil Eisessig fixiert. Die weitere Aufbereitung bis zum schnittfertigen Präparat entspricht dem von Gröber (1986) bereits beschriebenen Verfahren.

Die Entnahme des Materials erfolgte von Freilandkulturen in der Zeit vom 22. 4. bis 3. 6. 1986. Die fixierten Knospen hatten eine Größe von 1–7 mm. Die Knospen von *F. moschata* wurden im Unterschied zu 'Mieze Schindler' von Pflanzen gewonnen, die aus Samen aufgezogen wurden.[1]

3. Beobachtungen

3.1. Entwicklung des Nuzellus und Differenzierung des Archespors

Erste Anzeichen für eine beginnende Entwicklung der Nuzelli sind kleine Gewebehöcker, die an den Karpellrändern entstehen. Aus diesen entwickelt sich später ein fast runder Zellhaufen, an dessen „oberem Pol" eine bis drei subepidermale Zellen durch ihre Größe und geringere Färbbarkeit auffallen. Hierbei handelt es sich offenbar um Zellen, die von Christen 1950 als primäre Archesporzellen bzw. von anderen Autoren (Rutishauser 1969) auch als Archespormutterzellen bezeichnet werden. Diese Zellen durchlaufen in der Folgezeit perikline Teilungen, wobei jeweils die basalorientierte Tochterzelle eine auffällige Vergrößerung durch Zellstreckung zum chalazalen Pol hin erfährt. Die peripher gelegenen Zellen dieses Komplexes können sich erneut periklin teilen (Abb. 2), wobei sich die Tochterzellen in ähnlicher Weise differenzieren. In diesem Stadium besteht die Nuzelluswand aus 5–7 Zellschichten und das Integument, welches als Verwachsungsprodukt zweier Integumente aufzufassen ist, bildet die Mikropyle.

[1] Für die engagierte Mitarbeit bei der Präparation des umfangreichen embryologischen Beobachtungsmaterials sind wir Frau Isburga Hoffmann zu Dank verpflichtet.

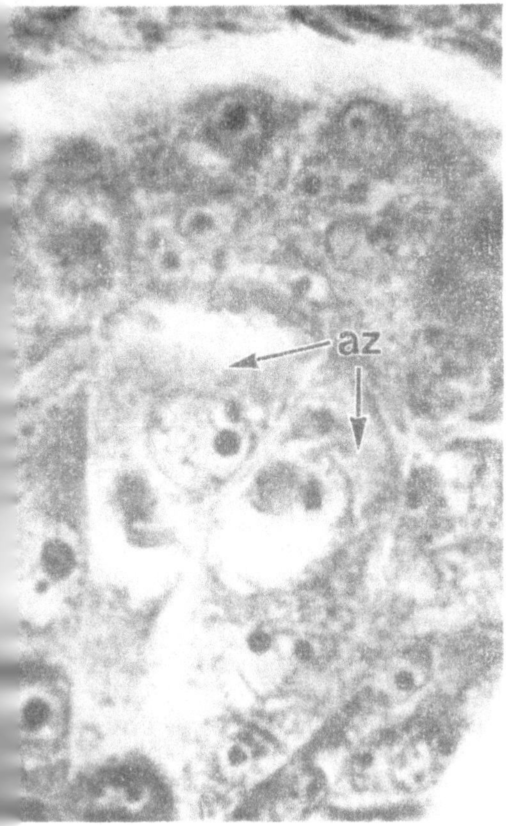

ɔb. 1 Vergrößerung und Vakuolisierung ·n zwei Zellen des Archespors (az) von ieze Schindler'.
·ergr.: 1400 ×

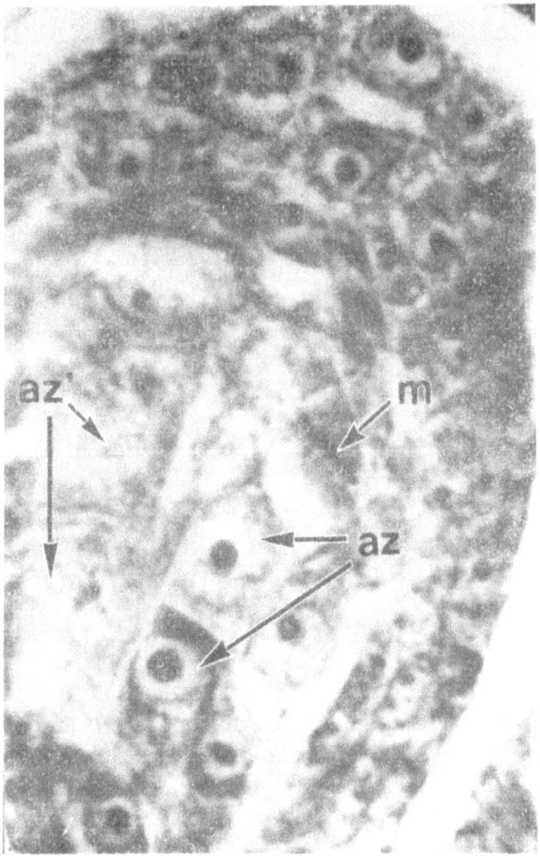

Abb. 2 Mitose in einer primären Archesporzelle (m), darunter zwei sekundäre Archesporzellen (az); außerdem sind zwei bereits vergrößerte Archesporzellen (az') im zentralen Teil des sekundären Archespors zu erkennen.
Vergr.: 1400 ×

Etwa zu dem Zeitpunkt, an dem die Integumente die Mikropyle bilden, ist das Archespor bei *Fragaria* voll ausgebildet (Abb. 3). Bei 18 Nuzelli von *F. moschata* und 22 Nuzelli von 'Mieze Schindler' konnten in diesem Stadium 5–8 Archesporzellen in drei aufeinanderfolgenden Schritten erfaßt werden. In Abhängigkeit von der Art und der sicherlich vorhandenen Streuung kann deshalb mit der Bildung von 15–25 Archesporzellen gerechnet werden.

Nach der Definition von SCHNARF (1929) handelt es sich bei *Fragaria* um ein „sekundäres Archespor", das am vorliegenden Objekt offenbar nicht zu weiteren mitotischen Teilungen befähigt ist. Diese Zellen sind, wie in Abbildung 1 und 3 zu erkennen ist, bei der Erdbeere von den übrigen Zellen des Nuzellus gut abzugrenzen. Sie sind in Richtung Mikropyle–Chalaza gestreckt und im Querschnitt isodiametrisch. Kerne, Nukleoli und Zellvolumina sind größer, die Nukleoli distinkter gefärbt, dafür Plasma und Karyolymphe weniger stark lichtbrechend. Der

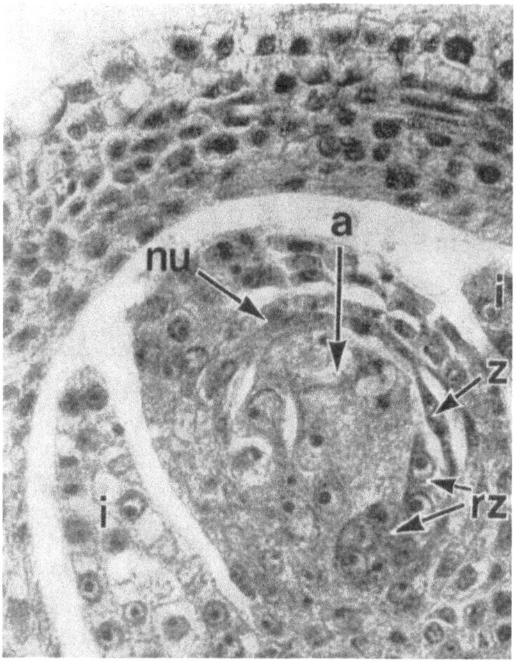

Abb. 3 Archespor (a) von 'Mieze Schindler' mit tapetumartigen Randzellen (rz) und länglichen Zellen (z), die einen Übergang zum Nuzellus (nu) bilden. Die Integumente (i) umwachsen den Nuzellus. Vergr. 560 ×

entscheidende Unterschied zu den sie umgebenden Zellen des Nuzellus sollte nach diesem Differenzierungsschritt darin bestehen, daß sie befähigt sind, in die Meiose einzutreten. Sie werden von RUTISHAUSER (1969) deshalb auch als „generative Zellen" bezeichnet. Ob in allen Zellen des Archespors prämeiotische Veränderungen ablaufen, und warum letztlich nur eine oder wenige in die Sporogenese bzw. apomeiotische Weiterentwicklung eintreten, ist eine ungelöste Frage. Nach unseren Beobachtungen sind es in der Regel 1–5 Zellen des Archespors, die eine auffällige Vergrößerung erfahren. Inwieweit solche Zellen als Embryosackmutterzellen oder als diplospore Initialen fungieren, kann erst in späteren Stadien ihrer Weiterentwicklung festgestellt werden.

3.2. Meiotische und apomeiotische Embryosackbildung

A. Initialzellenstadium

Die weitere Entwicklung im vielzelligen Archespor von *Fragaria* ist an der Vergrößerung einer oder mehrerer Zellen dieses Gewebes zu erkennen. Aus der Tabelle, Spalte A, ist die Anzahl der vergrößerten Archesporzellen pro Nuzellus zu entnehmen. Bei der Sorte 'Mieze Schindler' und bei *Fragaria moschata* wird in 48 bzw. 17 Nuzelli eine vergrößerte Archesporzelle beobachtet (Nr. I). Dem stehen jeweils 41 bzw. 21 Nuzelli mit zwei oder mehr als zwei vergrößerten Archesporzellen gegenüber (Nr. II). Diese Beobachtung deutet darauf hin, daß etwa bei der Hälfte der in diesem Stadium untersuchten Nuzelli mehr als eine Archesporzelle die Tendenz zur Embryosackbildung zeigt. Ob dabei eine meiotische bzw. apomeiotische Entwicklungstendenz der Initialzellen vorliegt, kann nur im Endstadium der Differenzierung beurteilt werden.

Tabelle 1

Analysierte Entwicklungsstadien der meiotischen und apomeiotischen Embryosackbildung bei 'Mieze Schindler' und *Fragaria moschata.*

Abkürzungen: ES = Embryosack, apom. = apomeiotisch, meiot. = meiotisch

Spalte	Nr.	Stadium		'Mieze Schindler'	*F. moschata*
A		**Initialzellenstadium**			
	I	1 vergrößerte Archesporzelle		48	17
		2 vergrößerte Archesporzellen		27	10
		mehr als 2 vergrößerte Archesporzellen		14	11
	II			∑ 41	∑ 21
B		**Initialzellen und Sporogenesestadium**			
		vergrößerte Archesporzellen	+1 Triade	2	1
		vergrößerte Archesporzellen	+1 Tetrade	21	17
	III	vergrößerte Archesporzellen	+1 Tetrade + 1 Triade	1	–
	IV		+2 Tetraden	2	–
	V			∑ 26	∑ 18
			+1 Dyade	3	18
		Sporogenesestadien			
			1 Triade	1	–
			1 Tetrade	14	8
	VI		2 Tetraden	–	1
	VII			∑ 15	∑ 9
			1 Dyade	4	1
			1 Dyade + 1 Tetrade	1	–
		Sporogenese- und Gametogenesestadium			
		1 Dyade und apom. ES (2–4 Kerne)		1	–
	VIII	1 Tetrade + apom. ES (2–4 Kerne)		12	5
		1 Dyade + meiotischer ES		–	1
		1 Tetrade + meiotischer ES		–	–
		1 Dyade + ES mehrkernig unbekannter Herkunft		4	5
		1 Tetrade degeneriert + apom. ES		1	–
		1 Tetrade + ES mehrkernig unbek. Herkunft		5	3
C		**Gametogenesestadien**			
		meiot. ES zweikernig		27	11
		meiot. ES vierkernig		9	5
	IX			∑ 36	∑ 16

Fortsetzung Tab. 1

Spalte	Nr.	Stadium		'Mieze Schindler'	*F. moschata*
		meiot. ES	+vergrößerte Archesporzellen	17	18
		meiot. ES	+apom. ES-Taraxacum-Typus	4	2
		meiot. ES	+apom. ES-Antennaria-Typus	12	7
	X			Σ16	Σ9
	XI	apom. ES	Taraxacum-Typus +in der Regel vergrößerte Archesporzellen	11	4
	XII	apom. ES	Antennaria-Typus +in der Regel vergrößerte Archesporzellen	24	16
	XIII			Σ35	Σ20
	XIV	ES unbekannter Herkunft		18	25

B. Sporogenesestadien allein und gemeinsam mit Initialzellen bzw. Gametogenesestadien

Sporogenesestadien werden in den Samenanlagen einzeln, aber auch gemeinsam mit Initialzellen und Stadien der Gametogenese beobachtet (Tabelle, Spalte B). Dabei treten Stadien der meiotischen und apomeiotischen Embryosackbildung gleichzeitig in einem Nuzellus auf. Bei der Sorte 'Mieze Schindler' werden in 26 und bei *Fragaria moschata* in 18 Fällen eindeutig meiotische Sporogenesestadien zusammen mit stark vergrößerten Archesporzellen beobachtet (Nr. V). Letztere weisen auf die Tendenz zur apomeiotischen Entwicklung hin. Weiterhin werden bei 'Mieze Schindler' 12 und bei *Fragaria moschata* 5 Tetraden gemeinsam mit apomeiotischen Embryosäcken ausgebildet (Nr. VIII). Demgegenüber weisen die 15 und 9 Tetraden bzw. Triaden von 'Mieze Schindler' und *Fragaria moschata* darauf hin, daß ausschließlich meiotische Embryosäcke auftreten können (Nr. VII).

Ferner liefern vier Fälle, wo jeweils bei 'Mieze Schindler' zwei Tetraden (Nr. IV) bzw. eine Tetrade und eine Triade gemeinsam mit vergrößerten Archesporzellen (Nr. III) und bei *Fragaria moschata* zwei Tetraden in einem Nuzellus beobachtet werden (Nr. VI), Hinweise dafür, daß auch zwei meiotische Embryosäcke in einem Nuzellus entstehen. Dieser Entwicklungsweg scheint allerdings eine Ausnahme darzustellen.

Dyaden, die nach dem diplosporen *Taraxacum*-Typus gebildet werden, können erst im Stadium der Degeneration der mikropylaren Dyadenzelle von solchen unterschieden werden, die einen meiotischen Entwicklungsweg einschlagen. Deshalb muß auf die Wertung dieser Stadien verzichtet werden.

C. Gametogenesestadien

Wie aus Tabelle 1, Spalte C, ersichtlich ist, kommen auch im Stadium der Gametogenese meiotische und apomeiotische Embryosäcke in einer Samenanlage vor. In 16 bzw. 9 Samenanlagen von 'Mieze Schindler' bzw. *Fragaria moschata* konnten

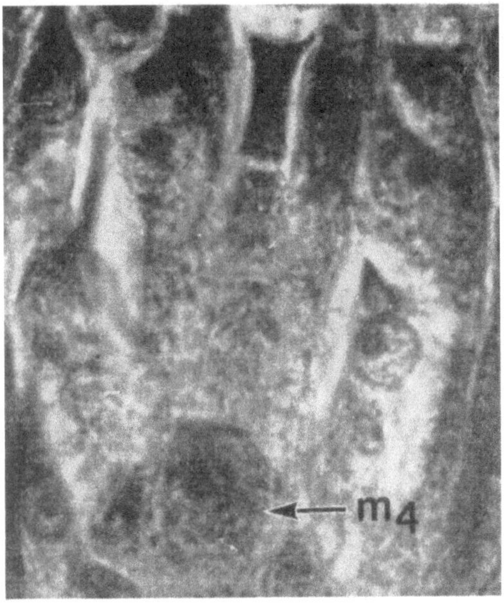

Abb. 4 Tetrade bei *Fragaria moschata*, Weiterentwicklung der chalazalen Makrospore (m4) und Degeneration der drei restlichen Makrosporen.
Vergr.: 1400 ×

zwei- bzw. vierkernige meiotische Embryosäcke gemeinsam mit bereits entwickelten apomeiotischen Embryosäcken beobachtet werden (Nr. X). Einzelne meiotische Embryosäcke werden bei dem untersuchten Material in 36 bzw. 16 Nuzelli gefunden (Nr. IX).

Apomeiotische Embryosackbildungen, zusammen mit vergrößerten Archesporzellen, werden bei 'Mieze Schindler' in 35 und bei *Fragaria moschata* in 20 Fällen

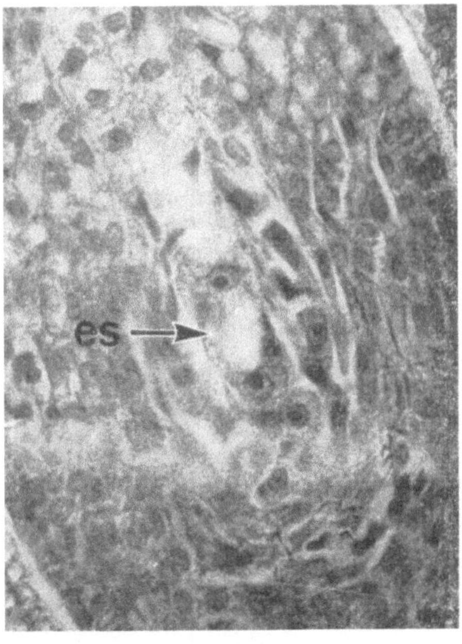

Abb. 5 Embryosackbildung nach dem *Antennaria*-Typus bei *Fragaria moschata*; Embryosack (es) zweikernig.
Vergr.: 560 ×

beobachtet (Nr. XIII). Dabei entwickeln sich die apomeiotischen Embryosäcke bei beiden Formen entweder nach dem *Taraxacum*-Typus oder nach dem *Antennaria*-Typus (Nr. XI und XII), bevorzugt allerdings nach letzterem. Sie werden

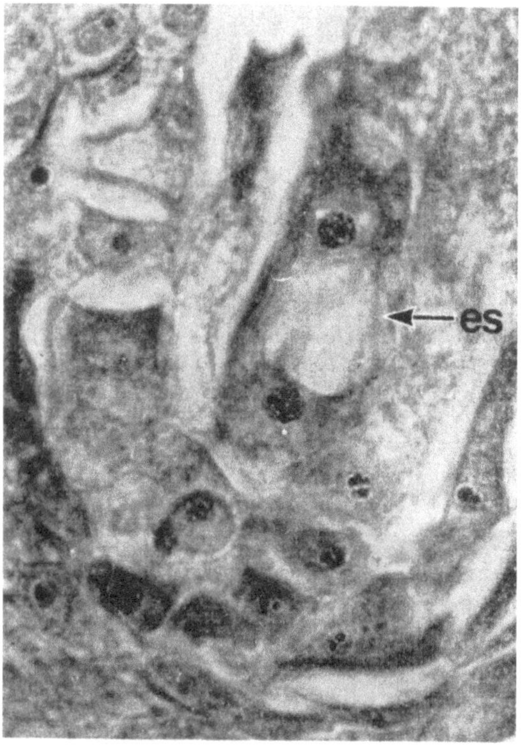

Abb. 6 Embryosackbildung nach dem *Antennaria*-Typus bei 'Mieze Schindler'; Embryosack (es) zweikernig.
Vergr,: 560 ×

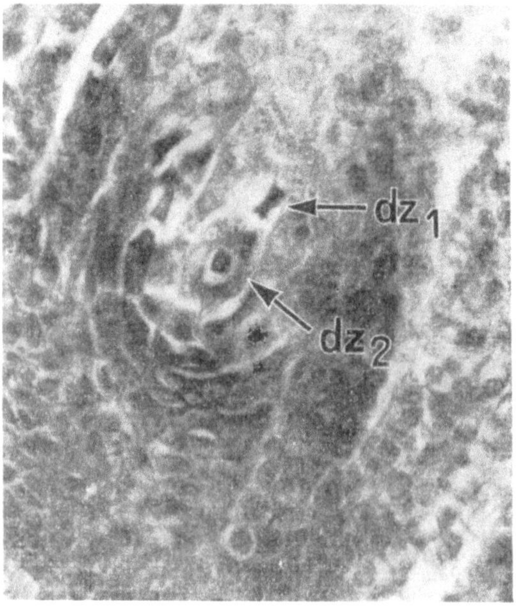

Abb. 7 Embryosackbildung nach dem *Taraxacum*-Typus bei *Fragaria moschata*, Degeneration der mikropylaren Zelle der Dyade (dz_1) und Weiterentwicklung der chalazalen Zelle der Dyade (dz_2).
Vergr.: 560 ×

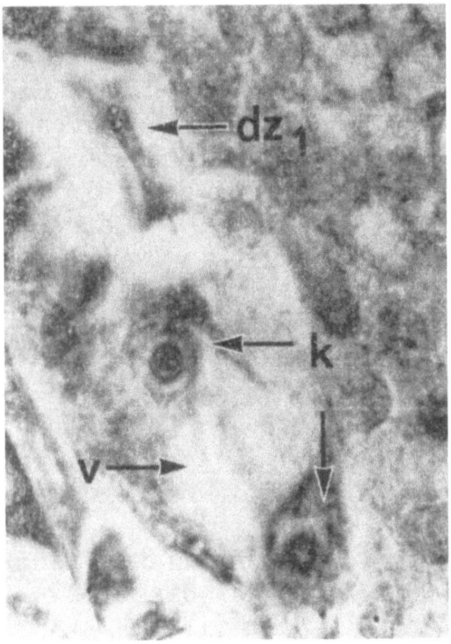

Abb. 8 Embryosackbildung nach dem *Taraxacum*-Typus der Embryosackbildung bei 'Mieze Schindler'. Embryosack mit zwei Kernen (k) und Zentralvakuole (v), darüberliegend degenerierte mikropylare Zelle der Dyade (dz_1). Vergr.: 1400 ×

fast ausschließlich in Nuzelli mit vergrößerten Archesporzellen angetroffen. Diese deuten darauf hin, daß die Tendenz zur Ausbildung weiterer Embryosäcke vorhanden ist.

Die diplospore Embryosackbildung unterscheidet sich von der als Normalfall zu betrachtenden meiotischen Embryosackbildung nur in der Sporogenese. Dabei kommt es beim *Antennaria*-Typus zu einem völligen Ausfall der Meiose (Abb. 5 und 6) bzw. beim *Taraxacum*-Typus (Abb. 7 und 8) zur Restitutionskernbildung nach Unterbrechung der Meiose I. Der Verlauf der Restitutionskernbildung ist im Schnittpräparat nicht analysierbar. Aus diesem Grunde ist bei der Gametophytenbildung nach dem *Taraxacum*-Typus nicht mit Sicherheit auszusagen, inwieweit Rekombination tatsächlich ausgefallen ist. Diese Schwierigkeit entfällt beim *Antennaria*-Typus. Die Gametogenese der diplosporen Embryosackbildung entspricht dem *Polygonum*-Typus der meiotischen Embryosackbildung.

Von insgesamt 18 Embryosäcken bei 'Mieze Schindler' und 25 Embryosäcken bei *Fragaria moschata* konnte die Herkunft nicht ermittelt werden (Nr. XIV).

4. Diskussion

Apomiktische Samenausbildung ist, soweit untersucht, innerhalb der Rosaceen in Gattungen der Unterfamilien der Rosoideae, Maloideae und Spiraeoideae verbreitet. Bei den Prunoideae ist Apomixis bisher nur bei *Prunus cerasus* (Ostapenko und Zhukov 1985) und bei *Prunus tomentosa* (Posselt 1979) nachgewiesen worden. Es sind in den etwa 100 Gattungen der Familie der Rosaceen nach Schulze-Menz (1964) mehr als 3000 Arten zusammengefaßt, und es ist in einer Reihe von Gattungen das apomiktische Fortpflanzungsverhalten, das die Abgrenzung der Arten erschwert. Die Arten der Gattungen *Alchemilla, Rosa, Rubus* u. a.

sind durch das Vorkommen von nur wenig voneinander unterscheidbaren Zwischenformen bekannt, deren Erhaltung über die apomiktische Fortpflanzung erfolgt. Die genetische Variabilität dafür entsteht im wesentlichen durch die Existenz polyploider Formen und durch das sporadische Auftreten von Bastarden.

Die hier zur Diskussion stehende Gattung *Fragaria* gehört mit *Potentilla*, *Alchemilla*, *Aphanes* u. a. zu dem Tribus Potentilleae. Bei *Potentilla* ist z. B. durch MÜNTZING 1928, 1931 und 1958 oder durch ASKER 1970 und 1971 bekannt geworden, daß Apomixis in einer Vielzahl von Arten und Biotypen vorkommt. Bemerkenswert ist in dieser Gattung auch das Vorkommen von Apomixis bei zwei diploiden Arten. Sie wurde von MÜNTZING 1928 bei *P. argentea* und von SHIMOTOMAI (1935) bei *P. aurea* nachgewiesen. Bei *Alchemilla* wurde von MURBECK bereits 1902 und bei *Aphanes* von HJELMQUIST (1959) festgestellt, daß in beiden Gattungen apomeiotische Embryosäcke ausgebildet werden. Zu diesem Tribus gehören außer den genannten die Gattungen *Comarum*, *Duchesnea*, *Horkelia*, *Ivesia* und *Lachemilla*. Angaben über deren Fortpflanzungsverhalten sind, soweit wir sehen, nicht verfügbar.

Erste Angaben über das mögliche Vorkommen von Apomixis in der Gattung *Fragaria* stammen von WALDO 1930, ELLIS 1962, BAUER und GRUBER 1962 bzw. in neuerer Zeit von SUKHAREVA 1978 und NIEMIROWICZ-SZCZYTT 1984. WALDO (1930) fand unter den F_1-Nachkommen der Kreuzung *F. chiloensis* $\times$ *F. cuneifolia* einen hohen Prozentsatz rein mütterlicher Typen. NIEMIROWICZ-SZCZYTT dagegen erhält makrokline Nachkommen nach Bestäubung der Sorte 'Freia' mit Pollen verschiedener *Potentilla*-Arten. Sie führt dieses Ergebnis auf die Entwicklung apomeiotischer Embryosäcke zurück, ohne allerdings den Nachweis für das Vorhandensein solcher in ihrem Material zu erbringen.

Im Zusammenhang mit dem Auftreten multizellulärer Archespore, wie sie für Rosaceen charakteristisch sind, wird von BOUMAN (1984) die Frage aufgeworfen, inwieweit diese mit dem Vorkommen von Apomixis und Polyembryonie in Beziehung stehen. Sie sind außer bei Rosaceen auch bei Compositen, Umbelliferen, Liliaceen, Rubiaceen und Casurinaceen nachgewiesen worden. Apomiktische Samenausbildung ist allerdings, soweit bis jetzt bekannt, nur innerhalb der Familien der Rosaceae und Compositae verbreitet. Für *Potentilla* (HUNZIKER 1954), *Waldsteinia* (CZAPIK 1985) und in eigenen Beobachtungen für *Fragaria* konnte ermittelt werden, daß sich die Zellen der Archespore von den sie umgebenden Zellen des Nuzellus kurz vor der Gametogenese gut unterscheiden lassen. Damit dürfte ihre entwicklungsgeschichtliche Sonderstellung betont sein. Ob es gerechtfertigt erscheint, wie es RUTISHAUSER (1967) tut, diese Archespore als „generative Gewebe" zu bezeichnen, muß dagegen bezweifelt werden. RUTISHAUSER (1969) betrachtet Archesporzellen als Zellen, die sich in der prämeiotischen Interphase befinden und eine Zelle, welche die Meiose durchführt als Embryosackmutterzelle. Danach sollte eine Archesporzelle, sofern sie die prämeiotische Interphase eingeleitet oder durchlaufen hat, nicht mehr mitotisch teilungsfähig sein.

Die umfangreichen, durch RUTISHAUSER und seine Mitarbeiter, z. B. HUNZIKER (1954), durchgeführten Untersuchungen über die Ausdifferenzierung des Archespors verfolgten wohl in erster Linie den Zweck, die Variationsmöglichkeiten im Archesporaufbau und seiner Nebenzellen zu erkunden. Von den Autoren ist u. a. an pseudogamen *Potentilla*-Arten mit verschiedenem Apomixie-Grad festgestellt worden, daß im Archespor eine Abnahme der apomeiotischen Tendenz von oben nach unten, also von jüngeren zu den älteren Archesporzellen stattfindet.

Bei Rosaceen verläuft nach Untersuchungen von CHRISTEN (1950) die Entwicklung der Archespore in mehreren Schritten. Ausgangspunkt sind bei allen untersuchten Arten dieser Familie zentrale, d. h. an der Spitze des Nuzellus lokalisierte subepidermale Zellen. Diese primären Archesporzellen sind bei *Rubus* (CHRISTEN 1950) und auch bei *Potentilla* (RUTISHAUSER 1948) nicht scharf abzugrenzen, insbesondere bestehen seitliche Übergänge zu den übrigen Zellen des Nuzellus. Die erste deutliche Differenzierung erfolgt durch die Abgabe einer Deckzelle, und man kann erst von diesem Zeitpunkt an von primären Archesporzellen sprechen. Jede von diesen 1–4 primären Archesporzellen behält ihre mitotische Teilungsfähigkeit bei und bildet durch zwei bis drei weitere Teilungen das vielzellige, 15–25 Zellen umfassende, sekundäre Archespor.

Im Zusammenhang mit Untersuchungen über die Entwicklung und Abgrenzung der Archespore im Nuzellus apomiktischer Blütenpflanzen werden häufig Diskussionen geführt, welcher Zelltyp die Initialzelle für die Entstehung apomeiotischer Embryosäcke stellt. Die unreduzierten Embryosäcke apomiktischer Biotypen können, wie von GUSTAFSSON (1946) herausgestellt wurde, aus zwei verschiedenen Zelltypen hervorgehen: Aus Archesporzellen, also aus den auch für die meiotische Entstehung der Embryosäcke vorgesehenen Zellen (Diplosporie) oder anderen, den Nuzellus bzw. die Integumente aufbauenden Zellen (Aposporie). Relativ leicht zu entscheiden ist die Herkunft der Embryosäcke bei Arten mit tenuinuzellaten Samenanlagen (z. B. Compositen) bzw. sofern nur eine einzige Archesporzelle gebildet wird (Ranunculaceen). Bei Arten mit multizellulärem Archespor ist dagegen die Entscheidung, ob diplospore oder apospore Embryosackentwicklung vorliegt, davon abhängig, inwieweit in späteren Entwicklungsstadien der Samenanlage die Grenzen zwischen dem Archespor und den anderen Zellen des Nuzellus erhalten bleiben. Bei *Rubus* treten nach CHRISTEN (1950) in diesen Stadien sogenannte „somatisierte" Archesporzellen auf, die sich in gewissen Fällen ebenfalls noch zu unreduzierten Embryosäcken entwickeln können. Bei Arten mit multizellulärem Archespor werden außerdem die morphologischen Unterschiede zwischen zentral und peripher gelegenen primären und sekundären Archesporzellen, somatisierten Archesporzellen sowie den Rand- und Epidermiszellen des Nuzellus kleiner und parallel dazu die Entscheidung, ob Apo- oder Diplosporie vorliegt, schwieriger. Zur Beurteilung der Vorgänge im Nuzellus ist deshalb ein sehr umfangreiches Untersuchungsmaterial zu analysieren, da nur durch die Auswertung seraler Bildfolgen die Verhältnisse sicher geklärt werden können.

Wie aus den Literaturzusammenstellungen von RUTISHAUSER 1967, NOGLER 1984 sowie aus Untersuchungen von CHRISTEN 1950 hervorgeht, können Diplosporie und Aposporie nicht nur innerhalb der Gattung, sondern selbst innerhalb der Art zusammen auftreten. So ist von MÜNTZING 1958 bei *Potentilla* und von CHRISTEN 1950 bei *Rubus* nachgewiesen worden, daß Diplosporie und Aposporie innerhalb der Gattung vorkommen können. Bei *Rubus* entwickeln sich diplospore Initialen in der Regel aus zentralen oder seitlichen langen sekundären Archesporzellen, bei *Potentilla* dagegen apospore Initialen bevorzugt aus zentral gelegenen Zellen des Nuzellus unterhalb des Archespors im chalazalen Bereich. In beiden Fällen, d. h. sowohl bei der Entstehung eines unreduzierten Gametophyten aus Zellen des

Archespors, als auch aus anderen Zellen des Nuzellus oder der Integumente sind die Kerne der Embryosäcke unreduziert, nicht meiotisch, sondern apomeiotisch entstanden. Eine weitere Übereinstimmung besteht darin, daß die weibliche Meiose aposporer und diplosporer Apomikten ausfällt, mehr oder weniger gestört oder im Falle von fakultativer Apomixis auch mehr oder weniger normal ablaufen kann. Bei beiden Formen bestehen in der Regel auch hinsichtlich der Nachkommen keine Differenzen. Die Tochterpflanzen sind idiotypisch identisch mit der Mutterpflanze. Bei pseudogamen Apomikten hat die genetische Konstitution des Pollens keinen Einfluß auf den Idiotypus der Nachkommen.

Summary

Meiotic and apomeiotic embryo sacs formation in the genus *Fragaria* L.

Multicellular female archesporium consisting of about 15 to 25 cells are formed in variety 'Mieze Schindler' (*Fragaria*×*ananassa* Duchesne) and *Fragaria moschata* Weston.

Up to 5 cells of an archesporium change their shape by conspicuous volume extention and function in the further development as initials for meiotic or diplosporous embryo sac formation. Diplosporous embryo sac types arise according to the *Antennaria*- and the *Taraxacum*-Type, the former at a higher frequency than the latter.

Nucelli with multiple embryo sacs are found in both forms. Only in a few cases two meiotic embryo sacs are observed in one nucellus. In most cases, additional embryo sacs are of apomeiotic origin. About one half of nucelli with single embryo sacs observed in the stage of gametogenesis develop embryo sace according to the meiotic, the other half according to the apomeiotic mode.

Краткое содержание

О наличии мейотических и апомейотических эмбриональных мешков у рода *Fragaria* (L.)

У сорта 'Мице Шиндлер' садовой клубники [*Fragaria*×*ananassa* (Duchesne)] и у *Fragaria moschata* Weston развивались многоклеточные археспории, состоящие, в полностью развитых нуцеллусах, из 15–25 клеток. Максимально 5 клеток из археспория семязачатка изменяются через бросающееся в глаза увеличение объема и могут, вследствие этого, функционировать как материнские клетки зародышевого мешка для мейотического развития эмбриональных мешков, так и как инициальные клетки для диплоспорного развития эмбриональных мешков. Диплоспорные эмбриональные мешки возникают, преимущественно, по *Antennaria*-типу, но с относительно малой частотой, могут возникать и по *Taraxacum*-типу.

Нуцеллусы с многими эмбриональными мешками встречаются в обеих исследованных формах. В немногих случаях наблюдалось два мейотических эмбриональных мешка на нуцеллус. Поскольку возникает более, чем два эмбриональных мешка, на нуцеллус, то, как правило, эти дополнительные, являются апомейотического происхождения. Из нуцеллус с одним эмбриональным мешком, анализированных в стадии гаметогенеза, около одной половины, возникает по мейотическим путям и, другая половина, — по апомейотическим.

Literatur

ASKER, S., 1970: Apomixis and sexuality in the *Potentilla argentea* complex II. Crosses within the species. – Hereditas **66**, 189–204.

–, 1971: Apomixis and sexuality in the *Potentilla argentea* complex III. Eutriploid and aneuploid derivatives (including trisomics) of some apomictic biotypes. – Hereditas **67**, 111–142.

BATURIN, S. O., 1985: Some data from a comparison of apomictic clone S–1–5–9 of *Fragaria ananassa* (variety Mieze Schindler) with the initial form. (russ.) – Teoreticheskie osnovy selektsii, Novosibirsk, USSR, 162–167.

BAUER, R., 1959: Erdbeeren. In: Dreißig Jahre Züchtungsforschung. Hrsg. W. RUDORF. – Gustav Fischer-Verlag, Stuttgart, 73.

–, und F. GRUBER, 1962: *Fragaria*, In: Handbuch der Pflanzenzüchtung, 2. Aufl., **6**. – Verlag P. Parey, Berlin und Hamburg, 514–546.

BOUMAN, F., 1984: The ovule. In: Embryology of Angiosperms. Ed. by B. M. Johri. – Springer-Verlag, Berlin – Heidelberg – New York – Tokyo, 123–518.

CHRISTEN, H. R., 1950: Untersuchungen über die Embryologie pseudogamer und sexueller Rubusarten. – Ber. Schweiz. Bot. Ges. **60**, 153–198.

CZAPIK, R., 1985: Apomictic embryosacs in diploid *Waldsteinia geoides* Willd. (Rosaceae). – Acta Biologica Cracoviensia, Ser. Bot. **27**, 29–37.

DARROW, G. M., 1937: Strawberry improvement. – U. S. Dep. Agr. Yearbook, 445–495.

EAST, E. M., 1930: The production of homozygotes through induced parthenogenesis. – Science **72**, 148–149.

ELLIS, J. R., 1962: *Fragaria-Potentilla* intergeneric hybridization and evolution in *Fragaria*. – Proc. Linn. Soc. **173** (London) 99–106.

GRÖBER, K., 1986: Zytologische und embryologische Untersuchungen am Nuzellus apomiktischer Sippen der Wiesenrispe (*Poa pratensis* L.) – Kulturpflanze **34**, 147–158.

–, und M. ZACHARIAS, 1983: Über Nutzungsmöglichkeiten der apomiktischen Samenausbildung bei ausgewählten Kulturpflanzen. – Kulturpflanze **31**, 145–163.

GUSTAFSSON, Å., 1946: Apomixis in higher plants. Part. I. The mechanism of apomixis. – Lunds Univ. Årsskr. N. F. Avd. **242**, 1–66.

HJELMQUIST, H., 1959: Studien über Embryologie und Variabilität bei einigen *Aphanes*-Arten. – Bot. Not. **112**, 17–64.

HUNTER, A. W. S., 1948: Small fruits (strawberries). – Centr. Exp. Form, Ottawa, Prog. Rep. 20–24.

HUNZIKER, H. R., 1954: Beitrag zur Aposporie und ihrer Genetik bei *Potentilla*. – Arch. Jul. Klaus-Stiftg. Vererb.forschg. **29**, 135–222.

KLUGE, K., 1959: Das Auftreten von fertilen Sämlingen in den Nachkommenschaften von Kreuzungen der tetraploiden Form von *F. vesca semperflorens* L. mit Sorten von *F. grandiflora* Ehrh. und reziprok. – Z. Pflanzenzüchtg. **41**, 151–156.

MÜNTZING, A., 1928: Pseudogamie in der Gattung *Potentilla*. – Hereditas **11**, 267–283.

–, 1931: Note on the cytology of some apomictic *Potentilla* species. – Ibid. **15**, 166–178.

–, 1958: The balance between sexual and apomictic reproduction in some hybrids of *Potentilla*. – Hereditas **44**, 145–160.

MURBECK, S. V., 1902: Über Anomalien im Baue des Nuzellus und des Embryosackes bei parthenogenetischen Arten der Gattung *Alchemilla*. – Lunds Univ. Årsskr. **38**, (2), 1–11.

NIEMIROWICZ-SZCZYTT, K., 1984: The results of intergeneric pollination of *Fragaria* ×

ananassa Duch. and *Fragaria virginiana* Duch. by *Potentilla* species. – Acta Societatis Botanicorum Poloniae **53**, 443–554.

NOGLER, G. A., 1984: Gametophytic Apomixis. In: Embryology of Angiosperms. Ed. by B. M. JOHRI. – Springer-Verlag, Berlin – Heidelberg – New York – Tokyo, 476–518.

OSTAPENKO, V. I. and O. S. ZHUKOV, 1985: Self fertility and apomixis in sour cherry. – Zitiert nach: Plant Breed. Abstr. **57** (1987) (8) 770.

PETROV, D. F. and N. B. SUKHAREVA, 1983: Distant hybridization and apomixis in the genus Fragaria and their importance in strawberry breeding in Sibiria. (russ.) – Sel'-skokhozyaistvennaya Biologya, Nr. 2, 59–65.

POSSELT, R., 1979: Untersuchungen zur apomiktischen Vermehrungsweise von *Prunus tomentosa* (Thunb.) Wall. als Beitrag zur Apomixisforschung bei Obst. – Diss. Institut für Obstforschung Dresden-Pillnitz der AdL der DDR, 223 S.

RUTISHAUSER, A., 1948: Pseudogamie und Polymorphie in der Gattung *Potentilla*. – Arch. Jul. Klaus-Stiftg. Vererb.forschg. **23**, 267–424.

–, 1956: Cytogenetik des Endosperms. – Ber. Schweiz. Bot. Gesellsch. **66**, 318–336.

–, 1967: Fortpflanzungsmodus und Meiose apomiktischer Blütenpflanzen. – Protoplasmatologia **6**, F/3 – Springer-Verlag, Wien – New York, 245 S.

–, 1969: Embryologie und Fortpflanzungsbiologie der Angiospermen. Springer-Verlag, Wien.

SCHNARF, K., 1929: Embryologie der Angiospermen. – Handbuch der Pflanzenanatomie. II. Abt. 2. Teil. Hrsg. von K. LINSBAUER, 689 S. Verlag Gebr. Borntraeger, Berlin.

SCHULZE-MENZ, G. K., 1964: Rosales. In: Engler's Syllabus der Pflanzenfamilien II, 193–242. – Verlag Gebr. Borntraeger, Berlin.

SCOTT, D. H., 1951: Cytological studies on polyploids derived from tetraploid *Fragaria vesca* and cultivated strawberries. – Genetics **36**, 311–331.

SHIMOTOMAI, N., 1935: Zur Kenntnis der Pseudogamie bei *Potentilla*. – Proc. Imp. Acad. Tokyo **5**, 338–339.

STAUDT, G., 1967: Die Genetik und Evolution der Heterözie in der Gattung *Fragaria*. II. Die Artkreuzungen *F. vesca* × *F. orientalis* und *F. viridis* × *F. orientalis*. – Z. Pflanzenzüchtg. **58**, 309–322.

SUKHAREVA, N. B., 1978: Apomixis in remote hybridization of *Fragaria*. – Abstr. Proc. XIV, Int. Congr. Genet., Moscow, II, 195.

WALDO, G. F., 1930: Fruit-bud development in strawberry varieties and species. – J. Agr. Res. **40**, 393–408.

EVELYN KUNZ
Dr. KURT GRÖBER
Zentralinstitut für Genetik und Kulturpflanzenforschung
der Akademie der Wissenschaften der DDR
Corrensstr. 3
Gatersleben
DDR - 4325

Kulturpflanze 36 · 1988 · 331–341

Phänologische Untersuchungen bei verschiedenen Temperaturen an einem Sortiment von *Phaseolus vulgaris* L.

Peter Apel

(Eingegangen am 4. Februar 1988)

Zusammenfassung

An einem Sortiment von 12 Genotypen der Art *Phaseolus vulgaris* L. wurden phänologische Untersuchungen während der Anzucht bei verschiedenen Temperaturregimen im Langtag (16/8 h) und einem Temperaturregime im Kurztag (12/12 h) gemacht. Unter Berücksichtigung verschiedener Parameter wie Plastochronlänge, Blühbeginn, Blühdauer und Biomasseentwicklung ist die Sorte 'Lusia' als besonders kälteverträglich einzustufen, die Sorte 'Berggold' als besonders empfindlich. Kurztag verzögert nur bei zwei Genotypen mit indeterminiertem Wuchstyp die Entwicklungsgeschwindigkeit, nicht aber bei Genotypen mit determiniertem Wuchs.

Die Blattdicke nimmt mit steigender Temperatur ab.

Einleitung

Die Gartenbohne, *Phaseolus vulgaris* L., ist mittelamerikanischen Ursprungs. In der postkolumbianischen Zeit fand sie rasch weltweite Verbreitung – in Europa vor allem im 16. und 17. Jahrhundert (Brücher 1977, Evans 1976). Sie wird als Trockenspeisebohne und als Gemüsebohne genutzt. Die Weltanbaufläche für Trockenspeisebohnen betrug 1983 23,48 Mio ha, die Welternte 12,938 Mio t. Gemüsebohnen wurden 1983 auf 381000 ha weltweit angebaut mit einer Ernte von 2,425 Mio t. (FAO Prod. Yearbook 1984).

In der DDR werden derzeit Trockenspeisebohnen nicht angebaut; die Anbaufläche für Gemüsebohnen betrug 1985 4612 ha und der durchschnittliche Hektarertrag lag bei 72.4 dt (Stat. Jahrbuch der DDR 1986). Die tatsächliche Anbaufläche dürfte erheblich größer sein, da im Statistischen Jahrbuch nur die von Großbetrieben bewirtschafteten Flächen enthalten sind, nicht aber die der Kleingärtner.

Aus ihrem tropischen und subtropischen Ursprungsgebiet brachte die Gartenbohne die Empfindlichkeit gegen niedrige positive Temperaturen (<12–15 °C) und die photoperiodische Reaktion als Kurztagspflanze mit. Dies hat ihre Verbreitung in Europa bis hinein in die skandinavischen Länder nicht verhindert, zumal inzwischen genügend tagneutrale Genotypen selektiert werden konnten, aber die Temperaturempfindlichkeit bereitet auch heute noch in mittel- und nordeuropäischen Ländern Anbauprobleme.

Zur Züchtung kälteverträglicherer Genotypen wurde wiederholt der Versuch gemacht, durch Einkreuzung von *Phaseolus coccineus* L. zum Erfolg zu kommen, jedoch konnten die Sterilitätsprobleme bei den Bastarden bisher nicht überwunden werden (FUCHS 1984, KOOISTRA 1962).

Man bemüht sich daher in letzter Zeit wieder in stärkerem Maße, durch Screenings kältetolerantere Genotypen von *Phaseolus vulgaris* zu finden (HENNIG, pers. Mitt.).

Da es das Ziel jeglicher Züchtung ist, Eigenschaften bestehender Sorten zu verbessern, war es das Ziel der hier vorzustellenden Untersuchungen, einen Einblick in die Temperaturansprüche der derzeit in der DDR zum Anbau zugelassenen Sorten von *Phaseolus vulgaris* zu gewinnen.

Material und Methoden

In die Untersuchungen wurden die 1987 laut Sortenliste der DDR zugelassenen Buschbohnensorten sowie die Trockenspeisebohne 'Ragalla' einbezogen. Dieses Sortiment wurde durch 2 Herkünfte aus der Gaterslebener Genbank erweitert. Insgesamt umfaßte die Kollektion also folgende 12 Sorten:

Genotyp	Jahr der Zulassung
'Berggold'	1966
'Jutta'	1976
'Valja'	1972
'Esto'	1972
'Lusia'	1975
'Dilana'	1980
'Karla'	1983
'Dowina'	1983
'Rela'	1984
'Ragalla'	1970
PHA 935 ('Comtesse de Chambord')	
PHA 1125 ('Eisbohne')	

'Ragalla' und 'Comtesse de Chambord' sind rankende Genotypen mit indeterminiertem Wuchs, während alle anderen Sorten dem determinierten Wuchstyp zuzuordnen sind.

Die Anzucht erfolgte in Klimakammern des Typs KTLK. Die Pflanzen standen in Plastetöpfen (14,5 cm Durchmesser) auf einem Komposterde-Torf-Sand-Gemisch.

Mit Ausnahme einer Variante wuchsen die Pflanzen im Langtag (LT), d. h., bei 16 h Licht, 8 h Dunkelheit. In einer Variante wurde Kurztag (KT), – 12 h Licht und 12 h Dunkelheit gewählt. Die Lichtintensität betrug 400 μE. $m^{-2}s^{-1}$ im PHAR-Bereich.

Bei allen Varianten wurden folgende Daten ermittelt: Die Plastochrone, die maximalen Blattwachstumsraten, die Blühtermine, die Blühdauer (= Blühbeginn bis 1. Fruchtansatz), die Blattdicke des Primärblattes und das Trockengewicht zum Erntetermin.

Das Plastochron ist definiert als die Zeitspanne zwischen der Initiation zweier aufeinanderfolgender Blätter (ERICKSON and MICHELINI 1957). Da aber weder der Zeitpunkt der Initiation eines Blattes noch der des Erreichens seiner Maturität eindeutig bestimmt werden kann, erstellt man Wachstumskurven, und bestimmt den Zeitpunkt zu dem 50 % der maximalen Wachstumsgröße (Länge, Fläche) erreicht ist. Tut man dies für aufeinanderfolgende Blätter, so ist die Zeitspanne zwischen den 50 %-Werten das Plastochron. In Abb.

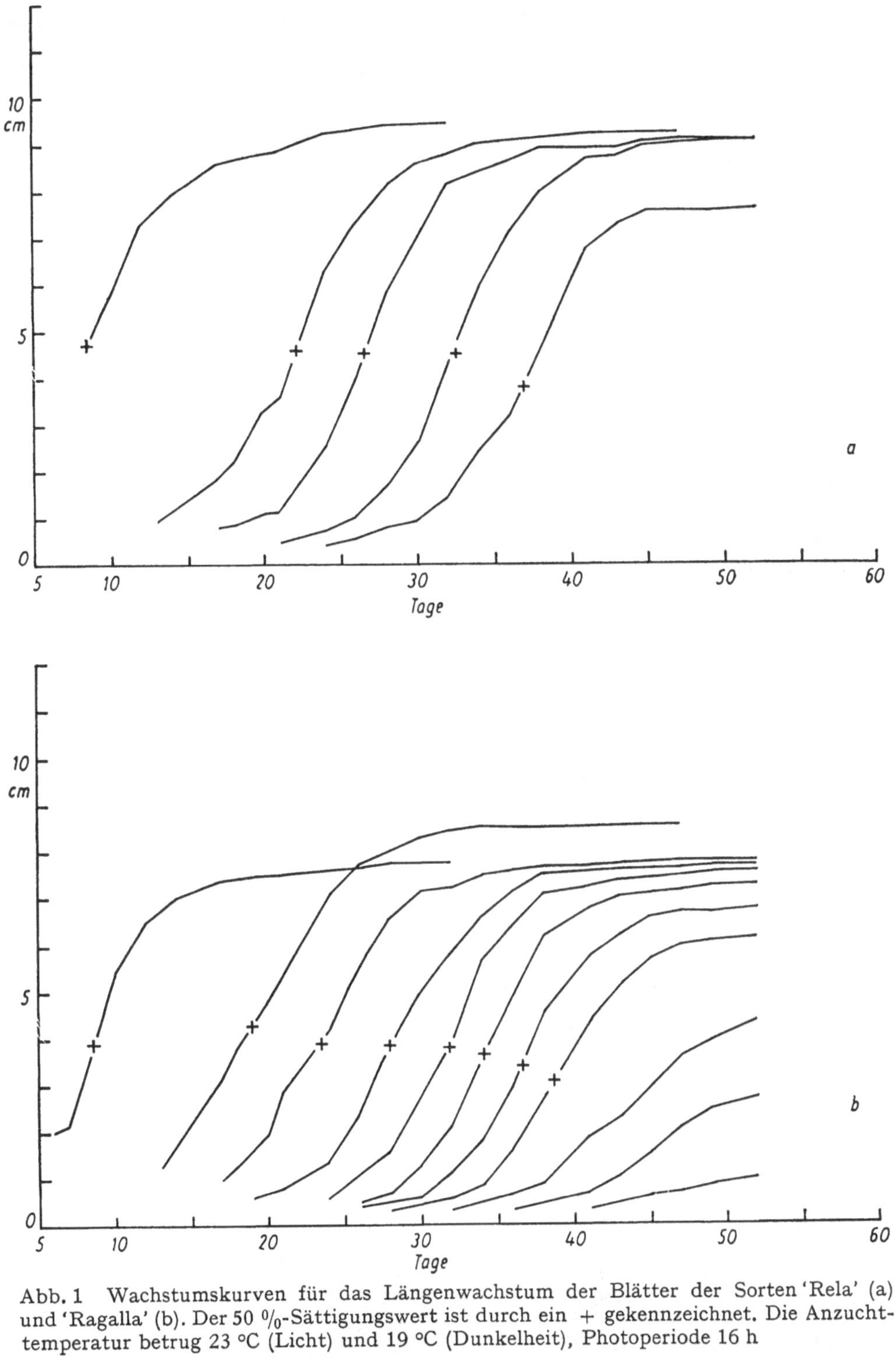

Abb. 1 Wachstumskurven für das Längenwachstum der Blätter der Sorten 'Rela' (a) und 'Ragalla' (b). Der 50 %-Sättigungswert ist durch ein + gekennzeichnet. Die Anzuchttemperatur betrug 23 °C (Licht) und 19 °C (Dunkelheit), Photoperiode 16 h

1 ist dieses Verfahren veranschaulicht. Die Längenmessung der Blätter erfolgte mit Beginn der Entfaltung des Primärblattes in 2-tägigem Abstand. Vom 2. und den folgenden Laubblättern wurde jeweils die terminale Fieder des 3teiligen Blattes gemessen. Das Plastochron kann als quantitatives Maß zur Beschreibung von Entwicklungsprozessen und deren Determiniertheit durch Genotyp und Umwelt betrachtet werden.

Die maximale Wachstumsrate ist durch den Maximalanstieg der Wachstumskurve gegeben. Die Blattdicke wurde mit einem Dickenmeßgerät (VEB Feinmeßgerätewerk, Freiberg, DDR) ermittelt.

Ergebnisse und Diskussion

Plastochron

Wie aus Abbildung 1 ersichtlich, ist das 1. Plastochron bei *Phaseolus vulgaris* L. stets deutlich länger als die folgenden, die sich wenig voneinander unterscheiden. Dies trifft für alle Genotypen zu und ist trotz beträchlicher quantitativer Unterschiede auch bei allen Temperaturregimen der Fall. In Tabelle 1 ist das 1. Plastochron für die untersuchten Genotypen bei 2 unterschiedlichen Temperaturregimen angegeben. Bei dem Regime 15/12 °C zeigen alle Sorten, wenn auch in unterschiedlichem Maße, drastische Wachstumsverzögerungen, und bei der Sorte 'Berggold' ergrünten nur die Primärblätter, während alle Folgeblätter chlorophyllfrei blieben (Abb. 2).

Die größte Differenz zwischen 2 Sorten ('Esto' und 'Berggold') in der Plastochronlänge betrug bei diesem Temperaturregime 5,7 Tage. Bei Temperaturen von 20/15 °C war die maximale Sortendifferenz nur noch 3,3 Tage ('Esto' und 'Dilana').

Da der Unterschied in der Tagesmitteltemperatur zwischen beiden Varianten 4,3 °C ist, ist der Quotient aus den Plastochronlängen ein Maß für die Beschleunigung der Blattentwicklung bei einer Temperaturerhöhung um diesen Betrag. Aus den Werten wird deutlich, daß sich die Entwicklungsgeschwindigkeit hierbei im

Tabelle 1

Länge des 1. Plastochrons bei 12 Sorten von *Phaseolus vulgaris* L. bei Anzucht unter 2 Temperaturregimen

Sorte/Temperatur °C	1. Plastochron (Tage) 15/12 (a)	20/15 (b)	Quotient a/b
'Valja'	19,90	10,55	1,89
'Lusia'	17,65	11,25	**1,57**
'Rela'	19,25	10,25	1,88
'Dilana'	20,10	8,65	**2,32**
'Dowina'	19,45	10,25	1,90
'Esto'	22,90	11,90	1,92
'Berggold'	17,25	9,50	1,82
'Jutta'	18,60	9,65	1,93
'Karla'	20,90	9,80	2,13
'Ragalla'	19,75	9,10	2,17
PHA 935	17,70	9,10	1,95
PHA 1125	21,75	10,10	2,15

Abb. 2 Gleichaltrige Pflanzen der Sorten 'Lusia', 'Valja' und 'Berggold' (von links nach rechts) bei Anzuchttemperaturen von 15/12 °C, Photoperiode 16 h. Bei der Sorte 'Berggold' ergrünen nur die Primärblätter

Durchschnitt verdoppelt. Es wird jedoch auch deutlich, daß die Reaktion auf Temperaturerhöhung sortenspezifisch unterschiedlich ist. Am stärksten reagiert die Sorte 'Dilana', am schwächsten 'Lusia'. Da diese Werte den Anstieg eines Bereiches der linken Flanke der Optimumkurve der Temperaturabhängigkeit charakterisieren, deuten niedrige Werte auf eine flache, hohe Werte dagegen auf eine schmale Optimumkurve hin.

Maximale Wachstumsgeschwindigkeit

Die in Tabelle 2 angeführten maximalen Wachstumsgeschwindigkeiten bei 2 verschiedenen Temperaturregimen sind für einen Sortenvergleich innerhalb jedes der beiden Regime wenig geeignet, da die Blätter der verschiedenen Sorten eine unterschiedliche Größe im ausgewachsenen Zustand erreichen und man wohl davon ausgehen kann, daß unterschiedliche Wachstumsraten etwas mit der Endgröße des Blattes zu tun haben (HESKETH et al. 1973). Es können jedoch diese Werte ebenso wie die Plastochrone zur Einschätzung der Temperaturabhängigkeit herangezogen werden.

Der hierzu gebildete Quotient (b/a) weist eine erheblich größere sortenbedingte Variabilität auf als das Plastochron. Beim Genotyp PHA 935 verfünffacht sich die maximale Wachstumsrate bei einer Erhöhung der Tagesmitteltemperatur um 4,3 °C, während sie bei der Sorte 'Rela' nur um den Faktor 1,39 ansteigt.

Tabelle 2

Maximale absolute Wachstumsrate des Primärblattes bei 12 Sorten von *Phaseolus vulgaris* L. bei Anzucht unter 2 Temperaturregimen

Sorte/Temperatur °C	Maximale Wachstumsgeschwindigkeit des 1. Blattes $mm \cdot d^{-1}$ a 15/12	b 20/15	$\frac{b}{a}$
'Valja'	3,5	8,9	2,54
'Lusia'	4,6	11,0	2,39
'Rela'	5,4	7,5	1,39
'Dilana'	3,3	6,7	2,03
'Dowina'	3,5	9,6	2,74
'Esto'	3,3	7,5	2,27
'Berggold'	3,8	5,5	1,45
'Jutta'	3,0	11,3	3,77
'Karla'	3,6	9,5	2,64
'Ragalla'	2,3	10,8	4,70
PHA 935	1,9	9,6	5,05
PHA 1125	4,3	11,2	2,60

Tabelle 3

Maximale Wachstumsrate des Primärblattes, ausgedrückt in Prozent der maximalen Blattlänge. 12 Sorten von *Phaseolus vulgaris* L. bei Anzucht unter 2 Temperaturregimen

Sorte/Temperatur °C	Maximale Wachstumsrate des Primärblattes in % der maximalen Blattlänge a 15/12	b 20/15	$\frac{b}{a}$
'Valja'	4,74	10,99	2,32
'Lusia'	5,49	12,21	2,22
'Rela'	6,58	7,60	1,15
'Dilana'	4,37	7,72	1,77
'Dowina'	5,11	13,00	2,54
'Esto'	5,16	9,34	1,81
'Berggold'	4,63	6,34	1,37
'Jutta'	4,33	12,70	2,93
'Karla'	5,06	10,77	2,13
'Ragalla'	3,63	14,32	3,94
PHA 935	3,46	14,22	4,11
PHA 1125	5,57	11,44	2,05

Um einen Sortenvergleich auch innerhalb eines Temperaturregimes sinnvoll zu ermöglichen, wurde die maximale Wachstumsgeschwindigkeit als Prozentwert der Endgröße des Blattes angegeben (Tab. 3).

Wie man sieht, ist dann die Variabilität zwischen den Sorten viel geringer und reicht von 3,46 % bis 6,58 % bei 15/12 °C bzw. von 7,6 % bis 14,32 bei 20/15 °C.

Aber auch bei dieser Berechnungsweise erweist sich, wie bei Zugrundelegung der Absolutwerte, die Sorte 'Rela' als wenig temperaturabhängig, während der Genotyp PHA 935 wiederum die Spitzenstellung einnimmt.

Blüte

Während Plastochron und Blattwachstum die vegetative Entwicklung charakterisieren, geben die Tage bis Blühbeginn bei verschiedenen Temperaturregimen Aufschluß darüber, in welchem Maße der Beginn der generativen Entwicklung temperaturabhängig ist. Aus den Werten der Tabelle 4 geht hervor, daß bei 15/12 °C

Tabelle 4
Zeit zwischen Aussaat und Blühbeginn von 12 Sorten von *Phaseolus vulgaris* L. bei Anzucht unter 3 Temperaturregimen im Langtag und bei 18/15 °C im Kurztag

Sorte/Temperatur °C	Tage bis Blühbeginn 15/12	18/15	20/15	18/15 KT
'Valja'	56	28	27	27
'Lusia'	53	28	27	27
'Rela'	49	26	25	27
'Dilana'	53	26	25	27
'Dowina'	46	28	31	27
'Esto'	53	26	25	27
'Berggold'	65	28	25	27
'Jutta'	56	28	25	27
'Karla'	56	28	27	27
'Ragalla'	79	28	25	32
PHA 935	58	28	29	32
PHA 1125	53	28	27	27

nahezu doppelt soviel Zeit bis zum Blühbeginn benötigt wird, wie bei 18/15 °C, obwohl der Unterschied in der Tagesmitteltemperatur nur 3 °C beträgt. Eine weitere Temperaturerhöhung auf 20/15 °C führte nur bei einigen Genotypen zu einer weiteren Verfrühung des Blühbeginns gegenüber 18/15 °C. Kurztagbedingungen beeinflußten die Zeitspanne bis zum Blühbeginn bei der Mehrzahl der Sorten nicht, verzögerte ihn aber signifikant bei 'Ragalla' und PHA 935, den einzigen Genotypen dieses Sortiments mit indeterminiertem Wuchs. Es ist nicht auszuschließen, daß hier Interaktionen zwischen Wuchstyp, photoperiodischer Beeinflußbarkeit und Temperaturanspruch wirksam werden, die einer detaillierteren Untersuchung bedürften.

Als Blühdauer wurde im Rahmen dieser Untersuchungen der Zeitraum zwischen Sichtbarwerden der ersten Blüten und dem Abfallen ihrer Blütenblätter, d. h., dem Sichtbarwerden der ersten Früchte erfaßt. Die Werte sind in Tabelle 5 dargestellt. Die Blühdauer ist bei 15/12 °C im Durchschnitt doppelt so lang wie bei 18/15 °C. Bei den Sorten 'Berggold' und 'Ragalla' wurden bei den niedrigeren Temperaturen überhaupt keine Früchte ausgebildet. Die Blüten fielen hier zusammen mit den Fruchtknoten ab. Offenbar kann bei diesen Sorten bei 15/12 °C keine Befruchtung erfolgen.

Eine Erhöhung der Temperatur von 18/15 °C auf 20/15 °C bringt nur bei der Sorte 'Dowina' eine drastische Verkürzung der Blühdauer, während sie bei den anderen Sorten nur unwesentlich beeinflußt wird. Kurztagbedingungen hatten gegenüber Langtag kaum Einfluß auf die Blühdauer.

Tabelle 5

Blühdauer (= Blühbeginn bis zum Sichtbarwerden der ersten Früchte) von 12 Sorten von *Phaseolus vulgaris* L. bei Anzucht unter 3 Temperaturregimen im Langtag und bei 18/15 °C im Kurztag

Sorte/Temperatur °C	Blühdauer (Tage) 15/12	18/15	20/15	18/15 KT
'Valja'	30	13	11	14
'Lusia'	25	10	9	11
'Rela'	21	12	10	11
'Dilana'	17	12	12	11
'Dowina'	15	11	4	12
'Esto'	12	12	11	11
'Berggold'	∞	13	11	14
'Jutta'	22	11	10	12
'Karla'	36	13	10	14
'Ragalla'	∞	13	11	9
PHA 935	34	16	14	12
PHA 1125	17	10	8	11

Blattdicke und Stomatafrequenz

Generell nimmt mit steigenden Anzuchttemperaturen die Blattdicke ab (Tab. 6). Sie beträgt bei 23/19 °C mit 0,43 mm nur ca. 70 % des Wertes bei 18/15 °C. Anzucht unter Kurztagbedingungen führt zur Ausbildung dünnerer Blätter im Vergleich zu Langtagbedingungen bei gleichen Temperaturen. Im Mittel aller Sorten beträgt die Blattdicke im Kurztag nur ca. 76 % des Wertes unter Langtagbedingungen.

Blätter von *Phaseolus vulgaris* sind amphistomatisch, aber die adaxiale Blattseite weist so wenig Stomata auf, daß der Gaswechsel überwiegend durch die abaxiale Seite erfolgen dürfte. In Tabelle 7 sind die Mittelwerte für die Primär-

Tabelle 6

Durchschnittliche Blattdicke des Primärblattes von 12 Sorten von *Phaseolus vulgaris* L. bei Anzucht unter verschiedenen Temperaturregimen im Langtag und bei 18/15 °C im Kurztag

Sorte/Temperatur °C	Blattdicke (×0,01 mm) 15/12	18/15	20/15	23/19	18/15 KT
'Valja'	69,2	72,3	66,8	48,1	51,2
'Lusia'	54,8	48,4	45,3	41,9	39,9
'Rela'	53,4	50,3	44,3	38,7	42,5
'Dilana'	60,9	52,1	47,5	40,1	43,0
'Dowina'	64,6	70,2	56,5	47,7	58,8
'Esto'	61,3	56,6	49,1	41,3	42,1
'Berggold'	61,7	52,4	47,1	40,3	46,1
'Jutta'	61,8	54,7	47,0	44,5	48,2
'Karla'	66,1	66,3	60,4	51,0	53,3
'Ragalla'	50,8	43,9	44,3	33,1	37,3
PHA 935	57,0	40,9	40,8	–	39,8
PHA 1125	55,3	45,1	42	–	39,9

Tabelle 7
Stomatafrequenz am Primärblatt von 12 Sorten von *Phaseolus vulgaris* L. Anzucht bei 20/15 °C im Langtag

Sorte	Stomatafrequenz Zahl pro mm^2 adaxial	abaxial	gesamt
'Valja'	16,5	71,1	87,6
'Lusia'	23,1	95,6	118,7
'Rela'	22,2	86,0	108,2
'Dilana'	6,4	45,0	51,4
'Dowina'	19,4	75,9	95,3
'Esto'	5,5	82,2	87,7
'Berggold'	6,9	36,7	43,6
'Jutta'	7,8	76,5	84,3
'Karla'	20,3	85,2	105,5
'Ragalla'	8,9	34,9	43,8
PHA 935	22,9	74,0	96,9
PHA 1125	5,7	49,6	55,3

blätter der hier untersuchten Genotypen angeführt. Die Sortenunterschiede sind insgesamt doch so beträchtlich, daß eine detailliertere Untersuchung des CO_2-Austauschs und der Transpiration gerechtfertigt erscheint.

Trockengewichte

Da der Erntetermin willkürlich, innerhalb jedes Temperaturregimes aber einheitlich für alle Genotypen gewählt worden war, sind die Daten nur für den Genotypenvergleich innerhalb einer Behandlungsvariante heranzuziehen (Tab. 8).

Bei der niedrigsten Temperaturstufe erbrachten 'Lusia', PHA 1125 und 'Dilana' die höchste Biomasse, während 'Karla' am schlechtesten abschnitt und noch von

Tabelle 8
Durchschnittliches Trockengewicht pro Pflanze (ohne Wurzel) von 12 Sorten von *Phaseolus vulgaris* L. bei Anzucht unter 2 Temperaturregimen im Langtag und bei 18/15 °C im Kurztag

Sorte/Temperatur °C	Trockengewicht pro Pflanze (g) 15/12	20/15	18/15 KT
'Valja'	4,47 (5)	4,61 (12)	4,58 (8)
'Lusia'	6,48 (1)	4,76 (11)	4,67 (6)
'Rela'	4,22 (8)	6,54 (2)	4,31 (10)
'Dilana'	5,26 (3)	5,75 (6)	5,86 (1)
'Dowina'	4,43 (6)	5,11 (10)	4,47 (9)
'Esto'	4,24 (7)	6,13 (5)	5,30 (4)
'Berggold'	3,25 (11)	5,35 (8)	4,62 (7)
'Jutta'	3,31 (10)	6,14 (3)	5,55 (2)
'Karla'	2,77 (12)	5,61 (7)	5,05 (5)
'Ragalla'	3,91 (9)	6,72 (1)	4,05 (11)
PHA 935	4,58 (4)	6,13 (4)	3,82 (12)
PHA 1125	5,63 (2)	5,26 (9)	5,34 (3)

'Berggold' übertroffen wurde, bei der die gesamte Biomasseproduktion allein über die Primärblätter erfolgt sein mußte, da die Folgeblätter chlorophyllfrei blieben. Die Rangfolge der Sorten in der Biomasseproduktion verschiebt sich bei höheren Temperaturen z. T. erheblich, ähnlich wie dies bei der Temperaturabhängigkeit der vorn angeführten phänologischen Daten der Fall war. Auffallend ist, daß Kurztagbedingungen offenbar nivellierend wirken; die Sortendifferenzen bezüglich der Trockenmassebildung sind hier deutlich geringer als im Langtag. Möglicherweise ist dies darauf zurückzuführen, daß unter Kurztagbedingungen infolge der verminderten Strahlungssummen die Biomassebildung hauptsächlich source-limitiert ist.

Summary

Phenological investigations at different temperatures within a collection of *Phaseolus vulgaris* L.

A collection of 12 genotypes of Phaseolus vulgaris L. was investigated at different temperatures with regard to phenological parameters. Considering plastochron length, time for development of first flowers, time of flowering and biomass development the variety Lusia is best adapted to low temperatures and the variety Berggold is most sensitive. Short day conditions delayed development only in two genotypes, characterized by indeterminate growth but not in others with determinate growth.

Leaf thickness decreased with rising temperatures.

Краткое содержание

Фенологические исследования коллекции *Phaseolus vulgaris* L. при различных температурах

У сортимента 12 генотипов вида *Phaseolus vulgaris* L. были проведены фенологические исследования во время выращивания при различных температурных режимах при продолжительном световом дне (16/8 час.) и некотором температурном режиме при коротком световом дне (12/12 час.). С учетом различных параметров, таких как – длина пластохрона, начало и продолжительность цветения, а также развитие биомассы – сорт Лусиа следует причислить к особенно холодоустойчивым, а сорт Берггольд – к особенно чувствительным. Короткий световой день, замедляет лишь у двух генотипов, с недетерминирующим типом роста, скорость развития, но не у генотипов с детерминирующим ростом.

Толщина листа уменьшается с возрастанием температуры.

Literatur

Anonym., 1984: 1983 FAO Production Yearbook, vol. **37**, Rom.

BRÜCHER, H., 1977: Tropische Nutzpflanzen – Ursprung, Evolution und Domestikation. – Springer Verlag, Berlin – Heidelberg – New York.

ERICKSON, R. O., and F. J. MICHELINI, 1957: The plastochron index. – Americ. J. Bot. **44**, 297–305.
EVANS, A. M., 1976: Beans. *Phaseolus* spp. (Leguminosae-Papilionatae). – In: Evolution of Crop Plants (Ed. N. W. SIMMONDS) pp. 168–172, Longman, London and New York.
FUCHS, A., 1984: Nutzpflanzen der Tropen und Subtropen, Bd. **IV**. Hirzel-Verl., Leipzig.
HESKETH, J. D., D. L. MYHRE and C. R. WILLEY, 1973: Temperature control of time intervals between vegetative and reproductive events in soybeans. – Crop Sci. **13**, 250–254.
KOOISTRA, IR., 1962: Bohnen (*Phaseolus vulgaris* L., *Phaseolus coccineus* L.). – In: Hdb. der Pflanzenzüchtung Bd. **6** (Hrsg. H. KAPPERT und W. RUDORF), pp. 369–407, Berlin und Hamburg.

Dr. P. APEL
Zentralinstitut für Genetik und Kulturpflanzenforschung
der Akademie der Wissenschaften der DDR
Corrensstr. 3
Gatersleben
DDR - 4325

Kulturpflanze 36 · 1988 · 343–353

Die Struktur von Gersten-Chloroplasten unter Temperaturstress bei ausgedehnter Dunkelheit

S. DILOVA[1] und K. ADLER

(Eingegangen am 27. Januar 1988)

Zusammenfassung

Die Struktur junger Gersten-Chloroplasten, die aus Etioplasten in kontinuierlichem Licht innerhalb von 8 Stunden gebildet worden sind, wurde vor und nach der Übertragung in Dunkelheit und Temperaturen von 25 °C und 42 °C nach unterschiedlich langen Dunkelperioden elektronenmikroskopisch untersucht. Dabei wurden keine substantiellen Unterschiede der sichtbaren Thylakoidstrukturen während der Lichtphase bei beiden Temperaturen beobachtet. In der nachfolgenden Dunkelperiode wurde eine Tendenz zur Konservierung der gebildeten Strukturen bei der höheren Temperatur (42 °C) festgestellt. In den Kontrollpflanzen (25 °C in Dunkelheit) wurde die Anlagerung von Mitochondrien bei den Chloroplasten und eine besondere, stapelähnliche Struktur beobachtet, die nicht mit normalen Thylakoidstapeln identisch zu sein scheint und im Laufe der weiteren Dunkelbehandlung wieder verschwindet. Die Chlorophyllsynthese war bei 42 °C erhöht und während der Dunkelphase wurde in diesen Pflanzen ein deutlich ausgeprägter Abbau von Chlorophyll b festgestellt. Das Vorliegen möglicher Schutzmechanismen bei Temperaturstress wird diskutiert.

Einleitung

Der Photosyntheseapparat der Pflanzen ist einerseits eng mit den Umweltfaktoren Licht und Temperatur verbunden und reagiert andererseits sehr empfindlich auf Veränderungen dieser Umweltfaktoren. Unter den verschiedenen Einflußgrößen spielen erhöhte Temperaturen eine besondere Rolle, weil deren Wirkungen in den Pflanzen sowohl Änderungen der Reaktionsgeschwindigkeiten als auch Schädigungen der Strukturen und Funktionen bewirken können. So kann ein Hemmeffekt der Photosynthese bereits bei 35 °C (PETKOVA et al., 1973) beobachtet werden.

Temperaturen oberhalb dieses Grenzwertes beeinflussen die Semipermeabilität der Membranen und führen zu damit verbundenen Veränderungen des Mediums (BERRY und BJÖRKMAN, 1980). Sie beeinflussen auch die Funktion des Photosystems II und verändern die Relationen der Komponenten in den Membranen (BERRY und DOWTON, 1982).

[1] „M. Popov“-Institut für Pflanzenphysiologie der Bulgarischen Akademie der Wissenschaften, Sofia.

Die Umweltfaktoren Licht und Temperatur, deren Wirkung noch nicht vollständig aufgeklärt ist, haben deshalb großen Einfluß auf die Ausbildung eines funktionell aktiven Photosyntheseapparates. Beim Ergrünen etiolierter Pflanzen bei hohen Temperaturen erhöht sich sowohl die Biosynthese des Chlorophylls (MACWILLIAM und NAYLOR, 1967; DILOVA, 1978) als auch die Bildung der Pigment-Protein-Complexe (YORDANOV, 1978).

Das Ziel der vorliegenden Experimente war die Untersuchung der strukturellen Veränderungen der Chloroplasten in ergrünenden Gerstenpflanzen unter dem Einfluß von Temperaturstress und langandauernder Dunkelheit.

Material und Methoden

Etiolierte Gerstenkeimlinge wurden bei 25 °C sieben Tage lang in völliger Dunkelheit herangezogen. Die anschließende Belichtung wurde in Pflanzenwachstumskammern, Typ KTLK (VEB NEMA Netschkau, DDR) mit vorgewählter Temperatur- und Lichtprogrammierung (photosynthetisch aktive Strahlung ca. 0,3 mmol Quanten · m^{-2} s^{-1}) für 8 Stunden bei 25 °C (Kontrollpflanzen) und 42 °C (Stresspflanzen) durchgeführt. Nach dieser Belichtung wurden die Pflanzen in Dauerdunkelheit für 96 und 120 Stunden bei 25 °C und 42 °C überführt und anschließend analysiert. Der Chlorophyllgehalt wurde nach der Methode von MACKINNEY (1941) gemessen.

Zur Harzeinbettung wurden die Proben am Ende der Belichtung und nach der langfristigen Dunkelperiode von 96 bzw. 120 Stunden entnommen. Kleine Stückchen der Blätter wurden für 2 Stunden mit Glutaraldehyd (3 % v/v) vorfixiert und mit Kaliumpermanganat (1,5 % w/v) 2 Stunden im Veronalpuffer nachfixiert. Nach Entwässerung über eine Acetonreihe wurden die Proben in Durcupan(R) Epoxidharz eingebettet, auf einem LKB Ultrotom-Mikrotom geschnitten und in einem TESLA BS 50 Transmissionselektronenmikroskop ausgewertet.

Ergebnisse und Diskussion

Bei Fixierung und Kontrastierung der etiolierten und temperaturgestressten Blattproben ergaben sich unerwartete Schwierigkeiten. Mit Glutaraldehyd/Osmiumtetroxid fixierte Proben ergaben sehr schlechte Darstellungen der Granastrukturen in den nach dem beschriebenen Modus stressbehandelten Chloroplasten. Auch die mit Glutaraldehyd/Kaliumpermanganat fixierten Blattstückchen zeigten keine optimale Strukturwiedergabe, erwiesen sich aber besser als die mit Osmiumtetroxid behandelten.

Wie in den Abbildungen 1 und 2 gezeigt ist, entwickelte sich die Chloroplastenstruktur während der Lichtphase (8 Stunden weißes Licht) über das Proplastidenstadium hinaus zu einem jungen Chloroplasten mit wenigen Thylakoid-Membranen. In den bei unterschiedlichen Temperaturen von 25 °C und 42 °C gehaltenen Pflanzen ergaben sich hinsichtlich der Thylakoidstrukturen keine deutlichen Unterschiede (Abb. 1 a und 1 b). Der Einfluß der Temperaturbehandlung war aber bei der Synthese der Chlorophylle und deren Abbau bemerkenswert. Die Chlorophyllsynthese war bei 42 °C für Chlorophyll a und b erhöht (Abb. 4 und 5). Es wurde bereits darüber berichtet (DILOVA und PETKOVA 1984), daß auch die photochemische Aktivität der Photosysteme I und II am Ende der Belichtungsphase bei 42 °C höher ist als bei der Kontrolle.

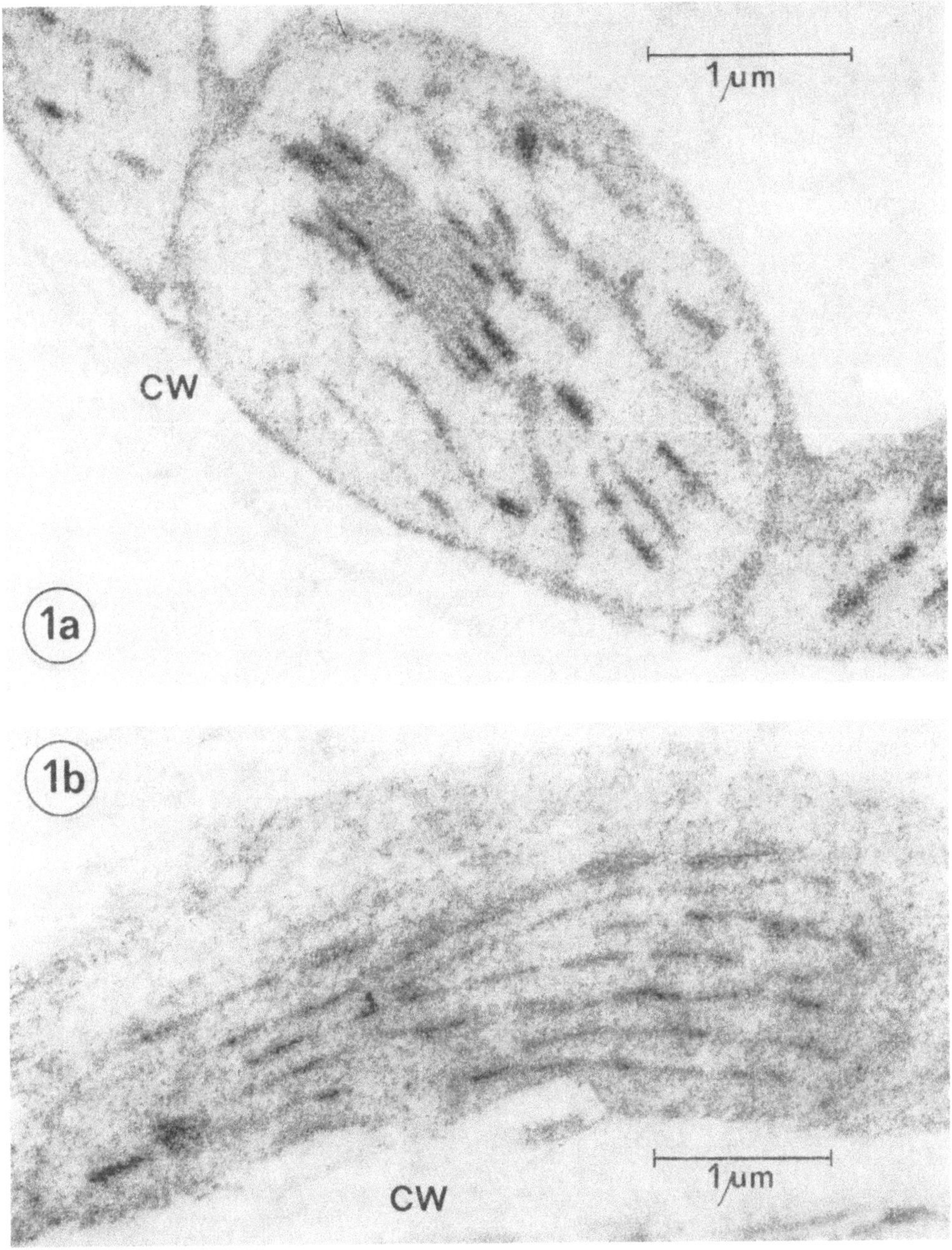

Abb. 1 Gersten-Chloroplasten, die 8 Std. Weißlicht nach Etiolement von 7 Tagen in völliger Dunkelheit erhalten hatten.
1 a – Belichtung bei 25 °C
1 b – Belichtung bei 42 °C
CW = Zellwand

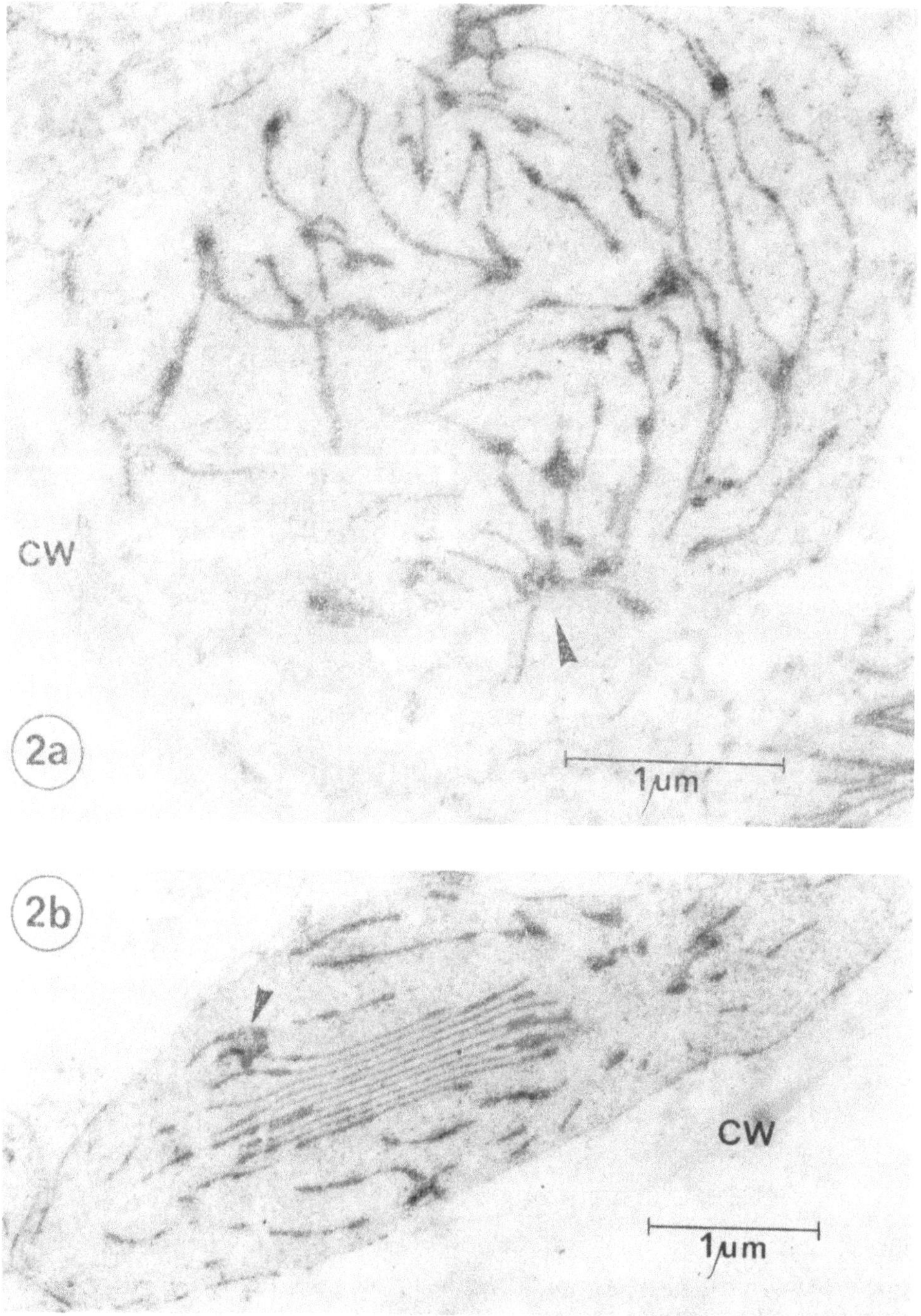

Abb. 2 Gersten-Chloroplasten, die 96 Std. in Dunkelheit nach 7 Tagen Etiolement und 8 Std. Weißlicht gehalten wurden.
2a – 96 Std. Dunkelheit bei 25 °C 2b – 96 Std. Dunkelheit bei 42 °C
CW = Zellwand (Pfeile zeigen die Neubildung der Prolamellarkörper an)

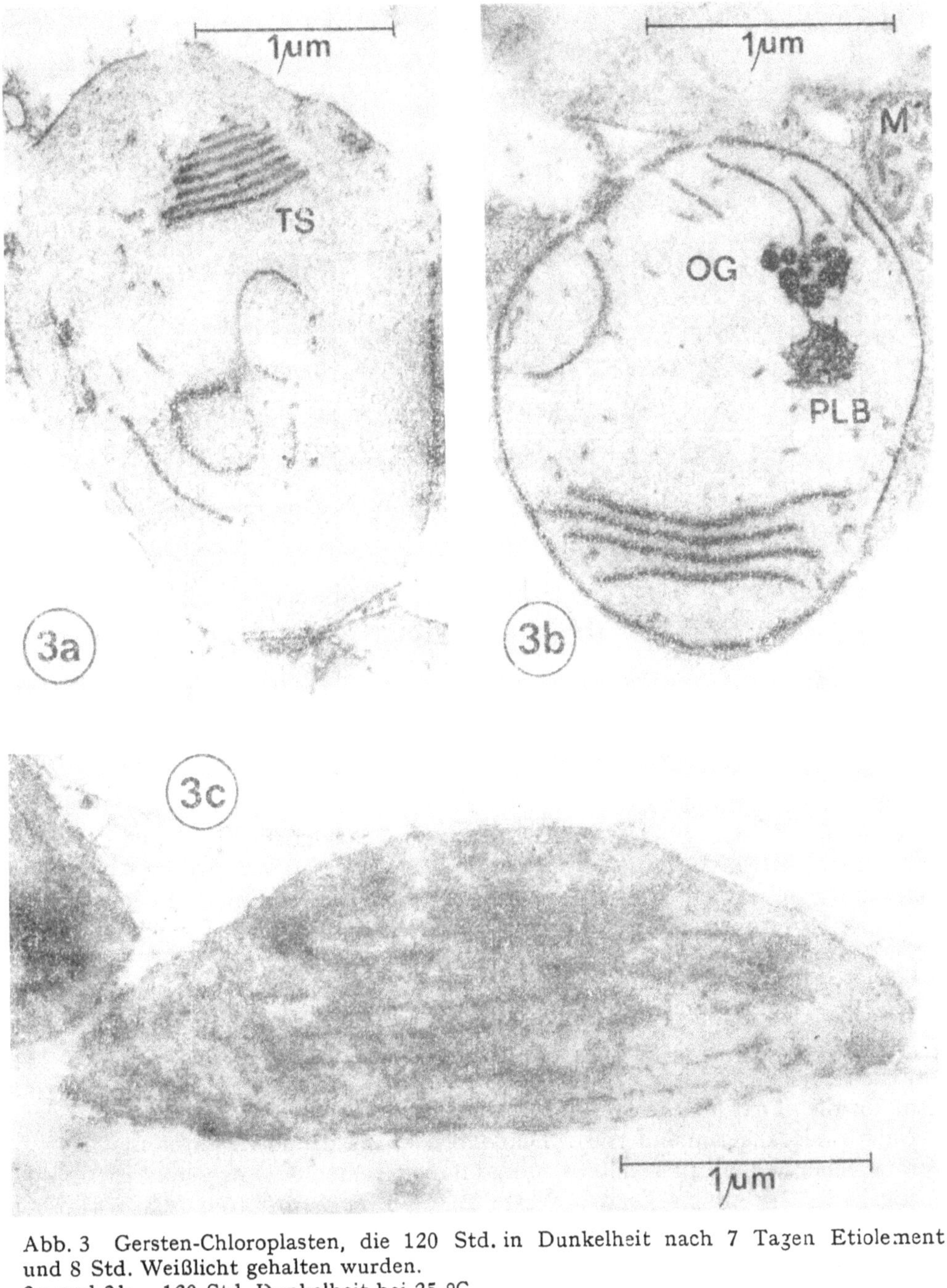

Abb. 3 Gersten-Chloroplasten, die 120 Std. in Dunkelheit nach 7 Tagen Etiolement und 8 Std. Weißlicht gehalten wurden.
3a und 3b – 120 Std, Dunkelheit bei 25 °C
3c – 120 Std. Dunkelheit bei 42 °C
TS = stapelartige Übergangsstruktur
OG = osmiophile Globuli
PLB = Prolamellarkörper
M = Mitochondrium

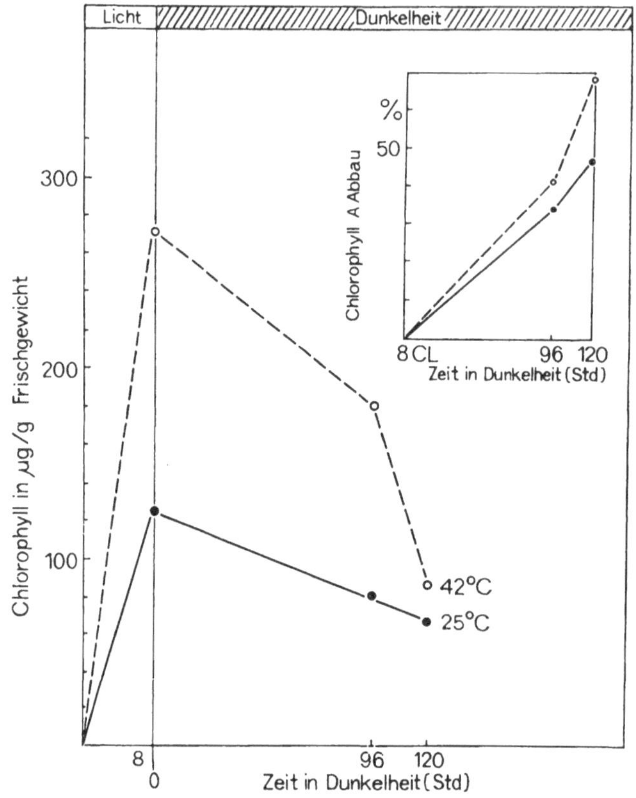

Abb. 4 Einfluß von Temperaturstress und langandauernder Dunkelheit auf den Chlorophyll a-Gehalt von Gerstenpflanzen nach Ergrünung in siebentägigem kontinuierlichem Weißlicht und anschließender Überführung in Dunkelheit (D)

Das erneute Verdunkeln der Pflanzen nach der Belichtungsphase beeinflußt die Zerstörung der Chlorophylle a und b in den bei hoher Temperatur gehaltenen Keimlingen beträchtlich. In diesen Pflanzen fanden wir einen verstärkten Abbau des Chlorophyll b. Trotzdem blieb die Gesamtmenge beider Chlorophylle bis zum Ende der Experimente in den 42 °C-behandelten Pflanzen höher als in den Kontrollpflanzen.

Während der Dunkelphase verschwanden die gebildeten Thylakoidstrukturen in den Kontrollpflanzen und Prolamellarkörper-ähnliche Strukturen wurden neu gebildet (Abb. 2 a). Dagegen blieben die Thylakoidstrukturen in den bei 42 °C gehaltenen Pflanzen nahezu unverändert (Abb. 2 b). Hier liegt offenbar eine Tendenz für die Erhaltung der Strukturen vor.

Nach einer länger andauernden Dunkelphase (120 Stunden) waren in den temperaturbehandelten Pflanzen 68,1 % und in der Kontrolle 47,8 % des Chlorophyll a abgebaut. Die entsprechenden Werte für Chlorophyll b waren 78,3 % (Probe) und 27,6 % (Kontrolle). In dieser Zeit waren auch die Strukturänderungen deutlicher ausgeprägt. In der Kontrolle (Abb. 3 a und 3 b) wurde eine umfangreiche Reduktion der Thylakoid-Strukturen festgestellt. Es konnten rekonstruierte (oder neu gebildete) Prolamellarkörper, einige „osmiophile"* Globuli und eine Membranstruktur beobachtet werden, die sich von den üblichen Granastrukturen

* „osmiophil" ist hier in Anführungszeichen gesetzt, weil die Fixierung mit Kaliumpermanganat erfolgte.

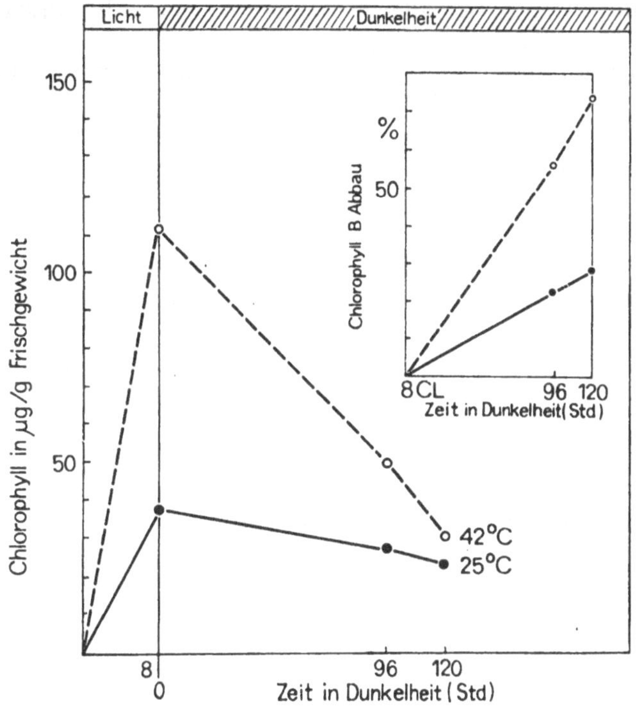

Abb. 5 Einfluß von Temperaturstress und langandauernder Dunkelheit auf den Chlorophyll b-Gehalt von Gerstenpflanzen nach Ergrünung in siebentägigem kontinuierlichem Weißlicht und anschließender Überführung in Dunkelheit (D)

unterscheidet und nur vorübergehend in den Plastiden vorhanden zu sein scheint. Sie verschwindet jedenfalls bei der Bildung der Prolamellarkörper bzw. der „osmiophilen" Globuli. Außerdem wurde beobachtet, daß in diesem Stadium Chloroplasten und Mitochondrien oft eng benachbart lagen (siehe auch Abb. 3 b).

Im Gegensatz dazu wurden in den Pflanzen, die bei hoher Temperatur gehalten wurden, keine derartigen Reduktionen der Strukturen, sondern eher die Erhaltung der Thylakoide beobachtet, (Abb. 3 c). Der Einfluß von Hochtemperatur-Stress auf die Strukturen während der Ausbildung des photosynthetischen Apparates hängt offenbar von der Zeit seiner Anwendung ab. FEIERABEND (1976) zeigte, daß die Bildung der 70 S-Ribosomen und die Funktion der 23 S und der 16 S RNA bei Reispflanzen beeinflußt ist, wenn diese bei 32 °C kultiviert wurden. Chloroplasten, die unter diesen Bedingungen gebildet wurden, waren kleiner und enthielten etwa schlauchartige Strukturen und Gruppen von osmiophilen Globuli. Die Synthese der Chlorophylle war ebenfalls gehemmt. Eine Hemmung der Chlorophyll-Biosynthese wurde beobachtet, wenn die Temperaturbehandlung vor der Belichtung der Pflanzen durchgeführt wurde (DILOVA 1978, YORDANOV 1978). Ein anderes Bild ergab, sich wenn die Pflanzen während der frühen Ergrünungsphase bei hoher Temperatur im Bereich bis 42 °C gehalten wurden. Dann wurde eine erhöhte Biosynthese der Chlorophylle und auch eine höhere photochemische Aktivität der Etiochloroplasten gefunden (DILOVA und PETKOVA, 1984). AKOYUNOGLOU und AKOYUNOGLOU (1984) untersuchten die Reorganisation der Thylakoid-Komponenten in Bohnenblättern, die in kontinuierlichem oder intermittierendem Licht ergrünt waren und anschließend in Dunkelheit übertragen worden waren.

Sie nahmen an, daß es möglicherweise einen allgemeinen Mechanismus der Thylakoid-Biogenese gibt, der

- erstens eine kontinuierliche Synthese und Insertion der Apoproteine der Reaktionszentren der Photosysteme I und II in die Membranen in der Dunkelheit umfaßt und
- zweitens, parallel dazu einen Abbau und eine Auflösung des an Chlorophyll a gebundenen Apoproteins aus dem Light-harvesting Chlorophyll a/b-Proteinkomplex.

Sie betonten ausdrücklich, daß diese Dunkelreorganisation der Thylakoidkomponenten nur in den ersten Stufen des Ergrünungsprozesses der Pflanzen zu beobachten ist.

Auf Grund der dargestellten Fakten kann angenommen werden, daß für den Ergrünungsprozeß bei erhöhten Temperaturen günstigere Bedingungen für eine intensivere Synthese und den Einbau der Komponenten in die Thylakoidmembran vorliegen. Die absolute Menge des Chlorophylls war größer, aber wahrscheinlich konnte nicht die gesamte Menge in die Membran zur Bildung stabiler lichtsammelnder Chlorophyll a/b-Protein-Komplexe eingebaut werden. Während der nachfolgenden Dunkelperiode wurde gerade dieser unstabile Teil einem stärkeren Abbau unterworfen, der mit einer ausgeprägten Reduktion der Struktur und einem steigenden Chlorophyll a : b-Verhältnis verbunden ist (Tab.). Wie bereits früher

Tabelle
Veränderungen im Chlorophyll a- und b-Gehalt und im Chlorophyll a:b-Verhältnis

Probe	Temp. (°C)	Chl a	Chl b	Chl a/Chl b Verhältnis
8 h kL	25	125,5 ± 1,4	38,8 ± 4.3	3,2
	42	275,4 ± 3,1	112,7 ± 11,0	2,4
8 h kL + 96 h D	25	83,9 ± 3,0	26,2 ± 0,3	3,2
	42	163,1 ± 12,0	50,0 ± 0,5	3,3
8 h kL + 120 h D	25	67,7 ± 0,8	24,2 ± 0,03	2,7
	42	87,8 ± 2,0	29,5 ± 0,7	3,0

Abkürzungen: h = Stunden, kL = kontinuierliches Licht, D = Dunkelheit
Die Werte für Chlorophyll a und b sind in Mikrogramm pro Gramm Frischgewicht angegeben

von THORNE und BOARDMAN (1971) und BENNETT (1981) berichtet wurde, spiegelt dieses ansteigende Verhältnis von Chlorophyll a zu b einen Abbau von unstabilem lichtsammelndem Chlorophyll a/b-Protein-Komplex wider. Es kann daher als ein erstes Anzeichen für den Abbau eines unfertigen Photosyntheseapparates gedeutet werden, der sich insgesamt über einen Zeitraum von 96 Stunden erstreckt.

Normalerweise sind die Pflanzen langsamen Temperaturwechseln ausgesetzt. Die plötzliche Umsetzung von normalen in erhöhte Temperaturen löst gewisse Schutzmechanismen aus, die manche Autoren mit der induzierten Synthese von speziellen Hitzeschock-Proteinen in Verbindung bringen (KEY et al., 1982;

ALTSCHULER und MASCARENAS, 1982; NOVER et al., 1984; BURKE et al., 1985). Die in unseren Experimenten gewählte Temperatur von 42 °C liegt nahe dem kritischen Temperaturwert und stimuliert nicht nur die beschriebenen Funktionen, sondern sie präpariert die Pflanzen auch zur Erhaltung einer Überlebenskapazität unter diesen Schockbedingungen. Es gibt auch Berichte über die Aufnahme von Hitzeschock-Protein Precursoren in die Chloroplasten *in vitro* (VIERLING et al., 1986) und von einer Synthese dieser HS-Proteine im Cytoplasma mit einem Transport sowohl in die Chloroplastenmembranen *in vivo* (KLOPPSTECH et al., 1985) als auch über das Vorkommen von Hitzeschock-Proteinen im Chloroplastenstroma (SÜSS und YORDANOV, 1986). Da aber keine spezifische Wirkung der Hitzeschock-Proteine in den Organellen beobachtet wurde, scheint ein schützender Mechanismus auf der Basis einer Verhinderung von abbauenden Prozessen in unserem Falle eher zuzutreffen, als eine aktive Schutzwirkung durch Hitzeschock-Proteine.

Eine längere Dauer der Dunkelperiode (z. B. 120 Std.) führt dann zu einer ausgeprägteren Zerstörung der Strukturen. Das mag ein Teil des zweiten Abschnittes des Strukturabbaues sein, bei dem die Schäden irreversibel werden und zu einer Zerstörung auch der Reaktionszentren führen.

Wir schlußfolgern, daß die gefundenen Ergebnisse auf eine erhöhte temperaturinduzierte Stabilität des Photosyntheseapparates hinweisen, die entweder durch eine Inaktivierung von degradativen Prozessen oder eine kurzfristige Reorganisation bzw. Umstrukturierung der Chloroplastenmembranen verursacht wird und die sich durch eine verbesserte Strukturerhaltung in einer nachfolgenden Dunkelperiode manifestiert.

Summary

Structural and functional characteristics of barley chloroplasts under temperature stress and prolonged darkness

Structural and functional characteristics of young barley chloroplasts formed from etioplasts in continuous light (8 h) at 25 °C and 42 °C were investigated before and after a transfer to darkness for a long time. No substantial differences in the visible thylakoid structures were found during the illumination at both temperatures. In the subsequent dark period a tendency for preservation of the structures formed at 42 °C was observed. A grouping of mitochondria to the chloroplasts was found in control plants (25 °C in darkness). In these seedlings a stack-like structure appeared, which is not a normal thylakoid stack. The chlorophyll synthesis was enhanced at 42 °C. A markedly expressed degradation of chlorophyll b was found in these seedlings during the dark period. The possible role of some protective mechanisms induced during the temperature stress is discussed.

Краткое содержание

Структура хлоропластов ячменя при действии тепловым стрессом и продолжительной темнотой

Структуру юных хлоропластов ячменя, образовавшуюся из этиопластов при непрерывном освещении в течение 8 часов, исследовали с помощью электронной микроскопии до и после помещения в темноту и воздействия температурами в 25 °C и 42 °C после темновых периодов различной продолжительности. При этом не наблюдалось существенных различий видимой структуры тилакоид во время светового периода при обоих названных температурах. В последующих темновых периодах была установлена тенденция к консервированию образованной структуры при более высокой температуре (42 °C). У контрольных растений (25 °C), в темноте) наблюдалось наслоение митохондрий у хлоропластов и особая стопообразная структура, которая, кажется, неидентична со стопами нормальных тилакоид и которая затем опять исчезает в ходе дальнейшего воздествия темноты. Синтез хлорофилла был повышен при 42 °C, а во время темновой фазы у этух растений было установлено четко выраженное снижение хлорофилла б. Обсуждается наличие возможных защитных механизмов при действии теплового шока.

Die Autoren danken Frau Waltraud Panitz für ihre zuverlässige technische Assistenz und Herrn Prof. Dr. K. Müntz für die kritische Durchsicht des Manuskriptes.

Literatur

Akoyunoglou, A., and G. Akoyunoglou, 1984: Mechanism of thylakoid reorganization during chloroplast development in higher plants. Israel J. Bot. **33**, 149–162.

Altschuler, M., and J. P. Mascarenas, 1982: The synthesis of heat-shock proteins at high temperatures in plants and their possible role in survival under heat stress. In: Heat Shock from Bacteria to Man (Eds. M. J. Schlesinger et al.), pp. 321-327, Cold Spring Harbor Laboratory.

Bennett, J., 1981: Biosynthesis of light-harvesting chlorophyll a/b protein. Polypeptide turnover in darkness. Eur. J. Biochem. **118**, 61–70.

Berry, J., and O. Björkman, 1980: Photosynthetic response and adaptation to temperature in higher plants. Ann. Rev. Plant Physiol. **31**, 491–543.

–, and W. J. S. Dowton, 1982: Environmental regulation of photosynthesis: In: Photosynthesis (Ed. Govindjee), vol. II, pp. 263–344, Acad. Press, New York and London.

Burke, J. J., J. L. Hatfield, R. R. Klein and J. E. Mullet, 1985: Accumulation of heat shock proteins in field-grown cotton. Plant Physiol. **78**, 394–398.

Dilova, S. 1978: Changes in the plastid pigment metabolism during greening at high temperature. In: 6th Nat. Conf. Plant Physiol. (Ed. Bulg. Acad. Sci.), Vol. IV, pp. 119–124, Sofia.

–, and R. Petkova, 1984: Formation of the photosynthetic apparatus at high temperature and its resistance to repeated darkening. In: Advances in Photosynthesis Research (Ed. C. Sybesma, Vol. IV, pp. 685–688, M. Nijhoff/Dr. W. Junk, Publ., The Hague.

Feierabend, J., 1976: Temperature sensivity of chloroplast ribosome formation in higher plants. In: Genetics and Biogenesis of Chloroplasts and Mitochondria (Eds. Th. Butcher et al.), pp. 99–102, Elsevier/North Holland Biomedical Press Amsterdam.

KEY, J. L., CHU-JUNG LIN, E. CEGLARZ and F. SCHÖFFLE, 1982: The heat-shock response in plants: Physiological considerations. In: Heat Shock from Bacteria to Man (Eds. M. J. SCHLESINGER et al.), pp. 329–336, Cold Spring Harbor Laboratory.

KLOPPSTECH, K., G. MEYER, G. SCHUSTER and I. OHAD, 1985: Synthesis, transport and localization of a nuclear coded 22-kd heat-shock protein in the chloroplast membranes of peas and chlamydomonas reinhardi. EMBO J. **4**, 1901–1909.

MACKINNEY, J., 1941: Absorption of light by chlorophyll solutions. J. Biol. Chem. **140**, 315–322.

MACWILLIAM, J. P., and A. W. NAYLOR, 1967: Temperature and plant adaptation. Plant Physiol. **42**, 1711–1715.

NOVER, L., D. HELLMUND, D. NEUMANN, K.-D. SCHARF and E. SERFLING, 1984: Heat shock response of eukaryotic cells. Biol. Zbl. **103**, 357–435.

PETKOVA, R., YU. ZEINALOV and S. DILOVA, 1973: State of the pigment-protein complex in higher plants. I. Influence of temperature of 25 °C–70 °C. Photosynthetica **7**, 226–231.

SÜSS, K.-H., and I. T. YORDANOV, 1986: Biosynthetic cause of *in vivo* acquired thermotolerance of photosynthetic light reactions and metabolic responses of chloroplasts to heat stress. Plant Physiol. **81**, 192–199.

THORNE, S. W., and N. K. BOARDMAN, 1971: Formation of chlorophyll b and the fluoescence properties and photochemical activities of isolated plastids from greening pea seedlings. Plant Physiol. **47**, 252–261.

VIERLING, E., M. L. MISHKIND, G. W. SCHMIDT and J. L. KEY, 1986: Specific heat shock proteins are transported into chloroplasts. Proc. Natl. Acad. Sci. **83**, 361–365.

YORDANOV, I., 1978: Influence of high temperature on the formation of the photosynthetic apparatus and spectral characteristics of the pigment-protein complexes of *Phaseolus vulgaris*-plants. Photosynthetica **12**, 344–348.

Dr. SOPHIA DILOVA
M. Popov Institute of Plant Physiology of the Bulgarian Academy of Sciences
Ul. Acad. G. Bontchev, Bl. 21
1113 Sofia
Bulgaria

Dr. KLAUS ADLER
Zentralinstitut für Genetik und Kulturpflanzenforschung der
Akademie der Wissenschaften der DDR
Corrensstr. 3
Gatersleben
DDR - 4325

Kulturpflanze 36 · 1988 · 355–368

Rasterelektronenmikroskopische Untersuchungen an Samen der Gattung *Allium* L. III.[1]

Joachim Kruse

(Eingegangen am 27. Januar 1988)

Zusammenfassung

Die Testa-Epidermisskulpturen von weiteren Arten der Gattung *Allium* L. wurden rasterelektronenmikroskopisch untersucht. Dabei konnten die bisherigen Befunde über die sektionsspezifische Ausbildung der Testaskulpturen weitgehend bestätigt werden.

Die wenig differenzierten Testaskulpturen der sect. *Anguinum* G. Don ex Koch wurden an weiteren Arten der Gattung nachgewiesen. Die untersuchten Arten der sect. *Rhizirideum* G. Don ex Koch entsprechen in der Mehrzahl den charakteristischen granulösen Skulpturtypen dieser Sektion. Besonderheiten ergeben sich bei einzelnen Arten durch spezielle verrucose Skulpturen bzw. deutlich undulierte Antiklinalwände.

Die Testaskulpturen einiger Arten der sect. *Cepa* (Miller) Prokh. konnten den für diese Sektion typischen Skulpturformen zugeordnet werden.

Der einheitliche, verrucose Skulpturtyp der sect. *Codonoprasum* Reichenb. wurde durch weitere Arten bestätigt. Ebenso zeigen die Arten der sect. *Caloscordum* (Herb.) Bak. übereinstimmende Testamerkmale.

Die untersuchten Sippen der sect. *Lophioprason* Traub entsprechen in ihrer Testaskulptur dem bisher bekannten Merkmalsspektrum der jeweiligen Artengruppe. Hierbei konnte auch der spezielle verrucose Skulpturtyp der *Allium acuminatum*-Gruppe an weiteren Arten dieser Gruppe nachgewiesen werden. Granulöse Skulpturformen wurden bei einzelnen Arten der sect. *Rhophetoprason* Traub und sect. *Amerallium* Traub gefunden.

Die der sect. *Allium* L. und dem subgen. *Melanocrommyum* (Webb et Berth.) Rouy gemeinsame Testaform, die durch verrucose Skulpturen sowie eine ausgeprägte Antiklinalwand-Undulation gekennzeichnet ist, wurde durch weitere Arten dieses Verwandtschaftskreises bestätigt. Dabei unterscheidet sich der Undulationstyp der Sektionen *Allium* L. und *Megaloprason* Wendelbo von den untersuchten Arten anderer Sektionen des subgen. *Melanocrommyum* (Webb et Berth.) Rouy.

[1] Einige der untersuchten Arten konnten während der gemeinsamen Expeditionen in der Georgischen SSR gesammelt werden, die von Frau Dr. R. K. Beridze, Botanisches Institut der Georgischen Akademie der Wissenschaften, in bewährter Weise organisiert wurden. Dieses ist eine willkommene Gelegenheit, ihr diesen Beitrag anläßlich ihres 70. Geburtstages zu widmen.

Einleitung

Wie verschiedene elektronenmikroskopische Untersuchungen der Testa-Epidermis zahlreicher Arten der Gattung *Allium* L. zeigten (BOTHMER 1974; PASTOR 1981; LUŽNÝ und VANČURA 1982; KRUSE 1984, 1986; KOMISSAROV et al. 1986), sind die Testa-Skulpturmerkmale dieses Verwandtschaftskreises durch eine besondere Mannigfaltigkeit gekennzeichnet, so daß die Verteilungsmuster der verschiedenen Skulpturtypen einen Einblick in die Verwandtschaftsstruktur dieser Gattung ermöglichen.

Die Untersuchungen dieses Merkmalskomplexes ergaben, daß ein Teil der infragenerischen Sippen jeweils durch einheitliche, oft sehr spezifische Testaskulpturen, die auf eine natürliche Verwandtschaft hindeuten, charakterisiert ist, während bei anderen Verwandtschaftskreisen ein breiteres Spektrum von Skulpturformen auf eine heterogene Verwandtschaftsstruktur schließen läßt. Darüber hinaus fanden sich Hinweise auf die Abstammungsbeziehungen einzelner Gruppen.

Die vorliegende Arbeit untersucht die Skulpturmerkmale weiterer ausgewählter Arten dieser Gattung, die verschiedenen Sektionen angehören.

Material und Methode

Das untersuchte Samenmaterial entstammt hauptsächlich der *Allium*-Spezialsammlung des Zentralinstituts für Genetik und Kulturpflanzenforschung Gatersleben. Mehrere der untersuchten Samenproben verdanken wir Herrn Dr. N. FRIESEN, Siberian Central Botanical Garden, Novosibirsk, sowie Herrn M. WILLETTS, Moss Landing, California. Darüber hinaus wurde Samenmaterial folgender Herbarien untersucht: Herbarium of the Institute of the Tadzhikistan Academy of Sciences, Dushanbe; Herbarium of Kunming Institute of Botany, Academia Sinica, Kunming; Herbarium of the Institute of Botany, Academia Sinica, Beijing; Herbarium of the British Museum (Natural History), London und The Herbarium, Royal Botanic Gardens, Kew.

Der Probenumfang der untersuchten Sippen betrug jeweils 4–6 Samen.

Die lufttrockenen Samen wurden ohne besondere Vorbehandlung zunächst mit Kohle und anschließend im Sputtering-Verfahren mit einer Gold-Palladium-Legierung beschichtet. Die Untersuchungen erfolgten mit einem Rasterelektronenmikroskop des Typs ISI-40.

Ergebnisse und Diskussion

Wie frühere Untersuchungen einiger Arten der Sektion *Anguinum* DON ex KOCH zeigten (PASTOR 1981; KRUSE 1984), ist diese Sektion durch relativ einfache, in ihrer Oberfläche weitgehend ungegliederte, plane Testazellen gekennzeichnet. Diesem Typ entsprechen auch die folgenden in die Untersuchungen einbezogenen Arten *Allium prattii* WRIGHT (Abb. 1 u. 2) und *A. ovalifolium* HAND.-MAZZ. Die Testazellen beider Arten zeichnen sich, in Übereinstimmung mit *A. victorialis* L., durch ein relativ breites Antiklinalfeld aus, das von einem planen Zentralfeld überragt wird. Das Zentralfeld besitzt eine glatte Oberfläche, die geradlinig bis schwach wellig umgrenzt ist. So vermittelt diese Sektion ein relativ einheitliches Bild, da die Testazellen sämtlicher bisher untersuchter Arten eine glatte Oberfläche auf-

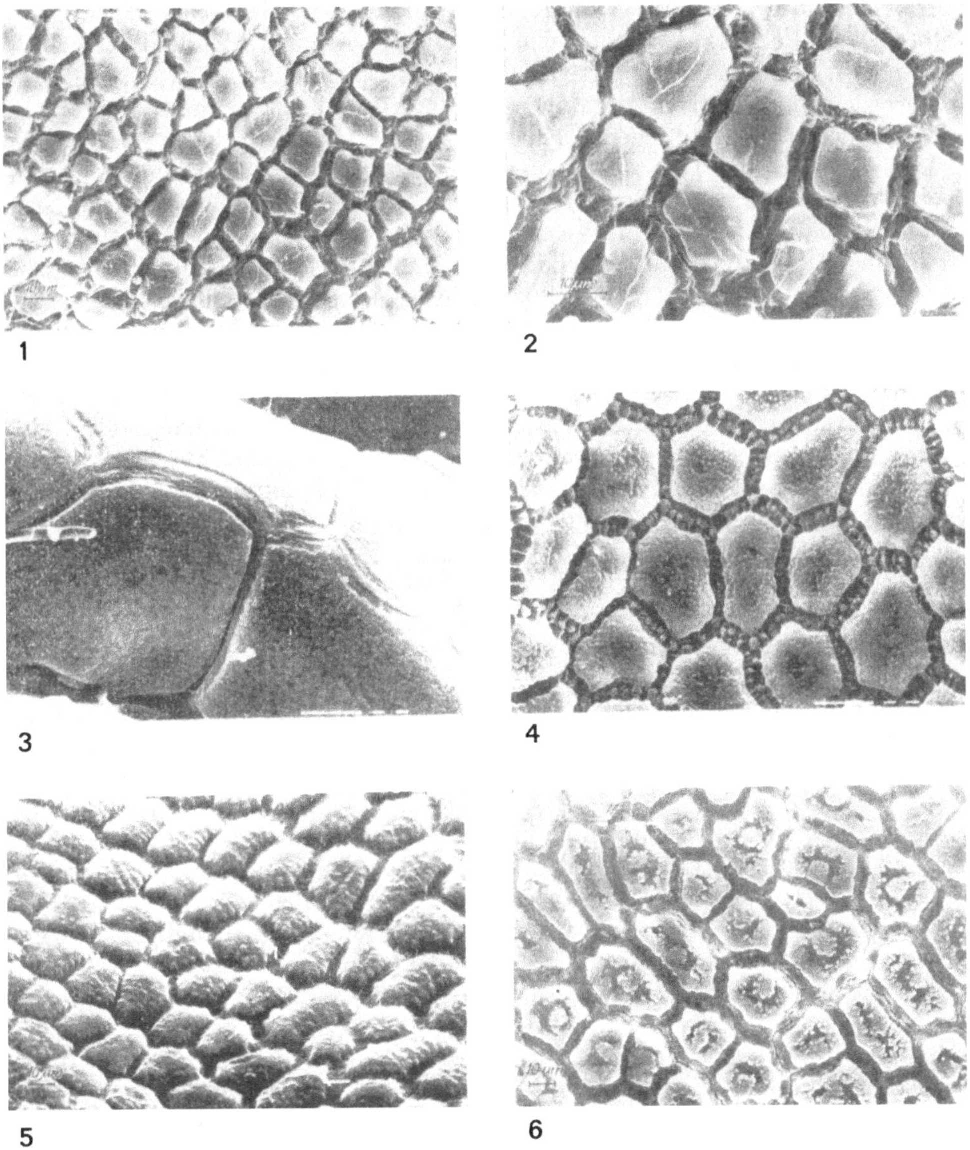

Tafel 1 Testa-Epidermiszellen. Abb. 1 und 2 *A. prattii* Wright – Abb. 3 *A. tubiflorum* Rendle – Abb. 4 *A. prostratum* Trev. – Abb. 5 *A. ruprechtii* Boiss. – Abb. 6 *A. daghestanicum* Grossh. Der Maßstab der Abb. 1 gilt auch für Abb. 3 und 4

weisen, wobei sich *A. tricoccum* Ait. jedoch durch das Fehlen eines Antiklinalfeldes von anderen Arten dieser Sektion unterscheidet.

Eine gewisse Sonderstellung innerhalb der Gattung *Allium* L. nimmt die Sektion *Caloscordum* (Herb.) Bak. ein. Sie umfaßt nur zwei Arten, von denen eine bereits früher untersucht wurde (Kruse 1984). Die Testamerkmale einer weiteren geprüften Art, *Allium tubiflorum* Rendle (Abb. 3), zeigt mit jener weitgehende

Übereinstimmung. Auch die vorliegende Art besitzt ein planes bis schwach gewölbtes Zentralfeld, das von einem eingesenkten, relativ schmalen und undeutlich querwelligen Antiklinalfeld umgrenzt wird. Das Zentralfeld ist durch mehr oder weniger gleichmäßig verteilte granulöse Skulpturen gekennzeichnet.

Wie frühere Untersuchungen nachweisen konnten, ist die Sektion *Rhizirideum* G. DON ex KOCH durch ein relativ breites Spektrum von Testa-Skulpturmustern charakterisiert. Die in der Regel geradlinig begrenzten Testazellen zeichnen sich oft durch eine granulöse Oberseite aus, die unterschiedlich gegliedert sein kann, wobei eine Reihe von Skulpturtypen miteinander durch Übergangsformen verbunden sind. Das umgrenzende Antiklinalfeld ist meist relativ deutlich ausgeprägt und in der Regel durch ein paralleles Faltenmuster gekennzeichnet, das quer zur Antiklinalwand orientiert ist.

Weitere untersuchte Sippen dieser Sektion fügen sich weitgehend in den Rahmen der bisher ermittelten Variationsbreite dieses Verwandtschaftskreises ein. Dabei entsprechen *Allium prostratum* TREV. (Abb. 4), *A. ruprechtii* BOISS. (Abb. 5), *A. carolinianum* DC., *A. flavescens* BESS. und *A. clathratum* LDB. einem sehr einfachen Skulpturtyp, der durch ein einheitlich granulöses Zentralfeld gekennzeichnet ist. Das Zentralfeld dieser Arten ist in der Regel plan bis schwach gewölbt, seltener zur Mitte leicht eingesenkt. Eine Abwandlung dieses Typs konnte an *Allium daghestanicum* GROSSH. (Abb. 6) festgestellt werden, bei dem das granulöse Skulpturmuster stellenweise unterbrochen ist. Dabei erfolgt der Wegfall granulöser Skulpturen bei kleineren, verschmälerten Testazellen besonders im Zentrum der Zelloberseite, während bei größeren isodiametrischen Zellen ein mehr ringartiger Bereich betroffen ist. Die Grana beschränken sich dann auf die Mitte und den Randbereich des Zentralfeldes. Ein ähnliches Muster liegt bei *Allium chevsuricum* TSCHOLOK. (Abb. 7) vor, wo jedoch außerdem die randlichen Skulpturen stellenweise fehlen können, so daß es zu einer unregelmäßigen Gliederung des Zentralfeldrandes kommt. Eine relativ große Variationsbreite läßt *Allium strictum* SCHRAD. erkennen. Hier wird das Zentrum kleinerer isodiametrischer Zellen von einer relativ breiten höckerartigen Aufwölbung eingenommen, die mehr oder weniger deutlich vom Rand des Zentralfeldes abgesetzt ist. Daneben finden sich zahlreiche Übergänge zu vergrößerten länglichen Zellen, bei denen im mittleren Bereich des Zentralfeldes jeweils mehrere Höcker zur Ausbildung gelangen (Abb. 9 u. 10). Ähnlich zeichnet sich *Allium barsczewskii* LIPSKY (Abb. 8) durch einen verbreiterten, die Fläche des Zentralfeldrandes deutlich überragenden Höcker aus, wobei der schwach aufgewölbte Rand des Zentralfeldes nur eine geringe Breite aufweist. Damit entspricht die Testa einem Skulpturtyp, wie er bereits von *Allium flavellum* VVED. und *A. jodanthum* VVED. beschrieben wurde (KRUSE 1986), wo – ähnlich wie bei verschiedenen Arten der Sektion *Molium* G. DON ex KOCH – ein zentraler Höcker dominiert und der Randbereich des Zentralfeldes entsprechend stark verschmälert ist.

In der Regel lassen die Testaskulpturen zahlreicher Arten der Sektion *Rhizirideum* G. DON ex KOCH auf einen annähernd geraden, teilweise undeutlich schwachwelligen Verlauf der Antiklinalwände schließen (PASTOR 1981; KRUSE 1984, 1986). Einige andere nahe verwandte Arten dieser Sektion sind dagegen durch eine deutliche Undulation der Antiklinalwände gekennzeichnet. So weisen die Testazellen von *Allium vodopjanovae* FRIESEN (Abb. 13), *A. tenuissimum* L. (Abb. 14) und *A.*

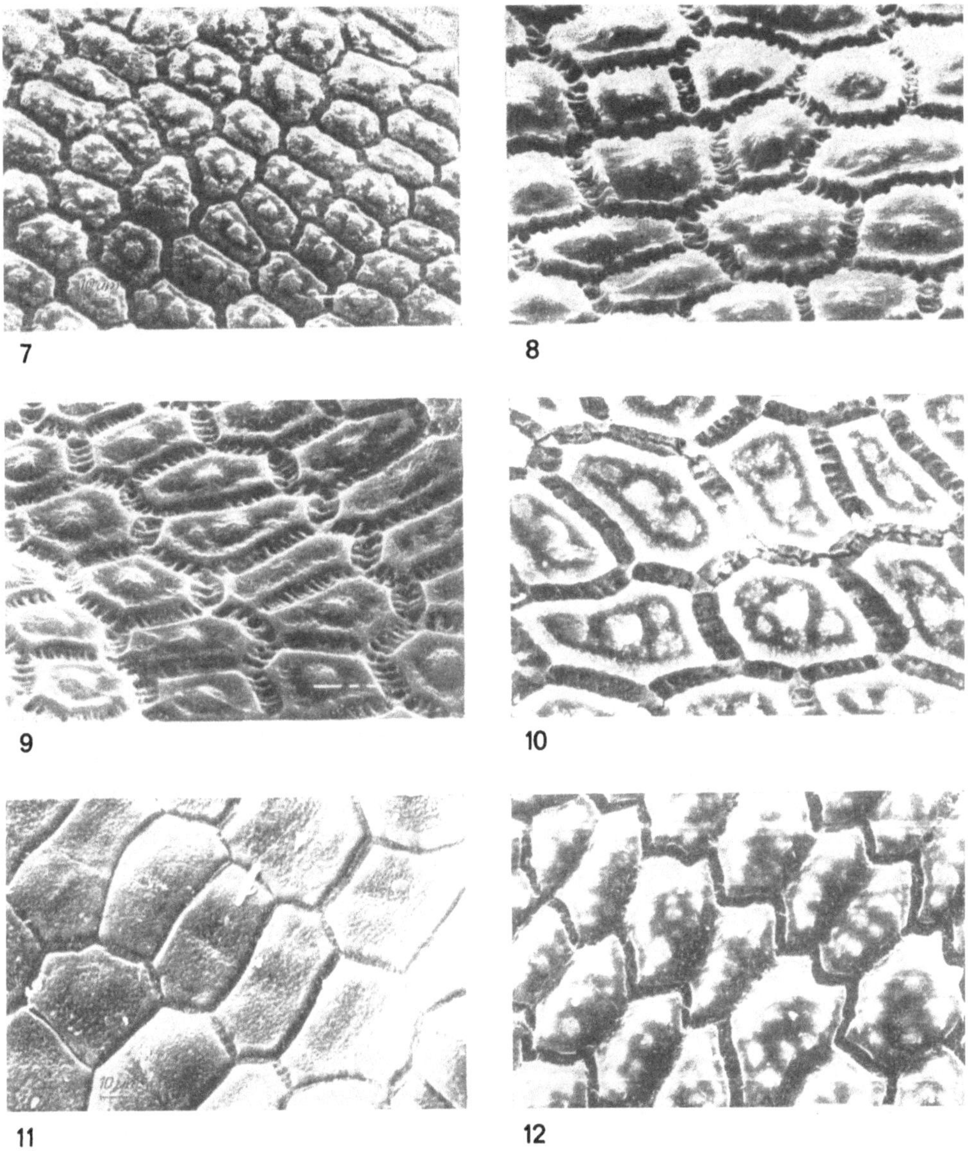

Tafel 2 Testa-Epidermiszellen. Abb. 7 *A. chevsuricum* TSCHOLOK. – Abb. 8 *A. barsczewskii* LIPSKY – Abb. 9 und 10 *A. strictum* SCHRAD. – Abb. 11 *A. rhabdotum* STEARN – Abb. 12 *A. farctum* WENDELBO. Der Maßstab der Abb. 7 gilt auch für Abb. 8–10, der auf Abb. 11 angegebene auch für Abb. 12

anisopodium LDB. (Abb. 15) eine feinwellige S-Undulation auf, die jedoch – im Vergleich zu den Undulationsformen einiger anderer Sektionen der Gattung – nur schwach ausgeprägt ist und so eine geringe randliche Gliederung der Zelle bedingt. Damit wird deutlich, daß bereits in der relativ ursprünglichen Sektion *Rhizirideum* G. DON ex KOCH Tendenzen zu einer Antiklinal-Undulation vorhanden sind, wie sie in andersartiger Form besonders ausgeprägt bei der Sektion

Allium L., verschiedenen Arten der Sektion *Scorodon* KOCH sowie den Sektionen der Untergattung *Melanocrommyum* (WEBB et BERTH.) ROUY anzutreffen ist.

Die Testaskulpturen der Sektion *Cepa* (MILLER) PROKH. umfassen zwei Typen (KRUSE 1984, 1986), die durch Übergänge miteinander verbunden sind. Ein Teil der Arten entspricht in seinen Testaskulpturen einer einfachen Form, die u. a. in der Sektion *Rhizirideum* G. DON ex KOCH besonders häufig anzutreffen und auch

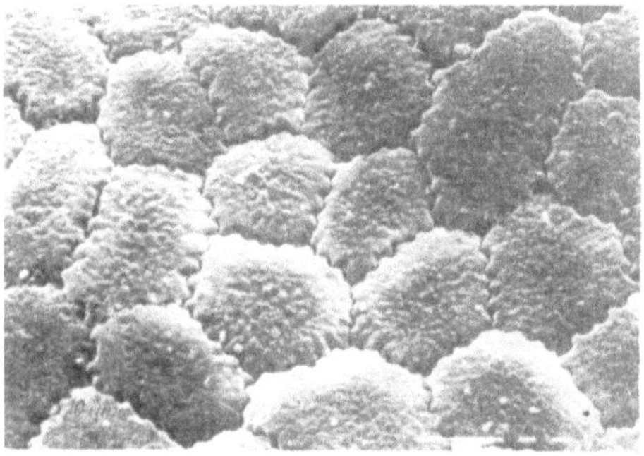

13

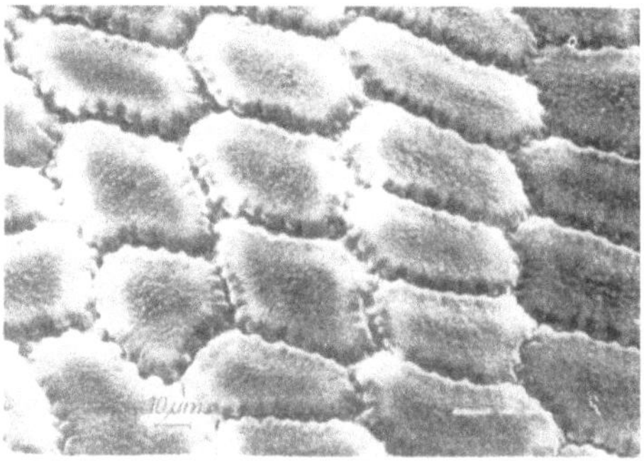

14

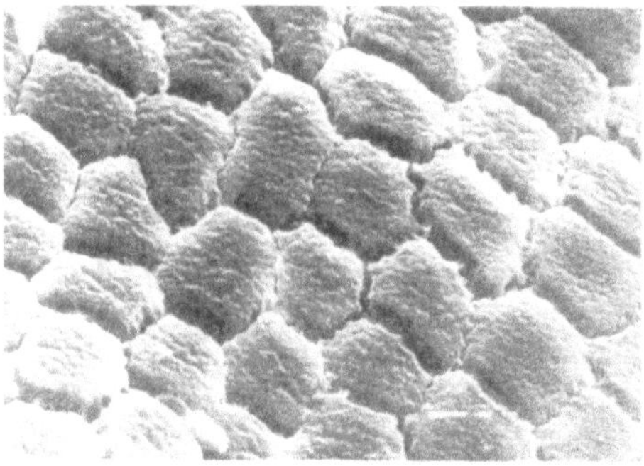

15

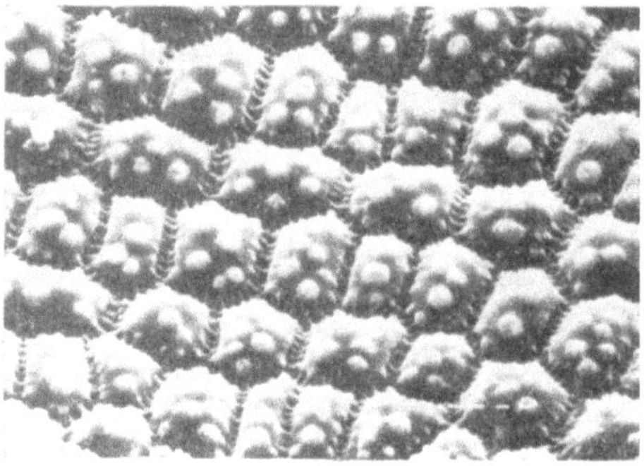

16

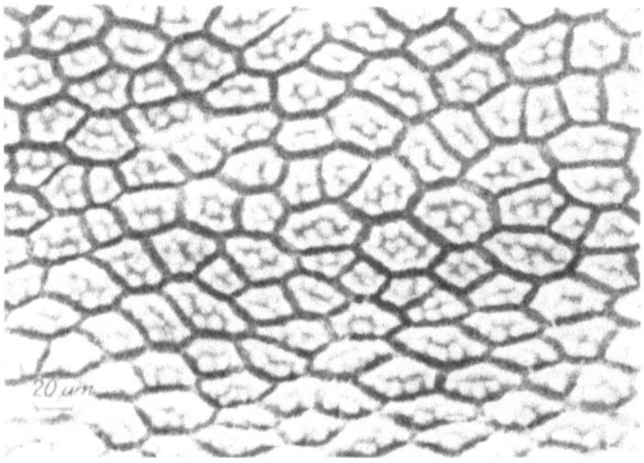

17

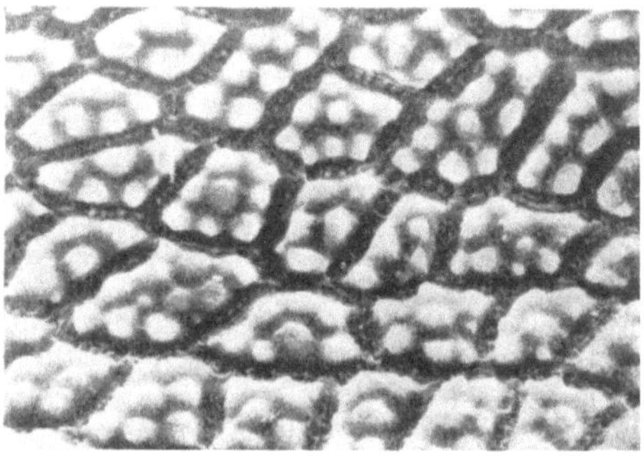

18

Tafel 3 Testa-Epidermiszellen. Abb. 13 *A. vodopjanovae* FRIESEN – Abb. 14 *A. tenuissimum* L. – Abb. 15 *A. anisopodium* LDB. – Abb. 16 *A. staticiforme* SMITH – Abb. 17 und 18 *A. melanantherum* PANČ. Der Maßstab der Abb. 14 gilt auch für Abb. 15, 16 und 18 für die Sektion *Schoenoprasum* DUMORT. s. str. typisch ist. Diese ist durch ein einheitlich granulöses Zentralfeld gekennzeichnet, das von einem deutlich ausgeprägten Antiklinalfeld umgrenzt wird. In den vorliegenden Untersuchungen konnte dieser Testatyp auch für *Allium rhabdotum* STEARN (Abb. 11) nachgewiesen werden. Ein weiterer in dieser Sektion vertretener Skulpturtyp zeichnet sich durch mittelgroße höckerartige Bildungen aus, die annähernd gleichmäßig über das gesamte Zentralfeld verteilt sind und granulöse Skulpturen aufweisen. Dieser Typ war bisher nur an den Arten *Allium cepa* L. und *A. oschaninii* FEDTSCH. nachgewiesen worden. Die Einbeziehung von *Allium farctum* WENDELBO (Abb. 12) in unsere Untersuchungen zeigte, daß die Testa dieser Art dem letzteren Skulpturmuster zuzuordnen ist.

Die Sektion *Codonoprasum* REICHENB. ist durch eine Reihe spezifischer Merkmale gekennzeichnet, die diese Gruppe als einen natürlichen Verwandtschaftskreis ausweisen. Dieser findet in den Testaskulpturen eine weitere Bestätigung, indem alle bisher untersuchten Arten einem speziellen, nahezu einheitlichen Skulpturtyp entsprechen. Dabei entwickeln die relativ kleinen Testazellen ein deutlich ausgeprägtes Antiklinalfeld, das ein höckerartig gegliedertes Zentralfeld umschließt. In der Regel ist das Skulpturmuster bei den isodiametrischen Zellen am deutlichsten ausgeprägt. Sie besitzen einen Zentralhöcker, um den ein Kranz randständiger Höcker annähernd gleicher Größe gruppiert ist. Diesem Skulpturmuster entsprechen auch die hier untersuchten Arten *Allium karsianum* FOM., *A. macedonicum* ZAHAR. und *A. melanantherum* PANČ. (Abb. 17 u. 18). Eine Besonderheit wurde an der zu dieser Sektion gehörenden Art *Allium staticiforme* SMITH beobachtet, bei der die Insertion der äußeren Höcker nicht unmittelbar am Rande des Zentralfeldes, sondern in deutlichem Abstand von diesem erfolgt (Abb. 16).

Ergänzende Untersuchungen verschiedener neuweltlich verbreiteter Arten bestätigten die bisher gewonnenen Vorstellungen über die sippenspezifische Verteilung der Testamuster innerhalb dieser Verwandtschaftsgruppe.

Die Testa vom *Allium geyeri* WATS. ist durch ein Zentralfeld gekennzeichnet, das durch eine ringartige Vertiefung in einen flachen Randbereich und einen Zentralhöcker gegliedert ist (Abb. 19). Diese Art wird von OWNBEY (SAGHIR et al. 1966) zur *A. canadense*-Gruppe (sect. *Amerallium* TRAUB) gezählt, die darüber hinaus Arten mit einfacher granulöser Testaskulptur umfaßt (KRUSE 1986). Wie an verschiedenen Arten der Sektion *Rhizirideum* G. DON ex KOCH sowie bei *Allium macranthum* BAK. und *A. cernuum* ROTH durch kontinuierliche Formenreihen bereits früher nachgewiesen wurde, sind beide Testatypen eng miteinander verwandt.

Ein ähnliches Testamuster liegt bei *Allium kunthii* G. DON (*A. kunthii*-Gruppe; sect. *Rhophetoprason* TRAUB) vor, wo jedoch das granulöse Zentralfeld nur eine schwach ausgeprägte Ringvertiefung aufweist (Abb. 20).

Die hier untersuchten Arten der *A. falcifolium*-Gruppe (sect. *Lophioprason* TRAUB), *Allium platycaule* WATS. (Abb. 21) und *A. hoffmanii* OWNBEY (Abb. 22), besitzen schwach gewölbte Testazellen mit einfachen granulösen Oberflächenskulpturen und entsprechen damit anderen bereits untersuchten Arten dieser Gruppe. Unterschiede zwischen beiden Arten bestehen im unterschiedlichen Verlauf der Antiklinalwände, indem die erste Art durch annähernd geradlinige, die zweite dagegen durch z. T. kurvig verlaufende Antiklinalwände gekennzeichnet ist. Das

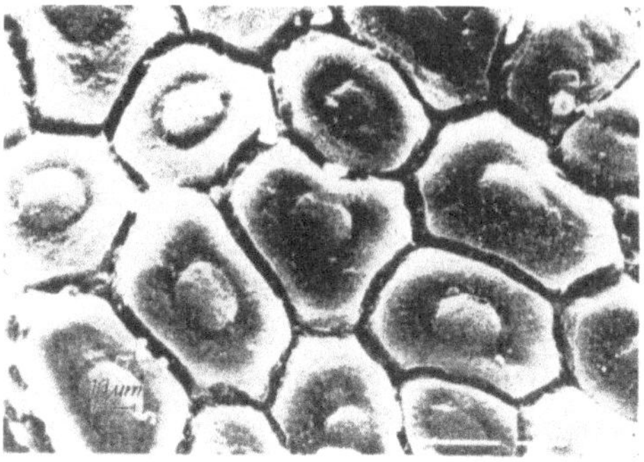

19

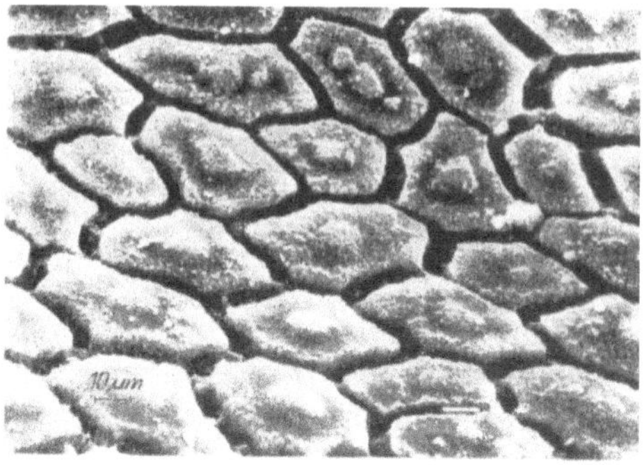

20

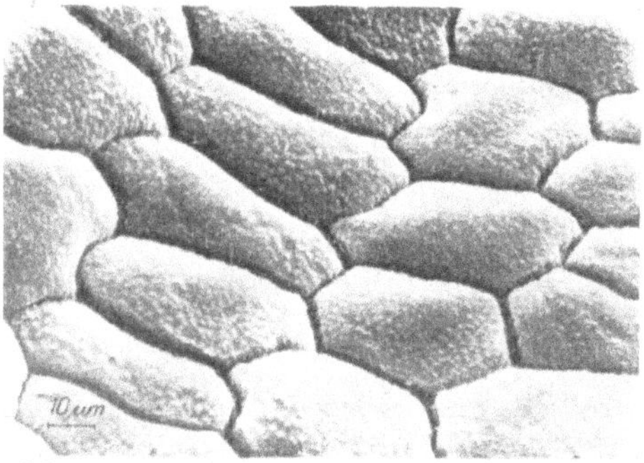

21

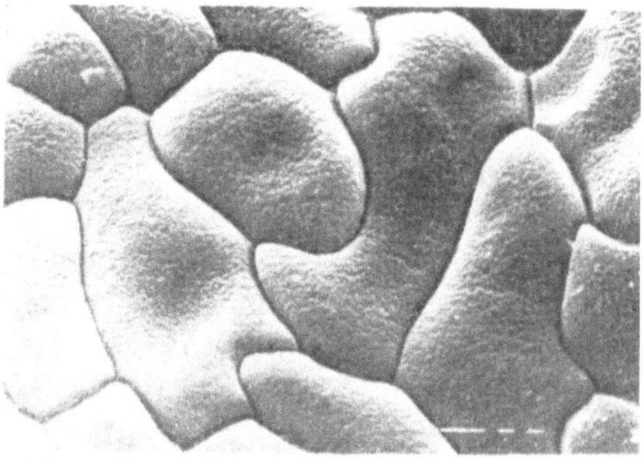

22

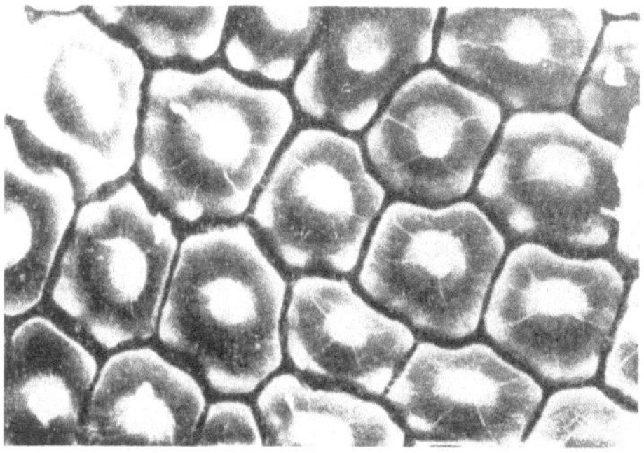

23

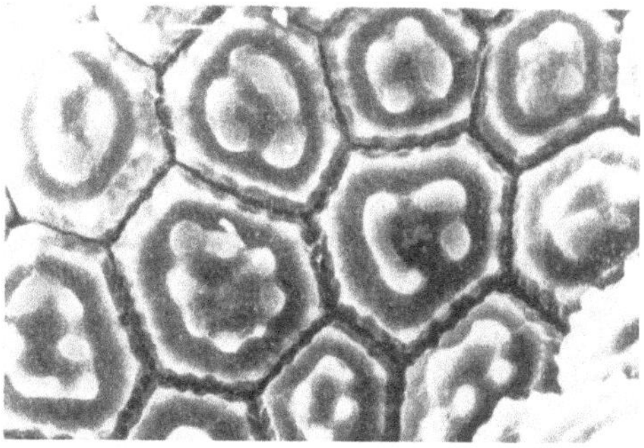

24

Tafel 4 Testa-Epidermiszellen. Abb. 19 *A. geyeri* WATS. – Abb. 20 *A. kunthii* G. DON – Abb. 21 *A. platycaule* WATS. – Abb. 22 *A. hoffmanii* OWNBEY – Abb. 23 *A. bisceptrum* WATS. – Abb. 24 *A. dichlamydeum* GREENE. Der Maßstab der Abb. 19 gilt auch für Abb 23, der auf Abb. 21 angegebene auch für Abb. 22 und 24

letztere Verhalten wurde bereits bei dem ebenfalls zu dieser Artengruppe gehörenden *Allium cratericola* EASTW. beobachtet (KRUSE 1986).

Die Testazellen von *Allium bisceptrum* WATS., einem Vertreter der *A. campanulatum*-Gruppe (sect. *Lophioprason* TRAUB), zeichnen sich durch eine deutlichere Variabilität aus. Ein Teil der Testazellen ist oberseits durch eine Ringfurche in einen Zentralhöcker und einen relativ breiten Randbereich gegliedert. Weiterhin wurden Zellformen beobachtet, bei denen der zentrale Höcker besonders gefördert und der entsprechend verschmälerte Randbereich des Zentralfeldes in kleinere Höcker aufgelöst ist (Abb. 23). Darüber hinaus kann der Zentralhöcker radiärfaltige Skulpturen aufweisen. Dieser Testatyp wurde – z. T. auch in einer ähnlichen Variationsbreite – bei verschiedenen Arten der Sektion *Molium* G. Don ex Koch beobachtet (Pastor 1981, Kruse 1986).

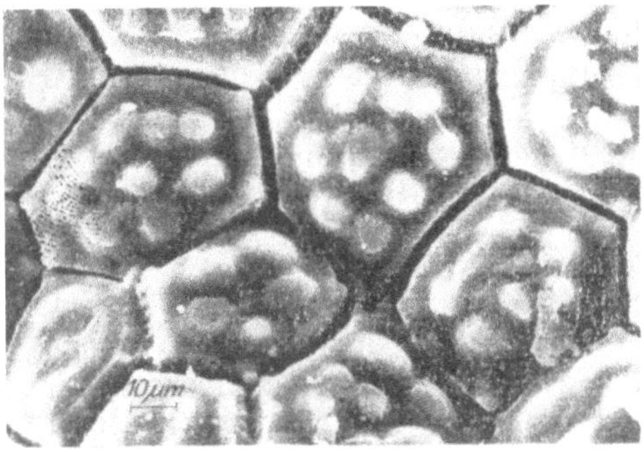

25

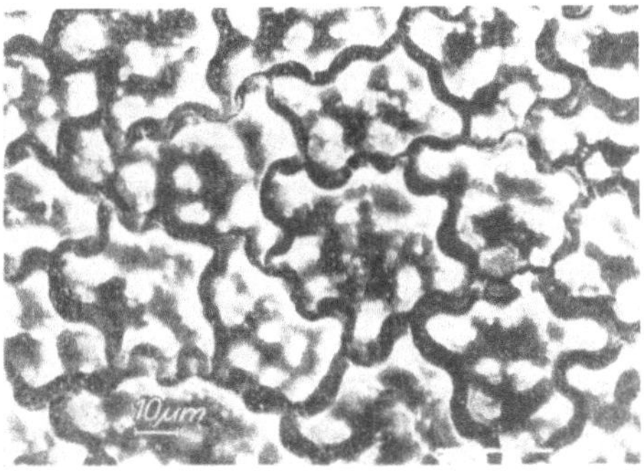

26

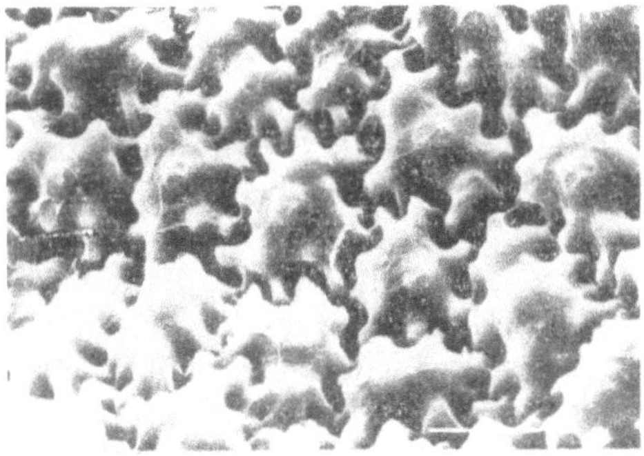

27

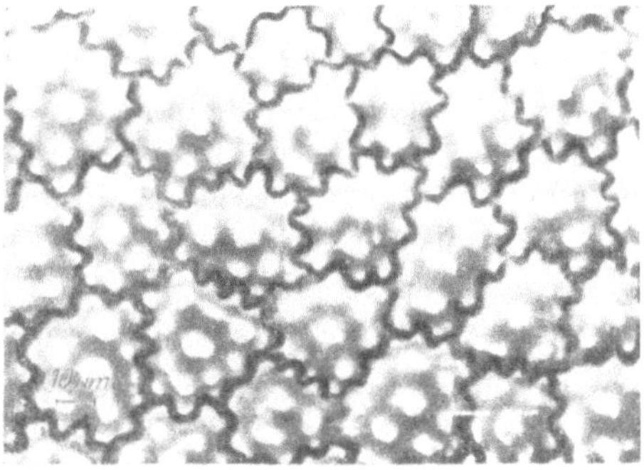

28

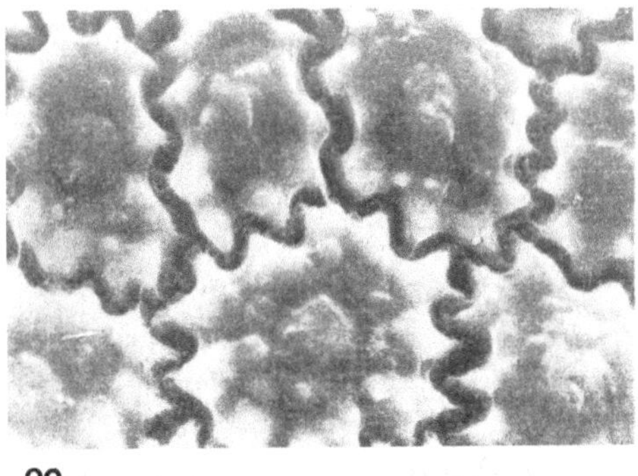

29

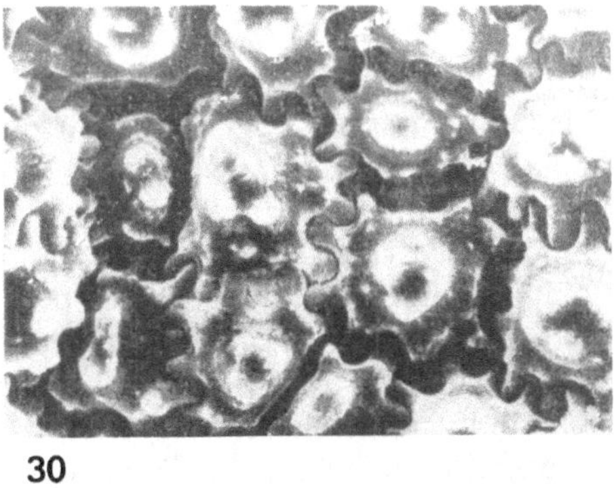

30

Tafel 5 Testa-Epidermiszellen. Abb. 25 *A. serratum* Wats. – Abb. 26 *A. oreophiloides* Rgl. – Abb. 27 *A. vineale* L. – Abb. 28 *A. rubrovittatum* Boiss. et Heldr. – Abb. 29 *A. ponticum* Miscz. – Abb. 30 *A. trautvetterianum* Rgl. Der Maßstab der Abb. 26 gilt auch für Abb. 27, 29 und 30

Ein besonders charakteristischer Testa-Skulpturtyp wurde in vorangegangenen Untersuchungen bei einer Reihe von Arten der *A. acuminatum*-Gruppe (sect. *Lophioprason* TRAUB) festgestellt. Dieser zeichnet sich im mittleren Bereich des Zentralfeldes durch mehrere, vielfach ringartig angeordnete, mittelgroße Höcker aus, die von einem auffallend breiten, planen Randbereich umschlossen werden. Dabei kann zusätzlich ein zentraler Höcker gleicher Größe zur Ausbildung gelangen. Die Prüfung weiterer Arten zeigte, daß auch *Allium dichlamydeum* GREENE (Abb. 24) und *A. serratum* WATS. (Abb. 25), die ebenfalls dieser Gruppe angehören, diesem Testatyp entsprechen, so daß die Gruppenspezifität dieses Skulpturtyps weiter bestätigt werden konnte.

Die Sektion *Scorodon* KOCH erwies sich auf Grund früherer Untersuchungen im Hinblick auf die Testamerkmale als ein sehr heterogener Verwandtschaftskreis, der neben Arten mit geradwandigen Testazellen auch Sippen mit einer ausgeprägten Antiklinalwand-Undulation umfaßt und auch in den Skulpturformen eine größere Vielfalt aufweist. Die hier untersuchte Art *Allium oreophiloides* RGL. entspricht in ihren Testamerkmalen einem differenzierteren Typ, dessen Antiklinalwand-Undulation eine ausgeprägte Gliederung der Testazelle bedingt (Abb. 26). Die durch eine U- oder Omega-Undulation gekennzeichneten Testazellen weisen eine erhöhte Anzahl von Höckern auf, wie dieses auch für *Allium macrostemon* BGE. beschrieben wurde.

Wie bereits in mehreren Untersuchungen festgestellt wurde, entsprechen die Arten der Sektion *Allium* L. in ihren wesentlichen Testa-Skulpturmerkmalen einem einheitlichen Typ (BOTHMER 1974; PASTOR 1981; KRUSE 1984, 1986). Alle bisher untersuchten Sippen dieses Verwandtschaftskreises besitzen Testazellen, die sich durch eine meist mehrhöckerige Oberfläche und einen undulierten Zellumriß auszeichnen. In der Regel liegt in dieser Gruppe eine U-Undulation vor, die je nach der Tiefe der Einbuchtungen eine unterschiedliche Gliederung der Testazelle bedingen kann. Auch die vorliegenden Arten zeigen Unterschiede in der Undulationsstärke. Die Testa-Epidermiszellen von *Allium vineale* L. (Abb. 27) greifen relativ weit ineinander, so daß eine stark gegliederte Zellform resultiert. Dagegen weisen die Testa-Epidermiszellen von *Allium rubrovittatum* BOISS. et HELDR. (Abb. 28) und *A. ponticum* MISCZ. (Abb. 29) eine vergleichsweise schwache Wellung auf, so daß die Gliederung der Zelle vor allem auf den randlichen Bereich beschränkt bleibt.

Frühere Untersuchungen ergaben eine weitgehende Übereinstimmung der Sektionen *Allium* L. und *Megaloprason* WENDELBO in den Testa-Skulpturmerkmalen, indem auch die bisher untersuchten Arten der letzteren Sektion sowohl durch großhöckerige Oberflächenskulpturen als auch durch U-Undulation der Testazellen gekennzeichnet sind. Dieses bestätigte sich auch bei den hier untersuchten Arten *Allium trautvetterianum* RGL. (Abb. 30) und *A. fetisowii* RGL. (Abb. 31), wobei die letztere Art durch eine relativ flache Wellung eine deutliche Tendenz zur S-Undulation erkennen läßt.

Soweit Befunde über die Testamerkmale weiterer Sektionen der Untergattung *Melanocrommyum* (WEBB et BERTH.) ROUY vorliegen, sind die Arten eines Teiles dieser Sektionen durch einen andersartigen Undulationstyp gekennzeichnet. Dieses wurde bisher für verschiedene Vertreter der Sektionen *Melanocrommyum* WEBB et BERTH., *Acanthoprason* WENDELBO und *Regeloprason* WENDELBO nachgewiesen,

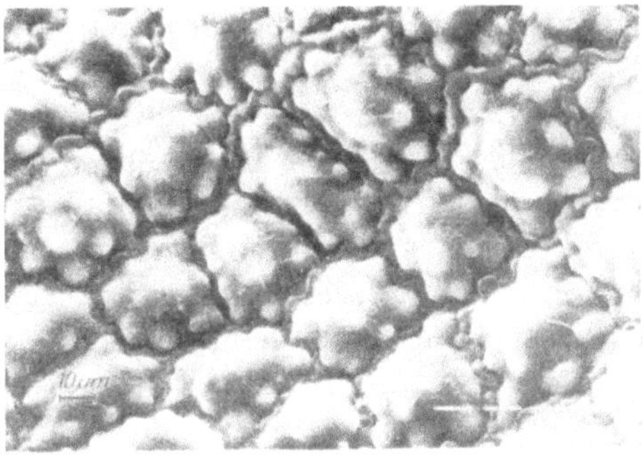

31

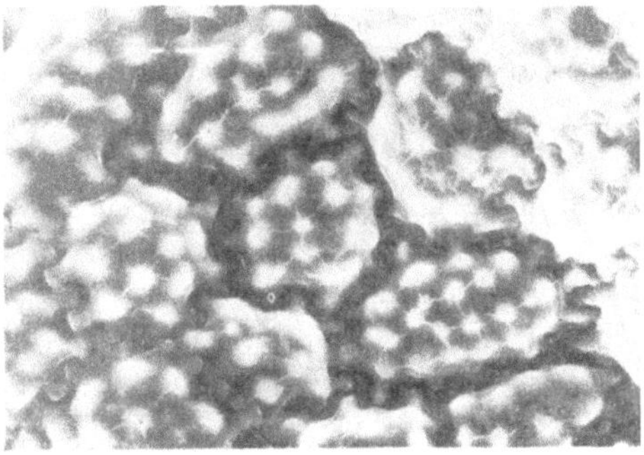

32

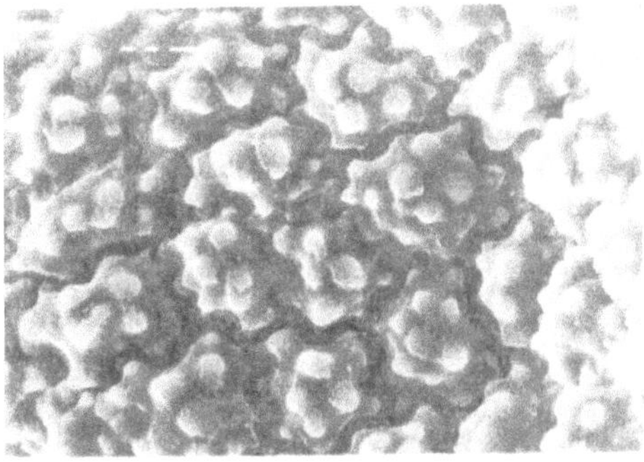

33

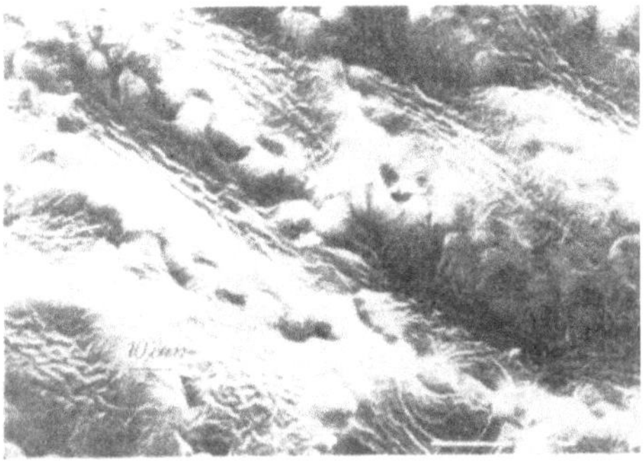

34

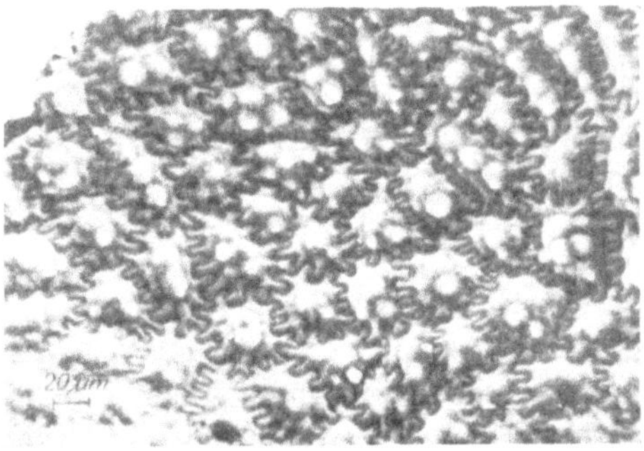

35

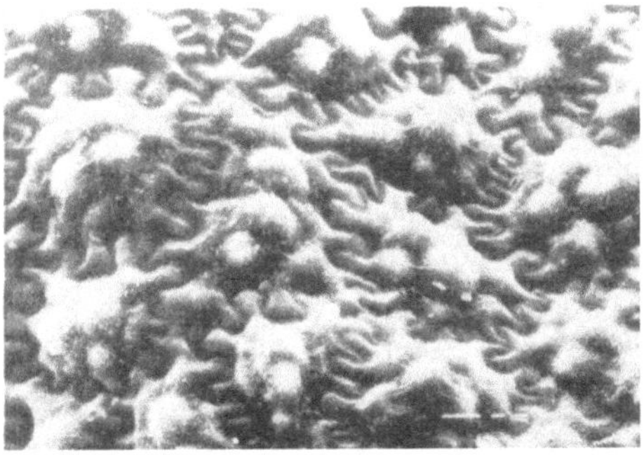

36

Tafel 6 Testa-Epidermiszellen. Abb. 31 *A. fetisowii* Rgl. – Abb. 32 *A. atropurpureum* W. et K. – Abb. 33 *A. protensum* Wendelbo – Abb. 34 *A. regelii* Trautv. – Abb. 35 und 36 *A. darwasicum* Rgl. Der Maßstab der Abb. 31 gilt auch für Abb 32, 33 und 36

bei denen auf Grund einer distalen Verbreiterung der Zellausbuchtungen eine Omega-Undulation zu beobachten ist. Dieser Undulationstyp konnte durch Untersuchung weiterer Arten dieses Verwandtschaftskreises bestätigt werden. So zeichnen sich die Testa-Epidermiszellen von *Allium atropurpureum* W. et K. durch eine mittelstarke Randwellung aus, die dem Omega-Typ entspricht (Abb. 32). Eine ähnliche Ausprägung liegt bei einem Vertreter der bisher noch nicht berücksichtigten Sektion *Kaloprasum* KOCH, *Allium protensum* WENDELBO (Abb. 33), vor. Auch für die Sektion *Regeloprason* konnte dieser Undulationstyp durch die Prüfung von zwei weiteren Arten bestätigt werden. Beide Arten zeichnen sich ebenfalls durch eine deutliche Omega-Undulation aus, wobei jedoch bedeutende Unterschiede im Wellungsgrad der Antiklinalwände beobachtet wurden. Dabei sind die Zellausbuchtungen bei *Allium regelii* TRAUTV. von sehr geringer Amplitudenbreite (Abb. 34), so daß deren distal verbreiterter Abschnitt in eine nur sehr kurze basale Einschnürungszone übergeht. Inwieweit die bei dieser Samenprobe fehlende Höckerbildung der Testa-Oberfläche arttypisch ist, kann erst nach Prüfung weiterer Herkünfte beurteilt werden. Einem anderen Typ entsprechen dagegen die Zellausbuchtungen von *Allium darwasicum* RGL., die relativ lang und schmal sind. Ihr distal verbreiterter Abschnitt geht hier basal in eine schmal verlängerte, oft parallelseitige Einschnürungszone über. Die Oberseite der Testazellen ist bei dieser Art durch eine deutlich ausgeprägte Höckerbildung gekennzeichnet (Abb. 35 u. Abb. 36).

Die elektronenmikroskopischen Arbeiten wurden im Institut für Phytopathologie der AdL der DDR in Aschersleben durchgeführt. Der Leitung dieses Instituts danke ich für die freundliche Unterstützung. Mein besonderer Dank gilt Herrn Dr. H. B. SCHMIDT für die beratende Betreuung sowie Fräulein M. MÜLLER für die sorgfältige technische Durchführung der elektronenmikroskopischen Arbeiten.

Summary

SEM investigations on seeds of the genus *Allium* L. III.

The structure of the testa epidermis of additional species of *Allium* L. have been studied by means of SEM. Results obtained earlier for different sections of the genus could be confirmed:

The less differentiated testa structure of sect. *Anguinum* G. DON ex KOCH has been observed in further species of this group.

Most of the newly examined taxa of sect. *Rhizirideum* G. DON ex KOCH correspond to the already known testa types of this section and are characterized by granulate seed coat surfaces. Deviations have been found in some species which possesss either a special type of verrucate sculptures or have distinctly undulated anticlinal walls of the testa cells.

The earlier described two testa types of sect. *Cepa* (MILL.) PROKH. could be observed in some additional species of this section, too.

Likewise the uniformly verrucate sculptures of sect. *Codonoprasum* RCHB. have been found in further species and also the taxa of sect. *Caloscordum* (HERB.) BAK. agree in their testa characters.

Earlier described seed coat types for different species groups of sect. *Lophioprason* TRAUB could be confirmed, among them the verrucate sculptures of the *Allium acuminatum*-group. Granulate testa surfaces have been analyzed in several species of sect. *Rhophetoprason* TRAUB and sect. *Amerallium* TRAUB.

The testa type commonly found in sect. *Allium* as well as in subgen. *Melanocrommyum* (WEBB et BERTH.) ROUY and characterized by verrucate sculptures and strong undulation of the anticlinal cell walls could be observed in further species of these infrageneric groups. The undulation pattern of sect. *Allium* and sect. *Megaloprason* WENDELBO however differs from that of other sections of subgen. *Melanocrommyum* (WEBB et BERTH.) ROUY.

Краткое содержание

Исследования семян рода *Allium* L. с помощью растровой электронной микроскопии. III.

С помощью растровой электронной микроскопии исследовали также у других видов из рода *Allium* L. скульптуры эпидермиса семенной оболочки. При этом, смогли подтвердить полученные до сих пор результаты о секционно-специфическом образовании скульптур семенной оболочки.

Мало дифференцированные скульптуры семенной оболочки секции *Anguinum* G. DON ex KOCH были доказаны на других видах рода. Исследованные виды секции *Rhizirideum* G. DON ex KOCH соответствуют, в большинстве, характерным гранулярным скульптурам этой секции. Особенности проявились у отдельных видов через специальные веррукозные скульптуры или через четко ундулированные антиклинальные стенки.

Скульптуры семенной оболочки отдельных видов секции *Cepa* (MILLER) PROKH. смогли приписать скульптурным формам типичным для этой секции.

Единый веррукозный тип скульптуры секции *Codonoprasum* REICHENB. был подтвержден через другие виды. Точно так же виды секции *Caloscordum* (HERB.) BAK. показали совпадающие признаки семенной оболочки.

Исследованные формы секции *Lophioprason* TRAUB соответствуют в своей скульптуре семенной оболочки спектру признаков, известных до сих пор данной видовой группе. При чем, смогли также показать специальный веррукозный тип скульптуры *Allium acuminatum*-группы на других видах этой группы. Гранулярные скульптурные формы были найдены у отдельных видов секции *Rhophetoprason* TRAUB и секции *Amerallium* TRAUB.

Общая форма семенной оболочки секции *Allium* L. и подрода *Melanocrommyum* (WEBB et. BERTH.) ROUY, которая характеризуется веррукозными скульптурами, а также четкой ундуляцией антиклинальной стенки, была подтверждена другими видами этих родственных кругов. При этом различается ундуляционный тип секции *Allium* L. и *Megaloprason* WENDELBO от исследованных видов других секций подрода *Melanocrommyum* (WEBB et BERTH.) ROUY.

Literatur

BARTHLOTT, W. und N. EHLER, 1977: Raster-Elektronenmikroskopie der Epidermis-Oberflächen von Spermatophyten. – Akad. Wiss. Lit. Mainz. Math.-Nat. Klasse. Trop.-Subtrop. Pflanzenwelt **19**, 1–105.

BOTHMER, R. VON, 1974: Studies in the Aegean Flora. XXI. Biosystematic studies in the *Allium ampeloprasum* complex. – Opera Botanica (Lund) **34**, 1–104.

KAMELIN, R. V., 1973: Florogenetičeskij analiz estestvennoj flory gornoj Srednej Azii. – Leningrad.

KOMISSAROV, V. A., V. A. RASKATOV i O. I. ČERNYCH, 1986: Osobennosti mikrorel'efa poverchnosti semeni u različnych vidov rodov *Allium* L. – Izvestija Timirjazevskoj Sel'skochozjajstvennoj Akademii 1986 (5), 95–102.
KRUSE, J., 1984: Rasterelektronenmikroskopische Untersuchungen an Samen der Gattung *Allium* L. – Kulturpflanze **32**, 89–101.
–, 1986: Rasterelektronenmikroskopische Untersuchungen an Samen der Gattung *Allium* L. – Kulturpflanze **34**, 207–228.
LUŽNÝ, J. and J. VANČURA, 1982: Use of epispermoscopic analysis in seed assessment. – XXIst Intern. Horticult. Congr., 29th August–4th September 1982, Hamburg, FR of Germany.
PASTOR, J., 1981: Contribución al estudio de las semillas de las especies de *Allium* de la Península Ibérica e Islas Baleares. – Lagascalia (Sevilla) **10**, 207–216.
SAGHIR, A. R. B., L. K. MANN, M. OWNBEY, and R. Y. BERG, 1966: Composition of volatiles in relation to taxonomy of American alliums. – Amer. J. Bot. **53**, 477–484.
STEARN, W. T., 1978: European species of *Allium* and allied genera of Alliaceae: a synonymic enumeration. – Ann. Musei Goulandris **4**, 83–198.
TRAUB, H. P., 1967: Subsection *Mexicanae* of section *Amerallium* genus *Allium* L. – Plant Life **23**, 88–95, 110.
–, 1968: The subgenera, sections and subsections of *Allium* L. – Plant Life **24**, 147–163.

Dr. J. KRUSE
Zentralinstitut für Genetik und Kulturpflanzenforschung der
Akademie der Wissenschaften der DDR
Corrensstraße 3
Gatersleben
DDR - 4325

Kulturpflanze 36 · 1988 · 369–376

Resistenzeigenschaften im Gersten- und Weizensortiment Gatersleben
27. Prüfung von Gersten auf ihr Verhalten gegenüber Gerstengelbmosaik-Virus (barley yellow mosaic virus), *Drechslera teres* (Sacc.) Shoem. und *Puccinia hordei* Otth

GERHARD PROESELER[1], HORST HARTLEB[1], DORIS KOPAHNKE[1] und CHRISTIAN O. LEHMANN

(Eingegangen am 16. Februar 1988)

Zusammenfassung

Unter 133 Gersten aus dem Gaterslebener Sortiment erwiesen sich 113 als anfällig und 20 als resistent gegen Gerstengelbmosaik-Virus (barley yellow mosaic virus). Weitere 22 Gersten mit Virusresistenz waren teilweise gleichzeitig gegen *Puccinia hordei* resistent.

Einleitung

Über die Reaktion zahlreicher Gerstenmuster gegenüber dem Gerstengelbmosaik-Virus (barley yellow mosaic virus, BaYMV) wurde bereits berichtet (PROESELER und LEHMANN 1986 und 1987). Diese Prüfung wurde fortgesetzt, und ihre Ergebnisse werden hier dargelegt.

Mit der Zielstellung Mehrfachresistenz wurden die vorwiegend in der erstgenannten Veröffentlichung aufgeführten BaYMV-resistenten Gersten auf ihr Verhalten gegenüber dem Erreger der Netzfleckenkrankheit, *Drechslera teres* (Sacc.) Shoem., und des Zwergrostes, *Puccinia hordei* Otth, geprüft.

Material und Methoden

Die Virusresistenzprüfung erfolgte wie beschrieben (PROESELER und KEGLER 1987). Die hier vorgestellten Ergebnisse wurden im Vor-, Haupt- und Freilandtest erhalten.

Die Prüfung auf Netzfleckenresistenz erfolgte im Schalentest gegen drei Erregerisolate (HARTLEB und MEYER 1988) und gegen Zwergrost durch Ermittlung des Resistenzindex an Gewächshauspflanzen (GERLACH u. a. 1985).

Ergebnisse und Diskussion

Als anfällig gegenüber dem BaYMV erwiesen sich insgesamt 113 Gersten. Darunter befanden sich 105 Winter- und 8 Sommerformen (Tab. 1). Von den anfälligen Wintergersten stammen 46 aus Anatolien. Der Sortenname 'Neger' muß offenbar

[1] Institut für Phytopathologie Aschersleben der Akademie der Landwirtschaftswissenschaften der DDR.

Tabelle 1
Gersten, anfällig gegenüber dem Gerstengelbmosaik-Virus

Sortiments-nummer Gatersleben	Sorte/Herkunft	Sommer-/ Winter-form	Morphologische Gruppe
HOR 2339	Israel	So	*Hordeum spontaneum* Koch var. *spontaneum*
			Hordeum vulgare L.
			convar. *deficiens* (Steud.) Mansf.
HOR 6584	'Fehlgerste' Äthiopien Sort. Beltsville C. I. 13065	So	var. *abyssinicum* (Sér.) Körn.
			convar. *distichon* Alef. s. l.
HOR 217	'Svalöfs Svanhals'	So	var. *erectum* (Rode) Alef.
HOR 2613	'Inerme 3521'	So	var. *inerme* Körn.
HOR 7927	Äthiopien	So	var. *nigrescens* Körn.
HOR 10362	'Marinka'	Wi	var. *nutans* (Rode) Alef.
HOR 10191	'Monix'	Wi	var. *nutans* (Rode) Alef.
HOR 10363	'Natalie'	Wi	var. *nutans* (Rode) Alef.
HOR 3177	'Noëlle'	Wi	var. *nutans* (Rode) Alef.
HOR 10195	'Panda'	Wi	var. *nutans* (Rode) Alef.
HOR 10199	'Reinette'	Wi	var. *nutans* (Rode) Alef.
			convar. *intermedium* (Körn.) Mansf.
HOR 8763	Bangor-Nepal-Exped. 1971	So	var. *nudijaponicum* (Vav. et Orl.) Mansf.
			convar. *vulgare*
HOR 10537	'A 4141'	Wi	var. *densum* Sér.
HOR 3103	'Admire'	Wi	var. *hybernum* Vib.
HOR 10179	'Albias'	Wi	var. *hybernum* Vib.
HOR 10181	'Barberousse'	Wi	var. *hybernum* Vib.
HOR 10207	'Cabro'	Wi	var. *hybernum* Vib.
HOR 10208	'Castel'	Wi	var. *hybernum* Vib.
HOR 27	'Cenad 450'	Wi	var. *hybernum* Vib.
HOR 10541	'Code 65'	Wi	var. *hybernum* Vib.
HOR 10216	'Corona'	Wi	var. *hybernum* Vib.
HOR 10182	'Corsaire'	Wi	var. *hybernum* Vib.
HOR 10183	'Courlis'	Wi	var. *hybernum* Vib.
HOR 3085	'Gödölloi 98'	Wi	var. *hybernum* Vib.
HOR 2043	'Hellmann u. Teilhaber'	Wi	var. *hybernum* Vib.
HOR 10239	'Hexa'	Wi	var. *hybernum* Vib.
HOR 10300	'Huron'	Wi	var. *hybernum* Vib.
HOR 10187	'Illia'	Wi	var. *hybernum* Vib.
HOR 10539	'Jubilejny'	Wi	var. *hybernum* Vib.
HOR 10204	'Judith'	Wi	var. *hybernum* Vib.
HOR 4436	'Jukag gedbori'	Wi	var. *hybernum* Vib.
HOR 3120	'Kansas'	Wi	var. *hybernum* Vib.
HOR 28	'Kentucky Nr. 2'	Wi	var. *hybernum* Vib.
HOR 3127	'Kirwin'	Wi	var. *hybernum* Vib.
HOR 3079	'Kujawiak'	Wi	var. *hybernum* Vib.
HOR 10235	'Masto'	Wi	var. *hybernum* Vib.
HOR 10193	'Neger'	Wi	var. *hybernum* Vib.
HOR 3062	'Neuga'	Wi	var. *hybernum* Vib.
HOR 10540	'Ohio B 53-8-10'	Wi	var. *hybernum* Vib.

Fortsetzung Tab. 1

Sortiments-nummer Gatersleben	Sorte/Herkunft	Sommer-/ Winter-form	Morphologische Gruppe
HOR 3136	'Ohio 1'	Wi	var. *hybernum* Vib.
HOR 9903	'Paoli'	Wi	var. *hybernum* Vib.
HOR 10046	'Perry'	Wi	var. *hybernum* Vib.
HOR 10196	'Pirate'	Wi	var. *hybernum* Vib.
HOR 25	'Poltava'	Wi	var. *hybernum* Vib.
HOR 10205	'Probstdorfer Romy'	Wi	var. *hybernum* Vib.
HOR 3142	'Purdue 21'	Wi	var. *hybernum* Vib.
HOR 3144	'Purdue 1101 Sel.'	Wi	var. *hybernum* Vib.
HOR 10073	'Rachel'	Wi	var. *hybernum* Vib.
HOR 1353	'Riniker'	Wi	var. *hybernum* Vib.
HOR 3149	'Sibirian'	Wi	var. *hybernum* Vib.
HOR 3081	'Śląski II'	Wi	var. *hybernum* Vib.
HOR 3206	'Svalöfs Bore'	Wi	var. *hybernum* Vib.
HOR 4553	'Uzen-Czjan 64'	Wi	var. *hybernum* Vib.
HOR 3161	'Woodwin'	Wi	var. *hybernum* Vib.
HOR 1026	Griechenland, Peloponnes, Lesi	Wi	var. *hybernum* Vib.
HOR 10221	S-Italien, Basilicata	Wi	var. *hybernum* Vib.
HOR 10223	S-Italien, Basilicata, Potenza, Castelluccio Superiore	Wi	var. *hybernum* Vib.
HOR 10228	S-Italien, Calabria, Cosenza, San Pietro in Guarano	Wi	var. *hybernum* Vib.
HOR 10233	S-Italien, Calabria, Cosenza, Germano	Wi	var. *hybernum* Vib.
HOR 10231	S-Italien, Calabria, Cosenza, Cuoggio del Cuoco	Wi	var. *hybernum* Vib.
HOR 3422	UdSSR, Gebiet Stavropol	Wi	var. *hybernum* Vib.
HOR 398	Anatolien	Wi	var. *hybernum* Vib.
HOR 399	Anatolien	Wi	var. *hybernum* Vib.
HOR 401	Anatolien	Wi	var. *hybernum* Vib.
HOR 402	Anatolien	Wi	var. *hybernum* Vib.
HOR 1000	Anatolien	Wi	var. *hybernum* Vib.
HOR 1001	Anatolien	Wi	var. *hybernum* Vib.
HOR 1003	Anatolien	Wi	var. *hybernum* Vib.
HOR 1041	Anatolien	Wi	var. *hybernum* Vib.
HOR 1042	Anatolien	Wi	var. *hybernum* Vib.
HOR 1043	Anatolien	Wi	var. *hybernum* Vib.
HOR 1044	Anatolien	Wi	var. *hybernum* Vib.
HOR 1045	Anatolien	Wi	var. *hybernum* Vib.
HOR 1047	Anatolien	Wi	var. *hybernum* Vib.
HOR 1048	Anatolien	Wi	var. *hybernum* Vib.
HOR 1049	Anatolien	Wi	var. *hybernum* Vib.
HOR 1050	Anatolien	Wi	var. *hybernum* Vib.
HOR 1051	Anatolien	Wi	var. *hybernum* Vib.
HOR 1052	Anatolien	Wi	var. *hybernum* Vib.
HOR 1053	Anatolien	Wi	var. *hybernum* Vib.
HOR 1054	Anatolien	Wi	var. *hybernum* Vib.
HOR 1055	Anatolien	Wi	var. *hybernum* Vib.
HOR 1056	Anatolien	Wi	var. *hybernum* Vib.

Fortsetzung Tab. 1

Sortiments-nummer Gatersleben	Sorte/Herkunft	Sommer-/ Winter-form	Morphologische Gruppe
HOR 1057	Anatolien	Wi	var. *hybernum* Vib.
HOR 1058	Anatolien	Wi	var. *hybernum* Vib.
HOR 1059	Anatolien	Wi	var. *hybernum* Vip.
HOR 1060	Anatolien	Wi	var. *hybernum* Vib.
HOR 1061	Anatolien	Wi	var. *hybernum* Vib.
HOR 1062	Anatolien	Wi	var. *hybernum* Vib.
HOR 1063	Anatolien	Wi	var. *hyvernum* Vib.
HOR 1065	Anatolien	Wi	var. *hybernum* Vib.
HOR 1066	Anatolien	Wi	var. *hybernum* Vib.
HOR 1067	Anatolien	Wi	var. *hybernum* Vib.
HOR 1068	Anatolien	Wi	var. *hybernum* Vib.
HOR 1069	Anatolien	Wi	var. *hybernum* Vib.
HOR 1070	Anatolien	Wi	var. *hybernum* Vib.
HOR 1071	Anatolien	Wi	var. *hybernum* Vib.
HOR 1072	Anatolien	Wi	var. *hybernum* Vib.
HOR 1073	Anatolien	Wi	var. *hybernum* Vib.
HOR 1074	Anatolien	Wi	var. *hybernum* Vib.
HOR 1075	Anatolien	Wi	var. *hybernum* Vib.
HOR 1076	Anatolien	Wi	var. *hybernum* Vib.
HOR 1077	Anatolien	Wi	var. *hybernum* Vib.
HOR 1078	Anatolien	Wi	var. *hybernum* Vib.
HOR 1079	Anatolien	Wi	var. *hybernum* Vib.
HOR 1080	Anatolien	Wi	var. *hybernum* Vib.
HOR 1107	Anatolien	Wi	var. *hybernum* Vib.
HOR 8739	Bangor-Nepal-Exped. 1971	So	var. *hypatherum* (Vav. et Orl.) Mansf.
HOR 20	'Albert'	Wi	var. *nigripallidum* R. Regel
HOR 26	'Schwarze Wintergerste'	Wi	var. *nigripallidum* R. Regel
HOR 8791	Bangor-Nepal-Exped. 1971	So	var. *nudipyramidatum* Körn.
HOR 4435	'Jukag gedbori'	Wi	var. *parallelum* Körn.
HOR 10301	'O. A. C. Halton'	Wi	var. *parallelum* Körn.

für genetisch verschiedenes Material vergeben worden sein, denn Pflanzen hervorgegangen aus Saatgut der Sortimentsnummer HOR 10193 reagierten bereits im Vortest mit einer Infektionsrate von 88 %. Dagegen ergab eine andere Herkunft unter dem gleichen Sortennamen trotz mehrfacher umfangreicher Prüfung nur eine mittlere Infektionsrate von 1 %. Ein ähnlicher Sachverhalt trifft für 'Hexa' zu. Die Pflanzen der Sortimentsnummer HOR 10239 wiesen im Vortest zu 41 % Virussymptome auf. Dagegen gelang in Übereinstimmung zu HUTH (1984) bei einer anderen Herkunft der gleichen Sorte keine einzige Infektion. Von HILL (1985) wurde 'Hexa' als mittelresistent beurteilt.

Die US-amerikanische Sorte 'Perry', welche nach GRAFTON u. a. (1982) mittlere Resistenz gegenüber dem Gerstengelbverzwergungs-Virus (barley yellow dwarf virus) besitzt, konnte bereits im Vortest durch das BaYMV zu 94 % infiziert werden.

Resistent gegen das BaYMV waren 20 Gersten (Tab. 2). Etwa die Hälfte dieser Muster stammt aus Ostasien. Unabhängig von der geographischen Herkunft konnte *Hordeum bulbosum* L. generell mit BaYMV nicht infiziert werden. Die Her-

Tabelle 2
Gersten, resistent gegenüber dem Gerstengelbmosaik-Virus

Sortimentsnummer Gatersleben	Sorte/Herkunft	Sommer-/ Winterform	Morphologische Gruppe
GRA 945	Israel		*Hordeum bulbosum* L.
GRA 946	Türkei		*Hordeum bulbosum* L.
GRA 954	Georgische SSR		*Hordeum bulbosum* L.
HOR 2681	Iran	So	*Hordeum spontaneum* Koch. var. *spontaneum*
HOR 4869*	Turkm. SSR	So	*Hordeum spontaneum* Koch ×H. *vulgare* L. convar. *distichon* Alef. s. l.
			Hordeum vulgare L.
			convar. *distichon* Alef. s. l.
HOR 4201	Japan	Wi	var. *nutans* (Rode) Alef.
			convar. *vulgare*
HOR 3299*	China	Wi	var. *hangaicum* (Vav. et Orl.) Mansf.
HOR 3080*	'Odesskij 17'	Wi	var. *hybernum* Vib.
HOR 4202*	'Saporo'	Wi	var. *hybernum* Vib.
HOR 4196*	'Szechuan'	Wi	var. *hybernum* Vib.
HOR 3073*	UdSSR, Gebiet Stavropol	Wi	var. *hybernum* Vib.
HOR 1002*	Anatolien	Wi	var. *hybernum* Vib.
HOR 1046	Anatolien	Wi	var. *hybernum* Vib.
HOR 4240	Japan	Wi	var. *hybernum* Vib.
HOR 4245	Japan	Wi	var. *hybernum* Vib.
HOR 4660	Korea	Wi	var. *hypatherum* (Vav. et Orl.) Mansf.
HOR 4224*	'Aizn Coiled Necn'	Wi	var. *parallelum* Körn.
HOR 3488	'Nakaizumi Zairai'	Wi	var. *parallelum* Körn.
HOR 2363	China	Wi	var. *relevatum* Körn.
HOR 3151	'Suwon No. 13' Sort. Beltsville: C. I. 7439	Wi	var. *subpyramidatum* (Orl.) Mansf.

* wenige Infektionen mit einem Anteil unter 10 % möglich

kunft GRA 945 aus Israel war resistent gegen *D. teres* und inkompatibel gegenüber Zwergrost. Die in Tabelle 2 ausgewiesenen Muster HOR 2363, 3073, 3151, 3299, 3488, 4196, 4201, 4202, 4224, 4240 und 4245 waren zwar resistent gegen BaYMV aber anfällig gegen *P. hordei*.

Bei den Gersten in der Tabelle 3 handelt es sich bis auf eine Ausnahme um Sommerformen. Ihre Mehrfachresistenz gegen BaYMV und *P. hordei* ist beachtenswert und bei Bedarf züchterisch nutzbar. Besonders hervorzuheben ist die hohe Resistenz von HOR 984, 2612, 3648, 3790 und 4413 gegen Zwergrost. Weitere sieben Kollektionsnummern zeigten Resistenz gegen *D. teres*.

Es wird erwartet, daß bei der Fortsetzung der Prüfung des Gaterslebener Sortiments auch unter den Wintergersten solche mit Mehrfachresistenz nachgewiesen werden, wie sie bereits von Friedt u. a. (1985) beschrieben wurden.

Für die gewissenhafte Versuchsdurchführung danken wir Frau E. Brenner, Frau B. Pichl, Frau M. Urban und Frau H. Weidling.

Tabelle 3
Reaktion BaYMV-resistenter Gersten gegenüber *Drechslera teres* (I) und *Puccinia hordei* (II)

Sortiments-nummer Gatersleben	Sorte/Herkunft	Sommer-/Winter-form	Morphologische Gruppe	I	II
HOR 3897	Turkmenische SSR	So	*Hordeum* × *laguncuiliforme* (Bacht.) Bacht. ex Nikif.	s	s
			Hordeum vulgare L. convar. *distichon* Alef.		
HOR 1506	Äthiopien, EP. 80	So	var. *dupliatrum* Körn.	s	s
HOR 2551	Äthiopien, Ab. 1102	So	var. *nigrinudum* (Vav.) Mansf.	s	s
HOR 3790	'Stankas Frühgerste'	So	var. *nutans* (Rode) Alef.	s	rr
			convar. *intermedium* (Körn.) Mansf.		
HOR 984	'Haya Omugi', Japan	So	var. *nipponicum* (Vav. et Orl.) Mansf.	s	rr
			convar. *vulgare*		
HOR 3648	'Schwarze Gabelgerste'	So	var. *aethiops* Körn.	s	rr
HOR 4413	'Eremo', Indien Sort. Beltsville: C. I. 1014	So	var. *asiaticoides* Mansf.	s	rr
HOR 4031	Indien Sort. Beltsville: C. I. 7642	So	var. *breviaristatum* (Vav.) Mansf.	s	(r)
HOR 9546	Japan Sort. Beltsville: C. I. 9408	So	var. *brevisetum* R. Regel	s	s
HOR 2612	'Marett Awnless'	So	var. *chinense* (Vav. et Orl.) Mansf.	s	rr
HOR 2899	Frankreich	So	var. *compactum* (Körn.) Mansf.	s	
HOR 9508	Sort. Beltsville: C. I. 5276	So	var. *glabriparallelum* (Orl.) Mansf.	s	r
HOR 1530	Tibet 1938/39: Ti 126	So	var. *hadaka* (Vav. et Orl.) Mansf.	s	
HOR 3866	'Lyallpur 3645'	So	var. *himalayense* (Ritt.) Körn.	s	s
HOR 2267	'Ragusa b'	Wi	var. *hybernum* Vib. subvar. *chitralicum* Freisl.	s	(r)
HOR 2342	Sort. E. Schiemann	So	var. *leiorrhynchum* Körn.	s	s
HOR 1430	Äthiopien, EP. 82	So	var. *schimperianum* Körn.	s	r
HOR 2395	'Chinko No. 1'	So	var. *subnudipyramidatum* (Orl.) Mansf.	s	
HOR 171	'Santoku' Japan	So	var. *subparallelum* (Orl.) Mansf.	s	r
HOR 2573	Äthiopien, Ab. 1125	So	var. *subviolaceum* Körn.	s	
HOR 1570	Tibet 1938/39: Ti 178	So	var. *tibetanum* (Vav. et Orl.) Mansf.	s	(r)
HOR 776	Sort. R. Freisleben	So	var. *trifurcatum* (Schlecht.) Wender.	s	

s = anfällig, (r) = schwach resistent, r = resistent, rr = hoch resistent

Summary

Resistance in the Gatersleben barley and wheat collection. 27. Testing of barley for reaction to barley yellow mosaic virus (BaYMV), *Drechslera teres* (Sacc.) Shoem. and *Puccinia hordei* Otth

Out of 133 barleys were classified 113 as susceptible (table 1) and 20 as resistant to barley yellow mosaic virus (table 2). Of further 22 barleys with BaYMV resistance were some resistant towards *Puccinia hordei* too (table 3).

Краткое содержание

Резистентные свойства гатерслебенской коллекции ячменей и пшениц
27. Проверка ячменей на их поведение по отношению к вирусу желтой мозаики (barley yellow mosaic virus), *Drechslera teres* (Sacc.) Shoem. и *Puccinia hordei* Otth

Из 133 образцов ячменей гатерслебенской коллекции 113 были восприимчивы к вирусу желтой мозаики (barley yellow mosaic virus) и 20 – резистентны к нему. 22 вирус-резистентных образцов ячменей были также, одновременно, частично резистентны к *Drechslera teres* или *Puccinia hordei*.

Literatur

FRIEDT, W., W. HUTH, H. MIELKE und S. ZÜCHNER, 1985: Resistenzträger gegen barley yellow mosaic virus. – Nachrichtenbl. Deut. Pflanzenschutzd. (Braunschweig) **37**, 129–135.

GERLACH, D., H. HARTLEB und U. WALTHER, 1985: Beziehungen zwischen der Feldresistenz der Sommergerste gegen *Puccinia hordei* Otth und der Infektionsfrequenz oder Latenzperiode an jungen Pflanzen. – Arch. Phytopathol. Pflanzenschutz **21**, 481–488.

GRAFTON, K. F., J. M. POEHLMAN, D. T. SECHLER, and O. P. SEGHAL, 1982: Effect of barley yellow dwarf virus infection on winter survival and other agronomic traits in barley. – Crop Sci. **22**, 596–600.

HARTLEB, H., und U. MEYER, 1988: Reaktion der Sommergerstensorte 'Zenit' gegen 3 Isolate von *Drechslera teres* (Sacc.) Shoem. – Arch. Phytopathol. Pflanzenschutz **24**, 173–175.

HILL, S. A., 1985: Barley yellow mosaic virus reactions of U. K. varieties of winter barley. – 4th Conf. Virus Diseases of Gramineae in Europe 1984. Mitt. Biol. Bundesanstalt Land- u. Forstwirtsch., Berlin-Dahlem **228**, 54–61.

HUTH, W., 1984: Die Gelbmosaikvirose der Gerste in der Bundesrepublik Deutschland – Beobachtungen seit 1978. – Nachrichtenbl. Deut. Pflanzenschutzd. (Braunschweig) **36**, 49–55.

PROESELER, G., und H. KEGLER, 1987: Methoden der Resistenzprüfung von Wintergerste gegen das Gerstengelbmosaik-Virus. – Arch. Züchtungsforsch. **17**, 265–270.

PROESELER, G., und CHR. O. LEHMANN, 1986: Resistenzeigenschaften im Gersten- und Weizensortiment Gatersleben. 25. Prüfung von Gersten auf ihr Verhalten gegenüber Gerstengelbmosaik-Virus (barley yellow mosaic virus). – Kulturpflanze **34**, 241–248.

–, –, 1987: Resistenzeigenschaften im Gersten- und Weizensortiment Gatersleben.

26. Prüfung von Gersten auf ihr Verhalten gegenüber Gerstengelbmosaik-Virus (barley yellow mosaic virus). – Kulturpflanze **35**, 195–201.

Dr. sc. G. PROESELER
Dr. sc. H. HARTLEB
Dr. D. KOPAHNKE
Institut für Phytopathologie Aschersleben der
Akademie der Landwirtschaftswissenschaften der DDR
Theodor-Roemer-Weg 4
Aschersleben
DDR - 4320

Dr. CHR. O. LEHMANN
Zentralinstitut für Genetik und Kulturpflanzenforschung
Gatersleben der Akademie der Wissenschaften der DDR
Corrensstr. 3
Gatersleben
DDR - 4325

Kulturpflanze 36 · 1988 · 377–390

Collection of plant genetic resources in Italy, 1987

PIETRO PERRINO [1], GAETANO LAGHETTI [1] and KARL HAMMER

(Eingegangen am 29. Januar 1988)

Summary

After finishing a six years' program for exploring and collecting plant genetic resources in South Italy in 1986, these activities were extended to central parts of the country in September 1987 jointly by staff members of the Istituto del Germoplasma, Bari, and the Zentralinstitut für Genetik und Kulturpflanzenforschung, Gatersleben. A major part of the Abruzzi area has been covered. 165 samples, mainly of cereals, grain legumes and vegetables, could be collected. This material represents variable land-races. Two accessions of *Triticum dicoccon* are especially worth mentioning.

Introduction

Within the frame of the agreement between the Consiglio Nazionale delle Ricerche (C. N. R.) of Italy and the Academy of Sciences of the German Democratic Republic explorations in South Italy are carried out since 1980 (PERRINO et al. 1981) jointly by the Istituto del Germoplasma, Bari, and the Zentralinstitut für Genetik und Kulturpflanzenforschung, Gatersleben. In 1986 the exploration of this area has been finished for the most part (HAMMER et al. 1987 a and b). A rich material could be collected which is maintained in the gene-banks of the participating institutes. An intensive and rapid action was necessary in the collecting area because of the threatening process of genetic erosion which could be demonstrated recently by the comparison of the results of our missions to those of a mission in the same area in 1950 (MALY et al. 1987).

An extension of the exploration to other parts of Italy seemed to be necessary. Therefore, the joint collecting mission of this year went to the Abruzzi mountains in the central part of Italy. Coming from Bari the mission could cover also some areas in northern Apulia which have not been visited in 1980 (PERRINO et al. 1981); the same is true for the northern part of Molise which has been only touched by the mission in 1981 (PERRINO et al. 1982).

As in the past years, the Bari institute was the organizer of the mission. The

[1] Istituto del Germoplasma, Via G. Amendola 165/A, I-70126 Bari, Italy

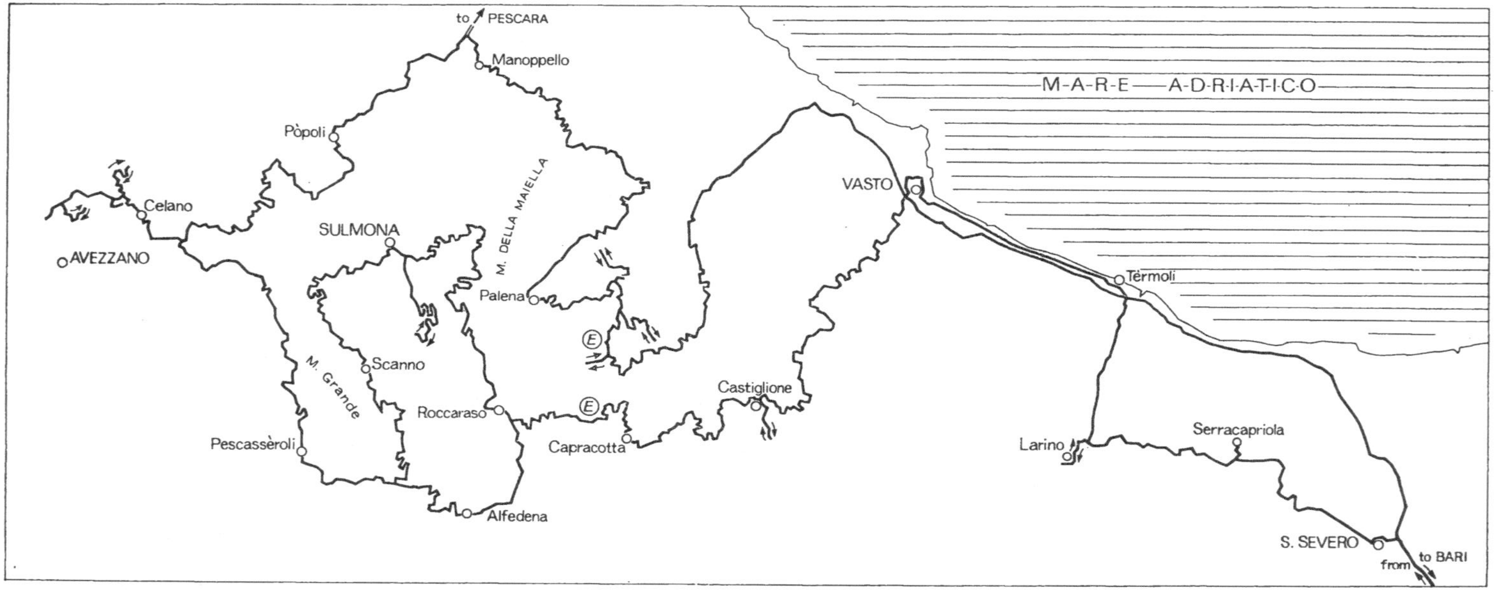

Fig. 1 Collecting route. *E* designates areas where Emmer wheat is still cultivated

field work was done from September 14th to September 22nd; the collecting route is presented in fig. 1, the detailed itinerary is given below:

14. 9. Bari – Foggia – San Severo – Serracapriola, collecting in Serracapriola;

15. 9. Serracapriola – Larino – Tèrmoli – Vasto – Furci – Castiglione, collecting in the surroundings of Furci;

16. 9. Castiglione – Capracotta – Castel del Giùdice – Pietransieri – Roccaraso, collecting around Castigliano, between Castigliano and Capracotta, in Castel del Giùdice and in Pietransieri;

17. 9. Roccaraso – Castel di Sangro – Alfedena – Barrea – Villetta Barrea – Scanno – Bugnara – Sulmona, collecting in Barrea, the surroundings of Scanno, south of Castrovalvo, Bugnara;

18. 9. Sulmona – Rocca Pia – back to Sulmona – Pacentro – Campo di Giove – Cansano – Pescocostanzo – Roccaraso, collecting in Rocca Pia, Pacentro, Campo di Giove, Cansano and between Cansano and Pescocostanzo;

19. 9. Roccaraso – Alfedena – Pescassèroli – Bisegna – Pescina – Celano – Ovìndoli, collecting near Pescassèroli and in Bisegna;

20. 9. Ovìndoli – S. Iona – Forme – Castelnuovo – Alba Fucens – back to Ovìndoli via Forme, collecting in Ovìndoli, S. Iona, Forme and Castelnuovo;

21. 9. Ovìndoli – Celano – Castel di Ieri – Castelvècchio Subèquo – Pòpolo – Scafa – Manoppello – Pennapiedimonte, collecting in Celano, Casette Colananni, Castelvècchio, Colle S. Martino, Rocca Montepiano;

22. 9. Pennapiedimonte – Càsoli – Lama dei Peligni – Palena – Torricella – Montenerodomo – Civitaluparella – back to Montenerodomo – Pizziferrato – Quadri – Villa S. Maria – Bomba – back to Bari on the motorway, collecting in Pennapiedimonte, Torricella, Pizzoferrato.

Results

General information on in the collecting area

The general picture in the visited area is close to that in mountainous parts of South Italy, i.e. it is characterized by rural emigration and changes from intensive agriculture to pasture land. Together with the introduction of new varieties these factors increased the speed of genetic erosion.

For the convenience of presentation the collecting area has been classified into 6 different zones according to their geographical and agricultural characteristics.

Zone A. This zone includes north-eastern parts of Molise and northern parts of Apulia (province of Foggia, surroundings of Serracapriola). The altitude ranges from sea-level to about 300 m. The climate is temperate, the soil is generally fertile. Predominating crops are wheat, sunflower, sugarbeet, olive, grape and some vegetables (e.g. tomato, cauliflower). 'Valforte', 'Appulo' and 'Valnova' are the most important wheat varieties. Generally a high degree of genetic erosion has been found because of the introduction of improved varieties.

Zone B. This area includes the Abruzzi coastal plain delimited to the north by the Sangro river, to the south by the border to Molise and to the west by the hilly region that slopes down from the inside to the Adriatic sea (Furci and Cupello towns and their surroundings). The altitude ranges from sea-level to more than 500 m (Furci–550 m). Localities with maritime climate are frequent; rains and fogs are scarce and the summer is not so hot. In the coastal part horticulture is predominant. This area is rich of fruit trees, e.g. apples, pears, peaches, olives, figs and walnuts. The inner part is characterized by small family farms. The main crops are cereals (durum and common wheat, barley, maize), legumes (chickpea, pea, bean), forage plants (alfalfa, sulla) and vegetables (egg-plant, tomato, pepper, celery, spinach beet, melon, zucchino). The most frequent durum wheat varieties are 'Appulo', 'Cappelli' and 'Produra'.

Zone C. This is the zone of the National Park of the Abruzzi situated in the central Appennines between Abruzzi (province of Àquila), Lazio (province of Frosinone) and Molise (province of Isernia). The National Park comprises about 40000 ha and in addition 60000 ha of an "exterior protective zone". The environment is typical for the Appennine mountains with summits more than 2000 m high and the river valleys of Sangro, Melfa, Volturno and Giovenco. The calcareous and dolomitic geological structure is modelled by glacial and karst phenomena (TASSI 1982). Typical for the forest flora are *Fagus sylvatica*, *Quercus cerris*, *Acer* spp., *Pinus nigra*, *Taxus baccata* and *Pinus mugo*. In this mountainous area agriculture is limited to pasture land and small vegetable gardens which produce for family consumption. Besides potatoes as the main crop, cereals (common wheat, barley, maize, rye), legumes (*Phaseolus vulgaris* and *Ph. coccineus*), vegetables (cabbage, zucchino etc.) and fodder species (alfalfa, sainfoin, common vetch locally called "Farchia", trefoil) are grown. Crops with minor importance are sunflower, tomato, pumpkin and parsley. The predominant crop rotation is–three years of alfalfa, one year of wheat and one year of fallow. The oldest varieties of common wheat are 'Rusciola', 'Biancola', 'Mentana', 'Solina' (sown at Pescasseroli, 1170 m, in October) and one variety with reddish seeds which could not be identified. Two varieties of barley are grown–'Marzotico' which gives better results when sown in March and 'Primotico' which is sown in October. This variety is said to have no good frost resistance. Maize is present with a few improved varieties which are not very well adapted to the mountain climate and some well adapted local varieties as 'Mazzoche'. In the area the maize is often damaged by the wild animals. Agriculture is a neglected branch in this zone.

Zone D. The area includes the "Fùcino Plain" and neighbouring parts on higher elevations: Celano (800 m), Forme (1025 m), Ovìndoli (1300 m). It is the zone of and around the former lake Fùcino which has been drained by the Prince of Torlonia from 1859 to 1869 to avoid its recurrent floods which damaged the surrounding lands (LUZZATO 1968). The area of the former lake is fertile and irrigated and provides rich harvests of vegetables, rice, maize, grape and various fruit trees. The mountainous zone north of the former lake is represented by a much poorer agriculture which is often in a state of neglect because of the emigration of the farmers. The main crops here are wheat, potatoes, forage species, maize, legumes, some vegetables and grape. The most widespread varieties of soft wheat are 'Solina' (in higher altitudes often mixed with rye to reduce lodging), 'Abbondanza' and 'Autonomia'. Rye, locally called "Secina", is grown up to 1300 m.

Zone E. This area between the Abruzzi and Molise is delimited to the north by Colledimezzo and the lake Sangro, to the east by Carunchio and to the west by the central part of the "Piano delle Cinquemìlia" with the small towns of Roccaraso, Rivisòndoli and Pescocostanzo. The zone has an average altitude of 850 m, the highest mountains are Mt. Sècine (1883 m) and Mt. Campo (1745 m). The Sangro is the main river. The climate is severe in this zone, with snow from October to April. It is a poor zone with agriculture, pasture lands and forest production. Precipitation is low even at the higher elevations. In Pietransieri (1300 m) the drought of this year caused a poor harvest. Small farms predominate which lack young people because of emigration. The main crops are protatoes, maize, common and durum wheat, barley, *Phaseolus* beans, lentils, chick peas, *faba* beans, vegetables, apples, pears and, in some localities, grapes, cherries and walnuts. The oldest *durum* wheat varieties are 'Marzuolo' and 'Saragolla' (both spring types). The old variety 'Pitignello' which is sown in early march has almost disappeared.

Fig. 2 The collecting team with farmers in an areas rich in old land-races near Capracotta. Emmer wheat could be collected here

The most traditional common wheats are 'Solina', 'Prantonio' and 'Regginella'. In this area also the rare *Triticum dicoccon* is cultivated (fig. 2). 'Nostrale' is the most widespread variety of maize. It is preferred to hybrids and modern varieties by the farmers because it is better adapted to the climate. The area between Capracotta and Agnone (800–1000 m) should be covered again by a future mission because of its interesting germplasm.

Zone F. This is a typical mountainous zone with high mountains (Mt. Morrone–2060 m, Mt. Maiella–2795 m). It is situated between the zones B, C, D and E to the west, south and east. To the north it is delimited by the motorway "A 25". Altogether it is a poor agricultural area, only the valleys are fairly fertile and constitute the more cultivated and inhabitated areas of the zone (fig. 3). Forests

Fig. 3 In this area close to the Maiella mountains most of the fields have been replaced by pasture land

alternate with pastures. The climate is severe during the winter, with snow until march–april, and cool in summer. This zone is large and heterogenous. In the lower elevations (e.g. Bugnara–470 m) the most important crops are *Phaseolus* beans, maize ('Quarantana'), wheat, barley, apple and pear trees. From the varieties of common wheat 'Autonomia' gives good results, is lodging resistant but needs a fertile soil. 'Solina' tends to lodging but is more rustic. The *durum* wheat 'Cappelli' is grown in the alfalfa areas. The farms are mostly rather small and they are run by old people, generally. At Sulmona (405 m, famous for sugared almonds) the major crops are grape, peaches, apples, pears, French beans ('Apani', 'Gen-

Fig. 4 Rich vegetable gardens are situated in the valleys (near Bugnara)

tile'), vegetables and maize. Small vegetable gardens (fig. 4) are situated in the valleys. Coming to higher elevations the situation changes and field crops are grown mainly. *Durum* wheat becomes rare and leaves place to common wheat ('Risciola', 'Solina', both adapted to higher altitudes, sown in September). Other cereals grown are barley ('Marzuolo', sown in March) and rye (called "Sicina", sown in September and harvested in August). In some areas wheat gives only a low production so that the farmers substitute this crop by potatoes or in other localities (e.g. Castelvècchio) by sunflowers (since about 3 years). The most common crop rotation includes 3–4 years of alfalfa and two years of wheat cultivation. The reduction in the cultivation area of some crops, as lentil and chickling vetch, especially in the mountains, derives mainly from the decline of farming activities. Interesting findings are *durum* wheat ('Cappelli') from Torricella (900 m) and cowpeas from Colle S. Martino (400 m) and Pacentro (650 m), rather dry areas.

Collecting list

Altogether 165 samples have been collected in 40 localities. The material will be further classified and evaluated by the participating gene banks during the process of reproduction. Many samples contain mixtures of different types or even some other crops in admixture. In this process (see HAMMER et al. 1985) an increase of accessions is to be expected. The detailed collecting list is given below.

Crop	Number of accessions	Sum
Triticum spp.	24	
Zea mays	22	
Hordeum vulgare	8	
Secale cereale	5	
Avena spp.	3	
Wild grasses	1	
Cereals incl. wild species		63
Phaseolus vulgaris	31	
Phaseolus coccineus	6	
Cicer arietinum	7	
Lathyrus sativus	7	
Lens culinaris	3	
Pisum sativum	2	
Vigna unguiculata	2	
Vicia faba	1	
Other pulses	6	
Legumes		65
Lycopersicon esculentum	5	
Cucurbita pepo	5	
Cucurbita maxima	3	
Cucumis melo	4	
Capsicum annuum	4	
Brassica oleracea	2	
Apium graveolens	1	
Atriplex hortensis	1	
Beta vulgaris	1	
Foeniculum vulgare	1	
Lactuca sativa	1	
Lagenaria siceraria	1	
Petroselinum crispum	2	
Solanum melongena	1	
Vegetables		32
Oil plants and condiments		5
Total Sum		165

Some crop-specific results

Cereals. The collecting area is still rich in old cereal land-races. These land-races are kept since centuries by tradition–the common wheat variety 'Solina' is mentioned by TORCIA (1793) as "grano solino"–and because they are well adapted to the special climate. This situation is true for common wheat, *durum* wheat, rye, barley and oats. Contrary to other Italian areas where rye appears to be a relatively new introduction, its cultivation in higher elevations of the collecting area should be old also because of the traditional mixing with common wheat. The "Farro", *Triticum dicoccon,* could be collected twice. These new samples which supplement our collections from South Italy (PERRINO et al. 1981, 1982, PERRINO and HAMMER 1983) confirm our outlook (HAMMER and PERRINO 1984, PERRINO and HAMMER 1984) that the "Farro" cultivation is more widespread in Italy. We also got some information concerning the cultivation of "Farretta", *Triticum monococcum*, but this species is now very rary and could not be collected by us. *Triticum dicoccon* is a good indicator for traditional agriculture. Therefore, we could find many interesting land-races in the stores of the farmers who still cultivate "Farro", e.g. lentils and chickling vetches with rather small seeds, *Avena byzantina* and wheat land-races. Maize is grown as a fodder for animals (mostly improved varieties) and for human consumption (polenta, local material). Introgressions of both types are not rare (fig. 5). Especially at higher elevations the local land-races are preferred because they are better adapted.

Pulses. Another indicator of traditional agriculture is *Lathyrus sativus*. This species constituted an important part of the daily diet of the farmers (MAMMARELLA 1986). Today it is rare. Old land-races are small seeded but in Pizzoferrato we could collect an unusual type with large white seeds. The greatest variation was found in French beans. *Phaseolus coccineus* showed a greater variation in seed colour than material observed by us in South Italy (HAMMER et al. 1987 a).

Fig. 5 Three cobs of a land-race of maize. The left cob shows introgression from a modern dent corn

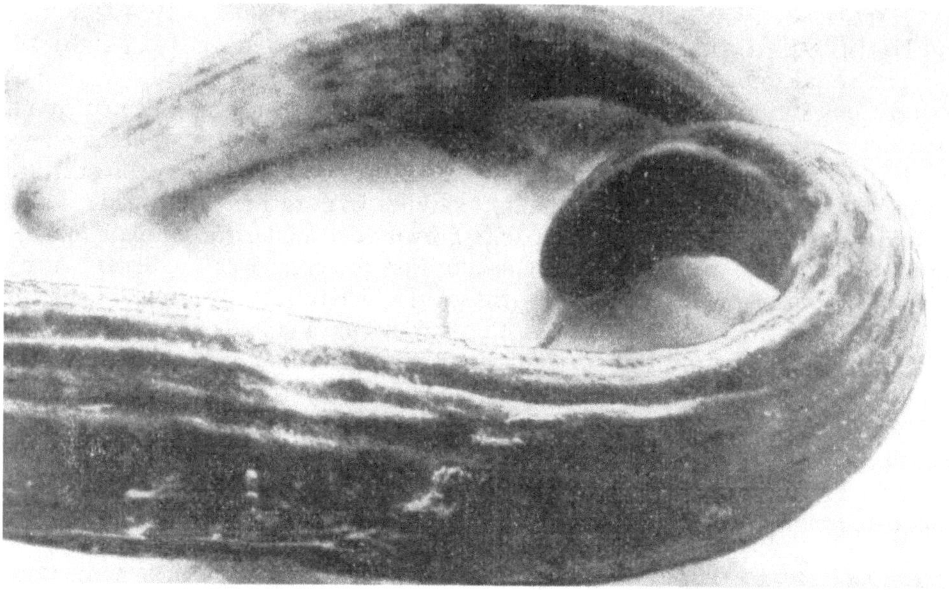

Fig. 6 A vegetable race of *Cucumis melo* ("Tortarelli") from Furci. The type in the foreground has large green fruits, in the background a type with small whitish fruits is shown

Fig. 7 Old land-race of *Cucurbita maxima* from Roccamontepiano

Fig. 8 *Lagenaria siceraria* is grown for the production of bottles (Castel di Ieri)

Vegetables. "Tortarelli", a vegetable race of *Cucumis melo,* deserves a special note. It belongs to convar. *flexuosus* and is characterized by very long fruits (fig. 6). This race is mentioned by FIORI (1923–1925) who obviously took it for a dessert melon. "Carosello" (HAMMER et al. 1986 b) and "Cucumerazzo" from the convar. *adzhur* are typical South Italian vegetables but seeds of "Carosello" could be bought by us in a seed shop of the collecting area.

Worth mentioning are also old types of *Cucurbita maxima* (fig. 7). Some forms of this species are also grown for ornament (convar. *turbaniformis*).

Several old types of tomatoes could be included into the collections. Some of them are favoured because of their good storing ability.

Other crops. *Lagenaria siceraria* is cultivated for the traditional production of bottles (figs. 8 and 9). These races belong to subsp. *siceraria.* In the South we often found vegetable types under cultivation (subsp. *asiatica*–PERRINO and HAMMER 1985, HAMMER et al. 1986 a) which seem to be of recent introduction. A new use was observed for *Arundo donax,* i.e. the leaves are collected as binding material, (fig. 10). Some other rare crops collected or observed are also worth mentioning, e.g. *Atriplex hortensis, Cornus mas, Mentha aquatica* and *Plantago coronopus,* the last species in a vegetable seed mixture from a local seed shop ("Misticanza"), whereas the traditional crop *Linum usitatissimum* (MAMMARELLA 1987) could not be found.

Zusammenfassung

Sammlung pflanzlicher genetischer Ressourcen in Italien 1987

Nach Beendigung eines sechsjährigen Programms zum Studium und zur Sammlung pflanzlicher genetischer Ressourcen in Süditalien im Jahre 1986, wurden diese Aktivitäten im September 1987 gemeinsam von Mitarbeitern des Istituto del Germoplasma, Bari, und des Zentralinstituts für Genetik und Kulturpflanzenforschung, Gatersleben, in mittleren Landesteilen fortgesetzt. Ein großer Teil des Abruzzi-Gebietes wurde erfaßt. 165 Proben, vor allem von Getreiden, Körnerleguminosen und Gemüsen, konnten gesammelt werden. Dieses Material setzt sich aus variablen Landsorten zusammen. Zwei Proben von *Triticum dicoccon* sind besonders erwähnenswert.

Краткое содержание

Сбор растительных генетических ресурсов в Италии в 1987 году

После завершения в 1986 году шестилетней программы по изучению и сбору растительных генетических ресурсов в Южной Италии, совместная работа сотрудников Института гермоплазмы в Бари и Центрального института генетики и исследования культурных растений в Гатерслебене была продолжена в центральных районах страны. Была охвачена большая часть области Абруцци. Смогли собрать 165 образцов и, среди них, прежде всего — злаковых, зернобобовых и овощных. Этот материал состоит из изменчивых местных сортов. Два образца *Triticum dicoccon* следует назвать особо.

Literature

Fiori, A., 1923–1925: Nuova Flora Analitica D'Italia. – Firenze.

Hammer, K., S. Cifarelli and P. Perrino, 1986a: Collection of land-races of cultivated plants in South Italy, 1985. – Kulturpflanze **34**, 261–273.

–, P. Hanelt and P. Perrino, 1986b: Carosello and the taxonomy of *Cucumis melo* L. especially of its vegetable races. – Kulturpflanze **34**, 249–259.

–, Chr. O. Lehmann and P. Perrino, 1985: Die in den Jahren 1980, 1981 und 1982 in Süditalien gesammelten Getreide-Landsorten – botanische Ergebnisse. – Kulturpflanze **33**, 237–267.

– and P. Perrino, 1984: Further information on farro (*Triticum monococcum* L. and *T. dicoccon* Schrank) in South Italy. – Kulturpflanze **32**, 143–151.

Fig. 9 Bottle from *Lagenaria siceraria* showing the typical shape of bottle gourds in the collecting area (Ovìndoli)

Fig. 10 Leaves of *Arundo donax* prepared for the use as binding material (Corfinio)

HAMMER. K., P. PERRINO and D. PIGNONE, 1987a: Collection of plant genetic resources in South Italy, 1986. – Kulturpflanze **35**, 389–399.

–, – and –, 1987b: Collecting in South Italy. – Plant Genetic Resources – Newsletter **70**, 45.

LUZZATO, R., 1968: Abruzzi il paese dei pastori guerrieri. – Encyclopedia Oggi per Domani **14**, 248–254.

MALY, R., K. HAMMER und CHR. O. LEHMANN, 1987: Sammlung pflanzlicher genetischer Ressourcen in Süditalien – ein Bericht aus dem Jahre 1950 mit Bemerkungen zum Schicksal der Landsorten „in situ" und in der Genbank. – Kulturpflanze **35**, 109–134.

MAMMARELLA, L., 1986: La vita quotidiana in Abruzzo alla fine del secolo XIX. – Adelmo Polla Editore, Cèrchio (Aq).

–, 1987: La vita in Abruzzo al tempo di Roma. – Adelmo Polla Editore, Cèrchio (Aq)

PERRINO, P. and K. HAMMER, 1983: Collection of land-races of cultivated plants in South Italy 1982. – Kulturpflanze **31**, 219–226.

– and –, 1984: The farro: further information on its cultivation in Italy, utilization and conservation. – Genet. Agr. **38**, 303–311.

– and –, 1985: Collection of land-races of cultivated plants in South Italy, 1984. – Kulturpflanze **33**, 225–236.

–, – and P. HANELT, 1981: Report of travels to South Italy for the collection of indigenous material of cultivated plants. – Kulturpflanze **29**, 433–442.

–, – and CHR. O. LEHMANN, 1982: Colletion of land-races of cultivated plants in South Italy 1981. – Kulturpflanze **30**, 181–190.

TASSI, F., 1982: Parchi nazionali e riserve naturali nel mondo. – Natura Protetta, EDIPEM.

TORCIA, M., 1793: Viaggio nel paese dei Peligni alla fine del settecento. – Napoli, Repr. 1986, Adelmo Polla Editore, Cèrchio (Aq).

Dr. K. HAMMER
Zentralinstitut für Genetik und Kulturpflanzenforschung
der Akademie der Wissenschaften der DDR
Corrensstraße 3
Gatersleben
DDR - 4325

Kulturpflanze 36 · 1988 · 391–404

A chromatographic approach to the taxonomy of *Vicia* L.

PIETRO PERRINO[1], GINA MARUCA[1], RICHARD N. LESTER[2] and PETER HANELT[3]

(Eingegangen am 12. Januar 1988)

Summary

Paper chromatography was applied to investigate the distribution of flavonoids plus other not identified phenols in ten species of *Vicia*.

Considerable biochemical differences were found between as well as within species. The extract of *V. cordata* produced a chromatogram substantially different from other taxa of the *V. sativa* aggregate which confirms its separation as species. The similarity in flavonoids between *V. villosa* and *V. dasycarpa* supports the view of considering the latter as a subspecies of the former. Similar comments are made on the other species investigated.

Cluster analysis may be useful for studying species relationships. It suggests the existence of a parallel between evolutionary advancement and degree of diversification. The results of this small survey would encourage the use of flavonoids and other secondary products for improving the existing classification of the genus.

Introduction

While a rich variety of flavonoids is found in the Leguminosae, the use made of these substances in taxonomy has been limited (GOMES et al. 1981, HARBORNE, 1971). Only few genera of Leguminosae are extensively investigated, e.g. *Acacia* (TINDALE and ROUX 1969), genera of the tribe Genisteae (cf. HARBORNE 1971) and especially *Baptisia*. By means of two-dimensional chromatography of leaf and flower flavonoids of several species and hybrids of *Baptisia*, ALSTON and TURNER (1962, 1963) discovered some flavonoids to be of fundamental importance for the identification of natural hybrids. Other examples of the systematic use of flavonoid characters, analysed by means of chromatography at species level, can be found in studies of *Lotus* (HARNEY and GRANT 1964; GRANT and ZANDSTRA 1968) and *Medicago* (SIMON and GOODALL 1968; HARBORNE 1969a, b). In phylogenetic terms distribution patterns of flavonoids in the subfamily Papilionoideae have been interpreted by GOMES et al. (1981).

[1] Istituto del Germoplasma, C. N. R., Via Amendola 165/A, Bari, Italy
[2] Department of Plant Biology, University of Birmingham, U. K.
[3] Zentralinstitut für Genetik und Kulturpflanzenforschung der AdW der DDR, Gatersleben, DDR - 4325

The results for *Lathyrus* (PECKET, 1959, 1960; HARBORNE 1971), *Pisum* (GALSTON 1969), and *Vicia* (ROWLANDS and CORNER 1963), of the tribe Vicieae, indicate too that flavonoids may have a considerable potential in systematics (HARBORNE 1971). According to ROWLANDS and CORNER (1963) and FEENSTRA (1960) paper chromatographic patterns of leaf and seed coat flavonoids of *Vicia faba* and *Phaseolus vulgaris* suggest the possibility for screening of cultivars at the seed and seedling stage.

An important aspect of flavonoids is that their distribution is not necessarily correlated with morphological traits (ROWLANDS and CORNER 1963).

This brief review suggests that taxonomically useful data might well be obtained from a full analysis of flavonoids and other phenols in *Vicia*.

Material and Methods

Fifteen accessions, representing 10 species of *Vicia* were selected for investigation from the collection maintained at the Bari Germplasm Institute. *V. faba* was not included because it was known to have a quite distinct chromatographic pattern. Classification, chromosome number, origin and code number of the accessions are presented in Table 1.

Plants were raised in the greenhouse (temperature around 21 °C). After one month of growth leaves were collected from 6 seedlings of each accession and dried at 35 °C. Leaves were ground and extracted overnight at room temperature with methanol containing 0.01 of concentrated HCl by volume at a ratio of 1:6 w/v.

For the two-dimensional paper chromatography 80 µl of extract from each accession were deposited at about 2 cm from two corner of a sheet of 20 cm × 20 cm Whatman No. 1 filter paper. The chromatograms were run in n-butanol, acetic acid, water (B. A. W.) (3:1:1 by volume) in the first direction and in 15 % acetic acid in water v/v (HOAc) in the second direction.

The first run required 5–6 hours while the second one required about 2 hours. The dried chromatograms were examined in ultra-violet light (UV): 1) long wavelength

Table 1

Infrageneric classification (according to KUPICHA 1976), chromosome number, origin and references number of the accessions of *Vicia* investigated.

Species	Subgenus	Section	Chrom. No.	Origin	Accession No.
V. monantha RETZ.	*Vicilla*	*Cracca*	14	Italy	105160
V. monantha RETZ.	*Vicilla*	*Cracca*	14	Italy	105252
V. benghalensis L.	*Vicilla*	*Cracca*	14	Italy	105158
V. benghalensis L.	*Vicilla*	*Cracca*	14	Afghanistan	104749
V. villosa ROTH	*Vicilla*	*Cracca*	14	Italy	105338
V. dasycarpa TEN.	*Vicilla*	*Cracca*	14	Italy	105161
V. articulata HORNEM.	*Vicilla*	*Ervoides*	14	Italy	105177
V. ervilia (L.) WILLD.	*Vicilla*	*Ervilia*	14	Italy	105205
V. pannonica CRANTZ	*Vicia*	*Hypechusa*	12	Italy	105255
V. sativa L.	*Vicia*	*Vicia*	12	Italy	105159
V. sativa L.	*Vicia*	*Vicia*	12	Italy	105272
V. sativa L.	*Vicia*	*Vicia*	12	Italy	105337
V. sativa L.	*Vicia*	*Vicia*	12	Italy	105238
V. cordata WULF.	*Vicia*	*Vicia*	10	Italy	105289
V. narbonensis L.	*Vicia*	*Faba*	14	Italy	105219

Table 2
The average Rf value and colour of 55 chromatographic spots.

Spot	Rf value BAW	HOAc	Colour long and short wave UV	NH_3 + long wave UV	NH_3 + visible light
1	.69	.41	light violet		
2	.72	.53	blue	blue	
3	.72	.66	light violet		
4	.60	.78	colourless		
5	.51	.71	light blue		
6	.50	.57	light blue		
7	.29	.54	red brown		
8	.80	.89	colourless	red brown	
9	.62	.01	light violet (1)		
10	.46	.13	yellow		
11	.28	.11	yellow		
12	.30	.57	blue		
13	.25	.72	dark green		
14	.22	.55	sea green	green yellow	yellow
15	.01	.33	colourless (1)		
16	.74	.75	light violet	light violet	
17	.16	.64	yellow green	green yellow	yellow
18	.51	.43	dark violet	dark brown	yellow
19	.43	.53	dark violet		
20	.37	.77	violet (2)		
21	.61	.53	violet		
22	.27	.77	blue	blue	
23	.36	.49	pink (2)		
24	.44	.74	light violet		
25	.49	.74	light blue	light blue	
26	.44	.58	pink (2)	pink	
27	.69	.77	colourless (1)		
28	.42	.76	blue		
29	.45	.27	dark violet		
30	.78	.08	dark violet		
31	.56	.29	dark violet	dark green	yellow
32	.48	.19	dark violet	dark green	yellow
33	.32	.50	colourless (1)		
34	.36	.84	blue	blue	
35	.41	.32	dark violet	dark green	yellow
36	.68	.11	blue	blue	
37	.36	.88	colourless		
38	.52	.35	red brown		
39	.52	.35	red brown		
40	.65	.77	blue	blue	
41	.73	.86	green		
42	.56	.89	green		
43	.47	.91	light green		
44	.57	.83	light green		
45	.31	.25	dark violet	dark brown	yellow
46	.18	.92	dark green		
47	.27	.82	green	green	
48	.19	.89	green		
49	.57	.85	blue	blue	
50	.38	.94	brown (2)		

Continued Table 2

Spot	Rf value BAW	HOAc	Colour long and short wave UV	NH_3+long wave UV	NH_3+visible light
51	.75	.86		bright blue	
52	.40	.12		red brown	
53	.52	.11		red brown	
54	.47	.80		light blue	
55	.67	.27	blue (1)		

(1) under long wave UV only.
(2) under short wave UV only.

(366 μm), 2) short wavelength (245 μm) and 3) long wavelength and visible light in the presence of ammonia vapour. Spots were characterized according to their colours and Rf values and were numbered (Table 2). Fifty-five different spots were recognized. At least two, but normally five or six, replicate chromatograms were produced from each accession. Typical patterns produced by each accession, are presented in Fig. 1 and 2. The intensity of fluorescence of each spot was recorded on a five point scale for each spot and for each accession. The data were analyzed using an hierarchical cluster analysis based on an algorithm outlined by JOHNSON (1967). After standardization of the data, Euclidean distances were calculated and clustering achieved (Figs. 3, 4).

Results

Chromatography

The chromatographic patterns are presented according to the wavelength used to show up the spots and the sections of *Vicia* studied.
I) Fluorescence in long wave UV light (Fig. 1). Ten patterns, 1A to 1L, are recognized.

Subgenus *Vicilla*
Section *Cracca*

1) The 1A pattern: *V. monantha*
The $1A_1$ and $1A_2$ patterns both have seven spots, though only five are common to both. The compounds responsible for spots 30, 31 and 32 which were all dark violet in colour, were found only in *V. monantha*. Compounds 5, 8, 22, 25 and 46 occur also in other species. Spots 25 and 33 in $1A_1$ but absent in $1A_2$ are responsible for qualitative differences between the two *V. monantha* accessions. Spots 5, 31 and 32 which are brighter in $1A_1$ than in $1A_2$ suggest quantitative difference.

2) The 1B pattern: *V. benghalensis*
These chromatograms showed ten spots. Compounds 38 and 39, dark red in colour, were observed in one accession only ($1B_2$) and also in no other species. The remaining eight spots were observed also in other taxa. *V. benghalensis* has more spots in common with other species than *V. monantha*.

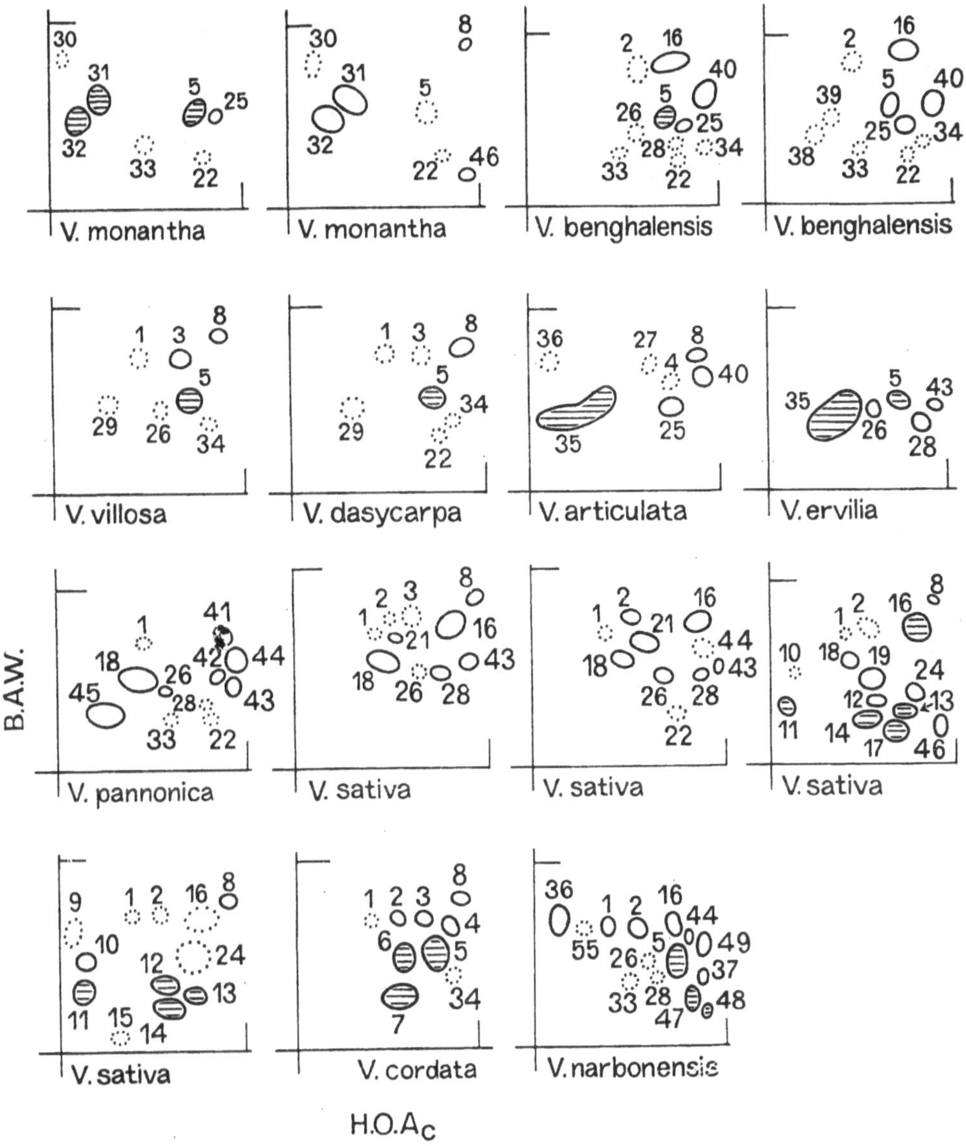

Fig. 1 Chromatograms of *Vicia* species observed in long wave UV light (366 μm) Fluorescence intensity: 1 dotted, 2–3 closed, 4–5 hatched spots

3) The 1C pattern: *V. villosa* and *V. dasycarpa*

There are seven spots on these chromatograms of which six are common to both. Only the compound responsible for spot 29 is restricted to this pattern. Spot 26 found in *V. villosa* ($1C_1$) and spot 22 found in *V. dasycarpa* ($1C_2$) are the only qualitative differences between the two taxa found in these tests. Like *V. benghalensis* they have most of the spots in common with other species.

Section *Ervoides*

4) The 1D pattern: *V. articulata*

The pattern has seven spots. The compound responsible for the dark violet spot 35 was found also in *V. ervilia*, however with a different size. Compound 36, shared with *V. narbonensis* (1L), where it was larger and brighter, has some chromatographic similarities to the substances responsible for spot 9, present in one *V. sativa* ($1H_2$), and for spot 30 present in both accessions of *V. monantha*. *V. articulata* differs from other species of subgenus *Vicilla* in lacking spot 5.

Section *Ervilia*

5) The 1E pattern: *V. ervilia*

All 5 spots found in this species are common to other species. Spots 35 however, in *V. articulata* a more or less simple feature, was in *V. ervilia* often split into two sub-spots. These show some similarity with spots 18 and 45 from *V. pannonica*.

Subgenus *Vicia*
Section *Hypechusa*

6) The 1F pattern: *V. pannonica*

One spot (No. 45) out of 11 is unique to this pattern. Otherwise it overlaps with sections *Cracca* and *Ervilia* on the one hand and *Vicia* and *Faba* on the other.

7) The 1G pattern: *V. sativa*

Most of the ten spots of this pattern show high Rf value. Spots 18, 21 and 26 are most important for distinguishing these two *V. sativa* populations from others. Spots 3 and 8 from $1G_1$ and spots 22 and 44 from $1G_2$, help in identifying the two accessions.

8) The 1H pattern: *V. sativa*

This pattern has the highest number of spots, varying from 12 to 14. Most of them are different from other patterns. The compounds responsible for spots 10, 11, 12, 13 and 14 are most consistent and useful for identification of these types of *V. sativa*.

9) The 1I pattern: *V. cordata*

The pattern consists of nine spots. Spots 6 and 7 (light blue and reddish respectively) are typical of this pattern. This taxon of the *V. sativa* complex is the only one of sect. *Vicia* having spot 5.

Section *Faba*

10) The 1L pattern: *V. narbonensis*

The pattern consists of 13 spots. Spots 47, 48, 49 and 55 were observed only in this species.

II) Fluorescence in short wave UV light

The majority of the compounds fluorescent under long wave UV (Fig. 1) are fluorescent also under short wave UV. However, some compounds were observed only under the former (Spots 9, 15, 27, 33 and 55) and some only under the latter (20, 23 and 50). In general, most of the compounds were observed more frequently (perhaps because they appeared brighter) in long than in short wave length.

III) Fluorescence in a) long wave UV light, and b) visible light, both in the presence of ammonia vapour (Fig. 2).

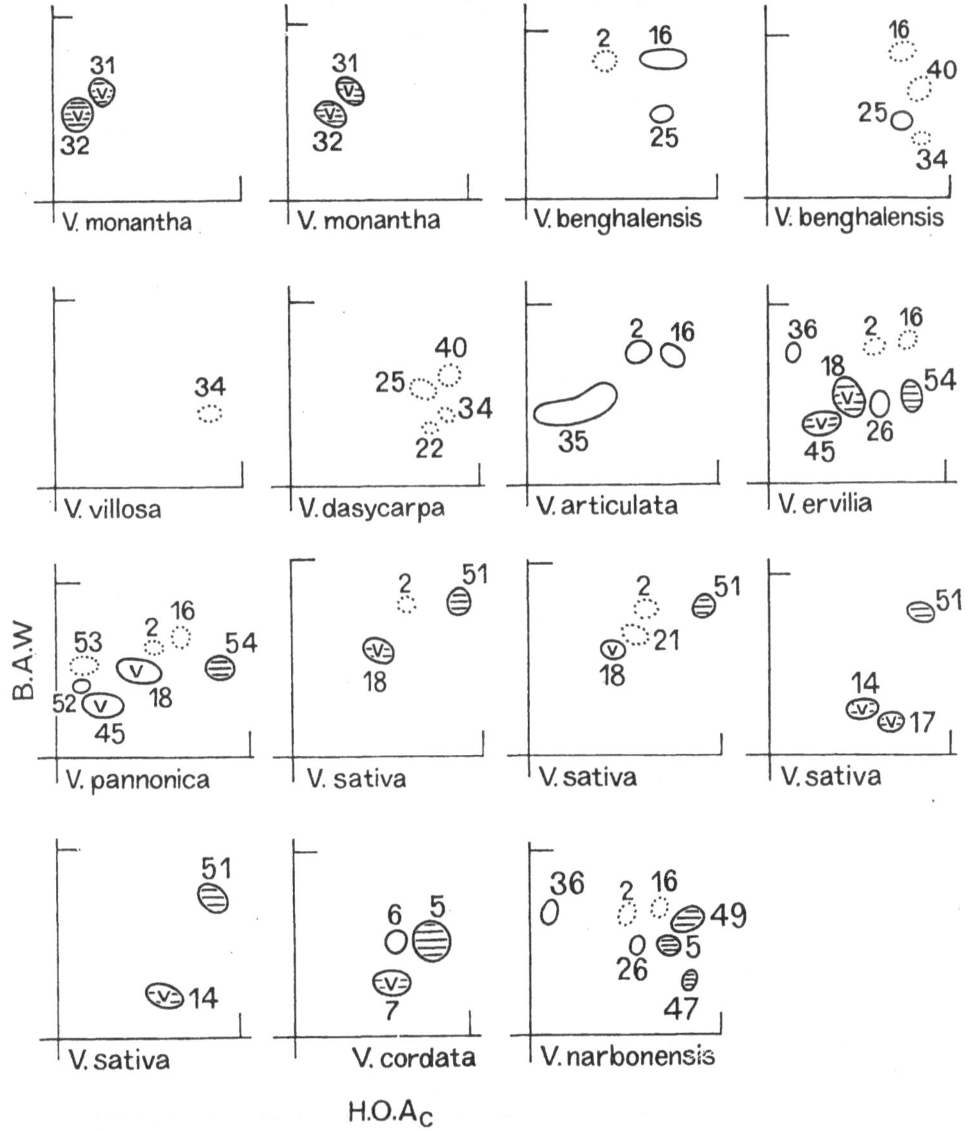

Fig. 2 Chromatograms of *Vicia* species observed in long wave UV light (366 μm) and in visible light (v), both in the presence of ammonia vapour
Fluorescence intensity: 1 dotted, 2–3 closed, 4–5 hatched spots

Subgenus *Vicilla*
Section *Cracca*

1) The 3A pattern: *V. monantha*
The pattern has two marker spots, both restricted to *V. monantha*. The compounds are green-yellow in colour under UV and show a permanently yellow colour in visible light.

2) The 3B pattern: *V. benghalensis*
The pattern is not consistent and the two chromatograms consist of a few blue spots with high HOAc Rf values, none of which are apparent in visible light.

3) The 3C pattern: *V. villosa* and *V. dasycarpa*
The pattern differs from the 3B one mainly through the absence of two spots (2 and 16) both with high B. A. W. and HOAc values.

Section *Ervoides*

4) The 3D pattern: *V. articulata*
This pattern has three spots. Spot 35 is characteristic of the *V. articulata* pattern, it is dark-green in UV, and shows a permanently yellow colour in visible light. The spots 2 and 16 occur also in other species.

Section *Ervilia*

5) The 3E pattern: *V. ervilia*
The pattern consists of seven spots. Five spots are also found in the *V. pannonica* pattern. The compound responsible for spot 36 is assumed to be the same as that for spot 36 in *V. narbonensis*. The compounds for spots 18 and 45, dark brown under UV, become permanently yellow in visible light.

Subgenus *Vicia*
Section *Hypechusa*

6) The 3F pattern: *V. pannonica*
The pattern has seven spots. Spots 52 and 53 are not found in any other species. The compounds for spots 18 and 45, appear as just mentioned for *V. ervilia*.

Section *Vicia*

7) The 3G pattern: *V. sativa*
The number of spots varies from three ($3G_1$) to four ($3G_2$). Spots 18 and 51 are the most useful for recognising the pattern.

Fig. 3 Dendrogram of species and strains of *Vicia* based on the presence/absence and the fluorescence intensity of 55 chemical traits. The six groups discussed in the text are here identified by numbers 1 to 6

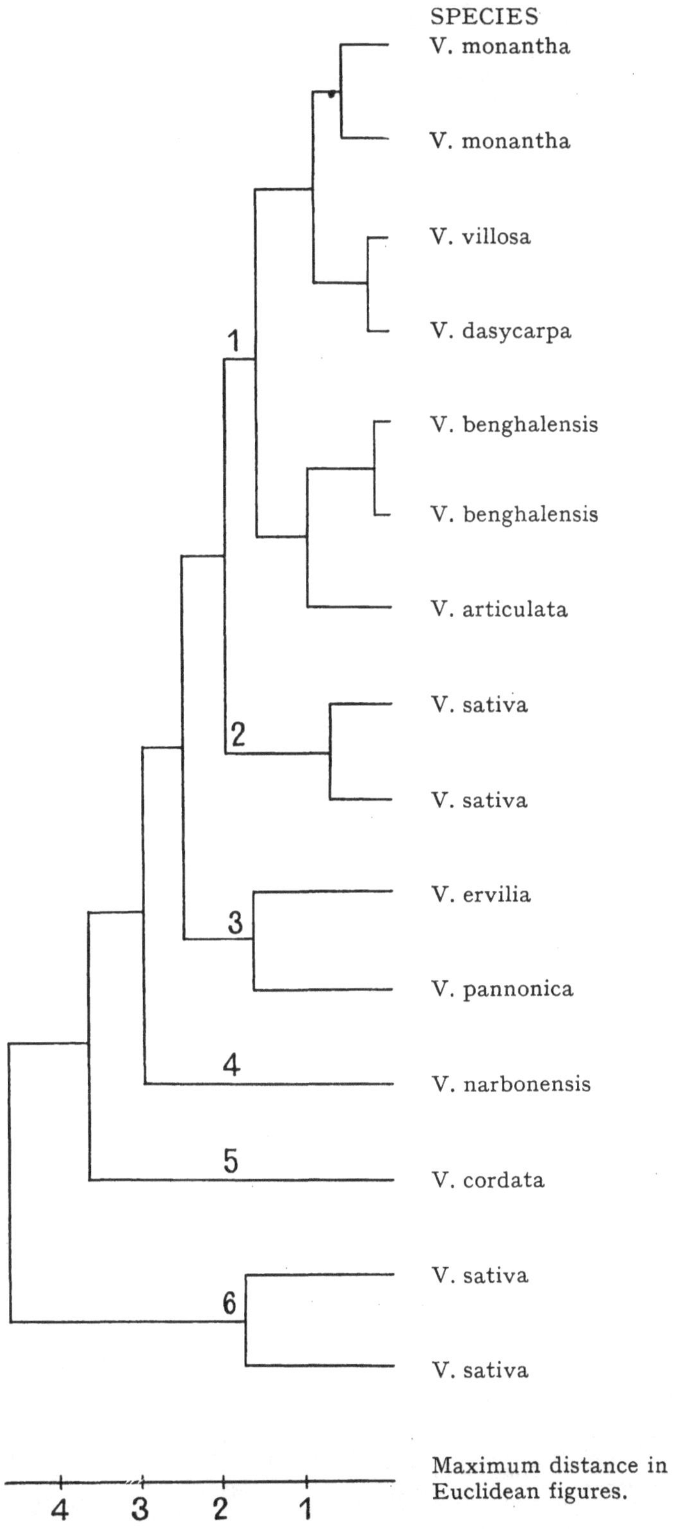
SPECIES
V. monantha
V. monantha
V. villosa
V. dasycarpa
V. benghalensis
V. benghalensis
V. articulata
V. sativa
V. sativa
V. ervilia
V. pannonica
V. narbonensis
V. cordata
V. sativa
V. sativa
1
2
3
4
5
6
4
3
2
1
Maximum distance in
Euclidean figures.

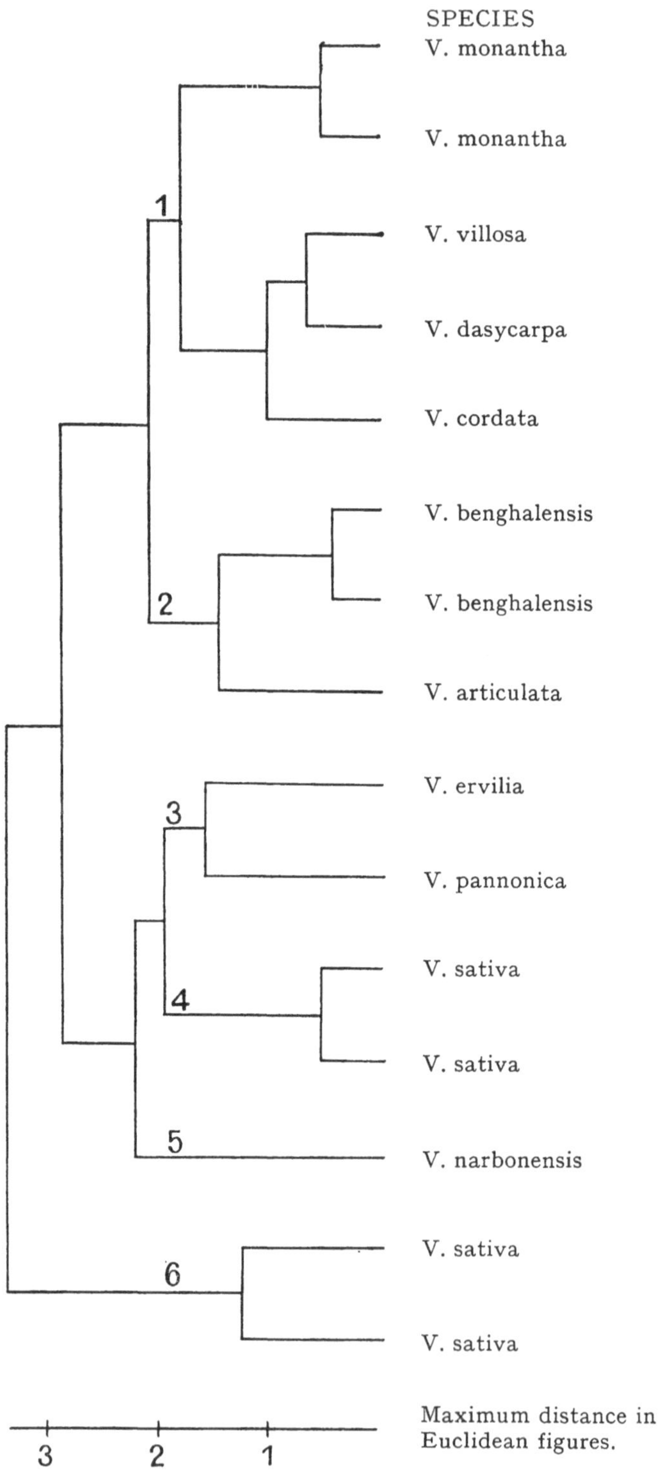
SPECIES
V. monantha
V. monantha
V. villosa
V. dasycarpa
V. cordata
V. benghalensis
V. benghalensis
V. articulata
V. ervilia
V. pannonica
V. sativa
V. sativa
V. narbonensis
V. sativa
V. sativa
1
2
3
4
5
6
3
2
1
Maximum distance in
Euclidean figures.

8) The 3H pattern: *V. sativa*
The number of spots is three ($3H_1$) or two ($3H_2$). The compounds responsible for spots 14 and 17, green yellow in UV, become permanently yellow in visible light. The compound responsible for spot 51, giving a very bright blue colour under UV in the presence of ammonia vapour, is typical for all investigated *V. sativa* accessions.

9) The 3I pattern: *V. cordata*
One spot (No. 7) out of three, typical of this pattern, is dark green under UV and permanently yellow in visible light.

Section *Faba*

10) The 3L pattern: *V. narbonensis*
The pattern consists of seven spots. The relatively high number of spots in this pattern is due to the fact that many compounds are still bright in the presence of ammonia vapour.

Numerical taxonomy

A cluster analysis was performed firstly using the presence of 55 compounds and their fluorescence intensity (=unit character) (Fig. 3) and secondly using only the presence or absence of the same compounds neglecting the intensity (Fig. 4).

In the first case when the qualitative and quantitative differences are considered (Fig. 3), the optimum number of groups seems to be six.

In the second case when only qualitative differences are considered (Fig. 4), the optimum number of groups seems to be also six but with a slight difference in their composition.

The most evident difference between the two dendrograms is given by the position of *V. cordata*. This appears to be a distinct taxon when quantitative (fluorescent intensity) differences are used (Fig. 3), but it is very close to species of sect. *Cracca* when only qualitative differences are considered (Fig. 4). Consequently, the five species of the section *Cracca* form one group in the first case (Fig. 3), but appear as two close groups in the second one (Fig. 4). For the other taxa the two different dendrograms show little differences.

Discussion

By means of paper chromatography significant inter- and intraspecific differences were found among the flavonoids of ten species of *Vicia*.

In particular *V. sativa* group shows a remarkable variability: *V. cordata* shows

---

Fig. 4 Dendrogram of species and strains of *Vicia* based on the presence/absence of 55 chemical traits. The six groups discussed in the text are here identified by numbers from 1 to 6 a pattern clearly different from *V. sativa* s. str. Thus the present results confirm earlier karyological (METTIN and HANELT, 1964; BLANCO et al. 1975) and electrophoretic studies (PERRINO et al. 1977) and support the recognition of *V. cordata* at the rank of species. The four *V. sativa* accessions showed two distinct patterns, indicating more variation within this one than between all the rest of the species studied.

The similarity in flavonoids between *V. villosa* and *V. dasycarpa* is as great as that found with morphological characters and protein profiles (PERRINO et al. 1977). These findings would support the view of including *V. dasycarpa* as a subspecies of *V. villosa* (as ssp. *varia* (HOST) CORB., see BALL 1968).

A similar situation appears in *V. monantha* where the two accessions analyzed show two patterns which are related to subsp. *monantha* and subsp. *triflora* (BALL 1968).

These results show the potential usefulness of paper chromatography for screening populations or varieties of the same species.

Numerical taxonomy can be useful for studying species relationships.

Especially Fig. 4 reflects rather well the infrageneric division into two large groups (subgen. *Vicilla* and subgen. *Vicia,* KUPICHA 1976) with the exception of the totally misplaced *V. cordata* and the unsatisfactory position of *V. ervilia.*

In both analyses (Fig. 3 and 4) *V. cordata* is distinct from the other four accessions of *V. sativa.* When only qualitative differences are considered (Fig. 4) the accession of *V. cordata* is even closer to two species of the section *Cracca (V. villosa* and *V. dasycarpa)* which makes no taxonomic sense. While these results reinforce the view of giving *V. cordata* the rank of species (METTIN and HANELT 1964; BLANCO et al. 1975) on the other hand they show how critically important it may be to score the chromatograms also for quantitative differences. In fact on a quantitative base (Fig. 3) *V. cordata* is quite distinct from *V. villosa* and *V. dasycarpa.*

Both dendrograms show that in general the taxonomic distances are greater within *V. sativa* than between species of section *Cracca.* Morphologically (BALL 1968) the subgenus *Vicilla* is believed to be more primitive than the sections of subgenus *Vicia.* Considering only the sections *Cracca* and *Vicia,* for which more taxa were analyzed in the present study the dendrograms based on biochemical characters would confirm this theory of evolutionary advancement.

The sharp distinction between the species of the section *Cracca* and those of the section *Vicia* indicate that flavonoid distribution patterns may be correlated at least with some of the more conventional taxonomic criteria derived from morphology.

Therefore flavonoids may contribute to the improvement of the systematics of the genus and may provide additional criteria for the evaluation of relationships and for the recognition of taxonomic ranks. That had been confirmed recently also by the analysis of phenolic compounds in 6 indigenous South American species of *Vicia* for which species-specific chromatographic patterns had been observed (FERRARI et al. 1986).

The results of the present small survey suggest an extension of the analyses to more species and populations of different origin. Such work is in progress at the Germplasm Institute of Bari.

Zusammenfassung

Ein chromatographischer Beitrag zur Taxonomie von *Vicia* L.

Papierchromatographie wurde zur Analyse des Vorkommens von Flavonoiden und weiteren nicht identifizierten phenolischen Verbindungen in 10 *Vicia*-Arten genutzt.

Beträchtliche biochemische Unterschiede wurden sowohl zwischen als auch innerhalb von Arten ermittelt. Der Extrakt von *V. cordata* ergab ein wesentlich von anderen Taxa des *V. sativa*-Aggregats abweichendes Chromatogramm, das die Abgliederung dieser Sippe als eigene Art bestätigte. Andererseits stützt die Ähnlichkeit der Flavonoide von *V. villosa* and *V. dasycarpa* deren Zusammenfassung als 2 Unterarten einer Art. Ähnliche Kommentare waren bei anderen untersuchten Arten möglich.

Die Cluster-Analyse konnte erfolgreich zur Einschätzung der Verwandtschaft zwischen den Arten herangezogen werden. Mit ihrer Hilfe ergab sich eine Parallele zwischen dem Grad abstammungsgeschichtlicher Ableitung und dem Ausmaß der Differenzierung.

Die Ergebnisse dieser ersten Übersicht ermutigen zur weiteren Verwendung von Flavonoiden und anderen sekundären Pflanzenstoffen bei der Optimierung der Klassifikation der Gattung.

Краткое содержание

Хроматографический вклад в таксономию *Vicia* L.

Бумажную хроматографию использовали для анализа наличия флавоноидов и других неидентифицированных фенольных соединений в 10 видах рода *Vicia*.

Были установлены значительные биохимические различия как между, так и внутри видов. Экстракт из *V. cordata* дал хроматограмму, значительно отличающуюся от других таксонов агрегата *V. sativa*, что подтвердило отделение этой формы как собстенного вида. С другой стороны, сходство флавоноидов у *V. villosa* и *V. dasycarpa* поддерживает их обобщение как подвида одного вида. Схожие высказывания были возможны и по отношению к другим исследованным видам.

Смогли успешно привлечь анализ методом кластера для оценки родства между видами. С его помощью получили параллель между степенью эволюционно-исторического отделения и объемом дифференцирования.

Результаты этого первого обзора воодушевляют к дальнейшему использованию флавоноидов и других вторичных растительных веществ для оптимизации классификации родов.

Literature

ALSTON, R. E. and B. L. TURNER, 1962: New techniques in analysis of complex natural hybridization. – Proc. Nation. Acad. Sci. USA **48**, 130–137.

–, –, 1963: Natural hybridization among four species of *Baptisia* (Leguminosae). – Am. J. Bot. **50**, 159–173.

BALL, P. W., 1968: *Vicia* L. – In: TUTIN, T. G. et al. (Eds.), Flora Europaea **2**, 129–136. Cambridge University Press, Cambridge.
BLANCO, A., P. PERRINO and E. PORCEDDU, 1975: Accertamento del numero cromosomico e osservazioni sul cariotipo di circa 600 accessioni di una collezione del genere *Vicia*. – Genet. Agr. **29** (3–4), 259–267.
FEENSTRA, W. J., 1960: Biochemical aspects of seed-coat colour inheritance in *Phaseolus vulgaris* L. – Meded. Landbouwhgesch. Wageningen **60** (2), 1–53.
FERRARI, M. R., A. M. PALERMO, y C. A. NARANJO, 1986: Estudios cromatograficos en siete especies de *Vicia* (Leguminosae). – Darwiniana **27**, 273–287.
GALSTON, A. W., 1969: Flavonoids and photomorphogenesis in peas. – In: HARBORNE, J. B. and T. SWAIN (Eds.), Perspect. phytochem., 193–204. Academic Press, London – New York.
GOMES, C. M. R., O. R. GOTTLIEB, R. C. GOTTLIEB and A. SALATINO, 1981: Phytochemistry in perspective: Chemosystematics of the Papilionoideae. – In: POLHILL, R. M. and P. H. RAVEN, Advances in Legume Systematics **2**, 465–488. Kew.
GRANT, W. F. and I. I. ZANDSTRA, 1968: The biosystematics of the genus *Lotus* (Leguminosae) in Canada. II. Numerical chemotaxonomy. – Can. J. Bot. **46**, 585–589.
HARBORNE, J. B., 1969a: Gossypetin and Herbacetin as taxonomic markers in higher plants. – Phytochem. **8**, 177–183.
–, 1969b: Occurrence of flavonol 5-methyl esthers in higher plants and their systematic significance. – Phytochem. **8**, 419–423.
–, 1971: Distribution of flavonoids in the Leguminosae. – In: HARBORNE, J. B., D. BOULTER and B. L. TURNER (Eds.), Chemotaxonomy of the Leguminosae, 31–71. Academic Press, London – New York.
HARNEY, P. M. and W. F. GRANT, 1964: A chromatographic study of the phenolics of species of *Lotus* closely related to *L. corniculatus* and their taxonomic significance. – Am. J. Bot. **51** (6), 621–627.
JOHNSON, S. C., 1967: Hierarchical clustering schemes. – Psychometrika **32**, 241–254.
KUPICHA, F. K., 1976: The infrageneric structure of *Vicia*. – Not. Roy. Bot. Gard. Edinb. **34**, 287–326.
METTIN, D. and P. HANELT, 1964: Cytosystematische Untersuchungen in der Artengruppe um *Vicia sativa* L. I. – Kulturpflanze **12**, 163–225.
PECKET, R. C., 1959: The constituents of leaf extracts in the genus *Lathyrus* and their bearing on taxonomy. – New Phytologist **58**, 182–187.
–, 1960. The nature of the variation in flower colour in the genus *Lathyrus*. – New Phytologist **59**, 138–144.
PERRINO, P., I. MAELLARO and A. BLANCO, 1977: Patterns di elettroforesi in specie del genere *Vicia*. – Genet. Agr. **31** (1–2), 121–130.
ROWLANDS, D. G. and J. J. CORNER, 1963: Biochemical differences as varietal characteristics for peas, beans and spinach. – Horticultural Research **3**, 1–12.
SIMON, J. P. and D. W. GOODALL, 1968: Relationship in annual species of *Medicago*. VI. Two-dimensional chromatography of the phenolics and analysis of the results by probabilistic similarity methods. – Aust. J. Bot. **16**, 89–100.
TINDALE, M. D. and D. G. ROUX, 1969: A phytochemical survey of the Australian species of *Acacia*. – Phytochem. **8**, 1713–1727.

Dr. P. PERRINO, Dr. G. MARUCA
Istituto del Germoplasma, C. N. R., Via Amendola 165/A,
Bari, Italy

Dr. P. HANELT
Zentralinstitut für Genetik und Kulturpflanzenforschung der
AdW der DDR,
Corrensstr. 3
Gatersleben
DDR - 4325

Kulturpflanze 36 · 1988 · 405–419

Collecting plant-genetic resources in the Georgian SSR (Chevsuretia, Tushetia) 1987

RUSUDAN K. BERIDZE[1], PETER HANELT, VERNIKO N. KANDELAKI[1], DŽULIETTA MANDŽGALADZE[1] and JÜRGEN SCHULTZE-MOTEL

(Eingegangen am 15. Januar 1988)

Summary

In August of 1987 a seventh joint mission has been organized for collecting indigenous material of cultivated plants which went to remote mountainous areas beyond the main ridge of Great Caucasus into the historical provinces of Chevsuretia and Tushetia. Since some decades drastic gene-erosion had happened caused by the extreme decrease of crop cultivation in these areas. Thus the collected material represents only a small fraction of the former diversity of local crop races. The collection although of small size (75 accessions, among them 30 cereal, 23 legume and 22 vegetable and other crop samples) is of special importance because it represents highly endangered varieties. Other taxa formerly widely cultivated in these regions disappeared already completely (e.g. *Triticum carthlicum, Vicia faba, Linum usitatissimum)*. Some examples of the collection have been characterized in detail.

Introduction

The exploration of plant-genetic resources undertaken jointly by the Institute of Botany of the Georgian Academy of Sciences in Tbilissi and the Zentralinstitut für Genetik und Kulturpflanzenforschung of the Academy of Sciences of the GDR in Gatersleben since 1981 could be extended in 1986 to the Eastern part of the Georgian Republic (BERIDZE et al. 1987). The experience of this mission encouraged further collecting work in remote areas along the main ridge of the Great Caucasus where gene-erosion reached a very advanced stage and where in many places indigenous landraces completely disappeared; population movements and the shift in the agricultural structure to pure cattle breeding contributed mainly to the decrease or often total abandonment of crop cultivation. Therefore in 1987 Chevsuretia has been visited once more in order to collect in further settlements formerly not yet explored; besides this the mission covered the likewise very isolated historical province of Tushetia on the Northern slope of Great Caucasus to the North and Northeast of the Kachetian Alazani valley.

[1] Institute of Botany, Academy of Sciences of the Georgian SSR, 380 007 Tbilissi, Kodjorskoe Road, USSR

The expedition has been organized once more again successfully by Mrs. Dr. R. BERIDZE, in this year an especially troublesome task by the bad weather conditions and by difficulties resulting from the extremely severe frost and snowfall during the preceding winter season. Participants of the mission have been R. K. BERIDZE, V. N. KANDELAKI, D. MANDŽGALADZE (Tushetia) and Z. M. MINDIAŠVILI (Chevsuretia) from the institute in Tbilissi and P. HANELT and J. SCHULTZE-MOTEL from Gatersleben.

The kind and helpful support of the administrations of the rayons of Dušeti and Achmeta as well as the traditional hospitality of the farmers and other people in the mountain villages is greatly appreaciated.

Results

For details of the route of the expedition and its chronology one has to compare fig. 1 and table 1.

Table 1

Chronology of the expedition to the Georgian SSR 1987 for collecting plant-genetic resources (August 10 to 29)

10. 8.	Flight from Berlin to Tbilissi via Moscow
11. 8.	Tbilissi, first meeting of the participants, visit of the Botanical Institute and especially of the Department of Genetic Resources, discussion on the programme of the expedition
12. 8.	Drive to Dušeti, visit of the Research Base of the Institute of History, Archaeology and Ethnography of the Georgian Academy of Sciences for the preparation of the stay of J. SCHULTZE-MOTEL, discussions with co-workers of the administration of the rayons' centre for the travel to Chevsuretia
13. 8.– 17. 8.	Expedition to Chevsuretia, rayon of Dušeti (basis quarter in Šatili) and research at the mentioned base in Dušeti (14. 8.–18. 8., SCHULTZE-MOTEL).
13. 8.	Drive to Šatili via Dušeti, Žinvali, Barisacho, the pass of the Great Caucasus (2670 m) and along the valley of the Arguni river, delayed arrival by difficult driving caused by landslips
14. 8.	Collecting in Šatili and excursion to Acechi N of Šatili (1700 m)
15. 8.	Excursion on foot to Ardoti on the upper course of the Andaki river S of Šatili (1750 m), collecting here and at Muco on the way back
16. 8.	Collecting near Šatili in the valley of the Arguni river
17. 8.	Return by car from Šatili to Tbilissi via Chachmati, Barisacho, Žinvali and Dušeti, collecting in Korso (1300 m) and Barisacho (1350 m) in Inner Chevsuretia
18. 8.	Tbilissi, preparation of the expedition to Tushetia, return of SCHULTZE-MOTEL from Dušeti
19. 8.– 25. 8.	Expedition to Tushetia, rayon of Achmeta (basis quarter in Omalo), collections in the high-mountain basin of Omalo beyond the main ridge of the Great Caucasus
19. 8.	Drive to Achmeta via Sagaredžo, Gurdžaani and Telavi along the Kachetian Alazani valley, from Achmeta to Omalo by helicopter
20. 8.	Excursion by car into the valley of the middle course of Pirikita Alazani river via Zedo Omalo, collecting near Dartlo (1800 m) and Kvavlo (2100 m) NW of Omalo; collecting in Omalo (1800 m)
21. 8.	Excursion by car into the valley of the middle course of Tushetskaja Alazani river WNW Omalo via Bočorma (2200 m) to Alisgori, Verchovani and Džvarboseli, 1800 to 1850 m

22. 8. Excursion on foot to Šenako and Diklo beyond the Pirikita Alazani river (1950 m and 2050 m) near the frontier-line to the Dagestan ASSR
23. 8. Collecting in Omalo and in the neighbourhood of the settlement (wild plants), preparing of herbarium specimens
24. 8. Excursion by car into the valley of Tushetskaja Alazani river W and NW of Omalo via Čala (1700 m), Chiso (1850 m) to Nacichari (1850 m), Žvelurta (2050 m), Ciglaurta (2000 m) and return via Štrolta (1930 m) and Čala, collecting in these mountain settlements
25. 8. Collecting in Omalo, premature return to Achmeta before the road became unpassable after heavy rain-fall, drive by car across the pass of the main ridge of the Caucasus (2800 m), along the Stori valley and via Kvemo and Zemo Alavani to Achmeta; from here return to Tbilissi after passing the Gombori mountains
26. 8. Tbilissi, discussion on the continuation of the cooperation and the evaluation of the results achieved hitherto; work in the library and the herbarium of the Botanical Institute
27. 8. Tbilissi, visit to the experimental fields and the collections of the Department of Genetic Resources of the Botanical Institute, delivery of prehistoric remains of cultivated plants which had been earlier received on loan from the partner
28. 8. Inspection of the collected material by the quaranteene laboratory and obtaining the permissions for the export of the seed samples; work at the Archaeological Department of the State Museum of the History of Georgia; final discussions
29. 8. Return by plane to Berlin

The first days were spent again in Outer Chevsuretia (basis quarter in Šatili), the geographical and agricultural situation of which has been described already in the last report (Beridze et al. 1987). It needs only to be repeated that by the above mentioned reasons since 10 to 15 years a drastic decrease of cereal cultivation had happenend even in far remote and isolated settlements which could be reached only on foot or horseback. However in many places even far away from recent hamlets well terraced slopes (used nowadays as hay-meadows) or abundant old water-mills, sometimes still well kept, indicate the former widespread cultivation of wheat *(Triticum aestivum, Tr. carthlicum)*, rye and barley (among them also naked barley varieties, called kershveli). For example along a tributary of the Andaki river near Ardoti 10 such water-mills could be counted and approximately the same number have been observed in a small valley at Šatili (fig. 2).

Also in the small house-gardens the number of crops is insignificant, *Phaseolus* beans (fig. 3), *Allium fistulosum, A. sativum, Lepidium sativum, Anethum graveolens, Coriandrum sativum, Brassica oleracea*, potatoes, tomatoes and cucumbers have been grown in Šatili and neighbouring villages but often the seeds had been introduced annually from lower regions of the Republic. The cultivation of *Nicotiana rustica*, observed several times in 1986, was nowhere to be seen and in general the acreage of cereals in Chevsuretia was less than in 1986 mainly because by the severe and prolonged winter the sowings became possible too late in the season.

Once more the use and protection of single wild fruit-trees by the inhabitants could be noted in the immediate neighbourhood of the settlements, that was true e.g. for *Pyrus caucasica, Malus orientalis* ssp. *montana* and the wild form of the cherry-plum *(Prunus cerasifera)* near Šatili which may be interpreted as the illustration of an initial stage of domestication.

The historical province of Tushetia (fig. 4–10) covers the North and North-

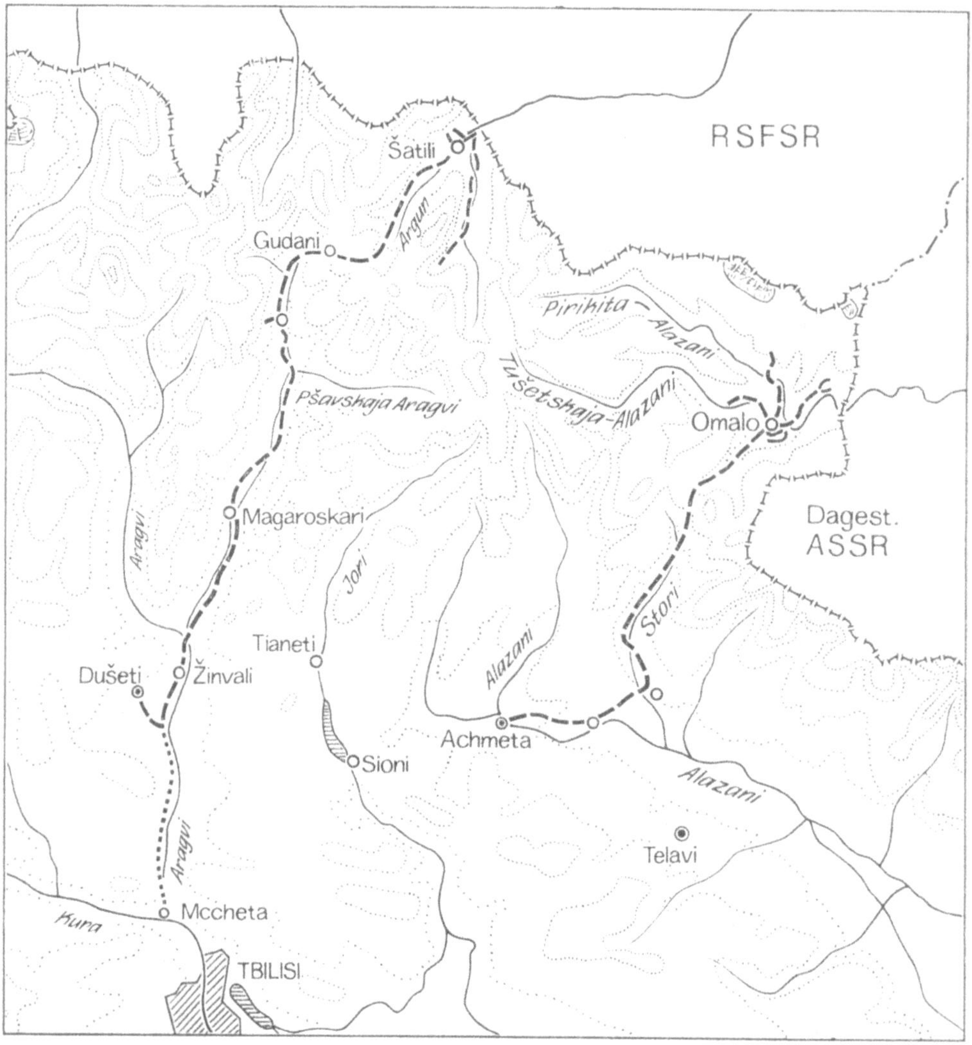

Fig. 1 Travel route of the collecting mission to Chevsuretia, rayon Dušeti, and Tushetia, rayon Achmeta, in 1987

east part of the Achmeta rayon beyond the main ridge of the Great Caucasus. It is a high-mountainous basin with plateau-like regions of an altitude of 1800 m surrounded by different highmountain chains and deeply cut by narrow and steep valleys of the Tushetskaja and Pirikita Alazani and their tributaries (fig. 4, 5). The villages are located within these valleys, on slopes or on the mountain plateaus like Omalo, an administrative centre of Tushetia (fig. 6, 7); they can be reached often only on foot or horseback too and helicopters are an important means of the public traffic (DAVITAJA 1967).

Besides Omalo (the basis quarter) the villages are inhabited only during summer-time (fig. 8, 9), very few people are living whole the year in their remote settlements. Most of them however move regularly in autumn into villages of

Fig. 2 Old water-mills along a tributary of the Arguni river at Šatili witness for the formerly much more widespread cultivation of cereals

the Kachetian Alazani valley (or to Omalo) and are working in cooperative farms here. In summer cattle breeding occupies most of the mountaineers, thus modern cultivars of oat and maize are cultivated sometimes for green forage, e.g. near Omalo and Šenako. Therefore the traditional cultivation of local cereal and legume varieties and of other crops had been almost completely abandoned since more than 20 to 25 years. In former times according to local informants landraces of rye, barley, oat, wheat *(Tr. aestivum, Tr. carthlicum)*, faba beans, peas, lentils and also of linseed *(Linum usitatissimum)* as an important oil crop had been sown commonly on the fields and enabled the subsistence economy of the Tushetian farmers. However wheat cultivation was practised mainly in the more central parts of the province and did not happen in the distant valleys.

Nowadays only some small potato fields are to be seen near the villages, but widespread terraced slopes with remnants of scattered buildings are documents of the former crop cultivation. In spite of wide travelling and walking fields with indigenous cereal varieties (barley, oat) could be observed (fig. 6) only at two villages (in one case the barley was used exclusively for domestic brewing of beer). The fields have been located at an altitude of approximately 2000 to 2100 m above sea level (for comparison: the upper limit of forest in Tushetia don't exceed 2300 m, *Pinus sylvestris* s. lat. being the dominant tree species in the forests which are covering still large areas on the slopes, in the valleys and on mountain summits). Some more collections could be made from the seed

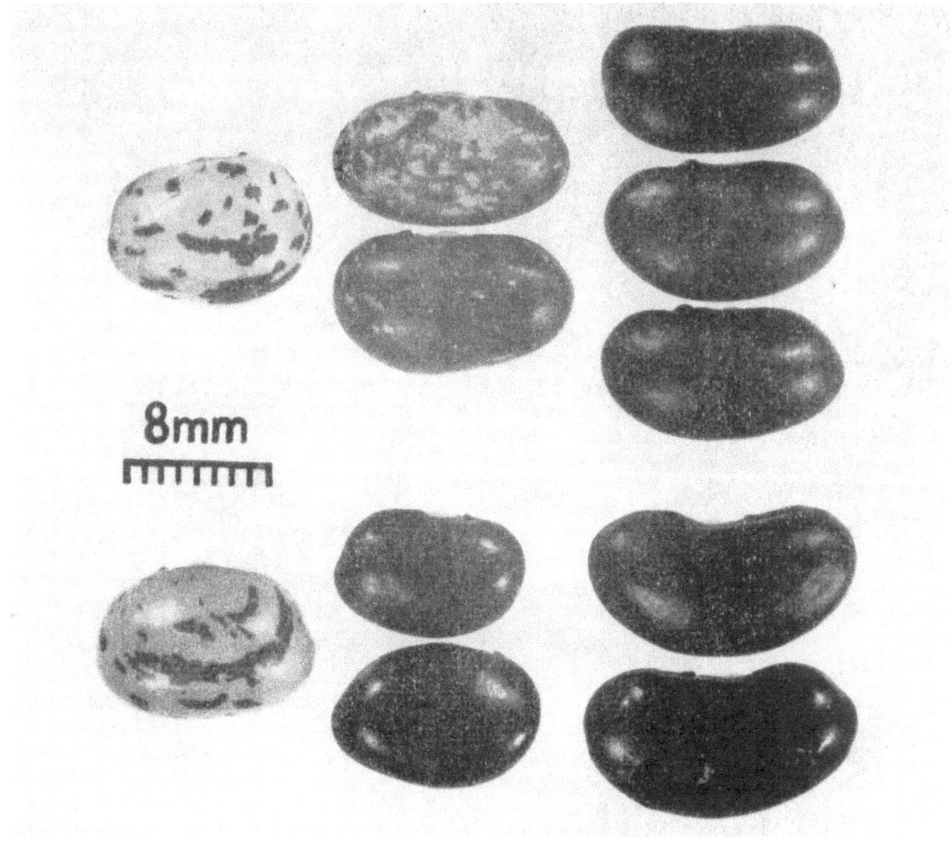

Fig. 3 Seed variants of *Phaseolus vulgaris* collected at Muco, Chevsuretia

stores of the farmers, although the seed material having been rather old (5 to 6 years) sometimes.

As in Chevsuretia the few vegetable (fig. 11) or spice plants grown in the gardens in Tushetia originated mostly from the Kachetian lowlands and the seeds had to be introduced every year.

From the remarks above it will be evident that the amount of material collected in 1987 was much less numerous than from previous missions. Altogether 75 accessions had been collected, among them nearly equal numbers of cereal, legume and vegetable/spice plant samples, the proportions of these species groups being nearly the same as from the mission in 1986 but differing considerably from earlier ones in which the grain legumes predominated significantly. Table 2 lists the material in detail.

Mixed samples, e.g. admixtures of weeds in cereal seeds or phenotypically variable accessions of beans had been subdivided into the different components immediately and once more duplicates had been gathered from most of the accessions so that the institutes in Tbilissi and Gatersleben share a more or less identical set of the collection.

Fig. 4 View to the highmountain basin of Tushetia with Omalo as main settlement (1 800 m), surrounded by the canyon-like valleys of Pirikita Alazani (right) and Tushetskaja Alazani river (left)

Although rather small the collection seems to be especially valuable because most of the accessions are highly endangered and will probably disappear from agricultural cultivation within the next decade; they represent a small fraction of the former diversity of local crop races which had already been lost for the most part.

Herbarium material (31 numbers in 50 sheets) and plant material of the genus *Mentha* for the study of its essential oils undertaken in Tbilissi had been collected, too.

Some further interesting observations from the mission may be shortly summarized as follows:

– The local cereals mostly from high altitudes (around 2000 m) seem to represent especially valuable genetic resources: Barleys (mostly spring types) were represented in Chevsuretia mainly by distichous varieties while in Tushetia tetrastichous ones, comparable to var. *parallelum* KÖRN. prevailed. Here an admixture of gray-violet grains resp. of plants with distinct violet spikes when immature could be observed in the seed samples as well as in the field stands. One sample of naked two-rowed barley could be collected in Tushetia, said to be a very old local race; its flour was used for making sweets (together with sugar and some butter). The same was told to us in Šatili where in former times naked barleys had been used in the same manner.

Fig. 5 View into the valley of the Tushetskaja Alazani NW of Omalo, pine forests are the dominating association in Tushetia still covering large areas (*Pinus sylvestris* s. l., syn. *P. hamata* (STEV.) SOSN.)

Table 2
Catalogue of the material collected during the mission in 1987

Crop	number of accessions
Hordeum vulgare, barley	16
Secale cereale, rye	5
Triticum aestivum, wheat	3
Zea mays, maize	5
Avena sativa, oat	1
cereals altogether	30 accessions
Phaseolus vulgaris, garden bean	7
Vicia spp., vetches (wild taxa)	5
Pisum sativum, pea	6
Lupinus spp., lupins	2
Lens culinaris, lentil	1
Cicer arietinum, chickpea	1
Lathyrus sp., vetchling (wild species)	1
grain legumes altogether	23 accessions
Allium spp., onion, garlic, Welsh onion	8
Allium spp., wild species	3
Citrullus lanatus, water-melon/*Cucurbita pepo*	2
Lactuca sp., lettuce (wild species)	1
Brassica rapa, turnip (wild form)	1
Chaerophyllum bulbosum, turnip-rooted chervil (wild form)	1
Heracleum sp., cow parsnip (wild species)	1
Galega sp., goat's rue (wild species)	1
Aquilegia sp., columbine (wild species)	1
Agrostemma githago, corn cockle (weed race)	3
vegetables, medicinal plants and others altogether	22 accessions
sum total	75 accessions

– Wheat samples *(Tr. aestivum)* were received only in Chevsuretia, the spring variety cultivated on a small scale up till now was called 'Ipchli' (already collected in 1986) and should represent a very old land-race.–Local spring rye (called bocoragi) and winter rye was obtained in Šatili and samples of a former widespread winter land-race of *Secale cereale* in one Tushetian village; this material however had not been reproduced for several years so its germinability remains to be examined.

– Among the few samples of *Phaseolus* vulgaris (mostly from Chevsuretia) bush types as well as pole beans occur. The seeds are often ovoid to reniforme; variants with unicoloured red- or brownish-violet seeds or those ones with beige, but red or violet mottled seeds are predominating (fig. 3).

– Further grain legumes had been formerly important crops in both regions visited in 1987. Almost all of them have disappeared and are no more available

Fig. 6 Terraced slopes are documents of the former crop cultivation in Tushetia, here near Dartlo (1800 m) in the valley of Pirikita Alazani; to the left in the background a few barley and oat fields to be seen (at an altitude of approximately 2 100 m)

(the same is true for the formerly important oil crop *Linum usitatissimum* in Tushetia). Only one sample of lentil, *Lens culinaris*, could be obtained from a house-garden in Omalo which belongs to the small-grained convar. *microsperma*. The diameter of the seeds is 4,5 mm and the sample is in regard to seed mottling rather variable, most of the variants do not fit very well to the descriptions given by KOBACHIDZE (1966) for Georgian lentil varieties.–Peas had been obtained two times in Tushetia as minor admixtures in barley accessions. The pea grains are of small to medium size (5,5 to 6,5 mm), olive-green and mostly violet-dotted. The plants occur as weeds within the barley fields according to the farmers and the green pods of them are picked up and the immature seeds eaten as snack. If rather abundant the pea grains may be sometimes selected after harvest and sown separately in the following season. A very similar situation had been described earlier for mountains in S Poland and Slovakia where formerly cultivated races of *Pisum sativum* convar. *speciosum* nowadays occur only as weeds in cereal fields too (KULPA and HANELT 1981) and the same is true for Svanetia (BERIDZE et al. 1982).

– Botanically interesting are several samples of the corn cockle, *Agrostemma githago*, which could be selected as weed admixtures in some barley accessions from Tushetia. Hitherto this weed species could be found only one time (Svanetia) during the missions in Georgia.

– As it was reported for the previous mission (BERIDZE et al. 1987) the use of

Fig. 7 One of the remote and isolated villages (Štrolta, 1930 m) on the upper slope of the lower Tushetskaja Alazani valley, heavy erosion on the slopes mainly by overgrazing

Fig. 8 As in Chevsuretia Tushetian farmers have often separate settlements for the summer and winter season; here the summer residence of Šenako NE of Omalo (1950 m)

Fig. 9 The winter residence of Šenako on the opposite slope, some potato fields and hay-meadows (in former times cereal fields)

Fig. 10 Wood-carved ornaments decorate very often traditional houses in the villages of Tushetia, here in Diklo (2050 m), one of the few places where cereal cultivation is still practised (barley for beer brewing)

Fig. 11 Besides garlic and Welsh onion shallot-like varieties of the *aggregatum*-group of *Allium cepa* are grown commonly in the house-gardens of the villages in the Chevsuretian and Tushetian mountains, here in Chiso, valley of Tushetskaja Alazani (1850 m)

wild plants as vegetable is widespread in the visited regions (for wild fruit-trees see above). In addition to the remarks for *Chenopodium album*, *Amaranthus hybridus* and *Heracleum* sp. made earlier and confirmed this year it may be noted that the grains of wild hemp, *Cannabis sativa* ssp. *spontanea*, very common on ruderal sites in Chevsuretia, are frequently eaten like nuts. Here also the fleshy fruits of *Chenopodium foliosum* are consumed while in Tushetia it could be observed several times that the rosette leaves of this species are dried in rather large amounts for the use as dry vegetable in the winter. The tubers and young sprouts of *Chaerophyllum bulbosum* (occurring as weed in cereal fields) are collected in Chevsuretia and Tushetia as vegetable and finally in one village in Tushetia (Štrolta) we were told that young plants of *Conium maculatum* are regularly used for the same purpose in spring time!

The programme of the mission in 1987 was partly also devoted to the continuation of palaeo-ethnobotanical research of archaeological material of cultivated plants from excavations in Georgia. These studies began already in 1984, for the results compare the paper by SCHULTZE-MOTEL in this volume.

Inquiries made during the mission in 1986 and afterwards by Dr. BERIDZE enabled the analysis of such material in the Research Base in Dušeti of the Institute of History, Archaeology and Ethnography of the Georgian Academy of Sciences. By the courtesy of Dr. V. A. DŽORBENADZE, head of the base, plant remains from several excavations from the territory of Dušeti rayon (mostly from the medieval period but also from the 3rd millenium B.C.) could be examined and barley, rye, wheat and proso millet determined. In the Archaeological Department of the State Museum of History of Georgia (Head: Dr. R. M. DOLABERIDZE) in Tbilissi archaeological plant remains of the 12th century A. D. have been investigated. Barley and different wheat taxa have been found within this material which had been excavated in Šenako, Tushetia. Some specimens have been loaned for a detailed analysis which will be published later on.

Zusammenfassung

Sammlung pflanzen-genetischer Ressourcen in der Georgischen SSR (Chevsuretien, Tuschetien) 1987

Im August 1987 wurde eine siebente gemeinsame Reise zur Sammlung indigener Kulturpflanzen-Sippen organisiert, die in entlegene Gebirgsgebiete jenseits des Hauptkamms des Großen Kaukasus in die historischen Provinzen Chevsuretien und Tuschetien führte. Seit einigen Jahrzehnten ist hier aufgrund eines extremen Rückgangs des Ackerbaues eine drastische Gen-Erosion im Gange. Das Sammelmaterial stellt daher nur einen Bruchteil der früheren Vielgestaltigkeit der dortigen Kulturpflanzen-Landsorten dar. Obwohl nur von geringem Umfang (75 Proben, davon 30 Getreide, 23 Leguminosen und 22 Gemüse und andere Arten), besitzt die Kollektion einen besonderen Wert, da es sich um hochgradig gefährdete Formen handelt. Andere Kulturpflanzen-Sippen, die früher häufig in den genannten Gebieten kultiviert wurden (wie *Triticum carthlicum*, *Vicia faba*, *Linum usitatissimum*), sind inzwischen vollständig aus dem Anbau verschwunden. Einige Herkünfte der Sammlung wurden kurz charakterisiert.

Краткое содержание

Сбор растительных генетических ресурсов в Грузинской ССР (Хевсурия, Тушетия) в 1987 году

В августе 1987 года была организована 7-я общая экспедиция по сбору туземных культурных растений. Сбор проводился в отдаленных горных областях по ту сторону Главного Кавказкого хребта, в исторических провинциях Хевсурия и Тушетия. Уже несколько десятилетий как в результате экстремального сокращения земледелия, здесь развивается сильнодействующая эрозия генов. Поэтому собранный материал представляет лишь часть прежнего полиформизма тамошних культурных растений. Хотя коллекция и насчитывает незначительное количество образцов – всего 75 (из них: 30 злаковых, 23 бобовых и 22 овощных и других видов), однако, она представляет особую ценность, так как в нее входят формы, поставленные под очень высокую угрозу. Другие формы культурных растений, которые ранее часто возделывались в названных областях между тем, полностью исчезли. Например такие, как *Triticum carthlicum*, *Vicia faba*, *Linum usitatissimum*. Коротко характеризуется некоторие образци коллекции.

We thank Miss A. Kilian for drawing the map and Mrs. G. Terpe for photographical work.

Literature

Beridze, R. K., P. Hanelt, and J. Kruse, 1982: Report of a travel to the Georgian SSR 1981 for the collection of indigenous material of cultivated plants. – Kulturpflanze **30**, 203–213.

–, –, D. Mandžgaladze, and K. Pistrick, 1987: Collection of plant-genetic resources in the Georgian SSR 1986. – Kulturpflanze **35**, 335–353.

Davitaja, F. F. (ed.), 1967: Sovetskij Sojuz – Gruzija. – Mysl, Moskva.

Kobachidze, A. A., 1966: (K botaniko-sistematičeskomu izučeniju zernobobovych rastenij Gruzii) (georg., russ.). – Trudy Inst. Bot. Akad. Nauk Gruz. SSR **24**, 58–87.

Kulpa, W., and P. Hanelt, 1981: Activities regarding collection and evaluation of Polish land-races. – Kulturpflanze **29**, 81–90.

Dr. P. Hanelt und Dr. J. Schultze-Motel
Zentralinstitut für Genetik und Kulturpflanzenforschung
der Akademie der Wissenschaften der DDR
Corrensstraße 3
Gatersleben
DDR - 4325

Kulturpflanze 36 · 1988 · 421–435

Archäologische Kulturpflanzenreste aus der Georgischen SSR (Teil 1)*

JÜRGEN SCHULTZE-MOTEL

(Eingegangen am 27. Januar 1988)

Zusammenfassung

Von mehreren Fundorten Georgiens werden archäologische Kulturpflanzenreste beschrieben. Außerdem wird eine Übersicht bisheriger Funde gegeben.

Einleitung

Während einer Kulturpflanzen-Sammelreise in der Georgischen SSR 1984 (vgl. BERIDZE et al. 1985) war auch Gelegenheit, einige archäologische Kulturpflanzenfunde zu untersuchen. Georgien gilt als ein Entwicklungszentrum für Kulturpflanzen, besonders für Weizen (vgl. MENABDE 1948; DOROFEJEV 1969; DOROFEEV 1972; GORGIDZE 1977, 1979; NASKIDAŠVILI 1986). Dies kommt auch in den Arbeiten zum Ausdruck, die sich mit archäologischen Kulturpflanzenresten und der Entstehung und Entwicklung des Ackerbaus im Kaukasus und in Transkaukasien befassen (MENABDE 1940; LISICYNA und PRIŠČEPENKO 1977; LISITSINA 1978, 1984; JANUSHEVICH 1978, 1984; ČUBINIŠVILI 1984; DŽANELIDZE 1984; GOGIČAIŠVILI 1984; GORGIDZE und RUSIŠVILI 1984; JANUŠEVIČ und RUSIŠVILI 1984; LISICYNA 1984).

Beschreibung der Funde

1) Čuberi, Verchnjaja Svanetija

1. Jahrt. v. u. Z.

Das Material wurde, wie das des folgenden Fundes, im Museum Mestia eingesehen (Svanetskij Istoriko-Ėtnografičeskij Muzej, Filial Gosudarstvennogo Muzeja Gruzii im. Akad. S. DŽANAŠIA Akademii Nauk Gruzinskoj SSR). Das von dem Archäologen ŠOTA ČARTOLANI ausgegrabene Material wurde von der Direktorin des Museums, Frau C. I. ČARTOLANI, freundlicherweise zur Bearbeitung zur Verfügung gestellt.

* Frau Dr. R. K. BERIDZE (Tbilisi) vermittelte das Material zu der vorliegenden Untersuchung. Ihr sei diese Arbeit zur Vollendung ihres 70. Lebensjahres in Dankbarkeit gewidmet.

Der Fund besteht aus etwa 940 cm^3 Körnern von *Secale cereale* L. (Abb. 1). Die Länge der Körner beträgt 5,7–8,5 mm, ihre Breite 2,1–3 mm (n = 10). Das Material ist in guter Erhaltung, beigemengt sind lediglich einige wenige Körner von *Avena* sp. Diese sind meist bespelzt (Abb. 2).

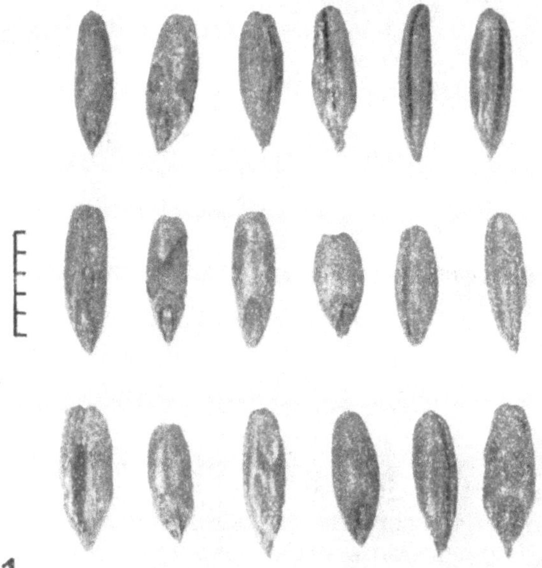

1

2

Abb. 1–2 Kulturpflanzenreste aus Čuberi: 1 *Secale cereale*, 2 *Avena* sp. (Maßstab jeweils 5 mm)

2) Ėceri, sel. Pchotreri, Verchjnaja Svanetija

1. Jahrt. v. u. Z. (Material aus dem Museum Mestia)
Der Fund enthält folgende Arten:

Panicum miliaceum L.
Es handelt sich um etwa 70 cm^3 in sehr gutem Erhaltungszustand. Die Früchte

3

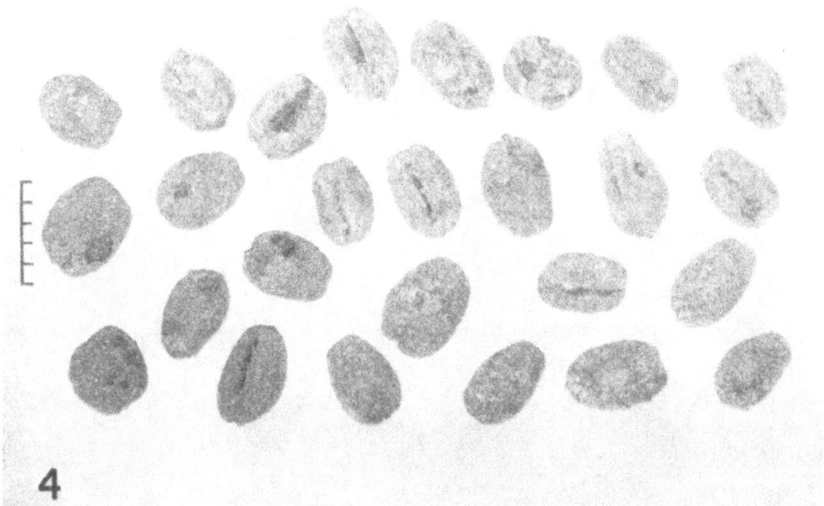

4

Abb. 3–4 Kulturpflanzenreste aus Ėceri: 3 *Panicum miliaceum*, 4 *Triticum aestivum (compactum)*, Maßstab jeweils 5 mm sind z. T. noch von den glänzend schwarzen Spelzen umschlossen, die Embryonen sind teilweise noch erhalten (Abb. 3).

Triticum aestivum L. *(compactum)*
Von diesem Weizen liegen etwa 730 Körner in guter Erhaltung vor (Abb. 4).

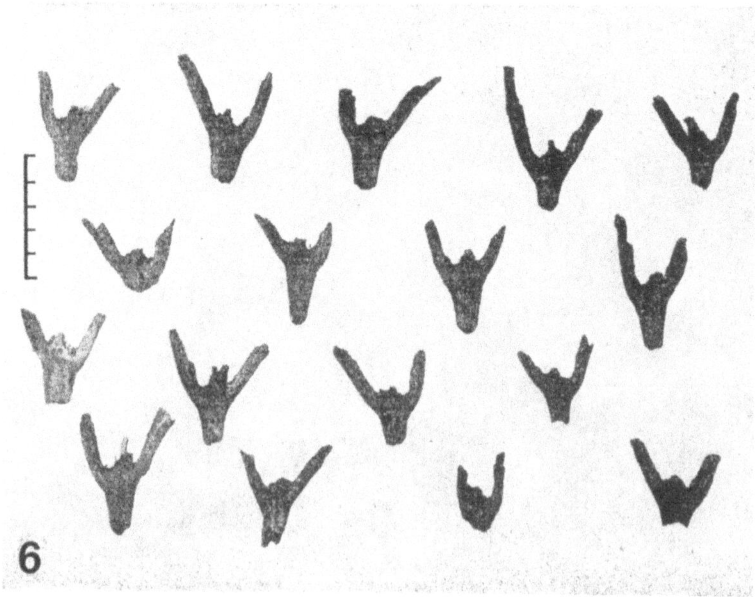

Abb. 5–6 Kulturpflanzenreste aus Èceri: 5 *Triticum dicoccon*, Körner, 6 *Triticum dicoccon*, Ährchengabeln (Maßstab jeweils 5 mm)

Die Körner sind klein und rundlich. Die Länge der Körner beträgt 3,9–5,5 mm, die Breite 2,9–3,4 mm (n = 10).

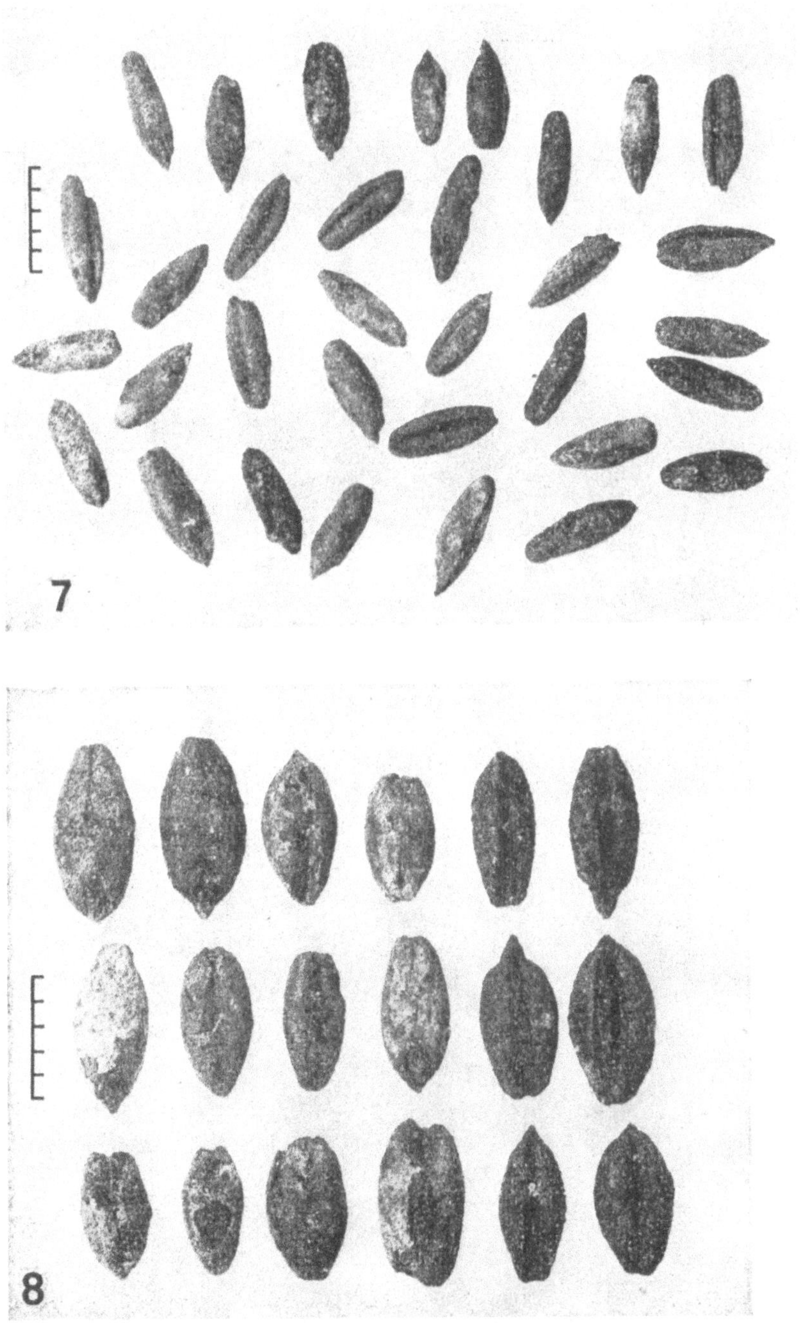

Abb. 7–8 Kulturpflanzenreste aus Ėceri: 7 *Secale cereale*, 8 *Hordeum vulgare* (Maßstab jeweils 5 mm)

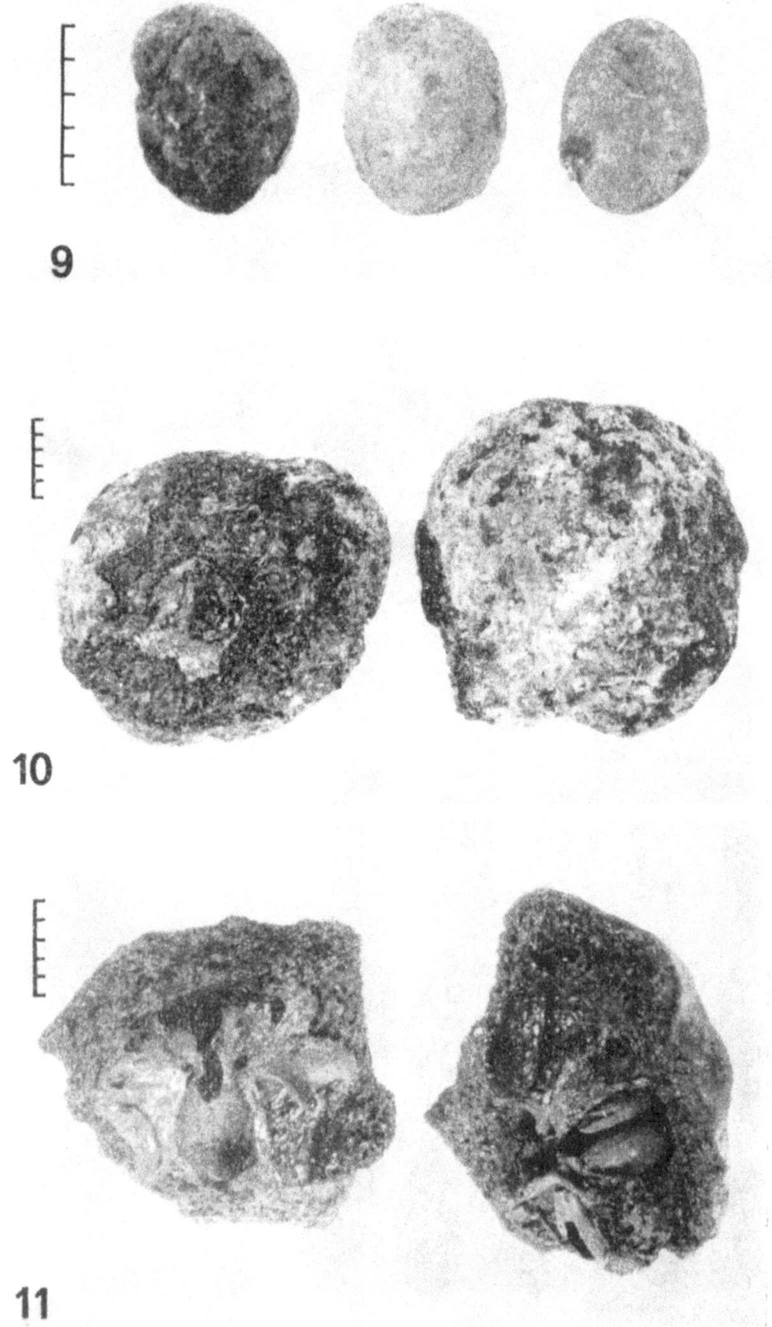

Abb. 9–11 Kulturpflanzenreste aus Ėceri: 9 *Vicia faba*, 10 *Pyrus* sp., ganze Früchte, 11 *Pyrus* sp., zerbrochene Frucht (Maßstab jeweils 5 mm)

Triticum dicoccon SCHRANK

Von dieser Art liegen etwa 750 cm³ sehr gut erhaltener Körner vor (Abb. 5). Dazu fanden sich auch einige Ährchengabeln (Abb. 6). Die Länge der Körner beträgt 5,9–8,1 mm, die Breite 2,7–3,3 mm (n = 10).

Secale cereale L.

Vom Roggen fanden sich etwa 350 Körner (Abb. 7). Die Länge der Körner beträgt 4,6–7,1 mm, die Breite 2,0–2,4 mm.

Hordeum vulgare L.

Es fanden sich etwa 20 Körner, die durch die Verkohlung z. T. etwas vergrößert sind (Abb. 8). Die Länge beträgt 4,9–6,9 mm, die Breite 2,6–3,4 mm (n = 10).

Vicia faba L.

Zwei Samen (6,1×5,0 und 6,2×5,3 mm) und ein Keimblatt (5,8×4,4 mm) gehören zur Ackerbohne (Abb. 9).

Pyrus sp.

Zwei ganze Früchte (1,8×2 cm und 2,3×2 cm) und eine zerbrochene Frucht wurden als *Pyrus* sp. bestimmt (Abb. 10 und 11).

Nach LISICYNA und PRIŠČEPENKO (1977, p. 73) ist ein von Š. ČARTOLANI ausgegrabenes Kulturpflanzenmaterial von Ėceri aus dem 1. Jahrt. v. u. Z. von V. L. MENABDE als *Triticum aestivum* L., *Secale cereale* L., *Panicum miliaceum* L. und *Setaria italica* (L.) PAL. BEAUV. bestimmt worden. Das vorliegende Material enthält keine Reste von *Setaria italica*, dafür aber außer den anderen Arten noch *Triticum dicoccon* SCHRANK, *Hordeum vulgare* L., *Vicia faba* L. und *Pyrus* sp. Danach sind die beiden Materialien offenbar nicht identisch.

3) Latali bei Mestia, Verchnjaja Svanetija

13. Jh. u. Z.

Das Material wurde freundlicherweise von Frau TAMARA GIRGVLIANI, Mitarbeiterin des Botanischen Institutes Tbilisi, Außenstelle Mestia, zur Verfügung gestellt. Es wurde im Jahre 1978 auf einer alten Siedlungsstelle beim Hausbau gefunden.

Der Fund besteht aus etwa 80 cm³ verkohlter Gersten-Körner, *Hordeum vulgare* L. (Abb. 12) und zwar handelt es sich um Spelzgerste, die kaum gekrümmte Körner enthält, also wohl als zweizeilig anzusehen ist. Die Länge der Körner beträgt 4,8–6,3 mm, ihre Breite 2,6–3,2 mm (n = 10).

Außerdem ist Weizen vorhanden, der in zwei Formen auftritt. Der eine Weizen ist kleinkörnig (etwa 70 Körner). Seine Länge beträgt 4,2–5,5 mm, seine Breite 2,6–3,4 mm, n = 10 (Abb. 13). Er ist als *compactum*-Form von *Triticum aestivum* anzusehen. Daneben fanden sich etwa 580 Körner von *Triticum aestivum* (Abb. 14), die etwas größer sind. Ihre Länge beträgt 4,8–5,8 mm, ihre Breite 2,6–3,5 mm (n = 10).

Daneben traten etwa 20 Samen von *Vicia* sp. auf (Durchmesser 3,0–3,5 mm).

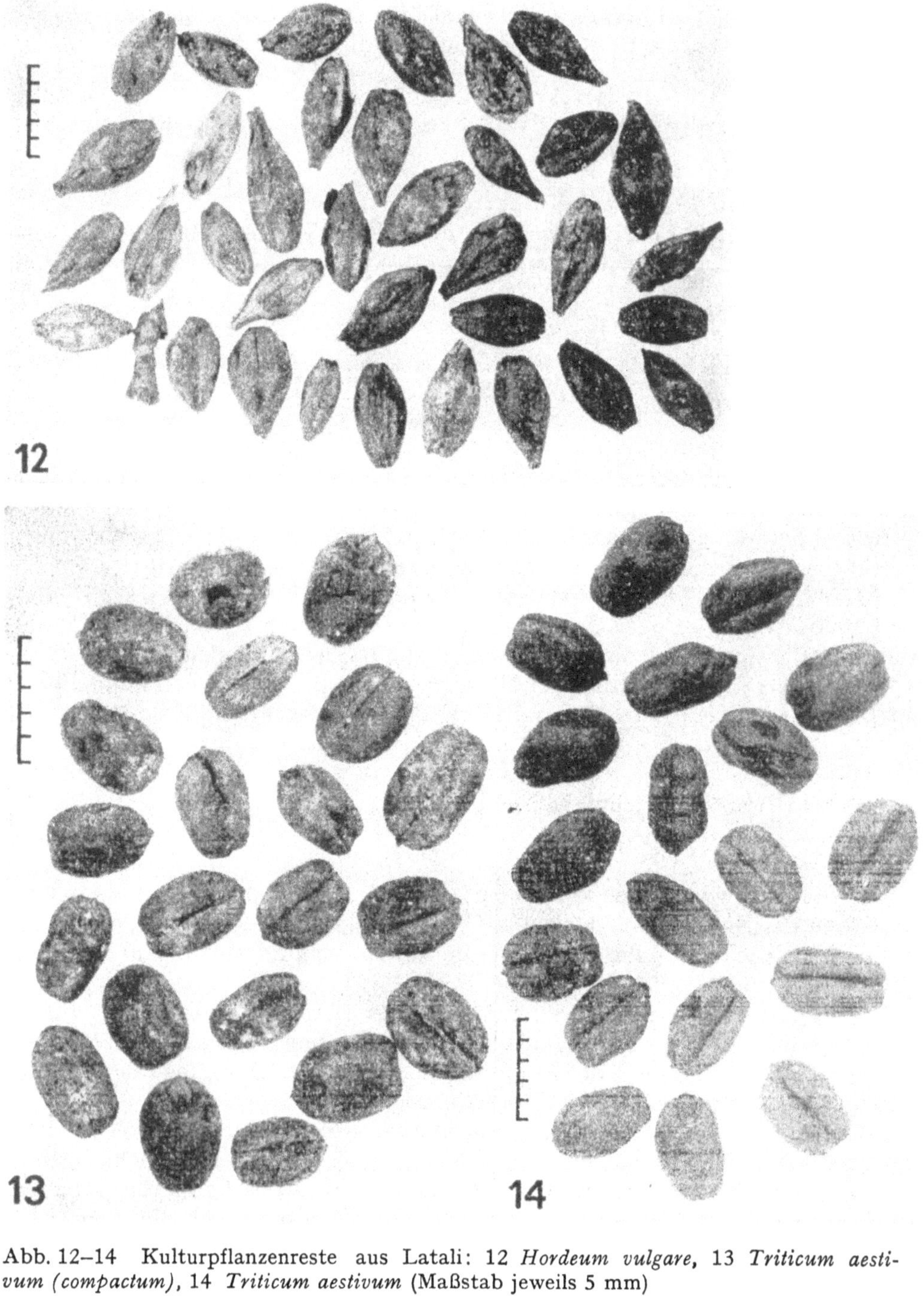

Abb. 12–14 Kulturpflanzenreste aus Latali: 12 *Hordeum vulgare*, 13 *Triticum aestivum (compactum)*, 14 *Triticum aestivum* (Maßstab jeweils 5 mm)

4) Vani, Imeretija

3. Jh. v. u. Z. und 2.–1. Jh. v. u. Z.
Hier konnte eine laufende Ausgrabung besucht und mit freundlicher Erlaubnis des Leiters dieser Grabungsstätte, Prof. LORDKIPANIDZE und der Archäologin MARINA KILIANI verkohltes Kulturpflanzenmaterial untersucht werden (vgl.

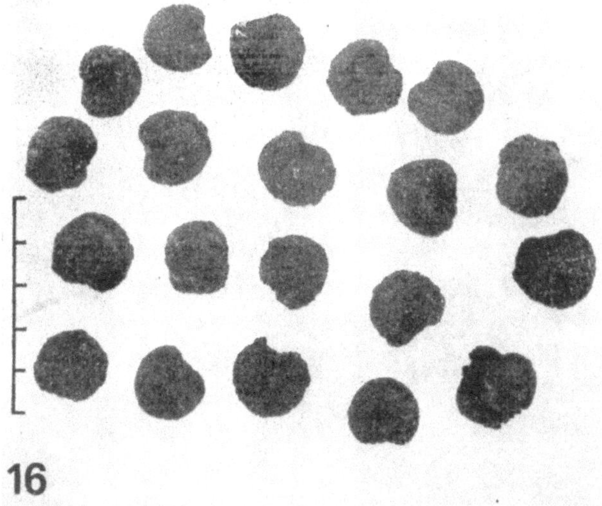

Abb. 15–16 Kulturpflanzenreste aus Vani: 15 *Hordeum vulgare*, 16 *Panicum miliaceum* (Maßstab jeweils 5 mm)

LORDKIPANIDZE 1972: zwei große kolchische Amphoren waren angefüllt mit *Panicum miliaceum* L., Bestimmung durch V. L. MENABDE).

In eigenen Untersuchungen konnten folgende Kulturpflanzen festgestellt werden:

17

18

Abb. 17–18 Kulturpflanzenreste aus Vani: 17 *Triticum* sp., und Namarnu: 18 *Triticum aestivum* (Maßstab jeweils 5 mm)

Gerste, *Hordeum vulgare* L.

Im Museum Vani waren zwei Gläser mit Gerste ausgestellt, die aus dem 3. Jh. v. u. Z. stammt. Die Länge der Körner beträgt 5,2–6,5 mm, ihre Breite 2,7–3,5 mm, n = 10 (Abb. 15).

Panicum miliaceum L.

Von der Rispenhirse lagen etwa 6080 cm^3 vor. Das gesamte Material wurde durchgesehen, es ist sehr rein, so daß es sich wohl um Vorräte gehandelt hat. Die Körner sind teilweise verklumpt, meist enthalten sie noch den Keimling (Abb. 16).

Triticum sp.

Vom Weizen lagen etwa 9600 cm^3 vor (Abb. 17). Das Material ist ebenfalls sehr rein, es liegen wohl auch hier Vorräte vor. Aus technischen Gründen konnten nur zwei Drittel des Materials durchgesehen werden. Spelzen oder Beimischungen waren nicht feststellbar. Die Länge der Körner beträgt 3,4–4,4 mm, die Breite 2,2–2,5 mm (n = 10). Der Weizen ist also sehr kleinkörnig, er könnte zu *Triticum aestivum (compactum)* gehören, aber auch zu *Triticum carthlicum*. Vielleicht ist der Fund dem kürzlich von Kislev (1979/80) beschriebenen *Triticum parvicoccum* zuzurechnen, eine Art, die sich durch sehr kleine Körner auszeichnet. Die Bestimmung muß leider offen bleiben (vgl. die Diskussion).

5) Siedlung Namarnu, Abašskij rajon

3.–2. Jh. v. u. Z.

Kolchidskaja Archeologičeskaja Ėkspedicija Centra Archeologičeskich Issledovanii AN Gruzinskoj SSR. Das Material wurde freundlicherweise von Frau Dr. R. Beridze (Tbilisi) zur Verfügung gestellt.

Die Probe besteht aus etwa 1400 Körnern von *Triticum aestivum* L. (Abb. 18). Die Länge der Körner beträgt 4,2–6,2 mm, ihre Breite 2,7–3,5 mm (n = 10). Ährenteile oder Spelzenreste fehlen völlig, ebenso Unkräuter.

Übersicht archäologischer Kulturpflanzenfunde aus Georgien

Die folgende Zusammenstellung stützt sich, wenn nicht anders angegeben, auf Lisicyna und Priščepenko (1977).

Tbilisi (Digomi)
7.–6. Jh. v. u. Z.
Verkohlte Körner und Samen: *Triticum* sp., *Vitis vinifera* L.

Rustavi, Gardabanskij rajon
13. Jh. u. Z.
Verkohlte Reste in Getreidegruben: *Citrullus aedulis* Pang. *Cucumis sativus* L.

Gadačrili-Gora, Marneul'skij rajon
5. Jahrt. v. u. Z.
Verkohlte Reste: *Cucumis melo* L.

Šulaveri, Marneul'skij rajon
5.–4. Jahrt. v. u. Z.
Verkohlte Körner und Samen: *Triticum* sp., *Vitis vinifera* L.

Imiris-Gora, Marneul'skij rajon
5.–4. Jahrt. v. u. Z.
Abdrücke auf Ziegeln: *Triticum aestivum* L., *Triticum compactum* HOST, ?*Triticum spelta* L., ?*Triticum dicoccon* SCHRANK, *Hordeum vulgare* L. (bespelzt, vielzeilig; nackt), *Avena sativa* L., *Panicum miliaceum* L., *Lens culinaris* MEDIK.

Aruchlo 1, Bolnisskij rajon
5.–4. Jahrt. v. u Z.
Abdrücke auf Ziegeln: *Triticum aestivum* L., *Triticum dicoccon* SCHRANK, *Triticum compactum* HOST, *Triticum monococcum* L., *Triticum spelta* L., *Hordeum vulgare* L. (bespelzt und nackt, jeweils zwei- und vielzeilig), *Panicum miliaceum* L., *Lens culinaris* MEDIK., ?*Pisum sativum* L.

JANUSHEVICH (1984) hat neues Material aus dem Eneolithikum dieses Fundplatzes beschrieben (C^{14}-Datierungen: 4670 ± 50, 5020 ± 60 und 5450 ± 60 v. u. Z.). Es handelt sich um *Triticum monococcum*, *Triticum dicoccon*, *Triticum compactum*, *Triticum aestivum*, *Triticum spelta* und *Triticum* cf. *sphaerococcum* PERC. (vgl. auch JANUŠEVIČ und RUSIŠVILI 1984, hier folgende Arten genannt: *Triticum monococcum*, *Triticum dicoccon*, *Triticum carthlicum* NEVSKI, *Triticum spelta*, *Triticum compactum*, *Triticum aestivum*, *Hordeum vulgare*: bespelzt und nackt, *Lens culinaris* MEDIK., *Vicia ervilia* (L.) WILLD.).

Aruchlo 1, Bolnisskij rajon
1. Jahrt. v. u. Z.
Verkohlte Körner aus landwirtschaftlichen Gruben: *Triticum aestivum* L., *Triticum compactum* HOST, *Secale cereale* L., *Hordeum vulgare* L. (nackt und bespelzt).

Aruchlo 2, Bolnisskij rajon
5.–4. Jahrt. v. u. Z.
Abdrücke auf Ziegeln: *Triticum aestivum* L., *Triticum dicoccon* SCHRANK, *Triticum compactum* HOST, *Triticum spelta* L., *Hordeum vulgare* L. (nackt; bespelzt: zwei- und vielzeilig), *Pisum sativum* L., *Lens culinaris* MEDIK.

Von diesem Fundort hat GORGIDZE (1979) neues Material beschrieben, das auch *Triticum macha* DEK. et MEN. enthält. Ob freilich eine sichere Bestimmung der Art nach dem Abdruck einer Ähre (Negativ!) tunlich und möglich ist, muß bezweifelt werden (vgl. auch GORGIDZE und RUSIŠVILI 1984, Taf. 2).

Gudabertka, Gorijskij rajon
3. Jahrt. v. u. Z.
Ährchen von *Triticum* (?) und *Hordeum* (?).

Kvacchelebi, Gorijskij rajon
3. Jahrt. v. u. Z.
Verkohlte Körner: *Triticum aestivum* L., *Hordeum vulgare* L. (zwei- und sechszeilig), *Vitis vinifera* L.

Chizanaantgora, Gorijskij rajon
3. Jahrt. v. u. Z.
Verkohlte Körner: *Hordeum vulgare* L. (bespelzt: zwei- und sechszeilig), *Panicum miliaceum* L., *Vitis vinifera* L.

Medžvrischevi (Kartli), Gorisjkij rajon
8.–7. Jh. v. u. Z.
Verkohlte Körner: *Hordeum vulgare* L. (vielzeilig).

Tli, Džavskij rajon, Južno-Osetinskaja ASSR
2. Jahrt. v. u. Z.
Häutchen von Gräsern in Bronzegefäßen einer Grabstätte: *Hordeum vulgare* L.

Siedlung beim Dorfe Nakra, Verchnjaja Svanetija
2. Jahrt. v. u. Z.
Verkohlte Körner: *Triticum aestivum* L., *Avena sativa* L., *Secale cereale* L.

Siedlung beim Dorfe Ėceri, Verchnjaja Svanetija
1. Jahrt. v. u. Z
Verkohlte Körner: *Triticum aestivum* L., *Secale cereale* L., *Panicum miliaceum* L., *Setaria italica* (L.) PAL. BEAUV.

Dicha-Gudzuba, Zugdidskij rajon
4.–3. Jahrt. v. u. Z.
Verkohlte Körner(?): *Triticum aestivum* L., *Triticum macha* DEK. et MEN., *Triticum palaeo-colchicum* MEN., *Hordeum vulgare* L. (vielzeilig), *Panicum miliaceum* L., *Setaria italica* (L.) PAL. BEAUV. (vgl. auch MENABDE 1940, „Didi-Gudzuba").

Suchumi, Abchazskaja ASSR
Siedlung des 5.–4. Jh. v. u. Z.
Kerne aus der Kulturschicht: *Vitis vinifera* L. (Lokalsorte „Kačič").

Diskussion

Das Vorkommen zahlreicher Weizen-Arten in Georgien wirft die Frage auf, inwieweit archäologische Reste dieser Arten an den Körnern allein unterschieden werden können. Nur in seltenen Fällen werden auch Ähren- oder Ährchen-Bruchstücke gefunden, die eine Bestimmung erleichtern. Bis jetzt wurden archäologische Weizenreste gewissermaßen nach dem Kenntnisstand der Bearbeiter einigen wenigen, auch am Korn gut kenntlichen Arten zugewiesen, z. B. *Triticum monococcum* L., *T. dicoccon* SCHRANK, *T. aestivum* L. Letztere ist freilich nicht ohne weiteres von *T. durum* DESF. zu unterscheiden. Für die Erkennung der Arten *T. palaeo-colchicum* MENABDE (= *T. karamyschevii* NEVSKI), *T. macha* DEKAPR. et MEN., *T. spelta* L., *T. carthlicum* NEVSKI usw. nach den Körnern allein gibt es derzeit keine echten Kriterien.

Neuerdings hat man versucht, mit Hilfe elektronenmikroskopischer Untersuchungen der Kornoberflächen dieses Problem zu lösen. Bis jetzt sind jedoch noch nicht alle in Frage kommenden Arten untersucht. Selbst wenn sich herausstellte, daß alle Arten am elektronenmikroskopischen Bild zu unterscheiden wären, so ist doch nicht überall die Möglichkeit zu derartigen Untersuchungen gegeben. Außerdem müßten frühere Funde nachuntersucht werden, zumindest die kritischen Fälle.

Das Problem der Unterscheidbarkeit archäologischer Weizenreste nach den Körnern allein konnte im Rahmen dieser Arbeit natürlich nicht gelöst werden. Es sollte lediglich darauf hingewiesen werden, wie sehr die Bestimmung archäologischer Reste vom Stand der Kenntnisse über die lebenden Pflanzen abhängig ist.

Die Kenntnisse von den urgeschichtlichen Kulturpflanzen Georgiens sind noch nicht allzu umfangreich. Es bedarf vieler weiterer Untersuchungen von Archäologen und Botanikern, um unser Wissen über die alten Kulturpflanzen und den früheren Ackerbau Georgiens zu vermehren.

Danksagung: Für die Anfertigung des Fotos danke ich Frau G. TERPE.

Summary

Archaeological remains of cultivated plants from Georgia, USSR (Part 1)

Archaeological remains of cultivated plants from Georgia are described. Furthermore the former finds are reviewed.

Краткое содержание

Археологические остатки культурных растений из Грузинской ССР (Часть I)

Описываются археологические остатки культурных растений, найденных во многих местах Грузии. Кроме того, дается обзор находок, имевших место до данного времени.

Literatur

BERIDZE, R. K., P. HANELT, V. N. KANDELAKI, I. M. SAKVARELIDZE, and J. SCHULTZE-MOTEL, 1985: A further mission to the Georgian SSR 1984 for collecting indigenous material of cultivated plants. – Kulturpflanze **33**, 199–212.

ČUBINIŠVILI, T. N., 1984: Archeologičeskaja ėkspedicija v Kvemo-Kartli i nekotorye aspekty izučenija rannezemledel'českoj kul'tury Južnogo Kavkaza (VI–IV tys. do n. ė.). pp. 4–7. V knige: Čelovek i okružajuščaja ego sreda. Materialy po archeologii Gruzii i Kavkaza, IX. – "Mecniereba", Tbilisi, 140 pp., tabl. I–XXXIII.

DOROFEEV, V. F., 1972: Pšenicy Zakavkaz'ja (botaničeskij sostav, ėvoljucija i rol v selekcii). – Trudy prikl. bot., genet. selekc. **47** (1), 3–202, frontispiece, ris. 1–55.

DOROFEJEV, W. F., 1969: Die Weizen Transkaukasiens und ihre Bedeutung in der Evolution der Gattung *Triticum* L. 2. Formenbildung in Populationen der Weizen Transkaukasiens. – Z. Pflanzenzüchtg. **62**, 201–230.

DŽANELIDZE, Č. P., 1984: K rekonstrukcii prirodnych uslovij ėpochi suščestvovanija rannezemledel'českoj kul'tury Vostočnoj Gruzii. (pp. 7–11). V knige: Čelovek i okružajuščaja ego sreda. Materialy po archeologii Gruzii i Kavkaza, IX. – "Mecniereba", Tbilisi, 140 pp., tabl. I–XXXIII.

GOGIČAIŠVILI, L. K., 1984: Rastitel'nost nizmennostej i predgorij Kvemo-Kartli v golocene. (pp. 11–15). V knige: Čelovek i okružajuščaja ego sreda. Materialy po archeologii Gruzii i Kavkaza, IX. – "Mecniereba", Tbilisi, 140 pp., tabl. I–XXXIII.

GORGIDZE, A. D., 1977: Filogenetika gruzinskich ėndemičnych pšenic. – "Mecniereba", Tbilisi, 220 pp.
–, 1979: Živoj relikt kul'turnoj pšenicy. A living relict of cultural wheat. – Soobščenija Akademii Nauk Gruzinskoj SSR **96** (2), 425–428.
–, i N. Š. RUSIŠVILI, 1984: Botaničeskij sostav drevnejšich pšenic Gruzii. (pp. 15–21, tabl. I–II). V knige: Čelovek i okružajuščaja ego sreda. Materialy po archeologii Gruzii i Kavkaza, IX. – "Mecniereba", Tbilisi, 140 pp., tabl. I–XXXIII.
JANUŠEVIČ, Z. V., i N. Š. RUSIŠVILI, 1984: Novye paleoėtnobotaničeskie nachodki na ėneolitičeskom poselenii Aruchlo I. (pp. 21–33, tabl. III–V). V knige: Čelovek i okružajuščaja ego sreda. Materialy po archeologii Gruzii i Kavkaza, IX. – "Mecniereba", Tbilisi, 140 pp., tabl. I–XXXIII.
JANUSHEVICH, Z. V., 1978: Prehistoric food plants in the South-West of the Soviet-Union. – Ber. Deutsch. Bot. Ges. **91**, 59–66.
–, 1984: The specific composition from wheat finds from ancient agricultural centres in the USSR. (pp. 267–276). In: W. VAN ZEIST and W. A. CASPARIE (eds.), Plants and Ancient Man. Studies in palaeoethnobotany. Proceedings of the Sixth Symposium of the International Work Group for Palaeoethnobotany, Groningen, 30 May–3 June 1983. – A. A. Balkema, Rotterdam, Boston, VIII + 344 pp.
KISLEV, M. E., 1979/80: *Triticum parvicoccum* sp. nov., the oldest naked wheat. – Israel J. Bot. **28**, 95–107.
LISICYNA, G. N., 1984: K voprosu o rannem zemledelii v Južnoj Gruzii. (pp. 85–89, tabl. XXV). V knige: Čelovek i okružajuščaja ego sreda. Materialy po archeologii Gruzii i Kavkaza, IX. – "Mecniereba", Tbilisi, 140 pp., tabl. I–XXXIII.
–, i L. V. PRIŠČEPENKO, 1977: Paleoėtnobotaničeskie nachodki Kavkaza i Bližnego Vostoka. – Izdatel'stvo "Nauka", Moskva, 128 pp.
LISITSINA, G. N., 1978: Main types of ancient farming on the Caucasus–on the basis of palaeo-ethnobotanical research. – Ber. Deutsch. Bot. Ges. **91**, 47–57.
–, 1984: The Caucasus–A centre of ancient farming in Eurasia. (pp. 285–292). In: W. VAN ZEIST and W. A. CASPARIE (eds.), Plants and Ancient Man. Studies in palaeoethnobotany. Proceedings of the Sixth Symposium of the International Work Group for Palaeoethnobotany, Groningen, 30 May–3 June 1983. – A. A. Balkema, Rotterdam, Boston, VIII + 344 pp.
LORDKIPANIDZE, O. D. (ed.), 1972: Vani I. Archaeological Excavations 1947–1969. – Tbilisi. [Georg., Russ. and Engl. summ.].
MENABDE, V. L., 1940: Botaniko-sistematičeskie dannye o chlebnych zlakach drevnej Kolchidy. Botanico-systematical data on cereals of ancient Colchis. – Soobščenija Gruzinskogo Filiala Akademii Nauk SSSR **I**, 683–689.
–, 1948: Pšenicy Gruzii. – Izdatel'stvo Akademii Nauk Gruzinskoj SSR, Tbilisi, VIII + 272 pp.
NASKIDAŠVILI, P. P., 1986: Rol ėndemičnych vidov v ėvoljucii i selekcii pšenicy (*Triticum*). Role of endemic species in wheat (*Triticum*) evolution and selection. – Sel'skochoz. biol. (3), 28–35.

Dr. J. SCHULTZE-MOTEL
Zentralinstitut für Genetik und Kulturpflanzenforschung
der Akademie der Wissenschaften der DDR
Corrensstraße 3
Gatersleben
DDR - 4325

Kulturpflanze 36 · 1988 · 437–449

Collecting plant genetic resources in Cuba. Report on the second mission, 1986

MIGUEL ESQUIVEL[1], TOMÁS SHAGARODSKY[1], KARL KRIEGHOFF[1], BARTOLOMÉ RODRÍGUEZ[2] and KARL HAMMER

(Eingegangen am 21. Dezember 1987)

Summary

Report is given on the second joint mission in Eastern parts of Cuba in December 1986 within the agreement between the Academy of Sciences of Cuba and the Academy of Sciences of the German Democratic Republic. The collecting area proved to be rich in plant genetic resources. Altogether 201 accessions of vegetables, pulses, cereals and other crops were collected. Again, a remarkable diversity was found in *Capsicum* and *Phaseolus* but also in other crops as *Vigna* and some Cucurbitaceae.

Introduction

In the last five years several missions for the collection of plant genetic resources have been conducted by the Instituto de Investigaciones Fundamentales en Agricultura Tropical (INIFAT)–PÉREZ et al. (1985, 1987), ESQUIVEL et al. (1986, 1987c). A first joint collecting mission of the INIFAT and the Zentralinstitut für Genetik und Kulturpflanzenforschung (ZIGuK) was carried out in the province of Holguín in February 1986 (ESQUIVEL et al. 1987a, 1987b). The results of this exploration showed that the Eastern provinces of Cuba are a rich reservoir of plant genetic resources. A remarkable variation exists in *Phaseolus*, *Capsicum* and some other crops.

Therefore, it seemed to be advisable to continue the exploration work and a second expedition was mounted in December, 1986. Participants were the authors of this paper, M. SIMON from the Experimental Station of La Jíquima and I. ARGÜELLES from the Academy of Sciences in Holguín.

The area explored included further collecting sites in the province of Holguín, especially the mountains of Grupo Maniabón (275 m), Altiplanicie de Nipe (995 m) and Sierra de Cristal (1231 m). Some places of Western and Southern parts of the Guantánamo province were also explored.

[1] Instituto de Investigaciones Fundamentales en Agricultura Tropical "Alejandro de Humboldt" (INIFAT), Ministerio de Agricultura; Santiago de las Vegas, Cuba
[2] Delegación Territorial Academia de Ciencias de Cuba, Holguín, Cuba

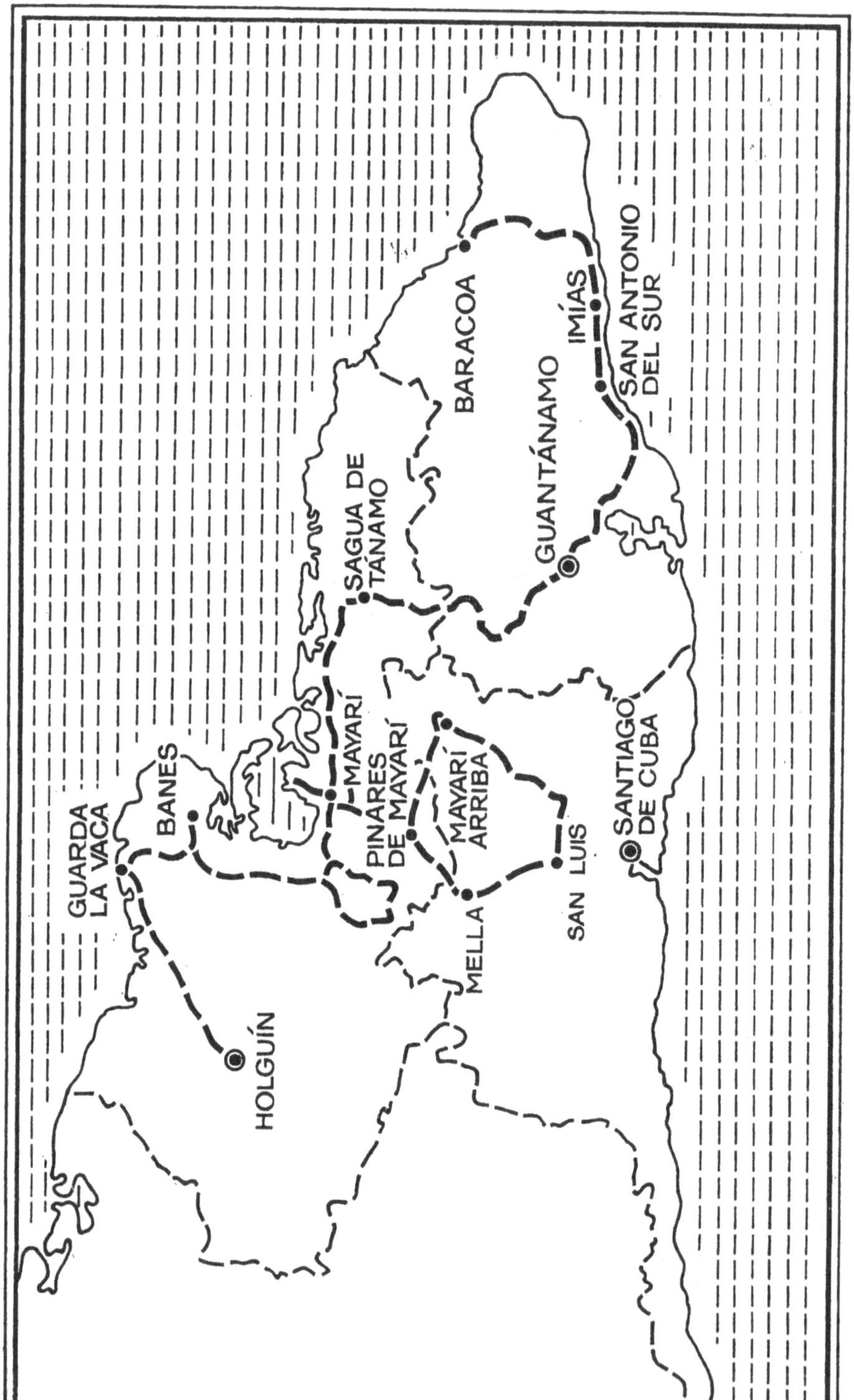

Fig. 1 Collecting route

Itinerary

The itinerary is shown in fig. 1, the places visited are listed below:

2. 12. La Jíquima – Holguín – Guarda la Vaca – Yaguajay, collecting around El Consuelo de Yaguajay;
3. 12. Yaguajay – El Retrete – Banes – Deleite – Santa Isabel de Nipe – Birán – Las Cuatrocientas – Marcané – Cueto – Mayarí – Pinares de Mayarí, collecting between El Retrete and Banes, in Los Negritos, Juliana Trés, Marcané;
4. 12. Pinares de Mayarí – Arroyo Seco – Dos Caminos – Melilla – Mella – Pinalito – Pinares de Mayarí, collecting in Lagunita, La Cueva, Arroyo Seco, La Cuevita, surroundings of Mayarí Arriba, La Prueba;
5. 12. Pinares de Mayarí – Mayarí – Guatemala – Mayarí – El Cocal – Arroyito – Mayarí – Pinares de Mayarí, collecting in Chavaleta, Guanina, Guayabo, surroundings of Seboruco;
6. 12. Pinares de Mayarí – Mayarí – Entronque de Ocujal – Arroyo Blanco – Sagua de Tánamo – Tres Plamas – Naranjo Agrio – La Alcarraza, collecting in El Pilón, Entronque de Ocujal, Arroyo Blanco, between Sagua de Tánamo and La Alcarraza;
7. 12. La Alcarraza – Bayate – La Palizada – Guantánamo – San Antonio del Sur – Imías – Baracoa, collecting in Limonar, La Palizada, Imías;
8. 12. Baracoa – Imías – San Antonio del Sur – Guantánamo, collecting around Imías, Yacabo Abajo, Baitiquirí;
9. 12. Guantánamo – La Palizada – Bayate – Sagua de Tánamo – Mayarí – Holguín – La Jíquima, collecting in Bazán, La Vidalina.

Collecting list

The material collected is shown in table 1. A total of 201 accessions was collected–60 vegetables, 94 pulses and other Leguminosae, 10 oil crops, 18 cereals, 9 of the so called "viandas" and 19 of other species.

Table
List of germplasm collected in December 1986

Abelmoschus esculentus	11
Allium ampeloprasum	1
Allium cepa	1
Allium sp.	2
Ambrosia artemisiifolia	1
Benincasa hispida	2
Brassica sp.	2
Capsicum annuum	7
Capsicum frutescens	8
Citrullus lanatus	2
Cucumis sativus	1
Cucurbita moschata	8
Lactuca sativa	1
Lycopersicon esculentum	12

Sechium edule	1	
Vegetables		60
Cajanus cajan	4	
Canavalia gladiata	1	
Canavalia sp.	1	
Lablab purpureus	1	
Mucuna pruriens subsp. *deeringiana*	1	
Pachyrhizus erosus	1	
Phaseolus lunatus	47	
Phaseolus vulgaris	23	
Vigna angularis	2	
Vigna umbellata	1	
Vigna unguiculata	12	
Pulses		94
Arachis hypogaea	4	
Helianthus annuus	3	
Sesamum indicum	3	
Oil crops		10
Sorghum bicolor	3	
Zea mays	15	
Cereals		18
Dioscorea alata	2	
Dioscorea bulbifera	2	
Ipomoea batatas	1	
Manihot esculenta	3	
Musa sp.	1	
Root and other crops ("viandas")		9
Coffea arabica	1	
Cucumis spp.	2	
Mangifera indica	2	
Nicotiana tabacum	2	
Pouteria campechiana	1	
Solanum mammosum	1	
Solanum nigrum	1	
Other species		10
Total		201

Crop-specific results

Vegetables

In *Capsicum* the greatest diversity was, again, found in *Capsicum frutescens* L. (see ESQUIVEL et al. 1987a). Some races, e.g. "ají calilla", have been collected for the first time. An important finding was an accession collected near Sagua de Tánamo which showed the wild plant character of deciduous ripe fruits.

The tomatoes collected belong to the "placero" and "cimarrón" types (fig. 2). These old Cuban cultivars have been already discussed by ESQUIVEL et al. (1987a).

Fig. 2 Some primitive types of tomatoes grow at the edges of cultivated fields (Baitiquirí)

Fig. 3 *Benincasa hispida* ("calabaza china") grown at Imías

Only one sample was an advanced cultivar with pear-shaped fruits similar to the commercial variety 'Roma'.

A considerable variation was found in *Cucurbita moschata* (Duch. ex Lam.) Duch. ex Poir. In some small state farms commercial varieties were grown together with several local forms resulting in variable populations. Two different forms of *Benincasa hispida* (Thunb.) Cogn. were collected. The race from Arroyo Seco is called "pepino chino" (Chinese cucumber) and has elongated fruits used for the preparation of candy. The race collected in Imías (fig. 3) is called "calabaza china" (Chinese pumpkin) has thick cylindrical fruits which are used in the same way as pumpkins. These two forms do not only show differences in their fruit shape but also in their seeds (fig. 4). A considerable variation was observed in *Sechium edule* (Jacq.) Swartz, too, concerning fruit characters (fig. 5).

Some samples of onions, especially those collected in Baitiquirí at the Southern coast of the Guantánamo province, showed a good adaptation to high salinity and dry conditions. As in other areas of Eastern Cuba (ESQUIVEL et al. 1987a) several plants of *Allium cepa* L. var. *aggregatum* Don produced flowers and seeds in the zone of Pozo Blanco (fig. 6). Here, this plant is called "cebolla criolla".

The accessions of *Abelmoschus esculentus* (L.) Moench belonged to the popular cultivar-groups "criollo" with small fruits and "tarro de chivo" with up to 50 cm long fruits.

Fig. 4 Seeds of two races of *Benincasa hispida*–"calabaza china" (l.), "pepino chino" (Arroyo Seco)

Fig. 5 Two races of *Sechium edule* from the area between Sagua de Tánamo and Guantánamo

Pulses, including some wild species

From the common beans (*Phaseolus vulgaris* L.) cultivars with black and red seeds were collected in about the same proportion. This is typical for the Western parts of Cuba whereas in the Eastern ones people prefer black seeds. In the area between Retrete and Los Pasos the variation is even somewhat higher in respect to seed colour. As reported in the previous papers (e.g. Esquivel et al. 1987a) *Phaseolus lunatus* L., the "frijol caballero", is more frequently grown. This species is highly variable in shape and pigmentation patterns. According to the classification of Baudet (1977), most of the accessions belong to the "sieva" cultivar-group, some are "big lima" types with large white seeds ("habas lima"). The "potato" type with red rounded seeds is rather rare. In some places, e.g. in El Consuelo de Yaguajay, the farmers maintain variable populations containing sometimes more than ten different colour types.

The species of *Vigna* deserve a special remark. León and Alaín (1951), not considering the cultivated races, reported six species for Cuba: *V. vexillata* (L.) A. Rich. ("frijol marrulero", "frijol de cerca"), *V. luteola* (Jacq.) Benth. ("frijol marrulero"), *V. marina* (Burm.) Merrill, *V. antillana* (Urb.) Fawc. et Rendle and *V. peduncularis* (H. B. K.) Fawc. et Rendle. Roig (1975) included the cultivated races and reported *V. cylindrica* (L.) Skeels ("frijol precioso"), *V. ses-*

Fig. 6 A freely flowering race of *Allium ascalonicum* in the zone of Pozo Blanco

quipedalis (L.) Fruhw. ("habichuela china"), *V. sinensis* (L.) Savi ("chicharo de vaca") and *V. repens* (L.) O. Kuntze. As synonyms are cited for *V. luteola* (Jacq.) Benth. = *V. repens* (L.) O. Kuntze and *Phaseolus antillanus* Urb. = *V. unguiculata* (L.) Walp. As can be seen from these examples there seems to be some confusion. Several accessions were collected by us with local names as "frijol carita", "frijol precioso" and "frijol cancarro" which are characterized by the "black eye" around the hilum. They should be classified as *V. unguiculata* (L.) Walp. subsp. *unguiculata* (*V. sinensis* (L.) Hassk.), others have the characteristic long pods and belong to *V. unguiculata* subsp. *sesquipedalis* (L.) Verdc. (*V. sesquipedalis* (L.) Fruhw., "habichuela china"). There is additional material in the *Vigna* collection of the INIFAT genebank collected in the Holguín area which was classified as *V. unguiculata* subsp. *cylindrica* (L.) Verdc. (*V. cylindrica* (L.) Skeels, *V. catjang* (Burm. f.) Walp.) so that all of the cultivated subspecies of *V. unguiculata* are present in Cuba. Other material collected belongs to the so called "frijolito chino" (ROIG 1975)–*V. radiata* (L.) R. Wilczek var. *radiata*. The seedlings of these plants (bean sprouts) are used in the preparation of some Chinese dishes. A species not yet reported for Cuba is *V. angularis* (Willd.) Ohwi et Ohashi which is called "frijol carita" in the Holguín area. An interesting collection was *V. umbellata* (Thunb.) Ohwi et Ohashi which is characterized by red seeds with a white prominent hilum. ROIG (1975) cites one synonym of this species.–*Ph. calacaratus* Roxb. ("frijol arroz"). Another species not yet reported for Cuba is *V. mungo* (L.) Hepper which has been collected previously in the Holguín area. According to these results an unexpected abundance of *Vigna* species is present in Cuba. A more comprehensive study seems to be necessary.

Several samples of *Canavalia* were collected. *C. gladiata* (Jacq.) DC. is commonly called "frijol de machete" or "nescafé". Under the last name an accession of *Mucuna pruriens* (Stickm.) DC. subsp. *deeringiana* (Bort) Hanelt was collected, too. This race is usually grown for green manuring but in Las Cuevas, Arroyo Seco, its roasted and ground seeds are mixed with coffee and, therefore, the name "nescafé" is extended to this plant.

A white seeded race of *Lablab purpureus* (L.) Sweet was collected in Baitiquirí. The dry seeds are used for human consumption. Worth mentioning is a sample of "jícama" (*Pachyrhizus erosus* (L.) Urb.). This plant produces edible roots and pods, but in Cuba it is grown mostly as a curiosity in some gardens. In one place it was cultivated because it is believed to contain substances which are repellent to "bibijaguas" (*Atta insularis* Guer.), dangerous insects for the gardens.

Cereals

The most significant material from the cereals was that of maize. HATHEWAY (1957) described three groups of land-races from Cuba. All of them could be included into our collections. The main part constitute the "criollo" types, typical flints often with some introgression from dent corns. The "canilla" type has large and thin cobs. They are highly appreciated by the farmers because of their good grain/cob proportion. The third group consists of pop corns with mostly orange grains.

Some other crops and wild plants

An unusual observation was mango, *Mangifera indica* L., with big fruit production in December which could be collected in Mayarí town. *Pouteria campechiana* (H.B.K.) Baehni, the "canistel", is a rare fruit tree observed only in two places during our exploration (fig. 7).

Ambrosia artemisiifolia L. is sometimes grown as an ornamental. In Las Cuevas, Arroyo Seco, it is used also as a medicinal plant.

From the wild plants *Solanum mammosum* L. should be mentioned which was collected in Arroyo Seco (fig. 8). In some countries of South America this species is cultivated.

Remarks on some collecting areas

The hill of Yaguajay is a valuable reservoir of plant genetic resources. This place has a high density of small farms and a deep tradition in agriculture is maintain-

Fig. 7 *Pouteria campechiana* in a garden of Arroyo Seco

ed (fig. 9). In this connection it is interesting that in the same area the biggest Taíno cemetery ever found in Cuba was detected. We had the priviledge to observe the excavation work which is done under the leadership of Dr. M. GUARCH from the Archeology Department of the Academy of Sciences of Cuba. The pre-

Fig. 8 *Solanum mammosum*, a wild plant collected in Arroyo Seco

Fig. 9 Traditional agriculture in Yaguajay

sence of this cemetery is a new element supporting the highly developed Taíno culture in this area.

On the way to Banes there are still some places with traditional agriculture, but between Banes and Mayarí only extensive sugar cane plantings were the rule.

The mountains between Pinares de Mayarí and Mayarí Arriba are characterized by isolated villages, as Arroyo Seco, with "conucos" (see ESQUIVEL and HAMMER 1988) containing many old plant cultivars. Around Mayarí there are some interesting "conucos", close to the Guatemala sugar mill, which reached almost to the sea side of the Nipe bay. Plants from this area should be adapted to salinity.

From Sagua de Tánamo to Guantánamo there are several places as Bayate and La Palizada which are in need of further exploration because of the large amount of small isolated farms.

The exploration made on the way from Guantánamo to Baracoa demonstrated the rich ecological variation of the area reaching from very dry conditions of the Southern coast to the fresh humid forest of the Sierra de Cristal. The necessity of further expeditions to the Guantánamo province is evident.

Zusammenfassung

Sammlung pflanzlicher genetischer Ressourcen in Kuba. Bericht über die zweite Sammelreise 1986

Es wird über die zweite gemeinsame Sammelreise in östlichen Teilen Kubas, die im Dezember 1986 im Rahmen des Abkommens zwischen der Akademie der Wissenschaften Kubas und der Akademie der Wissenschaften der DDR stattfand, berichtet. Das Sammelgebiet zeichnete sich durch seinen Reichtum an pflanzlichen genetischen Ressourcen aus. Insgesamt wurden 201 Muster von Gemüsen, Hülsenfrüchten, Getreiden und einigen anderen Fruchtarten gesammelt. Wiederum wurde eine bemerkenswerte Variabilität bei *Capsicum* und *Phaseolus* aber auch bei einigen Kulturpflanzen aus der Gattung *Vigna* und aus der Familie der Cucurbitaceae gefunden.

Краткое содержание

Сбор растительных генетических ресурсов на Кубе. Отчет о второй экспедиции 1986 года

Дается отчет о второй совместной экспедиции по сбору растительного материала в восточных районах Кубы, проведенной в декабре 1986 года в рамках договоренности между кубинской Академией наук и АН ГДР. Область, где собирали материал, характеризуется богатством растительных генетических ресурсов. В общей сложности был собран 201 образец овощных, бобовых и злаковых культур, а также некоторых видов фруктов. Вновь была обнаружена достойная внимания изменчивость у *Capsicum* и *Phaseolus*, а также у некоторых культурных растений из рода *Vigna* и из семейства *Cucurbitaceae*.

Literature

BAUDET, J. C., 1977: Taxonomic status of the cultivated types of Lima bean (*Phaseolus lunatus* L.) – Trop. Grain Leg. Bull. No. **7**, 29–30.

ESQUIVEL, M. and K. HAMMER, 1988: The "conuco"–an important refuge of Cuban plant genetic resources. – Kulturpflanze **36**, 451–463.

–, L. CASTIÑEIRAS, B. RODRÍGUEZ and K. HAMMER, 1987 a: Collecting plant genetic resources in Cuba. – Kulturpflanze **35**, 367–378.

–, –, – and –, 1987 b: La expedicion INIFAT – ZIGuK'86 en la provincia de Holguín, Cuba. – Plant Genetic Resources – Newsletter, in print.

–, J. PÉREZ and L. CASTIÑEIRAS, 1986: Colecta de germoplasma en el Occidente de Cuba. – Plant Genetic Resources – Newsletter **66**, 14–15.

–, – and –, 1987 c: Expediciones de colecta de recursos fitogéneticos en la zona central de Cuba. – Plant Genetic Resources – Newsletter, in print.

HATHEWAY, W. H., 1957: Races of maize in Cuba. – Nat. Acad. Sci. Washington, Publ. 453, 75 pp.

LEÓN, HNO. y HNO. ALAÍN, 1951: Flora de Cuba, vol. II. – Contr. Ocas. Mus. Hist. Nat. Col. De la Salle No. 10, La Habana – 450 pp.

PÉREZ, J., L. CASTIÑEIRAS, V. MORENO, L. WALÓN y M. BARRIOS, 1985: Prospeciones en zonas occidentales de Cuba. – Miscelanea Agrícola No. **3**, 3–4.

–, M. ESQUIVEL y L. CASTIÑEIRAS, 1987: Prospeciones de material genético en las provincias de La Habana, Ciudad de La Habana y el Municipio Isla de la Juventud. – Plant Genetic Resources – Newsletter, in print.

ROIG, J. T., 1975: Diccionario Botánico de Nombres Vulgares Cubanos, 2 vols. – Ed. Pueblo y Educacion, La Habana. – 1142 pp.

Dr. K. HAMMER
Zentralinstitut für Genetik und Kulturpflanzenforschung
der Akademie der Wissenschaften der DDR
Corrensstraße 3
Gatersleben
DDR - 4325

Kulturpflanze 36 · 1988 · 451–463

The "conuco"–an important refuge of Cuban plant genetic resources

MIGUEL ESQUIVEL[1] and KARL HAMMER

(Eingegangen am 7. Januar 1988)

Summary

The "conuco" in Cuba is a large garden or a small field where agriculture is practiced in a traditional way. The history of the "conuco" is discussed. Composition and structure of actual "conucos" are described on the basis of four cases studied in Eastern Cuba. Their cultivated plants came from nearly all regions of diversity of the world. The crops from the Central American and Mexican region are most important. The great diversity of different crops as well as the marked variation within most of the cultivated plants stress the importance of the "conuco" as a reservoir for plant genetic resources.

Introduction

The "conuco" nowadays is a small area of land for plant production where some Cuban farmers practice traditional agriculture based on local cultivars. The importance of the "conucos" as a reservoir for plant genetic resources has been stressed by ESQUIVEL et al. (1987, 1988). Some other literature exists which surveys the historical development of this interesting agroecosystem, but not in relation to its composition and structure. Two collecting missions in Eastern parts of Cuba (ESQUIVEL et al. 1987, 1988) gave the opportunity to study some "conucos" in more detail.

Historical remarks

ORTIZ (1985) presents the most complete discussion about the lexicographic meaning of the term "conuco". He cites some old documents from 1616 containing the order of the Government to increase the number of "conucos" for the production of "casabe" (cassava bread), maize and bananas. Therefore, a Spanish origin of this word is most likely. The Spanish suffix "uco" has a deminutive meaning. The suffix was associated with the geometrical form of the promon-

[1] Instituto de Investigaciones Fundamentales en Agricultura Tropical "Alejandro de Humboldt", INIFAT, Ministerio de Agricultura, Santiago de las Vegas, Cuba

tories used by the Indians in their typical planting method for roots and tubers. The planting method of the promontories was substituted by the "camellones" (continuous promontories), as explained by REYNOSO (1881), and the term "conuco" changed its meaning from an agricultural method to a plantation name.

The term "conuco" has been also used for small fields which have been given to the slaves by their owners. These "conucos" have been very important for the subsistance of the slaves (BARNET 1986). Also the escaped slaves (cimarrones) created "conucos" around their "palenques", small villages in the forests, where they practiced agriculture in an African way (FRANCO 1973, ORTIZ 1975). There is also some evidence for a possible African origin of the term "conuco". ORTIZ (1985) states that "konuko" comes from the Mandinga language. In this language "nakanuku" means legume and "nako" garden.

Another group of elements supports an Indian origin of the term. RIVERO (1966) expressed the opinion that the Cuban Indians cultivated maize in a similar way as the Mayas of Yucatan, who planted this crop in small areas called "conucos". TABIO and REY (1979) and GUARCH (1978), studying the socio-economic structure of the Taínos in Cuba, came to the conclusion that, contrary to the ideas expressed by the early writers as e.g. FERNÁNDEZ DE OVIEDO, the original Cuban agriculture was based on small plantations called "conucos". ORTIZ (1985) supports a possible Aruak or Caribe origin (Aruak "kunuku" = forest, Caribe "kunuku" = plantation). VALDÉS (1986) consideres "conuco" as an Aruak term because in this language "konuko" means forest. Therefore, it can be understood as plantation in the forest.

The discussion about the origin of the term "conuco" shows that it has been used both for a planting method and a plantation. But always it has been associated with subsistence agriculture.

Composition and structure of actual "conucos"

With the objective to know the composition and structure of the actual "conucos" a special study was made during our collecting mission in Eastern parts of Cuba (ESQUIVEL et al. 1988). An inventory of observed plants is presented in fig. 1.

Conuco No. 1 Los Negritos. Banes, Holguín. Manuel Ricardo.
1200 m^2. Situated in an area of sugar cane production.

As can be seen from fig. 2, this medium sized "conuco" consists of three parts. The first one is the front garden used mainly for ornamental plants, e.g. *Zinnia elegans*, *Kalanchoe* sp. The second part surrounds the house and reaches into the backyard. Here, spice plants as *Capsicum frutescens* and some fruit trees as *Annona squamosa* or *Persea americana* are grown. The area of main production follows as a third part, subdivided into fields for maize, the primary crop, intercroppings with tubers and roots as *Ipomoea batatas* and *Maranta arundinacea* and other plants like bananas. As a fence, a row of *Euphorbia lactea* is planted (fig. 3). These strong living fences are typical for the "conucos" to prevent animals from entering the garden (HAMMER 1988).

Benincasa hispida	
Citrullus lanatus	
Cucurbita moschata	
Ipomoea batatas	
Vigna unguiculata	

Canavalia gladiata	
Dioscorea alata	
Lablab purpureus	
Phaseolus lunatus	

Annona squamosa	(An)
Bixa orellana	(Bi)
Carica papaya	
Citrus aurantium	(Ca)
Citrus limon	(Cli)
Cocos nucifera	
Delonix regia	(De)
Mangifera indica	(Ma)
Persea americana	(Pe)
Psidium guajava	(Ps)
Terminalia catappa	(Te)
Citrus aurantiifolia	(Caf)

Colocasia esculenta	
Manihot esculenta	(Ma)
Maranta arundinacea	
Musa sp.	
Xanthosoma sagittifolium	

Abelmoschus esculentus	(Ae)
Cajanus cajan	(Cc)
Capsicum annuum	(Ca)
Capsicum frutescens	(Cf)
Clerodendron speciosissimum	(Cl)
Coffea arabica	(Cfa)
Croton lobatus	(Cr)
Euphorbia lactea	(El)
Helianthus annuus	(He)
Lagerstroemia indica	(La)
Lippia alba	(Li)
Lycopersicon esculentum	(Ly)
Mentha spicata	(Me)
Nerium oleander	(Ne)
Ocimum basilicum	(Oc)
Rosa sp.	(Ro)
Russelia equisetiformis	(Ru)

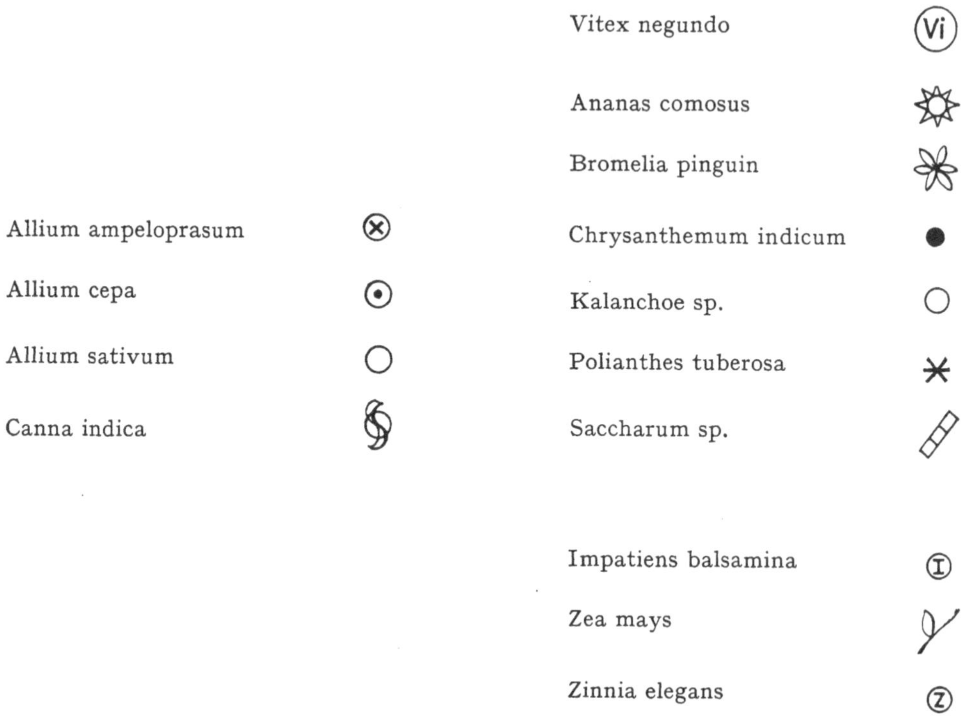

Fig. 1 Inventory of the "conuco" plants with their symbols used for the garden plans

Conuco No. 2 La Cuevita, Arroyo Seco. Mayarí, Holguín. Veronico Pupo. 10 000 m². Situated near Mayarí river. Isolated.

This big "conuco" (figs. 4 and 5) is very isolated. Therefore, the owner tries to produce all crops necessary for his life. This "conuco" has four separated fields, the first of which is for the production of sugar cane mainly for feeding the animals but also for eventual preparation of "guarapo" (sugar cane juice). The second one is an intercropped area of maize, cassava and sweet potatoes with some plants of *Abelmoschus esculentus*. The third part is planted with maize only. It differs from the first one in planting date. In this way the consumption period of unripe maize cobs is extended. The fourth part is more complicated. It is a classical "conuco" of "tumba y quema" (slash and burn) situated on a slope and reaches into the virgin forest (fig. 6). The ashes of the burning process are considered as a good fertilizer. This field is planted with a rich intercropping of maize, lima beans, pumpkins, taro, pineapples and other plants. Climbing plants as lima beans are covering the vestiges of big trees. Pumpkins and other plants grown on the slope help to avoid soil erosion. Some larger fruit trees as coconuts, mangos ot avocados give shade to the house. For the living fence "maya" *(Bromelia pinguin)* is planted, known in the Western parts of Cuba as "piña de ratón".

Conuco No. 3 Arroyo Blanco. Mayarí, Holguín. Unknown owner. 1 200 m². Located at the border of a small village, with sugar cane as the primary crop.

Fig. 2 "Conuco" No. 1, Los Negritos

Fig. 3 Front view of "conuco" No. 1 with a living fence of *Euphorbia lactea*

Fig. 4 Overview of "conuco" No. 2 from the highest point of the garden

This is a typical medium-sized "cunoco" for "viandas" (see ESQUIVEL et al. 1988). The main characteristic of this "conuco" (fig. 7) is the high plant density, which allows an effective utilization of the area. Larger plants, e.g. bananas, are grown separately to avoid too much shade for other crops (cassava, pumpkins), which are intercropped. Interestingly, maize was not intercropped, possibly to

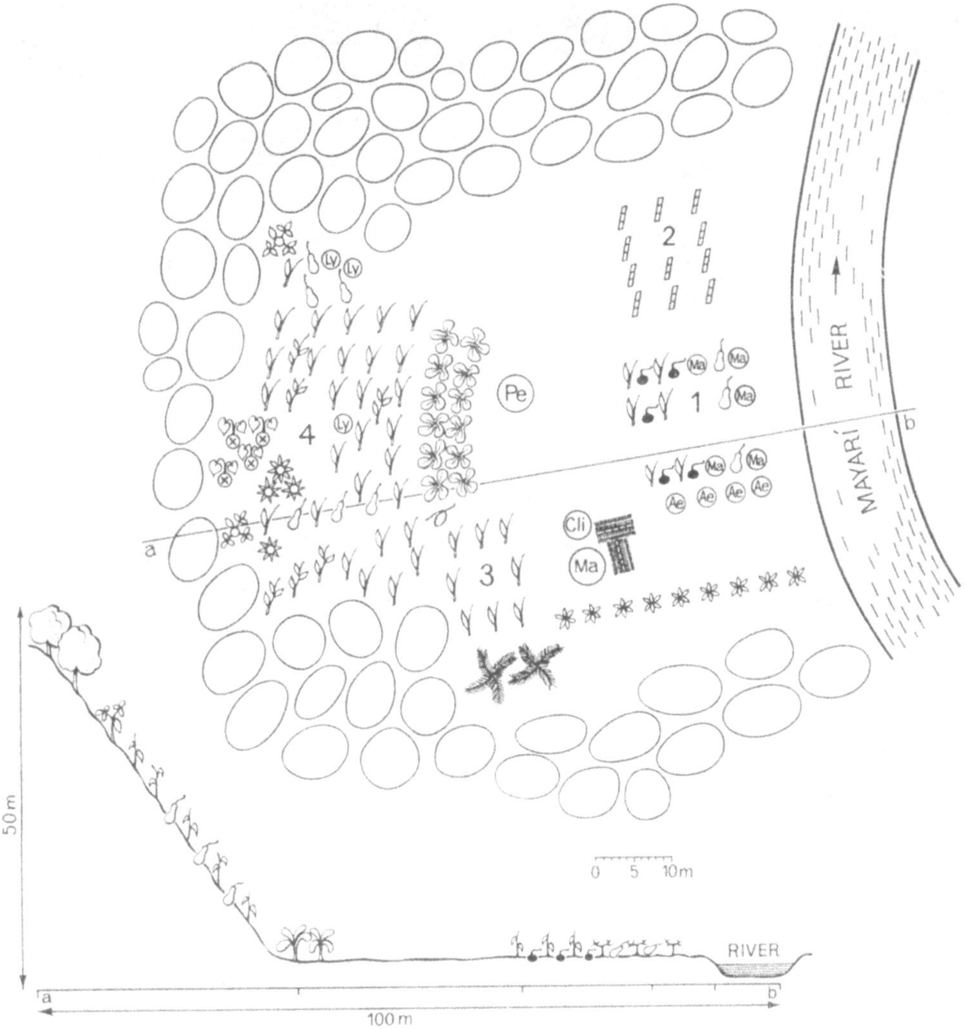

Fig. 5 "Conuco" No. 2, La Cuevita

secure optimal pollination. For the fence *Bromelia pinguin* is planted. There was another area formerly used for vegetable production. In this year vegetables could not be grown because it was too dry.

Conuco No. 4 Baitiquirí. San Antonio del Sur, Guantánamo. Miguel Ramirez. 625 m². Located in the Baitiquirí village, near the road from Guantánamo to Baracoa.

This small "conuco" (fig. 8) shows another distribution of the crops. The house is situated in the central part. Therefore, the front garden became another production area. Here, bananas are the main crop interplanted with some other plants (e.g. *Vigna* sp.). Around the house there are intercroppings with bananas, sweet potatoes and lima beans. The back part contains plots of *Cajanus cajan*

Fig. 6 "Conuco" No. 2 reaches into the virgin forest

and cassava. The fence is made from wooden sticks which provide support for climbers as lima beans and *Lablab purpureus*. Some plants showed severe morphological modification because of drought and salinity.

The origin of some "conuco" plants

In order to know the contribution of the different regions of diversity to the actual composition the species are grouped according to these regions mainly using the book of ZEVEN and DE WET (1982) as well as some other sources. In table 1 only the up to now known original regions of diversity are considered. They are not always identical with the areas from which the plants came to Cuba, e.g. *Benincasa hispida* came to the country with Chinese immigrants ("pepino chino", "calabaza china") but the region of primary diversity is Indochina-Indonesia.

From the table it is evident that crops from nearly all regions of diversity can be found in the "conucos". Of course, the highest importance for human alimentation have the crops from Central and South America.

Some authors as MACKIE (1943) and VOYSEST (1983) when studying the dispersal of *Phaseolus* species came to the conclusion that these crops arrived to Cuba from Mexico and then migrated to South America via the Antilles arc. Their theories were based on the generalized idea of frequent Indian contact between Cuba and Mexico. According to the actual archeological knowledge (GUARCH, pers. comm.) the pre-Columbian agricultural contacts between Mexico and Cuba

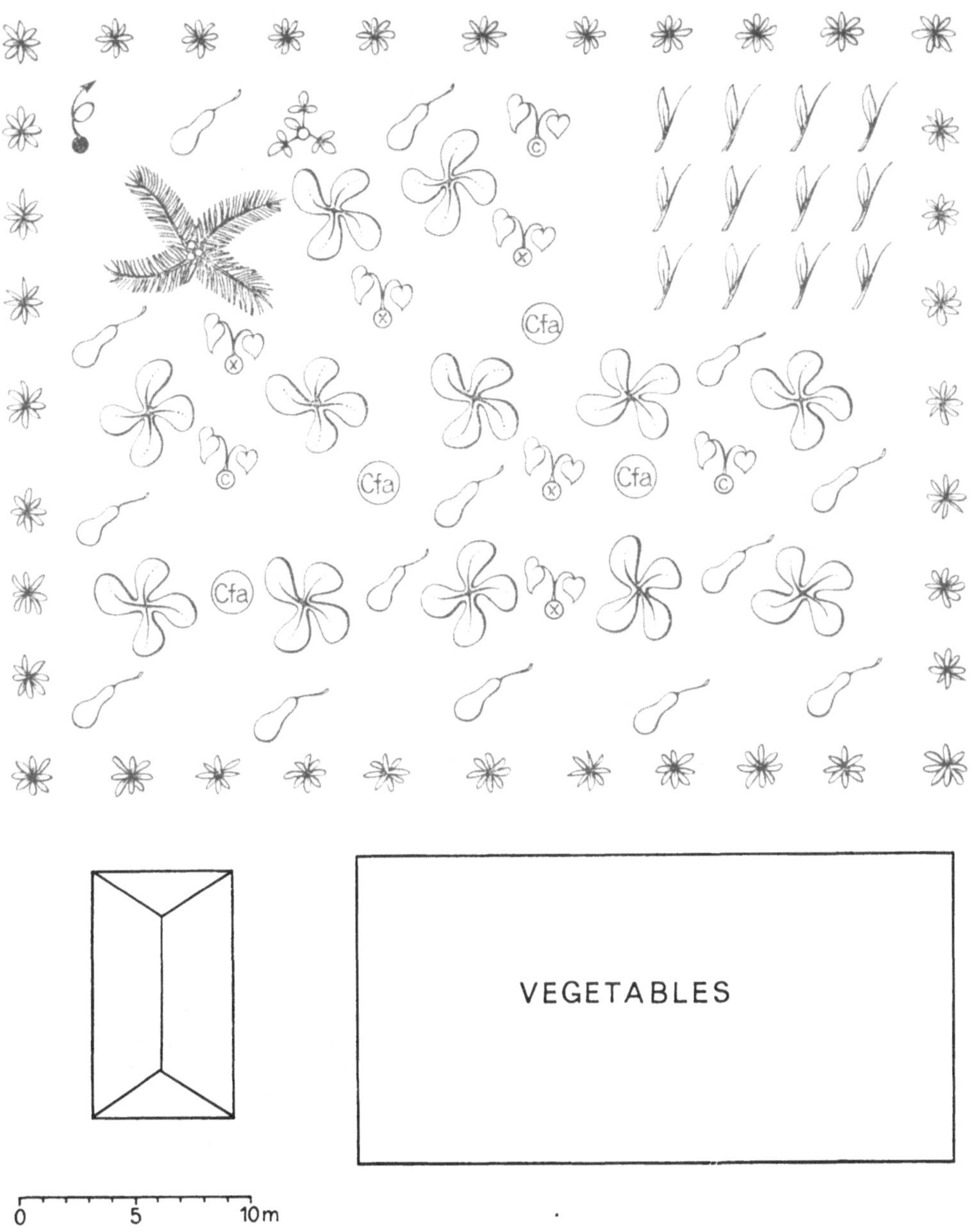

Fig 7 "Conuco" No. 3 in Arroyo Blanco

have no confirmed evidences. The Taíno Indians were the only agriculturists in Cuba and their distribution was limited to the Eastern provinces. Even if some cultivated plants should have been introduced from Mexico there were no agriculturists in Western Cuba to take them over. Another interesting fact is concerning *Phaseolus lunatus*, the species studied by Mackie (1943). This spe-

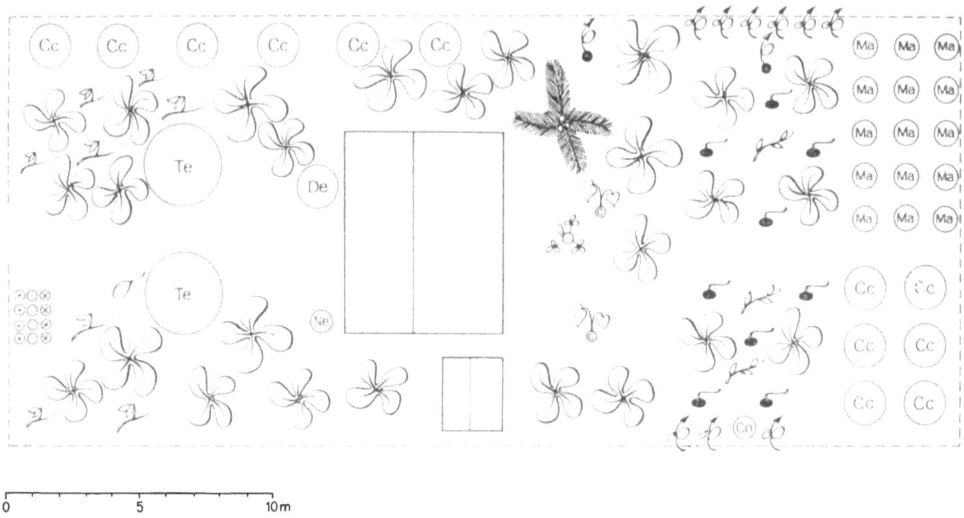

Fig 8 "Conuco" No 4 in Baitiquirí

Table 1

Composition of Cuban "conucos" considering the regions of diversity (ZEVEN and DE WET 1982) of their cultivated plants[1]

Region	Percentage of species from the region	Crops
Central American and Mexican Region	33 %	*Maranta arundinacea* L, *Xanthosoma sagittifolium* (L) Schott, **Cucurbita moschata** (Duch. ex Lam) Duch ex Poir, **Phaseolus lunatus** L, **Bixa orellana** L, *Capsicum annuum* L, **Capsicum frutescens** L., *Lippia alba* (Mill) N E Br, *Lycopersicon esculentum* Mill, **Ananas comosus** (L.) Merrill, **Zea mays** L, *Annona squamosa* L, **Persea americana** Mill, *Bromelia pinguin* L, *Polianthes tuberosa* L, *Russelia equisetiformis* Schlecht et Cham, *Zinnia elegans* Jacq, *Croton lobatus* L, **Psidium quajava** L.
Indochinese-Indonesian Region	16 %	**Musa** spp, *Benincasa hispida* (Thunb) Cogn., *Canavalia gladiata* (Jacq) DC, **Dioscorea alata** L., *Citrus* spp., *Terminalia catappa* L, *Saccharum* spp, *Clerodendron speciosissimum* Van Geert, *Cocos nucifera* L.
African Region	12 %	*Citrullus lanatus* (Thunb.) Mats. et Nakai, **Vigna unguiculata** (L.) Walp.,

Continued table 1

Region	Percentage of species from the region	Crops
		Lablab purpureus (L.) Sweet, **Abelmoschus esculentus** (L.) Moench, *Coffea arabica* L., *Euphorbia lactea* Haw., *Kalanchoe* spp.
Hindustani Region	12 %	*Colocasia esculenta* (L.) Schott, **Mangifera indica** L., **Cajanus cajan** (L.) Huth, *Euphorbia nivulia* Buch.-Ham., *Ocimum basilicum* L., *Lagerstroemia indica* L., *Vitex negundo* L.
South American Region	9 %	**Manihot esculenta** Crantz, **Ipomoea batatas** (L.) Lam., *Phaseolus vulgaris* L., **Carica papaya** L., *Canna indica* L.
Mediterranean Region	4 %	*Mentha spicata* L. em. L., *Nerium oleander* L.
Chinese-Japanese Region	4 %	*Impatiens balsamina* L., *Chrysanthemum indicum* L.
Central Asian Region	4 %	*Allium cepa* L., *Allium sativum* L.
European-Siberian Region	2 %	*Rosa* spp.
Near Eastern Region	2 %	*Allium ampeloprasum* L.
North American Region	2 %	*Helianthus annuus* L.

[1] Species printed in bold face have been reported by different authors as growing in "conucos"

cies is characteristic for traditional agriculture in Cuba. Its greatest variation is concentrated almost only in the Eastern provinces, in agreement with the distribution of the Taíno culture. Nevertheless, after the Conquest, a large influence is more likely because, as stated by Valdés (1978), Cuba was not only the starting point for the Conquest of Mexico but also the confluence area for ships returning from there to Spain.

A direct input from South America is most likely, because the Taíno Indians belong to the Aruak tribe, which, starting from the Orinoco forests, migrated to the Northern coast of Venezuela and arrived to the Bahamas via the Antilles arc. The agriculture of the Taínos was based on cassava. This is typical for some Indians in Guyana and other Aruak descendants, too. Also in maize there are some similarities between races from Cuba and material from South America, because the "criollo" types (see Esquivel et al. 1988) are very close to the tropical flints of Venezuela.

The "conucos" today contain a large diversity of species from many regions of the world. In many cases there is also a variation within one species. Therefore, the "conucos" can be considered as living genebanks.

Zusammenfassung

Der "Conuco" – ein bedeutendes Reservoir für pflanzliche genetische Ressourcen in Kuba

Der kubanische „Conuco" ist ein größerer Garten oder ein kleineres Feld mit traditioneller landwirtschaftlicher Produktion. Die Geschichte des „Conuco" wird diskutiert. Zusammensetzung und Struktur aktueller „Conucos" werden auf der Grundlage von vier ostkubanischen ausgewählten Fallbeispielen beschrieben. Ihre Kulturpflanzen stammen beinahe aus allen Mannigfaltigkeitszentren der Welt. Besonders bedeutsam sind die Kulturpflanzen der mittelamerikanischen und mexikanischen Region. Die große Mannigfaltigkeit unterschiedlicher Fruchtarten und die ausgeprägte infraspezifische Variabilität bei den meisten Kulturpflanzen unterstreichen die Bedeutung des „Conuco" als Reservoir für pflanzliche genetische Ressourcen.

Краткое содержание

"Конуко" – важнейший истончик растительных генетических ресурсов Кубы

Кубинское "Конуко" – это или крупный сад или небольшое поле с традиционным сельскохозяйственным производством. Обсуждается история "Конуко". Состав и структура современных "Конуко" описывается на основе 4-х примеров, случайно выбранных в восточной области Кубы. Их культурные растения происходят почти из всех ген-центров мира. Особенно важными являются культурные растения центрально-американских и мексиканских регионов. Большое разнообразие различных видов фруктов и четко выраженная внутривидовая изменчивость у большинства культурных растений подчеркивают значение "Конуко" как резервуара растительных генетических ресурсов.

Literature

BARNET, M., 1986: Biografia de un cimarrón. – Ed. Ciencias Sociales, La Habana. – 220 pp.

ESQUIVEL, M., L. CASTIÑEIRAS, B. RODRÍGUEZ and K. HAMMER, 1987: Collecting plant genetic resources in Cuba. – Kulturpflanze **35**, 367–378.

–, T. SHAGARODSKY, K. KRIEGHOFF, B. RODRÍGUEZ and K. HAMMER, 1988: Collecting plant genetic resources in Cuba. Report on the second mission, 1986. – Kulturpflanze **36**, 437–449.

FRANCO, J. L., 1973: Los palenques de los negros cimarrones. – Colección Historia, D.O.R., P.C.C., La Habana, 116 pp.

GUARCH, J. M., 1978: El Taíno de Cuba: ensayo de reconstrucción etno-histórica. – Academia de Ciencias de Cuba, La Habana, 130 pp.

HAMMER, K., 1988: Kubanische Impressionen (1). Heckenpflanzen. – Kakteen/Sukkulenten (Dresden), 26–31.
MACKIE, W. W., 1943: Origin, dispersal and variability of the Lima bean *(Phaseolus lunatus)*. – Hilgardia **15**, 1–29.
ORTIZ, F., 1975: Los negros esclavos. – Ed. Ciencias Sociales, La Habana, 526 pp.
–, 1985: Nuevo catauro de cubanismos – Ed. Ciencias Sociales, La Habana, 526 pp.
REYNOSO, A., 1881: La Agricultura de los indígenas de Cuba y Haiti. – Paris.
RIVERO DE LA CALLE, M., 1966: Las culturas aborígenes de Cuba; estudio histórico-etnográfico. – Editora Universitaria, La Habana, 194 pp.
TABIO, E. y E. REY, 1979: Prehistoria de Cuba. – Ed. Ciencias Sociales, La Habana, 234 pp.
VALDÉS, S., 1978: Indoamericanismos no aruacos en el español de Cuba. – Ed. Ciencias Sociales, La Habana, 80 pp.
–, 1986: La evolución de los indoamericanismos en el español hablado en Cuba. – Ed. Ciencias Sociales, La Habana, 185 pp.
VOYSEST, O., 1983: Variedades de frijol en América Latina y su origen. – CIAT, Cali, 87 pp.
ZEVEN, A. C. and J. M. DE WET, 1982: Dictionary of cultivated plants and their regions of diversity. – PUDOC, Wageningen, 263 pp.

Dr. K. HAMMER
Zentralinstitut für Genetik und Kulturpflanzenforschung
der Akademie der Wissenschaften der DDR
Corrensstraße 3
Gatersleben
DDR - 4325

Kulturpflanze 36 · 1988 · 465–473

Report on a mission for the collection of plant genetic resources to the Democratic People's Republic of Korea, 1987

KARL HAMMER, O HJONG-GUN[1] and HAN UN-XOAN[2]

(Eingegangen am 29. Januar 1988)

Summary

A further collecting mission was carried out in the Democratic People's Republic of Korea in 1987 within the frame of the agreement between the Academies of Sciences of the DPRK and the German Democratic Republic. 73 samples of medicinal plants, grain legumes, oil- and fibre plants and cereals were collected. The material collected is promising for research and breeding purposes.

Introduction

After missions in 1985 (HAMMER et al. 1986, HAMMER and BAIK 1986) and 1986 (KIM et al. 1987) a further joint mission was conducted in the Democratic People's Republic of Korea for the exploration of plant genetic resources in October 1987 within the frame of the agreement between the Academy of Sciences of the D.P.R.K. and the Academy of Sciences of the GDR. Participants were the authors of this paper. Dr. KIM IN-HAENG, Institute for Experimental Biology, participated partly. The mission was organized by the Institute for Experimental Biology and supported by the Institute of Applied Botany and the Botanical Institute.

Two main collecting areas have been chosen. The first area covered parts of the country south of Pyongyang (fig. 1) mainly in the provinces North and South Hwanghae, and was situated mainly in the lowlands. As the second area the northern part of the Ryanggang province has been chosen (fig. 2). This mountainous area is used for agricultural activities up to an elevation of about 1000 m NN.

Results and discussion

As the mission took place in October only a few seeds could be collected in the fields. This is especially true for the northern part of the collecting area. Most of the material, altogether 73 accessions, was provided by the farmers from their seed stores. The detailed list of the material collected is given in table 1.

[1] Institute of Applied Botany of the Academy of Sciences of the D.P.R.K., Pyongyang
[2] Institute for Experimental Biology of the Academy of Sciences of the D.P.R.K., Pyongyang

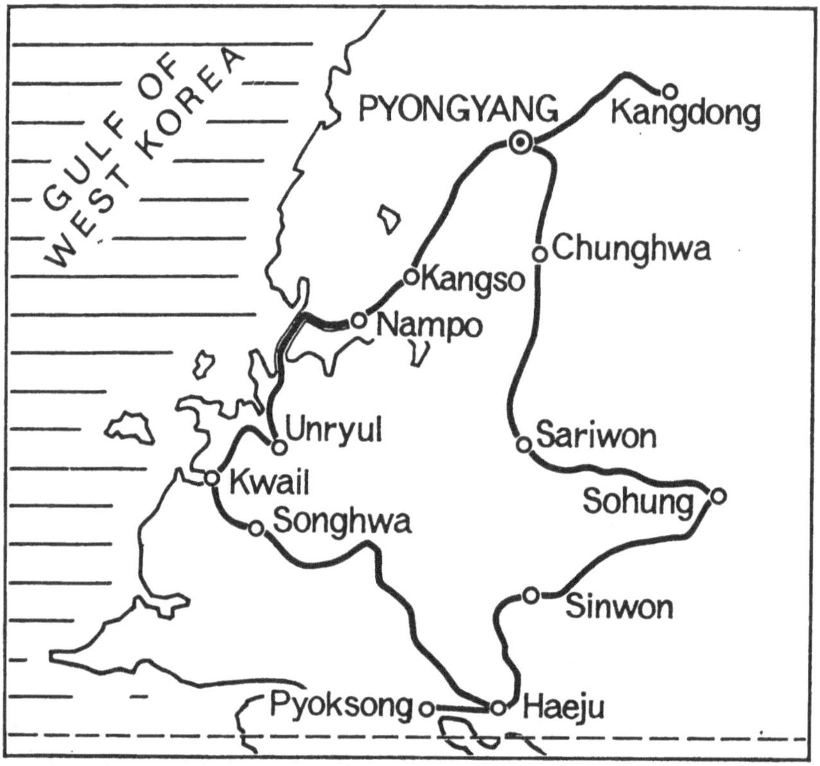

Fig. 1 Collecting route in the southern part of the country

Fig. 2 Collecting route in the northern part of the country

Table 1
Plant genetic resources collected during the mission

Group	Number of accessions	Sum
Coix lacryma-jobi	2	
Avena sativa	1	
Fagopyrum esculentum	1	
Hordeum vulgare	1	
Triticum aestivum	1	
Cereals incl. pseudo-cereals		6
Phaseolus vulgaris	9	
Glycine max	5	
Vigna radiata	3	
Lablab purpureus	1	
Phaseolus coccineus	1	
Pisum sativum	1	
Vigna angularis	1	
Vigna umbellata	1	
Pulses		22
Brassica cernua	1	
Cannabis sativa	1	
Carthamus tinctorius	1	
Gossypium arboreum	1	
Papaver somniferum	1	
Sesamum indicum	1	
Oil- and fibre-crops		6
Cucurbita moschata	1	
Luffa cylindrica	1	
Momordica charantia	1	
Cucurbitaceae		3
Medicinal and spice plants		36
Total sum		73

Most of the material collected comes from the southern collecting area. This region has been already characterized in the former reports (HAMMER et al. 1986, KIM et al. 1987) as being affected by genetic erosion especially for the more important crops as rice, wheat, maize, brassicas and radish. Crops of minor importance are maintained as variable land-races in the gardens of the farmers.

Principally the same situation is true for the northern part. But here the spectrum of crops under cultivation is lower because of the less favourable growing conditions. Cereals and other field crops play the most important part. From this group a few well adapted land-races (wheat, oats, barley, peas, soybeans) could be collected. The mission has shown that further valuable material can be expected in the northern part.

The great variation of pulses has been already described (HAMMER et al. 1986). This is true for the amount of different species and also on the infraspecific level.

Fig. 3 Seeds of a soybean population from Pyoksong (South Hwanghae province) showing the character of cracked seed coat

Phaseolus vulgaris turned out to be the most variable pulse-crop possibly because it is grown mostly outside the large fields on a small scale in gardens which are good refuges for the preservation of local material. It is followed by soybean usually grown as a field crop. But this crop has a deep tradition in Korea (see also VAVILOV 1962) so that many different races are maintained. They may be connected with special uses, e.g. small seeded varieties for bean sprout production (HAMMER et al. 1986) and varieties with small black seeds for medicinal use (Somoktae), or with other growing, quality and morphological characteristics. In this year we could get an interesting population consisting of green and black seeds. Especially with the black seeds the character of cracked seed coat is evident because the white cotyledons provide a good contrast (fig. 3). No special use was reported for this population. Perhaps it is favoured because of the pretty appearance of the seeds.

During the mission we had the opportunity to study the flora of cultivated plants in more detail. Many new items could be collected for "the check-list of the Korean cultivated plants" (BAIK et al. 1986) and its first addition (HAMMER

Fig. 4 Ponds are used for the cultivation of medicinal plants (*Nelumbo nucifera*, Pyongyang city). *Eichhornia crassipes* (in the foreground) is cultivated as a fodder crop

et al. 1987) so that a second addition could be compiled (HOANG and HAMMER 1988). Our new field observations were mainly concerning to fruit trees and medicinal plants. The fruit trees are not a part of the collecting program but our observations allow to draw some conclusion concerning the wealth of the available material. Whereas in the southern part a lot of useful material from several species has been brought into large plantations (fig. 8, e.g. *Pyrus pyrifolia, Prunus mume, Prunus tomentosa, Prunus salicifolia, Prunus ansu*) or as street trees to the villages (fig. 5) in the northern part interesting material can still be found in the gardens of the farmers (fig. 6), e.g. *Malus baccata, Pyrus pyrifolia, Crataegus pinnatifida*. These trees show a good cold resistance. They are not highly domesticated and show many wild plant characters so that their introduction into the gardens from wild populations seems to be an ongoing process. The wealth of wild fruit trees in this area has to be stressed.

Medicinal plants play an important role in the traditional Korean medicine. As reported by LI (1987) over 400 medicinal plants are used much at present and many of them are cultivated. A large part of this cultivation occurs in the gardens of local hospitals (HAMMER et al. 1986, see fig. 7) or even in places close to big cities (fig. 4) but there are also large specialized farms. The Rinsan cooperative farm in North Hwanghae grows medicinal plant on 700 ha. The following species are cultivated on a larger scale: *Artemisia asiatica, A. messerschmidtiana, Arctium lappa, Astragalus membranaceus, Bupleurum komarovianum, Cas-*

Fig. 5 A typical village in the Pyongyang district (Munhung). Fruit trees *(Ziziphus jujuba, Prunus ansu)* are planted along the central street

Fig. 6 At the border of a small vegetable garden in Nongsadong near Taehongdan (920 m NN, Ryanggang province) a primitive race of *Pyrus pyrifolia* (Dolbaenamu) is planted

Fig. 7 *Lycium chinense* in the garden of the local hospital at Munhung (Pyongyang district)

Fig. 8 The area of Kwail (South Hwanghae province) has become a big orchard. Trees of *Prunus tomentosa* in the foreground

Fig. 9 Ginseng cultivation on a larger experimental scale in Rinsan (North Hwanghae province)

sia occidentalis, C. tora, Cnidium officinale, Coix lacryma-jobi, Coriandrum sativum, Datura stramonium var. *tatula, Fagopyrum esculentum, Foeniculum vulgare, Heracleum moellendorfii, Ligusticum acutilobum, Magnolia praecocissima* (syn. *M. kobus*), *Paeonia lactiflora, Papaver somniferum, Perilla frutescens, Platycodon grandiflorum* (with blue and white flowers), *Plantago major* var. *asiatica, Rheum rhabarbarum, Schizonepeta tenuifolia.* On a larger experimental scale *Panax schinseng* (fig. 9), *Silybum marianum* and *Tussilago farfara* are grown. Many other species are cultivated on a medium or small experimental scale. Together with several of the more important crops some of these species are cited by HOANG and HAMMER (1988). From the 36 medicinal plant accessions (see table 1) 30 have been taken from Rinsan.

The mission has shown that land-races of different crops can still be collected in the Democratic People's Republic of Korea. Further missions will supplement to collections conducted in the last years by us (HAMMER et al. 1986, KIM et al. 1987 and the exploration described in this paper) and other colleagues (e.g. BURENIN et al. 1984).

Zusammenfassung

Bericht über eine Reise zur Sammlung pflanzlicher genetischer Ressourcen in der Koreanischen Demokratischen Volksrepublik im Jahre 1987

Eine weitere Sammelreise in der Koreanischen Demokratischen Volksrepublik wurde im Jahre 1987 im Rahmen des Abkommens zwischen den Akademien der Wissenschaften der KDVR und der Deutschen Demokratischen Republik durchgeführt. 73 Proben von Arzneipflanzen, Körnerleguminosen, Öl- und Faserpflanzen sowie Getreiden wurden gesammelt. Das Sammelmaterial ist als aussichtsreich für Forschungs- und Züchtungsaufgaben einzuschätzen.

Краткое содержание

Отчет об экспедиции по сбору растительных генетических ресурсов в Корейской Народно-Демократической Респиблике в 1987 году

Следующий экспедиционный сбор в Корейской Народно-Демократической Республике был проведен в рамках договоренности между Академиями наук КНДР и ГДР. Было собрано 73 образца лекарственных, масличных и волокнистых растений, а также зернобобовых и злаковых культур. Собранный материал можно оценить как многообещающий в свете исследовательских и селекционных задач.

Literature

BAIK MUN-CHAN, HOANG HO-DZUN and K. HAMMER, 1986: A check-list of the Korean cultivated plants. – Kulturpflanze **34**, 69–144.

BURENIN, V. I., T. N. UL'JANOVA i U. JU. KIM, 1984: Vozdelyvaemye rastenija KNDR. – Sbornik naučn. trud. prikl. bot., gen. i sel. **90**, 59–63.

HAMMER, K. and BAIK MUN-CHAN, 1986: Variable landraces collected in Democratic People's Republic of Korea. – Plant Genetic Resources – Newsletter **67**, 19–21.

–, – and HAN UN-XOAN, 1986: Notes on a mission to the Democratic People's Republic of Korea 1985 for the collection of land-races of cultivated plants. – Kulturpflanze **34**, 293–304.

–, HAN UN-XOAN and HOANG HO-DZUN, 1987: Additional notes to the check-list of Korean cultivated plants (1). – Kulturpflanze **35**, 323–333.

HOANG HO-DZUN and K. HAMMER, 1988: Additional notes to the check-list of Korean cultivated plants (2). – Kulturpflanze **36**, 291–313.

KIM HJON-SAM, K. HAMMER, HAN UN-XOAN, P. HANELT and PAK HJON-SON, 1987: Missions for the collection of plant genetic resources in the Democratic People's Republic of Korea 1986. – Kulturpflanze **35**, 355–363.

LI HONG-MO, 1987: Bright prospects for the production of traditional Korean medicines. – Foreign Trade of the Democratic People's Republic of Korea No. 10, 16–17.

VAVILOV, N. I., 1962: Pjat' kontinentov. – „Geografgiz", Moskva.

Dr. K. HAMMER
Zentralinstitut für Genetik und Kulturpflanzenforschung
der Akademie der Wissenschaften der DDR
Corrensstraße 3
Gatersleben
DDR - 4325

Kulturpflanze 36 · 1988 · 475–527

A check-list of the Libyan cultivated plants including an inventory of the germplasm collected in the years 1981, 1982 and 1983[1]

KARL HAMMER, CHRISTIAN O. LEHMANN and PIETRO PERRINO[2]

(Eingegangen am 25. Januar 1988)

Summary

Based on literature sources and own explorations in 1981, 1982 and 1983 a check-list of the Libyan cultivated plants was compiled. Altogether 279 species and several infraspecific taxa could be listed. For each species a concise synonymy, the Libyan name, use and distribution patterns in Libya are given. A rich germplasm including 49 species has been collected and an inventory of these plant genetic resources which are valuable for breeding programs is presented. The check-list provides a useful tool for further explorations of plant genetic resources in Libya.

Introduction

The study of cultivated plants in Libya has a long tradition. Results from this field together with own experiences based on three collecting missions provide the opportunity to compile a check-list for this country.

Check-lists of cultivated plants turned out to be useful as a tool for collecting plant genetic resources (BAIK et al. 1986). They allow to estimate the amount of cultivated plants which constitute the most important part of the germplasm in a given area and are in many respects helpful for the collector in the field.

Explanations

In the check-list the alphabetical order of the botanical names is followed. Some important synonyms often used in the connection with Libyan plants are cited. For a more complete synonymy see SCHULTZE-MOTEL (1986). In some cases important synonyms are included into the alphabetical listing referring to their correct names. The check-list also includes the local names, remarks on the use of the plants, their distribution, the collection numbers and sites, when acces-

[1] Dedicated to our colleague Dr. RUSUDAN K. BERIDZE, enthusiastic researcher in the field of plant genetic resources, on the occasion of her 70th birthday

[2] Istituto del Germoplasma, Via G. Amendola 165/A, I-70126, Bari, Italy

sions have been collected during our explorations, and some important literature citations.

Species printed in bold face have or had a greater importance for the country. Especially these species should be considered as plant genetic resources. They usually show a wide variation. Names in brackets indicate that the occurrence of this species is doubtful for Libya.

Libyan plant names

The Libyan plant names have been taken from different literature sources and from our own investigations. It was not possible to present the names in a standardized form. An index of Libyan plant names in alphabetical order is given on page 520.

Distribution

The distribution is indicated for rather comprehensive areas:
T. = Tripolitania
C. = Cyrenaica
F. = Fezzan, including Ghadāmis region
K. = Kufra
Our knowledge concerning C., T. and F. is based on own experiences as well as on several items from literature (e.g. MATHIEU 1963, SUTER 1964, ERGENZINGER 1969, HILAL 1969, CHIAUZZI 1972). On the other hand, K. is not very well known. The most comprehensive information is provided by ASCHERSON (1881). Some additional items can be found in KEITH (1965), who made use of the Report of the Cambridge University Expedition in 1963, and in HAJJAJI (1974).

The areas are given in the order of their importance.

Literature sources

A first compilation of the Libyan cultivated plants is given by ASCHERSON (1881). When presenting the material collected by ROHLFS (1881) he considered also the books written by DELLA CELLA (1819), LYON (1821)–with an extensive list of cultivated plants of the Fezzan–, DENHAM and CLAPPERTON (1826), RICHARDSON (1848), BARTH (1857), VOGEL (1860), DUVEYRIER (1864), ROHLFS (1874) and NACHTIGAL (1879)–with many botanical items.

Another compilation was made by TROTTER (1915). He could add several new species. The most important literature covered by him which appeared after ASCHERSON (1881) included LETOURNEUX (1889), VISCHER (1910) and NANNIZZI (1913).

Within his "Preliminary check list of Libyan flora" KEITH (1965) also summarized data about cultivated plants and drew information from CORTI (1942), DESIO (1942), LETHIELLEUX (1948), BROC (1954) and URANO (1958). KEITH includes also comprehensive information about material which has been introduced into agricultural stations.

Some information for our compilation has been also drawn from relevant floras, e.g. "Flora of Libya" (see QUAISER and GHAFOOR 1979).

Plant genetic resources

Within the Mediterranean Programme of the International Board for Plant Genetic Resources collections of Libyan germplasm for preservation in gene banks started in 1978 with forage legumes (GINTZBURGER 1978, 1980, GINTZBURGER and BLESING 1979). Earlier collections (e.g. AL-JIBOURI 1966a) gave

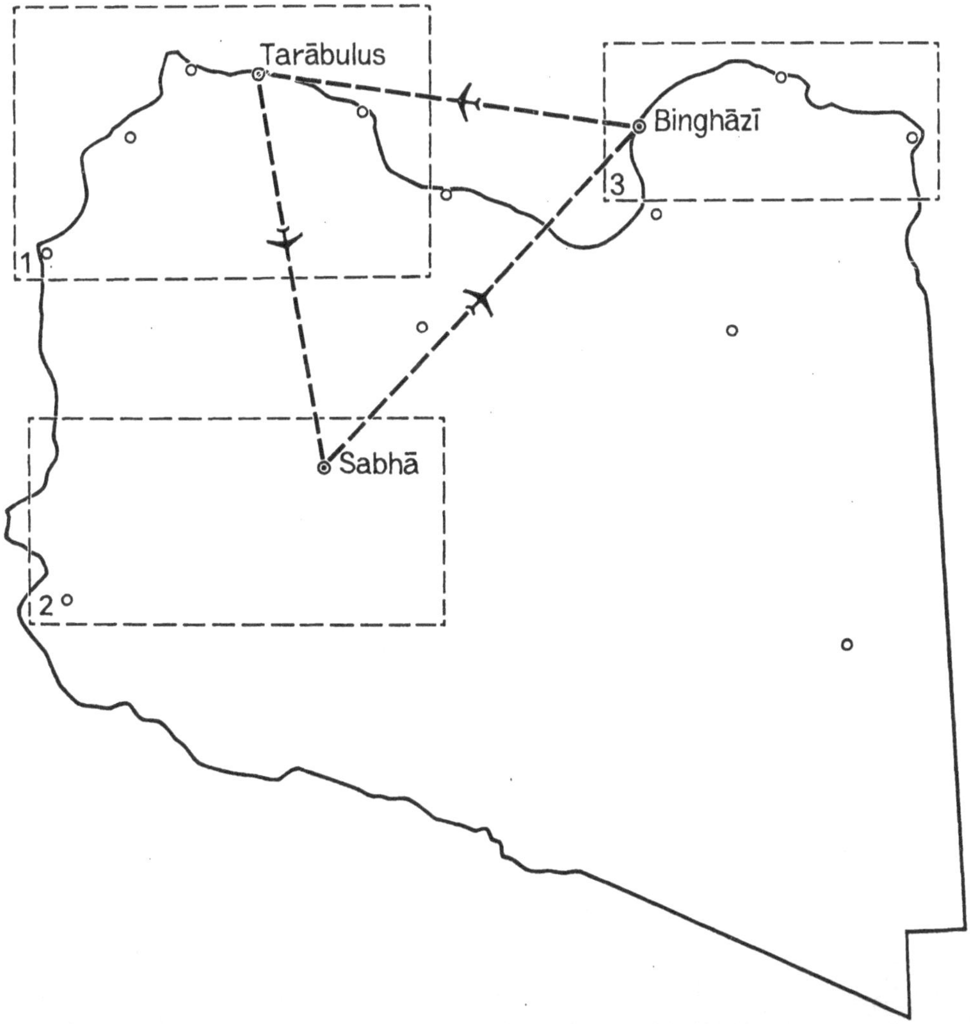

Fig. 1 Collecting areas in Libya – Tripolitania (1), Fezzan (2), Cyrenaika (3)

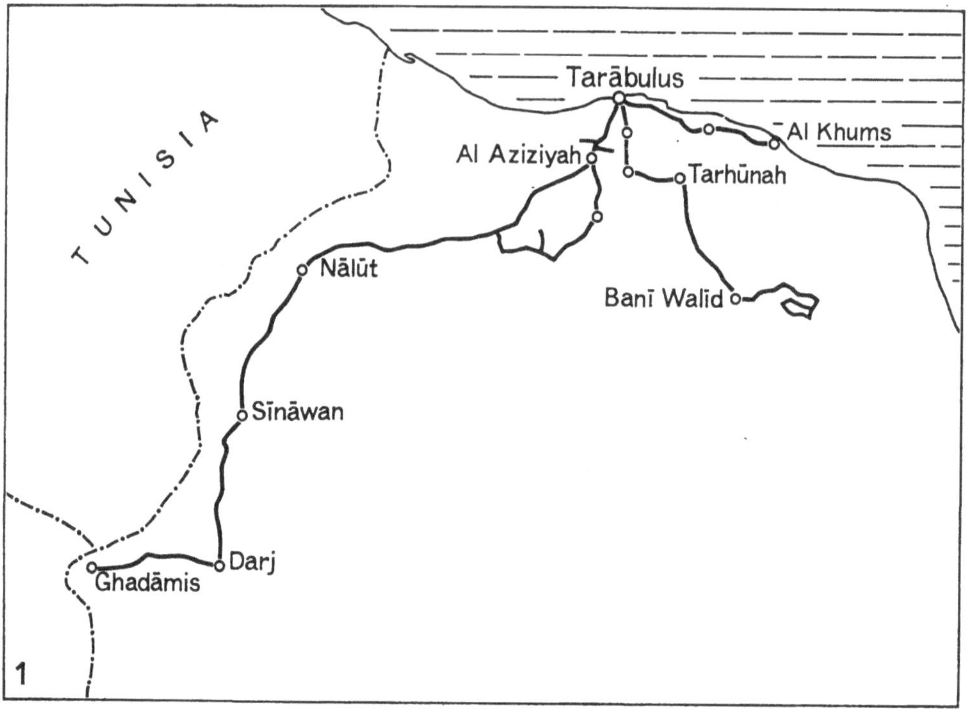

Fig. 2 Collecting routes in the Tripolitania-Ghadāmis area

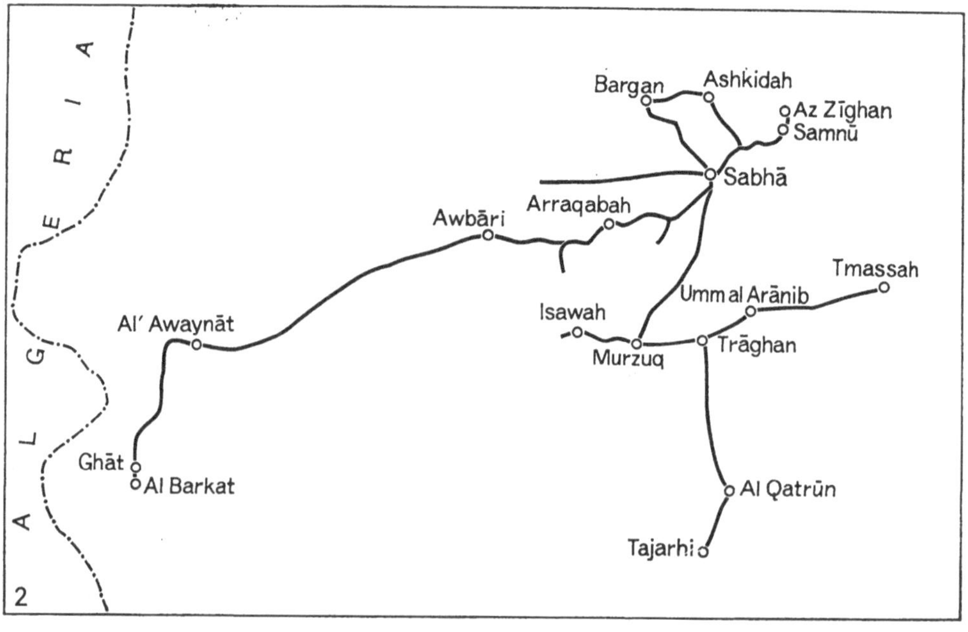

Fig. 3 Collecting routes in the Fezzan

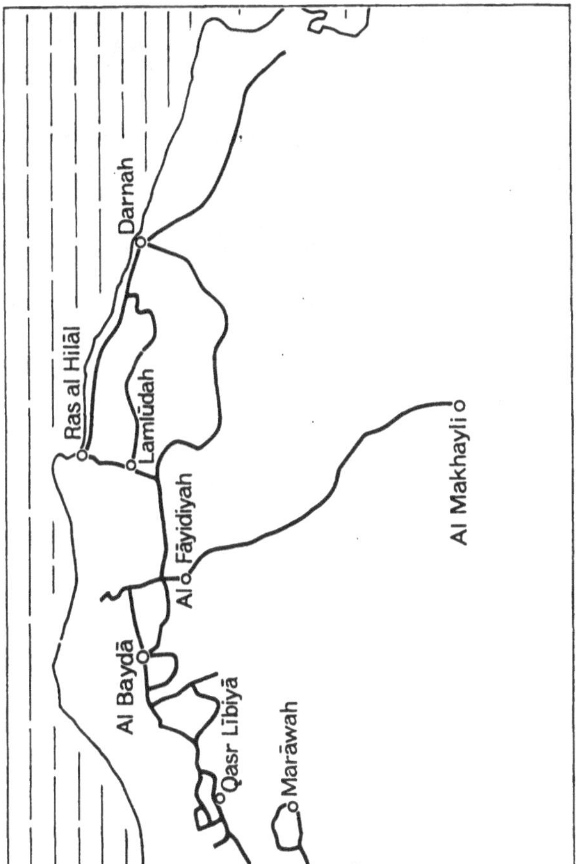

Fig. 4 Collecting routes in the Cyrenaika

some input to breeding programs within the country (AQUITEEN 1985) but could not be preserved. Further activities of the Mediterranean Programme included multi-crop missions in 1981 (AL ALAZZEH et al. 1982a and b), 1982 (LEHMANN and HAMMER 1983a and b) and 1983 (PERRINO et al. 1984a and b) which have been performed (figs. 1–4) in cooperation between the Agricultural Research Centre of Libya, the Istituto del Germoplasma (Bari) and the Zentralinstitut für Genetik und Kulturpflanzenforschung (Gatersleben). A first check-list about the cultivated plants of the Ghāt oases comprising 58 species appeared in 1985 (HAMMER and PERRINO 1985). After characterization and preliminary evaluations of the material collected during these missions an updated check-list was necessary, including also the material collected for preservation. If possible, the geographical names of the collecting places have been written according to the "National Atlas of the Socialist People's Libyan Jamahiriya", Tripoli 1978.

Abelmoschus esculentus (L.) Moench (Malvaceae).–Syn.: *Hibiscus esculentus* L.
Bamia, melokia.
Cultivated widely as a fruit vegetable.
T., C., F., K.
Coll.: 8040 Trāghan, 27. 4. 83 (F.), 8818 Goddva, 29. 4. 83 (F.), 8934 Ghāt, 27. 4. 83 (F.), 8941 Al Barkat, 27. 4. 83 (F.), 8966 Al Feowt, 27. 4. 83 (F.), 8990 Ghāt, 27. 4. 83 (F.).
Lit.: ASCHERSON 1881, TROTTER 1915, KEITH 1965, HAMMER and PERRINO 1985

Aberia caffra = *Dovyalis caffra*.

Acacia aneura F. Muell. (Leguminosae).
Mulga.
Planted in trials, fodder tree.
T., C.
Lit.: KEITH 1965

Acacia cyclops A. Cunn. ex G. Don (Leguminosae).
Planted for wind breaks along the sea side.
T.
Lit.: KEITH 1965

Acacia farnesiana (L.) Willd. (Leguminosae).
Ban, talha.
Planted for stabilizing dunes, also ornamental.
T., C.
Lit.: ASCHERSON 1881, TROTTER 1915, KEITH 1965

Acacia horrida (L.) Willd. (Leguminosae).–Syn.: *A. karoo* Hayne
Sunt shakwi.
Planted for hedges and wind breaks.
T., C.
Lit.: KEITH 1965

Acacia mearnsii De Wild. (Leguminosae).–Syn.: *A. decurrens* (Wendl.) Willd. var. *mollis* Lindl.
Planted on stabilized dunes.
T.
Lit.: KEITH 1965

Acacia nilotica (L.) Delile (Leguminosae).–Syn.: *A. arabica* (Lam.) Willd., *A. flava* Schweinf.
Gharad.
Planted as shade tree and for stabilizing sand dunes.
The fruits are used for tanning leather.
F., T., C., K.
Lit.: ASCHERSON 1881, KEITH 1965

Acacia saligna (Labill.) Wendl. (Leguminosae).–Syn.: *A. cyanophylla* Lindl.
Sunt.
Used for sand dune planting after fixation.
T., C., F.?, K.?
Lit.: KEITH 1965

Acca sellowiana (O. Berg) Burret (Myrtaceae).–Syn.: *Feijoa sellowiana* (O. Berg) O. Berg
Fruit tree; introduced at the beginning of our century.
T.
Lit.: KEITH 1965

Agave americana L. (Agavaceae).
Cultivated as a hedge plant.
T., C.
Lit.: ASCHERSON 1881, TROTTER 1915, KEITH 1965

Agave sisalana Perr. (Agavaceae).
Planted as a livestock hedge.
T.
Lit.: KEITH 1965

Ailanthus glandulosa Desf. (Simaroubaceae).
Rarely planted as a shade tree.
T.
Lit.: TROTTER 1915

Albizia lebbek (L.) Benth. (Leguminosae).
Planted as a shade tree in irrigated areas.
T., C.
Lit.: KEITH 1965

Allium ampeloprasum L. (Liliaceae).
Cultivated for its bulbs.
T., C.
Lit.: TROTTER 1915, KEITH 1965

Allium cepa L. var. cepa (Liliaceae).
Bassal.
Important vegetable. The bulbs are rather large and usually white and sweet.
T., F., C., K.

Coll.: 32 Samnū, 18. 5. 82 (F.), 49 Arraqabah, 19. 5. 82 (F.), 7929 Az Zīghan, 25. 4. 83 (F.), 7991 as before, 7993 as before, 8011 Umm al Hamām, 26. 4. 83 (F.), 8032 Misquiwīn, 27. 4. 83 (F), 8805 Tajarhi, 28. 4. 83 (F.), 8825 Brāk, 1. 5. 83 (F.), 8904 Al Qala, 26. 4. 83 (F.), 8923 Al 'Awaynāt, 26. 4. 83 (F.), 8960 Al Feowt, 27. 4. 83 (F.), 8962 as before, 8988 Garagara, 28. 4. 83 (F.).

Lit.: ASCHERSON 1881, TROTTER 1915, KEITH 1965, HAMMER and PERRINO 1985
var. **ascalonicum** Backer.–Syn.: *A. ascalonicum* L.
Bassal el shallut.
Cultivated throughout the country on a smaller scale as a vegetable (bulbs).
Lit.: KEITH 1965

Allium fistulosum L. (Liliaceae).
Bassal el mustatere.
The principal use is as leek.
T.?, C.?
Lit.: KEITH 1965

Allium kurrat Schweinf. ex K. Krause (Liliaceae).
Kurrat.
This species is often referred to *A. porrum* L.
T., F. (Ghadāmis).
Lit.: ASCHERSON 1881, TROTTER 1915, KEITH 1965

Allium sativum L. var. **sativum** (Liliaceae).
Tum.
Cultivated since ancient times. Already known from the old Egyptians. Bulbs relatively small but of good quality.
T., F., C., K.

Coll.: 8885 Gabrahon, 1. 5. 83 (F.), 8978 Ghāt, 27. 4. 83 (F.).

Lit.: ASCHERSON 1881, TROTTER 1915, KEITH 1965, HAMMER and PERRINO 1985

Allium schoenoprasum L. var. *schoenoprasum* (Liliaceae).
Bassal el shifee.
Used as leek.
T.?
Lit.: KEITH 1965

Aloe vera (L.) Burm. (Liliaceae).
Sabbar.
Used for hedges and as medicinal plant.
T., F. (Ghadāmis).
Lit.: ASCHERSON 1881, TROTTER 1915, KEITH 1965

Ammophila arenaria (L.) Link (Gramineae).
Dis.
Used for stabilizing maritime sands.
T.
Lit.: KEITH 1965

Ananas comosus (L.) Merrill (Bromeliaceae).
Ananas.
Once cultivated as a fruit crop, now possibly disappeared from cultivation.
T.
Lit.: KEITH 1965

Anethum graveolens L. subsp. **gravoelens** (Umbelliferae).
Bisbas.
Cultivated as a condiment.
T., C., F.
Coll.: 8979 Ghāt, 27. 4. 83 (F.).
Lit.: ASCHERSON 1881, TROTTER 1915, KEITH 1965, HAMMER and PERRINO 1985

Annona cherimola Mill. (Annonaceae).
Introduced as a fruit tree.
T.
Lit.: KEITH 1965

Anthriscus cerefolium (L.) Hoffm. var. **cerefolium** (Umbelliferae).
Bagdunis afrangi.
Cultivated as a pot herb.
T.
Lit.: TROTTER 1915, KEITH 1965

Apium graveolens L. (Umbelliferae).
Cherafes.
Introduced by the Italians, condiment.
T., C., F.
Lit.: TROTTER 1915, KEITH 1965

Archis hypogaea L. (Leguminosae).
Ful sudani.
Widely cultivated, also for export.
T., C.
Lit.: TROTTER 1915, KEITH 1965

Argania spinosa (L.) Skeels (Sapotaceae).
Argan.
Introduced from Morocco for steppe planting as a fodder tree.
T.
Lit.: KEITH 1965

Aristida pungenis Desf. (Gramineae).
Sabot.
Planted for the fixation of dunes and as fodder crop.
T.
Lit.: TROTTER 1915, KEITH 1965, GILLET 1978

Armoracia rusticana Gaertn., Mey. et Scherb. (Cruciferae).
Figil el hossan.
Roots used as condiment.
T.?
Lit.: KEITH 1965

Artemisia arborescens L. (Compositae).
Sezeret.
Cultivated as a medicinal plant.
T.
Lit.: TROTTER 1915

Arrhenatherum elatius (L.) J. et C. Presl (Gramineae).
Introduced as a fodder grass.
T.
Lit.: KEITH 1965

Arundo donax L. (Gramineae).
Ghessob.
Widely planted for hedges and windbreaks.
T., C.
Lit.: ASCHERSON 1881, TROTTER 1915, KEITH 1965

Asparagus officinalis L. (Liliaceae).
Asberghus.
Introduced as a vegetable by the Italians.
C., T.?
Lit.: TROTTER 1915, KEITH 1965

Atriplex hortensis L. subsp. *hortensis* (Chenopodiaceae).
El hejaz.
Cultivated as a leave vegetable.
T.?, C.?
Lit.: KEITH 1965

Atriplex semibaccata R. Brown (Chenopodiaceae).
Introduced as a fodder plant, now disappeared?
T.
Lit.: KEITH 1965

Avena brevis Roth (Gramineae).
Rare admixture in oat fields.
C.
Coll.: Z 20 Al Makhalī, 24. 5. 82 (C.).

Avena sativa L. (Gramineae).
Sbul.
Cultivated as a cereal on a small scale.
T., C., F.
Coll.: 7364 Kharuba, 7. 6. 81 (C.), 7411 Shinishil, 12. 6. 81 (C.), 19 Awlād Boaichi, 13. 5. 82 (T.), 74 Al Makhalī, 24. 5. 82 (C.), 7966 Ghariān, 21. 4. 83 (T.), 7968 Al Garabūllī, 22. 4. 83 (T.), 8895 Darj, 4. 5. 83 (F.), 9265 Ghadāmis, 5. 5. 83 (F.), 9268 as before, 9269 as before.
Lit.: TROTTER 1915, KEITH 1965

Beta vulgaris L. (Chenopodiaceae).
Silig.
A common leaf vegetable. As indicated by HAMMER and PERRINO (1985) the race is not the typical convar. *cicla* (L.) Alef. as it is known by the Europeans. But in other Arabic countries the same type can be found (HAMMER and SABIR 1987–Iraq). The var. *rapacea* Koch and the var. *vulgaris* (var. *rubra* DC.) are reported as vegetables cultivated on a small scale in T.
T., F., C., K.?
Coll.: Z 3 Al Mardūm, 11. 5. 82 (T.), Z 9 Samnū, 18. 5. 82 (F.), Z 14 Sabhā, 21. 5. 82 (F.), 7982 Az Zīghan, 25. 4. 83 (F.), 8038 Emkaten, 27. 4. 83 (F.), 8889 Gabrahon, 1. 5. 83 (F.), 8920 Al 'Awaynāt, 26. 4. 83 (F.), 8953 Al Barkat, 27. 4. 83 (F.).
Lit.: ASCHERSON 1881, TROTTER 1915, KEITH 1965, HAMMER and PERRINO 1985

Bixa orellana L. (Bixaceae).
Once introduced for the production of red dye.
T.
Lit.: KEITH 1965

Boehmeria nivea (L.) Gaud. (Urticaceae).
Introduced as a fibre crop.
T.
Lit.: KEITH 1965

Borago officinalis L. (Boraginaceae).
The identification of this species is doubtful.
Lit.: KEITH 1965

Brachychiton populneum R. Brown (Sterculiaceae).
Introduced as a fodder tree.
T.
Lit.: KEITH 1965

Brassica juncea (L.) Czern. (Cruciferae).
Khardal.
Only cited by KEITH (1965). The area of cultivation is not indicated.

Brassica napus L. (Cruciferae).
This species is reported from F. and T. At least for F. it is confused with *B. rapa*. Occasional introductions to T. by the Italians cannot be excluded.
Lit.: TROTTER 1915, KEITH 1965

Brassica nigra (L.) Koch (Cruciferae).
Reported from one garden in Darna (C.).
Lit.: TROTTER 1915, KEITH 1965

Brassica oleracea L. (Cruciferae).
Crumm.
The following races are reported from cultivation indicating also the locality: var. *botrytis* L. (T.), var. *capitata* L. (T., F., C.), var. *gongylodes* L. (T.), var. *italica* Plenck (T.), var. *gemmifera* DC. (T.).
Lit.: ASCHERSON 1881, TROTTER 1915, KEITH 1965

Brassica rapa L. subsp. **rapa** (Cruciferae).–Syn.: *B. campestris* L. subsp. *rapa* (L.) Hartm.
Lift, afran.
A typical root vegetable of the oases.
T., C., F., K.
Coll.: 30 Samnū, 18. 5. 82 (F.), 49 Arraqabah, 19. 5. 82 (F.), 7929 Az Zīghan, 25. 4. 83 (F.), 8037 Emkaten, 27. 4. 83 (F.), 8842 Jadu, 4. 5. 83 (T.), 8851 Awbārī, 28. 4. 83 (F.), 8880 Gabrahon, 1. 5. 83 (F.), 8917 Al 'Awaynat, 26. 4. 83 (F.), 8929 Ghāt, 27. 4. 83 (F.).
Lit.: ASCHERSON 1881, KEITH 1965, HAMMER and PERRINO 1985
The subsp. *chinensis* (L.) Hanelt is cited by KEITH (1965).

Cajanus cajan (L.) Huth (Leguminosae).–Syn.: *C. indicus* Spreng.
Used for windbreaks.
T.
Lit.: KEITH 1965

Camelina sativa (L.) Crantz (Cruciferae).
Reported from T.
Lit.: KEITH 1965

Canavalia ensiformis (L.) DC. (Leguminosae).
Introduced in T.
Lit.: KEITH 1965

Canna edulis Ker-Gawler (Cannaceae).
Cultivated for its edible tubers.
T.
Lit.: KEITH 1965

Cannabis sativa L. (Moraceae).
Kerneb.
Once an important narcotic, fibre and seed crop in Libya.
F., C.
Lit.: ASCHERSON 1881, TROTTER 1915, KEITH 1965

Capsicum annuum L. (Solanaceae).
Filfil.
Several races are reported from Libya. Hot fruits are preferred.
T., C., F., K.

Coll.: 7979 Az Zīgghan, 25. 4. 83 (F.), 8028 Misquwīn, 27. 4. 83 (F.), 8049 Tajarhi, 28. 4. 83 (F.), 8815 Tmassah, 28. 4. 83 (F.), 8838 Qīrah, 1. 5. 83 (F.), 8878 Gabrahon, 1. 5. 83 (F.), 8908 Al Qala, 26. 4. 83 (F.), 8928 Ghāt, 27. 4. 83 (F.), 88940 Al Barkat, 27. 4. 83 (F.), 8989 Garagara, 28. 4. 83 (F.).

Lit.: ASCHERSON 1881, TROTTER 1915, KEITH 1965, HAMMER and PERRINO 1985

Capsicum frutescens L. (Solanaceae).
Vegetable and spice plant with hot fruits.
T., F.
Lit.: LETOURNEUX 1889, TROTTER 1915, KEITH 1965

Carica papaya L. (Caricaceae).
Once introduced in T. as a fruit crop.
Lit.: KEITH 1965

Carpobrotus acinaciformis (L.) L. Bol. (Aizoaceae).–Syn.: *Mesembryanthemum acinaciforme* L.
Planted for the fixation of sands.
T., C.
Lit.: TROTTER 1915

Carpobrotus edulis (L.) N.E. Brown (Aizoaceae).–Syn.: *Mesembryanthemum edule* L.
Widely planted for the fixation of sands, also ornamental. The fruits can be eaten.
T., C.
Lit.: KEITH 1965

Carthamus tinctorius L. (Compositae).
Korthom.
Used as oil crop, for dying food and as medicinal plant.

T., F.
Coll.: 8951 Al Barkat, 27. 4. 83 (F.).
Lit.: TROTTER 1915, KEITH 1965, HAMMER and PERRINO 1985

Carum carvi L. (Umbelliferae).
Karawiya.
Cultivated as a condiment (seeds). Confused with *Cuminum cyminum*?
T.
Lit.: LETOURNEUX 1889 (only original observation!), TROTTER 1915, KEITH 1965

Carya illinoinensis (Wangenh.) K. Koch (Juglandaceae).–Syn.: *C. pecan* Engl. et Graebn.
An extensive budding work has been performed with this species in Libya for improved nuts and yields.
T.
Lit.: KEITH 1965

Casimiroa edulis Llave et Lex. (Rutaceae).
Cultivated as a fruit tree.
T., C.
Lit.: KEITH 1965

Cassia senna L. (Leguminosae).–Syn.: *C. obovata* Collad.
Agerge, senha.
Once cultivated as a medicinal plant. The export of foliage from southern Libyan regions was very intensive.
F., T.
Lit.: DELLA CELLA 1819, VOGEL 1860, TROTTER 1915, KEITH 1965

Casuarina equisetifolia J. R. et J. G. Forster (Casuarinaceae).
Planted for sand binding and as wind break.
T., C., F.
Lit.: KEITH 1965, HAMMER and PERRINO 1985

Casuarina torulosa Dryand. ex Ait. (Casuarinaceae).
Planted as a shade tree, for sand binding and as wind break.
T.
Lit.: KEITH 1965

Celtis australis L. (Ulmaceae).
Shekob.
Commonly planted as a shade tree.
T., C.
Lit.: LETOURNEUX 1889, TROTTER 1915, KEITH 1965

Cenchrus ciliaris L. (Gramineae).
Kram kram.

Drought resistant fodder grass.
T., C.
Lit.: KEITH 1965

Ceratonia siliqua L. (Leguminosae).
K'harrub.
Cultivated for its fruits and as a shade tree.
T., C., F.
Lit.: ASCHERSON 1881, TROTTER 1915, KEITH 1965

Chaerophyllum bulbosum L. (Umbelliferae).
Sarfil lift.
Cultivated for its edible roots; the area of cultivation is not indicated.
Lit.: KEITH 1965

Chamaecytisus proliferus (L. f.) Link (Leguminosae).–Syn.: *Cytisus proliferus* L. f.
Cultivated as a fodder plant; introduced in the sixties (from Australia?).
T., C.
Lit.: KEITH 1965

Chenopodium album L. (Chenopodiaceae).
Occasionally cultivated as a leaf vegetable.
C.
Coll.: Z 1 Tubruq, 14. 6. 81 (C.).

Cicer arietinum L. (Leguminosae).
Hummos.
Pulse with declining importance.
C., T., F.
Lit.: ASCHERSON 1881, TROTTER 1915, KEITH 1965

Cichorium endivia L. (Compositae).
Hendiba.
Cultivated as a vegetable.
T., C.
Lit.: TROTTER 1915, KEITH 1965

Cichorium intybus L. (Compositae).
Handab.
Used in the same way as *C. endivia*; the area of cultivation is not indicated.
Lit.: KEITH 1965

Cinnamomum camphora (L.) Sieb. (Lauraceae).
Kafur.
Cultivated as a spice plant on a very small scale.
T.
Lit.: KEITH 1965

Citrullus lanatus (Thunb.) Matsum. et Nakai (Cucurbitaceae).
Battikh, dilla.
Variable crop used for fresh consumption and as food for live stock.
T., C., F., K.
Coll.: Z 9 Kharuba, 7. 6. 81 (C.), 8876 Gabrahon, 1. 5. 83 (F.), 8906 Al Qala, 26. 4. 83 (F.).
Lit.: ASCHERSON 1881, TROTTER 1915, KEITH 1965, HAMMER and PERRINO 1985

Citrus aurantium L. (Rutaceae).–Syn.: *C. vulgaris* Risso
Burdgana.
Fruit tree.
T., C., F., K.?
Lit.: ASCHERSON 1881, TROTTER 1915, KEITH 1965

Citrus bergamia Risso et Poit. (Rutaceae).
Lim meschi.
Fruit tree.
T.
Lit.: TROTTER 1915

Citrus deliciosa Ten. (Rutaceae).–Syn.: *C. nobilis* auct. non Lour.
Mandalina.
Fruit tree.
T., C.
Lit.: TROTTER 1915, KEITH 1965

Citrus limetta Risso (Rutaceae).–Syn.: *C. lumia* Risso et Poit.
Lemi.
Fruit. tree.
T.
Lit.: TROTTER 1915, KEITH 1965

Citrus limon Burm. F. (Rutaceae).–Syn.: *C. limonum* Risso
Lim garess.
Fruit tree.
C., T., F., K.
Lit.: ASCHERSON 1881, TROTTER 1915, KEITH 1965

(*Citrus madurensis* Lour.) (Rutaceae).
Mentioned by ASCHERSON (1881). The German name "Mandarine" used by Ascherson supports the opinion that *C. deliciosa* Ten. was meant.

Citrus maxima (Burm.) Merrill (Rutaceae).–Syn.: *C. grandis* Osbeck
Fruit tree; the area of cultivation is not cited.
Lit.: KEITH 1965

Citrus medica L. (Rutaceae).
Lim garess.

Fruit tree.
T., C., F. (Ghadāmis).
Lit.: ASCHERSON 1881, TROTTER 1915, KEITH 1965

Citrus sinensis (L.) Osbeck (Rutaceae).
Lim sokri.
Fruit tree.
T., C., F.
Lit.: HAMMER and PERRINO 1985

Colocasia esculenta (L.) Schott (Araceae).–Syn.: *C. antiquorum* Schott
Quqas.
Cultivated for its thick starchy rhizomes.
C.
Lit.: KEITH 1965

Corchorus olitorius L. (Tiliaceae).
Melokia.
Cultivated as a pot herb.
F., T., C., K.
Coll.: 8819 Goddva, 29. 4. 83 (F.), 8901 Al Qala, 26. 4. 83 (F.), 8931 Ghāt, 27. 4. 83 (F.), 8950 Al Barkat, 27. 4. 83 (F.).
Lit.: ASCHERSON 1881, TROTTER 1915, KEITH 1965, HAMMER and PERRINO 1985

Coriandrum sativum L. (Umbelliferae).
Kussbur.
The seeds are used as a condiment.
F., T., C., K.?
Coll.: Z 6 Kharuba, 7. 6. 81 (C.), 8823 Goddva, 29. 4. 83 (F.), 8875 Gabrahon, 1. 5. 83 (F.), 8999 Awbāri, 28. 4. 83 (F.).
Lit.: ASCHERSON 1881, TROTTER 1915, KEITH 1965, HAMMER and PERRINO 1985

Crataegus oxyacantha L. em. Jacq. (Rosaceae).
Za'rur.
Proposed as a hedge plant for erosion control.
T., C.
Lit.: KEITH 1965

Crocus sativus L. (Iridaceae).
Zahfran.
Once cultivated for its stigma, the saffron of commerce.
T., C.
Lit.: ASCHERSON 1881, TROTTER 1915, KEITH 1965

Cucumis anguria L. (Cucurbitaceae).
Faghoos.

Doubtful; no area of cultivation is indicated.
Lit.: KEITH 1965

Cucumis melo L. (Cucurbitaceae).
Faghoos, battikh?
From the dessert melons convar. *melo*; convar. *cassaba* (Pang.) Grebenšč. and convar. *adana* (Pang.) Grebenšč. are mentioned by KEITH (1965). By the older authors also a vegetable melon is mentioned (convar. *adzhur* (Pang.) Grebenšč., syn. *C. chate* Hasselq.). This melon was formely much more dispersed (e.g. KEIMER 1924), as can be seen also from the last relics of this crop in South Italy (HAMMER et al. 1986b).
T., C., F., K.

Coll.: 33 Samnū, 18. 5. 82 (F.), 55 Arraqabah, 19. 5. 82 (F.), 8021 Qāwāt, 27. 4. 83 (F.), 8884 Gabrahon, 1. 5. 83 (F.), 8887 as before, 8903 Al Qala, 26. 4. 83 (F.), 8921 Al 'Awaynāt, 26. 4. 83 (F.), 8935 Ghāt, 27. 4. 83 (F.), 8996 Garagara, 28. 4. 83 (F.)—all dessert melons.

Lit.: ASCHERSON 1881, TROTTER 1915, KEITH 1965, HAMMER and PERRINO 1985

Cucumis sativus L. (Cucurbitaceae).
Kiar, shiar.
Fruit vegetable with wide distribution. Mostly modern varieties.
T., C., F.

Coll.: Z 7 Kharuba, 7. 6. 81 (C.).

Lit.: ASCHERSON 1881, TROTTER 1915, KEITH 1965, HAMMER and PERRINO 1985

Cucurbita maxima Duch. ex Lam. (Cucurbitaceae).
Garra, bekeua.
Cultivated in the oases as fruit vegetable. The fruits are only of medium size and are cooked before eating. ASCHERSON (1881) stated that the folk systematics of *Cucurbita* and also of *Cucumis* species is quite clear, whereas "western" authors often make mistakes. The last part of this statement is true even today. Moreover, the folk systematics seems to be now influenced by "western" misuse and, therefore, is becoming confused.
F., C., T.

Coll.: Z 8 Kharuba, 7. 6. 81 (C.), 8949 Al Barkat, 27. 4. 83 (F.).

Lit.: ASCHERSON 1881, TROTTER 1915, KEITH 1965 (as *C. pepo* var. *maxima*), HAMMER and PERRINO 1985

Cucurbita moschata (Duch. ex Lam.) Duch. ex Poir. (Cucurbitaceae).
Qar miski.
Rare fruit vegetable, possibly introduced by the Italians. In South Italy it is an old, variable crop (HAMMER et al. 1986a). The area of cultivation is not indicated.
Lit.: NANNIZZI 1913, TROTTER 1915, KEITH 1965 (as *C. pepo* var. *moschata*)

Cucurbita pepo L. (Cucurbitaceae).
Garra, bekeua.
Wide spread fruit vegetable.
T., C., F., K.?
Coll.: 7994 Az Zīghan, 25. 4. 83 (F.), 8990 Garagara, 28. 4. 83 (F.).
Lit.: Ascherson 1881, Trotter 1915, Keith 1965, Hammer and Perrino 1985

Cuminum cyminum L. (Umbelliferae):
Cammun.
Traditional spice plant (seeds).
F., C.
Coll.: Z 10 Samnū, 18. 5. 82 (F.).
Lit.: Ascherson 1881, Trotter 1915, Keith 1965, Hammer and Perrino 1985

Cupressus sempervirens L. var. **stricta** Ait. (Cupressaceae).
Erez.
Widely planted for wind breaks.
T., C.
Lit.: Trotter 1915, Keith 1965

Cydonia oblonga Mill. (Rosaceae).–Syn.: *C. vulgaris* Del.
Safarjal.
Fruit tree.
T., C., F.
Lit.: Ascherson 1881, Trotter 1915, Keith 1965

Cynara cardunculus L. (Compositae).
Vegetable, the area of cultivation is not indicated.
Lit.: Keith 1965

Cynara scolymus L. (Compositae).
Karchuf.
Vegetable, probably introduced by the Italians.
C., T.?
Lit.: Ascherson 1881, Trotter 1915, Keith 1965

Cyperus esculentus L. (Cyperaceae).
Assis.
The small tubers contain starch, oil and sugar.
F., T.
Lit.: Trotter 1915, Corti 1942, Keith 1965, Hammer and Perrino 1985

Cyperus papyrus L. (Cyperaceae).
In ancient times grown for paper making, today cultivated on a small scale for matting.

T., C.
Lit.: KEITH 1965

Daucus carota L. subsp. **sativa** (Hoffm.) Schübl. et Mart. (Umbelliferae).
Sinnari.
White-rooted types (var. *sahariensis* A. Chev., see CHEVALIER 1932), which are grown in the Mediterranean since classical times (HEYWOOD 1983) could be collected by us in the desert oases. Orange-rooted carrots are of more recent introduction.
T., C., F., K.?
Coll.: 7986 Az Zīghan, 25. 3. 83 (F.), 8014 Murzuq, 26. 4. 83 (F.), 8890 Gabrahon, 1. 5. 83 (F.).
Lit.: ASCHERSON 1881, TROTTER 1915, KEITH 1965, HAMMER and PERRINO 1985

Dioscorea alata L. (Dioscoreaceae).
Introduced in T.
Lit.: KEITH 1965

Dioscorea bulbifera L. (Dioscoreaceae).–Syn.: *D. sativa* Thunb.
Introduced in T.
Lit.: KEITH 1965

Dioscorea opposita Thunb. (Dioscoreaceae).–Syn.: *D. batatas* Decne. p. p.
Introduced in T.
Lit.: KEITH 1965

Diospyros kaki Thunb. (Ebenaceae).
Kaki.
Fruit tree.
T., C.
Lit.: KEITH 1965

Dolichos lubia = *Vigna unguiculata*

Dovyalis caffra (J. D. Hook et Harv.) J. D. Hook. (Flacourtiaceae).–Syn.: *Aberia caffra* J. D. Hook. et Harvey
Fruit tree. *D. abyssinica* is also reported from cultivation.
T.
Lit.: KEITH 1965

Drimia maritima (L.) Stearn (Liliaceae).–Syn.: *Urginea maritima* (L.) Baker
Ansib, far'hon.
Planted as boundary markers for fields.
C., T.
Lit.: KEITH 1965

Elaeagnus angustifolius L. (Elaeagnaceae).–Syn.: *E. hortensis* M.-Bieb.
Sh'alef.
Planted for the fication of sand dunes.
T., C., F.
Lit.: KEITH 1965

Eleusine coracan (L.) Gaertner (Gramineae).
Bisnah.
Ancient cereal crop; possibly introduced from southern areas.
T., C., F., K.
Lit.: ASCHERSON 1881, TROTTER 1915, KEITH 1965

Eleusine indica (L.) Gaertner (Gramineae).
Bisnah.
Forage crop.
T., F.
Lit.: TROTTER 1915, KEITH 1965

Eriobotrya japonica (Thunb.) Lindl. (Rosaceae).
Nesbulu.
Fruit tree, distribution unknown.
Lit.: TROTTER 1915, KEITH 1965

Eruca sativa Mill. (Cruciferae).
Dgirgir.
Cultivated as a potherb and as condiment.
F., C., T.
Coll.: 8947 Al Barkat, 27. 4. 83 (F.), 8973 Al Feowt, 27. 4. 83 (F.), 8985 Ghāt, 27. 4. 83 (F.), 9271 Ghadāmis, 5. 5. 83 (F.).
Lit.: ASCHERSON 1881, KEITH 1965, HAMMER and PERRINO 1985

Eucalyptus camaldulensis Dehn. (Myrtaceae).
Cultivated as a shade tree.
T., C.
Lit.: KEITH 1965

Eucalyptus globulus Labill. (Myrtaceae).
Planted as a shade tree.
T., C., F.
Lit.: KEITH 1965, HAMMER and PERRINO 1985

Eucalyptus gomphocephala A. DC. (Myrtaceae).
Planted as a shade tree.
C.
Lit.: KEITH 1965

Eucalyptus leucoxylon F. v. M. (Myrtaceae).
Planted as a shade tree.
Lit.: KEITH 1965

Eucalyptus saligna Sm. (Myrtaceae).
Planted as a shade tree.
T.
Lit.: Keith 1965

Feijoa sellowiana = *Acca sellowiana*

Ficus carica L. (Moraceae).
Karmuss.
Ancient fruit tree, many varieties are described (Dowson 1960).
T., C., F., K.
Lit.: Ascherson 1881, Trotter 1915, Keith 1965, Hammer and Perrino 1985

Foeniculum vulgare Mill. subsp. **vulgare** var. **vulgare** (Umbelliferae).
Bisbas.
Cultivated for its seeds (condiment).
T., C., F.
Lit.: Ascherson 1881, Trotter 1915, Keith 1965

(*Fragaria vesca* L.) (Rosaceae).
Cultivated by Europeans in the oases of T. The probability is high that *F.* × *ananassa* (Duch.) Guedes was (is?) the species under cultivation.
Lit.: Letourneux 1889, Trotter 1915

Gleditsia triacanthos L. (Leguminosae).
Planted for hedges along road sides.
T., C.
Lit.: Keith 1965

Glycine max (L.) Merr. (Leguminosae).
Ful suyah.
Introduced into T.
Lit.: Keith 1965

(*Gossypium arboreum* L.) (Malvaceae).
Keith (1965) reports this species, Ascherson (1881) placed plants named *G. arboreum* under *G. vitifolium* = *G. barbadense*.

Gossypium barbadense L. (Malvaceae).–Syn.: *G. vitifolium* Lam., *G. purpurascens* Hooker, *G. brasiliense* Macf.
Ghars, nabbat.
Formerly an important fibre crop.
F., K., T.
Lit.: Ascherson 1881, Trotter 1915, Keith 1965

Gossypium herbaceum L. (Malvaceae).
Gotn.

Formerly an important fibre crop.
T., C., F.
Lit.: ASCHERSON 1881, TROTTER 1915, KEITH 1965

Gossypium hirsutum L. (Malvaceae).
Fibre crop.
F.
Lit.: KEITH 1965

Haloxylon aphyllum (Minkw.) Iljin (Chenopodiaceae).
Introduced as a fodder plant and for the fixation of sand dunes.
T.
Lit.: KEITH 1965

Helianthus annuus L. (Compositae).
Hain es shams.
Ornamental; the seeds are eaten.
T., C., F.
Lit.: ASCHERSON 1881, TROTTER 1915, KEITH 1965

Helianthus tuberosus L. (Compositae).
Tartufa.
Cultivated for its edible tubers. The area of cultivation is not indicated.
Lit.: KEITH 1965

Hibiscus cannabinus K. (Malvaceae).
Belubelu.
Fibre plant and leaf vegetable, according to ASCHERSON (1881) the seeds are eaten.
F.
Lit.: ASCHERSON 1881, TROTTER 1915, KEITH 1965

Hibiscus sabdariffa L. (Malvaceae).
Karkade, sabdariffa.
Cultivated as a pot herb, marmelade is prepared from the fleshy calyx.
F., T.?, C.?
Coll.: 8996 Ghāt, 27. 4. 83 (F.).
Lit.: TROTTER 1915, KEITH 1965, HAMMER and PERRINO 1985

Hibiscus esculentus = *Abelmoschus esculentus*

Hordeum vulgare L. (Gramineae).
Sha'ir.
The barleys of Libya have been studied by CIFERRI and GARAVINI (1941), ERROUX (1956) and AL-JIBOURI (1966a). Four-rowed barleys (var. *hybernum* Vib.) are predominant as it is true for the oases in the whole of the Sahara desert (CHEVALIER 1932). Two-rowed barleys are rare. In the Cyrenaika the two-rowed

barleys (var. *nutans* (Rode) Alef., convar. *intermedium* (Körn.) Mansf. var. *haxtoni* Körn.) may be considered as segregates from introgressions of the wild *H. spontaneum* Koch into the four-rowed cultivated barleys (HAMMER et al. 1985). The two-rowed barleys of the desert oases show a connection to barleys from Ethiopia (CIFERRI and GARAVINI 1941). Worth mentioning are the barleys with naked grains (convar. *distichon* (L.) Alef. var. *violaceum* Körn., convar. *deficiens* (Steud.) Mansf. var. *nudideficiens* Körn.–see HAMMER and PERRINO 1985).

T., C., F., K.

Coll.: 7352 Al Marj, 5. 6. 81 (C.), 7353 Sas, 6. 6. 81 (C.), 7354 Jardas al Ahrar, 6. 6. 81 (C.), 7357 Zāwiyat al Qor, 6. 6. 81 (C.), 7359 Tāknis, 6. 6. 81 (C.), 7361 Kharuba, 7. 6. 81 (C.), 7369 Marāwah, 8. 6. 81 (C.), 7378 Zāwiyat al Arqub, 9. 6. 81 (C.), 7381 Al Bayādah, 9. 6. 81 (C.), 7389 Al Qaniu, 10. 6. 81 (C.), 7391 as before, 73393 Zawiyāt al Qasrin, 10. 6. 81 (C.), 7398 Al Fejer al Jadid, 11. 6. 81 (C.), 7401 Harab, 11. 6. 81 (C.), 7406 Qanādah, 12. 6. 81 (C.), 7409 as before, 7410 Shinishil, 12. 6. 81 (C.), 7412 as before, 7414 Al Baydā, 13. 6. 81 (C.), 7418 Darnah, 14. 6. 81 (C.), 7419 Tubruq, 14. 6. 81 (C.), 7420 as before, 7424 Darnah, 14. 6. 81 (C.), 7426 as before, 7428 Al Hishia, 15. 6. 81 (C.), 1 Banī Walīd, 11. 5. 82 (T.), 2 as before, 4 Sqaia, 11. 5. 82 (T.), 6 Gararat al Sabaa, 11. 5. 82 (T.), 12 Āmiryah, 13. 5. 82 (T.), 13 Asbī'ah, 13. 5. 82 (T.), Awlād Boaichi, 13. 5. 82 (T.), 35 Samnū, 18. 5. 82 (F.), 38 Al Abyad, 19. 5. 82 (F.), 48 Arraqabah, 19. 5. 82 (F.), 69 Sabhā, 20. 5. 82 (F.), 69 and 70 as before, 79 Al Makhalī, 24. 5. 82 (C.), Z 19 as before, 72 and 73 as before, 7955 Ghariyān, 21. 4. 83 (T.), 7956 and 7964 as before, 7967 Al Qarabūllī, 22. 4. 83 (T.), 7974 Al Mergheb, 22. 4. 83 (T.), 7978 Az Zīghan, 25. 4. 83 (F.), 8003 Murzuq, 26. 4. 83 (F.), 8006 Spatat, 26. 4. 83 (F.), 8012 Murzuq, 26. 4. 83 (F.), 8016 Fengul, 26. 4. 83 (F.), 8023 Al Baydān, 27. 4. 83 (F.), 8826 Gisan, 27. 4. 83 (F.), 8030 Misquwīn, 27. 4. 83 (F.), 8035 Zuwaylāh, 27. 4. 83 (F.), 8036 Emkaten, 27. 4. 83 (F.), 8039 Trāghan, 27. 4. 83 (F.), 8041 as before, 8047 Al Budair, 27. 4. 84 (F.), 8802 Tajarhi, 28. 4. 83 (F.), 8807 as before, 8809 Tmassah, 28. 4. 83 (F.), 8817 Goddva, 29. 4. 83 (F.), 8821 as before, 8824 Brāk, 1. 5. 83 (F.), 8827 Disa-Shati', 1. 5. 83 (F.), 8832 Qīrah, 1. 5. 83 (F.), 8839 Jadu, 4. 5. 83 (T.), 8846 Arhabat, 4. 5. 83 (T.), 8855 Awbārī, 28. 4. 83 (F.), 8856 as before, 8879 Gabrahon, 1. 5. 83 (F.), 8881 as before, 8891 Darj, 4. 5. 83 (F.), 8894 as before, 8897 Ghadāmis, 4. 5. 83 (F.), 8899 as before, 8910 Al Qala, 26. 4. 83 (F.), 8926 Al 'Awaynāt, 26. 4. 83 (F.), 8938 Ghāt, 27. 4. 83 (F.), 8945 Al Barkat, 27. 4. 83 (F.), 8969 Al Feowt, 27. 4. 83 (F.), 8981 Ghāt, 27. 4. 83 (F.), 8992 Garagara, 28. 4. 83 (F.), 8995 as before, 9262 Ghadāmis, 5. 5. 83 (F.).

Lit.: ASCHERSON 1881, TROTTER 1915, KEITH 1965, HAMMER and PERRINO 1985

Hyphaene thebaica (L.) Mart. (Palmae).
Dum.
Only a few trees under cultivation.
K., F.
Lit.: ASCHERSON 1881, TROTTER 1915, KEITH 1965

Imperata cylindrica (L.) P. Beauv. (Gramineae).
Planted for sand dune stabilization.
K., C., T.
Lit.: KEITH 1965

Indigofera articulata Gouan (Leguminosae).–Syn.: *I. tinctoria* Forssk. non L.
Nil.
Formerly cultivated as a dye plant. It is difficult to decide which species was

cultivated. Possibly *I. coerulea* Roxb. (syn.: *I. argentea* L. non Burm. f.) was the species under cultivation.

F., C.

Lit.: ASCHERSON 1881, TROTTER 1915, KEITH 1965

Ipomoea batatas (L.) Lam. (Convolvulaceae).

Batatah helua.

Grown for its tubers.

T.

Lit.: LETOURNEUX 1889, TROTTER 1915, KEITH 1965

Iris germanica L. (Iridaceae).

Chiabettib.

Formerly grown for its rhizomes which were used for producing perfume; the roots were exported to Egypt. Possibly the cv. Florentina was grown or a white flowering stock which is known as *Iris albicans* Lange.

T.

Lit.: TROTTER 1915

Jasminum officinale L. (Oleaceae).–Syn.: *J. grandiflorum* L.

Jasmin.

Formerly grown for the production of fragrant oil from its flowers.

C.

Lit.: TROTTER 1915

Juglans regia L. (Juglandaceae).

Bundok.

Planted as a shade tree and for its fruits.

C., T.

Lit.: TROTTER 1915, KEITH 1965

Juncus acutus L. (Juncaceae).

Dis.

Used in T. for sand dune stabilization.

Lit.: KEITH 1965

Juniperus macrocarpa Sibth. et Sm. (Cupressaceae).

Brambak.

Planted as a wind break.

T.

Lit.: KEITH 1965

Juniperus phoenicea L. (Cupressaceae).

Sha'ara.

Planted as a shade tree and for wind break.

T., C.

Lit.: KEITH 1965

Juniperus virginiana L. (Cupressaceae).
Planted as wind breaks.
T.
Lit.: KEITH 1965

Lactuca sativa L. (Compositae)
Salata.
Important vegetable. Var. *crispa* L. and var. *capitata* L. are predominant.
T., C., F., K.?
Coll.: Z 6 Sabhā, 17. 5. 82 (F.), 7990 Az Zīghan, 25. 4. 83 (F.), 8976 Ghāt, 27. 4. 83 (F.).
Lit.: ASCHERSON 1881, TROTTER 1915, KEITH 1965, HAMMER and PERRINO 1985

Lagenaria siceraria (Molina) Standl. (Cucurbitaceae).–Syn.: *L. leucantha* (Duch. ex Lam.) Rusby
Garra.
Used for making water bottles and musical instruments; a special form with sweet fruits was grown as a vegetable (LYON 1821, NACHTIGAL 1879). Most of the material collected belongs to subsp. *siceraria*; according to their seeds the coll.-nos. 43 and 8010 have to be classified as subsp. *asiatica* (Kob.) Heiser.
F., T., K., C.?
Coll.: 43 Al Abyad, 19. 5. 82 (F.), 8010 Umm al Hamām, 26. 4. 83 (F.), 8869 Gabrahon, 1. 5. 83 (F.), 8907 Al Qala, 26. 4. 83 (F.), 8942 Al Barkat, 27. 4. 83 (F.), 8965 Al Feowt, 27. 4. 83 (F.).
Lit.: ASCHERSON 1881, TROTTER 1915, KEITH 1965, HAMMER and PERRINO 1985

Lathyrus cicera L. (Leguminosae).
Ahmar.
Cultivated as a forage crop.
C., T.
Lit.: KEITH 1965

Lathyrus ochrus (L.) DC. (Leguminosae).
Garfala.
Cultivated as a fodder plant.
F., C., T.
Lit.: ASCHERSON 1881, TROTTER 1915, KEITH 1965

Lathyrus sativus L. (Leguminosae).
Jilbana.
Introduced as a fodder plant.
T.
Lit.: KEITH 1965

Laurus nobilis L. (Lauraceae).
Rand.

Cultivated for its leaves (condiment).
C., T.
Lit.: TROTTER 1915, KEITH 1965

Lawsonia inermis L. (Lythraceae).
Henna.
From the leaves a red dye is produced which is used for colouring hair, beard and skin.
F., T., C., K.?
Coll.: 8952 Al Barkat, 27. 4. 83 (F.).
Lit.: ASCHERSON 1881, TROTTER 1915, MORDINI 1937, KEITH 1965, HAMMER and PERRINO 1985

Lens culinaris Medik. (Leguminosae).
Adas.
Important pulse crop.
T., C., F., K.
Coll.: 8845 Jadu, 4. 5. 83 (T.), 8861 Twash, 28. 4. 83 (F.), 8975 Ghāt, 27. 4. 83 (F.).
Lit.: ASCHERSON 1881, TROTTER 1915, KEITH 1965, HAMMER and PERRINO 1985

Lepidium sativum L. (Cruciferae).
Carabu.
Leaves used for condiment, seeds for medicinal purposes.
T., C., F.
Coll.: 7983 Az Zīghan, 25. 4. 83 (F.).
Lit.: ASCHERSON 1881, TROTTER 1915, KEITH 1965, HAMMER and PERRINO 1985

Linum usitatissimum L. (Linaceae).
Atar, kettan.
Cultivated for its seeds which are used in the preparation of bread. Only the convar. *mediterraneum* (Vav. ex Ell.) Kulpa et Danert was found by us, convar. *crepitans* (Boenningh.) Kulpa et Danert, as supposed by ASCHERSON (1881), was not under cultivation.
F., C.
Coll.: 8822 Goddva, 29. 4. 83 (F.), 8831 Mahraga, 1. 5. 83 (F.), 8868 Al Fjij, 28. 4. 83 (F.), 8873 Gabrahon, 1. 5. 83 (F.).
Lit.: ASCHERSON 1881, TROTTER 1915, KEITH 1965, HAMMER and PERRINO 1985

Lolium multiflorum Lam. subsp. *italicum* (A. Br.) Volkart ex Schinz et Kell. (Gramineae).
Chortan.
Cultivated in F. as fodder for horses.
Lit.: ASCHERSON 1881

Lotus corniculatus L. (Leguminosae).
Chudra.
Fodder plant.
T., C.
Lit.: KEITH 1965

Lucuma caimito = *Pouteria caimito*

Lupinus albus L. (Leguminosae).–Syn.: *L. termis* Forssk.
Termus.
Cultivated for its seeds.
T., C.
Lit.: ASCHERSON 1881, TROTTER 1915, KEITH 1965

Lycium barbarum L. (Solanaceae).–Syn.: *L. europaeum* L.
Cultivated as a hedge plant and for the stabilization of sand in coastal areas.
T., C.
Lit.: TROTTER 1915

Lycopersicon esculentum Mill. (Solanaceae).
Tamatum.
Fruit vegetable, several cultivars are grown.
T., C., F., K.
Coll.: 41 Al Abyad, 19. 5. 82 (F.), 8020 Qāwāt, 27. 4. 83 (F.), 8029 Misquwīn, 27. 4. 83 (F.), 8048 Tajarhi, 28. 4. 83 (F.), 8814 Tmassah, 28. 4. 83 (F.), 8872 Gabrahon, 1. 5. 83 (F.), 8909 Al Qala, 26. 4. 83 (F.), 8987 Garagara, 28. 4. 83 (F.).
Lit.: ASCHERSON 1881, TROTTER 1915, KEITH 1965, HAMMER and PERRINO 1985

Malus angustifolia (Ait.) Michx. (Rosaceae).
Introduced as a fruit tree.
T.
Lit.: KEITH 1965

Malus domestica Borkh. (Rosaceae).–Syn.: *M. communis* Poir. ex Lam.
Teffah.
Fruit tree; in the oases the leaves are very hairy.
T., C., F.
Lit.: ASCHERSON 1881, TROTTER 1915, KEITH 1965, HAMMER and PERRINO 1985

Malva parviflora L. (Malvaceae).
Chobbesa.
Cultivated as a leaf vegetable.
F., C., T.
Lit.: ASCHERSON 1881, KEITH 1965

Mangifera indica L. (Anacardiaceae).
Mango.
Fruit tree introduced into T.
Lit.: KEITH 1965

Manihot esculenta Crantz (Euphorbiaceae).–Syn.: *M. utilissima* Pohl
Once introduced into T.
Lit.: KEITH 1965

Maranta arundinacea L. (Marantaceae).
Once introduced into T.
Lit.: KEITH 1965

Medicago lupulina L. (Leguminosae).
Fodder plant.
C., T.
Lit.: KEITH 1965

Medicago sativa L. (Leguminosae).
Safsafa, ghedob.
Important forage crop.
T., C., F., K.
Coll.: 31 Samnū, 18. 5. 82 (F.), 7995 Az Zīghan, 25. 4. 83 (F.).
Lit.: ASCHERSON 1881, TROTTER 1915, KEITH 1965, HAMMER and PERRINO 1985

(*Mentha longifolia* (L.) L.) (Labiatae).
Cited by KEITH (1965), for discussion see under *M. spicata*.

Mentha×piperita L. (Labiatae) .
Nana.
Medicinal plant, also used as a condiment.
T., C.
Lit.: ASCHERSON 1881, TROTTER 1915, KEITH 1965

Mentha spicata L. em. L. (Labiatae).
Taihart, nana.
Used in the same way as *M.×piperita*. Plants examined by us from F., T. and C. belonged to this species. They were possibly referred to as *M. longifolia* by some authors. The same may be true for *M.×piperita*. Folk systematics does not differentiate between *M. spicata* and *M. ×piperita*.
F., T., C.
Lit.: KEITH 1965, HAMMER and PERRINO 1985

Mirabilis jalapa L. (Nyctaginaceae).
The root is used medicinally.
C.
Lit.: TROTTER 1915

Morus alba L. (Moraceae).
Tut el abiad.
Formerly grown as fodder for silk worms, now shade tree and ornamental.
T., C., F.
Lit.: ASCHERSON 1881, TROTTER 1915, KEITH 1965

Morus nigra L. (Moraceae).
Tut aswad.
Fruit tree, planted also as a shade tree.
T., C.
Lit.: TROTTER 1915, KEITH 1965

Mucuna pruriens (Stickm.) DC. subsp. *deeringiana* (Bort) Hanelt (Leguminosae).–Syn.: *Stizolobium deeringianum* Bort
Introduced into T. as a fodder plant.
Lit.: KEITH 1965

Musa acuminata Colla (Musaceae).–Syn.: *M. cavendishii* Lamb. ex Paxton
Muza.
Grown for its fruits especially in C. (GADDINI and CIFERRI 1940), occasionally in T.
Lit.: KEITH 1965.

Musa×paradisiaca L. (Musaceae).
Muza.
Fruits are edible without cooking.
C., T.
Lit.: ASCHERSON 1881, TROTTER 1915, KEITH 1965

Myoporum serratum R. Br. (Myoporaceae).
Planted for hedges and as a shade tree.
C.
Lit.: KEITH 1965

Myrtus communis L. (Myrtaceae).
Ghemman, jadra.
The fruits are used as condiment, formerly from leaves and flowers a powder was produced (also for medicinal use).
T., C.
Lit.: TROTTER 1915, KEITH 1965

Nasturtium officinale R. Br. (Cruciferae).–Syn.: *Rorippa nasturtium-aquaticum* (L.) Hayek
Karsun mehi.
Vegetable.
C., T.
Lit.: KEITH 1965

Nicotiana rustica L. (Solanaceae).
Dakhan, tabah.
The leaves are used for chewing or as a snuff. The variability is high in the desert oases.
F., T., C.
Coll.: 7987 Az Zīghan, 25. 4. 83 (F.), 8883 Gabrahon, 1. 5. 83 (F.), 8905 Al Qala, 26. 4. 83 (F.), 8922 Al 'Awaynāt, 26. 4. 83 (F.), 8932 Ghāt, 27. 4. 83 (F.), 8971 Al Feowt, 27. 4. 83 (F.).
Lit.: ASCHERSON 1881, TROTTER 1915, KEITH 1965, HAMMER and PERRINO 1985

Nicotiana tabacum L. (Solanaceae).
Dakhan.
Cultivated for smoking.
T., C.
Lit.: KEITH 1965

Nigella sativa L. (Ranunculaceae).
Kemun.
The seeds are used as a condiment for bread, formerly also medicinal plant.
F., T., C.
Coll.: 7984 Az Zīghan, 25. 4. 83 (F.), 8867 Al Fjij, 28. 4. 83 (F.).
Lit.: ASCHERSON 1881, TROTTER 1915, KEITH 1965, HAMMER and PERRINO 1985

Nitraria retusa (Forssk.) Aschers. (Zygophyllaceae).
Gardak.
A good stabilizer for sand dunes.
F., T., C.
Lit.: KEITH 1965

Ocimum basilicum L. (Labiatae).
Rehahn.
The large leaved race is grown as a condiment.
C., T.
Lit.: ASCHERSON 1881, TROTTER 1915, KEITH 1965

Olea europaea L. (Oleaceae).
Zeitun.
Ancient crop, many local races have been developed.
T., C., F., K.
Lit.: ASCHERSON 1881, TROTTER 1915, KEITH 1965, HAMMER and PERRINO 1985

Opuntia dillenii (Ker-Gawler) Haw. (Cactaceae).
Hindi.
Cultivated as a hedge plant and for its fruits. This plant has been obviously

mentioned as *O. tuna* (L.) Mill., a species wich could not be observed by us.
Lit.: KEITH 1965

Opuntia ficus-indica (L.) Mill. (Cactaceae).
Karmuss hindi.
Cultivated as a hedge plant, for its edible fruits and as forage for livestock. Special plantings have been made in T. and C. as forage for camels.
T., C., F.
Lit.: ASCHERSON 1881, TROTTER 1915, KEITH 1965

(*Opuntia tuna* (L.) Mill.) (Cactaceae).
See discussion under *O. dillenii.*

Origanum majorana L. (Labiatae).
Bardagusha.
Cultivated as medicinal plant and for condiment in T.
Lit.: TROTTER 1915, KEITH 1965

Origanum vulgare L. (Labiatae).
Fudang gabal.
Used in the same way as *O. majorana*; the area of cultivation is not indicated.
Lit.: KEITH 1965

Oryza sativa L. (Gramineae).
Ruzz.
Grown in T. and C. on a limited extend, from F. trials are reported.
Lit.: ASCHERSON 1881, TROTTER 1915, KEITH 1965

Panicum maximum Jacq. (Gramineae).
Once introduced as a forage crop into T.
Lit.: KEITH 1965

(*Panicum miliaceum* L.) (Gramineae).
Ghęssab?
Indicated for F. but possibly a misinterpretation of *Pennisetum americanum* (ASCHERSON 1881).
Lit.: ASCHERSON 1881, TROTTER 1915, KEITH 1965

Papaver somniferum L. (Papaveraceae).
Grown for the seeds and as an ornamental plant. No cultivation for opium.
T., C.
Lit.: ASCHERSON 1881, TROTTER 1915, KEITH 1965

Parkinsonia aculeata L. (Leguminosae).
Saysaban.
Grown as a fodder plant and for shade.
C., T., K.
Lit.: TROTTER 1915, KEITH 1965

Parthenium argentatum A. Gray (Compositae).
At one time introduced as a rubber plant.
T., C.
Lit.: KEITH 1965

Pastinaca sativa L. (Umbelliferae).
Gazar abiad.
Root vegetable; the area of cultivation is not indicated.
Lit.: KEITH 1965

Pelargonium odoratissimum (L.) Aiton (Geraniaceae).–Syn.: *P. odorum* Burm. f.
Atar.
Cultivated for flavouring tea and bread.
C., T.
Lit.: KEITH 1965

Pelargonium radula (Cav.) L'Herit. (Geraniaceae).
An essential oil is produced from the leaves. Wide spread under cultivation as an ornamental plant.
C., T.
Lit.: ASCHERSON 1881, TROTTER 1915, KEITH 1965

Pennisetum americanum (L.) Leeke (Gramineae).–Syn.: *P. typhoideum* L. C. Rich. ex Pers., *P. spicatum* (L.) Roem.
Kasab.
Important cereal in Libya, especially for the desert oases. Many different races are grown.
F., K., T., C.
Coll.: 37 Samnū, 18. 5. 82 (F.), 53 Arraqabah, 19. 5. 82 (F.), 7985 Az Zīghan, 25. 4. 83 (F.), 8050 Tajarhi, 28. 4. 83 (F.), 8810 Tmassah, 28. 4. 83 (F.), 8854 Awbārī, 28. 4. 83 (F.), 8888 Gabrahon, 1. 5. 83 (F.), 8902 Al Qala, 26. 4. 83 (F.), 8946 Al Barkat, 27. 4. 83 (F.), 8964 Al Feowt, 27. 4. 83 (F.), 8968 as before, 8982 Ghāt, 27. 4. 83 (F.).
Lit.: ASCHERSON 1881, TROTTER 1915, KEITH 1965, HAMMER and PERRINO 1985

Pennisetum divisum (Forssk. ex Gmel.) Henr. (Gramineae).–Syn.: *P. dichotomum* (Forssk.) Delile
Murukb.
Ancient forage crop and cereal in the oases.
F., K., C., T.
Lit.: KEITH 1965

Pennisetum purpureum Schum. (Gramineae).
Introduced as a forage crop into T.
Lit.: KEITH 1965

Persea americana Mill. (Lauraceae).
Fruit crop in T.
Lit.: KEITH 1965

Petroselinum crispum (Mill.) Nym. ex A. W. Hill (Umbelliferae).
Madanous, bagdunis.
Cultivated as a pot herb. The leaves of the cultivated races are sometimes very large (var. *neapolitanicum* Danert) resembling *Apium graveolens*. Confusion within some reports concerning these two species is likely.
T., C., F.
Coll.: 8886 Gabrahon, 1. 5. 83 (F.), 8948 Al Barkat, 27. 4. 83 (F.).
Lit.: ASCHERSON 1881, TROTTER 1915, KEITH 1965, HAMMER and PERRINO 1985

Phaseolus acutifolius A. Gray (Leguminosae).
Introduced as a fodder crop and for soil covering. Area of cultivation is not indicated.
Lit.: KEITH 1965

Phaseolus angularis = *Vigna angularis*
Phaseolus calcaratus = *Vigna umbellata*

Phaseolus coccineus L. (Leguminosae).
Cultivated for its seeds. The area of cultivation is not indicated.
Lit.: KEITH 1965

Phaseolus lunatus L. (Leguminosae).
Cultivated for its seeds. The area of cultivation is not indicated.
Lit.: KEITH 1965

Phaseolus mungo = *Vigna mungo*

Phaseolus vulgaris L. (Leguminosae).
Fasulyah.
Cultivated for its seeds.
T., C.
Lit.: TROTTER 1915, KEITH 1965

Phoenix dactylifera L. (Palmae).
Nachil.
The variation of data palms is rich in Libya. The material is very promising in respect to breeding programs.
T., C., F., K.
Lit.: ASCHERSON 1881, TROTTER 1915, KEITH 1965, HAMMER and PERRINO 1985

Physalis pruinosa L. (Solanaceae).–Syn.: *Ph. pubescens* auct. non L.
The fruits are eaten. No cultivation area is indicated. KEITH (1965) mentioned that the plant under cultivation is probably *Ph. peruviana* L.
Lit.: KEITH 1965

Phytolacca dioica L. (Phytolaccaceae).
Planted as a shade tree.
T.
Lit.: Trotter 1915, Keith 1965

Pistacia vera L. (Anacardiaceae).
Fustug.
Grown for the edible seeds
C., T.
Lit.: Ascherson 1981, Trotter 1915, Keith 1965

Pistacia atlantica Desf. (Anacardiaceae).
Some trees cultivated for providing shade, the fruits are eaten.
T.
Lit.: Letourneux 1889, Trotter 1915

Pisum sativum L. s. l. (Leguminosae).
Baselia, hammiz, hommoz, jeljelen.
Wide spread pulse crop, usually the dry seeds are eaten.
T., C., F., K.?

Coll.: 7959 Ghariyān, 21. 4. 83 (T.), 8844 Jadu, 4. 5. 83 (T.), 8916 Al 'Awaynat, 26. 4. 83 (F.), 8936 Ghāt, 27. 4. 83 (F.), 8954 Al Barkat, 27. 4. 83 (F.), 8974 Ghāt, 27. 4. 83 (F.).

Lit.: Ascherson 1881, Trotter 1915, Keith 1965, Hammer and Perrino 1985

Polygonum equisetiforme Sibth. et Sm. (Polygonaceae).
Grown for soil erosion control; medicinal plant.
T.
Lit.: Trotter 1915

Pouteria caimito (Ruiz. et Pav.) Radlk. (Sapotaceae).–*Lucuma caimito* (Ruiz. et Pav.) Roem. et Schult.
Introduced fruit tree.
T.
Lit.: Keith 1965

Portulaca oleracea L. subsp. **sativa** (Haw.) Schübl. et Mart. (Portulacaceae).
Bighel, alogha, bordaggalesh, bagal.
Vegetable with relatively large leaves, also used as a pot herb.
F., T., C., K.

Coll.: Z 8 Samnū, 18. 5. 82 (F.), 8877 Gabrahon, 1. 5. 83 (F.).

Lit.: Ascherson 1881, Trotter 1915, Corti 1942, Keith 1965, Hammer and Perrino 1985

Prunus armeniaca L. (Rosaceae).
Mish-mash.
Fruit tree.

T., C., F., K.
Lit.: ASCHERSON 1881, TROTTER 1915, KEITH 1965, HAMMER and PERRINO 1985

Prunus avium L. (Rosaceae).
Karas.
Fruit tree.
T.
Lit.: ASCHERSON 1881, TROTTER 1915, KEITH 1965

Prunus cerasifera Ehrh. (Rosaceae).
Rare fruit tree.
T.
Lit.: KEITH 1965

Prunus domestica L. (Rosaceae).
Hain bugra.
Fruit tree. Several varieties are grown.
T., C., F.
Lit.: ASCHERSON 1881, TROTTER 1915, KEITH 1965

Prunus persica (L.) Batsch (Rosaceae).
K'uk.
Common fruit tree.
T., C., F., K.
Lit.: ASCHERSON 1881, TROTTER 1915, KEITH 1965

Psidium guayava L. (Myrtaceae).
Guwafah safra.
Occasionally grown in T. as a fruit tree.
Lit.: KEITH 1965

Punica granatum L. (Punicaceae).
Armun, ruman.
Ancient fruit crop in Libya, the bark is used medicinally and for tanning leather.
T., C., F., K.
Lit.: ASCHERSON 1881, TROTTER 1915, KEITH 1965, HAMMER and PERRINO 1985

Pyrus communis L. (Rosaceae).
Anzass.
Fruit tree.
T., C.
Lit.: ASCHERSON 1881, TROTTER 1915, KEITH 1965

Raphanus sativus L. (Cruciferae).
Fejil.

Vegetable, the tubers are eaten. Characteristic land-races exist in the oases, closely resembling to forms from Egypt.
F., T., C.
Coll.: Z 5 Kharuba, 7. 6. 81 (C.), 8892 Darj, 4. 5. 83 (F.), 8972 Al Feowt, 27. 4. 83 (F.).
Lit.: Ascherson 1881, Trotter 1915, Keith 1965, Hammer and Perrino 1985

Rheum rhaponticum L. (Polygonaceae).
Atrawandi.
Cultivated to a very small extent as a medicinal plant (roots) in C. and T.
Lit.: Keith 1965

Rhus tripartita (Ucria) Grande (Anacardiaceae).–Syn.: *Rh. oxyacantha* Cav.
Gedari.
Cultivated as a hedge plant for gardens and fields.
T.
Lit.: Trotter 1915

Ricinus communis L. (Euphorbiaceae).
Kerua.
Planted for dune stabilization and as hedge plant, the seeds are used medicinally.
C., T., F.
Lit.: Ascherson 1881, Trotter 1915, Keith 1965, Hammer and Perrino 1985

Rorippa nasturtium-aquaticum = *Nasturtium officinale*

Rosa damascena P. Miller (Rosaceae).
Uard.
Cultivated for rose oil production.
T., C., F.
Lit.: Ascherson 1881, Trotter 1915

Rosmarinus officinalis L. (Labiatae).
Kelil.
Essential oil plant, used for flavouring food.
T., C.
Lit.: Trotter 1915, Keith 1965

Rubia tinctorum L. (Rubiaceae).
Fua.
Formerly cultivated as a dye plant (roots), also for export.
T., C., F.
Lit.: Ascherson 1881, Trotter 1915, Keith 1965

Rumex rugosus Campd. (Polygonaceae).–Syn.: *R. acetosa* L. var. *hortensis* Dierb.
Leaf vegetable.
T., C.
Lit.: ROHLFS 1881, LETOURNEUX 1889, TROTTER 1915, KEITH 1965

Ruta chalepensis L. (Rutaceae).–Syn.: *R. bracteosa* DC.
Fesel.
Used for condiment, is said to keep scorpions away from the houses and to have aphrodisiac properties.
T., C.
Lit.: TROTTER 1915, KEITH 1965

Ruta graveolens L. (Rutaceae).
Fesel.
Used in the same way as *R. chalepensis*.
T., C.
Coll.: Z 20 Tubruq, 14. 6. 81 (C.).
Lit.: TROTTER 1915

Saccharum officinarum L. (Gramineae).
Once cultivated for sugar production.
C.
Lit.: ASCHERSON 1881, TROTTER 1915

Salvadora persica L. (Salvadoraceae).
Arac.
Forage plant for camels, the fruits are eaten. Wild, but possibly also planted.
C., F.
Lit.: ASCHERSON 1881, TROTTER 1915, KEITH 1965

Sanguisorba minor Scop. (Rosaceae).
Sharuneah.
Cultivated as a fodder plant.
C.
Lit.: KEITH 1965.

Schinus molle L. (Anacardiaceae).
Szjerat el filfil.
Shade tree.
T., C.
Lit.: ASCHERSON 1881, TROTTER 1915, KEITH 1965

Scolymus hispanicus L. (Compositae).
Sunariyah.
Root vegetable; the area of cultivation is not indicated.
Lit.: KEITH 1965

Sechium edule (Jacq.) Swartz (Cucurbitaceae).
Chaco.
Fruit vegetable. As it is also grown in South Italy (PERRINO and HAMMER 1985), an introduction by the Italians seems probable. The area of cultivation is not indicated.
Lit.: KEITH 1965

Sesamum indicum L. (Pedaliaceae).
Jiljilan, simsim.
Cultivated for its seeds.
T., F.
Coll.: 9264 Ghadāmis (F.).
Lit.: ASCHERSON 1881, TROTTER 1915, KEITH 1965

Sinapis alba L. (Cruciferae).
Hardal.
Cultivated as an oil and spice plant.
F., T., C.
Lit.: ASCHERSON 1881, TROTTER 1915

Sium sisarum L. (Umbelliferae).
Sisarum.
Cultivated for its edible roots; the cultivation area is not indicated.
Lit.: KEITH 1965

Smyrnium olusatrum L. (Umbelliferae).
Kalsh.
Formerly cultivated as a salad plant.
T., C.
Lit.: KEITH 1965

Solanum aethiopicum L. (Solanaceae).–Syn.: *S. gilo* Raddi
Ga'ota.
Cultivated as a fruit vegetable. In the systematic treatment we follow the new classification of LESTER and NIAKAN (1986) who consider *S. gilo* as Gilo group of *S. aethiopicum*.
F.
Lit.: DUVEYRIER 1864, ASCHERSON 1881, TROTTER 1915, KEITH 1965

Solanum melongena L. (Solanaceae).
Badhingan.
Variable fruit vegetable, typical land-races have rather small fruits.
F., T., C., K.
Coll.: 42 Al Abyad, 19. 5. 82 (F.), 8001 Murzuq, 26. 4. 83 (F.), 8835 Qīrah, 1. 5. 83 (F.).
Lit.: ASCHERSON 1881, TROTTER 1915, KEITH 1965, HAMMER and PERRINO 1985

Solanum muricatum Ait. (Solanaceae).
Once introduced into T.
Lit.: KEITH 1965

Solanum tuberosum L. (Solanaceae).
Batatah.
Cultivated for its tubers.
T., C., F., K.
Lit.: Ascherson 1881, TROTTER 1915, KEITH 1965

Sorghum bicolor (L.) Moench s.l. (Gramineae).–Syn.: *S. vulgare* Pers.
Gafuli, dura.
Important cereal. The material collected by us mostly belongs to *S. durra* Stapf according to SNOWDEN (1936).
F., K., T., C.

Coll.: 40 Al Abyad, 19. 5. 82 (F.), 50 Arraqabah, 19. 5. 82 (F.), 51 as before, 52 as before, Z 15 Sabhā, 21. 5. 82 (F.), 7999 Murzuq, 26. 4. 83 (F.), 8033 Misquwīn, 27. 4. 83 (F.), 8811 Tmassah, 28. 4. 83 (F.), 8812 as before, 8828 Disa-Shati', 1. 5. 83 (F.), 8853 Awbārī, 28. 4. 83 (F.), 8860 Twash, 28. 4. 83 (F.), 8862 Al Fjij, 28. 4. 83 (F.), 8863, 8864, 8866 as before, 8874 Gabrahon, 1. 5. 83 (F.), 8912 Al Qala, 26. 4. 83 (F.), 8918 Al 'Awaynāt, 26. 4. 83 (F.), 8930 Ghāt, 27. 4. 83 (F.), 8957 Al Barkat, 27. 4. 83 (F.).

Lit.: ASCHERSON 1881, TROTTER 1915, KEITH 1965, HAMMER and PERRINO 1985

Sorghum sudanense (Piper) Stapf (Gramineae).
Hasheesh sudani.
Introduced into T. as a fodder grass.
Lit.: KEITH 1965

Spinacia oleracea L. (Chenopodiaceae).
Isfanahk.
Leaf vegetable.
T., C., F.
Lit.: ASCHERSON 1881, TROTTER 1915, KEITH 1965

Stizolobium deeringianum = *Mucuna pruriens* subsp. *deeringiana*

Tamarindus indica L. (Leguminosae).
Tammar hindi.
Grown as a medicinal plant, the pulp of the fruits is edible.
K.
Lit.: KEITH 1965

Tamarix aphylla (L.) Karst. (Tamaricaceae).
Atal.
Planted as a shade tree, for sand stabilization and as wind break.
F., C., T.
Lit.: KEITH 1965, QUAISER and GHAFOOR 1979, HAMMER and PERRINO 1985

Tamarix gallica L. (Tamaricaceae).
Distribution and use as *T. aphylla.*
Lit.: TROTTER 1915

Tetragonia tetragoniodes (Pall.) Kuntze (Aizoaceae). – Syn.: *T. expansa* Murr.
Is banekh.
Grown as a leaf vegetable. The area of cultivation is not indicated.
Lit.: KEITH 1965

Thymus vulgaris L. (Labiatae).
Satar ramsi.
Grown for condiment. The area of cultivation is not indicated.
Lit.: KEITH 1965

Trifolium alexandrinum Jusl. (Leguminosae).
Bersim.
Forage crop.
T., C., F., K.?
Lit.: ASCHERSON 1881, TROTTER 1915, KEITH 1965

Trifolium hybridum L. (Leguminosae).
Introduced as a forage crop into T.
Lit.: KEITH 1965

Trifolium incarnatum L. (Leguminosae).
Introduced as a forage crop into T.
Lit.: KEITH 1965

Trifolium pratense L. (Leguminosae).
Introduced as a forage crop into T.
Lit.: KEITH 1965

Trifolium repens L. (Leguminosae).
Introduced as a forage crop into T.
Lit.: KEITH 1965

Trigonella foenum-graecum L. (Leguminosae).
Helba.
Grown as a medicinal plant, seeds used also for condiment.
F., T., C.

Coll.: 44 Al Abyad, 19. 5. 82 (F.), 8024 Al Baydān, 27. 4. 83 (F.), 8829 Disa-Shati', 1. 5. 83 (F.), 8836 Qīrah, 1. 5. 83 (F.), 8843 Jadu, 4. 5. 83 (T.), 8898 Ghadāmis, 4. 5. 83 (F.), 8955 Al Barkat, 27. 4. 83 (F.), 8998 Awbāri, 27. 4. 83 (F.).

Lit.: ASCHERSON 1881, TROTTER 1915, KEITH 1965, HAMMER and PERRINO 1985

× *Triticosecale* Wittm. (Gramineae).

Occasionally grown on an experimental scale, can also be found as an admixture in other cereals.

F.

Coll.: Z 12 Sabhā, 20. 5. 82 (F.).

Triticum aestivum L. (Gramineae). – Syn.: *T. compactum* Host., *T. vulgare* Vill.

Gamah.

Important cereal. In the oases a special type is grown (LEHMANN and HAMMER 1983a, PERRINO et al. 1984a) with often pubescent spikes and inflated awns–var. *khorossanicum* (Vav.) Mansf., var. *transcaspicum* (Vav.) Mansf., var. *submeridionaleinflatum* (Palm.) Mansf. (see HAMMER and PERRINO 1985). These forms have been formerly described as *T. spelta* L. var. *saharae* Ducellier. But already CIFERRI and GARAVINI (1941) realised that these wheats belong to *T. aesticum*. They used the combination *T. vulgare* var. *saharae* (Ducell.) Cif. et Garav. This combination is together with *T. vulgare* var. *oasicolum* Ducell. cited in the synonymy of *T. aestivum* var. *transcaspicum* (Vav.) Mansf. by MANSFELD (1951). Several other varieties are mentioned by AL-JIBOURI (1966a and b). The morphological variation in the material studied by us will be treated in a separate paper.

T., C., F., K.

Coll.: 7351 Al Milaytānīyah, 5. 6. 81 (C.), 7355 Jardas al Ahrar, 6. 6. 81 (C.), 7358 Tāknis, 6. 6. 81 (C.), 7362 Kharuba, 7. 6. 81 (C.), 7366 as before, 7367 Marāwāh, 8. 6. 81 (C.), 7370 as before, 7375 as before, 7377 Zāwiyat al Arqub, 99. 6. 81 (C.), 7380 Al Fajer al Jadid, 9. 6. 81 (C.), 7382 as before, 7397 as before, 7399 as before, 7400 Harab, 11. 6. 81 (C.), 7417 Darnah, 14. 6. 81 (C.), 7421 as before, 3 Al Mardūm, 11. 5. 82 (T.), 5 Gararat al Sabaa, 11. 5. 82 (T.), 7 as before, 8 Wadi Rhahbbin, 11. 5. 82 (T.), 10 Āmirīyah, 13. 5. 82 (T.), 11 as before, 14 Asbī'ah, 13. 5. 82 (T.), 15 as before, 16 Awlād Boaichi, 13. 5. 82 (T.), 18 as before, 22 Al Asābi'ah, 14. 5. 82 (T.), 23 as before, 24 Kiklah, 14. 5. 82 (T.), 25 as before, 26 as before, 28 Yifran, 14. 5. 82 (T.), Z 5 Tājūrā, 15. 5. 82 (T.), 29 Samnū, 18. 5. 82 (F.), 34 as before, 45 Al Abyad, 19. 5. 82 (F.), 46 Arraqabah, 19. 5. 82 (F.), 47 as before, 56 Sabhā, 20. 5. 82 (F.), 57, 58, 59, 60, 61, 62, 63, 64, 65, 66, 67, 68 as before, Z 13 Sabhā, 21. 5. 82 (F.), 7961 Ghariyān, 21. 4. 83 (T.), 7973 Al Qarabūllī, 22. 4. 83 (T.), 7975 Al Mergheb, 22. 4. 83 (T.), 7977 as before, 7980 Az Zīghan, 25. 4. 83 (F), 7996 Murzuq, 26. 4. 83 (F.), 7998, 8000, 8002 as before 8004 Spatat, 26. 4. 83 (F.), 8005 as before, 8007 Aqār, 26. 4. 83 (F.), 8009 Umm al Hamām, 26. 4. 83 (F.), 8013 Murzuq, 26. 4. 83 (F.), 8015 Gezauu, 26. 4. 83 (F.), 8017 Fengul, 26. 4. 83 (F.), 8018 as before, 8019 Qāwāt, 27. 4. 83 (F.), 8022 Al Baydān, 27. 4. 83 (F.), 8825 Gisau, 27. 4. 83 (F.), 8027 Misquiwīn, 27. 4. 83 (F.), 8034 Zuwaylāh, 27. 4. 83 (F.), 8042 Az Zaytūnah, 27. 4. 83 (F.), 8043, 8044 as before, 8045 Hagwa, 27. 4. 83 (F.), 8046 Al Budair, 27. 4. 83 (F.), 8801 Tajarji, 28. 4. 83 (F.), 8803, 8804 as before, 8808 Tmassah, 28. 4. 83 (F.), 8816 Goddva, 29. 4. 83 (F.), 8820 as before, 8826 Disa-Shatī, 1. 5. 83 (F.), 8830 Mahraga, 1. 5. 83 (F.), 8833 Qīrah, 1. 5. 83 (F.), 8834 as before, 8841 Jadu, 4. 5. 83 (T.), 8849 Arhabat, 4. 5. 83 (T.), 8850 Darj, 4. 5. 83 (F.), 8857 Awbārī, 28. 4. 83 (F.), 8858 as before, 8882 Gabrahon, 1. 5. 83 (F.), 8893 Darj, 4. 5. 83 (F.), 8896 as before, 8911 Al Qala, 26. 4. 83 (F.), 8919 Al 'Awaynat, 26. 4. 83 (F.), 8927 as before, 8937 Ghāt, 27. 4. 83 (F.), 8984 as before, 8991 Garagara, 28. 4. 83 (F.), 8993 as before, 8994 as before, 9000 Awbāri, 28. 4. 83 (F.), 9263 Ghadāmis, 5. 5. 83 (F.).

Lit.: ASCHERSON 1881, TROTTER 1915, KEITH 1965, ERROUX 1972, HAMMER and PERRINO 1985

Triticum durum Desf. (Gramineae).
H'mir, gamah.
Important cereal in C. and T. (Brehony 1960, Buru 1960), in other parts rare. The variability of *T. durum* is close to that observed in Sicily (Perrino and Hammer 1983). Many introductions from South Italy are likely. The infraspecific variation of Libyan *T. durum* will be described in a separate paper.
C., T., F.

Coll.: 7351 Al Milaytānīyah, 5. 6. 81 (C.), 7355 Jardes al Ahrar, 6. 6. 81 (C.), 7356 Zāwiyat al Qor. 6. 6. 81 (C.), 7358 Tāknis, 6. 6. 81 (C.), 7360 as before, 7362 Kharuba, 7. 6. 81 (C.), 7367 Marāwāh, 8. 6. 81 (C.), 7370, 7374 as before, 7376 Zāwiyat al Arqub, 9. 6. 81 (C.), 7381 Al Bayādah, 9. 6. 81 (C.), 7382 as before, 7388 Al Qaniu, 10. 6. 81 (C.), 7390 as before, 7392 Zawiyāt al Qasrin, 10. 6. 81 (C.), 7399 Al Fajer al Jadid, 11. 6. 81 (C.), 7400 Harab, 11. 6. 81 (C.), 7402 Qasr Megdem, 11. 6. 81 (C.), 7405 Qarnādah, 12. 6. 81 (C.), 7408 as before, 7413 Al Baydā, 13. 6. 81 (C.), 7415 Al Abraq, 13. 6. 81 (C.), 7417 Darnah, 14. 6. 81 (C.), 7421, 7423, 7425 as before, 7427 Al Hishia, 15. 6. 81 (C.), 9 Āmirīyah, 13. 5. 82 (T.), 21 Al Asābi'ah, 14. 5. 82 (T.), 27 Yifran, 14. 5. 82 (T.), 8848 Arhabat, 4. 5. 83 (T.), 9263 Ghadāmis, 5. 5. 83 (F.), 9270, 9273, 9274, 9276 as before.

Lit.: Letourneux 1889, Trotter 1915, Keith 1965, Al Jibouri 1966a and b

Triticum polonicum L. (Gramineae).
Rare admixture in cereal fields of C.
Lit.: Keith 1965, Al Jibouri 1966a

(*Triticum spelta* L.) (Gramineae).
Reported by several authors (e.g. Keith 1965) but the material is *T. aestivum* (see discussion under this species).

Urginea maritima = *Drimia maritima*

Vicia faba L. (Leguminosae).
Ful.
Cultivated for the production of dry seeds. After Keith (1965) the large seeded races (var. *faba*) are usually grown. Our exploration indicated a predominance of medium (var. *equina* Pers.) and small-seeded (var. *minor* Peterm.) races.
T., C., F., K.

Coll.: Z 19 Tubruq, 14. 6. 81 (C.), 7960 Ghariyān, 21. 4. 83 (T.), 7965 as before, 7978 Al Mergheb, 22. 4. 83 (T.), 7981 Az Zīghan, 25. 4. 83 (F.), 8806 Tajarhi, 28. 4. 83 (F.), 8852 Awbārī, 28. 4. 83 (F.), 8915 Al 'Awaynāt, 26. 4. 83 (F.), 8939 Ghāt, 27. 4. 83 (F.), 8944 Al Barkat, 27. 4. 83 (F.), 8958 Al Feowt, 27. 4. 83 (F.), 8970 as before, 8977 Ghāt, 27. 4. 83 (F.).

Lit.: Ascherson 1881, Trotter 1915, Keith 1965, Hammer and Perrino 1985

Vicia sativa L. (Leguminosae).
Jilbana.
Cultivated as a fodder crop.
C.
Lit.: Keith 1965

Vigna angularis (Willd.) Ohwi et Ohashi (Leguminosae).–Syn.: *Phaseolus angularis* (Willd.) Wight
Cultivated for its seeds. The area of cultivation is not indicated.
Lit.: KEITH 1965

Vigna mungo (L.) Hepper (Leguminosae).–Syn.: *Phaseolus mungo* L.
Cultivated for its seeds. The area of cultivation is not indicated.
Lit.: KEITH 1965

Vigna umbellata (Thunb.) Ohwi et Ohashi (Leguminosae).–Syn.: *Phaseolus calcaratus* Roxb.
Cultivated for its seeds. The area of cultivation is not indicated.
Lit.: KEITH 1965

Vigna unguiculata (L.) Walp. (Leguminosae).–*Dolichos lubia* Forssk., *Vigna sinensis* (L.) Hassk.
Lubiah.
Cultivated for the production of dry seeds. The predominant race is subsp. *unguiculata*. There are also reports about the cultivation of subsp. *sesquipedalis* (L.) Verdc.
T., C., F.

Coll.: 36 Samnū, 18. 5. 82 (F.), 8031 Misquwīn, 27. 4. 83 (F.), 8859 Twash, 28. 4. 83 (F.), 8870 Gabrahon, 1. 5. 83 (F.), 8933 Ghāt, 27. 4. 83 (F.), 8943 Al Barkat, 27. 4. 83 (F.), 8959 Al Feowt, 27. 4. 83 (F.).

Lit.: ASCHERSON 1881, TROTTER 1915, KEITH 1965, HAMMER and PERRINO 1985

Vitex agnus-castus L. (Verbenaceae).
Um zeria.
Grown as a medicinal plant.
C., T.
Lit.: TROTTER 1915, KEITH 1965

Vitis labrusca L. (Vitaceae).
Planted as rootstock for *V. vinifera*.
C., T.
Lit.: KEITH 1965

Vitis vinifera L. (Vitaceae).
Hemba.
Important fruit plant, many varieties are grown.
T., C., F., K.
Lit.: ASCHERSON 1881, TROTTER 1915, KEITH 1965, HAMMER and PERRINO 1985

Xanthosoma sagittifolium (L.) Schott (Araceae).
Introduced as a tuber crop into T.
Lit.: KEITH 1965

Xanthosoma nigrum (Vell.) Mansf. (Araceae).–Syn.: *X. violaceum* Schott
Introduced as a tuber crop into T.
Lit.: KEITH 1965

Zea mays L. (Gramineae).
Dhurah, sudani.
Important cereal. Different varieties are grown. Typical landraces belong to convar. *mays* (flint corn).
T., C., F.

Coll.: 39 Al Abyad, 19. 5. 82 (F.), 54 Arraqabah, 19. 5. 82 (F.), 7989 Az Zīghan, 25. 4. 83 (F.), 7997 Murzuq, 26. 4. 83 (F.), 8813 Tmassah, 28. 4. 83 (F.), 8865 Al Fjij, 28. 4. 83 (F.), 8871 Gabrahon, 1. 5. 83 (F.), 8900 Ghadāmis, 9. 5. 83 (F.), 8913 Al Qala, 26. 4. 83 (F.), 8924 Al 'Awaynāt, 26. 4. 83 (F.), 8956 Al Barkat, 27. 4. 83 (F.), 8963 Al Feowt, 27. 4. 83 (F.), 8997 Awbāri, 28. 4. 83 (F.).

Lit.: ASCHERSON 1881, TROTTER 1915, KEITH 1965, HAMMER and PERRINO 1985

Zingiber officinale Roscoe (Zingiberaceae).
Zangabehl.
Cultivated as a spice plant.
T.
Lit.: KEITH 1965

Ziziphus jujuba Mill. (Rhamnaceae).–Syn.: *Z. sativa* Gaertn., *Z. vulgaris* Lam.
Ennab.
Fruit tree.
C., T.
Lit.: ASCHERSON 1881, TROTTER 1915, KEITH 1965

Ziziphus spina-christi (L.) Willd. (Rhamnaceae).
Ennab, segseg , korna.
Fruit tree, a spineless form is also cultivated.
F., T., C.
Lit.: ASCHERSON 1881, TROTTER 1915, KEITH 1965, HAMMER and PERRINO 1985

Final remarks

Altogether the list contains 279 species and several infraspecific taxa. 130 of these species have or had a greater importance in Libya. This group is considered as the most interesting part of the plant genetic resources and it should be noted that most of the 49 species covered by our collecting program belong to it. Some crops as fruit trees and fodder plants could not be included into our collections. For the fodder crops this gap is partly filled by the exploration of GINTZBURGER (1978). Evident are also area-specific lacks, e.g. the Kufra oases. Though our missions have covered important areas and useful germplasm could be collected, it seems necessary to continue the exploration because of the great value of the plant genetic resources of Libya. The most interesting items up to now known are elements of stress-resistance (drought- and salt-resistance in barley and wheat), disease-resistance (rust-resistance in soft and hard wheat, resistance against powdery mildew and netblotch in barley.—AL JIBOURI 1966a) and special physiological characteristics (e.g. early maturity in wheat and barley).

The check-list provides a useful basis and at the same time a good tool for future explorations of plant genetic resources in Libya. The material collected is now in the state of further evaluation. It is preserved for future use in plant breeding in the participating gene banks.

Index of Libyan plant names

adas	*Lens culinaris*
afran	*Brassica rapa* subsp. *rapa*
agerge	*Cassia senna*
ahmar	*Lathyrus cicera*
alogha	*Portulaca oleracea* subsp. *sativa*
ananas	*Ananas comosus*
ansib	*Drimia maritima*
anzass	*Pyrus communis*
arac	*Salvadora persica*
argan	*Argania spinosa*
armun	*Punica granatum*
asberghus	*Asparagus officinalis*
assis	*Cyperus esculentus*
atal	*Tamarix aphylla*
atar	*Linum usitatissimum*
atar	*Pelargonium odoratissimum*
atrawandi	*Rheum rhaponticum*
badhingan	*Solanum melongena*
bagal	*Portulaca oleracea* subsp. *sativa*
bagdunis	*Petroselinum crispum*
bagdunis afrangi	*Anthriscus cerefolium* var. *cerefolium*
bamia	*Abelmoschus esculentus*
ban	*Acacia farnesiana*
bardagusha	*Origanum majorana*
baselia	*Pisum sativum*
bassal	*Allium cepa* var. *cepa*
bassal el mustatere	*Allium fistulosum*
bassal el shallut	*Allium cepa* var. *ascalonicum*
bassal el shifee	*Allium schoenoprasum* var. *schoenoprasum*
batatah	*Solanum tuberosum*
batatah helua	*Ipomoea batatas*
battikh	*Citrullus lanatus*
battikh	*Cucumis melo?*
bekeua	*Cucurbita maxima*
bekeua	*Cucurbita pepo*
belubelu	*Hibiscus cannabinus*
bersim	*Trifolium alexandrinum*

bighel	*Portulaca oleracea* subsp. *sativa*
bisbas	*Anethum graveolens* subsp. *graveolens*
bisbas	*Foeniculum vulgare* subsp. *vulgare* var. *vulgare*
bisnah	*Eleusine indica*
bisnah	*Eleusine coracan*
bordaggalesh	*Portulaca oleracea* subsp. *sativa*
brambak	*Juniperus macrocarpa*
bundok	*Juglans regia*
burdgana	*Citrus aurantium*
cammun	*Cuminum cyminum*
caruba	*Lepidium sativum*
chaco	*Sechium edule*
cherafes	*Apium graveolens*
chiabettib	*Iris germanica*
chobbesa	*Malva parviflora*
chortan	*Lolium multiflorum* subsp. *italicum*
chudra	*Lotus corniculatus*
crumm	*Brassica oleracea*
dakhan	*Nicotiana rustica*
dakhan	*Nicotiana tabacum*
dgirgir	*Eruca sativa*
dhurah	*Zea mays*
dilla	*Citrullus lanatus*
dis	*Ammophila arenaria*
dis	*Juncus acutus*
dum	*Hyphaene thebaica*
dura	*Sorghum bicolor*
el hejaz	*Atriplex hortensis* subsp. *hortensis*
ennab	*Ziziphus jujuba*
ennab	*Ziziphus spina-christi*
erez	*Cupressus sempervirens* var. *stricta*
faghoos	*Cucumis anguria*
faghoos	*Cucumis melo*
far'hon	*Drimia maritima*
fasulyah	*Phaseolus vulgaris*
fejil	*Raphanus sativus*
fesel	*Ruta chalepensis*
fesel	*Ruta graveolens*
figil el hossan	*Armoracia rusticana*
filfil	*Capsicum annuum*
fua	*Rubia tinctorum*
fudang gabal	*Origanum vulgare*
ful	*Vicia faba*
ful sudani	*Arachis hypogaea*
ful suyah	*Glycine max*
fustug	*Pistacia vera*
ga'ota	*Solanum aethiopicum*
gafuli	*Sorghum bicolor*
gamah	*Triticum durum*
gamah	*Triticum vulgare*
gardak	*Nitraria retusa*

garfala	*Lathyrus ochrus*
garra	*Cucurbita maxima*
garra	*Cucurbita pepo*
garra	*Lagenaria siceraria*
gazar abiad	*Pastinaca sativa*
gedari	*Rhus tripartita*
gharad	*Acacia nilotica*
ghars	*Gossypium barbadense*
ghedob	*Medicago sativa*
ghemman	*Myrtus communis*
ghessab	*Panicum miliaceum?*
ghessob	*Arundo donax*
gotn	*Gossypium herbaceum*
guwafah safra	*Psidium guayava*
h'mir	*Triticum durum*
hain bugra	*Prunus domestica*
hain es shams	*Helianthus annuus*
hammiz	*Pisum sativum*
handab	*Cichorium intybus*
hardal	*Sinapis alba*
hasheesh sudani	*Sorghum sudanense*
helba	*Trigonella foenum-graecum*
hemba	*Vitis vinifera*
hendiba	*Cichorium endivia*
henna	*Lawsonia inermis*
hindi	*Opuntia dillenii*
hommoz	*Pisum sativum*
hummos	*Cicer arietinum*
is banekh	*Tetragonia tetragoniodes*
isfanahk	*Spinacia oleracea*
jadra	*Myrtus communis*
jasmin	*Jasminum officinale*
jeljelen	*Pisum sativum*
jilbana	*Lathyrus sativus*
jilbana	*Vicia sativa*
jiljilan	*Sesamum indicum*
k'harrub	*Ceratonia siliqua*
k'uk	*Prunus persica*
kafur	*Cinnamomum camphora*
kaki	*Diospyros kaki*
kalsh	*Smyrnium olusatrum*
karas	*Prunus avium*
karawiya	*Carum carvi*
karchuf	*Cynara scolymus*
karkade	*Hibiscus sabdariffa*
karmuss	*Ficus carica*
karmuss hindi	*Opuntia ficus-indica*
karsun mehi	*Nasturtium officinale*
kassab	*Pennisetum americanum*
kelil	*Rosmarinus officinalis*
kemun	*Nigella sativa*
kerneb	*Cannabis sativa*
kerua	*Ricinus communis*

kettan	*Linum usitatissimum*
khardal	*Brassica juncea*
kiar	*Cucumis sativus*
korna	*Ziziphus spina-christi*
korthom	*Carthamus tinctorius*
kram kram	*Cenchrus ciliaris*
kurrat	*Allium kurrat*
kussbur	*Coriandrum sativum*
lemi	*Citrus limetta*
lift	*Brassica rapa* subsp. *rapa*
lim garess	*Citrus limon*
lim garess	*Citrus medica*
lim meschi	*Citrus bergamia*
lim sokri	*Citrus sinensis*
lubiah	*Vigna unguiculata*
madanous	*Petroselinum crispum*
mandalina	*Citrus deliciosa*
mango	*Magnifera indica*
melokia	*Abelmoschus esculentus*
melokia	*Corchorus olitorius*
mish-mash	*Prunus armeniaca*
mulga	*Acacia aneura*
murukb	*Pennisetum divisum*
muza	*Musa acuminata*
muza	*Musa ×paradisiaca*
nabbat	*Gossypium barbadense*
nachil	*Phoenix dactylifera*
nana	*Mentha ×piperita*
nana	*Mentha spicata*
nesbulu	*Eriobotrya japonica*
nil	*Indigofera articulata*
qar miski	*Cucurbita moschata*
quqas	*Colocasia esculenta*
rand	*Laurus nobilis*
rehahn	*Ocimum basilicum*
ruman	*Punica granatum*
ruzz	*Oryza sativa*
sabbar	*Aloe vera*
sabdariffa	*Hibiscus sabdariffa*
sabot	*Aristida pungens*
safarjal	*Cydonia oblonga*
safsafa	*Medicago sativa*
salata	*Lactuca sativa*
sarfil lift	*Chaerophyllum bulbosum*
satar ramsi	*Thymus vulgaris*
saysaban	*Parkinsonia aculeata*
sbul	*Avena sativa*
segseg	*Ziziphus spina-christi*
senha	*Cassia senna*
sezeret	*Artemisia arborescens*
sh'alef	*Elaeagnus angustifolia*

sha'ara	*Juniperus phoenicea*
sha'ir	*Hordeum vulgare*
sharuneah	*Sanguisorba minor*
shekob	*Celtis australis*
shiar	*Cucumis sativus*
silig	*Beta vulgaris*
simsim	*Sesamum indicum*
sinnari	*Daucus carota* L. subsp. *sativa*
sisarum	*Sium sisarum*
sudani	*Zea mays*
sunariyah	*Scolymus hispanicus*
sunt	*Acacia saligna*
sunt shakwi	*Acacia horrida*
szjerat el filfil	*Schinus molle*
tabah	*Nicotiana rustica*
taihart	*Mentha spicata*
talha	*Acacia farnesiana*
tamatum	*Lycopersicon esculentum*
tammar hindi	*Tamarindus indica*
tartufa	*Helianthus tuberosus*
teffah	*Malus domestica*
termus	*Lupinus albus*
tum	*Allium sativum*
tut aswad	*Morus nigra*
tut el abiad	*Morus alba*
uard	*Rosa damascena*
um zeria	*Vitex agnus-castus*
za'rur	*Crataegus oxyacantha*
zahfran	*Crocus sativus*
zangabehl	*Zingiber officinale*
zeitun	*Olea europaea*

Zusammenfassung

Eine Liste der libyschen Kulturpflanzen mit einem Verzeichnis der in den Jahren 1981, 1982 und 1983 gesammelten pflanzlichen genetischen Ressourcen

Auf der Grundlage von Literaturquellen und eigener Explorationen in den Jahren 1981, 1982 und 1983 wurde eine Liste der libyschen Kulturpflanzen zusammengestellt. Insgesamt konnten 279 Arten und zahlreiche infraspezifische Taxa erfaßt werden. Zu jeder Art werden eine kurze Synonymie, der libysche Name, Nutzung und Verbreitungstendenzen in Libyen aufgeführt. Ein reiches, 49 Arten umfassendes Material wurde gesammelt, und ein Verzeichnis dieser pflanzlichen genetischen Ressourcen, die für Züchtungsprogramme wertvoll sind, wird gegeben. Die Liste liefert eine brauchbare Grundlage für die weitere Exploration pflanzlicher genetischer Ressourcen in Libyen.

Краткое содержание

Список ливийских культурных растений с перечнем растительных генетических ресурсов, собранных в 1981, 1982 и 1983 годах

На основе литературных источников и собственных исследований 1981, 1982 и 1983 годов был составлен список ливийских культурных растений. В общей сложности смогли учесть 279 видов и многочисленные внутривидовые таксоны. Для каждого вида вводится краткая синонимия, ливийское наименование, использование и тенденции распространения в Ливии. Был собран богатый, охватывающий 49 видов, материал и дан перечень этих растительных генетических ресурсов, которые являются ценными для селекционных программ. Список представляет важную основу для дальнейших исследований растительных генетических ресурсов в Ливии.

Literature

Al Alazzeh, A., K. Hammer, Chr. O. Lehmann and P. Perrino, 1982 a: Report on a travel to the Socialist People's Libyan Arab Jamahiriya 1981 for the collection of indigenous taxa of cultivated plants. – Kulturpflanze **30**, 191–202.

–, –, – and –, 1982 b: Collecting in Libya. – Plant Genetic Resources – Newsletter **49**, 22–23.

Al-Jibouri, H. A., 1966 a: Description and distribution of wheat and barley varieties grown in Libya. – FAO, Rome. – 38 pp.

–, 1966 b: Wheat growing in Libya. – World Crops **18** (2), 25–30.

Aquiteen, A. O., 1985: Status of plant genetic resources in the Libyan Arab Jamahiriya. – Plant Genetic Resources – Newsletter **62**, 25–27.

Ascherson, P., 1881: Die aus dem mittleren Nordafrika, dem Gebiete der Rohlfs'schen Expedition nach Kufra bekannt gewordenen Pflanzen. – In: G. Rohlfs, Kufra, pp. 386–559. – Leipzig.

Baik, Mun-Chan, Hoang Ho-Dzun and K. Hammer, 1986: A check-list of the Korean cultivated plants. – Kulturpflanze **34**, 69–144.

Barth, H., 1857: Reisen und Entdeckungen in Nord- und Centralafrika in den Jahren 1849–55, Bd. **1**. – Gotha.

Brehony, J. A. N., 1960: Semi-nomadism in the Jebel Tarhuna. – In: S. G. Willimott and J. I. Clarke (eds.), Field Studies in Libya, pp. 60–69. – Research Paper Series No. 4, Dept. Geography, Durham Colleges in the University of Durham.

Broc, A., 1954: Orcharding in Tripolitania. – Tripoli.

Buru, M., 1960: Derna–a study of local agriculture. – In: S. G. Willimott and J. I. Clarke (eds.), Field Studies in Libya, pp. 77–84. – Research Paper Series No. 4, Dept. Geography, Durham Colleges in the University of Durham.

Chevalier, A., 1932: Les productions végétales du Sáhara et de ses confins nord et sud. – Rev. Bot. Appl. Agr. Trop. **12**, 669–919.

Chiauzzi, G., 1972: Materiali per lo studio dei riti agrari in Libia. – Africa (Roma) **27**, 193–230.

Ciferri, R. e M. Garavini, 1941: I cereali dell'Africa Italiana. III. I frumenti oasicoli del Sahara libico. – Bibliotheca Agraria Coloniale **19**. – Firenze, Regio Istituto Agronomico per l'Africa Italiana.

Corti, R., 1942: Flora e vegetazione del Fezzan e della regione di Gat. – Reale Società Geografica Italiana, Firenze.

Della Cella, P., 1819: Viaggio da Tripoli di Barberia alle frontiere occidentali dell'Egitto. – Genova.

DENHAM, D. and H. CLAPPERTON, 1826: Narrative of travels and discoveries in Northern and Central Africa. – London.
DESIO, A., 1942: Il Sahara italiano. Il Tibesti Nord-Orientale. – Società Italiana Arti Grafiche, Roma.
DOWSON, V. H. W., 1960: Preliminary check list of Libyan date varieties. – Mimeo, no. 222, Tripoli.
DUVEYRIER, H., 1864: Exploration du Sahara. Les Touareg du Nord. – Paris.
ERROUX, J., 1956: Les orges du Fezzan. – Bull. Soc. Nat. Hist. Afr. Nord **47**, 74–83.
–, 1972: Blés indigènes Nord-Africains. – Plant Genetic Resources – Newsletter **28**, 17–23.
ERGENZINGER, P., 1969: Die Siedlungen des mittleren Fezzan (Libyen). Ein Beitrag zur Siedlungsgeographie der Wüste. – Berliner geogr. Abh. **8**, 59–82.
GADDINI, L. e R. CIFERRI, 1940: Il banano nell'oasi di Derna. – Relazioni e Monografie Agrario-Coloniale N. 59, Istituto Agronomico per l'oltramare, Firenze.
GILLET, H., 1978: Un Acacia australien à la conquête des dunes de Libye. – J. Agric. tradit. Bot. appl. **25**, 245–255.
GINTZBURGER, G., 1978: Plant genetic conservation. Forage legume collection in Libya spring 1978. Part 1. Organization and preliminary results. – Agricultural Research Centre, Tripoli, 41 pp.
–, 1980: Forage legumes in Libya. – Plant Genetic Resources – Newsletter **43**, 7–11.
– and L. BLESING, 1979: Genetic conservation in Libya. Part 3. Indigenous forage legumes collection in northern Libya (spring 1978). Distribution and ecology of Medicago spp. – Agricultural Research Centre, Tripoli, 48 pp.
HAJJAJI, S. A., 1974: Agricultural development and land settlement in the Kufra region of Libya. – Land Reform 1–2, 68–88. – FAO, Rome.
HAMMER, K., S. CIFARELLI and P. PERRINO, 1986a: Collection of land–races of cultivated plants in South Italy, 1985. – Kulturpflanze **34**, 261–273.
–, P. HANELT and P. PERRINO, 1986 b: Carosello and the taxonomy of *Cucumis melo* L. especially of its vegetable races. – Kulturpflanze **34**, 249–259.
–, CHR. O. LEHMANN and P. PERRINO, 1985: Character variability and evolutionary trends in a barley hybrid swarm–a case study. – Biol. Zentralbl. **104**, 511–517.
– and P. PERRINO, 1985: A check-list of the cultivated plants of the Ghāt oases. – Kulturpflanze **33**, 269–286.
– and A. A. SABIR, 1987: Sammlung von Kulturpflanzen-Landsorten im Irak 1986. – Kulturpflanze **35**, 379–387.
HEYWOOD, V. H., 1983: Relationships and evolution in the *Daucus carota* complex. – Isr. J. Bot. **32**, 51–65.
HILAL, J. M., 1969: Agriculture and socio-economic change in the region of Msellata, Tripolitania. – The Libyan economic and business review (Benghazi) **5** (1) 93–107.
KEIMER, L., 1924: Die Gartenpflanzen im alten Ägypten, **1**. Bd. – Hamburg und Berlin.
KEITH, H. G., 1965: A preliminary check list of Libyan flora, 2 vols. – London.
LEHMANN, CHR. O. und K. HAMMER, 1983 a: Bericht über eine Reise in die Sozialistische Libysche Arabische Volksjamahiriya 1982 zur Sammlung autochthoner Sippen von Kulturpflanzen. – Kulturpflanze **31**, 207–217.
– and –, 1983 b: Cereal and vegetable collection in Libya. – Plant Genetic Resources – Newsletter **55**, 26–27.
LESTER, R. N. and L. NIAKAN, 1986: Origin and domestication of the scarlet eggplant, *Solanum aethiopicum*, from *S. anguivi*. – In: W. G. D'ARCY (ed.), Solanaceae: Biology and Systematics, pp. 433–456. – New York.
LETHIELLEUX, J., 1948: Le Fezzan ses jardins, ses palmiers. – Publications de l'Institut des Belles Lettres Arabes. – Tunis.
LETOURNEUX, A., 1889: Note sur un voyage botanique à Tripoli de Barberie. – Bull. Soc. bot. Fr. **36**, 91.
LYON, G. F., 1821: A narrative of travels in northern Africa in the years 1818, 1819 and 1820. – London.
MANSFELD, R., 1951: Das morphologische System des Saatweizens, *Triticum aestivum* L. s. l. – Züchter **21**, 41–60.

Mathieu, M., 1963: Quelques aspects de la vie rurale traditionelle au Fezzān. – Correspondance d'Orient, Études 3, 18–35.
Mordini, A., 1937: Ethnografia e fatti culturali. – In: Il Sáhara Italiano. Parte Prima. Fezzân e Oasi di Gat. – Società Italiana Arti Geografiche Anno 15, pp. 449–491.
Nachtigal, G., 1879: Sahărâ und Sûdân, vol. **1**. – Berlin.
Nannizzi, A., 1913: Le piante coltivate ed utili delle Libia. – Siena.
Perrino, P. and K. Hammer, 1983: Sicilian wheat varieties. – Kulturpflanze **31**, 227–279.
– and –, 1985: Collection of land-races of cultivated plants in South Italy, 1984. – Kulturpflanze **33**, 225–236.
–, G. B. Polignano, K. Hammer and Chr. O. Lehmann, 1984 a: Report on a travel to the Socialist People's Libyan Arab Jamahiriya 1983 for the collection of indigenous taxa of cultivated plants. – Kulturpflanze **32**, 197–206.
–, –, – and –, 1984 b: Wheat and barley collected in Libya. – Plant Genetic Resources – Newsletter **58**, 39–41.
Quaiser, M. and A. Ghafoor, 1979: Tamaricaceae. – In: S. M. H. Jafri and A. El-Gadi (eds.), Flora of Libya 66. – Tripoli.
Richardson, J., 1848: Travels in the Great Desert of Sahara in the years 1845 and 1846, 2 vols. – London.
Rohlfs, G., 1874: Quer durch Afrika. – Leipzig.
–, 1881: Kufra. Reise von Tripolis nach der Oase Kufra. – Leipzig.
Schultze-Motel, J. (Hrsg.), 1986: Rudolf Mansfelds Verzeichnis landwirtschaftlicher und gärtnerischer Kulturpflanzen (ohne Zierpflanzen), 4 vols. – Berlin.
Snowden, J. D., 1936: The cultivated races of *Sorghum*. – London.
Suter, K., 1964: Die Wohnhöhlen und Speicherburgen des tripolitanisch-tunesischen Berglandes. – Z. f. Ethnol. **89**, 216–275.
Trotter, A., 1915: Flora economica della Libia. – Roma.
Urano, J., 1958: List of vegetables cultivated in Libya. – USOM, Libya.
Vischer, H., 1910: Across the Sahara from Tripoli to Bornu. – London.
Vogel, Ed., 1860: Reisen und Entdeckungen in Central-Afrika. – Leipzig.

Dr. K. Hammer and Dr. Chr. O. Lehmann
Zentralinstitut für Genetik und Kulturpflanzenforschung
der Akademie der Wissenschaften der DDR
Corrensstr. 3
Gatersleben
DDR - 4325

Kulturpflanze 36 · 1988 · 529—548

Bericht über eine Sammelreise in die Mongolische Volksrepublik 1987 (*Allium* L. in der östlichen Mongolei)[1]

Ergebnisse der Mongolisch-Deutschen Biologischen Expeditionen seit 1962, Nr. 194

Klaus Pistrick, Činbatyn Sančir und Gončigijn Cerenbalžid[2]

(Eingegangen am 29. Januar 1988)

Zusammenfassung

Eine Sammelreise von Mitarbeitern des Instituts für Botanik Ulan-Bator und des Zentralinstituts für Genetik und Kulturpflanzenforschung Gatersleben in den Osten der MVR vom Juli/August 1987 galt der weiteren Inventarisierung der Gefäßpflanzen dieses Gebiets und den indigenen Wildsippen der Gattung *Allium* L. im besonderen. Über Verlauf und erste Ergebnisse der Expedition wird kurz berichtet. Die *Allium*-Pflanzgutproben werden aufgelistet. Für verschiedene Arten (*Allium macrostemon, A. neriniflorum, A. condensatum, A. polyrrhizum, A. mongolicum, A. ramosum*) folgen Bemerkungen zur systematischen Stellung, Verbreitung und Standortscharakteristik in der Ostmongolei. Auf Nutzung und Kultur mongolischer *Allium*-Arten wird abschließend kurz eingegangen.

Einleitung

Mit der Sammelreise von 1987 konnte an die Traditionen früherer, von den Akademien der Wissenschaften der MVR und der DDR gemeinsam organisierter biologischer Expeditionen (Böhme 1963, Danert 1965) angeknüpft werden. In Fortsetzung der Sammelaktivitäten im Westen und Nordwesten der MVR (Hanelt et al. 1986) wurden für 1987 östliche Teile des Territoriums als Untersuchungsgebiet einer Gemeinschaftsunternehmung des Instituts für Botanik der AdW der MVR in Ulan-Bator und des Zentralinstituts für Genetik und Kulturpflanzenforschung der AdW der DDR in Gatersleben ausgewählt. Teilnehmer der Reise waren: Kand. biol. Č. Sančir, Leiter der Abteilung Systematik des Instituts für Botanik der AdW der MVR; Kand. biol. G. Cerenbalžid, Agrogeobotanikerin am gleichen Institut; Kand.biol. doc. Ch. Munchbajar, Herpetologe am Pädagogischen Institut und Č. Mašbat, O. Ulzijbajar, V. Cerenpil als Fahrer (alle Ulan-Bator) sowie Dr. K. Pistrick (Gatersleben). Hauptaufgaben der Reise bestanden in der Sammlung von Lebendmaterial

[1] Frau Dr. R. K. Beridze, Tbilissi, aus Anlaß der 70. Wiederkehr ihres Geburtstages gewidmet

[2] Institut für Botanik der AdW der MVR, Ulan-Bator 51, Mongolische VR

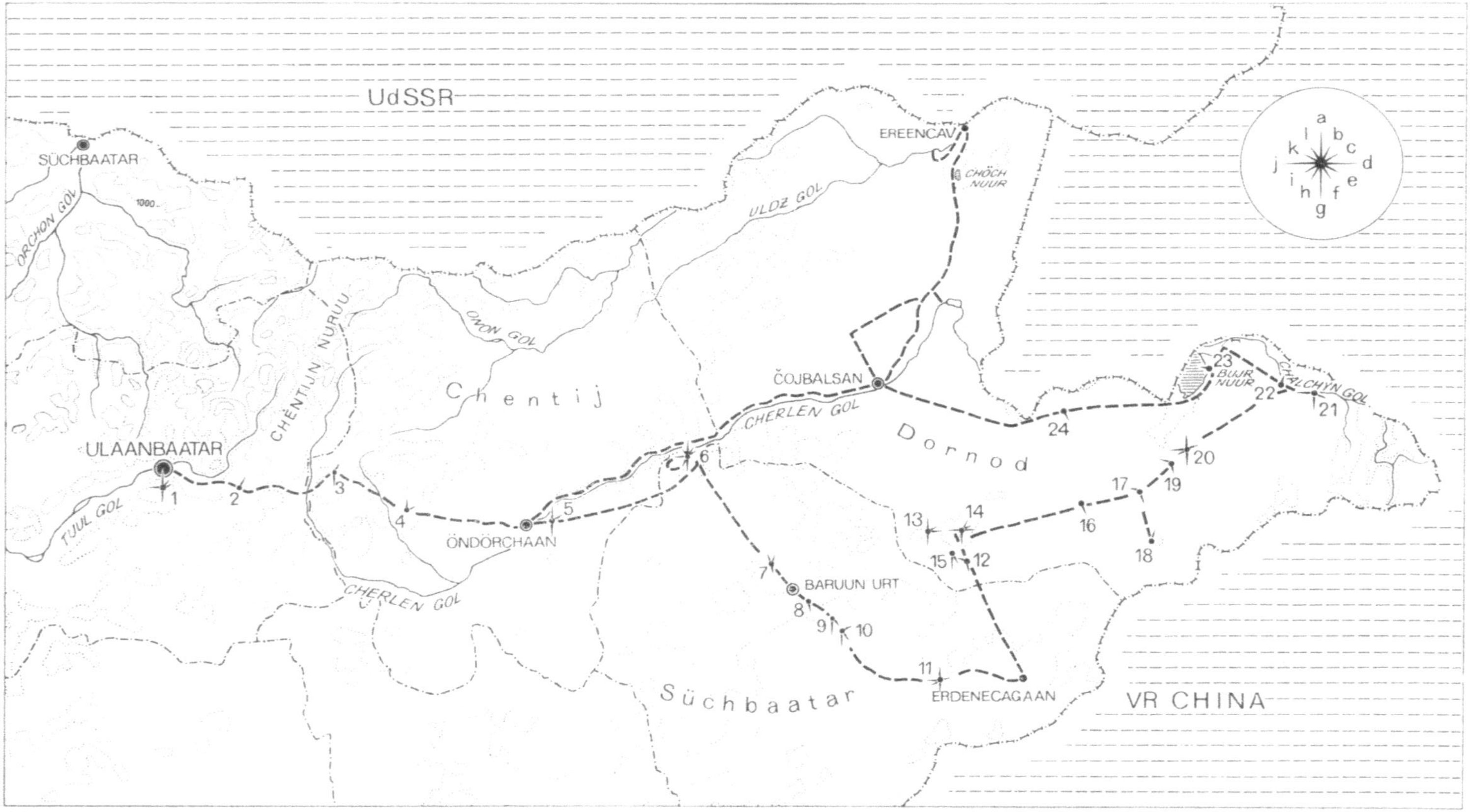

Abb. 1 Route der Expedition in den Osten der Mongolischen Volksrepublik 1987 (gestrichelt) mit Fundorten von Arten der Gattung *Allium:* 1 – Bogd uul; 2 – Čingis uul; 3 – Cherlen bajan uul; 4 – Žargalantchaan, 20 km nördl.; 5 – Önderchaan, 40 km südöstl.; 6 – Tumencogt-Berge; 7 – Talbulag; 8 – Baruun urt, 10 km südöstl.; 9 – Aschat; 15 km südl.; 10 – Aschat, 50 km südl.; 11 – Zotolchan; 12 – Matad, 30 km südwestl.; 13 – Cogunder; 14 – Matadchaan uula; 15 – Bajanchangaj; 16 – Tavantolgojn gov, 60 km westl. Sagiin dalai; 17 – Sagiin dalai; 18 – Cagaan uul, 60 km südl. Sagiin dalai; 19 – Tamsarbulag; 20 – Tamsarbulag, 20 km nordöstl.; 21 – Sumber, Flußaue; 22 – Sumber, Hochfläche; 23 – Buir nuur, Nordostufer; 24 – Talyn buudal (vgl. Anhang).

Die Strahlrichtung der Symbole zeigt das Vorkommen der Arten an: a – *A. anisopodium*, b – *A. bidentatum*, c – *A. tenuissimum*, d – *A. macrostemon*, e – *A. neriniflorum*, f – *A. polyrrhizum*, g – *A. ramosum*, h – *A. splendens*, i – *A. condensatum*, j – *A. senescens*, k – *A. mongolicum*, l – *A. prostratum*. Zusätzlich wurde bei 1 *A. altaicum* und *A. splendens* sowie bei 2 und 3 *A. leucocephalum* gesammelt

Tabelle 1

Chronologischer Verlauf der Sammelreise in die Mongolische VR vom 23. 7. bis 20. 8. 1987

23. 7.–24. 7.	Flug von Berlin nach Ulan-Bator über Moskau–Novosibirsk.
24. 7.–28. 7.	Ulan-Bator; technische Vorbereitung der Expedition, Festlegung der Reiseroute, Besprechungen im Institut für Botanik und in der Auslandsabteilung der AdW der MVR; Exkursion zum Bogd uul, Präparation, Registrierung und Verpackung des dabei gesammelten Materials; Besuch des Gemüsemarktes der Stadt und einer Gärtnerei im Stadtteil Amgalan.
29. 7.	Abfahrt von Ulan-Bator in Richtung Osten, Nalaich, Sammeln südlich des Čingis uul bei ca. 1400 m NN (Somon Bajansurch), Überquerung des Cherlen gol, Lager am Ostufer.
30. 7.	Sammeln in der Flußaue des Cherlen gol, Fortsetzung der Fahrt in Richtung Öndörchaan, Sammeln an der Nordseite des Cherlen bajan uul bei ca. 1500 m NN (Somon Chenchermandal), Cenchermandal, Sammeln ca. 20 km nördlich von Žargalantchaan bei ca. 1630 m NN (Somon Chamar davaa), Somonzentrum Žargalantchaan, Durchquerung der Ebene Čandman'tal, Somonzentrum Mörön, Aimakzentrum Öndörchaan, Lager südöstlich der Stadt.
31. 7.	Sammeln ca. 12 km südöstlich von Öndörchaan am Wege nach Bürencogt, Sammeln ca. 40 km südöstlich von Öndörchaan, Sammeln nördlich der Berge Bajanchüree (Somon Bajanchutag), Goschozzentrum Tumencogt, Lager am Fuße der Tumencogt-Berge.
1. 8.	Sammeln in den Tumencogt-Bergen bei ca. 1200 bis 1350 m NN, Bajanovoo nördlich des Cherlen gol, Sammeln und Aufnahme der Segetalvegetation in Bewässerungskulturen in der Flußaue des Cherlen gol ca. 30 km nördlich sowie 5 km südlich vom Goschozzentrum Tumencogt.
2. 8.	Brigade Ichumbe des Goschoz Tumencogt – Besuch der Station der Gemeinsamen Sowjetisch-mongolischen Biologischen Komplexexpedition, Präparation und Trocknen von Herbarmaterial, Sammeln zwischen der Steinkohlengrube Talbulag und Aimakzentrum Baruun urt, Durchquerung der Ostmongolischen Senke südlich der Stadt, Sammeln ca. 10 km südöstlich von Baruun urt, Somonzentrum Aschat, Lager südlich des Ortes.
3. 8.	Präparation und Trocknen von Herbarmaterial, Sammeln ca. 15 km südlich von Aschat, ca. 50 km südlich des Somonzentrums bei ca. 1100 m NN (Brigade Töchöm), ca. 75 km südöstlich von Aschat und bei Charlijn chušuu (ca. 1100 m NN, Somon Erdenecagaan), Lager am Fuße des Berges Zotolchan.
4. 8.	Sammeln auf dem Zotolchan bei ca. 1270 bis 1373 m NN, Brigade Zotolchan, Sammeln am Chongoryn gol ca. 23 km nordöstlich vom Zotolchan bei 1090 m NN, Somonzentrum Erdenecagaan, Lager in der Ebene nördlich des Ortes.
5. 8.	Sammeln ca. 30 km südwestlich von Matad bei ca. 900 m NN, am Berge Cogunder ca. 15 km westlich von Matad bei ca. 1130 bis 1200 m NN und am Matadchaan uula (= Ichčduud) bei ca. 1200 bis 1250 m NN, Somonzentrum Matad.
6. 8.	Aufnahme der Segetalvegetation auf den Feldern des Ortes, Sammeln im Felstal Bajanchangaj ca. 11 km südwestlich und bei Altan očiriin chijd ca. 18 km südöstlich von Matad, Durchquerung der Solončak-Niederung Tavantolgojn gov', Siedlung am Salzsee Sangiin dalai.
7. 8.	Präparation und Trocknen von Herbarmaterial; Sammeln am Berge Caagan uul ca. 57 km südlich des Sangiin dalai bei ca. 1100 m NN, zurück zur Siedlung.
8. 8.	Sammeln am Rande der Solončakniederung von Tamsarbulag bei ca. 720 m NN (Somon Chalchgol) und 20 km nordöstlich bei ca. 800 m NN, Goschozzentrum Sumber (früher Chamar daba), Sammeln in der Flußaue des Chalchyn gol ca. 7 km südöstlich von Sumber bei ca. 780 m NN, Lager auf der Hochfläche westlich der Stadt.

9. 8.	Registrierung, Präparation und Trocknen von Herbarmaterial, Somonzentrum Chalchgol – Besuch der Versuchsstation für Obstbau des Landwirtschaftsministeriums der MVR, Nachtfahrt zum Lager südwestlich der Fischersiedlung am See Bujr nuur.
10. 8.	Sammeln am Südostufer des Bujr nuur, Präparation und Trocknen von Herbarmaterial, Nachtfahrt zur Autostation Talyn buudal.
11. 8.	Aimakzentrum Čojbalsan, Genossenschaft Chödölmur ca. 24 km westlich vom Aimakzentrum – Aufnahme der Segetalvegetation und Sammeln in der Flußaue des Cherlen gol, Nachtfahrt zum Somonzentrum Serglen.
12. 8.	Präparation und Trocknen von Herbarmaterial, Aufnahme der Segetalvegetation und Sammeln ca. 40 km südwestlich von Serglen, Somonzentrum Čojbalsan.
13. 8.	Sammeln am Ufer des Cherlen gol bei Cherlen cagaan talbe ca. 8 km südlich vom Somonzentrum Čojbalsan bei ca. 670 m NN, Überquerung des Walls Čingis chans, Lager und Sammeln am See Chöch nuur bei ca. 560 m NN.
14. 8.	Präparation und Trocknen von Herbarmaterial, Sammeln an der Teel-Brücke ca. 10 km südlich von Ereencav bei ca. 620 m NN, Goschozzentrum Ereencav, Sammeln am Ufer des Uldz gol ca. 50 km südwestlich von Ereencav und Aufnahme der Segetalvegetation und Sammeln bei der Brigade Bus nuur ca. 60 km südwestlich vom Goschozzentrum, wegen der Unpassierbarkeit von Wegen infolge zu starker Wasserführung des Uldz gol Änderung der ursprünglich vorgesehenen Reiseroute über Bajan uul, Nachtfahrt zurück bis zur Eisenbahnstation Chaverga.
15. 8.–17. 8.	Rückfahrt nach Ulan-Bator über die Aimakzentren Čojbalsan und Öndörchaan. Sammeln ca. 20 km westlich von Chaverga und ca. 30 km südöstlich von Cenchermandal bei ca. 1390 m NN.
18. 8.–19. 8.	Ulan-Bator; Entladen, Trocknen bzw. Präparieren des Materials, Einholen der notwendigen Dokumente für die Ausfuhr, abschließende Besprechungen im Institut für Botanik und in der Auslandsabteilung der AdW der MVR, Absprachen mit der Botschaft der DDR; Verpacken des Materials.
20. 8.	Rückflug über Irkutsk – Omsk – Moskau nach Berlin.

mongolischer *Allium*-Arten für die laufenden taxonomischen Forschungsvorhaben im Zentralinstitut für Genetik und Kulturpflanzenforschung sowie in der Weiterführung floristischer Untersuchungen in bisher wenig bearbeiteten Gebieten der östlichen MVR. Für die außerdem durchgeführten agrosoziologischen Erfassungen (CERENBALŽID) und die faunistischen Beobachtungen (MUNCHBAJAR) ist eine gesonderte Auswertung vorgesehen.

Die gute Vorbereitung durch das Botanische Institut in Ulan-Bator und die AdW der MVR, die u. a. auch einen LKW vom Typ GAS 53-12 zur Verfügung stellte, ermöglichte eine erfolgreiche Durchführung der Expedition unter der fachlichen und organisatorischen Leitung von Č. SANČIR.

Verlauf der botanischen Expedition

Die Reise führte durch die drei östlichen Aimaks Chentij, Süchbaatar und Dornod (vgl. Abb. 1, Tab. 1). Nach der Anfahrt von Ulan-Bator wurde bei Baganuur zum ersten Mal der Cherlen gol überquert. Über das Aimakzentrum Önderchaan ging es weiter durch die Grassteppen der Chalcha-Ebene nach Osten bis zu den Granit-Klippenzügen der Tumencogt-Berge (Abb. 2). In südöstlicher Richtung wurde dann das Aimakzentrum Baruun urt angefahren und die Ostmongolische Senke mit Halbwüstenvegetation durchquert. Mit dem Zotolchan

Abb. 2 Die Granit-Klippenzüge der Tumencogt-Berge (bis ca. 1350 m NN) mit floristisch interessanten Bergsteppen und Felsfluren erheben sich über die Steppentafel der Chalcha-Ebene (Aimak Süchbaatar)

(Abb. 3) war der nördlichste Basaltkegel des Dariganga-Vulkangebiets erreicht. Von Erdenecagaan verlief die Route in nordwestlicher Richtung zum Granitmassiv bei Matad und dem Felstal Bajanchangaj mit Resten lichter *Ulmus pumila*-Wälder (Abb. 4). Die Siedlung am Salzsee Sagiin dalai war Ausgangsbasis für einen Abstecher zum Berg Cagaan uul im Süden. Danach wurde die Barga mit der Solončakniederung von Tamsarbulag bis zum Chalchyn gol bei Sumber durchfahren. Nach Abschluß der Arbeiten in der Flußniederung und am Nordostufer des Buir nuur ging es zunächst bis zum Aimakzentrum Čojbalsan nach Westen.

Im Nordteil der Barga standen dann agrosoziologische Untersuchungen an den neu entstandenen Zentren eines modernen Getreide- und Bewässerungsgemüsebaus (u. a. Anbau von Sommergerste, Sommerweizen, Hafer; Kartoffeln, Kopfkohl, Kohlrüben, Futterrüben, Mohrrüben, Gurken, Winterzwiebeln und Küchenzwiebeln) in den Flußtälern des Cherlen und Uldz gol bei Čojbalsan und Ereencav im Vordergrund. Floristisch interessantes Material wurde hier v. a. an Feuchtstandorten in den Niederungen der genannten Flüsse, am Teel, sowie dem See Chöch nuur gesammelt. Einsetzender Dauerregen und Überschwemmungen durch den Uldz gol machten eine Fortsetzung der Reise in Richtung Bajan uul am Fluß entlang unmöglich. In Abänderung der ursprünglich vorgesehenen Reiseroute erfolgte die dreitägige Rückreise nach Ulan-Bator über

Abb. 3

Abb. 4

Abb. 5 Zonale Steppenvegetation in der Barga nordöstlich von Tamsarbulag (Aimak Dornod) mit *Allium condensatum* und *Serratula centauroides*

Čojbalsan und Öndörchaan. Insgesamt waren in 20 Tagen ca. 4000 km zurückgelegt worden. Weitere Einzelheiten des Reiseverlaufs sind Abb. 1 und Tab. 1 zu entnehmen.

Erste Ergebnisse

Das Reisegebiet umfaßt die Großlandschaft der Chalcha-Ebene mit der im Südosten anschließenden Ostmongolischen Senke und dem Basaltgebiet von Dariganga sowie die Barga im Osten (vgl. RICHTER et al. 1962). Dieses Territorium stellt reliefbedingt eine über hunderte von Kilometern einförmige, flach wellige

---

Abb. 3 Der Basalkegel des Zotolchan (1373 m NN) stellt den nördlichsten Vorposten des Dariganga-Vulkangebiets dar. Im lückigen *Ulmus pumila-Spiraea aquilegifolia*-Felsgebüsch am Nordosthang kommen auch *Allium condensatum*, *A. ramosum*, *A. senescens*, *A. anisopodium* und *A. tenuissimum* vor (Aimak Süchbaatar)

Abb. 4 Felstal mit lichtem *Ulmus pumila*-Bestand im Gebiet Bajanchangaj (Aimak Dornod). Im Vordergrund dominieren *Allium ramosum* und *Elymus sibiricus* bis ebene Steppenlandschaft dar. Die Ostmongolische Steppenplatte erreicht eine durchschnittliche Höhe von 800–1200, in der Barga nur von 600–800 m NN (ŽAMBAŽAMC und BAT 1985). Die zonale Steppenvegetation (Abb. 5) geht in der Ostmongolischen Senke und den flachen Mulden mit Salzsümpfen in Halbwüstenformationen über. Unterbrochen werden diese Weiten durch die vereinzelt aus der Ebene aufragenden Granitmassive (z. B. Tumencogt-Berge, ca. 1350 m NN, Abb. 2; Cogunder, ca. 1200 m NN; Matadchaan uula, 1247 m NN; Cagaan uul ca. 1100 m NN) und Vulkankegel (z. B. Zotolchan, 1373 m NN, Abb. 3), die Auen der Flüsse Teel, Uldz, Cherlen und Chalchyn gol sowie die größeren Seen Bujr nuur, Chöch nuur und Sagiin dalai. An Sonderstandorten solcher Lokalitäten relativ kleinflächig ausgebildete Vegetationseinheiten, wie Bergsteppen, Felsgebüsche, Felsfluren, Röhrichte, Uferfluren und Auengebüsche erwiesen sich für die Sammlung von Pflanzgut der Gattung *Allium* bzw. in floristischer Hinsicht als besonders interessant.

Insgesamt wurden 409 Nummern Herbarmaterial auf mehr als 800 Bögen gesammelt, registriert und präpariert. Es handelt sich meist um taxonomisch kritische, seltene oder pflanzengeographisch interessante Arten. Darunter dürften sich auch eine Anzahl von Belegen für Erstnachweise in der Ostmongolei oder bisher unbekannte Fundorte von *Allium*-Arten (vgl. Abb. 1) und anderen Wildsippen befinden. Das Material wurde zwischen den Partnerinstituten aufgeteilt und befindet sich in deren Herbarien in Ulan-Bator (UBA) und Gatersleben (GAT). Nach Abschluß der Bearbeitung soll eine separate Publikation der floristischen Ergebnisse erfolgen.

Beim Besuch des Gemüsemarkts und einer Gärtnerei in Ulan-Bator sowie während der eigentlichen Expedition wurde die Gelegenheit zum Sammeln einiger als pflanzengenetische Ressourcen interessanter Kultur- und Wildarten zur Erweiterung der Kollektionen der Gaterslebener Genbank genutzt (insgesamt 14 Proben von *Brassica rapa* ssp. *pekinensis*, *Raphanus sativus* convar. *sativus*, *Coriandrum sativum*, *Anethum graveolens*, *Allium cepa* sowie *Ephedra sinica*, *Isatis costata*, *Amygdalis pedunculata*, *Rheum undulatum*, *Artemisia dracunculus*, *Lilium dahuricum* und *Asparagus dahuricus*).

Mit der Sammlung von 40 Herkünften an Wildsippen der Gattung *Allium* (vgl. Anlage) konnten alle 12 bei GRUBOV (1982) für den pflanzengeographischen Bezirk der Ost-Mongolei und den Ostteil der Mittel-Chalcha angegebenen Arten erfaßt werden (Abb. 1). Obwohl das Untersuchungsgebiet aufgrund der beschriebenen Einheitlichkeit weit ärmer an *Allium*-Arten ist als die mongolischen Gebirge (Mongolischer Altai 21, Changai 17, Chentej 15 Arten; vgl. HANELT et al. 1986), gehören Vertreter der Gattung zu den bestimmenden Elementen der charakteristischen Vegetationseinheiten. Das wurde während der Expedition in besonderem Maße deutlich, da sich, verzögert durch das relativ kalte und trokkene Frühjahr 1987, fast alle Arten Ende Juli/Anfang August in Vollblüte befanden. Dieses günstige Entwicklungsstadium ermöglichte bereits am Fundort ein relativ sicheres Ansprechen der Arten. Genauere Standortcharakteristiken und Angaben zur Begleitflora sind der Anlage zu entnehmen. Hier sollen sich einige allgemeinere Bemerkungen zu einzelnen Arten anschließen.

Als asiatische Ostseitenelemente (vgl. JÄGER 1968, HILBIG und KNAPP 1983) erreichen *Allium macrostemon* BGE. und *Allium neriniflorum* (HERB.) BAKER

Abb. 6 *Allium macrostemon* an der Ostseite des Gipfels der Granitberge Cogunder (ca. 1200 m NN, Aimak Dornod) zusammen mit *Stipa sibirica*, *Bromus inermis*, *Artemisia dracunculus*, *A. priviniana* und *Rheum undulatum*

nur mit wenigen Fundorten den Osten des Territoriums der Mongolischen Volksrepublik. Sie gehören auch wegen ihrer systematischen Stellung zu den auffälligsten Arten der mongolischen *Allium*-Flora (vgl. HANELT et al. 1986). *Allium macrostemon* ist der einzige mongolische Vertreter der zur Untergattung *Allium* gehörenden Sektion *Scorodon* KOCH, deren Häufungszentrum in der

Orientalisch-Turanischen Florenregion liegt (infragenerische Gruppen nach KAMELIN 1973 und GRUBOV und EGOROVA 1977). Die Art wird für Nordost-China von trockenen grasigen sowie felsigen Hängen, anthropogen gestörten Standorten und als häufiges Ackerunkraut angegeben (KOMAROV 1949, BARANOV und SKVORTZOV 1965). DANERT et al. (1960) geben einen offenen Standort mit typischen Waldsteppenarten in einem Sekundärwald des Ostmandschurischen Berglands an, und HANELT (pers. Mitteilung) fand *Allium macrostemon* in natürlichen Laubmischwäldern des nördlichen Koreas. Dem Gesetz der relativen Standortkonstanz und des Biotopwechsels (WALTER 1970) folgend kann die Sippe, bei der es sich vermutlich um eine primäre Waldpflanze handelt, an ihrer östlichen Verbreitungsgrenze nur noch ökoklimatisch begünstigte Sonderstandorte besiedeln. Wir stellten die Art am Gipfel der höchsten Granitberge der Barga in der Nähe von Matad fest (Cogunder, Matadchaan uula; Abb. 6; vgl. Abb. 1: 13, 14; Anhang: 30, 31). Sie kommt dort in einer Höhe von ca. 1200 m NN direkt unterhalb und zwischen steilen Granitfelsen an offenbar feuchtigkeitsbegünstigten Standorten vor. Als Begleitpflanzen wurden *Artemisia priviniana*, *A. dracunculus*, *Spiraea aquilegifolia*, *Thalictrum minus*, *Rheum undulatum*, *Galium verum*, *Stipa sibirica* und *Bromus inermis* notiert. Die Pflanzen waren Anfang August abgestorben und hatten im Gegensatz zu allen übrigen *Allium*-Arten bereits reife Samen entwickelt. Da Bulbillen im Blütenstand durchweg fehlen, können wir die Sippe der var. *uratense* (FRANCH.) AIRY-SHAW zuordnen. Teilweise gehen von den einzelnen Mutterzwiebeln bis über 15 cm lange unterirdische Stolonen aus, die an ihrem Ende kleine Tochterzwiebeln tragen

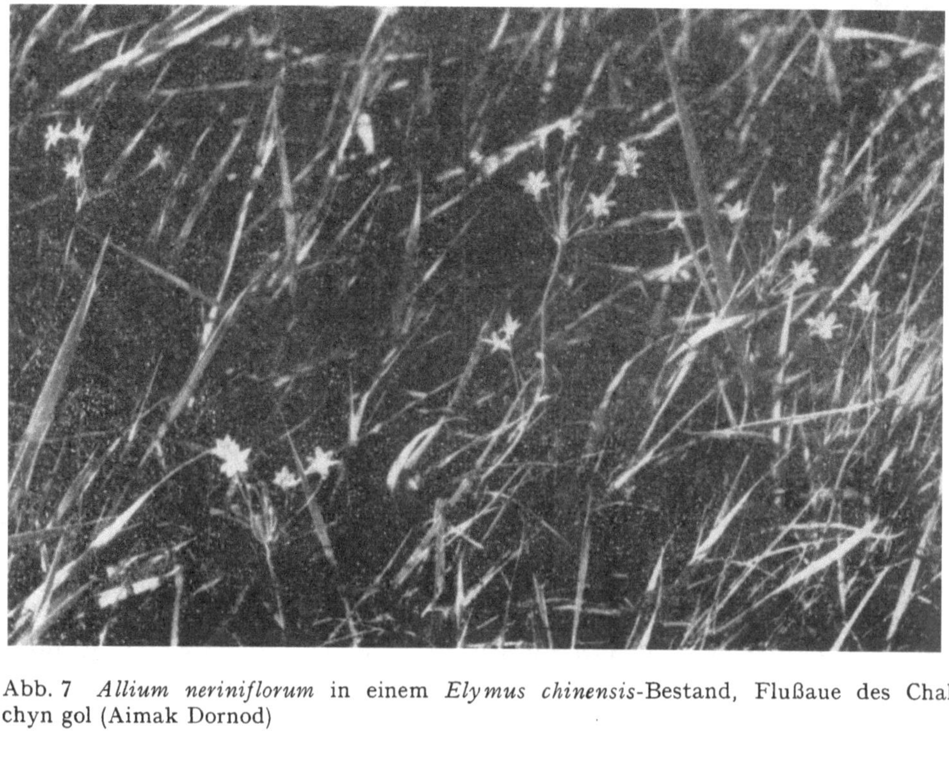

Abb. 7 *Allium neriniflorum* in einem *Elymus chinensis*-Bestand, Flußaue des Chalchyn gol (Aimak Dornod)

Tabelle 2

Grassteppe mit *Allium neriniflorum* (HERB.) BAKER – Flußaue des Chalchyn gol, ca. 7 km südöstl. des Goschozzentrums Sumber, ca. 780 m NN, Somon Chalchgol, Aimak Dornod; Aufnahmefläche 20 m^2, Deckung 80 %; Č. SANČIR und K. PISTRICK 8. 8. 1987

Elymus chinensis (TRIN.) KENG	3	*Potentilla bifurca* L.	1
Carex duriuscula C. A. MEY.	2	*Heteropappus altaicus* (WILLD.) NOVOPOKR.	+
Allium neriniflorum (HERB.) BAKER	1	*Stipa krylovii* ROSHEV.	r
Cleistogenes squarrosa (TRIN.) KENG	1	*Saposhnikovia divaricata* (TURCZ.) SCHISCHK.	r
Artemisia annua L.	1	*Medicago ruthenica* (L.) LDB.	r

(vgl. BARANOV und SKVORTZOV 1965). Die Zwiebeln dieser im Mongolischen als „zorem sarmis" („wilder Knoblauch") bezeichneten Pflanze wurden früher gern als Gewürz gesammelt und waren so hoch geschätzt, daß man wegen der großen Seltenheit ein und dieselbe Zwiebel mehrfach zum Würzen verschiedener Speisen und Suppen verwendete. *Allium macrostemon* soll als älteste der in China verwendeten Laucharten erst durch den ähnlich schmeckenden und riechenden Knoblauch (*Allium sativum* L.) aus der Kultur verdrängt worden sein (HELM 1956), wird aber in Nordostchina und Korea bis heute gern als Wildgemüse gesammelt und auch als junge Pflanze mit den Blättern verwendet (BARANOV 1962; KIM et al. 1987). In der Mongolischen Volksrepublik ist *Allium macrostemon* ebenso wie die im folgenden behandelte Art so selten, daß es in das Rote Buch der bedrohten Tier- und Pflanzenarten der MVR (im Druck) aufgenommen werden mußte.

Allium neriniflorum gehört zur isoliert stehenden ostasiatischen Sektion *Caloscordum* (HERB.) BAKER, die von anderen Autoren auch als eigene Gattung *Calloscordum* HERB. oder als Teil von *Nothoscordum* KUNTH betrachtet wird (KITAGAWA 1979, FRIZEN et al. 1986, KAMELIN 1980). Die Art ist aus dem Mongolisch-Daurischen Bezirk, dem geobotanischen Bezirk der Ostmongolei, dem im Norden angrenzenden Onon-Becken auf sowjetischem Territorium sowie aus Nordost-China bekannt (KITAGAWA 1979, GRUBOV 1982). Sie kommt nach FRIZEN et al. (1986) auf trockenen sandigen oder steinigen Böden in Steppen vor und wird durch mäßige Beweidung gefördert. Dieser Charakteristik entspricht der Fundort am Chalchyn gol in einem degradierten Steppenfragment auf Sandboden am Rande eines Bewässerungsgrabens zwischen Gemüsefeldern (Abb. 7, Tab. 2). Häufiger als in der Ostmongolei scheint *A. neriniflorum* in der Nordostchinesischen Ebene zu werden, wo es sowohl aus kleinflächigen Steppenresten auf Sanddünen am Nonni als auch für die typische *Stipa baicalensis – Tanacetum sibiricum* – Wiesensteppe auf Serosem angegeben wird (DANERT et al. 1960). Im gesamten Areal ist die Art offenbar auf Niederungsgebiete beschränkt.

Alle anderen *Allium*-Arten der östlichen MVR gehören zur Untergattung *Rhizirideum* (DON ex KOCH) WDB. Sektion *Rhizirideum* DON ex KOCH s. l., dem im zentralsibirisch-daurischen und mongolischen Florengebiet dominierenden Verwandtschaftskreis der Gattung (HANELT et al. 1986, vgl. HILBIG und KNAPP 1983 zur geobotanischen Gliederung). Folgt man einer stärkeren Differenzierung der sect. *Rhizirideum* s. l., so entfallen die meisten der behandelten Arten auf die sect. *Rhizirideum* s. str. mit flachen Blättern und ungeteilten Zwiebelschuppen sowie die sect. *Reticulato-bulbosa* R. KAM. mit ebenfalls flachen Blättern aber netzfasrigen Zwiebelschuppen (KAMELIN 1973, GRUBOV und EGOROVA 1977). Eine Ausnahme bildet *Allium condensatum* TURCZ. als Angehöriger der sect. *Oreiprason* F. HERM. mit halbzylindrischen Blättern. Diese Art ist nach den oben behandelten das dritte Ostseitenelement der mongolischen *Allium*-Flora. Das Areal reicht von Korea und Nordostchina über den Großen Chingan ebenfalls bis in den Ostmongolischen Bezirk und die im Norden angrenzenden Gebiete der UdSSR. *Allium condensatum* verfügt aber über eine breitere ökologische Amplitude und siedelt auf Fels- und Geröllfluren ebenso wie in Wiesensteppenformationen (KOMAROV 1949, DANERT et al. 1960, GRUBOV und EGOROVA 1977). Die Art wurde nahe ihrer Verbreitungsgrenze z. B. in einer Bergsteppe auf Basalt am Nordhang des Zotolchan bei ca. 1350 m NN gefunden (Abb. 3, vgl. Abb. 1: 11). In einer lückigen *Spiraea aquilegifolia-Ulmus pumila*-Gebüschflur wurden folgende Begleitpflanzen notiert: *Stipa sibirica, Caragana microphylla, C. leucophloea* ssp. *stepposa, Alyssum lenense, Artemisia frigida, Sedum aizoon, Haplophyllum dauricum, Allium senescens* und *A. tenuissimum.* Weiter im Osten ist *Allium condensatum* in der zonalen Steppenvegetation nicht selten (Abb. 5; vgl. Anhang: 48).

Allium polyrrhizum TURCZ. ex RGL. (sect. *Reticulato-bulbosa*; Abb. 8) und

Abb. 8 *Allium polyrrhizum* aus einer Trockensteppe südlich von Aschat (Aimak Süchbaatar) mit dem charakteristisch entwickelten Wurzelsystem. Bleistiftlänge: 15 cm

Abb. 9 *Allium mongolicum* an seiner nordöstlichen Arealgrenze: Hochufer an der Nordostseite des Bujr nuur (Aimak Dornod)

A. mongolicum RGL. (sect. *Rhizirideum*; Abb. 9) gehören zu den dominierenden Pflanzenarten der Halbwüsten- und Wüstengebiete in der mongolischen und gobischen Florenprovinz (vgl. WALTER 1974; GRUBOV 1963, GRUBOV und EGOROVA 1977; HILBIG 1987). So bestimmt auch *A. polyrrhizum* in Reinbeständen oder mit *Reaumuria soongarica, Cymbaria dahurica* und *Ptilotrichum tenuifolium* zwischen *Achnatherum splendens*-Horsten das Bild der Halbwüste in der Ostmongolischen Senke südlich von Baruun urt. Beide Arten dringen an entsprechenden Standorten, z. B. in Takyren, weit in die Steppenzone und darüber hinaus nach Norden vor (vgl. DANERT et al. 1960, GRUBOV und EGOROVA 1977, KRASNOBOROV 1984). Wir fanden *A. polyrrhizum* und *A. mongolicum* südwestlich von Matad (Abb. 1: 12; Anhang: 28) zusammen mit *Limonium aureum, Ptilotrichum tenuifolium* und *Achnatherum splendens*. Der isolierte Fundort von *A. mongolicum* am sandigen Hochufer des Buir nur (Abb. 9; Abb. 1: 23) belegt, daß die Art, ähnlich wie *A. polyrrhizum*, in Exklaven weiter im Nordosten vorkommt, als bisher angenommen (vgl. Verbreitungskarte bei GRUBOV und EGOROVA 1977).

Allium ramosum L. nimmt innerhalb der Sektion *Rhizirideum* eine gewisse Sonderstellung ein und wird von KAMELIN (1973) als eigene sect. *Butomissa*

(SALISB.) R. KAM. abgespalten (vgl. KRUSE 1986). Die Art ist in Südsibirien, der nördlichen, zentralen und östlichen MVR, Nord-, Nordwest- und Nordostchina, dem Himalaya, dem Fernöstlichen Gebiet der UdSSR und im nördlichen Korea verbreitet. Sie stimmt weitgehend mit den in Ost- und Südostasien in großem Umfang kultivierten Chinesischen Schnittlauch (*A. tuberosum* ROTTL. ex SPR.) überein. Im bereisten Gebiet gehörte *Allium ramosum* zusammen mit *A. senescens* L. (sect. *Rhizirideum*) zu den häufigsten Arten der zonalen Steppenvegetation (Abb. 4). Aufgrund ihrer breiten ökologischen Amplitude kommen sie von Felsfluren auf Granit (z. B. Tumencogt-Berge, Anlage: 14–17) und Basalt (z. B. Zotolchan, Anlage: 23, 24) bis in die Niederung größerer Flüsse (z. B. sandige Uferbänke, Tuul gol bei Ulan-Bator; Chalchyn gol, Anlage: 37, 38) vor. Aus der Sektion *Rhizirideum* gehören weiterhin *Allium anisopodium* LDB., *A. tenuissimum* L. (vgl. FRIZEN 1985) und *A. bidentatum* FISCH. ex PROKH. (Tab. 3) zu den häufigen Arten der Felsfluren und Steppen der östlichen MVR.

Tabelle 3

Granitfelsflur mit *Allium bidentatum* FISCH. ex PROKH. – Gipfelplateau des Cagaan uul, ca. 60 km südl. vom Salzsee Sagiin dalai, ca. 1100 m NN, Aimak Dornod; Aufnahmefläche 200 m², Deckung 60 %; Č. SANČIR und K. PISTRICK 7. 8. 1987

Allium bidentatum FISCH. ex PROKH.	1	*Ptilotrichum tenuifolium* (STEPH.) C. A. MEY.	+
Filifolium sibiricum (L.) KITAM.	1	*Silene jenisseensis* WILLD.	+
Haplophyllum dauricum (L.) G. DON	1	*Alyssum lenense* ADAMS	+
Scutellaria baicalensis GEORGI	1	*Potentilla tanacetifolia* WILLD. ex SCHLECHT.	r
Caragana microphylla (PALL.) LAM.	1	*Dianthus versicolor* FISCH.	r
Festuca litvinovii (TZVEL.) E. ALEXEEV	1	*Artemisia commutata* BESS.	r
Bupleurum bicaule HELM.	1	*Olgaea lomonosowii* (TRAUTV.) ILJIN	r
Erysimum flavum (GEORGI) BOBR.	+	*Leuzea uniflora* (L.) HOLUB	r
Polygonum angustifolium PALL.	+	*Orostachys spinosa* (L.) C. A. MEY.	r
Agropyron cristatum (L.) P. B.	+	*Saussurea salicifolia* (L.) DC.	r

Eine Reihe von *Allium*-Wildarten der mongolischen Flora werden intensiv für die menschliche Ernährung genutzt oder besitzen wegen ihrer engen Verwandtschaft zu kultivierten Arten züchterische Bedeutung. Das trifft außer für die bereits erwähnten Arten *A. macrostemon* und *A. ramosum* vor allem für *A. altaicum* PALL. zu, der Ausgangsart von *A. fistulosum* L. (Winterzwiebel). *Allium altaicum* ist in seinem Vorkommen im wesentlichen auf Sonderstandorte fossiler Golezterassen der montanen Gebirgstaigastufe konzentriert (HILBIG und KNAPP 1983; HANELT 1985; GRANKINA et al. 1986) und fehlt daher der Ostmongolischen Steppenplatte völlig. Die Zwiebeln werden, z. B. auf dem Bogd uul südlich von Ulan Bator, regelmäßig gesammelt und gelangen im Herbst in großen Mengen auf die Märkte der Hauptstadt. Ende Juli wurden dort wild gesammelte Blätter von *Allium ramosum* und *A. victorialis* angeboten. Außerdem sind als Arten des ursprünglich chinesischen Gartenbaus *Allium fistulosum* und *A. tuberosum* sowie *A. sativum* L. und neuerdings *A. cepa* L. in Kultur (vgl. HANELT et al. 1986). – Andere Wildzwiebeln, wie *Allium polyrrhizum* und *A. mongolicum*, gehören in der östlichen Mongolei zu den wenigen vegetabilischen Bestandteilen der traditionellen Ernährung und finden z. B. beim Würzen gekochter Innereien reichlich Verwendung. Beide Arten sind wegen ihrer hohen Dominanz in den Halbwüstengebieten auch als Futterpflanzen von Bedeutung. Mechanisierte Ernte- und Pelletierungsverfahren für Wildlauch, wie sie z. B. im Somon Bulgan des Aimaks Südgobi zur Anlage von Futtervorräten erprobt werden (SOKOLOV und BJAZROV 1986), könnten in Zukunft an Bedeutung gewinnen.

Summary

Report of a collecting mission to the Mongolian People's Republic 1987 (*Allium* L. in Eastern Mongolia)

A collecting mission was carried out in the Eastern part of the MPR by staff members of the Institute of Botany, Ulan-Bator, and the Zentralinstitut für Genetik und Kulturpflanzenforschung, Gatersleben, in July/August 1987 for a further inventory of vascular plants in this area and for the indigenous wild species of the Genus *Allium*, particularly. The route and first results of the expedition have been described shortly. A list of the *Allium* plant-material is given. Some remarks are made in regard to systematic position, distribution and ecology, of some species *(Allium macrostemon, A. neriniflorum, A. condensatum, A. polyrrhizum, A. mongolicum, A. ramosum)* in Eastern Mongolia. Utilization and cultivation of Mongolian *Allium* species have been discussed shortly.

Краткое содержание

Отчет об экспедиции в Монгольскую Народную Республику в 1987 году (*Allium* L. в Восточной Монголии)

В июле–августе 1987 года сотрудниками Института ботаники (Улан-Батор) и Центрального института генетики и исследования культурных растений (Гатерслебен) была совершена экспедиция на Восток Монголии, посвещенная дальнейшей инвентаризации сосудистых растений этой области и, в особенности, туземным диким формам рода *Allium* L. Сообщается коротко о ходе и первых результатах этой экспедиции. Приводится список проб посадочного материала *Allium*. Для различных видов – *Alium macrostemon, A. neriniflorum, A. condensatum, A. polyrrhizum, A. mongolicum, A. ramosum* – следуют замечания к систематическому положению, распространению и характеристике местообитания в Восточной Монголии. В заключение коротко говорится о использованни и культивировании монгольских видов *Allium*.

Für die wirksame Unterstützung bei der Vorbereitung, Finanzierung und Durchführung der Expedition möchten wir der Leitung des Instituts für Botanik der AdW der MVR in Ulan-Bator (Direktor: Dr. G. ERDENEZAV), dessen Mitarbeitern, insbesondere Kand. biol. C. DAVAŽAAMC, sowie den verantwortlichen Stellen der Akademien der Wissenschaften der MVR und der DDR, vor allem dem Leiter der Auslandsabteilung in Ulan-Bator, Herrn S. CEGMID, herzlich danken.

Allen Expeditionsteilnehmern sind wir durch die ausgezeichnete Zusammenarbeit und den großen Einsatz unter z. T. extremen Bedingungen in besonderer Weise verbunden. Für die Zeichnung der Karte und fotografische Arbeiten danken wir Frl. A. KILIAN und Frau G. TERPE.

Literatur

BARANOV, A. I., 1962: On the economic use of the wild plants in N. E. China. – Quart. J. Taiwan Mus. **15**, 107–115.

– and B. V. SKVORTZOV, 1965: What is *Allium macrostemon* from North Manchuria, China? – Quart. J. Taiwan Mus. **18**, 471–476.

BÖHME, H., 1963: Allgemeiner Bericht über die Mongolisch-Deutsche Biologische Expedition 1962. – Kulturpflanze **11**, 26–33.

DANERT, S., 1965: Bericht über die 2. Mongolisch-Deutsche Biologische Expedition (1964). – Kulturpflanze **13**, 28–44.

–, S. GEIER und P. HANELT, 1960: Vegetationskundliche Studien in Nordostchina (Mandschurei) und der Inneren Mongolei. – Feddes Repert. Beih. (139), 5–144.

FRIZEN, N. V., 1985: Novyj vid *Allium vodopjanovae* (Alliaceae) iz južnoj Sibiri i Mongolii. – Bot. Žurn. **70** (9), 1247–1254.

FRIZEN, N. V., V. V. ZUEV i N. S. ALJANSKAJA, 1986: Krasivoluk nereidocvetnyj – *Calloscordum neriniflorum* HERBERT. In: K. A. SOBOLOVSKAJA (otv. red.), Biologičeskie osobennosti rastenij Sibiri, nuždajuščichsja v ochrane. – Hauka Novosibirsk, 83–92.

GRANKINA, V. P., N. V. FRIZEN, V. M. CHANMINČUN, N. S. DANILOVA i V. A. ČEREMUŠKINA, 1986: Luk altajskij, kamennyj, dikij batun – *Allium altaicum* PALL. In: K. A. SOBOLOVSKAJA (otv. red.), Biologičeskie osobennosti rastenij Sibiri, nuždajuščichsja v ochrane. – Nauka Novosibirsk, 83–92.

GRUBOV, V. I., 1963: Rastenija Central'noj Azii, vyp. 1. – Izd. Akad. Nauk SSSR Moskva – Leningrad, 168 pp.

–, 1982: Opredelitel' sosudistych rastenij Mongolii. – Nauka Leningrad, 440 pp.

– i T. V. EGOROVA, 1977: Rastenija Central'noj Azii, vyp. 7. – Nauka Leningrad, 137 pp.

HANELT, P., 1985: Zur Taxonomie, Chorologie und Ökologie der Wildarten von *Allium* L. sect. *Cepa* (MILL.) PROKH. – Flora **176**, 99–116.

–, J. KRUSE, Č. SANČIR und D. ZUMBERELMAA, 1986: Bericht über eine Sammelreise in die Mongolische Volksrepublik 1985 (Die mongolischen Arten der Gattung *Allium* L.). – Kulturpflanze **34**, 275–291.

HELM, J., 1956: Die zu Würz- und Speisezwecken kultivierten Arten der Gattung *Allium* L. – Kulturpflanze **4**, 130–180.

HILBIG, W., 1987: Pflanzengesellschaften der Mongolischen Volksrepublik. – M.-L.-Univ. Halle–Wittenberg, Diss. B, Mskr., 242 pp. +100 Tab.

– und H. D. KNAPP, 1983: Vegetationsmosaik und Florenelemente an der Wald-Steppen-Grenze im Chentej-Gebirge (Mongolei). – Flora **174**, 1–89.

JÄGER, E., 1968: Die pflanzengeographische Ozeanitätsgliederung der Holarktis und die Ozeanitätsbindung der Pflanzenareale. – Feddes Repert. **79** (3–5), 157–335.

KAMELIN, R. V., 1973: Florogenetičeskij analiz estestvennoj flory gornoj Srednej Azii. – Nauka Leningrad.

–, 1980: Novye taksony roda *Allium* (*Alliaceae*). – Bot. Ž. **65** (10), 1459–1465.

KIM HJON-SAM, KARL HAMMER, HAN UN-XOAN, PETER HANELT and PAK HJONG-SON, 1987: Missions for the collection of plant genetic resources in the Democratic People's Republic of Korea 1986. – Kulturpflanze **35**, 355–365.

KITAGAWA, M., 1979: Neo-Lineamenta Florae Manshuriacae. – J. Cramer Vaduz, 715 pp.
KOMAROV, V. L., 1949: Flora Man'čurii č. 1. In: Izbrannye sočinenija t. 3. – Izd. AN SSSR Moskva – Leningrad, 524 pp.
KRASNOBOROV, I. M. (red.), 1984: Opredelitel' rastenij Tuvinskoj ASSR. – Nauka Novosibirsk, 335 pp.
KRUSE, J., 1986: Rasterelektronenmikroskopische Untersuchungen an Samen der Gattung *Allium* L. II. – Kulturpflanze **34**, 207–228.
RICHTER, H., G. HAASE und H. BARTHEL, 1962: Die Landschaften im Osten der Mongolischen Volksrepublik. – Geogr. Ber. **7** (23) + (24), 125–141 + 294–328.
SOKOLOV, V. E. i L. G. BJAZROV, 1986: Die gemeinsame Sowjetisch-Mongolische Biologische Komplexexpedition und die Untersuchung der biologischen Ressourcen der Mongolischen Volksrepublik. – Erforsch. biol. Ress. MVR, Halle (Saale) (5), 7–15.
WALTER, H., 1970: Vegetationszonen und Klima. – G. Fischer Jena, 244 pp.
–, 1974: Die Vegetation Osteuropas, Nord- und Zentralasiens. – G. Fischer Stuttgart XII + 452 pp.
ŽAMBAŽAMC, B. i B. BAT, 1985: Atlas resursov klimata i poverchnostnych vod MNR. – GUGMS MNR i GUGK SSSR Ulaanbaatar 1985, 73 + 15 pp.

Dr. K. PISTRICK
Zentralinstitut für Genetik und Kulturpflanzenforschung
der Akademie der Wissenschaften der DDR
Corrensstraße 3
Gatersleben
DDR - 4325

Anlage
Originalliste des während der Sammelreise in die Mongolische Volksrepublik 1987 gesammelten Saat- und Pflanzgut-Materials von Wildsippen der Gattung *Allium* L.

Bogd uul am Südrand von Ulan-Bator, 26. 7. 87

1 *Allium ramosum*
Flacher überweideter Bergsteppenhang mit vorherrschendem *Elymus sinensis* ca. 1 km südlich vom Zajsan-Hügel bei ca. 1350 m NN. Begleitpflanzen: *Allium senescens, Allium tenuissimum, Galium verum, Artemisia dracunculus, Stipa krylovii*

2 *Allium senescens*
Standort und Begleitpflanzen wie bei 1.

3 *Allium tenuissimum*
Standort und Begleitpflanzen wie bei 1.

4 *Allium anisopodium*
Flacher steiniger Bergsteppenhang in lockerem *Larix sibirica*-Bestand ca. 2 km südlich vom Zajsan-Hügel bei ca. 1400 m NN. Begleitpflanzen: *Allium bidentatum, Leontopodium ochroleucum, Papaver nudicaule, Veronica incana.*

5 *Allium bidentatum*
Standort und Begleitpflanzen wie bei 4.

6 *Allium altaicum*
Vernäßtes Hochplateau bei ca. 1900 m NN, am Rande eines offenen Kleinseggenrieds. Jungpflanzen, z. T. abgeweidet. Schwächlicher Wuchs durch den ungewöhnlichen Standort bedingt?

Sandige Artemisia frigida-Steppe südlich des Čingis uul bei ca. 1400 m NN; Aimak Töv, Somon Bajansurch; 29. 7. 87

7 *Allium bidentatum*
Begleitpflanzen: *Artemisia frigida, Caragana pygmaea, Heteropappus altaicus, Rheum undulatum, Dontostemon integrifolius, Silene jenisseensis, Allium leucocephalum* und *Medicago ruthenica.*

8 *Allium leucocephalum*
Begleitpflanzen wie bei 7.

Artemisia dracunculus-Steppe an der Nordseite des Cherlen bajan uul ca. 40 km nordöstlich der Autobrücke über den Cherlen gol am Wege nach Öndörchaan bei ca. 1500 m NN; Aimak Chentij, Somon Cenchermandal; 30. 7. 87

9 *Allium ramosum*
Begleitpflanzen: *Artemisia dracunculus, Rheum undulatum, Draba nemorosa, Limonium spec., Leontopodium leontopodioides, Linum sibiricum, Adenophora stenathina, Peucedanum vaginatum, Allium leucocephalum, Galium verum, Bupleurum bicaule, Pedicularis* spec., *Potentilla strigosa, Potentilla multifida.*

10 *Allium bidentatum*
Begleitpflanzen wie bei 9.

Südexponierte steinige Bergsteppe ca. 20 km nördlich von Žargalantchaan bei ca. 1630 m NN; Aimak Chentij, Somon Žargalantchaan; 30. 7. 87

11 *Allium anisopodium*
Begleitpflanzen: *Thermopsis dahurica, Dontostemon integrifolius, Erysimum flavum, Aster alpinus, Potentilla bifurca, Goniolimon speciosum, Cymbaria dahurica, Euphorbia discolor, Panzeria* cf. *lanata, Potentilla viscosa, Haplophyllum dauricum, Allium tenuissimum, Veronica linarüfolia.*

12 *Allium tenussimum*
Begleitpflanzen wie bei 11.

Tumencogt-Berge ca. 20 km westlich des Goschozzentrums Tumencogt; Aimak Süchbaatar; 1. 8. 87

13 *Allium bidentatum*
Sandige Steppe am südexponierten, flachen Unterhang bei ca. 1200 m NN. Begleitpflanzen: *Lilium pumilum, Phlomis tuberosa, Asparagus dahuricus, Clematis hexapetala, Glycyrrhiza uralensis, Ixeridium gramineum, Sedum aizoon, Saposhnikowia divaricata, Iris dichotoma.*

14 *Allium senescens*
Südexponierte sandige Felsflur bei ca. 1200 m NN in lückigem Gebüsch aus *Cotoneaster melanocarpa, Cotoneaster mongolica, Armeniaca sibirica, Ulmus macrocarpa, Amygdalus pedunculata* und *Spiraea aquilegifolia.*

15 *Allium tenuissimum*
Standort wie bei 14.

16 *Allium anisopodium*
Standort wie bei 14.

17 *Allium ramosum*
Standort wie bei 14.

18 *Allium prostratum*
Steinige Bergsteppe bei ca. 1350 m NN. Begleitpflanzen: *Filifolium sibiricum, Allium tenuissimum, Pulsatilla bungeana, Patrinia rupestris, Orostachys spinosa, Ptilotrichum tenuifolium.*

19 *Allium splendens*
Südostexponierte Felsflur bei ca. 1400 m NN. Begleitpflanzen: *Dasiphora fruticosa, Stellaria dichotoma, Thymus dahuricus, Malus baccata, Polygonum valerii, Thalictrum minus, Ephedra monosperma, Viburnum mongolicum, Rhamnus parvifolia, Crataegus dahurica, Amygdalus mongolica, Armeniaca sibirica, Galium verum, Spiraea* cf. *acutiloba, Polygonum cordifolium, Trifolium lupinaster, Veronica dahurica.*

Solončaksenke mit Halbwüstenvegetation zwischen der Steinkohlengrube Talbulag und dem Aimakzentrum Baruun urt; Aimak Süchbaatar; 2. 8. 87

20 *Allium polyrrhizum*
Lückige *Achnatherum splendens*-Bestände mit *Limonium aureum, Lepidium densiflorum, Suaeda corniculata, Micropeplis arachnoidea, Salsola* spec. und *Atriplex fera.*

Halbwüsten-Niederung ca. 10 km südöstlich des Aimakzentrums Baruun urt, Aimak Süchbaatar; 2. 8. 87

21 *Allium polyrrhizum*
Mit *Cymbaria dahurica, Reaumuria soongorica* und *Ptilotrichum tenuifolium* in lückigen Beständen von *Achnatherum splendens* bzw. in Reinbeständen.

Uferhang eines Takyrs bei ca. 1100 m NN ca. 50 km südlich vom Somonzentrum Aschat, Gebiet der Brigade Töchöm; Aimak Süchbaatar; 3. 8. 87

22 *Allium polyrrhizum*
Begleitpflanzen: *Convolvulus ammanii, Achnatherum splendens, Limonium aureum, Allium tenuissinum.*

Basaltkuppe Zotolchan; Somon Erdenecagaan, Aimak Süchbaatar; 4. 8. 87

23 *Allium ramosum*
Südexponierte Felsflur bei ca. 1350 m NN mit *Ephedra sinica* und *Allium senescens.*

24 *Allium senescens*
Standort wie bei 23.

25 *Allium tenuissimum*
Felsflur am Osthang unterhalb des Gipfels bei ca. 1370 m NN mit *Convolvulus* cf. *arvensis* und *Lilium pumilum.*

26 *Allium anisopodium*
Standort wie bei 25.

27 *Allium condensatum*
Bergsteppe am Nordhang bei ca. 1350 m NN in lückiger *Spiraea aquilegifolia-Ulmus pumila*-Gebüschflur. Begleitpflanzen: *Allium senescens, Sedum aizoon, Artemisia frigida, Stipa sibirica, Allium tenuissimum, Haplophyllum dauricum, Caragana microphylla, Caragana leucophloea* ssp. *stepposa, Alyssum lenense.*

Takyr mit Wüstenvegetation bei ca. 900 m NN ca. 30 km südwestlich vom Somonzentrum Matad, Gebiet Zuuntunger; Aimak Dornod; 5. 8. 87

28 *Allium mongolicum*
Mit *A. polyrrhizum, Limonium aureum* und *Ptilotrichum tenuifolium* zwischen *Achnatherum splendens*-Bulten.

Granitberge Cogunder ca. 15 km westlich vom Somonzentrum Matad; Aimak Dornod; 5. 8. 87

29 *Allium macrostemon*; mongol. zorem sarmis (wilder Knoblauch) An der Ostseite von Granitfelsen am Gipfel bei ca. 1200 m NN. Begleitpflanzen: *Artemisia dracunculus, Stipa sibirica, Galium verum, Bromus inermis, Artemisia priviniana, Rheum undulatum.*

Granitberge Matadchaan uula (= Ichčduud) ca. 12 km westlich vom Somonzentrum Matad; Aimak Dornod; 5. 8. 87

30 *Allium macrostemon*
An einer südwestexponierten Felswand bei 1200 m NN. Begleitpflanzen: *Artemisia priviniana, Artemisia dracunculus, Spiraea aquilegifolia, Thalictrum minus, Stipa sibirica* und *Galium verum.*

Felstal im Gebiet Bajanchangaj ca. 11 km südwestlich vom Somonzentrum Matad; Aimak Dornod; 6. 8. 87

31 *Allium ramosum*
Talgrund mit lockerem *Ulmus pumila*-Bestand (baumförmig) Begleitpflanzen: *Allium polyrrhizum* und *Elymus sibiricus.*

Niederung am Salzsee Sagiin dalai; Somon Matad, Aimak Dornod; 7. 8. 87

32 *Allium mongolicum*
Von den Einheimischen werden die Pflanzen wie die von *Allium polyrrhizum* gern als Gewürz verwendet.

Rand der Solončakniederung von Tamsarbulag bei ca. 720 m NN; Somon Chalchgol, Aimak Dornod; 8. 8. 87

33 *Allium mongolicum*
Zusammen mit *Allium polyrrhizum* in lockerem *Atriplex sibirica – Elymus sibirica* – Bestand auf sandigem Untergrund.

Steppenebene ca. 20 km nordöstlich von Tamsarbulag bei ca. 800 m NN; Somon Chalchgol, Aimak Dornod; 8. 8. 87

34 *Allium condensatum*
Begleitpflanzen: *Serratula centauroides, Astragalus tenuis, Chamaerhodos erecta, Allium anisopodium, Artemisia xanthochroa, Cleistogenes squarrosa, Allium ramosum, Allium senescens, Allium tenuissimum, Caragana microphylla, Saposhnikovia divaricata.*

35 *Allium anisopodium*
Begleitpflanzen wie bei 34.

36 *Allium tenuissimum*
Begleitpflanzen wie bei 34.

Flußaue des Chalchyn gol ca. 7 km südöstlich des Goschozzentrums Sumber (früher Chamar daba) bei ca. 780 m NN, Somon Chalchgol, Aimak Dornod; 8. 8. 87

37 *Allium senescens*
Auf einer sandigen Uferbank zusammen mit *Allium ramosum.*

38 *Allium ramosum*
Auf einer sandigen Uferbank zusammen mit *Allium senescens.*

39 *Allium neriniflorum*
Degradierte Uferwiese am Rande eines Bewässerungsgrabens. Begleitpflanzen: *Stipa krylovii, Cleistogenes squarrosa, Heteropappus altaicus, Artemisia annua, Potentilla bifurca, Carex duriuscula, Leymus sinensis, Saposhnikovia divaricata, Medicago ruthenica.* Bereits bei Ende der Blütezeit Austrieb eines neuen Blattes.

Hochfläche über der Niederung des Chalchyn gol westlich vom Goschozzentrum Sumber bei 840 m NN; Somon Chalchgol, Aimak Dornod, 9. 8. 87

40 *Allium bidentatum*
Elymus sibirica-Steppe mit *Filifolium sibiricum, Haplopappus dahuricus, Thalictrum squarrosum, Iris lactea, Bupleurum bicaule, Astragalus melilotoides, Artemisia frigida* und *Ptilotrichum dahuricum.*

Kulturpflanze 36 · 1988 · 549–569

Literatur über archäologische Kulturpflanzenreste (1986/1987)

JÜRGEN SCHULTZE-MOTEL

(Eingegangen am 4. Januar 1988)

Zusammenfassung

In Fortsetzung von Bibliographien über archäologische Kulturpflanzenreste wurde die einschlägige Literatur der Jahre 1986/1987 zusammengestellt und der Inhalt der erfaßten 130 Arbeiten kurz kommentiert.

Einleitung

Die Bibliographie über archäologische Kulturpflanzenreste wird hiermit fortgesetzt (vgl. SCHULTZE-MOTEL 1987). Es wurde versucht, die entsprechende Literatur der Jahre 1986/1987 zu erfassen. Bisher übersehene Titel aus früheren Jahren oder solche, die nicht eher zu beschaffen waren, sind ebenfalls aufgenommen worden.

Bei der Auffindung und Bereitstellung der Literatur hat mir Frau Bibliothekarin V. SCHNEIDER (Landesmuseum für Vorgeschichte Halle/S.) wieder in selbstloser Weise geholfen. Frau Dr. MARIA HOPF (Römisch-Germanisches Zentralmuseum Mainz) und Herr Dr. H.-H. MÜLLER (Zentralinstitut für Alte Geschichte und Archäologie Berlin) übermittelten zahlreiche Zitate. Frau Dr. HOPF stellte außerdem zahlreiche Literaturstellen zur Verfügung, die mir sonst nicht erreichbar gewesen wären. Allen Genannten danke ich sehr herzlich für ihre unschätzbare Unterstützung.

Bei den Einzelangaben zu den alphabetisch angeordneten Arten wurden folgende Abkürzungen verwendet: N = Neolithikum, Bz = Bronzezeit, Ez = Eisenzeit, Rz = Römerzeit, Ma = Mittelalter.

Die Hinweise auf die Literatur erfolgen durch in Klammern stehende Zahlen.

Die einzelnen Funde

Amygdalus communis L., Mandelbaum
Grotte de l'Uzzo (Trapani), Sizilien, N (23).

Anethum graveolens L., Dill
Lübeck, BRD, Ma (73); Praha, ČSSR, Ma (25); Opava, ČSSR, 17.–18. Jh. (91).

Apium graveolens L., Sellerie
Lübeck, BRD, Ma (73); Pesse, Niederlande, Ma (128); Opava, ČSSR, 17.–18. Jh. (91).

Arachis hypogaea L., Erdnuß
Isaccea, SR Rumänien, ohne Zeitangabe (94).

Armeniaca vulgaris LAM., Aprikose
Olomouc, ČSSR, 10.–11. Jh. (93).

Atriplex hortensis L., Gartenmelde
Pesse, Niederlande, Ma (128).

Avena sativa L., Hafer
Preutești, SR Rumänien, Cucuteni (16); Łagiewniki, VR Polen, Lausitzer Kultur (58); Assendelver Polder, Niederlande, frühe Ez (111); Sobiejuchy, VR Polen, Hallstatt C–D (59); Kobylniki, VR Polen, Ez (60); Helfta, Kr. Eisleben, DDR, Spätlatènezeit und Ma (100); Augst, Schweiz, Rz: 1./2. Jh. (46); Cîrcea Viaduct, com. Coșoveni, SR Rumänien, 2.–3. Jh. (15); Vineți, com. Spineni, SR Rumänien, 4. Jh. (15); Archsum auf Sylt, BRD, 8.–10. Jh. (67); Fundu-Herții, SR Rumänien, 9.–10. Jh. (14); Olomouc, ČSSR, 10.–11. Jh. (93); Lublin, Franknowo und Piotrawin, VR Polen, frühes Ma (61); mehrere Funde in der ČSSR, frühes Ma (109); Praha, ČSSR, Ma (25); Odoorn und Pesse, Niederlande, Ma (128); Groningen, Niederlande, 17. Jh. (125); Opava, ČSSR, 17.–18. Jh. (91).

Avena strigosa SCHREB., Sandhafer
Archsum auf Sylt, BRD, 8.–10. Jh. (67); Pesse, Niederlande, Ma (128); Castlehill of Strachan, Nordost-Schottland, Ma (9).

Brassica L.
Assendelver Polder, Niederlande, frühe Ez (111): cf. *rapa* L.; Popești, com. Mihăilești, SR Rumänien, Latène (15): cf. *nigra* (L.) KOCH; Lübeck, BRD, Ma (73): *napus* L./*rapa* L.

Camelina sativa (L.) CRANTZ, Leindotter
Assendelver Polder, Niederlande, frühe Ez (111); Colmschate, Niederlande, Ez (12); Hamburg-Langenbek, BRD, Ez (68); Piscul Crăsani, com. Balaciu, SR Rumänien, Latène (15); Archsum auf Sylt, BRD, Kaiserzeit (67); Pesse, Niederlande, Ma (128).

Cannabis sativa L., Hanf
Popești, com. Mihăilești, SR Rumänien, Latène (15); Olomouc, ČSSR, frühes Ma (90); ČSSR, frühes Ma (109); Olomouc, ČSSR, 10.–11. Jh. (93); Groningen, Niederlande, 17. Jh. (125); Opava, ČSSR, 17.–18. Jh. (91).

Carum carvi L., Kümmel
Groningen, Niederlande, 18. Jh. (125).

Cerasus avium (L.) MOENCH, Süßkirsche
Praha, ČSSR, Ma (25); Opava, ČSSR, 17.–18. Jh. (91); Groningen, Niederlande, 17.–18. Jh. (125).

Cerasus vulgaris P. MILLER, Sauerkirsche
Cowick, England, Ma: 14. Jh. (31); Opava, ČSSR, 17.–18. Jh. (91); Groningen, Niederlande, 17. und 18. Jh (125).

Chenopodium berlandieri MOQ.
Nach Früchten aus prähistorischen Fundstellen im östlichen Nord-Amerika wurde eine neue Unterart (ssp. *jonesianum* BRUCE SMITH) beschrieben (105).

Cicer arietinum L., Kichererbse
Balma Abeurador, Frankreich, Mesolithic (114, 115); Kurban Höyük, Türkei, frühe Bz (82); Sümeg, VR Ungarn, 16. Jh. (104).

Coriandrum sativum L., Koriander
Praha, ČSSR, Ma (25); Opava, ČSSR, 17.–18. Jh. (91); Groningen, Niederlande, 17. und 18. Jh. (125).

Corylus avellana L., Haselnuß
Opava, ČSSR, 17.–18. Jh. (91).

Cucumis sativus L., Gurke
Groningen, Niederlande, 17. Jh. (125); Opava, ČSSR, 17.–18. Jh. (91).

Cucurbita pepo L., Gartenkürbis
Guilá Naquitz, Oaxaca, Mexiko, preceramic levels (106).

Daucus carota L., Gartenmöhre
Popeşti, com. Mihăileşti, SR Rumänien, Latène (15); Praha, ČSSR, Ma (25); Groningen, Niederlande, 17. Jh. (125); Opava, ČSSR, 17.–18. Jh. (91).

Erythroxylum coca LAM., Koka-Strauch
Upper Mantaro Valley, Peru, Late Intermediate and Late Horizon-Early Colonial Periods (37).

Fagopyrum esculentum MOENCH, Buchweizen
Opava, ČSSR, 17.–18. Jh. (91); Groningen, Niederlande, 17. und 18. Jh. (125).

Ficus carica L., Eßfeige
Grotte de l'Uzzo (Trapani), Sizilien, N (23); Lübeck, BRD, Ma (73); Praha, ČSSR, Ma (25); Cowick, England, Ma: 14. Jh. (31); Opava, ČSSR, 13./14. und 17.–18. Jh. (91); Groningen, Niederlande, 17. und 18. Jh. (125).

Foeniculum vulgare MILL., Fenchel
Marseille, Frankreich, 3. Jh. (10); Pesse, Niederlande, Ma (128); Cowick, England, Ma: 14. Jh. (31).

Fragaria vesca L., Wald-Erdbeere
Opava, ČSSR, 13./14. und 17.–18. Jh. (91); Groningen, Niederlande, 17. und 18. Jh. (125).

Fragaria viridis WESTON, Hügel-Erdbeere
Opava, ČSSR, 13./14. Jh. (91).

Glycine max (L.) MERR., Sojabohne
Yongji, Jilin, China, Alter? (72).

Helianthus annuus L., Sonnenblume
Samen und Achänen der var. *macrocarpus* (DC.) CKLL. aus zahlreichen archäologischen Fundplätzen im östlichen Nord-Amerika zeigen eine allmähliche durchschnittliche Größenzunahme während der letzten 3000 Jahre der Vorgeschichte (123).

Hordeum spontaneum C. KOCH
Mureybit, Nord-Syrien, Late-Palaeolithic (127); Ganj Dareh Tepe, Iran, ca. 7500–6600 v. u. Z. (129); Netiv Hagdud, Israel, frühes N (5, 55).

Hordeum vulgare L., Saat-Gerste
Ganj Dareh Tepe, Iran, ca. 7500–6600 v. u. Z. (129), auch *spontaneum*; Netiv Hagdud, Israel, frühes N (5, 55), auch *spontaneum*; Fontanelle, Italien, Ende des 7. Jt. v. u. Z. (20); Le Macchie und Torre Canne, Italien, 6. Jt. v. u. Z. (20); Khirokitia, Zypern, aceramic Neolithic: Mitte des 6. Jt. v. u. Z. (81); Ras Shamra, Syrien, N: ca. 5750–5250 v. u. Z. und Halaf levels (126); Grotte de l'Uzzo (Trapani), Sizilien, Beginn des 5. Jt. v. u. Z. (23); Bendebal, Iran, spätes 5. Jt. v. u. Z. (80); Kremenik bei Sapareva Banja VR Bulgarien, frühes N (13); Jaffarabad, Iran, frühes 4. Jt. v. u. Z. (80); Cecima (Pavia), Italien, Beginn des 4. Jt. v. u. Z. (103); Dolní Břežany, ČSSR, Linear Pottery culture (108); Aldingen, Kr. Ludwigsburg, BRD, Beginn des Jungneolithikums: Schwieberdinger Gruppe (96); Tell el Kown, Syrien, N (124); Hienheim, Ldkr. Kelheim, BRD, Chamer Gruppe (2); Großsachsenheim, Kr. Ludwigsburg, BRD, mittleres N: Schussenrieder Kultur (95); Funde in Nord-Italien, N (85); Ripa Tetta bei Lucera (Apulia), Italien, N: Impresso-Keramik (24); Ittre (Brabant, Belgique), Épi-Roessen/Michelsberg (38); mehrere Fundorte in der SR Rumänien, Précucuteni und Cucuteni (16); Garbina, VR Polen, spätes N (57); Shiqmim, Israel, Chalcolithic (54); Celei, SR Rumänien, Eneolithikum – Bz (15); Kurban Höyük, Türkei, Halaf bis Bz (82); Minshat Abu Omar, Ägypten, Zeitstellung? (65); mehrere Fundorte in Niederbayern, frühe Bz bis Hallstatt (1); Wādī Yanā'im und Al-Masannah, Yemen, Bz (22); Oarța de sus, SR Rumänien, Bz (15); Nersingen, Ldkr. Neu-Ulm, BRD, mittlere Bz und späte Hallstatt (121); Belmonte, Westalpen, Italien, späte Bz (86); Archsum auf Sylt, BRD, Bz bis Wikingerzeit (67); Łagiewniki, VR Polen, Lausitzer Kultur (58); Scuol-Munt Baselgia, Unterengadin, Schweiz, ältere Ez (41); Assendelver Polder, Niederlande, frühe Ez (111); Babadag, SR Rumänien, Hallstatt (15); Sobiejuchy, VR Polen, Hallstatt C–D (59); Sopron-Krautacker, VR Ungarn, Ez (49); Colmschate, Nieder-

lande, Ez (12); Hamburg-Langenbek, BRD, Ez (68); L'Arriasse, Vic-le-Fesq (Gard), Frankreich, Ez (74); Kobylniki, VR Polen, Ez (60); Ville Royale II, Susa, Iran, 8.–7. Jh. v. u. Z. und 1. Jh. u. Z. (79); Unteres Dnestr-Gebiet, UdSSR, 6.–5. Jh. v. u. Z. (69); Piscul Crăsani und Popeşti, SR Rumänien, Latène (15); Haćki, VR Polen, Latène (62); Strachotín, ČSSR, Latène (19); Helfta, Kr. Eisleben, DDR, Spätlatènezeit und Ma: 14.–15. Jh. (100); Augst, Schweiz, Rz: 1./2. Jh. (46); Natal-Yattir, Israel, Rz: 135 u. Z. (53); Cîrcea Viaduct, com. Coşoveni, SR Rumänien, 2.–3. Jh. (15); Cueva de Don Gaspar, Icod (Tenerife), 200–560 u. Z. (42); Kosel, Kr. Rendsburg-Eckernförde, BRD, späte römische Kaiserzeit und Wikingerzeit (66); Poříčany, ČSSR, slawisch (110); Fundu-Herţii, SR Rumänien, 9.–10. Jh. (14); mehrere Funde in der ČSSR, frühes Ma (109); Lublin und Piotrawin, VR Polen, frühes Ma (61); Pesse und Odoorn, Niederlande, Ma (128); Lübeck, BRD, Ma (73); Castlehill of Strachan und Nethermills Farm, Nordost-Schottland, Ma (9); Uherské Hradiště, ČSSR, 14. Jh. (87); Groningen, Niederlande, 17. Jh. (125); Opava, ČSSR, 17.–18. Jh. (91).

Humulus lupulus L., Hopfen
Lübeck, BRD, Ma (73); Praha, ČSSR, Ma (25); Opava, ČSSR, 17.–18. Jh. (91).

Hyssopus officinalis L., Ysop
Groningen, Niederlande, 18. Jh. (125).

Iva annua L.
Samen und Achänen der var. *macrocarpa* (Blake) Jackson aus zahlreichen archäologischen Fundplätzen im östlichen Nord-Amerika zeigen eine allmähliche durchschnittliche Größenzunahme während der letzten 3000 Jahre der Vorgeschichte (123).

Juglans regia L., Walnußbaum
Sümeg, VR Ungarn, 16. Jh. (104); Opava, ČSSR, 17.–18. Jh. (91); Groningen, Niederlande, 17. und 18. Jh. (125); Isaccea, SR Rumänien, ohne Zeitangabe (94).

Lagenaria siceraria (Mol.) Standl., Flaschenkürbis
Guilá Naquitz, Oaxaca, Mexiko, preceramic levels (106).

Lathyrus cicera L., Rote Platterbse und *Lathyrus sativus* L., Saat-Platterbse
Balma Abeurador, Frankreich, Mesolithic (114, 115); Ras Shamra, Syrien, N: ca. 5750–5250 v. u. Z. (126).
Die archäologischen Funde dieser Arten sind von Kislev (52) und Marinval (75) zusammengestellt worden.

Laurus nobilis L., Lorbeerbaum
Marseille, Frankreich, 3. Jh. (10).

Lens culinaris MEDIK., Linse
Balma Abeurador, Frankreich, Mesolithic (114, 115); Ganj Dareh Tepe, Iran, ca. 7500–6600 v. u. Z. (129), Wildform; Ras Shamra, Syrien, N: ca. 5750–5250 v. u. Z. und Halaf levels (126); Khirokitia, Zypern, aceramic Neolithic: Mitte des 6. Jt. v. u. Z. (81); Grotte de l'Uzzo (Trapani), Sizilien, frühes N: 6. Jt. v. u. Z. (23); Shiqmim, Israel, Chalcolithic (54); Jaffarabad, Iran, frühes 4. Jt. v. u. Z. (80); Hienheim, Ldkr. Kelheim, BRD, Linearkeramik (2); Kurban Höyük, Türkei, Halaf bis Bz (82); Belmonte, Westalpen, Italien, späte Bz (86); Sobiejuchy, VR Polen, Hallstatt C–D (59); Sopron-Krautacker, VR Ungarn, Ez (49); Piscul Crăsani, com. Balaciu, SR Rumänien, Latène (15); Ville Royale II, Susa, Iran, 1. Jh. (79); Natal-Yattir, Israel, Rz: 135 u. Z. (53); Murighiol, SR Rumänien, 2.–3. Jh. (15); Lublin und Piotrawin, VR Polen, frühes Ma (61); ČSSR, frühes Ma (109); Sümeg, VR Ungarn, 16. Jh. (104).

Levisticum officinale W. KOCH, Liebstöckel
Praha, ČSSR, Ma (25); Opava, ČSSR, 17.–18. Jh. (91).

Linum usitatissimum L., Lein, Flachs
Ras Shamra, Syrien, N: ca. 5750–5250 v. u. Z. und Halaf levels (126); Hienheim, Ldkr. Kelheim, BRD, Linearbandkeramik (2); Aiterhofen, Niederbayern, Linearbandkeramik und Vilsbiburg, Niederbayern, Münchshöfener Gruppe (1); Rivaux (Haute-Loire), Frankreich, Chasséen (77); Kurban Höyük, Türkei, Halaf, spätes Chalkolithikum und frühe Bz (82); Assendelver Polder, Niederlande, frühe Ez (111); Sopron-Krautacker, VR Ungarn, Ez (49); Colmschate, Niederlande, Ez (12); Helfta, Kr. Eisleben, DDR, Spätlatènezeit und Ma: 14.–15. Jh. (100); Starigard, Oldenburg, BRD, slawisch (117); Cottbus, DDR, spätslawisch (18); Archsum auf Sylt, BRD, Kaiserzeit, Völkerwanderungszeit und Wikingerzeit (67); Kosel, Kr. Rendsburg-Eckernförde, BRD, Wikingerzeit (66); ČSSR, frühes Ma (109); Cowick, England, Ma: 14. Jh. (31); Pesse und Odoorn, Niederlande, Ma (128); Lübeck, BRD, Ma (73); Opava, ČSSR, 17.–18. Jh. (91).

Malus sylvestris (L.) P. MILLER und *Malus domestica* BORKH., Apfel
Las Stocki, VR Polen, N (70); Cowick, England, Ma: 14. Jh. (31); Lübeck, BRD, Ma (73); Praha, ČSSR, Ma (25); Sümeg, VR Ungarn, 16. Jh. (104); Opava, ČSSR, 17.–18. Jh. (91); Groningen, Niederlande, 17. und 18. Jh. (125).

Mespilus germanica L., Echte Mispel
Groningen, Niederlande, 17. und 18. Jh. (125).

Morus nigra L., Schwarzer Maulbeerbaum
Praha, ČSSR, Ma (25).

Olea europaea L., Ölbaum
Khirokitia, Zypern, aceramic Neolithic, Mitte des 6. Jt. v. u. Z. (81); Grotte de l'Uzzo (Trapani), Sizilien, N (23); Marseille, Frankreich, 3. Jh. (10).

Oryza sativa L., Reis

Koldihwa und Mahagara, Indien, 7.–6. Jt. v. u. Z. (102); Ville Royale II, Susa, Iran, 1. Jh. (79); Groningen, Niederlande, 17. Jh. (125); Opava, ČSSR, 17.–18. Jh. (91).

Panicum miliaceum L., Rispenhirse

Garbina, VR Polen, spätes N (57); Wādī Yanā'im, Yemen, Bz (22); mehrere Fundorte in Niederbayern, mittlere Bz bis Rz (1); Belmonte, Westalpen, Italien, späte Bz (86); Łagiewniki, VR Polen, Lausitzer Kultur (58); Assendelver Polder, Niederlande, frühe Ez (111); Sobiejuchy, VR Polen, Hallstatt C–D (59); Nersingen, Ldkr. Neu-Ulm, BRD, späte Hallstattzeit (121); L'Arriasse, Vic-le-Fesq (Gard), Frankreich, Ez (74); Kobylniki, VR Polen, Ez (60); Sopron-Krautacker, VR Ungarn, Ez (49); Hamburg-Langenbek, BRD, Ez (68); Colmschate, Niederlande, Ez (12); Unteres Dnestr-Gebiet, UdSSR, 6.–5. Jh. v. u. Z. (69); Haćki, VR Polen, Latène (62); Strachotín, ČSSR, Latène (19); Piscul Crăsani, com. Balaciu, SR Rumänien, Latène (15); Helfta, Kr. Eisleben, DDR, Spätlatènezeit (100); mehrere Fundorte im mittleren Saône-Tal, Frankreich, 1. Jh. (8); Augst, Schweiz, Rz: 1./2. Jh. (49); Cîrcea Viaduct, com. Coşoveni, SR Rumänien, 2.–3. Jh. (15); Vineţi, com. Spineni, SR Rumänien, 4. Jh. (15); Kosel, Kr. Rendsburg-Eckernförde, BRD, späte römische Kaiserzeit und Wikingerzeit (66); Fundu-Herţii, SR Rumänien, 9.–10. Jh. (14); Olomouc, ČSSR, 10.–11. Jh. (93); Lublin, VR Polen, frühes Ma (61); Franknowo, VR Polen, frühes Ma (61); ČSSR, frühes Ma (109); Szczecin-Ustowo, VR Polen, frühes Ma: 12.–13. Jh. (56); Pesse und Odoorn, Niederlande, Ma (128); Praha, ČSSR, Ma (25); Sümeg, VR Ungarn, 16. Jh. (104); Groningen, Niederlande, 17. Jh. (125); Opava, ČSSR, 17.–18. Jh. (91).

Papaver somniferum L., Schlafmohn

Michaelsbuch, Niederbayern, Hallstatt (1); Lübeck, BRD, Ma (73); Praha, ČSSR, Ma (25); Opava, ČSSR, 17.–18. Jh. (91).

Hinweise zum Gebrauch des Opiums in der Bronzezeit des östlichen Mittelmeergebietes hat BEHN (6) zusammengestellt.

Pennisetum americanum (L.) LEEKE, Perlhirse

Nqoma am Tsodilo, Botswana, 9.–10. Jh. und Matlhapaneng am südöstlichen Okavango, Botswana, spätes 7.–10. Jh. (27).

Persica vulgaris P. MILLER, Pfirsich

Uherské Hradiště, ČSSR, 13. Jh. (87); Sümeg, VR Ungarn, 16. Jh. (104); Groningen, Niederlande, 18. Jh. (125).

Petroselinum crispum (MILL.) NYM., Petersilie

Opava, ČSSR, 17.–18. Jh. (91).

Phaseolus lunatus L., Mondbohne

DEBOUCK et al. (26) nennen einige archäologische Reste der Mondbohne.

Phoenix dactylifera L., Dattelpalme
Ville Royale II, Susa, Iran, 7. Jh. v. u. Z. und 1. Jh. u. Z. (79); Minshat Abu Omar, Ägypten, Zeitstellung? (65).

Pisum sativum L., Erbse
Balma Abeurador, Frankreich, Mesolithic (114, 115); Grotte de l'Uzzo (Trapani), Sizilien, 9. Jt. v. u. Z. und N (23); Ganj Dareh Tepe, Iran, ca. 7500–6600 v. u. Z. (129); Ras Shamra, Syrien, N: ca. 5750–5250 v. u. Z. und Halaf levels (126); Hienheim, Ldkr. Kelheim, BRD, Linearbandkeramik bis Bz (2); Aiterhofen, Niederbayern, Linearbandkeramik und Ergolding, Niederbayern, Rz (1); Rivarolo Mantovano, Nord-Italien, N (85); Las Stocki, VR Polen, N (70); Văleni, SR Rumänien, Cucuteni (16); Großsachsenheim, Kr. Ludwigsburg, BRD, mittleres N: Schussenrieder Kultur (95); Kurban Höyük, Türkei, Halaf bis Bz (82); Sobiejuchy, VR Polen, Hallstatt C–D (59); Colmschate, Niederlande, Ez (12); Strachotín, ČSSR, Latène (19); Piscul Crăsani, SR Rumänien, Latène (15); Kosel, Kr. Rendsburg-Eckernförde, BRD, späte römische Kaiserzeit und Wikingerzeit (66); ČSSR, frühes Ma (109); Piotrawin, VR Polen, frühes Ma (61); Pesse, Niederlande, Ma (128); Praha, ČSSR, Ma (25); Uherské Hradiště, ČSSR, 14. Jh. (87); Helfta, Kr. Eisleben, DDR, Ma: 14.–15. Jh. (100); Sümeg, VR Ungarn, 16. Jh. (104).

Prunus cerasifera EHRH., Kirschpflaume
Opava, ČSSR, 17.–18. Jh. (91).

Prunus domestica L., Pflaume
Sărata Monteoru, com. Merei, SR Rumänien, Cucuteni (16); Belmonte, Westalpen, Italien, späte Bz (86); Sopron-Krautacker, VR Ungarn, Ez (49); Olomouc, ČSSR, 10.–11. Jh. (93); Cowick, England, Ma: 14. Jh. (31); Opava, ČSSR, 17.–18. Jh. (91); Groningen, Niederlande, 17. und 18. Jh. (125).

Prunus spinosa L., Schlehdorn
Opava, ČSSR, 17.–18. Jh. (91).

Pyrus pyraster (L.) BURGSD. und *Pyrus communis* L., Birne
Sümeg, VR Ungarn, 16. Jh. (104); Opava, ČSSR, 17.–18. Jh. (91); Groningen, Niederlande, 17. und 18. Jh. (125).

Ribes rubrum L., Rote Johannisbeere
Groningen, Niederlande, 17. und 18. Jh. (125).

Rubus caesius L., Kratzbeere
Opava, ČSSR, 17.–18. Jh. (91).

Rubus fruticosus agg., Brombeere
Sopron-Krautacker, VR Ungarn, Ez (49); Praha, ČSSR, Ma (25); Opava, ČSSR, 13./14. und 17.–18. Jh. (91); Groningen, Niederlande, 17. und 18. Jh. (125).

Rubus idaeus L., Himbeere
Praha, ČSSR, Ma (25); Opava, ČSSR, 13./14. und 17.–18. Jh. (91); Groningen, Niederlande, 18. Jh. (125).

Sambucus nigra L., Schwarzer Holunder
Praha, ČSSR, Ma (25).

Secale cereale L., Roggen
Oarța de sus, VR Rumänien, Bz (15); Hamburg-Langenbek, BRD, Ez (68); Augst, Schweiz, Rz: 1./2. Jh. (46); Cîrcea Viaduct, com. Coşoveni, SR Rumänien, 2.–3. Jh. (15); Vineți, com. Spineni, SR Rumänien, 4. Jh. (15); Murighiol, SR Rumänien, 6. Jh. (15); Kosel, Kr. Rendsburg-Eckernförde, BRD, späte römische Kaiserzeit und Wikingerzeit (66); Archsum auf Sylt, BRD, Völkerwanderungszeit und Wikingerzeit (67); Poříčany, ČSSR, slawisch (110); Starigard/Oldenburg, BRD, slawisch (117); Fundu-Herții, SR Rumänien, 9.–10. Jh. (14); ČSSR, Ma (109); Lublin und Piotrawin, VR Polen, frühes Ma (61); Olomouc, ČSSR, 10–11. Jh. (93); Praha, ČSSR, Ma (25); Uherské Hradiště, ČSSR, 14. Jh. (87); Helfta, Kr. Eisleben, DDR, Ma: 14.–15. Jh. (100); Lübeck, BRD, Ma (73); Pesse und Odoorn, Niederlande, Ma (128); Sümeg, VR Ungarn, 16. Jh. (104); Groningen, Niederlande, 17. und 18. Jh. (125).

Setaria italica (L.) PAL. BEAUV., Borstenhirse
Unteres Dnestr-Gebiet, UdSSR, 6.–5. Jh. v. u. Z. (69); Opava, ČSSR, 17.–18. Jh. (91).

Solanum L.
Die bisher ältesten Kartoffelreste (ca. 11000 v. u. Z.) wurden in Monte Verde, Chile, gefunden. Sie gehören zu der Wildart *Solanum maglia* SCHLECHTENDAL (113).

Sorbus domestica L., Speierling
Sümeg, VR Ungarn, 16. Jh. (104).

Sorghum bicolor (L.) MOENCH
Nqoma am Tsodilo, Botswana, 9.–10. Jh. und Matlhapaneng am südöstlichen Okavango, Botswana, spätes 7.–10. Jh. (27).

Sorghum sp.
Wādī Yanā'im, Yemen, Bz (22).

Triticum aestivum L., Saatweizen (einschl. *Tr. compactum* HOST)
Aldingen, Kr. Ludwigsburg, BRD, Beginn des Jungneolithikums: Schwieberdinger Gruppe (96); Funde in Nord-Italien, N (85); Ripa Tetta bei Lucera (Apulia), Italien, N: Impresso-Keramik (24); Las Stocki, VR Polen, N (70); Ittre (Brabant, Belgique), Épi-Roessen/Michelsberg (38); Großsachsenheim, Kr. Ludwigsburg, BRD, mittleres N: Schussenrieder Kultur (95); mehrere Fundorte in der SR Rumänien, Précucuteni und Cucuteni (16); Garbina, VR Polen, spätes N (57); Kurban Höyük, Türkei, Halaf bis Bz (82); Wādī al-'Iš,

Yemen, Bz (22); Oarța de sus, SR Rumänien, Bz (15); Belmonte, Westalpen, Italien, späte Bz (86); Łagiewniki, VR Polen, Lausitzer Kultur (58); Scuol-Munt Baselgia, Unterengadin, Schweiz, ältere Ez (41); Sobiejuchy, VR Polen, Hallstatt C–D (59); Hamburg-Langenbek, BRD, Ez (68); Ville Royale II, Susa, Iran, 8.–7. Jh. v. u. Z. und 1. Jh. u. Z. (79); Unteres Dnestr-Gebiet, UdSSR, 6.–5. Jh. v. u. Z. (69); Piscul Crăsani, SR Rumänien, Latène (15); Strachotín, ČSSR, Latène (19); Helfta, Kr. Eisleben, DDR, Spätlatènezeit und Ma: 14.–15. Jh. (100); Archsum auf Sylt, BRD, 1. Jh. v. u. Z., Wikingerzeit (67); Augst, Schweiz, Rz: 1./2. Jh. (46); Cîrcea Viaduct, com. Coșoveni, SR Rumänien, 2.–3. Jh. (15); Cueva de Don Gaspar, Icod (Tenerife), 200–560 u. Z. (42); Vineți, com. Spineni, SR Rumänien, 4. Jh. (15); Murighiol, SR Rumänien, 6. Jh. (15); Kosel, Kr. Rendsburg-Eckernförde, BRD, späte römische Kaiserzeit und Wikingerzeit (66); Starigard/Oldenburg, BRD, slawisch (117); Poříčany, ČSSR, slawisch (110); Fundu-Herții, SR Rumänien, 9.–10. Jh. (14); Olomouc, ČSSR, 10.–11. Jh. (93); ČSSR, frühes Ma (109); Lublin, Franknowo und Piotrawin, VR Polen, frühes Ma (61); Praha, ČSSR, Ma (25); Lübeck, BRD, Ma (73); Opava, ČSSR, 13./14. und 17.–18. Jh. (91); Uherské Hradiště, ČSSR, 14. Jh. (87); Collfryn (Wales), Großbritannien, Ma: 15. Jh. (11); Sümeg, VR Ungarn, 16. Jh. (104).

Triticum boeoticum BOISS., Wild-Einkorn
Mureybit, Nord-Syrien, Late-Palaeolithic (127).

Triticum dicoccon SCHRANK, Emmer
Fontanelle, Italien, Ende des 7. Jt. v. u. Z. (20); Le Macchie und Torre Canne, Italien, 6. Jt. v. u. Z. (20); Ras Shamra, Syrien, N: ca. 5750–5250 v. u. Z. und Halaf levels (126); Grotte de l'Uzzo (Trapani), Sizilien, frühes N: 6. Jt. v. u. Z. (23); Kremenik bei Sapareva Banja, VR Bulgarien, frühes N (13); Dolní Břežany, ČSSR, Linear pottery culture (108); mehrere Fundorte in Niederbayern, Linearbandkeramik bis Hallstatt (1); Hienheim, Ldkr. Kelheim, BRD, Linearbandkeramik, Mittel-Neolithikum, Chamer Gruppe (2); Aldingen, Kr. Ludwigsburg, BRD, Beginn des Jungneolithikums: Schwieberdinger Gruppe (96); Ripa Tetta bei Lucera (Apulia), Italien, N: Impresso-Keramik (24); mehrere Fundorte in der SR Rumänien, Précucuteni und Cucuteni (16); Rivaux (Haute-Loire), Frankreich, Chasséen (77); Tell el Kowm, Syrien, N (124); Jaffarabad, Iran, frühes 4. Jt. v. u. Z. (80); Großsachsenheim, Kr. Ludwigsburg, BRD, mittleres N: Schussenrieder Kultur (95); Funde in Nord-Italien, N (85); Dolní Břežany, ČSSR, N (88); Las Stocki, VR Polen, N (70); Kurban Höyük, Türkei, Halaf bis Bz (82); Garbina, VR Polen, spätes N (57); Shiqmim, Israel, Chalcolithic (54); Celei, SR Rumänien, Eneolithikum – Bz (15); Łagiewniki, VR Polen, Lausitzer Kultur (58); Wādī al-'Iš, Yemen, Bz (22); Oarța de sus, SR Rumänien, Bz (15); Archsum auf Sylt, BRD, Bz, Kaiserzeit, Wikingerzeit (67); Assendelver Polder, Niederlande, frühe Ez (111); Babadag, SR Rumänien, Hallstatt (15); Sobiejuchy, VR Polen, Hallstatt C–D (59); Hamburg-Langenbek, BRD, Ez (68); Colmschate, Niederlande, Ez (12); L'Arriasse, Vic-le-Fesq (Gard), Frankreich, Ez (74); Piscul Crăsani, com. Balaciu, SR Rumänien, Latène (15); Strachotín, ČSSR, Latène (19); Helfta, Kr. Eisleben, DDR, Spätlatènezeit

(100); Unteres Dnestr-Gebiet, UdSSR, 6.–5. Jh. v. u. Z. (69); Augst, Schweiz, Rz: 1./2. Jh. (46); Natal-Yattir, Israel, Rz: 135 u. Z. (53); Cîrcea Viaduct, com. Coşoveni, SR Rumänien, 2.–3. Jh. (15); ČSSR, frühes Ma (109); Pesse und Odoorn, Niederlande, Ma (128); Collfryn (Wales), Großbritannien, Ma: 15. Jh. (11); Sümeg, VR Ungarn, 16. Jh. (104).

Triticum durum DESF., Hartweizen
Ras Shamra, Syrien, N: ca. 5750–5250 v. u. Z. und Halaf levels (126); Tell el Kowm, Syrien, N (124); Aldingen, Kr. Ludwigsburg, BRD, Beginn des Jungneolithikums, Schwieberdinger Gruppe (96); Poduri, SR Rumänien, Précucuteni (16); Oarţa de sus, SR Rumänien, Bz (15); Cîrcea Viaduct, com. Coşoveni, SR Rumänien, 2.–3. Jh. (15); Vineţi, com. Spineni, SR Rumänien, 4. Jh. (15); Murighiol, SR Rumänien, 6. Jh. (15).

Triticum monococcum L., Einkorn
Fontanelle, Italien, Ende des 7. Jt. v. u. Z. (20); Khirokitia, Zypern, aceramic Neolithic: Mitte des 6. Jt. v. u. Z. (81); Ras Shamra, Syrien N: ca. 5750–5250 v. u. Z. und Halaf levels (126); Le Macchie und Torre Canne, Italien, 6. Jt. v. u. Z. (20); Grotte de l'Uzzo (Trapani), Sizilien, frühes N: 6. Jt. v. u. Z. (23); Kurban Höyük, Türkei, Halaf bis Bz (82); Bendebal, Iran, spätes 5. Jt. v. u. Z. (80); Kremenik bei Sapareva Banja, VR Bulgarien, frühes N (13); mehrere Fundorte in Niederbayern, Linearbandkeramik bis Hallstatt (1); Hienheim, Ldkr. Kelheim, BRD, Linearbandkeramik, Mittel-Neolithikum, Bz (2); Dolní Břežany, ČSSR, Linear Pottery culture (108); Aldingen, Kr. Ludwigsburg, BRD, Beginn des Jungneolithikums: Schwieberdinger Gruppe (96); Ripa Tetta bei Lucera (Apulia), Italien, N: Impresso-Keramik (24); Rivaux (Haute-Loire), Frankreich, Chasséen (77); Jaffarabad, Iran, frühes 4. Jt. v. u. Z. (80); mehrere Fundorte in der SR Rumänien, Précucuteni und Cucuteni (16); Großsachsenheim, Kr. Ludwigsburg, BRD, mittleres N: Schussenrieder Kultur (95); Ittre (Brabant, Belgique), Épi-Roessen/Michelsberg (38); Funde in Nord-Italien, N (85); Las Stocki, VR Polen, N (70); Celei, SR Rumänien, Eneolithikum – Bz (15); Oarţa de sus, SR Rumänien, Bz (15); Sobiejuchy, VR Polen, Hallstatt C–D (59); L'Arriasse, Vic-le-Fesq (Gard), Frankreich, Ez (74); Hamburg-Langenbek, BRD, Ez (68); Strachotín, ČSSR, Latène (19); Helfta, Kr. Eisleben, DDR, Spätlatènezeit (100); Augst, Schweiz, Rz: 1./2. Jh. (46); Cîrcea Viaduct, com. Coşoveni, SR Rumänien, 2.–3. Jh. (15); ČSSR, frühes Ma (109).

Triticum parvicoccum KISLEV
Shiqmim, Israel, Chalcolithic (54); Natal-Yattir, Israel, Rz: 135 u. Z. (53); vgl. auch (51).

Triticum spelta L., Spelz
Mehrere Fundorte in der SR Rumänien, Précucuteni und Cucuteni (16); mehrere Fundorte in Niederbayern, Bz und Ez (1); Scuol-Munt Baselgia, Unterengadin, Schweiz, ältere Ez (41); Colmschate, Niederlande, Ez (12); Hamburg-Langenbek, BRD, Ez (68); Helfta, Kr. Eisleben, DDR, Spätlatènezeit (100); Augst, Schweiz, Rz: 1./2. Jh. (46); Starigard/Oldenburg, BRD, slawisch (117); Sümeg, VR Ungarn, 16. Jh. (104).

Vicia ervilia (L.) WILLD., Linsen-Wicke

Balma Abeurador, Frankreich, Mesolithic (114, 115); Jaffarabad, Iran, frühes 4. Jt. v. u. Z. (80); Piscul Crăsani, SR Rumänien, Latène (15); Natal-Yattir, Israel, Rz: 135 u. Z. (53); Murighiol, SR Rumänien, 2.–3. Jh. (15).

Vicia faba L., Ackerbohne

Grotte de l'Uzzo (Trapani), Sizilien, Beginn des 5. Jt. v. u. Z. (23); Belmonte, Westalpen, Italien, späte Bz (86); Scuol-Munt Baselgia, Unterengadin, Schweiz, ältere Ez (41); Sopron-Krautacker, VR Ungarn, Ez (49); Piscul Crăsani, com. Balaciu, SR Rumänien, Latène (15); Vineţi, com. Spineni, SR Rumänien, 4. Jh. (15); Cueva de Don Gaspar, Icod (Tenerife), 200–560 u. Z. (42); Kosel, Kr. Rendsburg-Eckernförde, BRD, Wikingerzeit (66); Archsum auf Sylt, BRD, Wikingerzeit (67); ČSSR, frühes Ma (109); Pesse, Niederlande, Ma (128).

Die Rolle der Ackerbohne in Landwirtschaft und Brauchtum der Urnenfelderbronzezeit in Mitteleuropa wurde von JÄGER (47) diskutiert.

Vicia sativa L., Saatwicke

Strachotín, ČSSR, Latène (19); ČSSR, frühes Ma (109); Uherské Hradiště, ČSSR, 14. Jh. (87).

Vigna unguiculata (L.) WALP.

Matlhapaneng am südöstlichen Okavango, Botswana, spätes 7.–10. Jh. (27).

Vitis vinifera L., Weinrebe

Grotte de l'Uzzo (Trapani), Sizilien, Mésolithique: 8. Jt. v. u. Z. (23); Balma Abeurador, Frankreich, Mesolithic (114, 115); Ras Shamra, Syrien, Halaf levels (126); Kurban Höyük, Türkei, spätes Chalkolithikum bis Bz (82); L'Arriasse, Vic-le-Fesq (Gard), Frankreich, Ez (74); Sopron-Krautacker, VR Ungarn, Ez (49); Praha, ČSSR, Ma (25); Cowick, England, Ma: 14. Jh. (31); Groningen, Niederlande, 17. und 18. Jh. (125); Opava, ČSSR, 17.–18. Jh. (91).

Allgemeine und zusammenfassende Arbeiten

Mit der Probenentnahme und der Auffindung von archäologischen Früchten und Samen beschäftigt sich MARINVAL (76). MILLER und SMART (83) demonstrieren die Möglichkeit, daß Samen durch ihren Einschluß in Dung, der als Brennmaterial verwendet wurde, überliefert werden können. Anhand bandkeramischer Pflanzenreste des Rheinlandes hat NEUSS-ANIOL (84) Methoden der Getreidereinigung rekonstruiert.

Zum ersten Male konnten verkohlte Kulturpflanzenreste der Schnurkeramik aufgefunden werden und zwar in der VR Polen (57).

Eine Bestandsaufnahme der vor- und frühgeschichtlichen Kulturpflanzenreste aus Niederbayern und der Oberpfalz südlich der Donau ist von HOFMANN (40) durchgeführt worden. HOPF und BLANKENHORN (45) haben die vor- und frühgeschichtlichen Kultur- und Nutzpflanzen Süddeutschlands zusammengestellt. In der Darstellung der Kulturgeschichte und Biologie der „Nutzpflanzen in Deutschland" (63) werden auch archäologische Reste gebührend ausgewertet.

Die Entwicklung der Paläoethnobotanik im deutschsprachigen Raum ist von Willerding (120) dargestellt worden. Derselbe Autor diskutiert paläoethnobotanische Befunde über die Lebens- und Umweltverhältnisse im Mittelalter (122) und setzt sich mit den Aussagen von Pollenanalyse und Makrorestanalyse zu Fragen der frühen Landnutzung auseinander (118). Auch eine umfassende Dokumentation zur Geschichte der Unkräuter Mitteleuropas ist von Willerding (119) zusammengestellt worden.

Mit den ältesten Kulturpflanzen Italiens beschäftigten sich mehrere Arbeiten (7, 30, 85, 116). Hopf (44) hat die ältesten Kulturpflanzenreste Italiens, Frankreichs und der Iberischen Halbinsel zusammengestellt. Marinval (78) diskutiert Probleme bei der Interpretation von Samen und Früchten aus mesolithischen und frühneolithischen Funden Frankreichs. Die archäologischen Kulturpflanzenreste aus Sussex (England) sind von Hinton (39) beschrieben worden.

Opravil (89) gibt eine Zusammenstellung archäologischer Obstfunde auf dem Gebiet der ČSSR. Zahlreiche Kulturpflanzenarten wurden im historischen Stadtkern von Prag nachgewiesen (92). Hajnalová (32) diskutiert ein paläoethnobotanisches Programm zur Erforschung des Ackerbaus der slawischen Periode und des Mittelalters sowie neue Methoden zur Gewinnung und Interpretation von pflanzlichen Makroresten auf archäologischen Fundstellen der Slowakei (33).

Lityńska (71) gibt eine Übersicht der römerzeitlichen Kulturpflanzen in der VR Polen. Die archäologischen Kulturpflanzenreste aus Moldavien, der Ukraine und der Krim sind von Januševič (48) zusammengestellt worden. Über Kulturpflanzenfunde des 9.–15. Jh. im Norden der Moldau (SR Rumänien) berichtet Emandi (29).

Die paläoethnobotanischen Funde von Baumfrüchten und von Gemüse im alten Irak sind von Renfrew (98, 99) besprochen worden.

Cordell (21) diskutiert archäologische Kulturpflanzenreste aus dem Südwesten der USA und dem nördlichen Mexiko.

Mit der Entstehung des Weizenanbaus hat sich Kislev (51), mit der Entstehung des Ackerbaus in Ägypten Hassan (35, 36) auseinandergesetzt. Mit dem Beginn des Ackerbaus in Japan beschäftigen sich Arbeiten von Kotani (64), Barnes (4) und Tsukada et al. (112).

Nach Dorofeev und Baraš (28) soll der Ackerbau im Oberen Paläolithikum zwischen dem 50. und dem 40. Jahrtausend v. u. Z. entstanden sein, eine Hypothese, die jeder Grundlage entbehrt.

Die Vorträge eines Symposiums über Entstehung und Domestikation der Kulturpflanzen hat Barigozzi (3) herausgegeben (Einzelarbeiten: 17, 34, 43, 97, 107, 130).

Jones (50) gibt einen kurzen Bericht über das 7. Symposium der Internationalen Arbeitsgruppe für Paläoethnobotanik.

Summary

Literature on archaeological remains of cultivated plants (1986/1987)

The publications of 1986 and 1987 on archaeological remains of cultivated plants were put together and the contents of the 130 references briefly discussed.

Краткое содержание

Литература об археологических находках культурных растений (1986/1987 гг.)

Продолжение библиографии работ об археологических находках остатков культурных растений. Дается список соответствующей литературы за 1986 и 1987 годы. Кратко комментируется содержание 130 работ.

Literatur

[1] BAKELS, C., 1986: Pflanzenreste aus Niederbayern – Beobachtungen in rezenten Ausgrabungen. – Bericht der Bayerischen Bodendenkmalpflege **24/25**, 1983/84, 157–166.

[2] BAKELS, C. C., 1986: Früchte und Samen. (pp. 68–75, 108–109). In: P. J. R. MODDERMAN, Die neolithische Besiedlung bei Hienheim, Ldkr. Kelheim. – Analecta Praehistorica Leidensia **19** und Bayerisches Landesamt für Denkmalpflege, Materialhefte zur Bayerischen Vorgeschichte Bd. A **57**, Verlag Michael Laßleben, Kallmünz/OPf., 122 pp., 63 Taf., Faltblätter.

[3] BARIGOZZI, C. (ed.), 1986: The origin and domestication of cultivated plants. – Elsevier, Amsterdam – Oxford – New York – Tokyo, VI + 218 pp. (Developments in Agricultural and Managed-Forest Ecology 16).

[4] BARNES, G. L., 1986: Japanese agricultural beginnings. – Nature **322** (6080), 595–596.

[5] BAR-JOSEF, O., and M. E. KISLEV, 1986: Earliest domesticated barley in the Jordan Valley. – National Geographic Research **2**, 257.

[6] BEHN, C. P., 1986: The use of opium in the Bronze Age in the Eastern Mediterranean. – Listy filologické **109**, 193–197.

[7] BIAGI, P., et R. NISBET, 1987: The earliest farming communities in Northern Italy. (pp. 447–453). In: Premières Communautés Paysannes en Méditerranée occidentale. – Actes du Colloque International du C.N.R.S. (Montpellier, 26–29 avril 1983), Paris, 764 pp.

[8] BONNAMOUR, L., et PH. MARINVAL, 1985: Céramiques gallo-romaines précoces avec dépôt de millet, dans la moyenne vallée de la Saône. – Rev. Archéol. de l'Est **36**, 321–325.

[9] BOYD, W. E., 1986: Minor finds of cereals at two medieval rural archaeological sites in north-east Scotland. – Circaea **4** (1), 39–42.

[10] BOYER, R., 1986: Conserve d'olives dans deux amphores trouvées dans les fouilles de la bourse, à Marseille. – Gallia **44**, 229–233.

[11] BRITNELL, W., 1984: A 15th-century corn-drying kiln from Collfryn, Llansantffraid Deuddwr, Powys. – Medieval Archaeology **28**, 190–194, pl. XVI.

[12] BUURMAN, J., 1986: Graan in IJzertijd-silo's uit Colmschate. – Nederlandse Archeologische Rapporten **3**, Rijksdienst voor het Oudheidkundig Bodemonderzoek, Amersfoort, 67–73.

[13] ČAKALOVA, E., E. SĂRBINSKA, 1986: Pflanzenreste aus der neolithischen Siedlung Kremenik bei Sapareva Banja. – Studia Praehistorica **8**, 156–159.

[14] CÂRCIUMARU, M., 1984: Consideraţii paleobotanice asupra seminţelor carbonizate din

așezarea din secolele IX–X de la Fundu-Herţii. Considérations paléobotaniques sur les grains carbonisés récupérés dans l'agglomeration des IXe–Xe siècles de Fundu-Herţii. – Hierasus, Anuar 1983, **V**, 161–162.

[15] –, 1986: Consideraţii paleoetnobotanice și contribuţii la agricultura tracilor și getodacilor (IV). Considérations paléoethnobotaniques et contributions à l'agriculture chez les Thraces et Géto-Daces IV. – Thraco-Dacica **7** (1–2), 129–133.

[16] –, et F. Monah, 1987: Déterminations paléobotaniques pour les cultures Précucuteni et Cucuteni. (pp. 167–174). In: La Civilisation de Cucuteni en Contexte Européen. Session scientifique dédiée au centenaire des premières découvertes de Cucuteni (Iași – Piatra Neamţ, 24–28 septembre 1984), Université "Al. I. Cuza", Iași (Bibliotheca Archaeologica Iassiensis).

[17] Cavalli-Sforza, L. L., 1986: The impact of farming on expansion of human populations. (pp. 71–81). In: Barigozzi 1986.

[18] Christl, A., 1987: Eine spätslawische Flachsröstgrube aus der Cottbuser Altstadt. – Ausgrabungen u. Funde **32**, 90–94.

[19] Čižmář, M., 1987: Laténské sídliště ze Strachotína, okr. Břeclav. Eine latènezeitliche Siedlung aus Strachotín, Bez. Břeclav. – Památky Archeologické **78**, 205–230.

[20] Coppola, D., et L. Costantini, 1987: Le Néolithique ancien littoral et la diffusion des céréales dans les pouilles durant le VIe millénaire: les sites de Fontanelle, Torre Canne et le Macchie. (pp. 249–255). In: Premières Communautés Paysannes en Méditerranée occidentale. – Actes du Colloque International du C.N.R.S. (Montpellier, 26–29 avril 1983), Paris, 764 pp.

[21] Cordell, L. S., 1984: Prehistory of the Southwest. – Academic Press, Orlando, FL, 409 pp. [non vidi]. Ref.: Econ. Bot. 41, 1987, 462–463.

[22] Costantini, L., 1984: Plant impressions in Bronze Age pottery from Yemen Arab Republic. – East and West (IsMEO), New Series **34**, 107–115.

[23] –, M. Piperno, et S. Tusa, 1987: La néolithisation de la Sicile occidentale d'après les résultats des fouilles à la grotte de l'Uzzo (Trapani). pp. 397–405. In: Premières Communautés Paysannes en Méditerranée occidentale. – Actes du Colloque International du C.N.R.S. (Montpellier, 26–29 avril 1983), Paris, 764 pp.

[24] –, et C. Tozzi, 1987: Un gisement à céramique imprimée dans le subapennin de la Daunia (Lucera, Foggia): le village de Ripa Tetta. Economie et culture matérielle. (pp. 387–394). In: Premières Communautés Paysannes en Méditerranée occidentale. – Actes du Colloque International du C.N.R.S. (Montpellier, 26–29 avril 1983), Paris, 764 pp.

[25] Čulíková, V., 1987: Zajímavý nález rostlinných makrozbytků ze středověké Prahy. Ein interessanter Fund von pflanzlichen Makroresten aus dem mittelalterlichen Prag. – Archeologické rozhledy **39**, 445–452.

[26] Debouck, D. G., J. H. Liñan Jara, A. Campana Sierra, and J. H. de la Cruz Rojas, 1987: Observations on the domestication of *Phaseolus lunatus*. – Plant Genetics Resources Newsletter **70**, 26–32.

[27] Denbow, J. R., and E. N. Wilmsen, 1986: Advent and course of pastoralism in the Kalahari. – Science **234** (4783), 1509–1515.

[28] Dorofeev, V. F., S. I. Baraš, 1985: K voprosu o vozniknovenii zemledelija mira. On the problem of the origination of agriculture in the world. – Selekcionno-cennye sorta zernovych kul'tur dlja central'nogo nečernozem'ja. (Sbornik naučnych trudov po prikladnoj botanike, genetike i selekcii, T. **93**), 91–99.

[29] Emandi, E. I., 1982: Cultura plantelor în nordul Moldovei (secolele IX–XV) în lumina cercetărilor paleobotanice. Die Pflanzenkultur im Norden der Moldau (IX–XV Jh.) im Lichte der paleobotanischen Forschungen. – Hierasus, Anuar '**79**, 51–84.

[30] Follieri, M., 1987: L'agriculture des plus anciennes communautés rurales d'Italie. (pp. 243–247). In: Premières Communautés Paysannes en Méditerranée occidentale. – Actes du Colloque International du C.N.R.S. (Montpellier, 26–29 avril 1983), Paris, 764 pp.

[31] Greig, J., 1986: The archaeobotany of the Cowick medieval moat and some thoughts on moat studies. – Circaea **4** (1), 43–50.

[32] Hajnalová, E., 1986: Program výskumu pol'nohospodárstva v Slovanskom období

a v stredoveku z pohl'adu paleoetnobotaniky. Programme of the research of agriculture throughout the Slav period and in the Middle Ages from the viewpoint of palaeoethnobotany. – Študijné Zvesti Archeologického Ústavu Slovenskej Akadémie Vied **22**, 107–113.

[33] –, 1987: Neue Methoden zur Gewinnung und Interpretation von pflanzlichen Makroresten auf archäologischen Fundstellen in der Slowakei. – Slovenská Archeológia **35**–1, 19–26.

[34] HARLAN, J. R., 1986: Plant domestication: diffuse origins and diffusions. (pp. 21–34). In: BARIGOZZI 1986.

[35] HASSAN, F. A., 1986: Desert environment and origins of agriculture in Egypt. – Norw. Arch. Rev. **19**, 63–76.

[36] –, 1987: Desert environment and origins of agriculture in Egypt. (pp. 17–32). In: T. HÄGG (ed.), Nubian Culture: Past and Present. Main Papers presented at the Sixth International Conference for Nubian Studies in Uppsala, 11–16 August, 1986. – Konferenser **17**, Kungl. Vitterhets Historie och Antikvitets Akademien, Almqvist & Wiksell International, Stockholm, Sweden, 438 pp.

[37] HASTORF, C. A., 1987: Archaeological evidence of coca (*Erythroxylum coca*, Erythroxylaceae) in the Upper Mantaro Valley, Peru. – Econ. Bot. **41**, 292–301.

[38] HEIM, J., 1987: Étude des restes végétaux carbonisés provenant des fosses d'âge Épi-Roessen/Michelsberg situées à Ittre (Brabant-Belgique). – Helinium **27**, 61–70.

[39] HINTON, M. P., 1984: Seeds from archaeological excavations: Results from Sussex. – Sussex Archaeological Collections **122**, 3–11.

[40] HOFMANN, R., 1986: Die vegetabilischen vor- und frühgeschichtlichen Funde aus Niederbayern und der Oberpfalz südlich der Donau im Rahmen der Siedelgeschichte. – Bericht der Bayerischen Bodendenkmalpflege **24/25**, 1983/84, 112–156.

[41] HOPF, M., 1983: Getreide und Hülsenfrüchte von Scuol-Munt Baselgia. (pp. 180–181). In: L. STAUFFER-ISENRING, Die Siedlungsreste von Scuol-Munt Baselgia (Unterengadin GR). Ein Beitrag zur inneralpinen Bronze- und Eisenzeit. – Antiqua **9**, Veröffentlichungen der Schweizerischen Gesellschaft für Ur- und Frühgeschichte, 226 pp., 66 Tafeln, 2 Falttafeln.

[42] –, 1985: Restos vegetales de la Cueva de Don Gaspar, Icod (Tenerife). – Noticiario Arqueologico Hispanico **20**, 363–364, 377.

[43] –, 1986: Archaeological evidence of the spread and use of some members of the Leguminosae family. (pp. 35–60). In: BARIGOZZI 1986.

[44] –, 1987: Les débuts de l'agriculture et la diffucion des plantes cultivées dans la péninsule Ibérique. (pp. 267–274). In: Premières Communautés Paysannes en Méditerranée occidentale. – Actes du Colloque International du C.N.R.S. (Montpellier, 26–29 avril 1983), Paris, 764 pp.

[45] –, und B. BLANKENHORN, 1986: Kultur- und Nutzpflanzen aus vor- und frühgeschichtlichen Grabungen Süddeutschlands. – Bericht der Bayerischen Bodendenkmalpflege **24/25**, 1983/84, 76–111.

[46] JACOMET, S. (und M. DICK), 1986: Verkohlte Pflanzenreste aus einem römischen Grabmonument beim Augster Osttor (1966). – Jahresberichte aus Augst und Kaiseraugst **6**, 7–53.

[47] JÄGER, K.-D., 1987: Zur Rolle der Ackerbohne (*Vicia faba* L.) in Landwirtschaft und Brauchtum der Urnenfelderbronzezeit in Mitteleuropa. (pp. 27–35). In: Die Urnenfelderkulturen Mitteleuropas. Symposium Liblice 21.–25. 10. 1985. – Praha, 451 pp.

[48] JANUŠEVIČ, Z. V., 1986: Kul'turnye rastenija severnogo Pričernomor'ja. Paleoėtnobotaničeskie issledovanija. – "Štiinca", Kišinev, 92 pp.

[49] JEREM, E., G. FACSAR, L. KORDOS, E. KROLOPP, I. VÖRÖS, 1985: A Sopron-Krautackeren feltárt vaskori telep régészeti és környezetrekonstrukciós vizsgálata II. The archaeological and environmental investigation of the Iron Age settlement discovered at Sopron-Krautacker. II. – Archaeologiai Értesitö **112**, 3–24.

[50] JONES, M., 1986: Conference report – 7th International Work Group for Palaeoethnobotany Cambridge, 6–11th April 1986. – Circaea **4** (1), 4–6.

[51] KISLEV, E., 1984: Emergence of wheat agriculture. – Paléorient **10**, 61–70.

[52] KISLEV, M. E., 1986: Archaeobotanical findings on the origin of *Lathyrus sativus* and

L. cicera. (pp. 46–51). In: A. K. KAUL and D. COMBES (eds.), Lathyrus and Lathyrism. – New York – New Delhi – Pau.

[53] –, 1986: A barley store of the Bar-Kochba rebels (Roman Period). – Israel J. Bot. **35**, 183–196.

[54] –, 1987: Chalcolithic plant husbandry and ancient vegetation at Shiqmim. (Chapter 9: pp. 251–279, 549–564). In: T. E. LEVY (ed.), Shiqmim I. Studies Concerning Chalcolithic Societies in the Northern Negev Desert, Israel (1982–1984). – BAR (British Archaeological Reports) International Series **356**, Oxford.

[55] –, O. BAR-YOSEF, and A. GOPHER, 1986: Early Neolithic domesticated and wild barley from the Netiv Hagdud Region in the Jordan Valley. – Israel J. Bot. **35**, 197–201.

[56] KLICHOWSKA, M., 1983: Bryłka spalonego prosa zwyczajnego (*Panicum miliaceum* L.) z wczesnosredniowiecznej osady w Szczecinie-Ustowie z XII do 1-szej połowy XIII wieku n. e. Kleine Scholle der verbrannten einfachen Hirse (*Panicum miliaceum*) aus der frühmittelalterlichen Siedlung in Szczecin-Ustowo aus dem 12. Jh. bis zur ersten Hälfte des 13. Jh. – Materiały Zachodniopomorskie **29**, 249–250.

[57] –, 1986: Ziarna zbóż i węgle drzewne z późnoneolitycznej osady kultury ceramiki sznurowej w Garbinie, woj. Elbląg. Cereal grains and charcoal from a Late Neolithic settlement of the Corded Ware Culture at Garbina, Elbląg province. – Sprawozdania Archeologiczne **38**, 153–155.

[58] –, 1986: Osada ludności kultury łużyckiej w Łagiewnikach, woj. Bydgoszcz, w świetle badań paleoetnobotanicznych. The settlement of the Lusatian Culture at Łagiewniki, Bydgoszcz province, in the light of palaeoethnobotanical studies. – Sprawozdania Archeologiczne **38**, 217–218.

[59] –, 1986: Zwęglone zboża, rośliny strączkowe i dziko rosnące z grodu ludności kultury łużyckiej w Sobiejuchach, woj. Bydgoszcz, z okresu halsztackiego, faza C–D. Carbonized cereals, leguminous and wild-growing plants from the Lusatian stronghold of the Hallstatt C–D period at Sobiejuchy, Bydgoszcz province. – Sprawozdania Archeologiczne **38**, 219–221.

[60] –, 1986: Odciski roślinne na polepie z osady w Kobylnikach k. Buska Zdroju, woj. Kielce. Plant impressions on daub from the settlement at Kobylniki near Busko Zdrój, Kielce province. – Sprawozdania Archeologiczne **38**, 259–260.

[61] –, 1986: Wczesnośredniowieczne materiały paleoetnobotaniczne z Franknowa, woj. Olsztyn, Piotrawina, woj. Lublin, i Lublina. Early Medieval paleoethnological [sic] materials from Franknowo, Olsztyn province, Piotrawin, Lublin province and Lublin. – Sprawozdania Archeologiczne **38**, 309–316.

[62] –, 1986: Odciski zbóż na polepie z obiektów archeologicznych w Haćkach, woj. Białystok, z 1973 r. Grain impressions and daub from archaeological features explored at Haćki, Białystok province, in 1973. – Sprawozdania Archeologiczne **38**, 321–322.

[63] KÖRBER-GROHNE, U., 1987: Nutzpflanzen in Deutschland. Kulturgeschichte und Biologie. – Konrad Theiss Verlag, Stuttgart, 490 pp., 132 Tafeln.

[64] KOTANI, Y., 1981: Evidence of plant cultivation in Jomon Japan: Some implications. – Senri Ethnological Studies **9**, 201–212.

[65] KROEPER, K., und D. WILDUNG, 1985: Minshat Abu Omar. Münchner Ostdelta-Expedition, Vorbericht 1978–1984. – München. (Heft 3 der Schriften aus der Ägyptischen Sammlung).

[66] KROLL, H., 1986: Zur Bearbeitung der Pflanzenfunde der Ausgrabungen von Kosel, Schwansen (Kr. Rendsburg-Eckernförde). – Bericht der Römisch-Germanischen Kommission **67**, 445–453.

[67] KROLL, H. J., 1987: Vor- und frühgeschichtlicher Ackerbau in Archsum auf Sylt. Eine botanische Großrestanalyse. In: Archsum auf Sylt. Teil 2. Landwirtschaft und Umwelt in vor- und frühgeschichtlicher Zeit. – Römisch-Germanische Forschungen **44**, 51–158, Beilagen 1–15.

[68] KUČAN, D., 1986: Ältereisenzeitliche Kulturpflanzenreste aus der Siedlung Hamburg-Langenbek. – Probleme der Küstenforschung im südlichen Nordseegebiet **16**, 87–97, Taf. 1–4.

[69] KUZ'MINOVA, N. M., S. B. OCHOTNIKOV, 1987: Kul'turnye rastenija Nižnego Podne-

strov'ja v VI–V vv. do n. ė. (po dannym paleobotaničeskogo analiza). – Archeologija (Kiev) **60**, 80–83 (Ukr., Russ. Zsfsg.).
[70] Lityńska, M., 1986: Nowe znalezisko owoców dzikiej jabłoni *Malus silvestris* (L.) Mill. z neolitu Polski. A new find of wild apple fruits *Malus silvestris* (L.) Mill. from the Neolithic of Poland. – Sprawozdania Archeologiczne **38**, 49–55.
[71] –, 1986: Stan i potrzeby badań nad źródłami botanicznymi z okresu wpływów rzymskich w Polsce. (pp. 353–374). In: Stan i potrzeby badań nad młodszym okresem przedrzymskim i okresem wpływów rzymskich w Polsce. – Kraków.
[72] Liu, S., and others, 1987: A scientific examination of the carbonized seeds of soybean unearthed in Yongji, Jilin. – Kaogu (Archaeology) no. 4, 365–369, 1 Taf.
[73] Lynch, A., und N. Paap, 1986: Botanische Untersuchungen zur Grabung an der Untertrave 97 in Lübeck. Ein Beitrag zu den naturräumlichen Voraussetzungen mittelalterlicher Siedlungsgeschichte. – Lübecker Schriften zur Archäologie und Kulturgeschichte **12**, 15–25, Taf. 1.
[74] Marinval, Ph., 1985: Étude des paléo-semences de deux fosses-silos du Premier Age du fer à L'Arriasse, Vic-le-Fesq (Gard). – Documents d'Archéologie Méridionale **8**, 147–150.
[75] –, 1986: Découvertes et utilisations des graines de *Lathyrus sativus* et *Lathyrus cicera* en France du Mésolithique (9000 B. P.) jusq'au Moyen-Age (1300 A. D.). pp. 39–45. In: A. K. Kaul and D. Combes (eds.), Lathyrus and Lathyrism. – New York – New Delhi – Pau.
[76] –, 1986: Recherches experimentales sur l'acquisition des données en paléocarpologie (1 et 2). – Revue d'Archéométrie **10**, 57–68.
[77] –, 1987: Etude des impressions végétales d'un plat à pain chasséen du gisement des Rivaux I, Espaly-Saint-Marcel (Haute-Loire). pp. 120–123. In: Premières Communautés Paysannes en Méditerranée occidentale. – Actes du Colloque International du C.N.R.S. (Montpellier, 26–29 avril 1983), Paris, 764 pp.
[78] –, 1987: Problèmes de représentativité et d'interprétation des paléo-semences (graines et fruits) des sites français du Mésolithique et du Néolithique ancien Méditerranéen. (pp. 257–265). In: Premières Communautés Paysannes en Méditerranée occidentale. – Actes du Colloque International du C.N.R.S. (Montpellier, 26–29 avril 1983), Paris, 764 pp.
[79] Miller, N. F., 1981: Plant remains from Ville Royale II, Susa. – Cahiers de la Délégation Archéologique Française en Iran **12**, 137–142.
[80] –, 1983: Paleoethnobotanical results from Bendebal and Jaffarabad. – Cahiers de la Délégation Archéologique Française en Iran **13**, 277–284.
[81] –, 1984: Some plant remains from Khirokitia, Cyprus: 1977 and 1978 excavations. (Chapitre 21 = pp. 183–188). In: Fouilles récentes à Khirokitia (Chypre) 1977–1981. Tome 1: texte, sous la direction d'Alain Le Brun, Études Néolithiques, Ed. Recherche sur les Civilisations, Paris, Mémoire no 41.
[82] –, 1986: Archaeobotanical Analysis. (pp. 87–89, 120). In: G. Algaze, et al., The Chicago Euphrates Archaeological Project 1980–1984: An interim report. – Anatolica **13**.
[83] –, and T. L. Smart, 1984: Intentional burning of dung as fuel: a mechanism for the incorporation of charred seeds into the archeological record. – J. Ethnobiol. **4**, 15–28.
[84] Neuss-Aniol, H., 1987: Rekonstruktion von Methoden der Getreidereinigung anhand bandkeramischer Pflanzenreste des Rheinlandes unter Berücksichtigung volkskundlicher Quellen. – Praehist. Z. **62**, 22–51.
[85] Nisbet, R., 1985: Aspetti cronologici dell'agricoltura neolitica nell'Italia settentrionale. Chronological aspects of neolithic agriculture in northern Italy. – Atti del Secondo Congresso Nazionale della Società Italiana di Ecologia, Padova: 25–28 giugno 1984, 943–945.
[86] –, 1986: Analisi paletnobotaniche. (pp. 74–79). In: M. Cima, Belmonte alle radici della storia. Ricerca su una comunità preistorica nelle Alpi Occidentali. – Orco, Anthropologica **5**, 1–155.
[87] Opravil, E., 1984: Výsledky určení středověkých rostlinných zbytků z Uherského Hradiště za léta 1979–1980 (okr. Uherské Hradiště). Bestimmungsergebnisse mittel-

alterlicher Pflanzenreste von Uherské Hradiště aus den Jahren 1979–1980 (Bez. Uherské Hradiště). – Přehled výzkumů 1982, 65–68.

[88] –, 1984: Určení zuhelnatělých rostlinných zbytků z výzkumu neolitických sídlišť v Dolních Břežanech. An analysis of charcoal plant remains from neolithic sites at Dolní Břežany. – Archeologické rozhledy **36**, 154.

[89] –, 1984 (?): Doklady o vývoji ovocnářství v archeologických nálezech v ČSSR. – Vývoj ovocnářství na území Československa. Sborník ze semináře ČSAZ k vývoji ovocnářství na území Československa, který připravila komise pro historii zemědělstvi, potravinářství a lesnictví ČSAZ ve dnech 20. a 21. září 1983 v Lednici na Moravě, 30–48.

[90] –, 1985: Nález plodů konopě z doby hradištní v Olomouci. – Vlastivědné listy **11** (1), 28.

[91] –, 1986: Archeobotanické nálezy z areálu jaktařské brány v Opavě (býv. hotel Koruna). Archäobotanische Funde aus dem Areal Jaktarer Tor in Opava (eh. Hotel "Koruna"). – Čas. Slez. Muz. Opava (A) **35**, 227–253, Falttafel, Abb. 1–17 auf 6 Taf.

[92] –, 1986: Rostlinné makrozbytky z historického jádra Prahy. Pflanzliche Makroreste aus dem historischen Stadtkern von Prag. – Archaeologica Pragensia **7**, 237–271.

[93] –, 1987: Rostlinné zbytky z archeologického výzkumu dómského návrší v Olomouci (za léta 1974, 1975, 1981–1983/okr. Olomouc). Pflanzenreste aus der archäologischen Grabung der Domanhöhe in Olomouc (für die Jahre 1974, 1975, 1981–1983/Bez. Olomouc). – Přehled výzkumů 1984, 52–55.

[94] PETRESCU, I., 1984: Cercetări paleobotanice asupra unor resturi vegetale din săpăturile arheologice de la Isaccea. Paleobotanische Untersuchungen über einige Pflanzenreste, die archeologische Grabungen in Isaccea ans Tageslicht brachten. – Peuce **9**, 293–296, 660–661.

[95] PIENING, U., 1986: Verkohlte Nutz- und Wildpflanzenreste aus Großsachsenheim, Gem. Sachsenheim, Kreis Ludwigsburg. – Fundberichte aus Baden-Württemberg **11**, 177–190.

[96] –, 1986: Verkohlte Getreidevorräte von Aldingen, Gem. Remseck am Neckar, Kreis Ludwigsburg. – Fundberichte aus Baden-Württemberg **11**, 191–208.

[97] PORCEDDU, E., and D. LAFIANDRA, 1986: Origin and evolution of wheats. (pp. 143–178). In: BARIGOZZI 1986.

[98] RENFREW, J. M., 1987: Fruits from ancient Iraq: the palaeoethnobotanical evidence. – Bulletin on Sumerian Agriculture **3**, 157–161.

[99] –, 1987: A note on vegetables from ancient Iraq: the palaeoethnobotanical finds. – Bulletin on Sumerian Agriculture **3**, 162.

[100] SCHOKNECHT, T., 1986: Getreidefunde aus Helfta, Kr. Eisleben. – Z. Archäol. **20**, 253–267.

[101] SCHULTZE-MOTEL, J., 1987: Literatur über archäologische Kulturpflanzenreste (1985/1986). – Kulturpflanze **35**, 401–420.

[102] SHARMA, G. R., V. D. MISRA, D. MANDAL, B. B. MISRA, and J. N. PAL, 1980: Beginnings of Agriculture. – Abinash Prakashan, University of Allahabad, XIII + 238 pp. (Studies in History, Culture and Archaeology Volume **IV**).

[103] SIMONE, L., 1987: Une cabane du Néolithique ancien dans l'Oltrepo Pavese (Lombardie). pp. 471–474. In: Premières Communautés Paysannes en Méditerranée occidentale. – Actes du Colloque International du C.N.R.S. (Montpieller, 26–29 avril 1983), Paris, 764 pp.

[104] SKOFLEK, I., 1985: Mag- és termésleletek Sümeg-Sarvalyról a XVI. századból. Samen und Fruchtfunde vom 16. Jahrhundert aus dem Wald von Sümeg-Sarvaly. – A Magyar Mezögazdasági Múzeum Közleményei 1984–1985, 33–44.

[105] SMITH, B. D., and V. A. FUNK, 1985: A newly described subfossil cultivar of *Chenopodium* (Chenopodiaceae). – Phytologia **57**, 445–448.

[106] SMITH, C. E., Jr., 1986: Preceramic plant remains from Guilá Naquitz. (pp. 265–274). In: K. V. FLANNERY (ed.), Guilá Naquitz. Archaic Foraging and Early Agriculture in Oaxaca, Mexico. – Academic Press, Orlando, FL, etc., XX + 538 pp. (Studies in Archaeology).

[107] SPIEGEL-ROY, P., 1986: Domestication of fruit trees. (pp. 201–211). In: BARIGOZZI 1986.

[108] TEMPÍR, Z., 1984: Rozbor otisků kulturních plodin a plevelů v mazanici z objektů s lineární keramikou – výzkum Dolní Břežany 1974. An analysis of wallplaster imprints of plants and weeds in objects of the Linear Pottery culture – excavatory campaign 1974 at Dolní Břežany. – Archeologické rozhledy **36**, 154–155.

[109] –, 1985: Rozšíření a pěstování zemědělských polních plodin v Čechách v 6.–13. století. Die Verbreitung und der Anbau der Feldfrüchte in Böhmen im 6.–13. Jahrhundert. – Sborník Národního Muzea v Praze, Řada A – Historie **39**, 217–220.

[110] –, 1987: Nálezy zuhelnatělých zbytků kulturních rostlin v Poříčanech, okr. Nymburk. – Archeologické rozhledy **39**, 398–399.

[111] THERKORN, L. L., R. W. BRANDT, J. P. PALS, and M. TAYLOR, 1984: An Early Iron Age farmstead: Site Q of the Assendelver Polders project. – Proc. Prehist. Soc. **50**, 351–373, pl. 10–11.

[112] TSUKADA, M., S. SUGITA, and Y. TSUKADA, 1986: Oldest primitive agriculture and vegetational environments in Japan. – Nature **322** (6080), 632–634.

[113] UGENT, D., T. DILLEHAY, and C. RAMIREZ, 1987: Potato remains from a Late Pleistocene settlement in southcentral Chile. – Econ. Bot. **41**, 17–27.

[114] VAQUER, J., et M. BARBAZA, 1987: Cueillette ou horticulture Mésolithique: La Balma de l'Abeurador. (pp. 231–242). In: Premières Communautés Paysannes en Méditerranée occidentale. – Actes du Colloque International du C.N.R.S. (Montpellier, 26–29 avril 1983), Paris, 764 pp.

[115] –, D. GEDDES, M. BARBAZA, and J. ERROUX, 1986: Mesolithic plant exploitation at the Balma Abeurador (France). – Oxford J. Archaeol. **5** (1), 1–18.

[116] WHITEHOUSE, R., 1987: The first farmers in the Adriatic and their position in the Neolithic of the Mediterranean. (pp. 357–365). In: Premières Communautés Paysannes en Méditerranée occidentale. – Actes du Colloque International du C.N.R.S. (Montpellier, 26–29 avril 1983), Paris, 764 pp.

[117] WILLERDING, U., 1984: Paläo-ethnobotanische Analyse der „Getreideschicht". (pp. 66–74). In: I. GABRIEL, Starigard/Oldenburg, Hauptburg der Slawen in Wagrien I. Stratigraphie und Chronologie (Archäologische Ausgrabungen 1973–1982). – Offa-Bücher Bd. **52**, Karl Wachholtz Verlag, Neumünster, 215 pp., 2 Beilagen.

[118] –, 1986: Aussagen von Pollenanalyse und Makrorestanalyse zu Fragen der frühen Landnutzung. Results from analyses of pollen and macro-remains with regard to former land use systems. (pp. 135–151). In: K.-E. BEHRE (ed.), Anthropogenic indicators in pollen diagrams. – A. A. Balkema, Rotterdam – Boston, 246 pp.

[119] –, 1986: Zur Geschichte der Unkräuter Mitteleuropas. – Göttinger Schriften zur Vor- und Frühgeschichte **22**, Karl Wachholtz Verlag, Neumünster, 382 pp.

[120] –, 1987: Die Paläo-Ethnobotanik und ihre Entwicklung im deutschsprachigen Raum. – Ber. Deutsch. Bot. Ges. **100**, 81–105.

[121] –, 1987: Verkohlte Pflanzenreste aus dem Bereich des römischen Kleinkastells von Nersingen. – Münchner Beiträge zur Vor- u. Frühgeschichte **41**, 315–320.

[122] –, 1987: Paläo-ethnobotanische Befunde über die Lebens- und Umweltverhältnisse im Mittelalter. (pp. 109–125). In: B. HERRMANN und R. SPRANDEL (Hrsg.), Determinanten der Bevölkerungsentwicklung im Mittelalter. – Acta humaniora 1987, 194 pp.

[123] YARNELL, R. A., 1981: Inferred dating of Ozark Bluff dweller occupations based on achene size of sunflower and sumpweed. – J. Ethnobiol. **1**, 55–60.

[124] ZEIST, W. van, 1986: Plant remains from Neolithic el Kowm, Central Syria. (Appendix: pp. 65–69). In: R. H. DORNEMANN, A Neolithic village at Tell el Kowm in the Syrian desert. – Studies in Ancient Oriental Civilization **43**, Chicago, Illinois.

[125] –, M. E. N. AARTS, P. BAKS, R. M. PALFENIER-VEGTER, J. PASVEER en J. B. de VOOGD, 1987: Plantenresten uit twee beerputten in Groningen. (pp. 65–74). In: A. CARMIGGELT, H. van GANGELEN, G. KORTEKAAS, W. van ZEIST, Uitgeput Huisraad. Twee Groninger beerputten in historisch-archeologisch perspectief. – Stichting Monument en Materiaal Groningen, 82 pp.

[126] –, and J. A. H. BAKKER-HEERES, 1986: Archaeobotanical studies in the Levant. 2. Neolithic and Halaf levels at Ras Shamra. – Palaeohistoria **26**, 1984, 151–170.

[127] –, –, 1986: Archaeobotanical studies in the Levant. 3. Late-Palaeolithic Mureybit. – Palaeohistoria **26**, 1984, 171–199.
[128] –, G. J. de ROLLER, R. M. PALFENIER-VEGTER, O. H. HARSEMA, and H. DURING, 1986: Plant remains from Medieval sites in Drenthe, the Netherlands. – Helinium **26**, 226–274.
[129] –, P. E. L. SMITH, R. M. PALFENIER-VEGTER, M. SUWIJN, and W. A. CASPARIE, 1986: An archaeobotanical study of Ganj Dareh Tepe, Iran. – Palaeohistoria **26**, 1984, 201–224.
[130] ZOHARI [ZOHARY], D., 1986: The origin and early spread of agriculture in the Old World. (pp. 3–20). In: BARIGOZZI 1986.

Dr. J. SCHULTZE-MOTEL
Zentralinstitut für Genetik und Kulturpflanzenforschung
der Akademie der Wissenschaften der DDR
Corrensstraße 3
Gatersleben
DDR - 4325

Kulturpflanze 36 · 1988 · 571–592

Taxonomy and evolution of cultivated plants: Literature review 1986/1987

JÜRGEN SCHULTZE-MOTEL, REINHARD FRITSCH, KARL HAMMER, PETER HANELT, JOACHIM KRUSE, HELGA I. MAASS, HARALD OHLE, and KLAUS PISTRICK

(Eingegangen am 18. Januar 1988)

Summary

Important papers on taxonomy and evolution of cultivated plants published in 1986 and 1987 were compiled and briefly discussed.

Introduction

In continuation of our literature reviews on taxonomy and evolution of cultivated plants (SCHULTZE-MOTEL et al. 1987) we present here the papers on this topic published in 1986 and 1987 as well as some publications of former years being overlooked in our earlier papers.

Actinidiaceae

Actinidia LINDL.
The kiwifruit, previously considered to be a hairy variety of *Actinidia chinensis* J. E. PLANCH., is now suggested to be a distinct species which should be named *Actinidia deliciosa* (A. CHEV.) C. F. LIANG et A. R. FERGUSON (FERGUSON 1985, LIANG and FERGUSON 1986).

Amaranthaceae

Amaranthus L.
As a part of an extensive revision of *Amaranthus* species naturalized in the south-western areas of the Federal Republic of Germany HÜGIN (1987) suggested within the *A. blitum*-group a separation of *A. blitum* L. s. str. from *A. emarginatus* MOQ. ex ULINE et BRAY. In the same way also a separation of *A. bouchonii* THELL. from *A. powellii* S. WATSON is possible.

Araceae

Amorphophallus BLUME ex DECAISNE
A study of the affinity of some accessions of the genus with *A. paeoniifolius* (DENNST.) NICOLSON and its related species was untertaken using numerical

analyses of data derived from vegetative morphology, anatomy and chemotaxonomy. The Javanese wild and cultivated forms of *A. paeoniifolius* were confirmed as two distinct but closely related taxa linked with *A. variabilis* BL. rather than with *A. oncophyllus* PRAIN in J. D. HOOK. (WIDJAJA and LESTER 1987).

Cactaceae

Informations about the cultivated Cactaceae of South Italy are compiled using field studies and literature data. Some species of the genus *Opuntia* MILL. underwent in South Italy a rapid evolution under domestication. Some highly domesticated races of *O. ficus-indica* (L.) MILL. have been even reintroduced as a fruit crop to some parts of America (HAMMER and PERRINO 1987).

Chenopodiaceae

Beta L.
The origin of the cultivated forms of *B. vulgaris* L. is discussed by BURENIN (1985) and the important role of *B. maritima* L. is stressed.

To broaden the genetic base of the different beet crops interspecific hybridization is proposed. The four sections of the genus confirm well with the rate of crossability (DE BOCK 1986).

A classification of weedy beets is proposed by FORD-LLOYD and HAWKES (1986). They consider the following groups: 1. sugar beet volunteers, 2. wild forms and their hybrids with cultivated types, and 3. true ruderals. Weed beets are important genetic resources for breeding programmes.

Based on crossing experiments and other data the hypothesis is supported that sugar beets originated from fodder beet×chard hybrids (FISCHER 1986).

Compositae

Helianthus L.
ANAŠČENKO and ROSTOVA (1984) analysed data of a comparative study of the VIR Kuban Experimental Station collection (737 accessions of *H. annuus* L. subsp. *annuus*, 42 characters) applying a principal component method. A graph of affinities between all forms of cultivated sunflower is given.

CHANDLER et al. (1986) investigated the chromosomal relationships of the 11 annual diploid species in *Helianthus* sect. *Helianthus* by analysing meiotic abnormalities in the interspecific hybrids. A phylogenetic diagram based on translocation differences is presented. The chromosome arm ratios of *H. debilis* NUTT. are considered as ancestral, while those of *H. neglectus* C. B. HEISER and *H. annuus* L. are the most derived ones.

Lactuca L.
Genetic diversity and phylogeny have been evaluated by means of isozyme markers in cultivars of *L. sativa* L. and some wild species (KESSELI and MICHELMORE 1986). The results in regard to phylogeny corroborate in general those ones based on morphological characters. A detailed study of the infra- and inter-

specific variation of cultivated lettuce and its wild relatives made necessary a typification of the relevant Linnaean names (VRIES and JARVIS 1987).

Cruciferae

Brassica L.
OOST and TOXOPEUS (1986) again favoured their cultivar group arrangement in *Brassica rapa* L. as a flexible system for infraspecific classification easy to adapt. But the requirement of an International Registration Authority is stressed now. As an other part of these taxonomic studies within cultivated *Brassica* (OOST et al. 1987), *B. rapa* L. and *B. campestris* L. are lectotypified and a neotype is designated for *B. chinensis* L. HIGGINS et al. (1986) dealt with the distinction of cultivars intermediate between savoy, white cabbage and red cabbage (*B. oleracea* L. var. *sabauda* L., var. *capitata* L. f. *capitata* et f. *rubra* (L.) DUCH. ex LAM.) by numerical analysis of diagnostic characters. The variability of non-heading Chinese cabbage (*B. rapa* ssp. *chinensis* HANELT), little known outside Eastern Asia up till now, has been classified informally by CAO (1986).

Many similarities between the karyotypes of *B. alboglabra* L. and *B. oleracea* var. *capitata* L. have been stated by comparing idiograms and C-banding patterns (WANG and LUO 1987). The investigation of digenomic triploids proves that the B genome of *B. nigra* (L.) KOCH is phylogenetically much more distant from the A and C genomes of *B. rapa* L. and *B. oleracea* L., respectively, than the latter two genomes are from each other (ATTIA et al. 1987).

Raphanus L.
A revision of the genus accepts two species, the wild *R. raphanistrum* L. subdivided into three geographic-ecologically differentiated subspecies and the cultivated *R. sativus* L. with four convarieties of different usage (PISTRICK 1987, PISTRICK and JARVIS 1987). Differences concerning the structure of the fruit and the root, growth form and distribution proved to be especially useful for taxonomic purposes. The centre of origin of the cultivated species was situated probably in the Eastern Mediterranean area and the adjacent Near East. All subspecies of *R. raphanistrum* are taken into consideration for the first step of domestication as a vegetable (leaves, roots) or oil crop in the northwestern part of this region about 4000 years ago. The Japanese wild radish *R. sativus* f. *raphanistroides* MAKINO, is considered to be an escape from cultivation and not the ancestor of Japanese radish (*raphanistroides*-group of *R. sativus* convar. *sativus*). The occurrence of lyrate and pinnatisect leaves in Japanese wild populations as features of some East Asian radish cultivars (YAMAGUCHI 1987) demonstrates close genetical relations between f. *raphanistroides* and *R. sativus*.

Sinapis L.
The taxonomy of the genus has been revised in detail using numerical analysis mostly of morphological characters (BAILLARGEON 1986). The three subspecies of *Sinapis alba* L. were numerically separated on the basis of the presence/absence of a seed in the siliqua-beak, moreover on the size of the beak, the length of the siliqua valves, the length of the seeds and the density of the leaf vestiture. The type subspecies *alba* includes the cultivated and escaped plants.

Cucurbitaceae

Cucumis L./*Citrullus* SCHRAD.
MALLICK and MASUI (1986) dealt with the evolution and taxonomy of *Cucumis* and *Citrullus*. It is considered that the African species *Cucumis metuliferus* E. MEY. ex SCHRAD. is ancestral to the rest of the genus. *Cucumis sativus* L. s. str. which evolved from *Cucumis hardwickii* ROYLE, diverged from the main line of *Cucumis* evolution at an early stage probably.

Cucurbita L.
An infraspecific classification of the culinary forms of *C. pepo* L. based on fruit shape has been proposed (PARIS 1986), eight cultivar groups have been recognized and their history documented. However the designation of these groups as botanical varieties cannot be accepted, because there are serious formal nomenclatural inadequacies and unsufficient considerations of earlier subdivisions of this species.

Dioscoreaceae

Dioscorea L.
ONYILAGHA and LOWE (1986) examined twenty-two cultivars of white and yellow yams with the aim to classify them using numerical methods. 76 mostly morphological features were coded for single linkage cluster analysis and principal component analysis. The results agreed and showed that two taxa exist. All cultivars of *D. rotundata* POIR. have white tubers while those of *D. cayenensis* LAM. have yellow ones. The authors suggested that forms with creamy tubers are possible hybrids of the two species.

SU (1987) investigated the pollen of 31 Chinese species of *Dioscorea* belonging to the sections *Stenophora*, *Lasiophyton*, *Shannicorea*, *Opsophyton* and *Enantiophyllum*. The pollen grains of sect. *Stenophora* were monocolpate, while those of the other sections were bicolpate. *Stenophora* is considered as primitive and *Enantiophyllum* as the most advanced section.

Elaeagnaceae

Hippophae L.
ELISEEV (1983) concluded after studying the infraspecific variability of sea buckthorn that this species should not be divided into different subspecies or geographical races. On the basis of morphological and physiological features he supposed that the genus originated in the tropics.

Euphorbiaceae

Manihot MILL.
Wild species of this genus have been collected in the Brazilian States of Minas Gerais and Goias (ANONYMOUS 1986). This collection also comprises material of *M. esculenta* CRANTZ, indicating that this species is not a cultigen solely but a

species with wild and cultivated populations. NASSAR (1986) described a new species (*M. neusana* NASSAR) related to *M. pohlii* WARWA. This species, collected in Paraná, Brazil, is characterized by some traits valuable for plant breeding.

Gramineae

Hordeum L.
The relationships between most known species were inferred from the electrophoresis of six enzyme systems (JØRGENSEN 1986). The genus is divided into the "*H. vulgare* group", the "*H. marinum* group", and the "*H. pubiflorum* group". The first mentioned group, consisting of the closely related species *H. vulgare* L. s. l., *H. bulbosum* L., and of the more distantly related *H. murinum* L., evolved from the southwest Asian centre of differentiation.

However, the distribution of genetic variants of a special group of proteins among Moroccan and non-Moroccan accessions both of *H. spontaneum* C. KOCH and of *H. vulgare* cultivars suggests that domestication of barley might have taken place also in Morocco (MOLINA-CANO et al. 1987). An agromorphological characterization of the *H. spontaneum* accessions further supports this hypothesis.

Allozymes of 13 populations of *H. spontaneum* from Iran were electrophoretically studied by NEVO et al. (1986) in order to analyze genetic diversity and structure of these populations. They found this species to be extremely rich genetically and, on an average, more variable than the Iranian landraces of cultivated barley warranting a much fuller exploitation of them by breeding.

KONISHI (1986) examined the genetic variation of several seed samples of covered and naked barley from Nepal using esterase isoenzymes of the first leaf blades. The largest diversity was observed in samples from the highest altitude of collection site which is thought to be the result from spontaneous hybridization and/or repeated introduction of different genotypes.

Morphological characters and especially a distribution area very different from that of the wild subsp. *spontaneum* (C. KOCH) THELL. caused SCHOLZ (1986) to accept the weedy forms of wild barley as direct back mutations of cultivated plants to plants with brittle rhachis and as having been evolved repeatedly. He considers them as *H. vulgare* subsp. *agriocrithon* (ÅBERG) A. LÖVE et D. LÖVE emend. H. SCHOLZ. The hitherto accepted opinion (see the review on barley evolution by KUCKUCK 1984), that weedy barley originated by hybridization of cultivated and wild forms is rejected as unlikely and without strong evidence.

BAUM (1987) dealt with the classification of cultivated barley (*Hordeum vulgare* L.). Two cultivar groups were established from 329 world-representative accessions of named cultivars scored for 37 morphometric characters. The two cultivar groups (discerned by the application of various hierarchical cluster analyses) are similar to the popular division of two-rowed and six-rowed, one group containing mostly two-rowed barleys but also a few of the other kind and the second group mostly six-rowed barleys together with some two-rowed. Both groups include naked and covered types, "irregular", "deficiens" and other types.

OMAROV (1985) described five new botanical varieties of *Hordeum vulgare* (awnless, broad-glumed forms) which were found to be promising for breeding.

Oryza L.

DUISTERMAAT (1987) revised the species of the genus from Malesia and Australia considering *O. rufipogon* GRIFF., the wild progenitor of *O. sativa* L., as a distinct species, and *O. perennis* MOENCH as a nomen dubium. Any infraspecific delimitation of *O. sativa* is, however, not given. *Oryza minuta* PRESL and *O. officinalis* WALL. ex WATT are considered to be conspecific.

Isozyme electrophoresis of a great collection of wild and cultivated species leads SECOND (1986) to draw conclusions on the domestication of rice. The independent domestication of *O. sativa* L. in Asia–two independent centres in China and south/southeast Asia gave probably rise to the subsp. *japonica* and subsp. *indica*, resp.–and of *O. glaberrima* STEUD. in Africa is confirmed. The diversity of cultivated Asian rice can be traced back to confrontation of both the mentioned subspecies between them and with local rice in the various areas they have been introduced. The same problems of origins of rice and rice cultivation were also dealt with by NAKAGAHARA (1985) especially considering what different geographic regions might have contributed to diversity and to progress of rice and its cultivation.

Panicum L.

BOUGH et al. (1986) found at least seven biotypes of proso millet (*P. miliaceum* L.) occurring as weeds in Canada, differing not only in vegetative characters and seed colour but also in ecological characters. The distribution of these biotypes is also analysed. Electrophoretic surveys of seedlings grown from 110 accessions of proso millet from different regions of Asia, Europe, and the Americas showed variation in only 2 of the 11 enzyme systems examined (WARWICK 1987). There was no obvious correlation of isozyme patterns with seed colour type, degree of weediness, and geographical origin. All North American weedy strains represented either one or the other genotype.

Secale L.

The breeding system within this genus was studied by HAMMER et al. (1987). It reaches from allogamy (most races of *S. cereale* L., perennial species) to autogamy (*S. sylvestre* HOST, *S. vavilovii* GROSSH., *S. strictum* (PRESL) PRESL subsp. *africanum* (STAPF) HAMMER). The most important character for demonstrating the breeding system is anther lenght.

Setaria PAL. BEAUV.

PRASADA RAO et al. (1987) gave a systematic treatment of cultivated foxtail millet, *S. italica* L. subsp. *italica*. Three races are recognized differing in number and branching of culms and in morphology of inflorescences: race *moharia* (Europe and southwest Asia), race *maxima* (Far East, Transcaucasia), and the more or less intermediate race *indica* (southern Asia). Weedy green foxtail represents derivatives of crosses between spontaneous and cultivated plants. But MAISAIA and GORGIDZE (1985) separated the plants growing in the Georgian SSR as a new subsp. *colchica* in which 22 botanical varieties are recognized. Three of them, and *S. ketzchovelii* MEN. et ER. var. *nigra*, and some botanical forms are newly described, but all taxa are nomina illegitima, partly also nomina nuda.

KAWASE and SAKAMOTO (1987) analysed F_1 hybrids of 83 strains of *S. italica* from various areas of Europe and Asia with three tester strains from Japan, Taiwan and Belgium. They found the pollen fertility to range widely from almost sterile to highly fertile and used this as a basis for measuring the genetical specialization of the strains. The east Asiatic strains and the European ones proved to be rather distinct from one another, but some strains from India and Afghanistan showed affinities to both and are thougth to be less specialized. The authors suggested that *S. italica* was first domesticated in an area ranging from Afghanistan to India, and then dispersed both east- and westward.

Triticum L. and *Aegilops* L.

KIMBER and FELDMAN (1987) gave an introductory survey over the wild species of these genera. The report comprises informations on the morphology, cytology, infraspecific variability, and the geographic distribution of the taxa. A key enables the determination of species.

HARBORNE et al. (1986) investigated the flavonoids in leaves of seven diploid *Triticum* and *Aegilops* species, most likely to be parental species of hexaploid wheats. The flavonoid patterns of the tested *Aegilops* species (*Ae. tauschii* COSS., *Ae. speltoides* TAUSCH, and *Ae. searsii* FELDMAN et KISLEV ex HAMMER) indicate a closer relationship to the hexaploid wheats than to the diploid ones. It is supposed, that some chromosomal material may be lost in the course of the evolution of polyploid wheats.

A comparison between the C-banding patterns of the A-genomes in some diploid and one hexaploid *Triticum* species has been carried out by KUZ'MENKO et al. (1987). A close relationship has been found between some subspecies of *T. boeoticum* BOISS. em. SCHIEM. and *T. monococcum* L. Greater differences exist between the A-genomes of these species and that of *T. urartu* TUM. as well as between those of the diploid and hexaploid species.

The C-banding patterns of *Triticum aestivum* L. and *T. timopheevi* ZHUK. have been compared by BADAEVA et al. (1986). It has been found that the differences in the chromosomes between the A-genomes of these species as well as between the B-genome and the G-genome rely on substitutions and large translocations. Both of the species seem to have a common ancestor and differentiated in the process of their evolution by chromosomal aberrations and the increase of heterochromatin in the G-genome.

WAZUDDIN and DRISCOLL (1986) found that the chromosome 4 of the A-genome is absent in the chromosome set of hexaploid wheats. It is supposed that, in the course of the evolution of hexaploid wheats, this chromosome has been lost at the tetraploid level and was substituted by one chromosome of another donor genome of the hexaploid wheats.

GALSTJAN-AVANESJAN (1986b) described a new artificial hybrid of hexaploid wheat with the genome formula AABBDD under the name *Triticum aestivum* L. ssp. *hexapolonicum* AVAN. This type arose from a cross between the hybrid *T. polonicum* L. × *T. carthlicum* NEVSKI and *T. aestivum* var. *milturum* (ALEF.) MANSF.

A classification of *T. aestivum* into subsp. *aestivum* and subsp. *hadropyrum* (FLAKSB.) TZVEL. (with 3 convars. and 4 subconvars.), and of *T. durum* DESF. into subsp. *durum* (6 convars. and 3 subconvars.) and subsp. *horanicum* VAV., is presented (DOROFEEV 1985).

ŽIŽILAŠVILI and BERIŠVILI (1986) described a new botanical variety of *T. spelta* L. (var. *carthlicum*) from Georgia (URSS). Four new botanical varieties of *T. vavilovii* (TUM.) JAKUBC. were described by GALSTJAN-AVANESJAN (1986a).

PORCEDDU and LAFIANDRA (1986) discussed the origin and evolution of wheats and FELDMAN et al. (1986) the genetics and evolutionary aspects of allopolyploidy in wheats.

Zea L.

SARMA and SHARMA (1986) compared somatic chromosome morphology in 22 strains of maize and one each of teosinte and *Coix lacryma-jobi* L. Variation between the latter was not greater than the considerable variation among the maize genotypes supporting the inclusion of all three species in the Maydeae, and that of maize and teosinte in the same genus.

GALINAT (1986) pointed out that if the duplicated regions present in the genomes of maize and teosinte represent vestiges reflecting an ancient amphidiploid origin, the ancestral genomes would have had $2n = 10$ chromosomes. The ancient south African species *Elyonurus argenteus* NEES ($2n = 10$), which possesses chromosome knobs, is recommended for investigation. The role of chromosome duplication in the evolution of the different races of maize is emphasized.

DOEBLEY et al. (1987) compared the isozyme variation in 94 accessions of Mexican maize and in 37 collections of Mexican teosintes (*Z. mays* L. subsp. *mexicana* (SCHRAD.) ILTIS and subsp. *parviglumis* ILTIS et DOEBLEY). The latter taxon, a wild plant, shows a closer genetic relationship to maize than does subsp. *mexicana*, a weedy teosinte found in maize fields. The isozyme data support the theory that maize is a domesticated form of teosinte, but also does not provide any evidence that the weedy teosinte is a hybrid of the wild form and maize, or that it is a genetic bridge between wild form and crop. SACHAN and SARKAR (1986) considered a prolific variety of maize from south America and the Indian landrace 'Sikkim primitive' as closely resembling prehistoric maize, their common ancestor.

Zizania L.

WARWICK and AIKEN (1986) examined eleven enzyme systems of 33 wild populations from northeastern North America and of 3 commercially available cultivars. The plants fell into two groups corresponding to *Z. aquatica* L. (var. *aquatica*, var. *subbrevis* BOIVIN, var. *brevis* FASSETT) and to *Z. palustris* L. (var. *palustris*, var. *interior* (FASSETT) DORE). No isoenzyme evidence for intermediacy or gene flow between the two species was found. The cultivated varieties were most closely related to *Z. palustris* var. *interior*.

Iridaceae

Crocus L.
GHAFFARI (1986) confirmed the observations of some authors that the cultivated *C. sativus* L. is an autotriploid with 2n=24 chromosomes. Contrary to the former assumption that the sterility of saffron is due to its inviable pollen caused by irregular meiosis the author supposed that this species is sterile because of defective gamete formation.

Labiatae

Mentha L.
On the basis of data from taxonomy, cytology, genetics, and phytochemistry SINGH and SHARMA (1986) supposed a possible evolution from subgen. *Pulegium* to subgen. *Menthastrum*. The different sections of the two subgnera might have followed parallel evolution.

Leguminosae

Acacia P. MILLER
In a book, NEW (1984) gives a comprehensive overview of biology, ecology, utilization as well as interrelations with arthropods and other animals in this genus. Some new data on phenology, habitats and also burning resistance and their status as weeds are of special interest. Classifications and indices of specific and subspecific names are listed in appendices.

Arachis L.
A possible donor of genome A of *A. hypogaea* L. (AABB) could be also *A. correntina* KRAP. et GREG. nom. nud., one of the diploid wild species of sect. *Arachis* which have not been validly published and thus contribute to the taxonomic confusion of the genus based upon the careless activities of breeders and cytologists! The morphology of pachytene chromosomes and other karyological characters indicate the mentioned relation, although genomic differences between all diploid taxa of the section are not very much pronounced (MURTY and JAHNAVI 1986).

Cajanus DC.
Careful karyotypic analyses have been made for *C. cajan* (L.) HUTH and related species of *Atylosia* WIGHT et ARN., which all share the same chromosome number (2n=22). Karyotypes similar to that of the pigeon pea could be found in several species of *Atylosia*, among them in *A. cajanifolia* HAINES, the presumed ancestor of *C. cajan* (PUNDIR and SINGH 1986).

Glycine WILLD.
Phytoalexin production after artificial inoculation with *Pseudomonas* proved to be a useful taxonomic marker for the classification of the genus (KEEN et al. 1986).

Inga P. MILLER
PONCY (1985) has collected much new data in the field for an improved classification of the genus. She has written chapters on morphology, biogeography and phylogeny, with systematic treatments, data on growth in young plants, shoots and roots. Other chapters contain observations on habitats, phenology, floral biology and the germination of seeds. At the end of the systematic treatment there are two keys: one for fruiting specimens and another for young plants.

Lathyrus L.
Two eco-geographic groups could be circumscribed within *L. cicera* L. characterized by quantitative characters of the vegetative organs of the plant, a high-stemmed late-maturing one from Eastern Mediterranean countries and Portugal, and another mainly from North Africa and Ethiopia with low stems and early maturing (ONIPKO 1985).

Lens MILL.
Studies of isoenzyme variability within the genus confirmed earlier results on the close relationship of *L. orientalis* (BOISS.) SCHMALH. and *L. odemensis* LADIZ. (here treated as subspecies of the cultivated lentil) to *L. culinaris* MEDIK.; however isozyme pattern is not always congruent with the classification of the taxa based upon morphology and karyology (HOFFMAN et al. 1986).

Lupinus L.
PASCUAL TERRATS (1986) has surveyed the lupine species from the Iberian Peninsula and described in detail their taxonomy, infraspecific variability, distribution, ecology, sociology and cultivation. For several characters, e.g. seed weight, a considerably broad variation could be found even in the wild forms of the different species; these represent a very valuable genetic resource for future breeding.

Medicago L.
Once again the delimitation of *Medicago* and related genera, especially *Trigonella* L., has been discussed and flower morphology and pollination mechanism analysed in detail for many species, several cultivated ones among them (SMALL et al. 1987). The explosive tripping mechanism of pollination, correlated with independent morphological and biochemical characters has been recognized as decisive for the circumscription of *Medicago*, some necessary new combinations for taxa hitherto listed as *Trigonella* species have been made.

SMALL (1986) analysed the taxonomy of the glandular representatives of *M. sativa* L. and assigned them to subsp. *glomerata* (BALB.) ROUY with coiled pods or to subsp. *falcata* (L.) ARC. var. *viscosa* (RCHB.) POP. (uncoiled pods) resp. to hybrids between subsp. *sativa* and subsp. *glomerata*. Detailed synonymies are given.

Mucuna ADANS.
A taxonomic revision of the Indian and Burmese taxa of this genus had been published by WILMOT-DEAR (1987). The cultivated strains are recognized as

var. *utilis* (WALL. ex WRIGHT) BAK. ex BURCK of *M. pruriens* (L.) DC. (synonyms being *M. capitata* WIGHT et ARN., *M. nivea* (ROXB.) WIGHT et ARN., etc.), other varieties of this species are wild plants of rather wide distribution in the Indian peninsula.

Ornithopus L.
According to the diagnosis given by BROTERO *O. sativus* BROT. has been re-interpreted (ALSINA ASER 1987) and typified to a taxon mostly known as *O. sativus* subsp. *isthmocarpus* (COSS.) DOST. (type specimens have not been available). Therefore this southern taxon became the type subspecies and the common serradella should be named *O. sativus* BROT. subsp. *roseus* (DUF.) ALSINA.

Phaseolus L.
BUDANOVA (1985) summarized the history of the infraspecific classification of *Ph. vulgaris* L. from pre-Linnean authors onward and described the different morphological-diagnostic and eco-geographical classifications which had been proposed in the past. She recognized as most relevant characters: growth type, seed shape and seed colour; colour, shape and structure of the pods (in this sequence).

Seed protein variability (phaseolin) revealed by gel electrophoresis of many wild forms and land-races of *Ph. vulgaris* from Middle and South America could be related to domestication and differentiation of this species (GEPTS et al. 1986, GEPTS and BLISS 1986): Two primary areas of domestication (Middle America, Andes) can be circumscribed by different protein band patterns (those from South America are more variable.) Colombia proved to be a meeting place of Middle American and Andean bean germplasms, here an additional banding pattern has been evolved indicating a further minor centre of domestication. Generally banding patterns of wild forms and land-races of the same region correspond very well, differences of the seed size can be correlated with the protein data.

In connection with problems of plant breeders' rights KOSTER (1986) proposed a cultivar grouping of *Ph. vulgaris* according to the use of the beans.

In Peru an unexpected high diversity of local races of lima beans, *Ph. lunatus* L., could be observed (DEBOUCK et al. 1987) as well as some truly wild and several intermediate weedy populations. Previous ideas on the domestication of this species should be thought over in the light of these new findings. The Peruvian domestication centre may be situated closer to the coast than formerly presumed. DEBOUCK (1986) also discussed the general diversification of the genus *Phaseolus* in the Americas and summarized in this context the data on domestication and evolution of the cultivated taxa, also of those ones with minor economic importance as *Ph. acutifolius* GRAY, *Ph. coccineus* L. and *Ph. polyanthus* GREENM.

Trigonella L.
The analysis of karyotypes and C-banding patterns of 6 species of sect. *Foenum-graecum* SER. in DC. suggested that none of the wild taxa could be considered as the wild progenitor of *T. foenum-graecum* L. However *T. berythea* BOISS. is karyologically closer to the fenugreek than the other species which confirmed

earlier data from protein chemistry. But crosses between these species gave only albinotic hybrids (Ladizinsky and Vosa 1986).

Vigna Savi
In Zimbabwe 3 different wild subspecies of *V. unguiculata* (L.) Walp. (2 of them hitherto unknown from this country) could be found (Mithen 1987) as well as *V. nervosa* Mark., the only other closer wild relative of *V. unguiculata*. However, both proved to be cross-incompatible. The centre of diversity of wild forms of *V. unguiculata* is located apparently in Southern Africa, not in West Africa or Ethiopia as previously thought.

Liliaceae

Allium L.
For crops like *Allium cepa* L. (onion) in which the classification of cultivars is difficult by the lack of suitable morphological, physiological or cytogenetical criteria Cooke et al. (1986) described a method for the extraction of multiple forms of seed-esterases and their analysis by isoelectric focusing. The esterase pattern are used to classify F_1-hybrids of onion cultivars.

Etoh (1984) has compared karyotypes of a fertile garlic accession (*Allium sativum* L.) with such of *A. longicuspis* Regel. Besides this the meiosis and the peroxidase isozymes are compared between these two taxa of *Allium*. In conclusion it was suggested that *A. longicuspis* is related to garlic very closely or that these two species must have the same ancestor.

In comparative studies of karyograms Komissarov and Tarasova (1985) have demonstrated that the onion (*Allium cepa* L.) and shallot (*A. ascalonicum* L.) belong to a single species.

In the Chinese chives (erroneously called *Allium odorum* L.) the effect of chilling on the dormancy was examined, by this character the cultivars are classified into four groups (Onuma and Sawahata 1984).

Malvaceae

Gossypium L.
The native species of the genus in Africa, Arabia and Pakistan have been revised by Vollesen (1987). Within *G. herbaceum* L. the cultivated taxon and its wild ancestor should be considered as very distinct subspecies. Morphological characters, distribution and reduced compatibility separate the really wild occurring South African subsp. *africanum* (Watt) Vollesen from subsp. *herbaceum*.

Marantaceae

Maranta L.
A revision of *Maranta* subgen. *Maranta* which includes species related to *M. arundinacea* L. has been presented by Andersson (1986). Sixteen species are recognized, eight of which are new. Growth habit and rhizome structure are

essential taxonomic characters, but leaf shape and indumentum distribution are more useful for identification. Some specimens of plants grown for commercial arrow root production in Latin America agree with *M. arundinacea* while others come closer to *M. amplifolia* K. SCHUM. Further investigations of cultivated material should clarify its taxonomic position.

Papaveraceae

Papaver L.
In continuation of an earlier study KADEREIT (1986) recognized *Papaver* sect. *Papaver* mainly on the basis of morphological characters. Contrary to some recent views on the circumscription of this section the author came to the conclucion that sect. *Papaver* should comprise four species, namely *P. somniferum* L. with two subspecies, *P. gracile* BOISS., *P. glaucum* BOISS. et HAUSSKN., and *P. decaisnei* HOCHST. et STEUDEL ex ELKAN.

Rosaceae

Prunus L.
BAIAŠVILI (1984) reported on Georgian (URSS) forms of *Prunus dicaricata* LEDEB. (2n=16, 48) and *P. spinosa* L. (2n=32, 40, 64) and examined the fruit set of hybrids between these two species. Good results in the hybridization confirm their ancestral position of the cultivated plums.

Pyrus L.
After description of the historical development since the 9th century (Capitulare de villis) up to the use of perry as a popular beverage in the 17th century the attempts are summarized to catalogue the autochthonous perry pears of Austria: 1824 from the canon F. SCHMIDBERGER; 1913 the classification of perry pears of LÖSCHNIG and KRONEDER, and later the attempt of WERNECK to incorporate the wild forms of pear from Austria into the classification of *Pyrus* by TERPÓ. The methods of perry pear cultivation in Austria from the 18th century up to-day are described and likewise collecting and conservation of these landraces in Austria (BERNKOPF 1984).

Rutaceae

Citrus L.
HIRAI et al. (1986) studies some isozymes of wild and cultivated taxa of the genus *Citrus*. On the base of their findings the authors discuss the relationship between the different species of this genus.

Sapindaceae

Dimocarpus LOUR.
Southern Yunnan, China, is suggested as the centre of origin of cultivated longan, *D. longan* LOUR., because there are extensive stands of the wild taxon in this area (LI 1985).

Solanaceae

Capsicum L.
Electrophoretic studies of seed proteins in the genus *Capsicum* lead to the suggestion that the origin of this genus is polyphyletic (PANDA et al. 1986).

A new form *C. frutescens* L. (f. *pingbianense* LIU et al.) and a new cultivar of this species have been described from the Yunnan province in China (LIU et al. 1985). The new races observed indicate ongoing evolution of this New World pecies isn parts of the Old World.

Jaltomata SCHLECHT.
Jaltomata procumbens (CAV.) J. L. GENTRY produces edible fruits. For this reason it is a tolerated weed in northern Mexican fields. Two distinct morphs have developed which show domestication characters. Considering this example DAVIS (1986) comes to the conclusion that domestication is not an event but a process.

Lycopersicon MILL.
A great variability with respect to the breeding system was found in *L. pimpinellifolium* (JUSL.) MILL. There are several outcrossing populations; intermediate forms between this species and *L. esculentum* MILL. are not rare, especially in Mexico. They are clearly hybrids of the two species (WIDRLECHNER 1987).

Physalis L.
Using numerical analysis of morphological and developmental characteristics and hybridization studies HUDSON (1986) could show that wild and domesticated races of *Ph. philadelphica* LAM. have not diverged significantly. A combination of the breeding system (obligate outcrossing) and specific selection prescures during domestication obviously contributed to the close relationship of the wild races and their domesticated relatives.

Solanum L. (tuber bearing species)
HUAMÁN and ROSS (1985) provided an updated list of tuber-bearing *Solanum* spp., proposed 3-letter abbreviations for numerous names and presented additional taxonomic information concerning the current classification within this group.

Morphological comparison, paper and thin layer chromatographic analyses of leaf phenolics and disc electrophoretic patterns of *S. stenotomum* JUZ. et. BUK., *S. sparsipilum* (BITTER) JUZ. et BUK., their colchicine tetraploids and *S. tuberosum* L. subsp. *andigenum* (JUZ. et BUK.) HAWKES support the hypothesis, that the tetraploid *S. tuberosum* subsp. *andigenum* arose as a natural chromosome-doubled hybrid of the diploid cultivated species *S. stenotomum* and the diploid wild species *S. sparsipilum*. The two diploid species both occur in the region of northern Bolivia to southern Peru (CRIBB and HAWKES 1986).

Restriction endonuclease analysis of chloroplast DNA allowed the conclusion that *S. goniocalyx* JUZ. et BUK., *S. phureja* JUZ. et BUK., *S.×chaucha* JUZ. et BUK. and *S. tuberosum* subsp. *andigenum* were derived from *S. stenotomum*. The chloroplast genome of the European potato comes from the Chilean potato (HOSAKA 1986).

The indigenous Bolivian potato *S.×ajanhuiri* Juz. et Buk. is derived from *S. stenotomum* and *S. megistacrolobum* Bitt. The resulting hybrid swarm contains both weedy and cultivated forms. Ongoing introgressive hybridization is hypothesized by Johns and Keeb (1986) especially for one valley in the department of La Paz, Bolivia, where wild and domesticated plants grow in close association.

Solanum L. (fruit bearing species)
As a result of crossing experiments, electrophoresis of seed proteins, morphological studies, numerical taxonomy and field observations it was demonstrated that *S. gilo* Raddi (incl. *S. olivare* Paill. et Bois), *S. zuccagnianum* Damm. (= *S. aethiopicum* sensu Bitter), *S. aethiopicum* L. and *S. aethiopicum* var. *aculeatum* (= *S. integrifolium* auct. non Poir.), comprise a single species–*S. aethiopicum* L. As the progenitor *S. anguivi* Lam. is proposed. Within *S. aethiopicum* the following informal groups are considered: Gilo group, Shum group, Kumba group, and Aculeatum group (Lester 1986, Lester and Niakan 1986).

Fruits of a new domesticated variety of *S. lasiocarpum* Dun. (var. *domesticum* Heiser) have been found in markets in Bangkok, Thailand. The Asian *S. lasiocarpum* is closely related to (or derived from) the American *S. candidum* Lindl. An introduction to Asia in historical times is probable. Therefore, *S. lasiocarpum* var. *domesticum* is not a very old domesticate (Heiser 1986). A new species, *S. yingjangense*, closely related to *S. melongena* L. is described from China, Yunnan province (Liu et al. 1985).

Theaceae

Camellia L.
The wild population of *C. sasanqua* Thunb. in the western part of Japan is highly uniform. All the plants had the chromosome number of 2n = 90 (hexaploid). The infraspecific variability was very small, only four forms were found: plants with semi-double flowers, with pinkish-white flowers, with larger petals or with deeply crenate leaf margins.The seeds were short-lived, and seedling mortality of wild plants was high. No hybrid was observed between wild *C. sasanqua* and its cultivars or other sympatric species, such as *C. japonica* L. and *C. sinensis* (L.) Kuntze. The origin of the 330 cvs. of *C. sasanqua* s. l., which have been registrated in the world, cannot be derived from the Japaneses wild population (Kondo et al. 1986).

General problems

Schachl (1984) discussed the influence of the cultivation of new varieties of cereals (*Hordeum* L., *Triticum* L.) on old land races indigenous to the territory of Austria with reference to evolution. Tucker (1986) compiled a list of more than 290 species and hybrids used as culinary herbs or potherbs. It contains 212 references.

Wijnands (1986) outlined the Linnaean sources on the taxonomy of cultivated plants and called special attention to some discrepancies between the concept of LINNAEUS and that of present-day taxonomy. Lectotypification of Linnaean names of cultivated plants should be used as a tool for nomenclatural conservation, not for the reconstruction of a precise Linnean concept that possibly never existed.

In order to stabilize nomenclature HAWKES (1986) argued for a simplified classification of cultivated plants. Wild and cultivated populations of the same species should be recognized as subspecies or varieties. The category 'subspecies' should be used for both wild and cultivated plants, thus, a special category 'subspecioid' for cultivated plants is considered as superfluous. He proposed to employ the term 'race' only for weedy and primitive forms and land races, and the term 'group' only for cultivars. He made a plea to use non-Linnaean systems of classification and nomenclature below the species or subspecies level in taxa with a large range of diversity.

PICKERSGILL (1986) outlined that cultigens which are descendants of a single wild species have been treated taxonomically in different ways: at the species level, at the subspecies level, and at the varietal level. Thus, she argued for a greater uniformity in the taxonomic treatment and proposed to use a special category such as 'subspecioid' for the cultivated taxon as indication of this relationship.

Starting from WAGNER'S species definition BRANDENBURG (1986) reflected upon classification within cultivated plants including hybrids raised in cultivation. It is recommended, that rules concerning cultivar classification in the International Code of Nomenclature for Cultivated Plants (ICNCP 1980) should be more explicitly formulated.

VAN RAAMSDONK (1986) asks the question whether it is useful to have two classification systems (i.e. a nomenclature code for wild and one for cultivated plants) which follow different principles to be used in the same group, when the distinction between wild and cultivated plants is not clear. In some genera with wild and cultivated plant taxa the difficulty of the choice between both codes is demonstrated.

The pattern of pulse domestication in the Middle East is completely different from that of cereals in the same region. Wild legumes are not suitable for cultivation because of their conspicious seed dormancy. Pre-adaptation of wild pulses for cultivation through loss of the seed dormancy mechanism apparently occurred in wild populations and may have been influenced by the gathering practices of man in pre-agricultural times. Pod indehiscence was of low value in pulse domestication and had evolved after the crop was well established and widespread (LADIZINSKY 1987).

HANELT (1986) discussed pathways of domestication with regard to crop types (legumes, vegetables).

DATTÉE (1986) described main traits of domesticated crops which are vegetatively propagated: They often belong to polyploid species groups, show frequently aneuploidy and meiosis abnormality, and exhibit a lack or deficiency of sexuality.

HEYWOOD (1986) discusses the increasingly widespread use of electronic data processing (EDP) also in taxonomy which allows the adoption of new taxonomical procedures. EDP will effect not only the way in which groups of plants are described, but also the collection, labelling and storage of specimens in the herbaria, the descriptions and the registration. The use of computers for handling and classification of cultivated plants and genetic resources have far-reaching consequences and deserve much wider study.

In 22 essays Žukovskij (1985) explained the recent development of the theories of N. I. Vavilov on gene centers, plant resources of the world, of the evolution and the resistance problems in cultivated plants, and their wild relatives. The author calls special attention to factors of natural evolution and to the polyploidy, hybridity, introgression, heterosis and sterility as well as to the problems of immunity in plant breeding.

Zusammenfassung

Taxonomie und Evolution der Kulturpflanzen: Literaturübersicht 1986/1987

Wichtige Arbeiten über Taxonomie und Evolution der Kulturpflanzen aus den Jahren 1986 und 1987 wurden zusammengestellt und kurz kommentiert.

Краткое содержание

Таксономия и эволюция культурных растений: обзор литературы за 1986–1987 гг.

Дается список работ по таксономии и эволюции культурных растений, вышедших в 1986 и 1987 годах. Работы кратко комментируются.

Literature

Alsina Aser, M., 1987: Nuevas combinaciones en *Ornithopus sativus* (Leguminosae). – Taxon **36**, 644–646.

Anaščenko, A. V., i N. S. Rostova, 1984: Klassifikacija odnoletnego kul'turnogo podsolnečnika (*Helianthus annuus* subsp. *annuus*). Classification of annual cultivated sunflower (*Helianthus annuus* subsp. *annuus*). – Sbornik naučn. trudov prikl. bot., genet. selekc. **89**, 54–61.

Andersson, L., 1986: Revision of *Maranta* subgen. *Maranta* (Marantaceae.) – Nordic J. Bot. **6**, 729–756.

Anonymous, 1986: Collection of *Manihot* in Brazil. – Plant Genetic Resources Newsletter FAO/IBPGR **68**, 52.

Attia, T., C. Busso, and G. Röbbelen, 1987: Digenomic triploids for an assessment of chromosome relationships in the cultivated diploid *Brassica* species. – Genome **29**, 326–330.

Badaeva, E. D., F. M. Shkutina, I. N. Bogdevich, and N. S. Badaev, 1986: Comparative study of *Triticum aestivum* and *T. timopheevi* genomes using C-banding techniques. – Plant Syst. Evol. **154**, 183–194.

Baiašvili, E. I., 1984: Phylogenetic study of the genus *Prunus*. – Soobščenija Akad. Nauk Gruzinskoj SSR (Bull. Acad. Sci. Georgian SSR) **116** (1), 137–139. (Ref.: Plant Breed. Abstr. **56**, 1986, 1068, no. 9904).

Baillargeon, G., 1986: Eine taxonomische Revision der Gattung *Sinapis* (Cruciferae: Brassiceae). – Diss., Freie Univ. Berlin, Fachbereich Biologie, 268 pp.

Barigozzi, C. (ed.), 1986: The origin and domestication of cultivated plants. – Elsevier, Amsterdam, Oxford, New York, Tokyo, VI +218 pp. (Developments in Agricultural and Managed-Forest Ecology **16**).

Baum, B. R., 1987: Classification of cultivated barley (*Hordeum vulgare*). 2. Elaboration of cultivar groups. – Can. J. Bot. **65**, 2152–2160.

Bernkopf, S., 1984: Oberösterreichische Mostobstsorten. (pp. 95–99). In: Aktuelle Probleme der landwirtschaftlichen Forschung, 9. Seminar: Abstammung der Kulturpflanzen und die Erhaltung des natürlichen Formenreichtums. – Landw.-chem. Bundesversuchsanstalt Linz/Donau.

Bock, T. S. M. de, 1986: The genus *Beta*: domestication, taxonomy and interspecific hybridization for plant breeding. – Acta Horticulturae **182**, 335–343.

Bough, M., J. C. Colosi, and P. B. Cavers, 1986: The major weedy biotypes of proso millet (*Panicum miliaceum*) in Canada. – Can. J. Bot. **64**, 1188–1198.

Brandenburg, W. A., 1986: Classification of cultivated plants. – Acta Horticulturae **182**, 109–115.

Budanova, V. I., 1985: Istorija sistematiki fasoli obyknovennoj (*Phaseolus vulgaris* L.). The history of taxonomy of common beans (*Phaseolus vulgaris* L.). – Sbornik naučn. trudov prikl. bot., genet. selekc. **91**, 55–64.

Burenin, V. I., 1985: [Information on the systematics and origin of beet]. – Sakharnaja Svekla 1985, no. 1, 30–31. (Ref.: Plant Breed. Abstr. **56**, 1986, 1057, no. 9806).

Cao, S., 1986: Studies on horticultural classification of nonheading Chinese cabbage. – Cruciferae Newsletter **11**, 8–11.

Chandler, J. M., C. C. Jan, and B. H. Beard, 1986: Chromosomal differentiation among the annual *Helianthus* species. – Syst. Bot. **11**, 354–371. (Ref.: Plant Breed. Abstr. **56**, 1986, 867, no. 8062).

Cooke, R. J., T. M. Smith, and A. G. Morgan, 1986: The use of isoelectric focusing of seed esterases to classify cultivars of *Allium cepa* L. (onions). – J. nat. Inst. agric. Bot. UK **17**, 209–218.

Cribb, P. J., and J. G. Hawkes, 1986: Experimental evidence for the origin of *Solanum tuberosum* subspecies *andigena*. (pp. 383–404). In: W. G. D'Arcy (ed.), Solanaceae: biology and systematics. – Columbia University Press, New York, XII +603 pp.

Dattée, Y., 1986: La domestication chez les espèces à multiplication végétative. – Bull. Soc. bot. France **133**, Sér. Actual. bot., 45–52.

Davis, IV, T., 1986: Jaltomata and the Tarahumara Indian region of northern Mexico. (pp. 405–411). In: W. G. D'Arcy (ed.), Solanaceae: biology and systematics. – Columbia University Press, New York, XII +603 pp.

Debouck, D. G., 1986: Primary diversification of *Phaseolus* in the Americas: Three centres? – Plant Genetic Resources Newsletter **67**, 2–8.

–, J. H. Liñan Jara, A. Campana Sierra, and J. H. de la Cruz Rojas, 1987: Observations on the domestication of *Phaseolus lunatus* L. – Plant Genetic Resources Newsletter **70**, 26–32.

Doebley, J., M. M. Goodman, and C. W. Stuber, 1987: Patterns of isozyme variation between maize and Mexican annual teosinte. – Econ. Bot. **41**, 234–246.

Dorofeev, V. F., 1985: Vnutrividovaja klassifikacija pšenicy. [Infraspecific classification of wheat]. – Doklady Vses. Akad. Sel'skochoz. Nauk im. V. I. Lenina (9), 3–5.

Duistermaat, H., 1987: A revision of *Oryza* (Gramineae) in Malesia and Australia. – Blumea **32**, 157–193.

Eliseev, I. P., 1983: K voprosu o proischoždenii i sistematike roda *Hippophae* L. (The question of the origin and systematics of the genus *Hippophae* L.). – Plod. i jagod. kul'tury, Gor'kij, 3–12. (Ref.: Ref. Ž. Biol. Bot. (Moskva) 1, 1985, 98, no. 1 V719).

Etoh, T., 1984: Hybrids between wild garlic (*Allium longicuspis* Regel) and garlic (*A. sativum* L.). – 3rd Eucarpia Allium Symposium, Wageningen/Netherlands, 78–82.

Feldman, M., G. Galili, and A. A. Levy, 1986: Genetic and evolutionary aspects of allopolyploidy in wheat. (pp. 83–100). In: Barigozzi 1986.

FERGUSON, R., 1985: A kiwifruit by any other name. – New Zealand Fruit & Produce J. Nov.–Dec. 1985, 26, 28, 30.

FISCHER, H. E., 1986: Zur möglichen Entstehung der Weißen Schlesischen Rübe im Lichte von Versuchen zur Resynthese der Zuckerrübe. – Biol. Rundschau **24**, 315–321.

FORD-LLOYD, B. V., and J. G. HAWKES, 1986: Weed beets: their origin and classification. – Acta Horticulturae **182**, 399–401.

GALINAT, W. C., 1986: Duplicated parts of chromosomes in relation to the origin of maize. – Maize Genetics Cooperation News Letter **60**, 131. (Ref.: Plant Breed. Abstr. **57**, 1987, 289, no. 2771).

GALSTJAN-AVANESJAN, S. Ch., 1986 a: O parallel'nom resinteze pšenicy *Triticum vavilovii* (THUM.) JAKUBZ. (2n = 42) i novye raznovidnosti ee. – Biol. Ž. Armenii **39**, 520–522, ris.

–, 1986 b: Sintez geksaploidnoj polonikumovidnoj pšenicy ozimogo obraza žizni – *Triticum aestivum* L. subsp. *hexapolonicum* AVAN. – Biol. Ž. Armenii **39**, 952–955.

GEPTS, P., and F. A. BLISS, 1986: Phaseolin variability among wild and cultivated common beans (*Phaseolus vulgaris*) from Colombia. – Econ. Bot. **40**, 469–478.

–, T. C. OSBORN, K. RASHKA, and F. A. BLISS, 1986: Phaseolin-protein variability in wild forms and landraces of the common bean (*Phaseolus vulgaris*): Evidence for multiple centers of domestication. – Econ. Bot. **40**, 451–468.

GHAFFARI, S. M., 1986: Cytogenetic studies of cultivated *Crocus sativus* (Iridaceae). – Plant Syst. Evol. **153**, 199–204.

HAMMER, K., and P. PERRINO, 1987: Studien zu einer Kulturpflanzenflora Süditaliens: Cactaceae. – Kakteen/Sukkulenten (Dresden) **22**, 3–10, 20–21.

–, E. SKOLIMOWSKA, und H. KNÜPFFER, 1987: Vorarbeiten zur monographischen Darstellung von Wildpflanzensortimenten: *Secale* L. – Kulturpflanze **35**, 135–177.

HANELT, P., 1986: Pathways of domestication with regard to crop types (grain legumes, vegetables). pp. 179–199. In: BARIGOZZI 1986.

HARBORNE, J. B., M. BOARDLEY, S. FRÖST, and G. HOLM, 1986: The flavonoids in leaves of diploid *Triticum* species (Gramineae). – Plant Syst. Evol. **154**, 251–257.

HAWKES, J. G., 1986: Problems of taxonomy and nomenclature in cultivated plants. – Acta Horticulturae **182**, 41–52.

HEISER, Jr., C. B., 1986: A new domesticated variety and relationships of *Solanum lasiocarpum*. (pp. 412–415). In: W. G. D'ARCY (ed.), Solanaceae: biology and systematics. – Columbia University Press, New York, XII + 603 pp.

HEYWOOD, V. H., 1986: Significance of use of computers in the taxonomy of cultivated plants. – Acta Horticulturae **182**, 329–334.

HIGGINS, J., T. H. SPARKS, J. L. EVANS, and J. R. LAW, 1986: Crop identifications of some *Brassica oleracea* cultivars. – Acta Horticulturae **182**, 285–291.

HIRAI, M., I. KOZAKI, and I. KAJIURA, 1986: Isozyme analysis and phylogenetic relationship of *Citrus*. – Japan. J. Breed. **36**, 377–389.

HOFFMAN, D. L., D. E. SOLTIS, F. J. MUEHLBAUER, and G. LADIZINSKY, 1986: Isozyme polymorphism in *Lens* (Leguminosae). – Syst. Bot. **11**, 392–402.

HOSAKA, K., 1986: Who is the mother of the potato? – Restriction endonuclease analysis of chloroplast DNA of cultivated potatoes. – Theor. Appl. Genet. **72**, 606–618.

HUAMÁN, Z., and R. W. ROSS, 1985: Updated listing of potato species names, abbreviations and taxonomic status. – Amer. Potato J. **62**, 629–641. (Ref.: Plant Breed. Abstr. **56**, 1986, 419, no 3912).

HUDSON, Jr., W. D., 1986: Relationships of domesticated and wild *Physalis philadelphica*. (pp. 416–432). In: W. G. D'ARCY (ed.), Solanaceae: biology and systematics. – Columbia University Press, New York, XII + 603 pp.

HÜGIN, G., 1987: Einige Bemerkungen zu wenig bekannten *Amaranthus*-Sippen (Amaranthaceae) Mitteleuropas. – Willdenowia **16**, 453–478.

JOHNS, T., and S. L. KEEN, 1986: Ongoing evolution of the potato on the altiplano of western Bolivia. – Econ. Bot. **40**, 409–424.

JØRGENSEN, R. B., 1986: Relationships in the barley genus (*Hordeum*): An electrophoretic examination of proteins. – Hereditas **104**, 273–291.

KADEREIT, J. W., 1986: A revision of *Papaver* L. sect. *Papaver* (Papaveraceae). – Bot. Jahrb. Syst. **108**, 1–16.

KAWASE, M., and S. SAKAMOTO, 1987: Geographical distribution of landrace groups classified by hybrid pollen sterility in foxtail millet, *Setaria italica* (L.) P. BEAUV. – Japan. J. Breed. **37**, 1–9.

KEEN, N. T., R. L. LYNE, and T. HYMOWITZ, 1986: Phytoalexin production as a chemosystematic parameter within the genus *Glycine*. – Biochem. Syst. Ecol. **14** (5), 481–486.

KESSELI, R. V., and R. W. MICHELMORE, 1986: Genetic variation and phylogenies detected from isozyme markers in species of *Lactuca*. – J. Heredity **77**, 324–331.

KIMBER, G., and M. FELDMAN, 1987: Wild wheat. An introduction. – College of Agriculture University of Missouri – Columbia, Special Report **353**, 1–142.

KOMISSAROV, V. A., i E. M. TARASOVA, 1985: Comparative karyological analysis of onion (*Allium cepa* L.) and shallot (*A. ascalonicum* L.). – Izvest. Timirjaz. Sel'skochoz. Akad. (6), 176–178. (Ref.: Plant Breed. Abstr. **56**, 1986, 457, no. 4280).

KONDO, K., K. TSURUDA, A. TANAKA, M. HIZUME, H. YOSHIOKA, and Ö. SEÇMEN, 1986: Comparison of variability in wild *Camellia sasanqua* THUNBERG in connection with possible origin of cultivated variety. – Japan. J. Breed. **36**, 340–354.

KONISHI, T., 1986: Genetic variation of barley populations collected in East Nepal. – Ber. Ohara Inst. landwirtsch. Biol., Okayama Univ. **19**, 63–76.

KOSTER, H., 1986: Classification and identity research of varieties of *Phaseolus* beans in the Netherlands. – Acta Horticulturae **182**, 403–406.

KUCKUCK, H., 1984: Abstammung der Kulturgerste. (pp. 15–26). In: Aktuelle Probleme der landwirtschaftlichen Forschung, 9. Seminar: Abstammung der Kulturpflanzen und die Erhaltung des natürlichen Formenreichtums. – Landw.-chem. Bundesversuchsanstalt Linz/Donau.

KUZ'MENKO, S. P., D. M. ATAEVA, i P. A. GANDILJAN, 1987: Sravnitel'noe izučenie chromosom diploidnych pšenic metodom differencial'nogo okrašivanija. – Genetica **23**, 686–692.

LADIZINSKY, G., 1987: Pulse domestication before cultivation. – Econ. Bot. **41**, 60–65.

–, and C. G. VOSA, 1986: Karyotype and C-banding in *Trigonella* section *Foenum-graecum* (Fabaceae). – Plant Syst. Evol. **153**, 1–5.

LESTER, R. N., 1986: Taxonomy of scarlet eggplants, *Solanum aethiopicum* L. – Acta Horticulturae **182**, 125–132.

–, and L. NIAKAN, 1986: Origin and domestication of the scarlet eggplant, *Solanum aethiopicum*, from *S. anguivi* in Africa. (pp. 433–456). In: W. G. D'ARCY (ed.), Solanaceae: biology and systematics. – Columbia University Press, New York, XII +603 pp.

LI, Y. Q., 1985: [An investigation on wild longan (*Dimocarpus longana* Lour.) in Yunnan]. – Acta Hortic. Sinica **12** (4), 223–227. [Chin., Engl. summ.]. (Ref.: Plant Breed. Abstr. **56**, 1986, 773, no. 7174).

LIANG, C.-F., and A. R. FERGUSON, 1986: The botanical nomenclature of the kiwifruit and related taxa. – New Zealand J. Bot. **24**, 183–184.

LIU, H., P. H. LI, and L. D. ZHOU, 1985: [A new species of *Solanum* and a new cultivar and new form of *Capsicum frutescens*]. – Acta Hortic. Sinica **12**, 255–260.

MAISAIA, I. I., and A. D. GORGIDZE, 1985: On the systematics of the Georgian millet. – Soobščenija Akad. Nauk Gruzinskoj SSR (Bull. Acad. Sci. Georgian SSR) **119** (3), 589–592 [in Georgian].

MALLICK, M. F. R., and M. MASUI, 1986: Origin, distribution and taxonomy of melons. – Scientia Hortic. **28** (3), 251–261. (Ref.: Plant Breed. Abstr. **56**, 1986, 1199, no. 11107).

MITHEN, R., 1987: The African genepool of *Vigna*. I. *V. nervosa* and *V. unguiculata* from Zimbabwe. – Plant Genetic Resources Newsletter **70**, 13–19.

MOLINA-CANO, J. L., P. FRA-MON, G. SALCEDO, C. ARAGONCILLO, F. ROCA de TOGORES, and F. GARCÍA-OLMEDO, 1987: Morocco as a possible domestication center for barley: biochemical and agromorphological evidence. – Theor. Appl. Genet. **73**, 531–536.

MURTY, U. R., and M. R. JAHNAVI, 1986: The 'A' genome of *Arachis hypogaea* L. – Cytologia **51**, 241–250.

NAKAGAHARA, M., 1985: Origin of rice and rice cultivation. – Tokyo, Kokon Shoin, 234 pp. [Jap.]. (Ref.: Plant Breed. Abstr. **56**, 1986, 1038, no. 9634).

NASSAR, N. M. A., 1986: *Manihot neusana* NASSAR: uma nova espécie nativa do Paraná, Brasil. – Ciência e Cultura **38** (2), 338–340.

NEVO, E., A. BEILES, D. KAPLAN, N. STORCH, and D. ZOHARY, 1986: Genetic diversity and environmental associations of wild barley, *Hordeum spontaneum* (Poaceae), in Iran. – Plant Syst. Evol. **153**, 141–164.

NEW, T. R., 1984: A biology of acacias. – Oxford Univ. Press, Melbourne/Australia, 153 pp.

OMAROV, D. S., 1985: Novye sintetičeskie botaničeskie raznovidnosti jačmenja s širokimi koloskovymi češujkami. New synthetic botanical variations of barley with broad glumes. – Sbornik naučn. trudov prikl. bot., genet. selekc. **95**, 56–58.

ONIPKO, T. N., 1985: Geografičeskaja izmenčivost činy nutovidnoj. Geographical variability of *Lathyrus cicera*. – Bjull. Vses. Inst. Rast. im. N. I. Vavilova **155**, 71.

ONUMA, K., and K. SAWAHATA, 1984: Differences in dormancy between cultivars of Chinese chives, *Allium odorum* LINNÉ. – Bull. Ibaraki-ken Hortic. Exp. Sta. **12**, 1–13.

ONYILAGHA, J. C., and J. LOWE, 1986: Studies on the relationship of *Dioscorea cayenensis* and *Dioscorea rotundata* cultivars. – Euphytica **35**, 733–739.

OOST, E. H., W. A. BRANDENBURG, G. T. M. REULING, and C. E. JARVIS, 1987: Lectotypification of *Brassica rapa* L., *B. campestris* L. and neotypification of *B. chinensis* L. (Cruciferae). – Taxon **36**, 625–634.

–, and H. TOXOPEUS, 1986: Scope and problems of cultivar group formation as exemplified in *Brassica rapa* L. – Acta Horticulturae **182**, 117–123.

PANDA, R. C., O. A. KUMAR, and K. G. R. RAO, 1986: The use of seed protein electrophoresis in the study of phylogenetic relationships in Chili pepper (*Capsicum* L.). – Theor. Appl. Genet. **72**, 665–670.

PARIS, H. S., 1986: A proposed subspecific classification for *Cucurbita pepo*. – Phytologia **61**, 133–138.

PASCUAL TERRATS, H., 1986: Altramuces de la Peninsula Iberica e Islas Baleares. Taxonomia, area, autoecologia, aprovechamiento y aspectos agronomicos. – Comunic. I.N.I.A. Ser. Producc. Veget. (Madrid) **67**, 1–90.

PICKERSGILL, B., 1986: Domestication and its taxonomic consequences. – Acta Horticulturae **182**, 319–327.

PISTRICK, K., 1987: Untersuchungen zur Systematik der Gattung *Raphanus* L. – Kulturpflanze **35**, 225–321.

–, und C. E. JARVIS, 1987: Zur Typisierung von *Raphanus sativus* L. (Cruciferae). – Feddes Repert. **98**, 477–483.

PONCY, O., 1985: Le genre Inga (Légumineuses, Mimosoideae) en Guyane Française. Systématique, morphologie des formes juvéniles, écologie. – Mém. Mus. Natl. Hist. Nat., Sér. B, Bot. **31**, 1–153.

PORCEDDU, E., and D. LAFIANDRA, 1986: Origin and evolution of wheats. (pp. 143–178). In: BARIGOZZI 1986.

PRASADA RAO, K. E., J. M. J. de WET, D. E. BRINK, and M. H. MENGESHA, 1987: Infraspecific variation and systematics of cultivated *Setaria italica*, foxtail millet (Poaceae). – Econ. Bot. **41**, 108–116.

PUNDIR, R. P. S., and R. B. SINGH, 1986: Karyotypic analysis of *Cajanus*, *Atylosia*, and *Rhynchosia* species. – Theor. Appl. Genet. **72**, 307–313.

RAAMSDONK, L. W. D. van, 1986: The grey area between black and white: the choice between botanical code and cultivated code. – Acta Horticulturae **182**, 153–158.

SACHAN, J. K. S., and K. R. SARKAR, 1986: Discovery of Sikkim primitive precursor in the Americas. – Maize Genetics Cooperation Newsletter **60**, 104–106. (Ref.: Plant Breeding Abstr. **57**, 1987, 288, no. 2769).

SARMA, J. S. P., and A. K. SHARMA, 1986: Karyomorphology of different strains of Maydeae. – Cytologia **51**, 527–547.

SCHACHL, R., 1984: Das Getreide-Landsortiment Oberösterreichs und Salzburgs im Gesichtspunkt der Evolution (pp. 109–114). In: Aktuelle Probleme der landwirtschaftlichen Forschung, 9. Seminar: Abstammung der Kulturpflanzen und die Erhaltung des natürlichen Formenreichtums. – Landw.-chem. Bundesversuchsanstalt Linz/Donau.

SCHOLZ, H., 1986: Die Entstehung der Unkraut-Gerste *Hordeum vulgare* subsp. *agriocrithon* emend. – Bot. Jahrb. Syst. **106**, 419–426.

SCHULTZE-MOTEL, J., R. FRITSCH, K. HAMMER, P. HANELT, J. KRUSE, H. I. MAASS, H.

OHLE, and K. PISTRICK, 1987: Taxonomy and evolution of cultivated plants: Literature review 1985/1986. – Kulturpflanze **35**, 421–439.

SECOND, G., 1986: La domestication en régime autogame: exemple des riz (*Oryza* spp.). – Bull. Soc. Bot. France, Actual. Bot. **133**, 35–44.

SINGH, T. P., and A. K. SHARMA, 1986: *Mentha*–taxonomic status as interpreted through cytology, genetics and phytochemistry. – Indian J. Genetics Plant Breed. **46**, 198–208.

SMALL, E., 1986: Taxonomy of glandular wild alfalfa (*Medicago sativa*). – Can. J. Bot. **64**, 2125–2129.

–, P. LASSEN, and B. S. BROOKES, 1987: An expanded circumscription of *Medicago* (Leguminosae, Trifolieae) based on explosive flower tripping. – Willdenowia **16**, 415–437.

SU, P., 1987: Pollen morphology of *Dioscorea* in China. – Acta phytotax. sinica **25**, 357–365 [Chin. Engl. summ.].

TUCKER, A. O., 1986: Botanical nomenclature of culinary herbs and potherbs. (pp. 33–79). In: L. E. CRAKER and J. E. SIMON (eds.), Herbs, spices, and medicinal plants: Recent advances in botany, horticulture, and pharmacology. Vol. 1. – Oryx Press, 359 pp.

VOLLESEN, K., 1987: The native species of *Gossypium* (Malvaceae) in Africa, Arabia and Pakistan. – Kew Bull. **42**, 337–349.

VRIES, I. M. de, and C. E. JARVIS, 1987: Typification of seven Linnaean names in the genus *Lactuca* L. (Compositae: Lactuceae). – Taxon **36**, 142–154.

WANG, X., and P. LUO, 1987: [Studies on the karyotypes and C-banding patterns of Chinese kale (*Brassica alboglabra*) and cabbage (*B. oleracea* var. *capitata*)]. – Acta Bot. Sinica **29**, 149–155. [Chin., Engl. summ.].

WARWICK, S. I., 1987: Isozyme variation in proso millet. – J. Hered. **78**, 210–212.

–, and S. G. AIKEN, 1986: Electrophoretic evidence for the recognition of two species in annual wild rice (*Zizania*, Poaceae). – Syst. Bot. **11**, 464–473.

WAZUDDIN, M., and C. J. DRISCOLL, 1986: Chromosome constitution of polyploid wheats: introduction of diploid wheat chromosome 4. – Proc. Natl. Acad. Sci. USA **83**, 3870–3874.

WIDJAJA, E. A., and R. N. LESTER, 1987: Morphological, anatomical and chemical analyses of *Amorphophallus paeoniifolius* and related taxa. – Reinwardtia **10**, 271–280.

WIDRLECHNER, M. P., 1987: Variation in the breeding system of *Lycopersicon pimpinellifolium*: implications for germplasm maintenance. – Plant Genetic Resources Newsletter **70**, 38–53.

WIJNANDS, D. O., 1986: Linnaeus's attitude towards cultivated plants. – Acta Horticulturae **182**, 67–78.

WILMOT-DEAR, C. M., 1987: A revision of *Mucuna* (Leguminosae-Phaseoleae) in the Indian subcontinent and Burma. – Kew Bull. **42**, 23–46.

YAMAGUCHI, H., 1987: Latitudinal cline and intrapopulational differentiation in leaf shape of wild radish in Japan. – Japan. J. Breed. **37**, 54–65.

ŽIŽILAŠVILI, K. M., i T. T. BERIŠVILI, 1986: Novaja raznovidnost *Triticum spelta* L. v Gruzii. A new variety of *T. spelta* in Georgia. – Soobščenija Akad. Nauk Gruzinskoj SSR (Bull. Acad. Sci. Georgian SSR) **123** (1), 145–147.

ŽUKOVSKIJ, P. M., 1985: Izbrannye trudy. – Agropromizdat, Leningrad, 392 pp.

Dr. J. SCHULTZE-MOTEL, Dr. R. FRITSCH, Dr. K. HAMMER, Dr. P. HANELT, Dr. J. KRUSE, Dr. H. I. MAASS, Dr. H. OHLE and Dr. K. PISTRICK
Zentralinstitut für Genetik und Kulturpflanzenforschung
der Akademie der Wissenschaften der DDR
Correnssstraße 3
Gatersleben
DDR - 4325

Kulturpflanze 36 · 1988 · 593–600

Faktoren, die die Sexualorganbildung bei *Vaucheria* beeinflussen

Alfred Rieth

(Eingegangen am 2. Februar 1988)

Zusammenfassung

Zwei charakteristische Versuchsserien zeigen, daß die Sexualorganbildung bei *Vaucheria dichotoma* (L.) C. A. Agardh 1817 und *Vaucheria terrestris* sensu Götz 1897 von der Dauer der Lichtperiode und dem Nitratgehalt des Kultursubstrats beeinflußt wird.

Einleitung

Eingehendere Untersuchungen über die Bedingungen unter denen bei Vaucheriaceen, besonders bei *V. sessilis* Sexualorgane gebildet werden, legte bereits Klebs 1896 vor. Hinsichtlich des Faktors Licht stellt er zusammenfassend eine Abhängigkeit von dessen Intensität und Einwirkungsdauer fest. Zum Faktor „chemische Beschaffenheit des Mediums" wird der fördernde Einfluß von Rohrzucker unterhalb einer Konzentration von 10 % festgestellt, anorganische Nährstoffe fördern zwar das vegetative Wachstum, hemmen aber die Geschlechtsorganbildung. Wahrscheinlich verhalten sich die einzelnen Arten in dieser Hinsicht jedoch nicht völlig gleich.

Auf jeden Fall ist ein willkürliches Hervorrufen der Geschlechtsorganbildung, wie es zur sicheren Bestimmung am Fundort häufig nur vegetativ angetroffener Pflanzen wünschenswert wäre – die in der Literatur meist nur als „*Vaucheria* spec." charakterisierten Vorkommen zeigen es – nicht unproblematisch. An zwei Versuchsserien soll daher der Einfluß von Lichtdauer und Nitratgehalt des Kultursubstrates auf die Sexualphase von *Vaucheria dichotoma* und *V. terrestris* geschildert werden.

1. *Vaucheria dichotoma*

Versuch und Ergebnis

Vegetatives Standortmaterial einer *Vaucheria* wurde Anfang Juli 1974 im Uferschilfgürtel eines Flüßchens etwa 200 m vom Meer entfernt, an der Küste des Schwarzen Meeres, bei Nessebar (VR Bulgarien) gesammelt und am 1. 08. in

Rohkultur genommen. Als Nährlösung diente hier stets eine „Ostsee-Schreiber-Lösung" 0,34 ‰. Zusammensetzung siehe Rieth 1978. Ende Februar 1975 (27. 02) fanden sich in der Kultur V_{N5} Sexualorgane, so daß die Bestimmung des Materials als *Vaucheria dichotoma* möglich war. Am Schalenboden sammelten sich zahlreiche, meist noch vom Oogon umhüllt, abgefallene Oosporen. Sie wurden unter dem Citoplast auf Agar-Agarböden aus dem Oogon geschält, durch Agar-Agar gerollt um anhängende Fremdorganismen zu entfernen und dann auf Schalen mit durch Agar verfestigter Nährlösung zum Keimen ausgelegt. (Kulturen V_N11; 15; 16 (28. 05. 75). Zur Gewinnung von Einsporkulturen kamen einzelne Keimlinge zur weiteren Entwicklung in Petrischalen mit Nährlösung (Kulturen V_N36; 37; 40; 41) (10. 07. 75). Mitte Februar 1976 sind diese Ansätze gut gewachsen und haben erneut Sexualorgane gebildet (Kulturen (V_{N58}1 (♂); 2 (♂); 4 (⚥); 5 (⚥). 7 (♀); 8 (♂)) (26. 02. 76).

Am gleichen Tage wurden Thallusstückchen aus diesen Kulturen auf Agar-Agar Nährböden übertragen, kamen dann aber wieder in Schalen mit Ostsee-Schreiberlösung (12. 03. 76). Dieses Material (Kulturen V_{N58}13 (♂); 15 (♂); 20 (♂); 22 (♂); 24 (⚥); 25 (⚥); 26 (⚥); 27 (♀); 28 (♀); 30 (♀), das bis dahin in einem Nordfenster am Tageslicht stand, war die Ausgangsbasis des nun zu beschreibenden Versuchs.

Am 14. 12. 76 kam ein Teil der Kulturen (V_{N58}20 (♂); 22 (♂); 26 (⚥); 27 (♀); 28 (♀); 30 (♀)) in einem Kühlraum unter Tageslichtleuchten in 12:12 h Licht: Dunkelwechsel. Der Rest, die Kulturen V_{N58}13 (♂); 15 (♂); 24 (⚥); 25 (⚥) verblieb zunächst im Nordfenster unter Tageslicht. Am 12. 01. 77 hatten alle Kulturen im Kühlraum Sexualorgane gebildet und wurden ausgeschieden. Die Ansätze im Nordfenster dagegen entwickelten sich durchweg nur vegetativ. Um, abgesehen vom Lichtrhythmus gleiche Bedingungen zu haben, kamen die im Nordfenster ohne Sexualorgane gebliebenen Kulturen ebenfalls in den Kühlraum und zwar zum Teil unter 12:12 h Licht:Dunkelwechsel (Kulturen V_{58} 102 (⚥); 103 (⚥); 106 (♂); 107 (♂); 109 (♂); 115 (⚥)), zum anderen Teil (Kulturen V_{N58}100 (♀); 101 (♀); 104 (♂); 105 (♂); 108 (♂); 114 (♀); unter 8:16 h Licht:Dunkelwechsel. Am 11. 02. 77 hatte das unter 12:12 h Licht-Dunkel gehaltene Material durchwegs Sexualorgane entwickelt und wurde ausgeschieden. Die Pflanzen unter 8:16 h Licht:Dunkelrhythmus dagegen waren alle vegetativ geblieben.

Am 28. 02. wurde wiederum ein Teil des vegetativ gebliebenen Materials (Kulturen V_{N58}100 (♀); 105 (♂); 108 (♂); 114 (♀)) aus dem Kurztagrhythmus in 12:12 h Licht:Dunkelwechsel gebracht, der Rest (die Kulturen V_{N58}101 (♀); 104 (♂)) im Kurztag belassen. Dieser wuchs auch weiterhin vegetativ, während das in 12:12 h Licht:Dunkelwechsel überführte Material nach 9 Tagen am 9. 03. Sexualorgane gebildet hatte und ausgeschieden wurde. Der im Kurztag wiederum nur vegetativ gewachsene Rest, die beiden Kulturen V_{N58}101 und 104 endlich, kam am 22. 03. 77 unter 12:12 h Licht:Dunkelrhythmus. Er entwickelte innerhalb von 5 Tagen, am 27. 03. Sexualorgane.

Es geht aus diesem Versuch, der in den Tabellen 1 und 2 zusammenfassend, übersichtlich dargestellt ist, klar hervor, daß die Länge der Lichtperiode entscheidend die Sexualorganbildung beeinflußt.

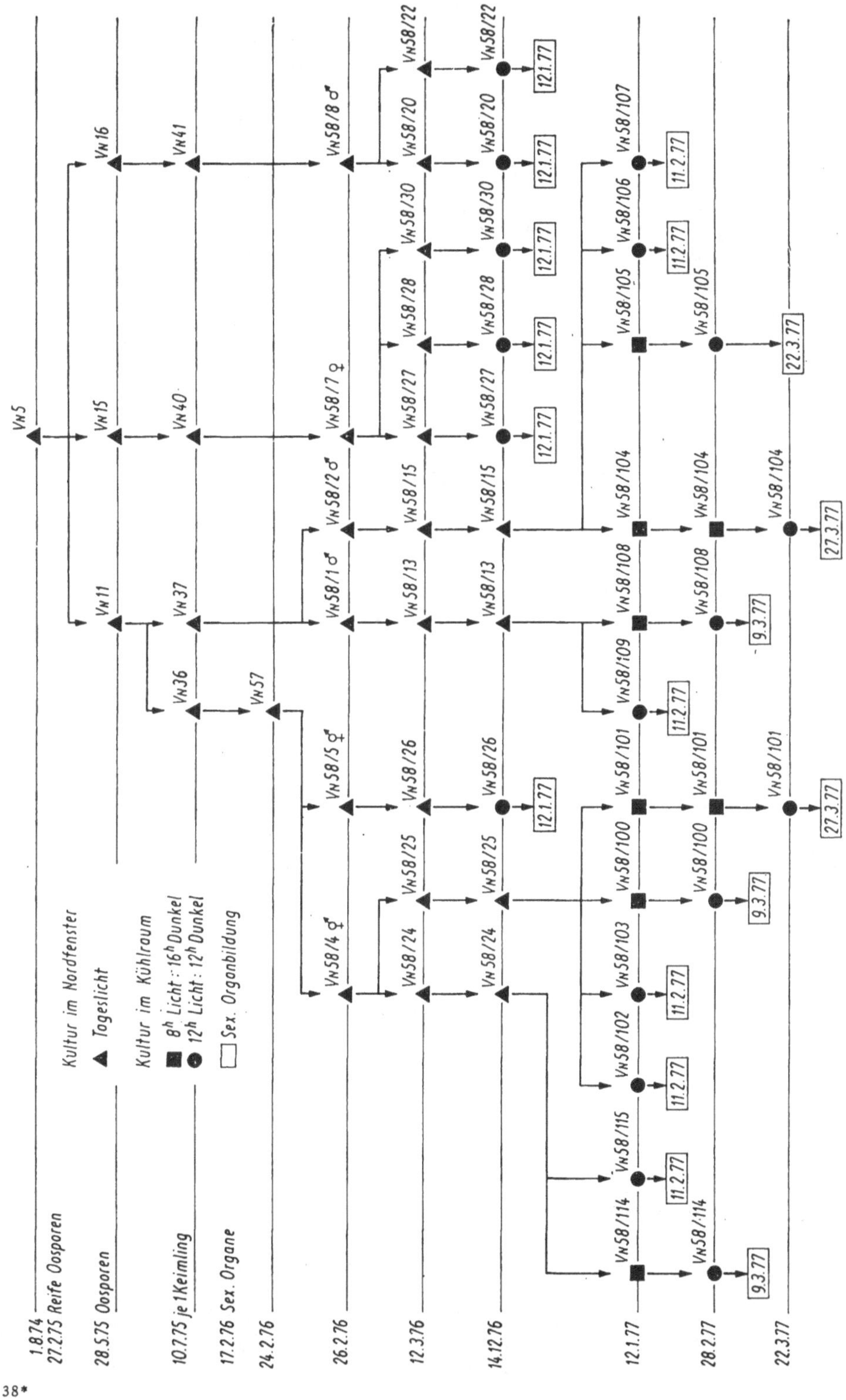

Tabelle 1
Vaucheria dichotoma Lichtrhythmus-Wirkung, Gesamt-Versuch

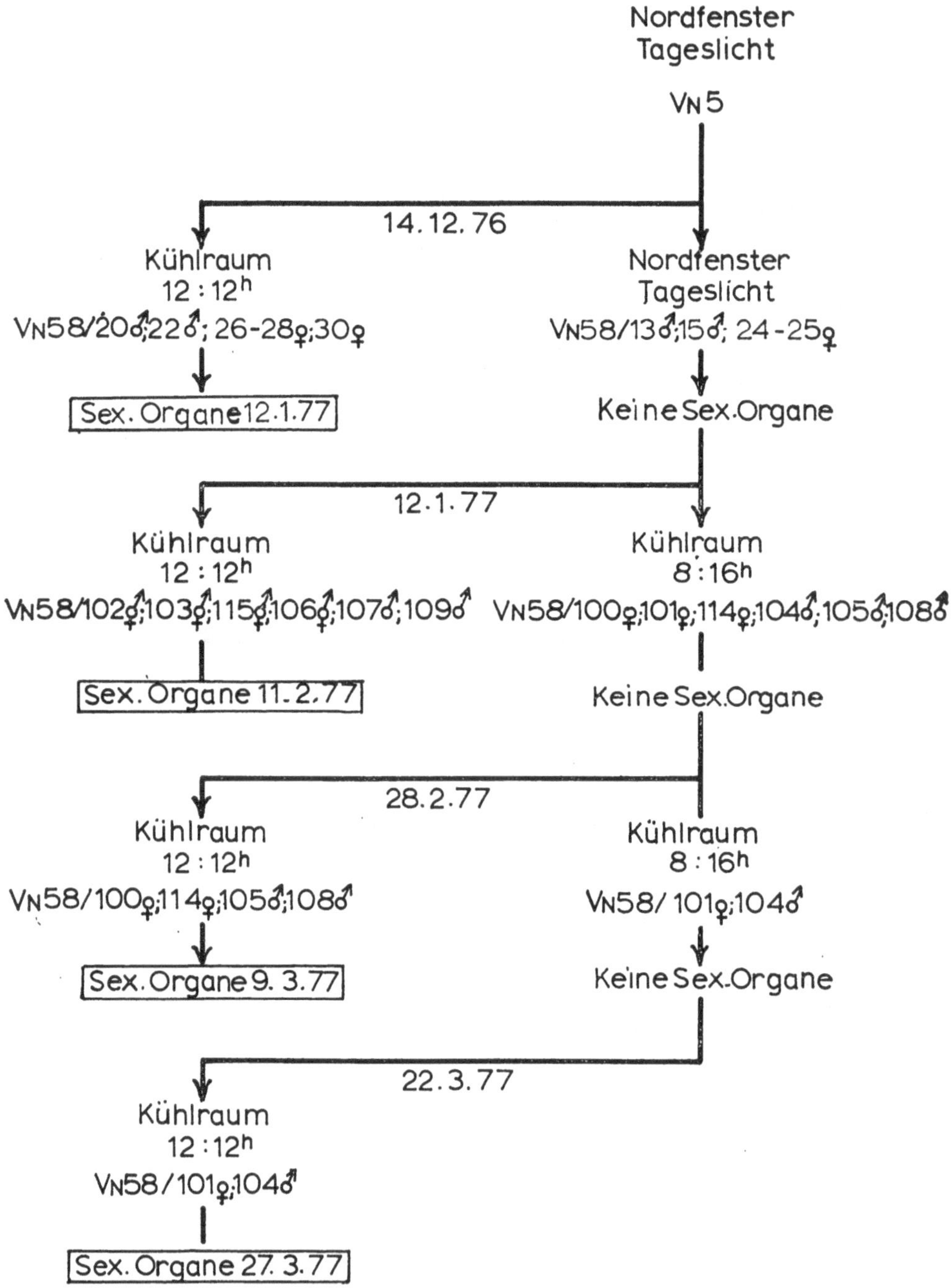

Tabelle 2
Vaucheria dichotoma Lichtrhythmus-Wirkung, Konzentrierte Darstellung

2. *Vaucheria terrestris*

Versuch und Ergebnis

Lebende Kulturen einer *Vaucheria* in Nährsubstrat nach Uspensky sowohl in Lösung als auch auf Agar-Agar wurden aus Japan zur Nachbestimmung erhalten (1. 08. 82)* und in Nährlösung (Knop alkalisch modif.) an einem Nordfenster weiterkultiviert. Die Pflanzen gediehen vegetativ gut, bildeten aber keine Sexualorgane. Ausgehend von diesem Stammaterial wurden 9 Schalen, die die gleiche Lösung wie das Stammaterial enthielten, beimpft (6. 12. 82). Davon kamen 6 Schalen in einem Kühlraum bei 12–13 °C unter Licht von Leuchtstoffröhren und zwar 3 Schalen unter 12 h Licht:12 h Dunkelheit (Kulturen V_j33–35). Drei weitere Schalen unter 16 h Licht:8 h Dunkelheit (Kulturen V_j36–38). Die restlichen 3 Schalen verblieben wie die Stammkulturen unter Tageslicht an einem Nordfenster. Am 6. 01. 83 zeigten alle Ansätze gutes vegetatives Wachstum, aber keine Geschlechtsorganbildung. Daraufhin wurde der Inhalt der Schalen V_j37 und V_j38 auf je zwei Schalen verteilt. Aus V_j38 wurde eine Kultur V_j46, die in der Stammlösung verblieb, und eine Kultur V_j45 in Aqua dest. Aus Kultur V_j37 leiten sich die Kulturen V_j47 in Selkewasser und eine zweite in Regenwasser als Kulturmedium ab. Die dritte Kultur (V_j36) verblieb in der Stammlösung. Am 20. 01. 83 traten in dem Ansatz mit Selkewasser (V_j47) die ersten Sexualorgane auf, am 26. 01. in der Schale (V_j45) mit Aqua. dest. und in der Schale V_j48 mit Regenwasser. Die Kulturen V_j36 und V_j46 in Stammlösung zeigten gutes vegetatives Wachstum aber keine Sexualorganbildung. Auch alle Ansätze im 12:12 h Licht:Dunkelwechsel (V_j33; 34; 35), sowie unter Tageslicht (V_j30; 31; 32) blieben ebenso ohne Sexualorgane.

Auf Grund dieses Ergebnisses wurde der Inhalt der Schalen V_j35, im 12:12 h Licht:Dunkelrhythmus und der Schale V_j30 unter Tageslicht in je zwei Schalen V_j54 und 55, bzw. V_j56 und 57 übertragen (21. 01). Die Kulturen V_j54 und V_j55 im 12:12 h Licht:Dunkelrhythmus zeigten am 8. 02. die ersten Sexualorgane, während am Tageslicht die Kultur V_j57 am 22. 02. und die Kultur V_j56 am 27. 02. mit der Sexualorganbildung begannen. An den beiden in vollständiger Lösung verbliebenen Kulturen V_j31 und V_j32 traten Geschlechtsorgane nicht auf.

Am 20. 02. 83 wurden zusätzlich 6 Kulturen unter Licht im Rhythmus 8 h Licht zu 16 h Dunkelheit im Kühlraum angesetzt, ebenfalls mit unter Tageslicht vorkultiviertem Material und zwar V_j3 und V_j14 in vollständiger Nährlösung, V_j21 und V_j24 in Regenwasser, V_j58 und V_j59 in Selkewasser. Wiederum zuerst, am 22. 02. (Kultur V_j58), bzw. am 6. 03. (Kultur V_j59) traten in Selkewasser Sexualorgane auf. Sehr spärlich fanden sich am 26. 03. (Kultur V_j21) bzw. am 2. 04. (Kultur V_j24) auch in den Ansätzen mit Regenwasser Sexualorgane. Die Kulturen V_j3 und V_j14 mit der vollständigen Nährlösung blieben ohne solche.

Am 10. 03. wurde die in vollständiger Nährlösung unter 16 h Licht gehaltene, vegetativ gebliebene Kultur V_j36 geteilt. Eine Schale verblieb unter den alten Bedingungen, die zweite V_j72 erhielt die volle Nährlösung jedoch ohne den Zu-

* Herrn Dr. Kataoka danke ich für die Übersendung der Kultur

satz von Erd-Artern-Schreiber Lösung. Beide blieben bis zum 14. 05. ohne Sexualorgane, bildeten sie aber noch, nach der am 21. 5. erfolgten Übertragung in Selkewasser ab 26. 6. 83.

Ebenfalls am 19. 03. wurde die bis dahin in vollständiger Nährlösung nur vegetativ wachsende Kultur V_j46 geteilt. Eine Tochterkultur (sie behielt die Kulturnummer V_j46) behielt die Stammlösung, jedoch ohne $Ca(NO_3)_2$, ohne KNO_3 und ohne Erd-Artern-Schreiber, die andere (V_j71) eine Lösung, in der nur $Ca(NO_3)_2$ und Erd-Artern-Schreiber, nicht aber KNO_3 weggelassen waren. Die Kultur V_j46 völlig ohne Nitratgabe begann am 2. April mit der Sexualorganbildung und hatte bis Versuchsende am 14. 05. reichlich „fruktifiziert", während die andere (V_j71) weiterhin nur vegetativ wuchs. Das gleiche Ergebnis: „Sexualorganbildung" zeitigten die am 19. 03. von vollständiger Nährlösung auf nitratfreie Lösungen umgesetzten Kulturen V 32 (Tageslicht), V_j34 (12:12 h Licht: Dunkelwechsel) und V_j46 (16:8 h Licht:Dunkelwechsel), während die aus V_j32

Datum	6.XII.	3.I.	6.I.	20.I.	21.I.	26.I.	8.II.	22.II.	27.II.	6.III.	19.III.	2.IV.	16.IV.	7.V.	26.VI.
16h Licht															
36① → 72⑤											72⑤	—	—	—	③ +
36①		—	—	—	—	—	—	—	—	—	—	—	—	—	③ +
37① → 47③		—	47③	+	+	++	+++	+++	++++	++++	++++	+++++	+++++	+++++	+++++
37① → 48④		—	48④	—	—	+	+++	+++	+++	+++	+++	++++	++++	++++	++++
38① → 46①		—	46①	—	—	—	—	—	—	—					
46① → 46⑥											46⑥	•	+	+++	X
46① → 71⑦											71⑦	—	—	—	X
38① → 45②		—	45②	—	—	+	+++	+++	+++	+++	+++	+++	++++	++++	++++
12h Licht															
33①		—	—	—	—	—	—	—	—	—	—	—	—	—	X
34①		—	—	—	—	—	—	—	—	—	⑥	•	•	+	X
35① → 54③		—	—	—	54③	—	+	+++	+++	++++	++++	++++	+++++	+++++	+++++
35① → 55③					55③	—	+	+++	+++	++++	++++	++++	+++++	+++++	+++++
Tageslicht															
30① → 56③		—	—	—	56③	—	—	—	++	+++	+++	+++	++++	++++	+++++
30① → 57③					57③	—	—	+	++	+++	+++	+++	++++	++++	
31① → 73⑧														73⑧	++
31①		—	—	—	—	—	—	—	—	—	—	—	—	—	—
32①		—	—	—	—	—	—	—	—	—					
32① → 32⑥											32⑥	++	+++	++++	+++++
32① → 70⑦											70⑦	—	—	—	—
8h Licht															
3 ①								—	—	—	—	—	—	—	—
14 ①								—	—	—	⑥	—	—	—	—
21 ④								—	—	—	—	+	+	+	+
24 ④								—	—	—	—	•	+	+	+
58 ③								—	•	++	+++	+++	++++	++++	++++
59 ③								—	—	+	+	++	++++	++++	++++

Tabelle 3
Vaucheria terrestris Wirkung der Nährlösung
① 3/4 Knop alk. +8 ml E. A. Schreiber auf 100 ml („Vollständige Nährlösung")
② Aqua dest.
③ Selkewasser (Wasser des Harzflüsschens Selke)
④ Regenwasser
⑤ Knop alkal. ohne E. A. Schr.
⑥ Knop alkal. ohne $Ca(NO_3)_2$, ohne KNO_3, ohne E. A. Schr.
⑦ Knop alkal. ohne $Ca(NO_3)_2$, ohne E. A. Schr.
⑧ Wasser einer Chlorkalzium-Quelle bei Stecklenberg/Harz

am 19. 03. abgeleitete Kultur V_j70 (Tageslicht) ohne $Ca(NO_3)_2$ und ohne Erd-Artern-Schreiber, aber mit KNO_3 wie V_j71 nur vegetativ wuchs. Bei den nur 8 h Licht erhaltenen Kulturen V_j3 und V_j14 konnten bis zum Versuchsende am 12. 06. Sexualorgane nicht gefunden werden. Am 7. 05. schließlich wurde die in vollständiger Nährlösung vegetativ gebliebene Kultur geteilt. Die eine Hälfte (V_j31) blieb in der vollständigen Nährlösung, die andere (V_j73) kam in eine Schale mit Wasser einer Chlorkalziumquelle. Erstere blieb erwartungsgemäß vegetativ, während die zweite am 12. 06. mit der Sexualorganbildung begann.

Als Ergebnis des Versuchs stellt sich heraus:
Vaucheria terrestris wächst in vollständiger Nährlösung (Knop alkalisch modif.) nur vegetativ (Kulturen V_j36, 38 bzw. V_j3, 31–34, 46), während sie in dieser Lösung bei Weglassen der Komponenten $Ca(NO_3)_2$; KNO_3 und Erd-Artern-Schreiber (Kulturen V_j46, 34 und 32 (ab. 19. 03.)) ebenso wie in Aqua dest. (V_j45); Selkewasser V_j47, 54, 55–59); Regenwasser (Kulturen V_j21, 24, 48) und Wasser einer Chlorkalziumquelle (V_j73) zur Sexualorganbildung kommt. Werden aus der vollständigen Nährlösung nur die Komponenten $Ca(NO_3)_2$ und Erdartern-Schreiber weggelassen, erfolgt lediglich vegetatives Wachstum (Kulturen V_j70, 71). Da der Sexualprozeß zur Bildung von Dauersporen (Oosporen) führt, erscheint die hier für *Vaucheria terrestris* beschriebene Steuerung ihrer Bildung durch den Grad der Nitratverfügbarkeit sinnvoll. Offen bleibt in wieweit dieser Regelmechanismus verbreitet ist. SIMONS et al. 1984 schreiben für *Spirogyra* z. B. „Nitrogen depletion and light appear the key factors for the induction of spores . . .".

Generell ist jedoch festzustellen, daß die Faktoren Licht und Nitratverfügbarkeit allein nicht zwangsläufig zur Einleitung des Sexualprozesses ausreichen. Sie können nur wirken, wenn zusätzlich eine Disposition noch unbekannter Art des Materials gegeben ist.

Verwendete Kulturlösungen

Für *Vaucheria dichotoma*
Erd-Ostsee-Schreiber

K_2HPO_4	2 ml	einer 1 %Stamm-
KNO_3	10 ml	lösung
$FeSO_4$	0,3 ml	
Erdlösung	20 ml	
Ostseewasser (1,25 %) mit Aqua dest. verdünnt auf 0,34 %	1000 ml	

Für *Vaucheria terrestris*
Knop alkalisch modifiziert

$Ca(NO_3)_2$	0,750 g
$MgSO_4$	0,188 g
K_2HPO_4	0,188 g
KNO_3	0,188 g
EDTA Erdlösung	15 ml
Aqua dest. ad	1000 ml

EDTA Erdlösung

Lauberdeauszug	1000 ml
$KHCO_3$	2,25 g
$FeSO_4$	1,25 g
EDTA	1,75 g

Erd-Artern-Schreiber (E. A. Schr.)
Wasser der Solquelle zu Artern

K_2HPO_4	2 ml	einer 1 % Lösung
KNO_3	10 ml	
$FeSO_4$	0,3 ml	
EDTA Erdlösung	20 ml	
Arternsole ad	1000 ml	

Summary

Factors influencing the formation of sexual organs in *Vaucheria*

Experiments demonstrating that the formation of sexual organs in *Vaucheria dichotoma* (L.) Agardh and *V. terrestris* sensu Götz is dependent from the duration of light period and content of nitrate in the culture medium.

Краткое содержание

Факторы, влияющие на образование половых органов у *Vaucheria*

Две характерные опытные серии показывают, что образование сексуальных органов у *Vaucheria dichotoma* (L.) C. A. Agardh 1817 и *Vaucheria terrestris sensu* Götz 1897 зависят от продолжительности светового периода и содержания нитратов в культурном субстрате.

Literatur

KLEBS, G., 1896 u. 1928: Die Bedingungen der Fortpflanzung bei einigen Algen und Pilzen. Jena, 3–132.

RIETH, A., 1976: Beobachtungen an Langzeitkulturen von *Vaucheria*, Wachstumsintensität und Wasserspeicherung. – Kulturpflanze **24**, 365–378.

–, 1978: Beitrag zur Kenntnis der Vaucheriaceae XXI. – Arch. Protistenkd. **120**, 409–419.

–, 1980: Xanthophyceae 2. Teil. – Süßwasserflora von Mitteleuropa Bd. 4, Jena und Stuttgart.

SIMONS, J., VAN BEEM, A. P. and P. J. R. DE VRIES, 1984: Induction of conjugation and spore formation in species of *Spirogyra* (Chlorophyceae, Zygnematales). – Acta Bot. Neerl. **33**, 323–344.

Prof. em. Dr. A. RIETH
Zentralinstitut für Genetik und Kulturpflanzenforschung
der Akademie der Wissenschaften der DDR
Corrensstr. 3
Gatersleben
DDR - 4325

IV. Das Institut im Jahre 1987
(The Institute in 1987)

Kulturpflanze 36 · 1988 · 603–636

A. Jahresberichte der Bereiche

1. Molekular- und Zellgenetik

Auf dem Gebiet der *gentechnischen Optimierung von Exoenzymproduzenten* haben die 1986 mit der Klonierung eines Gens für neutrale Protease in *B. subtilis* begonnenen Arbeiten 1987 zur Herstellung eines Hochleistungsstammes für dieses Enzym geführt. Durch multiple Integration von Genkopien in das Chromosom von *B. amyloliquefaciens* wurde eine genetisch stabile Überproduktion von neutraler Protease erreicht.

Die Arbeiten zur Sequenzierung des 1986 in *E. coli* klonierten Gens für Betaglucanase aus *B. macerans* und zur Charakterisierung des Enzyms wurden weitergeführt. Die erhöhte Thermoresistenz des Enzyms ist mit einer stark abweichenden Aminosäuresequenz und fehlender Kreuzreaktivität mit Antikörpern gegen mesophile Betaglucanase (z. B. aus *B. amyloliquefaciens*) verbunden. Die Probleme bei der Expression und sekretorischen Synthese eines heterologen Proteins in *B. subtilis* wurden weiterverfolgt. Es konnten Gen-Promotor-Signalpeptid-Konstruktionen unter Verwendung von Genelementen verschiedener *Bacillus*-Alphaamylasen hergestellt und der Einfluß von Promotorstärke und verwendeter *Bacillus*-Signalsequenz auf die heterologe Genexpression gezeigt werden. Zum Expressionsnachweis in *B. subtilis* wurde die Expression in 'Minizellen' untersucht. In Hefe gelang die Expression des aroA-Gens aus *Escherichia coli* unter Verwendung verschiedener Hefe-*(Saccharomyces cerevisiae)* Promotoren und der Nachweis einer erhöhten Adaptationsresistenz von transformierten Hefestämmen gegen Glyphosat. Außerdem wurde die Expression von *Bacillus*-Genen, die für Alphaamylase bzw. Betaglucanase kodieren, in Hefe erreicht, und für *B. amyloliquefaciens* Alphaamylasen die sekretorische Synthese von enzymatisch aktiven Bacillus-Enzymen nachgewiesen.

Aus dem Komplex der zur chromosomalen Integration-Exzision von Plasmid pE194 in *B. subtilis* abgeleiteten Untersuchungen wurde die Spezifität des Exzisionsortes von „pick-up“-Plasmiden weiterverfolgt. Als Arbeitshypothese wird ein Target-Prinzip für die pE194-Exzision vermutet, wonach verschiedene Targets für den präzisen, aber lediglich bestimmte für den Ein-/Ausbau bei Entstehung von „pick-up“-Derivaten von pE194 verantwortlich sein könnten. Die „pick-up“-DNA wird charakterisiert und als Ausgangspunkt für die Untersuchung der nicht-präzisen Exzision von pE194 verwendet.

Am Beispiel der Transposon Tn917-Exzision aus dem Chromosom von *B. sub-*

tilis wurde ein bisher nur bei gramnegativen Bakterien (z. B. Tn10) beobachteter Modus der schrittweisen Exzision unter Beteiligung kurzer direkter „Repeats“ in den Terminalbereichen nachgewiesen.

Im Rahmen der Aufgaben des Themas Mutationsforschung (Induktion von Chromosomenaberrationen) wurden die Experimente zur Untersuchung der „clastogenen Adaptation“, d. h. der protektiven Wirkung von sehr niedrigen Clastogendosen (oder anderen streßerzeugenden Agenzien) fortgesetzt. Um Einblicke in die zugrunde liegenden Mechanismen zu erlangen, sollte geprüft werden, ob diese clastogene Adaptation durch Benzamid, einem die ADP-Ribosyltransferase (ADPRT) hemmenden Agens, beeinflußbar ist. ADPRT ist ein Enzym, das offenbar eine wichtige, im Detail noch unzureichend abgeklärte Rolle bei der Reparatur von DNA-Schäden spielt. Die Versuche ergaben, daß die clastogene Adaptation gegenüber den Clastogenen Triäthylenmelamin (TEM) und Maleinsäurehydrazid (MH) nicht auftritt, wenn eine Vorbehandlung mit 5×10^{-3} M Benzamid (BA) vor der konditionierenden Behandlung mit niedrigen TEM bzw. MH Dosen erfolgt, d. h. ungehemmte ADP-Ribosylierung ist zumindest eine Vorbedingung für die Auslösung eines protektiven Effektes. Die Wirkung von Benzamid ist im Falle von TEM konzentrationsabhängig.

Bei der Auslösung der clastogenen Adaptation durch Hitzeschock läßt sich durch eine einstündige Vorbehandlung mit Benzamid nur die bei Einwirkung von TEM auftretende clastogene Adaptation kompensieren, d. h. der protektive Effekt wird im Gegensatz zu MH durch BA verhindert. Diese Befunde stützen eine frühere Ableitung aus den Untersuchungen zur clastogenen Kreuzadaptation, nach der den protektiven Effekten gegenüber TEM und MH unterschiedliche Mechanismen zugrundeliegen.

Versuche zur clastogenen Kreuzadaptation zwischen S-Phase abhängigen und S-Phase unabhängigen Mutagenen ergaben protektive Effekte durch niedrige Vorbehandlungsdosen unverzögert wirkender Agentien gegenüber hohen Dosen S-Phase abhängiger Clastogene. Eine reziproke Versuchsanstellung ergab nur in einem Falle (Maleinsäurehydrazid vor Bleomycin) einen protektiven Effekt. Diese Ergebnisse weisen auf eine hierarchische Anordnung induzierbarer, clastogener Schutzfunktionen in pflanzlichen Zellen hin.

Weiterhin wurde die Plastizität des *Vicia faba* Genoms untersucht. Durch gezielte Kreuzung definierter primär (bzw. sekundär) umgebauter Karyotypen und anschließende Selbstung der doppelt Heterozygoten konnte mehr als ein Drittel des Metaphasegenoms von *V. faba* in unterschiedlichen Portionen (0.8 bis 9,1 %) auf Überlebensfähigkeit und sexuelle Übertragbarkeit als homo- oder heterozygot vorliegende Duplikation oder Defizienz getestet werden. Die meisten Duplikationen waren, sofern keine Kopplung mit Defizienten in anderen Regionen vorlag, auch in homozygotem Zustand sexuell übertragbar. Einige kamen jedoch nur heterozygot vor und waren kaum übertragbar. Deletionen waren letal. Die einzige möglicherweise lebensfähige Defizienz (Telomer des Satelliten $\cong 1$ % des Genoms) bedarf noch der Bestätigung.

Stabil übertragbare Duplikationen können zur Untersuchung des Einflusses von Gendosisunterschieden auf die Genexpression von Nutzen sein.

Für die Vervollständigung des **komplexen Mutagenitätstestsystems** der DDR wurde 1987 der Hepatozyten-DNA-Reparaturtest an der Maus methodisch erarbeitet und mit Hilfe von Referenzmutagenen erprobt. Die Lebensfähigkeit der Hepatozyten nach Collagenase-Perfusion der Leber konnte bis auf 70 % gesteigert werden. Die Sensibilität des Testes entspricht den in der Literatur beschriebenen Methoden an Rattenhepatozyten.

Methodisch ausgearbeitet wurde weiterhin der autoradiographische Nachweis von HGPRT-defizienten Lymphozyten beim Menschen und bei verschiedenen Mäusestämmen. Es wurde für beide Spezies ein Standardprotokoll erstellt, wobei die spontane Variantenfrequenz $1–3 \times 10^{-5}$ beträgt. Die Sensibilität des Verfahrens bei der Maus wurde durch Mutationsinduktion mit Ethylnitrosoharnstoff nachgewiesen. Eine ausgeprägte Dosis-Wirkungs-Beziehung wurde 8 oder 15 Tage nach Behandlung für den Bereich 0–210 mg/kg gefunden. Der Einsatz des Testes für vergleichende Untersuchungen bei Mensch und Maus ist vorgesehen.

Im Rahmen der **gentechnischen Analyse von Samenproteingenen** wurde die Analyse von 6 der 10–15 Legumin B-Genen der Ackerbohne im wesentlichen abgeschlossen. Die sequentierten Gene lassen sich zwei Gruppen zuordnen. Gene der Gruppe I (LeB2, 4, 6, 7) sind untereinander hochgradig homolog, anscheinend bedingt durch Rekombinationsprozesse (Konversion), die ca. 1,6–2,2 kb einschließlich nahezu 300 bp 3′-flankierender Sequenz erfassen. Dagegen weisen die zwei Pseudogene der Gruppe II (*Ψ*LeB1, *Ψ*LeB5) zahlreiche Mutationen, darunter eine 697 bp umfassende interne Deletion, auf. Deren detaillierte Analyse läßt eine komplizierte Evolution vermuten, die Abtrennung von den Genen der Gruppe I, Duplikation, Sequenzaustausche und eventuell Transposition einschließt. Hierbei könnten Kopien eines mittelrepetitiven Elements mit einer distalen Palindromsequenz, nachgewiesen im 5′-Bereich von *Ψ*LeB1 und im 3′-Bereich von *Ψ*LeB5 (dort in inverser Orientierung), von Bedeutung gewesen sein.

Eine Gesamtanalyse der Sequenzunterschiede aller Gene im Vergleich zum Gen LeB4 ergab: (1) Transitionen sind etwa doppelt so häufig wie Transversionen; (2) CpG ist das seltenste Dinukleotid in transkribierten wie nichttranskribierten Bereichen, während TpA nur in Exonbereichen deutlich unterrepräsentiert ist; (3) Deletionen sind korreliert mit endständigen 'direkten' repeats, ihre Endprodukte fallen nahezu ausschließlich in kurze, an direkten und invertierten 'repeats' reiche Abschnitte der beiden Introns.

Mittels *in vitro*-Translation konnte ein weiterer genomischer Klon (VfLelB3) identifiziert werden; er kodiert eine 80kD-Legumin-Untereinheit. Partielle Sequenzanalysen zeigen, daß das wohl einer kleinen Unterfamilie angehörige 80kD-Legumin-Gen den Genen der Legumin B-Unterfamilie evolutionär näher steht als den Genen der Legumin A-Unterfamilie.

Fortgesetzt wurde die Analyse cis-regulatorischer Elemente im 5′-Bereich des Legumingens LeB4 und eines 30kD-Samenprotein-Gens mittels Fusion von Promotordeletionen bzw. von Sequenzabschnitten mit vermuteter regulatorischer Funktion an die Reportergene NPTII und CAT und deren Funktionstestung in *Xenopus*-Oocyten, Tabak-Blattprotoplasten und transgenischen Tabakpflanzen. Die transienten Tests ergaben interessante Hinweise auf die Existenz von (einem) negativ wirkenden Sequenzelement(en) im LeB4-Promotorbereich. Sie bedürfen aber der Bestätigung durch Analyse der transgenischen Pflanzen, die erst begonnen hat. Erste Ergebnisse belegen, daß LeB4- wie 30kD-

Promotor dem nachgeschalteten Reportergen NPTII ihre Gewebespezifität aufprägen; die Tests weisen hohe NPTII-Aktivitäten in reifenden Samen, fehlende Aktivität in Blättern und, im Falle des 30kD-Promotors, geringe Aktivität in Wurzeln auf.

Begonnen wurden Versuche zur Expressionshemmung von Samenproteingenen mittels antisense-RNA.

Zwecks Erweiterung des Spektrums verfügbarer Samenproteingene und entsprechender Promotoren wurden aus einer partiellen Hafergenbank mittels eines 12S-Globulin-Gen-spezifischen Oligonukleotids mehrere Klone selektiert und ein Klon mittels Sequenzanalyse partiell charakterisiert. Von besonderem Interesse war das Auffinden einer der „Leguminbox" des Ackerbohnen-Legumingens LeB4 teilweise homologen Sequenz im Promotorbereich. Zusammen mit dem Auffinden einer ähnlichen Sequenz vor einem Reis-Glutelin-Gen durch japanische Autoren bestärkt dies die früher geäußerte Hypothese, daß es sich bei der „Leguminbox" um ein für 12S-Samenproteingene spezifisches Regulationselement handelt.

Im Rahmen der Arbeiten zur **Entwicklung pflanzlicher Transformationssysteme** wurden die Untersuchungen zum direkten Gentransfer durch Elektroporation fortgesetzt. Das bei *Nicotiana plumbaginifolia* auf dieser Grundlage etablierte transiente Expressionssystem wurde routinemäßig zur semiquantitativen Expressionsprüfung von chimärischen Genkonstrukten mit Neomycinphosphotransferase II (NPT) bzw. β-Glucuronidase als Reportergen eingesetzt. Außerdem wurden stabil zur Kanamycinresistenz transformierte Tabakpflanzen regeneriert. Bei der Gerste konnte gezeigt werden, daß transiente Genexpression nach Elektroporation auch in den teilungsunfähigen Mesophyllprotoplasten erfolgt. Alle bei Tabak wirksamen konstitutiven Promotoren waren auch in den Gersten-Mesophyllprotoplasten funktionsfähig und führten reproduzierbar zu einer gut nachweisbaren Expression des NPT-Gens. Da Mesophyllprotoplasten aus jungen Gerstenpflanzen leicht und in gleichbleibender Qualität gewonnen werden können, steht damit nun auch für diese Getreideart ein routinemäßig handhabbares Expressionssystem zur Verfügung.

Die Nachkommenschaftsanalysen von Tabakpflanzen, in die Kanamycinresistenz-Gene *(nos-npt)* mit Hilfe der Agrobakterien-Vektoren pC22 bzw. pGA472-LegB integriert worden waren, konzentrierten sich auf die quantitative Erfassung meiotischer Instabilitäten des Fremdgens. Bisher wurden meiotische Verlustraten für 8 transgene Linien bestimmt. Bei 6 dieser Linien traten kanamycinsensitive Nachkomen nur mit einer Häufigkeit von 10^{-3} bis 10^{-4} pro Generation auf. Bei zwei weiteren Linien erwies sich das integrierte Kanamycinresistenz-Gen als wesentlich instabiler. Es traten mit größerer Häufigkeit Nachkommen mit deutlich verminderter oder fehlender Expression der Kanamycinresistenz auf. Dieser veränderte Zustand des Gens wurde auf die nächste Generation vererbt.

Bei *Nicotiana plumbaginifolia* wurde eine Gensequenz kloniert, die eine Funktion bei der Synthese des Molybdän-Cofaktors der Nitratreduktase ausübt. Die Identifizierung dieser cDNA-Sequenz erfolgte durch Komplementierung von *E. coli*-Mutanten. Die in einem *E. coli*-Expressionsvektor (pUC18) klonierte cDNA-Genbank von *N. plumbaginifolia* (ALLIOTTE et al., Rijksuniversiteit Gent) wurde zur shot-gun-Transformation verschiedener Molybdän-Cofaktor-Mutanten eingesetzt. Der auf diese Weise isolierte Klon komplementiert spezifisch den Molybdän-Cofaktor-Defekt von *chlG*-Mutanten.

Im Rahmen der ***in-vitro*-Kultivierung pflanzlicher Zellen** wurden die Arbeiten zur *in-vitro*-Selektion von Resistenzvarianten von *Solanum tuberosum* gegenüber *Phytophthora infestans* abgeschlossen. Die etwa 800 aus den entsprechenden Versuchen hervorgegangenen Regeneratpflanzenklone wurden in Kooperation mit dem Institut für Phytopathologie, Aschersleben, und dem Institut für Kartoffelforschung, Groß Lüsewitz, bezüglich ihrer Toxintoleranz bzw. Pathogenresistenz geprüft. Obwohl eine Vielzahl von Varianten mit erhöhter Toxintoleranz oder Pathogenresistenz gefunden wurde, zeigen die Ergebnisse insgesamt, daß es unter Nutzung des verwendeten komplexen Toxinpräparates mit unbekannter Relevanz für das Pathogenesegeschehen nicht möglich ist, durch *in-vitro*-Selektion gezielt und effizient pathogenresistente Formen zu erhalten.

Die Arbeiten zur somatischen Hybridisierung von *Solanum tuberosum* mit den sexuell inkompatiblen *Solanum*-Wildarten *phinnatisectum* und *bulbocastanum* haben zu Hybriden geführt, die nun genauer untersucht werden.

Weiterentwickelt wurde ein *in-vitro*-Verfahren zur Pflanzenregeneration von *Vicia faba* bezüglich einer systematischen Bewurzelbarkeit der *in vitro* erzeugten Regeneratsprosse.

Der durch das Ti-Plasmid von *A. tumefaciens* vermittelte Gentransfer wurde genutzt, um (mittels leaf disc- bzw. Protoplasten-Kokultivierung) transgenische Pflanzen von *Nicotiana tabacum* herzustellen, die modifizierte *Vicia faba*-Samenproteingene (Legumin B) besitzen, deren Expression gegenwärtig untersucht wird.

Auf dem Gebiet der **Entwicklungsbiologie der Säuger** wurden die Arbeiten zur Entwicklung von Verfahren zum Gentransfer bei Säugern unter Umgehung der DNA-Mikroinjektion in den Pronukleus der Zygote fortgeführt und weitgehend zum Abschluß gebracht. Aufgrund der Opazität der Zygoten landwirtschaftlicher Nutztiere sind die Pronuclei im Lichtmikroskop nicht ohne zusätzliche, die Zygote belastende Verfahren sichtbar und der Mikroinjektion zugänglich. Deshalb wurde versucht, durch Verpackung der DNA in Liposomen oder die Herstellung von DNA-Nukleoprotein-Komplexen die zu übertragenden Gene vor Nukleasen zu schützen und direkt in das Zytoplasma zu injizieren. Beide Verfahren waren prinzipiell erfolgreich, wobei mit den DNA-Nukleoprotein-Komplexen Raten transgenischer Tiere erzielt wurden, die den Pronukleusinjektionsexperimenten entsprechen.

Bei den Arbeiten mit monoklonalen Anti-Oozytenmembran-Antikörpern wurden drei Antikörper, MO1, MO2 und MO3, isoliert, die eine besonders interessante Spezifität zeigten.

MO1 reagiert sowohl mit unreifen (Keimvesikelstadium) als auch reifen (tubalen) Oozyten, aber nur noch schwach mit Zygoten und präimplantativen Embryonalstadien. MO2 und MO3 reagieren nur mit reifen (tubalen) Oozyten. Die Bindungsrate an die Zygote und frühe Embryonalstadien ist im Falle von MO2 reduziert und bei MO3 unverändert. Diese Antikörper sind damit geeignet, die Reifung der Oozytenmembran zu untersuchen und Reifegradbestimmungen an *in vitro* gereiften Eizellen durchzuführen. Eine Behandlung weiblicher Mäuse *in vivo* oder zonafreier Oozyten *in vitro* mit den monoklonalen Antikörpern führte zu keiner Beeinflussung der Befruchtungsrate.

Die Untersuchungen zur Differenzierungskapazität von embryonalen Stammzellen *in vitro* zeigten, daß NGF (nerve growth factor)-Behandlung zu einer deutlichen Induktion der Zelldifferenzierung, verbunden mit einer rapiden Abnahme undifferenzierter Stammzellen, führt. Neben einer beschleunigten Muskeldifferenzierung war insbesondere die Induktion von Nervenzellen beschleunigt. Bei der Untersuchung weiterer Wachstumsfaktoren erwiesen sich die embryonalen Stammzellkulturen als ein hervorragendes Testsystem zur Untersuchung der Differenzierungs-induzierenden Wirkung derartiger Faktoren.

Als Vorbereitung für die Untersuchung des Immunstatus von Immunglobulin-Gene tragenden transgenischen Mäusen wurden monoklonale Antikörper gegen das O_1VP1-Antigen der MKS-Viren produzierende Hybridome erzeugt und mit der Isolierung der für die schwere (H) und leichte (L) Kette codierenden Gene begonnen.

Die Forschungsarbeiten zur weiteren Aufklärung des **molekularen Aufbaus der Photosynthesemembranen** konzentrierten sich auf Photosystem II. Durch Verbesserung der Methoden wurden Strukturelemente isoliert, die den eigentlichen Kernkomplex repräsentieren. Der Aufbau des Pigmentsystems von Photosystem II aus zwei verschiedenen Chlorophyll a-Proteinen mit apparenten Molekulargewichten von 47 und 43 kDa wurde erneut bestätigt. Die Hypothese, daß die durch Elektrophorese gewonnenen pigmenthaltigen Banden zwei verschiedene Konformationen des gleichen Chlorophyll-Proteins darstellen, erwies sich als nicht tragfähig. Welches der beiden Chlorophyll a-Proteine das Reaktionszentrum von Photosystem II darstellt, ließ sich nicht mit Sicherheit klären. Markierungsversuche bestätigten jedoch frühere Befunde, in denen eine strukturelle Beziehung zwischen dem 43 kDa Chlorophyll a-Protein und zwei 30 kDa Polypeptiden mit extrem hoher Turnoverrate nachgewiesen wurde. Die Sequenzhomologie dieser beiden Polypeptide mit den Proteinen L und M des Reaktionszentrums phototropher Bakterien spricht dafür, daß sie die pigmenttragenden Bausteine des Reaktionszentrums von Photosystem II sind. Aus den angeführten Markierungsversuchen kann abgeleitet werden, daß entgegen bisheriger Annahme das 43 KDa und nicht das 47 KDa Chlorophyll a-Protein das Reaktionszentrum von Photosystem II darstellt.

2. Molekularbiologische Grundlagen der pflanzlichen Stoffproduktion

Im Rahmen der Untersuchungen zum **Eiweißstoffwechsel der Pflanzen**, vor allem von Pflanzensamen, wurden die im Bericht von 1986 dargestellten Arbeiten zur Konstruktion modifizierter 12 S-Globulingene mit zwei Zielstellungen fortgesetzt: Analyse von funktionell und strukturell wichtigen Sequenzabschnitten der codierten Polypeptidketten und Veränderung des Anteils an Codons für essentielle limitierende Aminosäurereste. Dem zuletzt genannten Ziel diente die Konstruktion eines chimärischen Gens aus den drei ersten Exons und allen drei Introns des Gens für die methioninreiche Untereinheit A_2B_{1a} des Glycinins der

Sojabohne und dem im Bericht 1986 beschriebenen modifizierten letzten Exon des ursprünglich methioninfreien Legumin B 4-Gens der Ackerbohne. Dieses Exon entspricht dem 4. und letzten Exon des für die Konstruktion benutzten Glycinin 2-Gens der Sojabohne. Bei der Konstruktion wurde davon ausgegangen, daß in beiden 12 S-Globulingenen der 3'-terminalen Intronsequenzen vor dem letzten Exon einem kryptischen Pst I-Ort entsprechen, der sich in beiden Fällen mittels *in vitro*-Mutagenese von einer Base in einen funktionellen Pst I-Ort umwandeln läßt. Über diese Pst I-Orte ließen sich die gewünschten Abschnitte beider Gene miteinander fusionieren. Das entstandene chimärische Gen wurde 'Glycigumin' genannt. Es entsteht unter Kontrolle des nativen Glycininpromotors, enthält 4 Exons und 3 Introns, besitzt die 3'-terminale nicht codierende und für die Polyadenylierung wesentliche Sequenz aus dem Legumingen und enthält 10 Methionincodons, von denen 6 aus dem Glycinin 2- und 4 aus dem modifizierten Legumin B-Gen stammen. Der Anteil an Methionincodons liegt damit um 45 Prozent über dem der bisher bekannten methionincodon-reichsten Gene für natürliche 12 S-Globulinuntereinheiten.

Das chimärische Gen wurde in einen geeigneten Ti-Plasmidvektor eingebaut und mit Hilfe des *Agrobacterium tumefaciens*-Systems in Tabakpflanzen übertragen. Der Gentransfer konnte in Southern-blots mit Tabakblatt-DNA nachgewiesen werden. Parallel dazu gelang auf gleiche Weise der Nachweis für geglückte Transformation von Tabak mit dem 4 Methionincodons enthaltenen modifizierten Legumin B-Gen. In diesem Falle erwiesen sich von 10 über einen Kanamycinresistenz-marker selektierten transformierten Tabakpflanzen 7 als Träger unterschiedlicher Kopienzahlen des modifizierten Legumin B-Gens.

Da 12 S-Globuline an membrangebundenen Polysomen synthetisiert, vektoriell unter cotranslationaler Abspaltung der N-terminalen Signalsequenz in das Lumen des rauhen endoplasmatischen Retikulums segregiert und von dort via Dictyosomen in Speichervakuolen transportiert werden, muß man annehmen, daß die Signale für die entsprechende innerzelluläre Proteinsortierung in bestimmten, vermutlich N-terminalen Abschnitten der Propolypeptidketten verschlüsselt sind. Um diese Hypothese prüfen zu können, wurden u. a. Fusionsprodukte aus entspr. Abschnitten des Legumin B 4-Gens, welche den Leguminpromotor, den nicht-translatierten Abschnitt der entspr. mRNA und verschieden lange Bereiche für die N-terminale Propolypeptidsequenz umfassen, mit einem bakteriellen Chloroamphenicol-acetyltransferase(CAT)-Gen hergestellt. Ihre Funktionsfähigkeit wird in Transformationsexperimenten geprüft werden.

In Fortsetzung der Charakterisierung von cDNA-Klonen aus der gegen mRNA sich entwickelnder Ackerbohnenkotyledonen hergestellten cDNA-Bank (s. Bericht 1986) konnte die vollständige cDNA-Sequenz für einen vicilin-spezifischen Klon bestimmt werden. Er codiert für eine der 50 kDa-Untereinheiten des 7 S-Globulins der Ackerbohne und besitzt keinen Glykosylierungsort. Ein entsprechendes Vicilin-Gen wurde in einer anderen Abteilung unseres Institutes sequenziert. Der Vergleich von cDNA und genomischer vicilinspezifischer DNA-Sequenz ergab, daß die für vergleichbare Polypeptidketten von 7 S-Globulinen aus Gartenbohne und Erbse typischen 5 Introns vorkommen. Die Vicilinspezifität des cDNA-Klons wurde u. a. auch dadurch bestätigt, daß die Sequenz mit Hilfe eines Expressionsvektors in damit transformierten *Escherichia coli*-

Zellen zur Expression gebracht und darin mit Hilfe von immunocytochemischen Techniken (Protein A-Goldkolloid-Technik) entsprechende Vicilinpolypeptide nachgewiesen werden konnte.

Mit dem Ziel, spezifische Antigene bzw. davon ausgehend Antikörper herstellen zu können, wurde eine cDNA mit Spezifizät für das unbekannte Ackerbohnensamenprotein (USP, s. Bericht 1986) in einen Expressionsvektor eingefügt und nach Transformation von *E. coli*-Zellen darin zur Expression gebracht. Der gleiche Weg wurde eingeschlagen, um evtl. spezifische Antikörper gegen die 51 Aminosäurereste des modifizierten C-terminalen Endes der Legumin B-Untereinheit erzeugen und später als spezifische immunocytochemische Sonde verwenden zu können.

Untersuchungen über das Vorkommen von Globulinen in Gerstenkaryopsen haben keinen Nachweis für 12 S-artige wohl aber für 7 S-artige Reserveproteine dieser Klasse gebracht, die in Embryo und Endosperm vorkommen, mannosehaltige Kohlenhydratseitenketten tragen und immunologisch entsprechenden Globulinen von Weizen und Roggen ähnlicher sind als denen aus Mais oder Reis.

1987 konnte die Reihe der internationalen Samenproteinsymposien unseres Institutes auf ein zehnjähriges Bestehen zurückblicken. Dazu fand das 4. derartige Symposium unter dem Thema „Struktur, Modifikation und Expression von Genen sich entwickelnder Samen" vom 20. bis 22. Juli 1987 in Gatersleben statt.

Die in Eigenproduktion hergestellten bzw. modifizierten Immunreagenzien sowie die etablierten **immunochemischen Techniken** wurden zur Bearbeitung folgender Aufgaben eingesetzt:

- Untersuchungen zur Expression des Prochymosins nach gentechnischer Manipulation von Bacillus-Stämmen
- quantitativer Expressionsnachweis eines transformierten Legumingens in Samen-, Blatt- und Stengelextrakten von transgenischen Tabakpflanzen
- Diagnose und Charakterisierung von 7 S und 12 S Samenglobulinen aus Gerstenkaryopsen sowie Untersuchungen zum Verwandtschaftsgrad der Reserveglobuline von Monokotylen
- Produktion monoklonaler anti-Legumin Antikörper
- Untersuchungen zum immunochemischen Nachweis nichtradioaktiv markierter Nukleinsäuren unter Anwendung des Avidin-Biotin-Systems.

Die in den Vorjahren im Rahmen der **Forschungen zur Ertragsbildung** durchgeführten Untersuchungen zur vermutlichen Evolution des C_4-Weges der Photosynthese wurden zum Abschluß gebracht. Es wurden Hypothesen zur phylogenetischen Distanz zwischen C_3- und C_3–C_4 intermediären Arten entwickelt. Die Herausbildung neuer physiologischer Merkmale und die Anpassung kinetisch-regulatorischer Eigenschaften von Schlüsselenzymen der C_4 Photosynthese im Verlauf der Evolution dieses Stoffwechselweges wurden zusammenfassend dargestellt.

Von der bereits im Vorjahr erwähnten Kreuzungskombination [(*Flaveria conquistii* × *F. palmeri*) × *F. palmeri*] × *F. palmeri*, das entspricht der Kombination $[(C_3 \times C_4) \times C_4] \times C_4$ in bezug auf den Photosynthesetyp, wurde ein $\delta^{13}C$ Wert von 16.0 ‰ ermittelt. Dies erlaubt den Rückschluß, daß eine zweimalige Rückkreuzung der Einfachhybride mit dem C_4-Elter zur kompletten Rekonstitution des C_4-Weges führt.

Im Rahmen der Untersuchungen zur Ährenentwicklung bei Sommergerste wurde die maximale Primordienzahl von 39 Genotypen verglichen. Sie lag zwischen 25,9 und 46,9. Die Initiationsraten lagen zwischen 0,68 und 1,93 pro Tag. (Die Versuche wurden bei 16/8 h Photoperiode und 10/15 °C in einer Klimakammer durchgeführt).

Ein Zusammenhang zwischen Primordieninitiation und geographischer Breite des Herkunftsgebietes der Genotypen wurde nicht gefunden.

Bei den **Forschungsarbeiten zum Mineralstoffwechsel der Pflanzen** wurde durch Untersuchungen am Nicotianamin folgender Stand erreicht:

1. Der Transport von zwei- und dreiwertigem Eisen durch das Plasmalemma von Protoplasten aus Tomaten-Kotyledonen wird durch Nicotianamin nicht beeinflußt
2. Der hohe Eisengehalt der Nicotianamin-freien Tomatenmutante '*chloronerva*' ist nicht auf eine Anreicherung von apoplastischem Eisen in den Wurzeln zurückzuführen
3. Bei '*chloronerva*' ist die durch niedrige Eisenkonzentrationen im Medium induzierte Protonenausscheidung der Wurzel über die Werte des Wildtyps hinaus stark erhöht, die Aktivität der ebenfalls induzierten Reduktase im Vergleich zum Wildtyp aber verringert. Beide Induktionsprozesse werden im Gegensatz zum Wildtyp erst bei höheren externen Eisenkonzentrationen abgeschaltet. Zugabe von Nicotianamin über den Sproß verschiebt die Werte der Protonenausscheidung und der Reduktase-Aktivität in Richtung auf die des Wildtyps.

Es wird geschlossen, daß Nicotianamin nicht zu den bei Eisenmangel ausgeschiedenen Substanzen gehört, sondern innerhalb der Zelle wirkt, indem es Fe(II) komplex bindet und zu den Orten des Verbrauches leitet. Einer der intrazellulären Rezeptoren könnte der hypothetische Fe-„Sensor" sein, der die induktiven Aufnahmeprozesse einschaltet und morphologische Veränderungen in der Rhizodermis bewirkt, solange er nicht mit Eisen gesättigt ist, und dann die induzierten Prozesse wieder abschaltet.

Die Hemmung der Schwermetallionenaufnahme durch gleichzeitig der Nährlösung zugefügtes Nicotianamin wurde auch im Falle des Nickels erwiesen. Die damit gegebene Herabsetzung der Toxizitätsgrenze für Schwermetalle beruht sehr wahrscheinlich auf Komplexbildung in der Nährlösung.

Im Vergleich von Tomaten-Wildtyp 'Bonner Beste' und Nicotianamin-Mangelmutante '*chloronerva*' wurden Untersuchungen des photosynthetischen Elektronentransportes und speziell des Photosystems I (PS I) vorgenommen. Dazu wurden die Induktion der prompten und verzögerten Fluoreszenz, Emissionsspektren der Fluoreszenz bei Kryotemperaturen, die Lebensdauer des Singulett-Anregungszustandes, Absorptionsspektren und ihre 4. Ableitungen sowie die P700-Aktivität gemessen. Diese Messungen ergaben, daß

– der Vitalitätsindex bei der Mutante ebenso wie im Fall des Eisenmangel-Wildtyps vermindert ist,
– die Behinderung des Elektronentransportes bei der Mutante nicht nur einer Eisenmangel-Chlorose entspricht, sondern offenbar auch mehrere eisenhaltige Carrier vom Cytochromtyp vermindert funktionsfähig sind,
– der Antennenkomplex des PS I vermindert ist,

– die Reaktionszentren des PS I voll funktionsfähig sind, obwohl die Zahl der Reaktionszentren vermindert ist.

Die Durchmusterung des Kulturpflanzen-Sortiments der Abteilung 'Genbank' und anderer Sortimente im Hinblick auf Rohproteingehalt der Samen und deren Gehalt an essentiellen Aminosäuren (in der Regel Lysin) wurde abgeschlossen. Insgesamt wurden innerhalb von 17 Jahren ca. 32000 verschiedene Genotypen der Haupt-Getreidearten und einiger Körnerleguminosen analysiert.

Zur Erweiterung der Anwendung **mathematisch-rechnerischer Methoden** wurde ein Programmpaket zur Auswertung von Nuklein- und Aminosäuresequenzen auf den Personalcomputer PC 1715 des VE Kombinates Robotron übertragen, um es für die Nutzer leichter zugänglich zu machen und in stärkerem Maße interaktive Arbeit zu ermöglichen. Dabei wurden gegenüber dem Ursprungsprogramm (zum KRS 4201) folgende Verbesserungen vorgenommen:

– Umstellung auf deutsche Texte, so daß auch technische Mitarbeiter das Programm bedienen können
– Optimierung des Quellcodes und Verwendung eines geeigneteren Programmverbinders, so daß die Zahl der zu bearbeitenden Basenpaare auf mehr als das 5-fache erhöht wurde (Editor: 19000 statt 3600)
– Zusätzliche Möglichkeit der Abspeicherung von Daten im EMBO-Format (mit automatischer Formaterkennung)

Weiterhin wurde der Einsatz der neuen Arbeitsplatzcomputer A 7100 vorbereitet.

3. Angewandte Genetik, Taxonomie und Genbank der Kulturpflanzen

Zu ausgewählten Problemen der **angewandten Genetik bei Kulturpflanzen** konzentrierten sich die Untersuchungen auf genetische Systeme der Hybridsaatguterzeugung bei Gerste, Nutzungsmöglichkeiten der apomiktischen Fortpflanzungsweise bei Gramineen und *Fragaria* sowie auf genetisch-züchterische Fragen der Temperaturtoleranz bei der Sojabohne.

Auf der Basis des in den zurückliegenden Jahren bei Sommergerste aufgebauten umfangreichen und breiten Experimentalmaterials von Systemen balancierter tertiärer Trisomie (BTT) zur Nutzung der chromosomal-genischen männlichen Sterilität erfolgten verschiedene Arbeiten zur Weiterentwicklung. So konnten vor allem erneut BTT-Linien mit der für die Hybridsaatguterzeugung bei Gerste erforderlichen zusätzlichen genetischen Markierung (rezessives Letalgen, eng gekoppelt mit einem *msg*-Gen) isoliert und bestätigt werden, so daß jetzt insgesamt 50 Linien aus 11 verschiedenen BTT-Systemen vorliegen. Sie gehen zum Teil auf spezielle Mutationsversuche mit Linien unmarkierter BTT-Systeme zurück, zum Teil auf den rekombinativen Einbau von Markern, deren enge Kopplung mit einem der verwendeten *msg*-Gene zuvor nachgewiesen worden war. Bei einigen dieser Linien sind die trisomen Pflanzen annähernd normal vital, z. B. hinsichtlich Bestockung und Fertilität. Ob ihre im allgemeinen hohe genetische Stabilität voll ausreichen wird, kann nach entsprechender Vermehrung genauer geprüft werden.

In den Untersuchungen zur Apomixisforschung konnten bei Futtergräserbastarden, insbesondere unter Beteiligung von *Festuca gigantea* und *F. arundinacea*, umfassendere Analysen zum Vorkommen der parthenogenetischen Eizellentwicklung durchgeführt werden, und zwar durch Auxin-Behandlungen zur Stimulation der Embryodifferenzierung (s. frühere Berichte). Mit den bisher selektierten Klonen von Bastarden und Ausgangsarten sind Voraussetzungen für weiterführende Arbeiten gegeben, z. B. zur Prüfung der Frage, inwieweit bei bestimmten interspezifischen Kombinationen Restitutionskernbildung in Meiose I auftritt und in Verbindung mit Parthenogenese zu Apomixis führt. – Für Untersuchungen zur Kombinierbarkeit von Teilschritten der Apomixis (Parthenogenese und unreduzierte Embryosäcke) bei Getreide konnten u. a. nach Kreuzung der Gerstenmutanten *hap* und *tri* erstmals doppelt homozygote *hap tri* Linien identifiziert werden.

Bei *Fragaria* gingen aus verschiedenen Bestäubungskombinationen, vorwiegend zwischen Eltern unterschiedlicher Ploidiestufen, zum Teil mutterähnliche Nachkommen hervor, u. a. besonders bei *F. vesca* oder auch der Gartenerdbeersorte 'Mieze Schindler'. Embryologische Untersuchungen stützen die Annahme, daß die Entstehung solcher Nachkommen auf den Ausfall der Meiose I zurückgeht und diplospore Embryosackbildung eine Rolle spielt. Untersuchungen über die Frequenz zusätzlicher Embryosäcke in den Nuzelli bei mehreren *Fragaria*-Arten bestätigte nicht die zunächst vermutete Erhöhung der Frequenz mit zunehmendem Ploidiegrad. – Die Bestäubung der Sorte 'Mieze Schindler' mit Pollen von *Potentilla micrantha* ergab u. a. Sämlinge, die auf unreduzierte Eizellen zurückgehen und die inzwischen verklont werden konnten.

Weitere Untersuchungen zum Entwicklungsverlauf bei Sojabohnen in Abhängigkeit von Temperatur und Lichtintensität zeigten u. a., daß vor allem im Wuchs höhere und spätreifende Sorten bei größerem Reihenabstand und relativ engem Abstand in der Reihe durch die günstigeren Lichtverhältnisse mit höheren Erträgen reagieren. Zur Entwicklung neuer temperaturtoleranter Formen mit früher Reife und hoher Kornertragsleistung wurden 800 Nachkommenschaften von Elitepflanzen aus Kreuzungspopulationen sowie B- und C-Stämme auf Vegetationsdauer, Standfestigkeit und Kornertrag geprüft. Dabei bestätigten eine Anzahl Stämme relativ hohe Ertragsleistung und erreichten trotz extrem ungünstiger Witterungsbedingungen im Berichtsjahr 20 dt/ha.

Im Rahmen der Untersuchungen zur **Chromosomenmanipulation** bei Getreide wurde, abgeleitet von den internationalen Bemühungen um die Vereinheitlichung von Karyotypbeschreibungen und Genkarten beim Weizen und Roggen, in Zusammenarbeit mit B. S. Gill (USA) ein verbessertes Karyogramm für den hexaploiden Weizen erarbeitet, das auf C- und N-Banding-Analysen basiert und einen Nomenklaturvorschlag für die Charakterisierung von C-Banden einschließt. – Beim Roggen erfolgte erstmals die Herstellung eines Dihaploiden mit vollständiger karyologischer und genetischer Homozygotie. Diese Linie ist als Referenzmaterial für vielfältige cytogenetische Analysen nutzbar und wird erhalten. Morphologische, karyologische und meiotische Untersuchungen weisen die Linie als geeignet aus. Die Analyse des dazugehörigen haploiden Klons ergab zudem, daß das Roggenchromosom 5R neocentrische Aktivität besitzt. Eine entsprechende chromosomale Struktur wurde in proximaler Position des langen Arms lokalisiert. Diese Aktivität kann immer dann beobachtet werden, wenn das jeweilige Chromosom monosom vorliegt.

In der hexaploiden Weizensorte 'Amigo' wurde mittels C-Banding eine homöologe 1A-1R Weizen-Roggen-Translokation bestätigt, die den kurzen Arm von Chromosom 1R und den langen Arm von 1A einschließt, wobei der Bruchpunkt im Centromerbereich liegt. Hiermit wird ein weiterer Beleg geliefert, der die Hypothese der präferentiellen Centromerbruch- und Centromerreunionsereignisse nach intergenerischer Hybridisierung stützt. Dennoch konnte mittels N-Banding eine weitere inhomöologe 4Aq-5Rq Weizen-Roggen-Translokation in der Sorte 'Viking' verifiziert werden, deren Bruchpunkt eindeutig im proximalen Bereich des Chromosoms 4A zu suchen ist. Auf dem 5Rq-Segment befindet sich ein Gen, das, nach Literaturangaben, zur effektiveren Aufnahme von Kupferionen durch den Weizen führt.

Nachdem eine größere Weizenkollektion bezüglich der Existenz weiterer Gene für Gibberellin-Insensitivität, die häufig mit reduzierter Pflanzenlänge verbunden ist, geprüft worden war, sind erstmals auch verschiedene Kurzstrohmutanten des Roggens in den biochemischen Test einbezogen worden. Unter ihnen befand sich eine Mutante, 'Moskovski Karlik' mit dem Kurzhalmgen *ct2*, die analog wie der Weizen mit GA_3-Insensitivität reagierte. Der Kulturroggen ist somit eine weitere Pflanzenart, in der sowohl GA-sensitive als auch GA-insensitive Zwergformen vorkommen. Beim Weizen selbst konnte im weiteren das Kurzhalmgen *Rht10*, das auf dem Chromosom 4D lokalisiert wurde und in der chinesischen Sorte 'Ai-Bien 1' enthalten ist, nach umfangreichen F_2-Spaltungsanalysen gleichzeitig als dominant wirkendes GA-Insensitivitätsgen klassifiziert werden. Es scheint jedoch mit dem Gen *Rht2* der DDR-Sorte 'Fakon' allel oder zumindest sehr eng gekoppelt zu sein.

Untersuchungen an einer hexaploiden Weizenform aus dem Sortiment der Genbank Gatersleben über eine scheinbar instabil ausgeprägte Kornfärbung (blaues Aleuron) bestätigten bei den Nachkommenschaftsprüfungen sehr unterschiedliche Farbsegregationen. Neben blauen Karyopsen wurden zwischen 0 und 85 % rötlich gefärbte beobachtet, die ihrerseits wiederum Nachkommen mit blauen Karyopsen in variierender Frequenz ergaben. Unter den Segreganten befinden sich auch in sehr geringer Häufigkeit ($<0{,}05$ %) solche mit intraindividuell wechselnder Merkmalsexpression (spotting). Beziehungen zu einer interspezifischen Chromosomensubstitution werden geprüft.

Im Mittelpunkt der Untersuchungen zur **Taxonomie und Evolution von Kulturpflanzen** stand wiederum die Gattung *Allium* L. Durch Tausch und eigene Sammeltätigkeit (Tadžikische SSR, Mongolische VR, VR Bulgarien u. a.) konnte die Lebendkollektion beträchtlich erweitert werden, allein die Freiland-Kollektion umfaßt derzeit über 800 Nummern. Insgesamt repräsentiert die Sammlung etwa 170 Arten, so daß sie eine der reichsten Spezialkollektionen dieser Gattung darstellt. Im Rahmen der *Allium* Working Group des ECP/GR erfolgten weitere Zuarbeiten für eine zentrale *Allium*-Datenbank und die Beteiligung an der Herausgabe eines *Allium*-Handbuchs.

An 90 Zugängen wurden die REM-Untersuchungen der Testa-Struktur durchgeführt (vgl. Beitrag in diesem Band). In die Wuchsform-Analysen wurden weitere Sippen einbezogen und die bisherigen Ergebnisse unter symbolartiger

Umsetzung der variablen Merkmalsausprägungen in eine vergleichende Übersicht der verschiedenen Gruppen der Gattung gebracht. – Bereits vorliegende Ergebnisse zur Blattanatomie wurden durch weitere blatt- und wurzelanatomische Untersuchungen ergänzt. Schwerpunktmäßig wurden Einzelmerkmale der Schaftanatomie sowie bei etwa 100 Sippen die Ausbildung der Septalnektarien geprüft, die sich bei allen Arten, wenn auch zum Teil in reduzierter Form, nachweisen ließen.

Für 66 Herkünfte erfolgte eine karyologische Untersuchung. Analysen der Giemsa-Bandenmuster mit verbesserter Methodik bezogen sich vor allem auf Vertreter der sect. *Cepa*. – Die bisherigen serotaxonomischen Studien an *Allium*-Samenproteinen ergaben klare serologische Beziehungen zwischen verschiedenen, pflanzengeographisch stark differierenden Gruppen, die sich jedoch durch die gemeinsame Basischromosomenzahl $x = 7$ auszeichnen und deren Zusammenfassung gegenüber der 8-chromosomigen Hauptgruppe der Gattung nunmehr gerechtfertigt erscheint. – Für eine numerisch-taxonomische Auswertung konnten die Basisdaten für weitere 29 Merkmale bei etwa 90 Arten erfaßt und in Kooperation mit dem DVZ Schwerin verrechnet werden; Klassifikationsdendrogramme stehen jetzt zur Auswertung zur Verfügung.

Der Sammlung seltener indigener *Allium*-Arten dienten ein Studienaufenthalt am Institut für Botanik der Akademie der Wissenschaften der Tadžikischen SSR in Dušanbe, eine Expedition in den Osten der Mongolischen VR gemeinsam mit Mitarbeitern des Instituts für Botanik der AdW der MVR in Ulan-Bator (s. Bericht in diesem Band) sowie Exkursionen in einige Gebiete der VR Bulgarien, z. T. gemeinsam mit dem Institut für Pflanzenintroduktion und Genetische Ressourcen in Sadovo. – Gemeinsam mit dem Botanischen Institut der Akademie der Wissenschaften der Georgischen SSR in Tbilissi erfolgte eine weitere Sammelreise zum Studium pflanzengenetischer Ressourcen, vor allem in den Hochgebirgsgebieten Chevsuretiens und Tuschetiens (s. Bericht in diesem Band). Landsorten-Material verschiedener Kulturpflanzen wurde auch während der erwähnten Aufenthalte in Tadžikistan, der MVR sowie auf der Krim gesammelt.

Die Bearbeitung der Aufsammlungen früherer Sammelreisen wurde fortgesetzt, die Archivsammlungen wurden kontinuierlich durch Material der Lebendkollektionen sowie der Sammelreisen ergänzt, die Bestimmungen des Herbarmaterials der Expedition in die MVR von 1985 wurden abgeschlossen. Der Leih- und Tauschverkehr von Herbarmaterial im nationalen und internationalen Rahmen entwickelte sich weiter.

Für eine spätere Neuauflage des Kulturpflanzenverzeichnisses wurde die Materialsammlung kontinuierlich ergänzt, und im Zusammenhang damit konnten weitere Folgen der Bibliographien zur Taxonomie und Evolution sowie zur Archäologie von Kulturpflanzen vorgelegt werden.

Der Bestand der **Genbank der Kulturpflanzen** vermehrte sich im Jahre 1987 um 1676 Muster und beträgt 61529 Sippen.

Getreide und Gräser	30473
Hülsenfrüchte	13850
Gemüse	8986
Heil- und Gewürzpflanzen, Industriepflanzen	5496
Mutanten (*Antirrhinum, Glycine, Lycopersicon*)	2724

Im nationalen und internationalen Samenaustausch wurden 13430 Proben abgegeben, davon 2427 an Einrichtungen in der DDR. Für die Genbank und Forschungsgruppen im Zentralinstitut gingen 1871 Proben ein.

In Italien fand die im Jahre 1980 im Rahmen der Vereinbarung zwischen der Akademie der Wissenschaften der DDR mit dem Consiglio Nazionale delle Ricerche begonnene Exploration genetischer Ressourcen von Kulturpflanzen und ihrer verwandten Wildarten ihre planmäßige Fortsetzung. Die Gebiete der von den Mitarbeitern des Istituto del Germoplasma, Bari, im September organisierten Sammlungen lagen im nördlichen Teil von Apulien und Molise sowie in den Abruzzen in Mittelitalien. Es wurden 165 Muster von Getreide-, Körnerhülsenfrüchten- und Gemüse-Landsorten gesammelt. Besonders erwähnenswert sind zwei Aufsammlungen von Emmer (*Triticum dicoccon*).

In der Koreanischen Demokratischen Volksrepublik wurde im Rahmen der Vereinbarung zwischen der Akademie der Wissenschaften der DDR und der Akademie der Wissenschaften der KDVR die im Jahre 1984 begonnene gemeinsame Exploration pflanzengenetischer Ressourcen weitergeführt. Die Sammlungen im Oktober/November organisierten Mitarbeiter des Instituts für experimentelle Biologie und des Instituts für pflanzengenetische Ressourcen der Akademie der Wissenschaften in Phjöngjang. Die Sammelgebiete lagen im südlichen und im nördlichen Teil der Koreanischen Demokratischen Volksrepublik. Es wurden 73 Muster, besonders von Hülsenfrüchten und Arzneipflanzen sowie von einigen Getreiden und Gemüsen, gesammelt. Die im Jahre 1986 erarbeitete Übersicht über die in Korea kultivierten und genutzten Pflanzen konnte weiter ergänzt werden. Sie umfaßt derzeit 400 Arten, der größte Teil davon sind Arzneipflanzen.

Die Arbeiten in der Genbank waren im wesentlichen auf die Vermehrung und Charakterisierung der in den Vorjahren gesammelten Muster genetischer Ressourcen gerichtet. Bei der Evaluierung standen weiterhin Resistenzeigenschaften gegenüber Ähren-, Blatt- und Fußkrankheiten sowie gegenüber Virosen an ausgewähltem Material der Kollektionen von Getreide und Körnerhülsenfrüchten im Vordergrund.

Im Rahmen des European Cooperative Programme for the Conservation and Exchange of Crop Genetic Resources (ECP/GR) wurden die Arbeiten an der Datenbank Europäischer Genetischer Gerstenressourcen vorläufig abgeschlossen und davon ein Katalog Europäischer Genetischer Gerstenressourcen (European Barley List) fertiggestellt. Der Katalog enthält Passportdatensätze von 60511 Gersten aus 35 Kollektionen in 25 europäischen Ländern sowie in Äthiopien.

Eine Expertenberatung des Wissenschaftlich-technischen Rates für Genetische Ressourcen der Ständigen Kommission für Landwirtschaft der Mitgliedsländer des Rates für Gegenseitige Wirtschaftshilfe (RGW) fand vom 14. bis 18. September statt. Dabei wurden Fragen der weiteren Nutzung der elektronischen Datenverarbeitung bei der Dokumentation des Materials genetischer Pflanzenressourcen in den Mitgliedsländern erörtert. Es nahmen 14 Wissenschaftler aus der VR Bulgarien, ČSSR, DDR, VR Polen, Ungarischen VR und UdSSR teil.

B. Kolloquien; Ausstellungen; Vortragsabende

Kolloquien

24. 02. 1987 Prof. Dr. G. Sterba, Bereich Biowissenschaften der Karl-Marx-Universität Leipzig, Leipzig: Der Reißnersche Faden, ein biologisches Kuriosum.

10. 03. 1987 Dr. K.-D. Scharf, Institut für Biochemie der Pflanzen der AdW der DDR, Halle: Induzierte Thermotoleranz am Beispiel der Ribosomenbiosynthese unter Hitzeschock.

17. 03. 1987 Dr. D. Leupold, Zentralinstitut für Optik und Spektroskopie der AdW der DDR, Berlin: Neuere Aussagen der Laserspektroskopie zu Primärprozessen im Antennenchlorophyll und Reaktionszentrum 2.

31. 03. 1987 Dipl.-Biol. B. Conrad, Zentralinstitut für Genetik und Kulturpflanzenforschung der AdW der DDR, Gatersleben: Mechanismus der chromosomalen Integration-Exzision von Plasmid pE194 bei *Bacillus subtilis*. Zugleich Vortrag anläßlich der Verteidigung der Dissertation im Rahmen des Promotionsverfahrens A.

16. 04. 1987 Dr. U. Petzold, Fachbereich Biologie–Zoologie der Philipps-Universität Marburg, Marburg/BRD: Regulation der stadienspezifischen Genaktivität während der frühen Mausembryogenese.

19. 05. 1987 Dr. H. Bäumlein, Zentralinstitut für Genetik und Kulturpflanzenforschung der AdW der DDR, Gatersleben: Struktur, Funktion und Evolution von Multigenfamilien: Die Reserveproteingene der Ackerbohne *Vicia faba* und die Balbiani Ring-Gene der Zuckmücken-Gattung *Chironomus*. Zugleich Vortrag anläßlich der Verteidigung der Dissertation im Rahmen des Promotionsverfahrens B.

26. 05. 1987 Dr. U. W. Stephan, Zentralinstitut für Genetik und Kulturpflanzenforschung der AdW der DDR, Gatersleben: Rolle des Nicotianamins in der Strategie der Eisenernährung bei Pflanzen.

02. 06. 1987 Prof. Dr. sc. nat. G. Wolf, Institut für Biologie der Medizinischen Akademie Magdeburg, Magdeburg: Hirn und Verhalten in der Ontogenese des Menschen. Psychische und geistige Leistungen – angeboren oder erworben?

09. 06. 1987 Prof. Dr. B. S. Gill, Department of Plant Pathology, Kansas State University, Manhatten, Kan./USA: Towards molecular cytogenetic description of wheat chromosomes.

23. 06. 1987 Prof. Dr. Oertel, VEG Saatzucht und Zierpflanzen, Dresden: *In-vitro*-Verklonung für die Erhaltungszüchtung.

30. 06. 1987 Prof. Dr. M. Hecker, Sektion Biologie der Ernst-Moritz-Arndt-Universität Greifswald, Greifswald: Genexpressionsprogramme von Prokaryoten als Spiegel der Umwelt.

07. 07. 1987 Dr. E. Weber, Zentralinstitut für Genetik und Kulturpflanzenforschung der AdW der DDR, Gatersleben: Kompartimentierung von Biosynthese, Reifung, intrazellulärem Transport und Speicherung pflanzlicher Reserveproteine. Die Globuline in Samen der Ackerbohne *Vicia faba* L. Zugleich

Vortrag anläßlich der Verteidigung der Dissertation im Rahmen des Promotionsverfahrens B.

26. 07. 1987 Prof. Dr. R. GOLDBERG, Department of Biology, University of California, Los Angeles, Cal./USA: Cell-specific patterns of gene regulation in plant development.

27. 10. 1987 Dr. J. SZABAD, Institute of Genetics, Biological Research Center, Szeged/Ungarische VR: Gene expression in female germ line cells of *Drosophila melanogaster*.

03. 11. 1987 Prof. Dr. G. SCHÖNMUTH, Tierproduktion und Veterinärmedizin der Sektion Tierproduktion und Veterinärmedizin der Humboldt-Universität zu Berlin, Berlin: Aktuelle Aspekte der Haustiergenetik und Tierzüchtung.

24. 11. 1987 Prof. Dr. U. WOBUS, Zentralinstitut für Genetik und Kulturpflanzenforschung der AdW der DDR, Gatersleben: Transkriptionsregulation pflanzlicher Gene.

01. 12. 1987 Dr. U. KRAWINKEL, Institut für Genetik der Universität Köln, Köln/BRD: Evolution der Antikörperdiversität.

Bereichskolloquien

13. 01. 1987 Dr. R. SCHÜTZE, Institut für Züchtungsforschung der AdL der DDR, Quedlinburg: Kalluskulturen von Getreide und Perspektiven für die Nutzung der somaklonalen Variabilität.

14. 01. 1987 Dr. P. DHAESE, Laboratorium voor Genetica, Reijksuniversiteit Gent, Gent/Belgien: Use of the temperate phage Φ 105 repressor-operator interaction for regulated expression of foreign genes in *Bacillus subtilis*.

03. 02. 1987 Dr. R. BASSÜNER: Erkenntnisse zu einem unbekannten Samenprotein (USP) in *Vicia faba*.

17. 03. 1987 Prof. Dr. B. N. VEPRINCEV, Institut für Biophysik der AdW der UdSSR, Puščino/UdSSR: Genomkonservierung. Stand und Perspektiven.

17. 03. 1987 Dr. H. KNÜPFFER: Einsatz der EDV für das interne Genbankmanagement.

24. 03. 1987 Dr. H. BAUWE: Untersuchungen zur Evolution des C_4-Weges der Photosynthese unter besonderer Berücksichtigung des Photosynthesestoffwechsels C_3-C_4-intermediärer Arten der Gattungen *Moricandia* und *Flaveria*.

31. 03. 1987 Dr. F. SCHOLZ: Eindrücke von einem Tagungs- und Studienaufenthalt in Japan.

06. 04. 1987 Dipl.-Agraring. R. KYNAST: Untersuchungen zur Übertragung genetischer Information des hexaploiden Weizens *(Triticum aestivum)* in den diploiden Kulturroggen *(Secale cereale)*.

21. 04. 1987 Dr. M. SENONER, Sektion Physik der Humboldt-Universität zu Berlin: Variable Fluoreszenz und Energietransferprozesse im Photosyntheseapparat.

30. 04. 1987 Dr. J. GLEBA, Institute of Botany, Ukrainische Akademie der Wissenschaften, Kiew/UdSSR: Somatic hybridization of higher plants.

04. 05. 1987 Dipl.-Agraring. A. BÖRNER: Eine biochemische Methode zur Einzelpflanzen-Frühselektion von halmverkürzenden Genen beim Weizen *(Triticum aestivum)* und deren Nutzung in der Züchtungsforschung.

18. 05. 1987 Dr. sc. K. HAMMER: Über Sammelreisen im Irak, in Süditalien und in Kuba.

28. 05. 1987 Dr. sc. A. MEISTER: Das Programmsystem ABSTAT und andere statistische Programme für den Personalcomputer PC 1715.

15. 06. 1987 Prof. Dr. B. S. GILL, Department of Plant Pathology, Kansas State University, Manhattan, Kan./USA: Role of introgressive hybridization in genome evolution of polyploid plants.

23. 06. 1987 Dr. H. BAUWE: Untersuchungen zur Struktur, Expressionsregulation und Evolution von Genen, die Isoformen der Phosphoenolpyruvat Carboxylase codieren.

08. 07. 1987 Dipl.-Biol. Ä. SCHUBERT: Pflanzenregeneration aus *in vitro*-Kulturen un-

reifer Infloreszenzen ausgewählter Weizenlinien und Untersuchungen zur somaklonalen Variation.

23. 07. 1987 Dr. A. SMITH, John Innes Institute, Norwich/Großbritannien: Photorespiration in the C_3-C_4 intermediate species *Moricandia arvensis*.

03. 09. 1987 Dipl.-Biol. U. SCHUMANN: Charakterisierung der Toxintoleranz und Pathogenresistenz von Kartoffelklonen, die mittels *in vitro*-Selektion gegenüber einem Toxinpräparat von *P. infestans* gewonnen wurden.

07. 09. 1987 Prof. Dr. U. WOBUS: Bericht über die Tagung „Plant Molecular Biology 1987" in Kopenhagen 10.–19. 6. 87.

15. 09. 1987 Prof. Dr. K. MÜNTZ: Bericht über den 14. Internationalen Botanik-Kongress 1987 in Berlin (West).

21. 09. 1987 Dr. G. WALTER: Antiidiotypische Antikörper. Perspektiven und Anwendungsmöglichkeiten.

21. 09. 1987 Dr. CHR. O. LEHMANN und Dr. sc. K. HAMMER (vorgetragen von Dr. CHR. O. LEHMANN): Sammlung von Obstlandsorten.

24. 09. 1987 Dr. C. CLARKE, University of East Anglia, Norwich/Großbritannien: Antimutagenese als ungelöstes Problem.

29. 09. 1987 Dr. R. R. MENDEL: Bericht über Teilnahme am EMBO-Kurs „Plant Molecular Biology", Rijksuniversiteit Gent/Belgien.

22. 10. 1987 Dr. S. BERNARD und Dr. M. BERNARD, INRA, Station d'Amélioration des Plantes, Clermont-Ferrand/Frankreich: Progress of triticale research in France.

12. 11. 1987 Dr. A. FINKELSTEIN, Institut für Eiweißforschung der AdW der UdSSR, Puščino: Secondary structure prediction for proteins.

16. 11. 1987 Dr. sc. K. HAMMER, Dr. habil. P. HANELT und Dr. sc. R. SCHLEGEL: Bericht über den 14. Internationalen Botanik-Kongreß 1987 in Berlin (West).

19. 11. 1987 Dr. CHR. O. LEHMANN: Fortführung der Evaluierung von züchterisch bedeutsamen Merkmalen (Krankheitsresistenz) an ausgewähltem Material der Genbank.

20. 11. 1987 Prof. Dr. U. WOBUS: Selektion und Strukturanalyse eines für die Komplementation des Gerstensamenproteins geeigneten Gens.

30. 11. 1987 Dr. M. ZACHARIAS: Untersuchungen zur Variabilität des Rohprotein- und Rohfettgehalts der Sojabohne an den Gaterslebener Welt- und Mutantenkollektionen sowie Stand und Aussichten der Sojabohnenzüchtung in der DDR.

01. 12. 1987 Dr. H.-W. JANK: Das Dokumentationsprogramm IRESA 1.

03. 12. 1987 Dr. H.-W. JANK: IRESA 1: Ein Programmsystem zur universellen Informationsrecherche-Einführung und erste Einsatzerfahrungen.

11. 12. 1987 Dr. G. L. DIANOV, Institut für Cytologie und Genetik, Novosibirsk/UdSSR: Molecular bases of mutagenesis: from premutational damage to the primary change of DNA structure.

14. 12. 1987 Dr. I. F. ŽIMULEV, Institut für Cytologie und Genetik, Novosibirsk/UdSSR: Genetic interpretation of banding pattern in polytene chromosomes.

14. 12. 1987 Dr. R. R. MENDEL: Gentransferverfahren bei Getreide. Bericht zu Studienaufenthalten in Köln, Basel und Zürich.

Ausstellungen

10. 06. bis 26. 06. 1987 Ausstellung Bildnerisches Volksschaffen der Zirkel Keramik und Kindermalen des Zentralinstituts Gatersleben.

Vortragsabende

19. 01. 1987	P. HERTEL, Archiv für Zivilisationsforschung, Tharandt: Geheimnisse der Vergangenheit.
21. 01. 1987	Konzert mit H. STRAUBE (Fagott) und V. BRUNST (Klavier).
05. 03. 1987	Konzert mit A. WILCZOK (Violine) und J. WILCZOK (Gitarre).
12. 03. 1987	Schriftstellerlesung mit G. STEINECKERT, Berlin.
01. 04. 1987	Filme zum Natur- und Umweltschutz. Filmforum mit dem Regisseur S. STEINER (zusammen mit der Gesellschaft für Natur und Umwelt).
02. 04. 1987	Dr. sc. G. VOIGT, Institut für Allgemeine Geschichte der AdW der DDR, Berlin: Oktober 1917. Die Vielfalt der Revolution (zusammen mit der Grundorganisation der DSF).
20. 04. 1987	Dr. J. GYSI, Institut für Soziologie und Sozialpolitik der AdW, Berlin: Ist die Ehe noch modern?
07. 05. 1987	Dr. R. WITTE, Zentralinstitut für Alte Geschichte und Archäologie der AdW, Berlin: Im Reich des Königs Minos.
21. 05. 1987	Schriftstellerlesung mit J. LAABS, Berlin.
16. 09. 1987	Konzert mit A. WEILAND (Klavier).
24. 09. 1987	CH. WASSER, Berlin: Das Phantastische in der modernen Malerei, Teil II.
22. 10. 1987	Konzert mit J. REBLING (Gesang) Sephardische Romanzen, Lieder der spanischen Juden.
29. 10. 1987	Prof. Dr. Ing. J. GREINER, Berlin: Historische Gärten Europas heute.
11. 11. 1987	Konzert mit dem Leipziger Vokalquartett mit J.-M. VOLKE (Sopran), CH. GÖRING (Alt), TH. NEUMANN (Tenor), R. KOCH (Baß), G. VOLKE (Klavier) Französische Chansons.
19. 11. 1987	A. HÜNEKE, Potsdam: Kunst am Pranger – die faschistische Aktion 'Entartete Kunst' vor 50 Jahren.
03. 12. 1987	Schriftstellerlesung mit R. PIETRASS, Berlin.

C. Veröffentlichungen aus dem Institut 1987

APEL, P.: Kohlendioxid und Pflanzenwachstum. Wissenschaft und Fortschritt **37** (1987) 206–208.

BÄUMLEIN, H., A. J. MÜLLER, J. SCHIEMANN, D. HELBING, R. MANTEUFFEL and U. WOBUS: A legumin B gene of *Vicia faba* is expressed in developing seeds of transgenic tobacco. Biol. Zbl. **106** (1987) 569–575.

–, J. PUSTELL, U. WOBUS, S. T. CASE and F. C. KAFATOS: The 3'ends of two genes in the Balbiani ring c locus of *Chironomus thummi*. J. Mol. Evol. **24** (1987) 72–82.

BASSÜNER, R., NONG VAN HAI, R. JUNG, G. SAALBACH and K. MÜNTZ: The primary structure of the predominating vicilin storage protein subunit from field bean seeds (*Vicia faba* L. var. *minor* cv. Fribo). Nucl. Acids Res. **15** (1987) 9609.

BAUWE, H.: Untersuchungen zur Evolution des C_4-Weges der Photosynthese unter besonderer Berücksichtigung des Photosynthesestoffwechsels C_3-C_4-intermediärer Arten der Gattung *Moricandia* und *Flaveria*. Dissertation B. Akademie der Wissenschaften der DDR (1987).

–, O. KEERBERG, R. BASSÜNER, T. PÄRNIK and B. BASSÜNER: Reassimilation of carbon dioxide by *Flaveria* (Asteraceae) species representing different types of photosynthesis. Planta **172** (1987) 214–218.

BERIDZE, K., P. HANELT, D. MANDZGALADZE and K. PISTRICK: Collection of plant-genetic resources in the Georgian SSR 1986. Kulturpflanze **35** (1987) 335–353.

BÖRNER, A., CHR. O. LEHMANN and D. METTIN: Screening for GA_3-insensitive wheats. Kulturpflanze **35** (1987) 179–186.

BORRISS, R.: Biology of enzymes. In: H.-J. REHM and G. REED (Eds.), Biotechnology, Vol. 7a. VCH Verlagsgesellschaft, Weinheim (1987) 37–62.

ESQUIVEL, M., L. CASTIÑEIRAS, B. RODRÍGUEZ and K. HAMMER: Collecting plant genetic resources in Cuba. Kulturpflanze **35** (1987) 367–378.

FRANK, R.: Physiologische Merkmale und Selektion auf Erhöhung des Ertragsniveaus. Kulturpflanze **35** (1987) 99–106.

– and P. APEL: Tillering, ear development and grain yields of spring barley varieties at enhanced carbon dioxide concentration. Arch. Züchtungsforschung Berlin **17** (1987) 79–88.

FRITSCH, R.: Zytologische Untersuchungen an Bryophyten aus dem Harz. III. Chromosomenzahlen von Laubmoosen. Herzogia **7** (1987) 459–483.

GÄDE, H.: Genbank Gatersleben im Dienst der Pflanzenzüchtung. Saat- und Pflanzgut **28** (1987) 175–177.

HAAK, A., E. KÄPPLER und G. ZENKE: Kultivierung von Gersten- und Roggenähren in Nährlösungen. (Kurzmitt.). Arch. Züchtungsforsch., Berlin **17** (1987) 59–62.

HAMMER, K.: Resistenzmerkmale und Reproduktionssystem als Indikatoren für evolutionäre Tendenzen in der Gattung *Aegilops* L. Biol. Zbl. **106** (1987) 273–282.

–, HAN, U.-X. and HOANG H.-Dz.: Additional notes to the check-list of Korean cultivated plants (1). Kulturpflanze **35** (1987) 323–333.

– und P. PERRINO: Studien zu einer Kulturpflanzenflora Süditaliens: Cactaceae. Kakteen/Sukkulenten (Dresden) **22** (1987) 3–10, 20–21.

HAMMER, K., P. PERRINO and D. PIGNONE: Collecting in South Italy. Plant Genetic Resources Newsletter **70**(1987) 45.
–, – and –: Collection of plant genetic resources in South Italy, 1986. Kulturpflanze **35** (1987) 389–399.
– and A. A. SABIR: Collecting in Iraq. Plant Genetic Resources Newsletter **70** (1987) 44.
– and –: Sammlung von Kulturpflanzen-Landsorten im Irak 1986. Kulturpflanze **35** (1987) 379–387.
–, E. SKOLIMOWSKA and H. KNÜPFFER: Vorarbeiten zur monographischen Darstellung von Wildpflanzensortimenten: *Secale* L. Kulturpflanze **35** (1987) 135–177.
HANELT, P.: Nach Sammelreisen – 2000 Saat- und Pflanzgutproben. Freiheit, Halle, 10. 7. 1987, 10.
–, R. FRITSCH, J. KRUSE, H. MAASS and H. OHLE: Wild relatives of cultivated *Allium* species. XIV. International Botanical Congress, Berlin (West), Abstracts (1987) 288.
– und K. HAMMER: Einige infraspezifische Umkombinationen und Neubeschreibungen bei Kultursippen von *Brassica* L. und *Papaver* L. Feddes Rep. **98** (1987) 553–555.
HEINDORFF, K., R. RIEGER, I. SCHUBERT, A. MICHAELIS and O. AURICH: Clastogenic adaptation of plant cells – reduction of the yield of clastogen-induced chromatid aberrations by various pretreatment procedures. Mut. Res. **181** (1987) 157–171.
–, –, –, –, and –: Clastogenic adaptation of *Vicia faba* root tip meristem cells after consecutive treatment with S-phase dependent and S-phase independent agents. Biol. Zbl. **106** (1987) 439–448.
–, –, A. MICHAELIS and S. TAKEHISA: Clastogenic adaptation triggered by S-phase-independent clastogens in *Vicia faba*. Mut. Res. **190** (1987) 131–135.
HELBING, D. and R. MANTEUFFEL: Antigenic homologies within the vicilin-like and legumin-like classes of storage proteins as studied by 'Western Blot'' analysis. Biochem. Physiol. Pflanzen **182** (1987) 223–231.
HÖFER, M., G. WALTER, A. MEISTER and P. HOFFMANN: Pigment accumulation and energy flow between carotenoids and chlorophyll during greening of etiolated wheat seedlings under continuous and intermittent irradiation. 1. Pigment biogenesis. Photosynthetica **21** (1987) 124–130.
–, –, – and –: Pigment accumulation and energy flow between carotenoids and chlorophyll during greening of etiolated wheat seedlings under continuous and intermittent irradiation. 2. Accessory and dissipative energy migration. Photosynthetica **21** (1987) 131–140.
HOFEMEISTER, J.: Die Potenzen von *Bacillus*. Spectrum **18** (1987) 22–24.
HOFFMANN, S., E. GÜNTHER, G. KUNZE, D. BÄRWOLFF, M. TEPPKE, A. BARTH: Synthesis and cloning of a human β-casomorphin-5 gene. Nucleic Acids Res. **18** (1987) 229–232.
KIM, HJ.-S., K. HAMMER, HAN U.-X., P. HANELT and PAK HJ.-S.: Missions for the collection of plant genetic resources in the Democratic People's Republic of Korea 1986. Kulturpflanze **35** (1987) 355–365.
KÜNZEL, G.: Giemsa banding of barley chromosomes in meiosis improve identification of chromosome arms involved in translocations. Barley Genet. Newsl. **17** (1987) 83–86.
– und F. SCHOLZ: Untersuchungen zur Stabilität und Vitalität an Systemen balancierter tertiärer Trisomie bei Gerste. Kulturpflanze **35** (1987) 187–194.
KUNZE, G., R. BODE and D. BIRNBAUM: Autonomous and integrative transformation of the yeast *Candida maltosa*. Proc. of the 4th European Congress of Biotechnology 1987, Vol. 1. D. M. NEIJSSEL, R. P. VAN DER MEER, K. CHR. A. M. LUYBEN, Eds. Elsevier (1987) 398–401.
–, –, H. SCHMIDT, I. A. SAMSONOVA and D. BIRNBAUM: Identification of a lys2 mutant of *Candida maltosa* by means of transformation. Curr. Genet. **11** (1987) 385–391.
LEHMANN, CHR. O.: Kann die Generosion gestoppt werden? Spectrum **18** (1987) (11) 6–8.
– Zentralinstitut für Genetik und Kulturpflanzenforschung der Akademie der Wissenschaften der DDR – Abteilung Genbank, Gatersleben. In: EBEL, F., F. KÜMMEL und CHR. BEIERLEIN (Hrsg.): Botanische Gärten Mitteleuropas, Bd. 1 (A–J). Wissenschaftliche Beiträge der Martin-Luther-Universität Halle-Wittenberg 1986/77 (P 24) Halle (Saale) (1987) 56–58.
– Zum 100. Geburtstag von WAWILOW (1887–1943). Saat- und Pflanzgut **28** (1987) 177–178.

LEHMANN, CHR., D. METTIN, J. DEHNE: NIKOLAI IWANOWITSCH WAWILOW (1887–1943). Arch. Züchtungsforsch. **17** (1987) 331–336.

LEUPOLD, D., E. BRECHT and P. HOFFMANN: Nonlinear emission of chlorophyll b-less mutants of barley: LHC II as a prerequisite to fluorescence enhancement of chlorophyll *in vivo*. Photosynthetica **21** (1987) 141–146.

MACHOLD, O.: Does the rapidly metabolized 32 kDa protein carry the reaction center of PS II? Progress in Photosynthesis Research **2** (1987) 113–116.

MALY, R., K. HAMMER und CHR. O. LEHMANN: Sammlung pflanzlicher genetischer Ressourcen in Süditalien – ein Reisebericht aus dem Jahre 1950 mit Bemerkungen zur Erhaltung der Landsorten „*in situ*" und in der Genbank. Kulturpflanze **35** (1987) 109–134.

MATZK, F.: On some problems of introducing apomixis into sexual crop plants. Apomixis Res. Serv. **3** (1987) 9–14.

MELZ, G. and R. SCHLEGEL: Production and cytogenetical analysis of a rye-cytoplasmic tetraploid triticale. Plant Breeding **98** (1987) 200–204.

METTIN, D., R. SCHLEGEL and W. D. BLÜTHNER: Status of aneuploid stocks, genetic analysis, alien variation, cytology and chromosome analysis in hexaploid wheat. EWAG-Newsletter (1987) 26–30.

MÜLLER, A. J., R. R. MENDEL, J. SCHIEMANN, C. SIMOENS and D. INZE: High meiotic stability of a foreign gene introduced into tobacco by *Agrobacterium*-mediated transformation. Mol. Gen. Genet. **207** (1987) 171–175.

MÜNTZ, K.: Developmental control of storage protein formation and its modulation by some internal and external factors during embryogenesis in plant seeds. Biochem. Physiol. Pflanzen **182** (1987) 93–116.

– „Engineering" pflanzlicher Speicherproteine. BioEngineering **3** (1987) 36–43.

– Symbiotic nitrogen fixation of legumes: Discovered 100 years ago – what do we know at present? Biol. Zbl. **106** (1987) 547–567.

– and CH. LEHMANN: Reserveproteinforschung und Genbank. Kulturpflanze **35** (1987) 25–52.

NEUMANN, D., U. ZUR NIEDEN, R. MANTEUFFEL, G. WALTER, K. D. SCHARF and L. NOVER: Intracellular localization of heat-shock proteins in tomato cell cultures Europ. J. Cell Biol. **43** (1987) 71–81.

NICOLOFF, H., R. RIEGER and G. ROSSEV: Mutations in rDNA: 5. Is translocation involvement of barley nucleolus organizer regions influenced by chromatin architecture? Mut. Res. **181** (1987) 146–155.

PEISKER, M.: Beiträge zur Modellierung photosynthetischer Prozesse bei höheren Pflanzen. Dissertation für die Promotion B, Autorreferat. Biol. Rundschau **25** (1987) 53–54.

– and J. VÁCLAVÍK: A simple path-independent method for apportioning nonstomatal and stomatal contributions to diminutions in net CO_2 uptake rate. Biochem. Physiol. Pflanzen **182** (1987) 31–40.

PETT, P., U. SCHUMANN, H. GRIESS und M. SCHOLZ: Nutzung der Gewebekultur in Züchtung und Züchtungsforschung bei Kartoffeln, Teil II: Gewebekultur als Ergänzung konventioneller Züchtungsverfahren. Fortschrittsberichte für die Land- und Nahrungsgüterwirtschaft **25** (1987) (2) 32 S.

PISTRICK, K.: Untersuchungen zur Systematik der Gattung *Raphanus* L. Kulturpflanze **35** (1987) 225–321.

–, und CH. E. JARVIS: Zur Typisierung von *Raphanus sativus* L. (Cruciferae). Feddes Repert. **98** (1987) 427–433.

PROESELER, G. und CHR. O. LEHMANN: Resistenzeigenschaften im Gersten- und Weizensortiment Gatersleben. 26. Prüfung von Gersten auf ihr Verhalten gegenüber Gerstengelbmosaik-Virus (barley yellow mosaic virus). Kulturpflanze **35** (1987) 195–201.

RIEGER, R., A. MICHAELIS and O. AURICH: Effects of benzamide pretreatment on clastogenic adaptation of *Vicia faba* root-tip meristem cells to triethylenemelamine (TEM) and maleic hydrazide (MH). Mut. Res. **191** (1987) 93–97.

RIETH, A.: Süßwasser-Algenarten in Einzeldarstellung. Über einige Spirogyren aus dem Harz. Kulturpflanze **35** (1987) 453–470.

SCHIEMANN, J.: Gentransfer bei filamentösen Pilzen. Biol. Zbl. **106** (1987) 533–546.

SCHLEGEL, R.: Neocentric activity in chromosome 5R of rye revealed by haploidy. Hereditas **107** (1987) 1–6.
– and B. S. GILL: Chromosome banding and a standard nomenclature in hexaploid wheat: EWAC-Newsletter (1987) 83–87.
– and R. KYNAST: Confirmation of a 1A/1R wheat-rye chromosome translocation in the wheat variety 'Amigo'. Plant Breeding **98** (1987) 57–60.
–, G. MELZ and R. NESTROWICZ: A universal reference karyotype in rye, *Secale cereale* L. Theor. Appl. Genet. **74** (1987) 820–826.
SCHMIDT, H. E., D. REICHENBÄCHER, CHR. O. LEHMANN, T. D. VERDEROVSKAJA, Z. BASKY und J. HORVÁTH: Identifizierung von Pathotypen des Gewöhnlichen Bohnenmosaik-Virus (bean common virus) in der DDR, UdSSR und Ungarischen VR. Arch. Phytopathol. Pflanzenschutz, Berlin **23** (1987) 105–115.
SCHÖNEICH, J. und K. BECKER: Zellbiologische und genetische Manipulationen bei Säugetieren. Heilberufe **39** (1987) 228–231.
– und G. WALTER: Wie entsteht die Vielfalt der Antikörper? Medizin aktuell **13** (1987) 132–133.
SCHOLZ, F.: Zum Gedenken an IGOR GREBENŠČIKOV (1912–1986). Kulturpflanze **35** (1987) 15–19.
SCHOLZ, G., K. SEIFERT and M. GRÜN: The effect of nicotianamine on the uptake of Mn^{2+}, Zn^{2+}, Cu^{2+}, Rb^{+} and PO_4^{3-} by the tomato mutant '*chloronerva*'. Biochem. Physiol. Pflanzen **182** (1987) 189–194.
SCHUBERT, I. and O. AURICH: Genetic instability of violet seed coat color in *Vicia faba* indicates mobility of a transposable genetic element. FABIS Newsletter **17** (1987) 6–9.
– and R. RIEGER: Effects of hydroxyurea post-treatment in G2 on the frequency and distribution of mutagen-induced chromatid aberrations in a reconstructed karyotype of *Vicia faba*. Biol. Zbl. **106** (1987) 59–66.
SCHULTZE-MOTEL, J.: Literatur über archäologische Kulturpflanzenreste (1985/1986). Kulturpflanze **35** (1987) 401–420.
–: Numerisch-taxonomische Studien an *Triticum* L. und *Aegilops* L. Zur Theorie der Klassifizierung von Kulturpflanzen. Kulturpflanze **35** (1987) 53–97.
–, R. FRITSCH, K. HAMMER, P. HANELT, J. KRUSE, H. I. MAASS, M. OHLE and K. PISTRICK: Taxonomy and evolution of cultivated plants: Literature review 1985/1986. Kulturpflanze **35** (1987) 421–439.
WEBER, E.: Kompartimentierung von Biosynthese, Reifung, intrazellulärem Transport und Speicherung pflanzlicher Reserveproteine. Die Globuline in Samen der Ackerbohne *Vicia faba* L. Dissertation B, Akademie der Wissenschaften der DDR (1987).
WESCHKE, W., H. BÜUMLEIN and U. WOBUS: Nucleotide sequence of a field bean (*Vicia faba* L. var. *minor*) vicillin gene. Nucleic Acids Res. **15** (1987) 10065.
WOBUS, U. und H. GRIENITZ: Gewinn für beide Seiten. Spectrum-Diskussion. Spectrum **18** (1987) (3) 21.
–, H. BÄUMLEIN, D. HELBING, D. HELLMUND, U. HEIM, R. MANTEUFFEL, A. MÜLLER and J. SCHIEMANN: Field bean storage protein genes: Structure and evolution of the legumin B gene subfamily and expression of legumin gene LeB4 or derived chimaeric constructs in transgenic tobacco and *Xenopus* oocytes. In: Plant Molecular Biology, NATO ASI series A, Life Sci. Vol. 140. Plenum Press, New York and London (1987) 678.
ZACHARIAS, M.: Untersuchungen zur Variabilität des Rohprotein- und Rohfettgehaltes der Sojabohne, *Glycine max* (L.) Merr., an den Gaterslebener Welt- und Mutantenkollektionen. Kulturpflanze **35** (1987) 203–224.

Nachtrag zum Verzeichnis der Veröffentlichungen aus dem Institut 1985/1986

HAMMER, K. and BAIK, M.-CH.: Variable landraces collected in Democratic People's Republic of Korea. Plant Genetic Resources Newsletter **67** (1986) S. 19–21.
HANELT, P.: Pathways of domestication with regard to crop types (grain legumes, vege-

tables). In: BARIGOZZI, C. (Ed.), The Origin and Domestication of Cultivated Plants. Elsevier, Amsterdam – Oxford – New York – Tokyo (1986) S. 179–199.

KYNAST, R.: Untersuchungen zur Übertragung genetischer Information des hexaploiden Weizens (*Triticum aestivum* L. em Thell.) in den diploiden Kulturroggen (*Secale cereale* L.). Dissertation A der Martin-Luther-Universität Halle-Wittenberg (1986) 85 S.

MÜNTZ, K., R. BASSÜNER, G. SAALBACH, R. JUNG, U. WOBUS, W. WESCHKE und H. BÄUMLEIN: Verfahren zur Herstellung von ernährungsphysiologisch verbesserten Pflanzensamenproteinen. Patentschrift DD 240 911 A1 (1986).

SCHOLZ, F. und G. KÜNZEL: Genetisch-züchterische Probleme bei Hybridgerste, insbesondere Fragen der Entwicklung genetischer Systeme für die Hybridsaatguterzeugung. – Ber. Arbeitstagg. 1985 Arbeitsgem. Saatzuchtleiter, Bundesanstalt für alpenländische Landwirtschaft, Gumpenstein/Österreich (1985) S. 153–164. (tatsächlich erschienen Ende 1986).

VALKOUN, J., D. KUČEROVÁ, P. BARTOS and K. HAMMER: Study of disease resistance in the genus *Aegilops* for its use in wheat breeding. Proc. EUCARPIA Genetic Resources Sect., Internat. Symp., Prague (1985) S. 241–251.

D. Vorträge von Mitarbeitern bei wissenschaftlichen Veranstaltungen anderer Institutionen

Dr. ADLER, B.: Enhanced genetic variability by natural transformation in *Bacillus*. – 9th Workshop on Microbial Genetics, Sellin, 28. September bis 3. Oktober 1987 (2. Oktober 1987).

Dr. sc. APEL, P.: Möglichkeiten und Grenzen der Frühdiagnose bei Getreide. – Weiterbildungsveranstaltung „Selektion in der Pflanzenzüchtung", Bernburg, 17. bis 18. Februar 1987 (17. Februar 1987).

– Hybrids between C_3- and C_4-species and their photosynthetic properties. – Symposium „Das Wirken von WILHELM PFEFFER und neue Erkenntnisse und Trends in der Pflanzenphysiologie", Leipzig, 10. bis 12. Juni 1987 (11. Juni 1987).

Dr. sc. BÄUMLEIN, H.: Ergebnisse der pflanzlichen Molekularbiologie in Gent. – Kolloquium am Institut für Biochemie der Pflanzen, Halle (11. Februar 1987).

– A transposable element in the 3'flanking region of a Balbiani ring gene. – Third Balbiani Ring Workshop, Stockholm-Ladvik, 14. bis 16. September 1987 (14. September 1987).

Dr. BECKER, K.: Transgenische Tiere – eine neue Technik der Grundlagen- und Anwendungsforschung. – Institutskolloquium im Institut für Wirkstofforschung der AdW der DDR, Berlin-Friedrichsfelde (26. Mai 1987).

– Gentransfer bei Tieren (Plenarvortrag). – 4. Wissenschaftliche Konferenz junger Biologen der DDR, Greifswald, 4. bis 9. September 1987 (6. September 1987).

– Verhalten von Fremdgenen nach Übertragung in die Keimbahn der Maus. – Jubiläumstagung des Wissenschaftsbereichs Genetik der MLU Halle, Halle, 17. bis 18. September 1987 (18. September 1987).

–, Dr. U. KIESSLING, Dr. M. STRAUSS and Dr. J. SCHÖNEICH (vorgetragen von Dr. K. BECKER): Persistence and transmission of extrachromosomal plasmids in transgenic mice. – 4. Arbeitsberatung zum Thema IV.3.4 "Study of the eukaryotic genome by the methods of gene transfer and somatic cell hybridization", Liblice/CSSR, 23. bis 28. März 1987 (24. März 1987).

Dipl.agr.ing. BÖRNER, A.: Eine biochemische Methode zur Einzelpflanzen-Frühselektion von halmverkürzenden Genen beim Weizen (*Triticum aestivum* L.). Selektion in der Pflanzenzüchtung. – Weiterbildungstagung der Sektion Genetik der Biologischen Gesellschaft der DDR und der AdL der DDR, Bernburg, 17. bis 18. Februar 1987 (17. Februar 1987).

– Screening von 700 Weizensorten bzw. -linien der Genbankkollektion Gatersleben nach neuen Quellen für Kurzstrohgene auf der Grundlage einer Gibberellin-Insensivität. – Klausurtagung der ZG 'Weizen' der DDR, Bernburg, 23. bis 24. April 1987 (24. April 1987).

Dr. sc. R. BORRISS and Dr. sc. J. HOFEMEISTER (vorgetragen von Dr. R. BORRISS): Molecular cloning of a gene coding for thermostable ß-glucanase. – Symposium "Genetics and Product Formation in *Streptomyces* and *Bacillus*", Weimar, 4. bis 9. Mai 1987 (8. Mai 1987).

Dr. BRAUN, R.: The mammalian spot test – genetic background and use in mutagenicity testing. – Arbeitstagung der Gruppe „Genetische Toxikologie" der VR Polen, Lodz/VR Polen, 13. bis 16. April 1987 (14. April 1987).

Dr. Braun, R.: Mechanisms of DNA repair and use of induced DNA repair to evaluate genotoxic effects in mammals. – Seminar im Institut für Humangenetik der PAN. Poznan/VR Polen (20. Oktober 1987).

Dr. Brecht, E. and Dr. A. Meister: Spectral subbands and components of the light-harvesting chlorophyll a/b-protein complex II from the thylakoid membrane of higher plants. – Poster presented at the IV. International School on Structure and Function of Biological Membranes (organ. by the Bulgarian Academy of Sciences), Varna/VR Bulgarien, 4. bis 8. Oktober 1987.

–, A. Kalpen, Dr. R. Koepp, Dr. G. Scholz und Dr. M. Senoner: Fluoreszenzspektroskopische Untersuchungen an einer Nicotianamin-Mangelmutante von *Lycopersicon esculentum* Mill. – Poster anläßlich der Wissenschaftlichen Vortragstagung „Mineralstoffe, Nährstoffe und Regulatoren" der Biologischen Gesellschaft der Deutschen Demokratischen Republik, Kühlungsborn, 26. bis 29. Oktober 1987.

Dr. Conrad, B.: Exzision von Plasmid pE194 aus dem Chromosom von *Bacillus subtilis.* – "9th Workshop on Microbial Genetics", Sellin, 28. September bis 3. Oktober 1987 (2. Oktober 1987).

– Molekulare Charakterisierung des Ein- und Ausbaus von Plasmid-DNA in bzw. aus dem Chromosom von *Bacillus subtilis.* – 1. Gemeinschaftstagung der Gesellschaft für Humangenetik der DDR, Sektion Genetik der Biologischen Gesellschaft der DDR und der Ungarischen Gesellschaft für Humangenetik, Damerow, 16. bis 21. Oktober 1987 (21. Oktober 1987).

Dr. Frank, R. and Dr. Petra Frank (vorgetragen von Dr. R. Frank): Assimilate distribution and yield in different varieties of spring barley. – Symposium „Das Wirken von Wilhelm Pfeffer und neue Erkenntnisse und Trends in der Pflanzenphysiologie", Leipzig, 10. bis 12. Juni 1987 (11. Juni 1987).

Dr. Freye, E. und Dr. J. Schotte (vorgetragen von Dr. E. Freye): Wirkungsmechanismus von Bromoxynil. – Vortrag und Poster zum 3. PSM-Symposium „20 Jahre SYS-Herbizide", Leipzig, (11. Dezember 1987).

Dr. Fritsch, R.: Streifzüge durch Gärten Westgeorgiens. – Kulturbund der DDR, Klub „Adam Olearius", Aschersleben (20. März 1987).

– Streifzüge durch die Haus- und Nutzgärten Westgeorgiens. – Weiterbildungsveranstaltung für Naturschutzhelfer des Kreises Wernigerode, Wernigerode (9. April 1987).

– Anatomische Blattmerkmale bei einer Gruppe von *Allium*-Arten (in Russisch). – Botanische Gesellschaft des Institutes für Botanik der AdW der Tadshikischen SSR, Dushanbe (28. Mai 1987).

– Landschaften in der DDR (in Russisch). – Botanische Gesellschaft des Institutes für Botanik der AdW der Tadshikischen SSR, Dushanbe (5. Juni 1987).

Dr. Grafe, R.: Interference of nitrogen nutrition and morphogenesis in plant cell cultures. – Kolloquium am Institut für Physiologische Botanik der Universität Uppsala, Schweden (16. September 1987).

– *In vitro* genetic experiments (selection and somatic hybridization) with nitrate reductase deficient mutants of tobacco. – Kolloquium in der Forschungsabteilung der Züchtungsfirma Hilleshög, Landskrona, Schweden (25. September 1987).

Dr. sc. Hammer, K.: Neuere systematische Tendenzen in der Tribus Triticeae Dum. – Kolloquium am Institut für Züchtungsforschung, Quedlinburg (26. Februar 1987).

– Sizilianische Impressionen – auf der Suche nach pflanzlichen genetischen Ressourcen. – Kulturbund der DDR, Klub „Adam Olearius", Aschersleben (21. April 1987).

– Preadaptation and domestication of crops and weeds. – XIV. International Botanical Congress, Berlin (West), 24. Juli bis 1. August 1987 (30. Juli 1987).

Dr. Hanelt, P.: Die Domestikation der Pflanzen – ein Phänomen der Anpassung. – Plenarvortrag der 13. Generalversammlung und Wissenschaftlichen Vortragstagung zum Thema „Anpassung, Möglichkeiten und Grenzen" der Biologischen Gesellschaft der DDR, Rostock, 26. bis 30. Januar 1987 (28. Januar 1987).

– Eindrücke während eines China-Aufenthaltes 1986. – Mitarbeiterkolloquium des WB Geobotanik der MLU Halle, Halle (18. März 1987).

– Im Lande der Jurten und Schafe. Als Botaniker in der Mongolischen Volksrepublik. – Kulturbund der DDR, Klub „Adam Olearius", Aschersleben (19. Mai 1987).

Dr. Hanelt, P., Dr. R. Fritsch, Dr. J. Kruse, Dr. H. Maass and Dr. H. Ohle (vorgetragen von Dr. P. Hanelt): Wild relatives of cultivated *Allium* species. – XIV. International Botanical Congress, Berlin (West), 24. Juli bis 1. August (30. Juli 1987).

Dr. Hellmund, D.: Transcription of eukaryotic genes after injection into *Xenopus* oocyte nuclei. – Symposium "Expression of heterologous genes in microorganisms", Weimar, 23. bis 28. November 1986 (25. November 1986).

Dr. sc. Hofemeister, J.: Anwendung der Gentechnik zur Optimierung von Produktsynthesen bei *Bacillus*. – Kolloquium der Ernst-Moritz-Arndt-Universität, Greifswald (20. Februar 1987).

– Molecular cloning and handling of genes in *Bacillus*. – Intern. School of Young Scientists, Primorsko/VR Bulgarien, 20. bis 25. September 1987 (21. September 1987).

– Vom Gen zum Produkt – Was kann Gentechnik? – Kolloquium im Biotechnikum der Martin-Luther-Universität Halle-Wittenberg, Halle, (19. November 1987).

–, Dr. sc. R. Borriss, Dr. G. Steinborn and Dr. sc. G. Kunze (vorgetragen von Dr. J. Hofemeister): Genetic manipulations with cloned *Bacillus* genes coding for extracellular enzymes. – 9th Workshop on Microbial Genetics, Sellin, 28. September bis 3. Oktober 1987, (2. Oktober 1987).

Dr. Horstmann, C.: Charakterisierung pflanzlicher Samenproteine durch „peptide mapping" mittels HPLC. – II. Diskussionstreffen des AK HPLC zum Thema „HPLC in der Bioanalytik", Dresden, 17. bis 19. Dezember 1986 (18. Dezember 1986).

Dr. Hülgenhof, E. and Dr. sc. R. Schlegel: The contribution of heterochromatin variations in rye chromosomes to breeding of hexaploid triticale (vorgetragen von Dr. E. Hülgenhof). – EUCARPIA Symposium on Triticale, Schwerin, 22. bis 26. Juni 1987 (23. Juni 1987).

Dr. Jäkel, H.-P., Dr. G. Walter, Dipl.-Biol. A. Schliephake, Dr. P. Draber and Dr. J. Schöneich: Monoclonal antibodies against membrane structures of ovulated mouse oocytes. – Poster presented at the European Developmental Biology Congress, Helsinki/Finnland, 14. bis 18. Juni 1987 (17. Juni 1987).

–, Dipl.-Biol. A. Schliephake und Dr. J. Matzel (vorgetragen von Dr. H.-P. Jäkel): Monoklonale Antikörper gegen Oberflächenstrukturen von ovulierten Oozyten der Hausmaus – Herstellung, Charakterisierung, Einsatzmöglichkeiten. – Klausurberatung des Forschungszentrums für Tierproduktion Dummerstorf-Rostock der AdL der DDR „Biologie der Reifung und Befruchtung bei Säugern", Fuhlendorf/Darß, 14. bis 18. Dezember 1987 (16. Dezember 1987).

Dipl.-Biol. Karste, G., Dr. K. Adler, Dr. S. Klaus, Dr. E. Tietze and Dr. H. Tschäpe: Transfer regulation of IncM-plasmids by an invertible element "Min". – Poster presented at the 9th Workshop Microbial Genetics, Sellin, 28. September bis 3. Oktober 1987.

Dr. sc. Kunze, G.: Genetische Manipulation von Wirtsvektorplasmiden und deren Nutzung für Untersuchungen zur heterologen Genexpression in den n-Alkan-verwertenden Hefen *Candida maltosa* LIV und *Pichia guilliermondii* im Vergleich zu *Saccharomyces cerevisiae*. – Kolloquium zur Promotion B, Ernst-Moritz-Arndt-Universität, Greifswald (20. Februar 1987).

– Expression of a *Bacillus* alpha-amylase gene in yeast. – 3rd Trilateral Conference on Yeast, Smolenice Castle/CSSR, 6. bis 10. April 1987 (6. April 1987).

Dr. Kynast, R. and Dr. sc. R. Schlegel: The production and characterisation of rye-wheat chromosome additions. – Poster presented at the EUCARPIA Symposium on Triticale, Schwerin, 22. bis 26. Juni 1987 (24. Juni 1987).

Dr. Lehmann, C. O.: Vermehrung und Reproduktion des Materials genetischer Ressourcen in der Genbank Gatersleben. – 2. Internationales Seminar über Abstammung der Kulturpflanzen und die Erhaltung des natürlichen Formenreichtums, Linz/Österreich, 7. bis 8. Juli 1987 (7. Juli 1987).

– Ergebnisse aus der Sammlung und Bearbeitung des österreichischen Bohnensortiments. – 2. Internationales Seminar über Abstammung der Kulturpflanzen und die Erhaltung des natürlichen Formenreichtums, Linz, Österreich, 7. bis 8. Juli 1987 (8. Juli 1987).

Dr. Manteuffel, R., Dr. D. Helbing and Prof. Dr. J. Przybylska: Westernblotting and enzyme-immunochemical analysis on antigenic similarities of the S2 fraction albumin in

Pisum. – Poster anläßlich des „III. International Symposium on Biochemical Identification of Varieties", Leningrad/UdSSR, 1. bis 8. September 1987.

Dr. Matzk, F.: Nutzung der Embryokultur zur Erzeugung von Art- und Gattungsbastarden bei Gramineen. – Wiss. Vortragstagung und Weiterbildungsveranstaltung „Nutzung biotechnologischer Methoden in der Pflanzenzüchtung", Institut für Getreideforschung der AdL der DDR, Bernburg, 2. und 3. Dezember 1987 (2. Dezember 1987).

Dr. Melz, G. and Dr. sc. R. Schlegel (vorgetragen von Dr. G. Melz): Production and cytogenetical analysis of a rye-cytoplasmic tetraploid triticale. – EUCARPIA Symposium on Triticale, Schwerin, 22. bis 26. Juni 1987 (23. Juni 1987).

Dr. Mendel, R. R.: Gentechnik in der Pflanzenzüchtung. – Zentrale Referentenschulung der Sektion Biologie des Bezirksvorstandes Schwerin der URANIA Schwerin (10. Februar 1987).

– Transformation von *Nicotiana plumbaginifolia*-Protoplasten durch Elektroporation – transiente Genexpression nach zwei Tagen. – 4. Arbeitstagung der AG „Pflanzliche Zell- und Gewebekultur" der Biologischen Gesellschaft der DDR, Elbingerode („Haus Büchenberg") 20. bis 23. April 1987 (23. April 1987).

– *Agrobakterium tumefaciens* – Gentechniker in der Natur. – Kolloquium am Institut für Phytopathologie der AdL der DDR, Aschersleben (5. Mai 1987).

– Approaches for the cloning of nitrate reductase genes. – EMBO-Kurs "Plant Molecular Biology" an der Rijksuniversiteit Gent/Belgien (17. August 1987).

– Gentechnische Manipulation von Pflanzen – Möglichkeiten und Perspektiven. – 4. Wissenschaftliche Konferenz junger Biologen der DDR, Ernst-Moritz-Arndt-Universität, Greifswald (6. September 1987).

– A system for transient gene expression in protoplasts of tobacco and barley after electroporationmediated gene transfer. – Symposium "Genetics of Nitrogen Fixation" am Biologischen Forschungszentrum Szeged der Ungarischen AdW, Szeged/VR Ungarn (9. September 1987).

– Gentransfer bei Pflanzen. – Zentrale Referentenschulung der Sektion Biologie des Bezirksvorstandes Potsdam der URANIA, Gülpe (19. September 1987).

– Approaches for the cloning of plant genes by functional complementation. – Kolloquium am Max-Planck-Institut für Züchtungsforschung, Köln-Vogelsang/BRD, (16. Oktober 1987).

– Approaches for the cloning of plant genes by functional complementation. – Kolloquium am Friedrich-Miescher-Institut Basel, Basel/Schweiz (3. November 1987).

– Approaches for the cloning of plant genes by functional complementation. – Kolloquium am Institut für Pflanzenwissenschaften der Eidgenössisch-Technischen Hochschule Zürich, Zürich/Schweiz (6. November 1987).

Prof. Dr. sc. Mettin, D.: Zu einigen aktuellen und zukünftigen Problemen der Nutzung biotechnologischer Ergebnisse in der Landwirtschaft. Kreisveranstaltung der URANIA Quedlinburg, Quedlinburg (22. Januar 1987).

– Der gegenwärtige Stand und neue Aspekte der Anwendung der Biotechnologie in der Pflanzenzüchtung und die sich daraus ergebenden weiteren Aufgaben. – Veranstaltung für VVB-Führungskader, Quedlinburg (11. Februar 1987).

– Biotechnologie in der Landwirtschaft. – Gemeinsame Referentenberatung der Sektion Agrarwissenschaft und Biologie beim Präsidium der URANIA, Berlin (5. März 1987).

– Leistungssteigerung in der Pflanzenproduktion durch biotechnologische Verfahren. – Veranstaltung zur Biotechnologie in der Landwirtschaft des Kreisvorstandes Worbis, Worbis (27. Mai 1987).

–, Dr. H. Pohl and Dr. sc. R. Schlegel (vorgetragen von Prof. Dr. D. Mettin): Chromosomal status of AD 206. – EUCARPIA Symposium on Triticale, Schwerin, 22. bis 26. Juni 1987 (23. Juni 1987).

–, Dr. sc. R. Schlegel and Dr. sc. W.-D. Blüthner (vorgetragen von Prof. Dr. D. Mettin): Progress report on aneuploidy research in GDR. – EWAC Meeting, Martonvasar/VR Ungarn, 30. Juni bis 3. Juli 1987 (1. Juli 1987).

Dr. Müller, A., Dr. L. Schwarz, Dr. E. Brecht und Dr. H. Sulej: Fluoreszenzeigenschaften von Naphto [1,2-d]thiazolen. – Poster anläßlich der Hauptjahrestagung 1987 der Chemischen Gesellschaft der DDR, Leipzig, 25 bis 27. August 1987.

Dr. MÜLLER, A. J.: Gentechnische Manipulation von höheren Pflanzen – gegenwärtiger Stand und Perspektiven. – Kolloquium an der Sektion Biologie der Friedrich-Schiller-Universität, Jena (5. März 1987).

– Biochemical genetics of nitrate reduction in higher plants. – Kolloquium am Max-Planck-Institut für Züchtungsforschung, Köln-Vogelsang/BRD (5. Mai 1987).

– Meiotic instability of integrated foreign genes in eukaryotes. – Kolloquium am Laboratorium Genetika der Rijksuniversiteit, Gent/Belgien (26. Oktober 1987).

Prof. Dr. MÜNTZ, K.: Symbiontische Distickstoffassimilation in Wurzelknöllchen von Leguminosen – Entdeckung vor 100 Jahren und gegenwärtige Kenntnisse. – Wissenschaftliche Vortragstagung der Sektion Physiologie und Biochemie der Pflanzen der Biologischen Gesellschaft der DDR, Kühlungsborn, 26. bis 29. Oktober 1987 (27. Oktober 1987).

– Knöllchenentwicklung an symbiontisch stickstoffixierenden Leguminosen-Wurzeln. – Vortragstagung „Pflanzliche Symbiosen", Humboldt-Universität, Berlin (19. November 1987).

– Dr. R. JUNG, Dr. G. SAALBACH and Dr. I. SAALBACH (vorgetragen von Prof. Dr. K. MÜNTZ): *In vitro* mutation of a field bean legumin B gene and its transformation into tobacco plants. – Plant genetic Engineering, COGENE/UNESCO Meeting, Pushchino/UdSSR, 1. bis 3. Oktober 1987 (2. Oktober 1987).

– Dipl.-Chem. B. OSTERMANN and Dr. W. KAPPEL (vorgetragen von Prof. Dr. K. MÜNTZ): Amylase complementation effects in seedling extracts and the prediction of hybrid vigor in maize and rye. – 14th International Botanical Congress, Berlin (West), 24. Juli bis 1. August (29. Juli 1987).

Dr. sc. PEISKER, M.: Model considerations on C_4 photosynthesis at low quantum flux densities. – Seminar am Institut für Experimentelle Botanik der CSAV, Praha/CSSR (14. September 1987).

– Regulation of C_4 photosynthesis at low quantum flux densities. – International Symposium on Mineral Nutrition and Photosynthesis, Varna/VR Bulgarien, 4. bis 9. Oktober 1987 (8. Oktober 1987).

–, and Dr. J. VÁCLAVÌK (vorgetragen von Dr. sc. M. PEISKER): Quantitative expressions for stomatal and nonstomatal contributions to changes in net photosynthesis. – Symposium „Das Wirken von WILHELM PFEFFER und neue Erkenntnisse und Trends in der Pflanzenphysiologie", Leipzig, 10. bis 12. Juni 1987 (11. Juni 1987).

Dr. PISTRICK, K.: Die botanischen Archivsammlungen des Zentralinstituts für Genetik und Kulturpflanzenforschung Gatersleben der AdW der DDR. – Arbeitstagung „Botanische Sammlungen in der DDR – Ziele und Aufgaben" der Sektion Geobotanik und Phytotaxonomie der Biologischen Gesellschaft der DDR, Jena (1. Dezember 1987).

Prof. Dr. RIEGER, R.: Stress als Induktor von Reparaturfunktionen für DNA-Schäden bei Eukaryoten? – Klasse Biowissenschaften der AdW der DDR, Berlin (14. Mai 1987).

–, Dr. A. MICHAELIS, Prof. Dr. H. NICOLOFF, Dr. K. GECHEFF (vorgetragen von Prof. R. RIEGER): Effects of heat shock on aberration induction in *Vicia faba* and *Hordeum vulgare*. – International Symposium on Experimental Mutagenesis in Plants, Plovdiv/Bulgarien, 25. bis 30. Oktober 1987 (29. Oktober 1987).

Dr. SCHIEMANN, J., Dr. CH. FRAHNERT, Dr. R. R. MENDEL, Dr. H. LUX und Dr. A. J. MÜLLER (vorgetragen von Dr. SCHIEMANN): Transformation von *Beta vulgaris* mit einem antibiotischen Resistenzgen unter Benutzung eines Ti-Plasmid-Vektors. – 4. Arbeitstagung der AG „Pflanzliche Zell- und Gewebekultur" der Biologischen Gesellschaft der DDR, Elbingerode („Haus Büchenberg") 20. bis 23. April 1987 (23. April 1987).

– Approaches for the cloning of higher plant nitrate reductase genes. – Kolloquium am Institut für experimentelle Botanik, Ceske Budejovoce/CSSR (30. Oktober 1987).

Dr. sc. SCHLEGEL, R.: Beziehungen zwischen Heterochromatin und Endospermentwicklung bei Triticale. – Klausurtagung der ZG 'Triticale' der DDR, Dabel, 26. bis 30. Januar 1987 (27. Januar 1987).

– Chromosome banding and a standard nomenclature in hexaploid wheat. – EWAC Meeting, Hartonvasar/VR Ungarn, 30. Juni bis 3. Juli 1987 (2. Juli 1987).

–, Dr. E. HÜLGENHOF, Dr. U. POHLER und Dr. A. MEISTER (vorgetragen von Dr. sc. R. SCHLEGEL): Genome modifications in triticale and their utilization. – 14. International Botanical Congress, Berlin (West), 24. Juli bis 1. August 1987 (26. Juli 1987).

Dr. SCHÖNEICH, J.: *In vitro* Methoden der Mutagenitätstestung. – 1. Fortbildungsveranstaltung für Fachwissenschaftler der Medizin der Fachrichtungen Toxikologische Chemie/Medizinische Toxikologie und Technische Arbeitshygiene, Berlin (28. April 1987).

– Expression and transmission of a tk-plasmid in transgenic mice. – XXth Symposium and Annual Meeting of the Czechoslovak Biological Society of the CSAV, Brno/CSSR, 26. bis 28. August 1987 (26. August 1987).

– Was sagt uns die Chromosomenaberrationsrate in somatischen Zellen? – 20. Arbeitstagung der Sektion Anthropologie der Biologischen Gesellschaft der DDR in Zusammenarbeit mit der Gesellschaft für Humangenetik der DDR „Normvarianten aus anthropologischer und humangenetischer Sicht", Reinhardsbrunn, 15. bis 19. November 1987 (17. November 1987).

Dr. SCHOLZ, F.: Wissenschaftliche Eindrücke aus Japan, insbesondere vom 5. Internationalen Symposium für Gerstengenetik. – Klausurtagung der Züchtergemeinschaft Sommergerste der DDR, Sangerhausen, 28. bis 30. Oktober 1987 (29. Oktober 1987).

Dr. habil. SCHOLZ, G.: Strategie der Eisenernährung. – Wissenschaftliche Vortragstagung der Sektion Physiologie und Biochemie der Pflanzen der Biologischen Gesellschaft der DDR, Kühlungsborn, 26. bis 29. Oktober 1987 (28. Oktober 1987).

–, and Dr. U. W. STEPHAN: Possible function(s) of nicotianamine in the regulation of iron uptake by plants. – Poster zum Symposium. „Das Wirken von WILHELM PFEFFER und neue Erkenntnisse und Trends in der Pflanzenphysiologie", Leipzig, 10. bis 12. Juni 1987 (11. Juni 1987).

–, und Dr. U. W. STEPHAN (vorgetragen von Dr. habil. G. SCHOLZ): Nicotianamine–a possible endogenous regulator of heavy metal uptake. – International Symposium on Mineral Nutrition and Photosynthesis, Varna/Bulgarien, 4. bis 9. Oktober 1987 (6. Oktober 1987 und Poster).

Dr. sc. SCHUBERT, I.: *In situ*-Hybridisierung – Methoden und Probleme. – Arbeitstagung der AG „Zytogenetik" der Gesellschaft für Humangenetik, Berlin (29. April 1987).

– Anwendung der Autoradiographie in der Gentechnik. – 5. Weiterbildungsveranstaltung „Anwendung der Autoradiographie in der Zellbiologie" der Sektion Tierphysiologie der Biologischen Gesellschaft der DDR, Leipzig, 15. bis 19. September 1987 (18. September 1987).

–, and Dr. G. KÜNZEL (vorgetragen von Dr. sc. I. SCHUBERT): Position dependent regulation of NOR activity in barley. – 20th Annual Meeting of the Cytogenetic Section, Czechoslovak Biological Society, CSAV, Brno/CSSR, 26. bis 28. August 1987 (27. August 1987).

–, and Prof. Dr. R. RIEGER (vorgetragen von Dr. sc. I. SCHUBERT): Experimental evolution of diploid chromosome number in *Vicia faba*. – International Symposium on Experimental Mutagenesis in Plants, Plovdiv/Bulgarien, 25. bis 30. Oktober 1987 (27. Oktober 1987).

Dipl.-Biol. SCHUMANN, U.: Versuche zur Gewinnung phytophthoraresistenter Kartoffelpflanzen durch *In-vitro*-Selektion und somatische Hybridisierung. – Kolloquium am Institut für Botanik der AdW der Ukrain. SSR, Kiew/UdSSR (24. Februar 1987).

– Versuche zur Gewinnung phytophthoraresistenter Kartoffelpflanzen durch *In-vitro*-Selektion. – 4. Arbeitstagung der AG „Pflanzliche Zell- und Gewebekultur" der Biologischen Gesellschaft der DDR, Elbingerode („Haus Büchenberg") 20. bis 23. April 1987 (22. April 1987).

– Somatische Hybridisierung bei der Kartoffel. – Poster zur 4. Arbeitstagung der AG „Pflanzliche Zell- und Gewebekultur" der Biologischen Gesellschaft der DDR, Elbingerode („Haus Büchenberg") 20. bis 23. April 1987 (22. April 1987).

Dr. STEINBORN, G.: Stable gene amplification with recombinant plasmids in *Bacillus*. – 6th International Symposium on Metabolism and Enzymology of Nucleic Acids Including Gene Manipulations, Smolenice Castle/CSSR, 7. bis 11. Juni 1987 (8. Juni 1987).

– Anwendung der Gentechnik zur Steigerung der Enzymproduktion. – 3. Neubrandenburger Biotechnologietage, Neubrandenburg, 29. bis 30. September 1987 (29. September 1987).

Dr. STEPHAN, U. W.: The iron deficiency response of the tomato mutant '*chloronerva*' and the physiological role of nicotianamine. – Poster presented at the 3rd International Symposium "Structure and Functions of Roots", Nitra/CSSR, 3. bis 7. August 1987.

Prof. Dr. Dr. h. c. STUBBE, H., Prof. Dr. H. BÖHME, Prof. Dr. D. METTIN und Dr. CHR. LEHMANN (vorgetragen von Prof. Dr. D. METTIN): The collection and utilization of plant genetic resources in the German Democratic Republic – The contribution of the Central Institute of Genetics and Cultivated Plant Research Gatersleben. – Joint Jubilee Session of the USSR Academy of Sciences and Lenin All-Union Academy of Agricultural Sciences commemorating the 100th Aniversary of Academician N. I. VAVILOV, Moskau/UdSSR, 26. November 1987 (26. November 1987).

Dr. sc. SÜSS, K.-H.: Struktur, Funktion und Kompartimentierung der die photosynthetischen Lichtreaktionen katalysierenden Enzyme. – Kolloquium an der Friedrich-Schiller-Universität Jena, Sektion Biologie, Jena (17. März 1987).

– Struktur-Funktionsbeziehungen der F_0F_1-ATPase der Chloroplasten. – Kolloquium am Physiologisch-Chemischen Institut der Medizinischen Akademie Magdeburg, Magdeburg (16. Dezember 1987).

Dr. TICHA, I. and Dr. sc. M. PEISKER: Intercellular carbon dioxide concentration during ontogeny of primary French bean leaves. – Poster anläßlich des Symposiums „Das Wirken von Wilhelm Pfeffer und neue Erkenntnisse und Trends in der Pflanzenphysiologie", Leipzig, 10. bis 12. Juni 1987 (11. Juni 1987).

Dr. TITTEL, C.: Depothaltungen von Zuchtmaterial und Genressourcen. – Weiterbildungsveranstaltung der Züchtergemeinschaft Zierpflanzen, Neugattersleben, 12. bis 16. Januar 1987 (13. Januar 1987).

Dr. WALTER, G.: Gentechnik in der Tierzüchtung. – Weiterbildungsexkursion der URANIA zum Thema „Gentechnik – Möglichkeiten und Grenzen einer Schlüsseltechnologie", Gülpe, 18. bis 19. September 1987 (19. September 1987).

Dr. WESCHKE, W.: M13-DNA-Sequenzanalyse. – Gentechnik-Kurs Oligonukleotidsynthese und DNA-Sequenzanalyse, Halle, 15. bis 20. Juni 1987 (17. Juni 1987).

Dr. WOBUS, A. M.: Effects of growth factors on differentiation of embryonic stem cells *in vitro*. – 2. Bilaterale Konferenz der Gesellschaft für Zell- und Gewebezüchtung der DDR und der Tschechoslowakischen Sektion für Gewebekultur der Purkyne-Gesellschaft zum Thema „Tissue Cultures in Medicine – Research and Application in Diagnosis, Therapy and Prophylaxis", Reinhardsbrunn, 3. bis 5. März 1987 (3. März 1987).

–, Prof. Dr. sc. R. GROSSE and Dr. J. SCHÖNEICH: Effects of growth factors on differentiation capacity of embryonic stem cells *in vitro*. – Poster presented at the European Developmental Congress, Helsinki/Finnland, 14. bis 18. Juni 1987 (17. Juni 1987).

Prof. Dr. WOBUS, U.: Gentechnologie. – Vortrag im Rahmen des Postgradualstudiums 'Pflanzenzüchtung' der MLU Halle (12. März 1987).

– Field bean storage protein genes: structural investigations and analysis of a legumin B gene promoter. – International Symposium 'Plant Genetic Engineering', Pushchino/UdSSR, 1. bis 3. Oktober 1987 (2. Oktober 1987).

– Gentechnologie. – Vortrag für die Studenten der Fachrichtung „Pflanzenzüchtung und Saatgutproduktion" der MLU Halle (30. Oktober 1987).

– Neuere Aspekte der Genregulation bei Eukaryoten. – Kolloquium des Biochemischen Arbeitskreises der EMAU Greifswald (10. November 1987).

–, Dr. H. BÄUMLEIN, Dr. D. HELBING, Dr. D. HELLMUND, U. HEIM, Dr. R. MANTEUFFEL, Dr. A. MÜLLER, and Dr. J. SCHIEMANN: Field bean storage protein genes: structure and evolution of the legumin B gene subfamily and expression of legumin gene LeB4 or derived chimaeric constructs in transgenic tobacco and *Xenopus* oocytes. – Poster presented at the NATO Advanced Study Institute "Plant Molecular Biology 1987", Kopenhagen/Dänemark, 10. bis 19. Juni 1987.

–, Dr. H. BÄUMLEIN, Dr. R. MANTEUFFEL, Dr. A. MÜLLER and Dr. J. SCHIEMANN (vorgetragen von Prof. Dr. U. WOBUS): Transfer and regulated expression of a field bean seed storage protein gene in tobacco. – „Gentechnik in Medizin und Biologie", 1. Gemeinschaftstagung der AG Biochemische und molekulare Genetik, der Gesellschaft für Humangenetik der DDR, der Sektion Genetik der Biologischen Gesellschaft der DDR und der Ungarischen Gesellschaft für Humangenetik, Koserow/Usedom, 16. bis 21. Oktober 1987 (19. Oktober 1987).

E. Tagungen im Institut

Methodenkolloquium „Nukleinsäurehybridisierung und Antikörperbindung als Werkzeuge der Molekularbiologie" des Zentralinstituts für Genetik und Kulturpflanzenforschung Gatersleben in Gatersleben (3. März 1987)

Prof. Dr. sc. U. Wobus:	Grundlagen der Hybridisierung von Nukleinsäuren.
Dr. D. Hellmund:	S1 mapping.
Dr. sc. R. Panitz:	Elektronenmikroskopische Methoden der Nukleinsäuredarstellung.
Dr. G. Saalbach:	*In vitro*-Mutagenese.
Dr. sc. I. Schubert:	*In situ*-Hybridisierung.
Dipl.-Chem. I. Drewelis:	Immunchemischer Nachweis von Nukleinsäuren unter Anwendung des Avidin-Biotin-Systems.
Dr. sc. R. Manteuffel:	Festphasenimmunteste.
Dr. P. Jäkel:	Festphasenbindungsteste an fixierten Oozyten.

Workshop zum Thema: „Gene Manipulations in Bacilli" des Zentralinstituts für Genetik und Kulturpflanzenforschung Gatersleben in Hufhaus bei Ilfeld, vom 6. bis 10. April 1987

Adler, B., Gatersleben/DDR: Transfer of plasmids and chromosomal DNA between strains of *B. subtilis* and *B. amyloliquefaciens* by natural transformation.

Albano, M., N. Guillen, J. Hahn, Y. Weinrauch, D. Dubnau (vorgetragen von D. Dubnau), New York/USA: Expression of competence genes in *Bacillus subtilis.*

Alonso, J. C., Berlin-West: Plasmid pC194 replication control in *Bacillus subtilis.*

Bashkirov, V. J., Moskau/UdSSR: Illegetime recombination and amplification in *B. subtilis.*

Baykousheva, S., Sofia/VR Bulgarien: Secretion of proteins by *Bacillus subtilis* in the presence of membrane-active agents.

Bechhover, D., C. Denoya, C. S. Narayanan, S. Mohan, M. Monod, D. Dubnau (vorgetragen von D. Dubnau), New York/USA: The MLS-resistance regulatory system.

Behnke, D., D. Gerlach (vorgetragen von D. Behnke), Jena/DDR: Expression and secretion of staphylokinase in *B. subtilis.*

Borriss, R., Gatersleben/DDR: Cloning of *Bacillus macerans* ß-glucanase gene in *E. coli.*

Breitling, R., D. Behnke (vorgetragen von R. Breitling), Jena/DDR: Secretion of modified human alpha-1-interferon by *Bacillus subtilis.*

Conrad, B., Gatersleben/DDR: Excision of plasmid pE194 from the *B. subtilis* chromosome.

DAWSON, M., D. J. MCCONNELL, J. F. OLLINGTON (vorgetragen von M. DAWSON), Dublin/Irland: Cloning and expression of the neutral protease gene of *B. amyloliquefaciens* in *B. subtilis.*

HOFEMEISTER, J., R. BORRISS (vorgetragen von J. HOFEMEISTER), Gatersleben/DDR: Significance of deletions upstream of the bglA gene of *B. amyloliquefaciens.*

KOZLOV, Y., J. JOMANTAS, T. ULANOVA (vorgetragen von Y. KOZLOV), Moskau/UdSSR: Vector molecules for *Bacillus amyloliquefaciens.*

KUNST, F., Paris/Frankreich: The regulatory network of the *sac* gene clusters.

KUNZE, G., M. MEIXNER, G. STEINBORN, M. HECKER, R. BODE, I. A. SAMSONOVA, D. BIRNBAUM, J. HOFEMEISTER (vorgetragen von J. HOFEMEISTER), Gatersleben/DDR: *Bacillus* alpha-amylase gene expression in yeast (*S. cerevisiae*).

MÄNTSÄLÄ, P., I. SUOMINEN, M. KARP, A. KOPIO, A. IITIÄ (vorgetragen von P. MÄNTSÄLÄ), Turku/Finnland: Alpha-amylase from *B. stearothermophilus:* Manipulation of signal sequence and carboxy terminus of the enzyme.

MCCONNELL, D. J., E. GORMLEY, T. BYAN, B. A. CANTWELL (vorgetragen von D. J. MCCONNELL), Dublin/Irland: The cloning and expression of the ß-glucanase gene of *B. subtilis* in *E. coli*, *B. subtilis* and *S. cerevisiae.*

MITEVA, V., R. GRIGOROVA (vorgetragen von V. MITEVA), Sofia/VR Bulgarien: Application of a new *Bacillus thuringiensis* cloning vector.

PAGES, V., Prag/CSSR: Tolerated variations in transcription and translation signals of *Bacillus* phage PZA and Φ 29.

PALVA, I., H. HEMILÄ, P. KALLIO, A. PALVA, P. SARIS, M. SIBAKOV, M. SIMONEN (vorgetragen von I. PALVA), Helsinki/Finnland: Protein secretion in *Bacillus.*

PROZOROV, A. A., Moskau/UdSSR: *Bacillus subtilis* integration vectors.

SALAS, M., I. BARTHELEMY, R. P. MELLADO (vorgetragen von M. SALAS), Madrid/Spanien: Control of transcription of the *B. subtilis* phage Φ 29 DNA.

SOROKIN, A. V., N. A. SMIRNOVA, J. V. JOMANTAS, V. P. VEIKO (vorgetragen von A. V. SOROKIN), Moskau/UdSSR: Engineering of *Bacillus* alpha-amylase.

STEPANOV, A. M., M. J. HAYKINSON, V. E. BIDENKO (vorgetragen von A. J. STEPANOV), Moskau/UdSSR: The mechanism of excision and duplication of DNA in the inverted repeats of plasmids.

STEINBORN, G., Gatersleben/DDR: Stable gene duplication by "puzzle" shot gun cloning into the inverted repeats of a streptococcal plasmid.

TRAUTNER, T. A., Berlin-West: Domain structure of methyltransferases of temperate *Bacillus subtilis* phages.

VOSMAN, B., H. SMITH, J. KOOISTRA, G. VENEMA (vorgetragen von G. VENEMA), Groningen/Niederlande: Cloning of the DNA entry-nuclease gene of *B. subtilis* in *E. coli.*

VEHMAANPERÄ, J., P. M. A. NYBERG, R. TANNER, E. POHZONEN, R. BERGELIN, M. KOHOLA (vorgetragen von M. PALOHEIMO), Helsinki/Finnland: Industrial alpha-amylase production by genetically manipulated *Bacillus.*

WOOD, H., K. M. DEVINE, C. O'KANE, D. J. MCCONNELL (vorgetragen von H. WOOD) Dublin/Irland: Integrating plasmids in the genetic analysis of *Bacillus subtilis.*

Tag des Jungen Wissenschaftlers (28. Mai 1987)

Dipl.-Biologe G. KREYENBERG, Gatersleben: Nachweis von DNS-Reparatur in primären Hepatocytenkulturen der Maus.

Dipl.-Biologe E. KUNZ, Gatersleben: Zytologische, embryologische und genetische Untersuchungen zum Vorkommen der Apomixis in der Gattung *Fragaria.*

Dipl. agr. ing. R. KYNAST, Gatersleben: Untersuchungen zur Übertragung genetischer Information des hexaploiden Weizens in den diploiden Kulturroggen.

G. WANDT, Halle: Versuche zur Klonierung von amylolytischen Genen.

4th Symposium on Seed Protein „Structure, Modification, and Expression of Genes from Developing Seeds“ des Zentralinstituts für Genetik und Kulturpflanzenforschung der AdW und der Biologischen Gesellschaft der DDR, Sektion Physiologie und Biochemie der Pflanzen, in Gatersleben vom 19. bis 23. Juli 1987. Die Vorträge werden in Biochem. Physiol. Pflanzen 183 (1988) (2–3) 97–250 veröffentlicht. Vortragsthemen und Vortragende:

ALTOSAAR, I., Ottawa/Kanada: DNA sequence and expression of a prolamin gene in oat endosperm.
ANANEIV, I., Moskau/UdSSR: Mobile genetic elements of cereals.
BASSÜNER, R., Gatersleben/DDR: Analysis of complementary and genomic DNA coding for highly abundant mRNA in ripening field bean seeds (*Vicia faba* L.).
BÄUMLEIN, H., Gatersleben/DDR: Analysis of a *Vicia faba* legumin promoter.
BROWN, J. W. S., Freiburg/BRD: Structure and function of cloned zein genes.
CASEY, R., Norwich/Großbritannien: The structure, expression and arrangement of legumin genes in peas.
CRAIG, S., Canberra/Australien: Structural aspects of protein accumulation in developing legume seeds.
CROUCH, M., Bloomington/USA: The role of ABA in the regulation of storage protein synthesis in rape seed.
CROY, R. R. D., Durham/Großbritannien: Expression of pea seed protein genes in transgenetic plants and yeast.
FUKAZAWA, CH., Tsukuba/Japan: Structural features and expression of soybean 11S globulin subunits during seed development.
MÜLLER, A., Gatersleben/DDR: Meiotic stability of transferred foreign genes in plants.
MÜLLER, H.-P., Bonn/BRD: Changes in tissue-specific expression of seed genes in response to the physical signal light.
PLIETZ, P., Berlin/DDR: Structure and evolution of 11S globulins: Conclusion from comparative evaluation of amino acid sequence and X-ray scattering data.
SAALBACH, G., Gatersleben/DDR: Legumin B gene modification and its use in transformation experiments.
SCHIEMANN, J., Gatersleben/DDR: Transformation of legumin B genes from *Vicia faba* into *Aspergillus*.
SCHWENKE, K.-D., Bergholz-Rehbrücke/DDR: Structural studies on the native and chemically modified low-molecular weight basic storage protein (napin) from rape seed (*Brassica napus* L.).
SHEWRY, P. R., Harpenden/Großbritannien: The structure of barley and wheat prolamins and their genes.
STEGEMANN, H., Braunschweig/BRD: Mutants of isogenic lines of maize: patterns of proteins, glycoproteins and enzymes.
WALLACE, J. W. S., West Lafayette/USA: Location and interaction of the diffent types of zeins in protein bodies.
WEBER, E., Gatersleben/DDR: Storage globulins in barley grains.
WESCHKE, W., Gaterlseben/DDR: The structure of a *Vicia faba* vicilin gene.

Poster von Mitarbeitern des Instituts auf dem 4. Samen-Protein-Symposium

ADLER, K.: The structure of freeze-broken barley seeds as reflected by SEM-studies.
HEIM, U.: The legumin gene family of *Vicia faba*.
HELLMUND, D.: Transcription of a legumin gene and derived chimaeric constructs in *Xenopus* oocytes.

NONG VAN HAI and R. BASSÜNER: cDNA coding for the most abundant vicilin subunit is expressed in bacteria.
SCHLESIER, B.: Homology and heterogeneity of vicilin polypeptides.

Expertenberatung „Anwendung der EDV bei der Untersuchung der genetischen Pflanzenressourcen" im Rahmen des Wissenschaftlich-Technischen Rates der Ständigen Kommission für die Zusammenarbeit auf dem Gebiet der Landwirtschaft des RGW zum Problem II.5 im Zentralinstitut für Genetik und Kulturpflanzenforschung Gatersleben vom 14. bis 18. September 1987

Arbeitstagung der AG Umweltmutagenese der Sektion Genetik der Biologischen Gesellschaft der DDR in Gatersleben vom 4. bis 5. November 1987

BECKER, K., Gatersleben: Mutationsexperimente mit Säugerkeimzellen.
BRAUN, R., Gatersleben: Mutagenitätsscreening – Methoden und Aussagefähigkeit.
– Methodische Aspekte des Ames-Testes.
GRUMMT, T., Bad Elster: Einsatz von Biotestverfahren für den Nachweis von potentiellen Mutagenen in der Umwelt, insbesondere in Gewässern.
HÜTTNER, E., Gatersleben: Mutationsexperimente an Lymphozyten der Säuger – Möglichkeiten und Aussagewert.
SCHÖNEICH, J., Gaterlseben: Entwicklungen und Zielstellungen der Umweltmutagenese-forschung und Mutagenitätstestung.
THUST, R., Erfurt: Verwendung von Säugerzellkulturen für den Nachweis genotoxischer Effekte.

„N. I. VAVILOV-Symposium" im Zentralinstitut für Genetik und Kulturpflanzenforschung Gatersleben vom 8. bis 10. Dezember 1987

APEL, P., Gatersleben/DDR: Some aspects of the evolution of C_4 photosynthesis.
BLIXT, S., Landskrona/Schweden: Computer-supported gene bank management.
CLAUSS, E., Quedlinburg/DDR: Erweiterung der Variabilität durch Art- und Gattungsbastardisierung.
ČUVASINA, N. P., Leningrad/UdSSR: VAVILOV – Persönlichkeit und Mensch.
DEHNE, J., Quedlinburg/DDR: Genetische Variabilität.
ESAKOV, V. D., Moskau/UdSSR: Über die wissenschaftlichen Beziehungen N. I. VAVILOVS zu deutschen Genetikern und Züchtern.
HANELT, P., Gatersleben/DDR: Taxonomy as a tool for studying plant genetic resources.
HAWKES, J. G., Birmingham/Großbritannien: Evolution of potatoes and their tuber – bearing wild relatives.
KNÜPFFER, H., Gatersleben/DDR: The European barley database of the ECP/GR4.
LEHMANN, CHR., Gatersleben/DDR: Genetic resources.
METTIN, D., Gatersleben/DDR: Eröffnungsansprache.
MÜLLER, A. und D. METTIN, Gatersleben/DDR: Ergebnisse und Probleme bei der Herstellung und Nutzung transgenischer Pflanzen in der Züchtung.
PERRINO, P., Bari/Italien: The diversity in VAVILOV's Mediterranean gene center.
SCHACHL, R., Linz/Österreich: Ressourcen der Kulturpflanzen im alpinen Raum.
SCHULTZE-MOTEL, J., Gatersleben/DDR: Paläoethnobotanik und ihr Beitrag zur Evolutionsforschung bei Kulturpflanzen.
SPAAR, D., Berlin/DDR: Grußansprache.
STILLER, H., Berlin/DDR: Grußansprache.
VITKOVSKIJ, V. L., Leningrad/UdSSR: I. N. VAVILOV – life and work.
WOLFE, M., Cambridge/Großbritannien: Co-evolution in host-parasite relations.

Kolibri 360 GmbH
Ferdinand-Jühlke-Straße 7
99095 Erfurt, Deutschland
produktsicherheit@kolibri360.de